■ 普通高等教育“十三五”规划教材 ■

Organic Chemistry

有机化学

魏荣宝 梁 茂 刘秀杰 薛 松 编著

化学工业出版社
·北京·

内 容 提 要

《有机化学》共分十二章，首先介绍基本知识，让学生对有机化学全貌有个基本了解，为后续学习打下基础。而后按碳-碳单键、碳-碳重键、碳-杂单键、碳-杂双键等化学键的类型为主线进行编写，以利于学生对比学习和总结。加强了有机化学中规律的总结，如：D-A 反应的 1，2，3，4，5，6 规律；Claisen 和 Cope 重排中的 3，3 断裂、1，1 相连、双键移位；氧化数法判断有机基团的顺序；轮烯芳香性的简单判断法；热消除反应中的 ABCDE 规律；取代苯环上氢 ^{1}H NMR 裂分规律等。介绍了旋光方向与构型对应的 Lowe 经验规律；异头效应与螺共轭效应等知识。本书采用中国化学会 2017 版最新的命名原则。

《有机化学》可作为高等学校化学、化工、药学、材料、环境、轻工、食品等专业的有机化学课程的教材，也可供有机化学领域的科研工作者参考。

图书在版编目（CIP）数据

有机化学/魏荣宝等编著. —北京：化学工业出版社，2020.9（2024.8 重印）
普通高等教育“十三五”规划教材
ISBN 978-7-122-37099-0

Ⅰ.①有… Ⅱ.①魏… Ⅲ.①有机化学-高等学校-教材 Ⅳ.①O62

中国版本图书馆 CIP 数据核字（2020）第 091841 号

责任编辑：刘俊之　　文字编辑：葛文文　陈小滔
责任校对：宋　玮　　装帧设计：韩　飞

出版发行：化学工业出版社（北京市东城区青年湖南街 13 号　邮政编码 100011）
印　　装：北京机工印刷厂有限公司
787mm×1092mm　1/16　印张 25¾　字数 664 千字　2024 年 8 月北京第 1 版第 2 次印刷

购书咨询：010-64518888　售后服务：010-64518899
网　　址：http://www.cip.com.cn
凡购买本书，如有缺损质量问题，本社销售中心负责调换。

定　　价：69.00 元

序

由魏荣宝等编著的《有机化学》是天津市“十五”教学改革的成果，是作者多年辛勤劳动的结晶。它是一本很有创意的新书，值得推荐。

有机化学对科学发展和社会进步都是十分重要的。可以这样理解，宇宙中各星球有无生命的标志就是是否存在有机分子。而人类生活的地球，从天上到地下，从大气到海洋，到处都有生命存在，因此也可以说到处都有有机分子存在。有机化学的目的就是要研究和掌握这些复杂有机分子的鉴定及其运动规律，用来创造新的功能分子，为人类造福。

有人说21世纪是“生命科学”的世纪，有人说是“信息科学”或“环境科学”的世纪。但我们细想一下，哪一个新兴学科能脱离有机化学的基础呢？不论是分子生物学，新信息专用品，还是环境降解途径，都离不开有机化学研究成果的支持。国民经济中大到国防工业、石油、精细化工、医药，小到化妆品、水处理剂、洗衣粉等，和有机化学都有着千丝万缕的联系。就拿人体内的有机分子来说，糖类、脂肪类、氨基酸、核苷酸等组成基因、蛋白质、酶等生物单元的最基本的物质，都得从有机反应的一些基本规律来解读。有机化学学科的性质决定它必须重视基础理论，同时也必须十分重视实验验证。作为学科来说，将理论紧紧地与实验研究相结合，是有机化学的特点之一。它的另一个特点是和国计民生息息相关，例如，世界每年西药的销售额达3500亿美元，而新药的研制与开发都离不开有机化学。随着有机化学日益渗透到其他学科并与之交叉和互融，将在今后不同领域中取得更大的创新，为科学进步和经济繁荣贡献力量。

正是因为有机化学的讲授在培养人才方面有如此的重要性，本书的出版就有很重要的意义。本书在编排方面由浅入深、层层深入，并精心设计了各种图表和习题。作者考虑到近年有机化学的飞速发展，适当地提高了有机化学的起点，增加了新反应和新内容。考虑到目前的实际情况，又增加了IUPAC命名和中国化学会2017版命名，使学生在学习中了解最新动态，有利于打好基础，开阔眼界。

全书读来，层次清楚、娓娓而谈、寓教于乐。我相信读者可从此书中得到很大的收获和启发。

中国工程院院士

南开大学讲席教授

李正名

2020年4月于南开园

前 言

自1806年柏则里首次使用“有机化学”名称，至今仅有200多年的历史，但其发展异常迅猛。如今有机化学已发展成为包括物理有机化学、天然产物有机化学、生物有机化学、金属有机化学、药物有机化学、新材料有机化学、有机分离分析化学等学科相互交叉的基础科学。

有机化学中的每个反应、每一种实验现象的获得，几乎都浸透了前人的辛勤劳动和汗水，有的人为之奋斗一生，甚至献出了生命，这些通过实践总结出来的经验是人类的宝贵财富。一些基本知识至今仍具有十分重要的价值，选择性地学习和继承这些宝贵的知识和经验是非常必要的。我们应该永远记住化学家的光辉名字和不朽业绩。学习他们视工作为生命、勇于进取、不断创新的精神，学习他们刻苦钻研和周密的思维方法。让我们一起走进有机化学，去探索化学的神奇和奥妙。

“合抱之木，生于毫末；九层之台，起于累土；千里之行，始于足下”，扎实的基础知识是创新思维的源泉。只有熟练掌握化合物的命名、结构式、基本性质和反应，并在头脑中形成有效的积累，才有可能利用这些总结出来的规律去发现问题，提出问题，分析问题和解决问题。

本教材的特点是：

（1）将传统的官能团体系改为按化学键的类别进行编排，以利于学生进行对比学习和规律的总结。

（2）采用中国化学会2017版有机化合物的命名，同时附有1980版的命名，既学到新的知识，与国际接轨，又能与过去的文献资料相衔接。

（3）加强了专业英语训练，如IUPAC和Chemical Abstract（CA）命名；主要标题英文注释；习题采用英文叙述等。

（4）加强了有机化学中规律性的总结。 如：Diels Alder反应的1，2，3，4，5，6规律； Claisen和Cope重排中的3，3断裂， 1，1相连，双键移位；氧化数法判断有机基团的顺序；轮烯芳香性的简单判断法；有机N的碱性规律；热消除反应中的ABCDE规律；取代苯环上氢^{1}H NMR裂分规律等。

（5）介绍了适合教学的新知识，如旋光方向与构型对应的Lowe经验规律；异头效应与螺共轭效应等。与学科前沿接轨，为学习新知识搭建桥梁。

（6）介绍了中国科学家在有机化学方面做出的杰出贡献。

我们希望读者通过本书学习，在培养自己的逆向思维能力、形象思维能力、综述总结能力和语言表达能力、模拟设计能力、合作互助能力、化学工具和化学文献的使用能力，树立环保意识等方面有所收益。

爱因斯坦说过：“对一切来说，只有热爱才是最好的老师。”学习也是这样，如果对学的课程热爱了，学起来就有劲。近年来，由于社会上部分人对化学化工的误解，认为学化学接触的物质有毒、有味、易燃易爆、污染环境，对学习化学缺少兴趣，对化学实验有畏惧心理。针对这些情况，书中插入诺贝尔奖获得者等化学大师的事迹，融入了有关化学化工与现代生活、科技发展的资料，从21世纪科学发展的高度，讲述了化学化工在当代科学中不可替代的地位和作用及化学的神奇与奥妙。当今科学无国界，但科学家有祖国，希望有更多的人喜欢化学，为我们伟大祖国科学事业的繁荣昌盛贡献力量。

感谢中国工程院院士南开大学讲席教授李正名先生为本书作序，先生的教导和鼓励，铭记在心。著名有机化学家南开大学王积涛教授曾对本书初稿（讲稿）提出过宝贵意见，恩师的谆谆教诲，终生难忘。作者愿将此书献给尊敬的导师，以寄托永久的思念。

本书编写过程中，参考了国内外专家学者的有关文献著作和网上资料，在此深表谢意。参加本书编写的有魏荣宝、梁茂、刘秀杰、薛松、孟祥太、刘旭光、辛春伟等。由于编者水平有限，不当之处，敬请批评指正。

魏荣宝

2020年2月

目 录

第 1 章　有机化学的基础知识　1

1.1　有机化合物的一般特点（characteristic of organic compound）…… 1

1.2　共价键的属性（feature of covalent bond）…… 1

1.3　分子式、构造式、构型式和构象式（molecular formula，constitution，configuration and conformation）…… 3

1.4　氢键（hydrogen bond）…… 4

1.5　有机化合物的分类（classification of organic compound）…… 5

1.6　简单有机化合物的命名（nomenclature of simple organic compound）…… 7

1.6.1　烷烃的命名（nomenclature of alkane）…… 7

1.6.2　单环烷烃的命名（nomenclature of mono cycloalkane）…… 9

1.6.3　桥环烃的命名（nomenclature of bridged alkane）…… 10

1.6.4　螺环烃的命名（nomenclature of spirocyclic alkane）…… 12

1.6.5　烯烃的命名（nomenclature of alkene）…… 13

1.6.6　炔烃的命名（nomenclature of alkyne）…… 14

1.6.7　二烯烃的命名（nomenclature of diene）…… 15

1.6.8　芳烃的命名（nomenclature of arene）…… 15

1.6.9　卤代烃的命名（nomenclature of halohydrocarbon）…… 17

1.6.10　醇的命名（nomenclature of alcohol）…… 18

1.6.11　酚的命名（nomenclature of phenol）…… 18

1.6.12　醚的命名（nomenclature of ether）…… 19

1.6.13　简单醛、酮的命名（nomenclature of simple aldehyde and ketone）…… 19

1.6.14　简单羧酸及其衍生物的命名（nomenclature of simple carboxylic acid and derivatives）…… 20

1.6.15　硝基化合物的命名（nomenclature of nitro compound）…… 21

1.6.16　胺类化合物的命名（nomenclature of amines）…… 21

习题（Problems）…… 21

1.7　氧化数（oxidation number）…… 21

1.7.1　电负性（electronegativity）…… 21

1.7.2　氧化数值（oxidation value）…… 22

1.7.3　用氧化数法确定有机基团的大小（determination of sequence of organic group by oxidation number）…… 22

1.7.4　用氧化数法处理氧化还原滴定结果（handling redox titration data by oxidation number）…… 23

1.8 广义酸碱理论（theory of generalized acids and bases） …… 24
1.9 有机化合物中碳的构型（configuration of carbon in organic compound） …… 27
1.10 共振论与分子轨道理论（resonance theory and molecular orbital theory） …… 31
1.11 有机化合物的波谱简介（introduction to spectroscopy of organic compound） …… 34
1.11.1 紫外光谱（ultraviolet spectrum） …… 34
1.11.2 红外光谱（infrared spectrum） …… 37
1.11.3 核磁共振波谱（nuclear magnetic resonance spectroscopy） …… 43
1.11.4 质谱（mass spectrum） …… 51
习题（Problems） …… 54

第2章 碳-碳单键化合物 55

2.1 烷烃（alkane） …… 55
2.1.1 烷烃的物理性质及波谱（physical properties and spectrum of alkane） …… 55
2.1.2 烷烃的同分异构（isomerism of alkane） …… 57
2.1.3 烷烃的构象（conformation of alkane） …… 59
2.1.4 烷烃的化学性质（chemical properties of alkane） …… 61
2.1.5 烷烃的来源（source of alkane） …… 64
2.2 环烷烃（cycloalkane） …… 65
2.2.1 环烷烃的分类和命名（classification and nomenclature of cycloalkane） …… 65
2.2.2 环烷烃的构象（conformation of cycloalkane） …… 66
2.2.3 环烷烃的反应（reaction of cycloalkane） …… 71
2.2.4 小环烷烃的制备（preparation of small-cycloalkane） …… 72
2.2.5 奇妙的立方烷（wonderful cubane）* …… 72
习题（Problems） …… 73

第3章 碳-碳重键化合物 74

3.1 分类及结构（classification and structure） …… 74
3.2 同分异构现象（isomerism） …… 75
3.3 物理性质及波谱（physical properties and spectrum） …… 77
3.4 化学性质（chemical properties） …… 78
3.4.1 亲电加成反应（electrophilic addition） …… 78
3.4.2 亲电加成反应的机理（mechanism of electrophilic addition） …… 84
3.4.3 马氏加成与反马氏加成（Markovnikov and anti-Markovnikov addition） …… 88
3.4.4 加氢反应（hydrogenation reaction） …… 89
3.4.5 α-氢的反应（reaction of α-hydrogen） …… 90
3.4.6 氧化反应（oxidation reaction） …… 90
3.4.7 自由基加成及机理（mechanism of radical addition） …… 92
3.4.8 卡宾的加成反应（addition reaction of carbene） …… 92
3.4.9 亲核加成反应（nucleophilic addition reaction） …… 92
3.4.10 炔氢的反应（reaction of acetylenic hydrogen） …… 93
3.4.11 二烯烃的1,2-加成和1,4-加成反应（1,2-and 1,4-addition of diene） …… 94
3.4.12 聚合反应（polymerization） …… 95
3.4.13 烯烃的复分解反应（metathesis of alkene） …… 97
3.5 诱导效应和共轭效应（inductive effect and conjugated effect） …… 97

3.5.1 诱导效应（inductive effect） …… 97
3.5.2 共轭效应与超共轭效应（conjugated effect and hyperconjugative effect） …… 98
3.6 电环化与环加成反应（electrocyclic reaction and cycloaddition reaction） …… 100
3.6.1 电环化反应（electrocyclic reaction） …… 100
3.6.2 环加成反应（cycloaddition reaction） …… 103
3.7 烯烃和炔烃的制备（preparation of alkene and alkyne） …… 108
3.7.1 烯烃的制备（preparation of alkene） …… 108
3.7.2 炔烃的制备（preparation of alkyne） …… 109
3.8 螺环烯烃与螺共轭效应（spirocycloalkenes and spiroconjugation effect）* …… 110
习题（Problems） …… 111

第4章 芳烃及芳香性 114

4.1 芳烃（arene） …… 114
4.1.1 芳烃的分类（classification of arene） …… 114
4.1.2 芳烃的物理性质及波谱（physical properties and spectrum of arene） …… 115
4.1.3 苯的结构（structure of benzene） …… 115
4.1.4 苯环上的亲电取代反应（electrophilic substitution of benzene ring） …… 118
4.1.5 苯环上的定位效应（directing effect on benzene ring） …… 124
4.1.6 苯环上的亲核取代反应（nucleophilic substitution on benzene ring） …… 130
4.1.7 苯环上的加成反应（addition reaction on benzene ring） …… 132
4.1.8 苯环上侧链的反应（reaction of branched chain on benzene ring） …… 133
4.1.9 芳烃的来源及制备（source and preparation of arene） …… 134
4.2 多环芳烃（polycyclic arene） …… 135
4.2.1 分类（classification） …… 135
4.2.2 联苯（biphenyl） …… 136
4.2.3 萘（naphthalene） …… 136
4.2.4 蒽（anthracene） …… 141
4.2.5 菲（phenanthrene） …… 143
4.2.6 其他稠环芳烃（other fused ring aromatic hydrocarbons） …… 143
4.2.7 Haworth 合成（Haworth synthesis） …… 143
4.2.8 多苯代脂烃（polyphenyl hydrocarbons） …… 145
4.2.9 富勒烯（fullerene） …… 146
4.2.10 稠环化合物的命名（nomenclature of fused ring aromatic hydrocarbons） …… 147
4.3 芳香性，非芳香性，反芳香性，同芳香性及反同芳香性（aromaticity, nonaromaticity, antiaromaticity, homoaromaticity and antihomoaromaticity） …… 147
4.4 致癌芳烃（carcinogenic arene） …… 153
习题（Problems） …… 154

第5章 手性化合物与手性合成 157

5.1 简介（introduction） …… 157
5.2 平面偏振光（plane polarized light） …… 158
5.3 旋光性、旋光物质与比旋光度（optical rotation, optically active substance and specific rotation） …… 158
5.4 分子的对称性（molecular symmetry） …… 159

7.1.2 醇的物理性质及波谱（physical properties and spectrum of alcohols） …… 208
7.1.3 醇的化学性质（chemical properties of alcohols） …… 210
7.1.4 醇的制备（preparation of alcohols） …… 214
7.1.5 多元醇（polyalcohols） …… 215
7.2 醚类（ethers） …… 219
7.2.1 醚的结构、分类、异构和命名（structure，classification，isomerism and nomenclature of ethers） …… 219
7.2.2 醚的物理性质及波谱（physical properties and spectrum of ethers） …… 220
7.2.3 醚的化学性质（chemical properties of ethers） …… 221
7.2.4 环氧乙烷（epoxyethane） …… 223
7.2.5 冠醚（crown ether） …… 225
7.3 酚类（phenols） …… 226
7.3.1 酚的结构（structure of phenols） …… 226
7.3.2 酚的物理性质及波谱（physical properties and spectrum of phenols） …… 226
7.3.3 酚的化学性质（chemical properties of phenols） …… 227
7.3.4 多元酚（polyphenols） …… 234
7.3.5 酚的制备（preparation of phenols） …… 235
习题（Problems） …… 236
7.4 硫醇和硫醚（thiol and thioether） …… 239
7.4.1 制备（preparation） …… 239
7.4.2 物理性质（physical properties） …… 239
7.4.3 化学性质（chemical properties） …… 239
7.5 芳磺酸（aromatic sulfonic acid） …… 240
7.5.1 芳磺酸的命名（nomenclature of aromatic sulfonic acid） …… 240
7.5.2 芳磺酸的制备（preparation of aromatic sulfonic acid） …… 241
7.5.3 芳磺酸的物理性质（physical properties of aromatic sulfonic acid） …… 241
7.5.4 芳磺酸的化学性质（chemical properties of aromatic sulfonic acid） …… 242
7.5.5 芳磺酰氯和芳磺酰胺（aromatic sulfonyl chloride and aromatic sulfamine） …… 243
7.5.6 烷基苯磺酸钠和表面活性剂（alkyl benzene sulfonic acid sodium and surfactant） …… 245
7.5.7 离子交换树脂（ion exchange resin） …… 245

第8章 碳-氧极性重键化合物——醛和酮 247

8.1 醛、酮的结构、分类及命名（structure，classification and nomenclature of aldehyde and ketone） …… 247
8.2 醛、酮的物理性质及波谱（physical properties and spectrum of aldehyde and ketone） …… 248
8.3 醛、酮的亲核加成反应（nucleophilic addition reaction of aldehyde and ketone） …… 250
8.3.1 与氢氰酸的加成（addition reaction with hydrocyanic acid） …… 251
8.3.2 与亚硫酸氢钠的加成（addition reaction with sodium bisulfite） …… 252
8.3.3 与醇的加成（addition reaction with alcohol） …… 252
8.3.4 与水的加成（addition reaction with water） …… 254

8.3.5 与金属有机化合物的加成（reaction with organometallic compound） ········ 255
8.3.6 与氨及其衍生物的加成缩合反应（reaction with ammonia and its derivatives） ········ 257
8.3.7 Wittig 反应（Wittig reaction） ········ 259
8.4 α-氢的反应（reaction of α-hydrogen） ········ 259
8.4.1 卤化反应（halogenating reaction） ········ 260
8.4.2 羟醛缩合反应（aldol condensation） ········ 261
8.4.3 Perkin 反应（Perkin reaction） ········ 265
8.4.4 Mannich 反应（Mannich reaction） ········ 265
8.5 氧化还原反应（redox reaction） ········ 266
8.5.1 与 Tollen 试剂和 Fehling 试剂反应（reaction with Tollen and Fehling reagent） ········ 266
8.5.2 还原成醇（reduction to alcohol） ········ 267
8.5.3 Meerwein-Ponndorf 还原（Meerwein-Ponndorf reduction） ········ 268
8.5.4 Clemmensen 还原（Clemmensen reduction） ········ 268
8.5.5 Wolff-Kishner-黄鸣龙还原（Wolff-Kishner-Huang Minlon reduction） ········ 268
8.5.6 Cannizzaro 反应（Cannizzaro reaction） ········ 269
8.5.7 安息香缩合（benzoin condensation） ········ 269
8.5.8 二苯酮重排（benzophenone rearrangement） ········ 270
8.5.9 Baeyer-Villiger 重排（Baeyer-Villiger rearrangement） ········ 271
8.5.10 Favorskii 重排（Favorskii rearrangement） ········ 271
8.6 α，β-不饱和醛、酮的性质（properties of α，β-unsaturated aldehyde and ketone） ········ 271
8.7 醛、酮的制备（preparation of aldehyde and ketone） ········ 273
8.8 重要的醛、酮（important aldehyde，ketone） ········ 276
习题（Problems） ········ 280

第 9 章 碳-氧极性重键化合物——羧酸及其衍生物 282

9.1 羧酸（carboxylic acid） ········ 282
9.1.1 羧酸的结构（structure of carboxylic acid） ········ 282
9.1.2 羧酸的分类和命名（classification and nomenclature of carboxylic acid） ········ 283
9.1.3 羧酸的物理性质及波谱（physical properties and spectrum of carboxylic acid） ········ 284
9.1.4 羧酸的化学性质（chemical properties of carboxylic acid） ········ 286
9.1.5 二元羧酸的热分解反应（thermal decomposition reaction of dicarboxylic acid） ········ 292
9.1.6 羟基酸（hydroxyl acid） ········ 293
9.1.7 羧酸的制备（preparation of carboxylic acid） ········ 294
习题（Problems） ········ 297
9.2 羧酸衍生物（carboxylic acid derivatives） ········ 298
9.2.1 分类和命名（classification and nomenclature） ········ 298
9.2.2 物理性质及波谱（physical properties and spectrum） ········ 299
9.2.3 水解、醇解、氨解反应（hydrolysis，alcoholysis and aminolysis） ········ 300
9.2.4 与金属有机化合物的反应（reaction with organometallic compound） ········ 304

第1章

有机化学的基础知识

1.1 有机化合物的一般特点（characteristic of organic compound）

有机化学是碳的化学，是碳及其衍生物的化学。有机化合物与无机化合物由于结构上的不同，在性质上也有明显差异。与无机化合物相比，有机化合物有以下特点：

① 容易燃烧，热稳定性较差；

② 熔点和沸点较低，熔点一般低于 400℃；

③ 难溶于水而较易溶于有机溶剂；

④ 反应速率慢，通常需要加热、加催化剂或在光照下才能使反应进行；

⑤ 一般除主反应外还有副反应发生，产物通常是混合物。为得到所需要的产物，还需要进行认真仔细的分离和提纯。

有机化合物的上述特征，只是一般情况，特例也不少。例如，四氯化碳（CCl_4）不但不燃，而且过去曾用作灭火剂；酒精可与水混溶；在光照下甲烷的氯化反应可在瞬间进行等。

1.2 共价键的属性（feature of covalent bond）

（1）键长

成键两原子的核间距离称为键长。距离近，两原子核对共用电子对的吸引力强，但两原子核之间的排斥力也强，因此，键长是两原子核对共用电子对的吸引力与核之间的排斥力平衡时的距离（平衡距离）。有机化合物中常见的键长如表 1-1 所示。

表 1-1 有机化合物中常见的键长 单位：nm

共价键	键长	共价键	键长	共价键	键长
C—H	0.109	C—N	0.147	C—Cl	0.176
C—C	0.154	C—O	0.143	C—Br	0.194
C═C	0.134	C═O	0.122	C—I	0.214

(2) 键角

两价和两价以上的原子与其他两个原子形成的共价键之间的夹角，称为键角。例如：

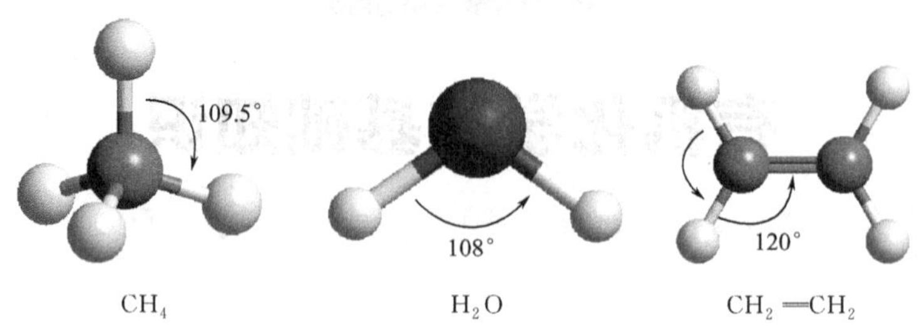

(3) 键能

在双原子分子中，将1mol气态分子解离为两mol气态原子时所需要的能量，称为键解离能（E_D）。例如，氢分子H—H键的键解离能$E_D=436kJ/mol$。对于双原子分子，键解离能就是键能。然而对于多原子分子，分子中含有多个同类型的键，键能则是这些键解离能的平均值，因此键解离能与键能是不同的。例如，甲烷的四个C—H键依次解离时的键解离能分别为：

$$CH_4 \longrightarrow \cdot CH_3 + H\cdot \qquad E_{D1}=439.3kJ/mol$$

$$\cdot CH_3 \longrightarrow \cdot\dot{C}H_2 + H\cdot \qquad E_{D2}=442.0kJ/mol$$

$$\cdot\dot{C}H_2 \longrightarrow \cdot\dot{\underset{\cdot}{C}}H + H\cdot \qquad E_{D3}=442.0kJ/mol$$

$$\cdot\dot{\underset{\cdot}{C}}H \longrightarrow \cdot\dot{\underset{\cdot}{C}}\cdot + H\cdot \qquad E_{D4}=338.9kJ/mol$$

而甲烷分子中C—H键的键能则是［(439.3＋442.0＋442.0＋338.9) kJ/mol］/4＝415.6kJ/mol。键能可作为衡量共价键牢固程度的键参数，键能越大，说明键越牢固。

(4) 键的极性

两个相同原子形成的共价键，如H—H，电子云在两原子之间对称分布，正电荷与负电荷中心重合，键没有极性，这种键称为非极性共价键。当两个不同原子形成共价键时，由于两个原子的电负性不同，正负电荷中心不能重合，其中电负性较强的原子一端电子云密度较大，带有部分负电荷（用δ^-表示），电负性较弱的原子一端带有部分正电荷（用δ^+表示），这种共价键称为极性共价键。例如在H—Cl分子中，Cl的电负性为3.0，H的电负性为2.1（差值为0.9），Cl带部分负电荷，H带部分正电荷，H—Cl键为极性共价键。组成共价键的两原子的电负性差值越大，键的极性越强。键的极性用偶极矩（μ）来度量。偶极矩的定义为：

$$\mu=q\cdot d$$

式中，q为正、负电荷中心之一所带的电荷量，C（库仑）；d为正、负电荷中心之间的距离，m；μ为偶极矩，C·m（库仑·米）。

偶极矩是矢量，具有方向性，一般用$+\!\!\longrightarrow$来表示（箭头指向带部分负电荷的原子）。

在像氯化氢这种双原子分子中，键的偶极矩就是分子的偶极矩，但多原子分子的偶极矩则是分子中各键偶极矩的矢量和。例如：

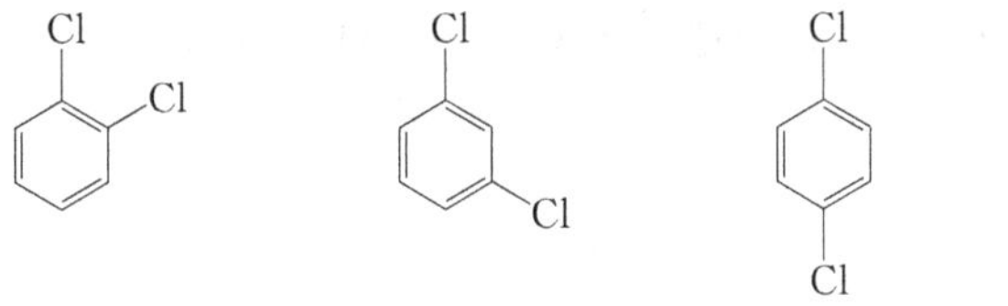

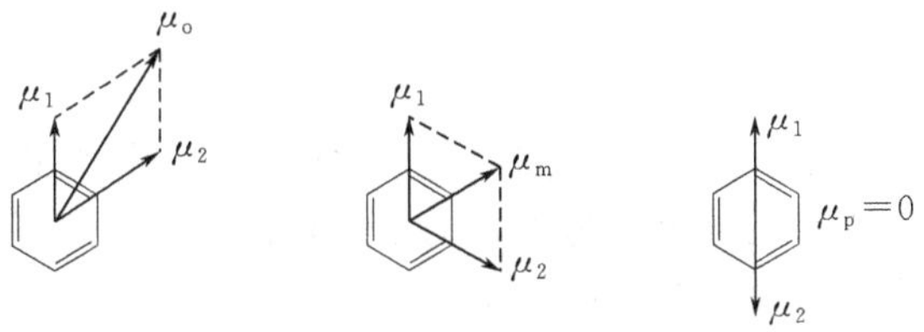

$\mu_{o}>\mu_{m}>\mu_{p}$

(5) 共价键的断裂

化学反应是旧键断裂和新键形成的过程。共价键的断裂方式中，最常见的有两种。一种是共价键断裂时，成键的一对键合电子分别由两个原子各保留一个，这种断裂方式称为均裂。

$$X\cdot\cdot Y \longrightarrow \cdot X + \cdot Y$$

均裂产生的带有单电子的原子或基团，称为自由基（亦称游离基）。有机反应中生成的自由基，通常是很活泼的中间体（称为活性中间体），能很快反应生成产物。按这种方式进行的反应，称为自由基型反应。

另一种是共价键断裂时，成键的一对键合电子为两原子之一所占有，形成正、负离子，这种断裂方式称为异裂。

$$X\cdot\cdot Y \longrightarrow X^{+} + Y^{-}$$

在有机反应中，异裂产生的碳正离子或碳负离子也是很活泼的活性中间体，它们进一步反应生成产物。按这种方式进行的反应，称为离子型反应。

1.3 分子式、构造式、构型式和构象式（molecular formula，constitution，configuration and conformation）

(1) 分子式

分子式表示分子的组成及分子量。如 CH_4，表示甲烷分子是由一个 C、四个 H 组成，分子量为 16。

(2) 构造式

构造式除表示分子式的意义外，还描述了分子中各原子之间的连接次序。如甲烷的构造式为：

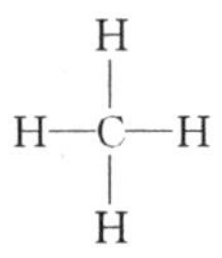

(3) 构型式

构型式除表示分子式、构造式的意义外，还描述了分子中各原子在空间的连接次序。如乙烯，分子式为 C_2H_4；构造式为 $CH_2{=}CH_2$；构型式为：

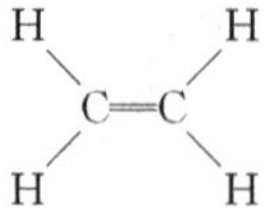

```
H       H
 \     /
  C═C
 /     \
H       H
```

(4) 构象式

构象式也描述了分子中各原子在空间的连接次序，但与构型式是有区别的，一般认为构型式较少，而构象式有无数个。另外，构型式和构象式之间可以因温度变化而相互变化。下面是丁烷构型（构象）的不同表示方法：

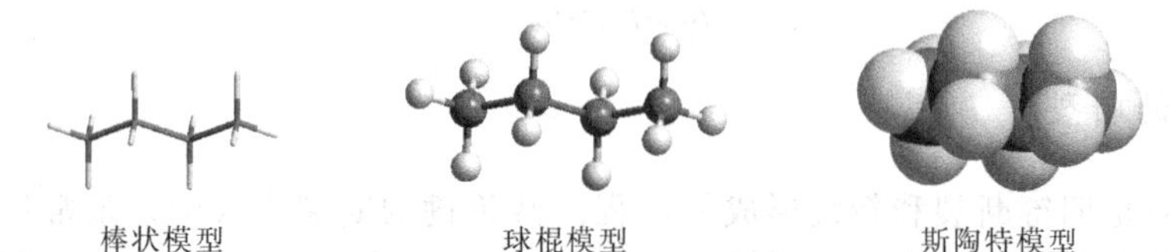

棒状模型　　球棍模型　　斯陶特模型

结构式是构造式、构型式、构象式的总称。构造式可用多种形式表示，常用的是构造式、简式、键线式，如丁烷、苯、乙烯的构造式、简式和键线式。

丁烷

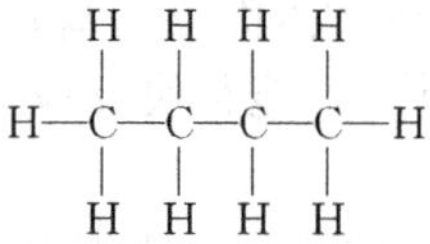

```
   H  H  H  H
   |  |  |  |
H—C—C—C—C—H
   |  |  |  |
   H  H  H  H
```

构造式　　$CH_3CH_2CH_2CH_3$ 简式　　键线式

苯

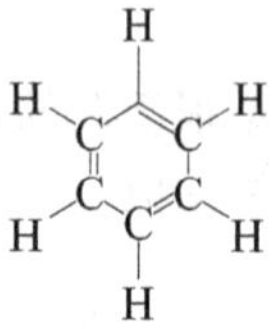

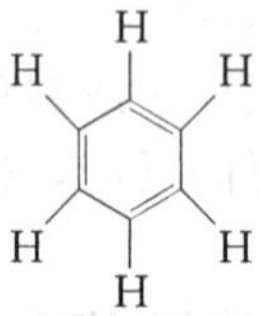

构造式　　简式　　键线式

乙烯

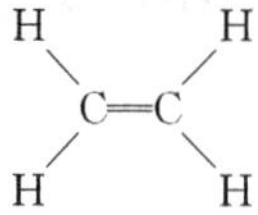

```
H       H
 \     /
  C═C
 /     \
H       H
```

构造式　　$H_2C{=}CH_2$ 简式　　键线式

1.4 氢键（hydrogen bond）

氢原子与电负性大的原子 X 以共价键结合，若与电负性大、半径小的原子 Y（O，F，N 等）接近，生成一种 X—H…Y 形式的特殊的分子间或分子内相互作用，称为氢键。氢键的键能为 4～120kJ/mol，属分子间作用力，其键长、键能见表 1-2。

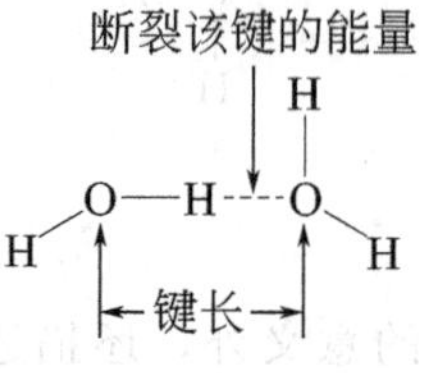

断裂该键的能量

```
                  H
                  |
   O—H···O
  /               \
H                  H
   ←  键长  →
```

表 1-2　常见氢键的键长和键能

氢键类型	化合物	键长/nm	键能/(kJ/mol)
F—H---F	$(HF)_n$	0.255	28.1
O—H---O	H_2O	0.276	18.8
	$(HCOOH)_2$	0.267	29.3
	$(CH_3COOH)_2$		34.3
N—H---F	NH_4F	0.268	20.9
N—H---N	NH_3	0.338	5.4
C—H---N	$(HCN)_2$		18.3

C—H 键一般不形成氢键，但在 $CHCl_3$ 和 HCN 中，由于 N，Cl 的影响，也可以形成较弱的氢键。如：

H—CN---H—CN　　$(H_3C)_2C$=O---$HCCl_3$

氢键具有饱和性和方向性，即电负性强的元素（如 N，O，F）上的 H 只能与一个电负性强的元素形成氢键；形成氢键的三元素在一条直线上时氢键最稳定。如能形成五元环或六元环，可形成分子内氢键。如：

HO—CH₂—CH₂—OH（五元环分子内氢键）　$HO-CH_2CH_2CH_2-N(CH_3)_2$（六元环分子内氢键）

氢键对有机化合物的沸点、熔点、折射率、IR、NMR 等物性及有机分子的构象、化学性质有较大的影响（见后面章节）。

1.5　有机化合物的分类（classification of organic compound）

(1) 按碳架分类

按碳架可分为开链化合物、脂环化合物、芳香族化合物和杂环化合物。

① 开链化合物　分子中的碳原子连接成链状。由于脂肪类化合物具有这种结构，故这类化合物亦称脂肪族化合物。例如：乙烷、正丁烷、乙醇等。

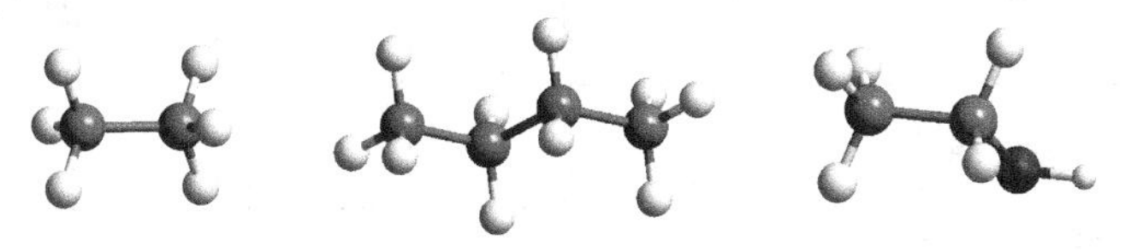

② 脂环化合物　分子中的碳原子连接成环状，其性质与脂肪族化合物相似，称为脂环（族）化合物。例如：环丙烷、环辛烷、环庚烷等。

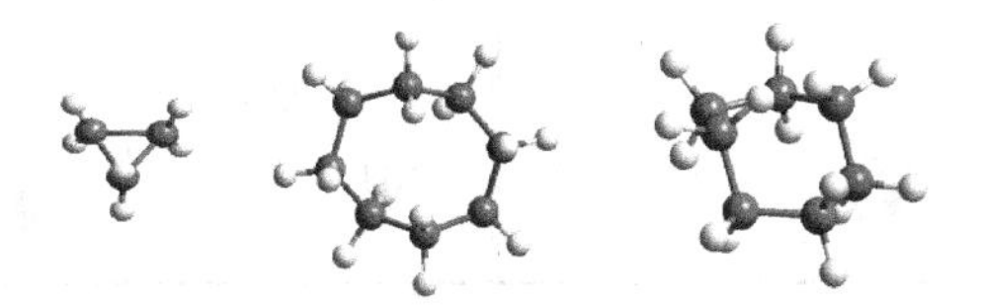

③ 芳香族化合物　分子中至少含有一个苯环结构的化合物，与脂肪族化合物不同，具有特殊的芳香性，称为芳香族化合物。例如：苯、蒽、萘等。

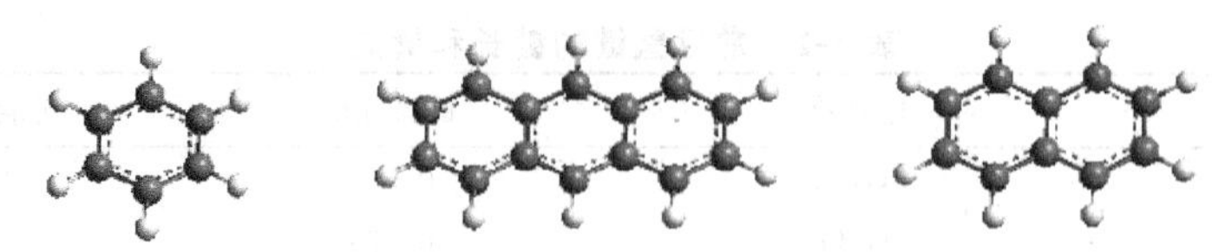

④ 杂环化合物　分子中碳原子和至少一个其他原子（如 O、S、N 等，通常称为杂原子）连接成环的一类化合物，称为杂环（族）化合物。例如：噻吩、吡啶、呋喃、吡咯、喹啉等。

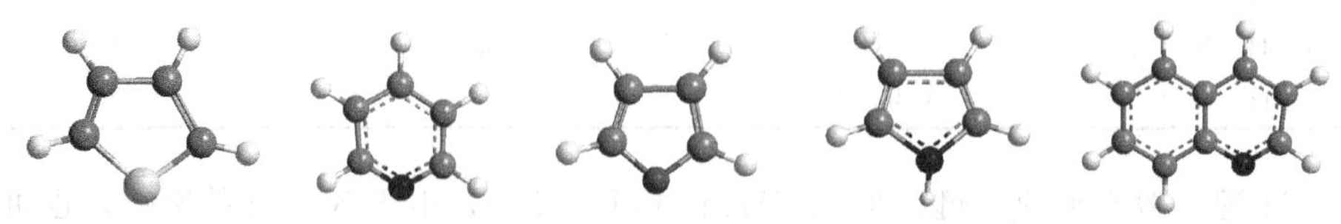

(2) 按官能团分类

官能团是指分子中比较活泼而易发生反应的原子或基团，它决定化合物的主要性质。含有相同官能团的化合物具有相似的性质，因此按官能团将有机化合物分类，有利于对有机化合物的研究和学习。本书也是以官能团为主线进行介绍的。主要官能团如下：

官能团	模型	化合物
C═C 双键		烯烃、二烯烃、环烯烃
C≡C 三键		炔烃
—OH 羟基		醇和酚
—C═O 甲酰基 │ H 醛基	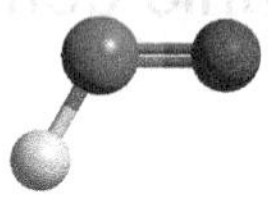	醛
—C═O 羰基 │		酮
$-NH_2$ 氨基		胺类
—C═O 酯基 │ OR （烷氧羰基）	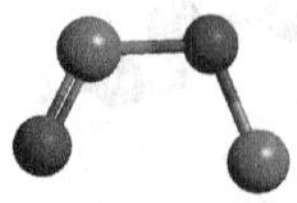	酯类
—COOH 羧基	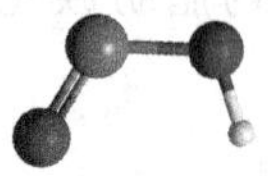	羧酸
—C═O 氟代羰基 │ F	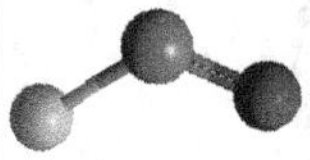	酰氟

官能团	模型	化合物
—C═O 氯代羰基 │ Cl	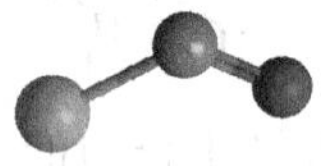	酰氯
—C═O 溴甲酰基 │ Br		酰溴
—C═O 碘甲酰基 │ I	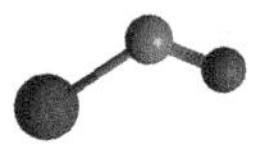	酰碘
O ∥ —C ╲ O　酐基 ╱ —C ∥ O	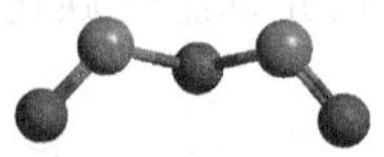	酸酐
$-NO_2$ 硝基		硝基物
—C═O 甲酰氨基 │ NH_2	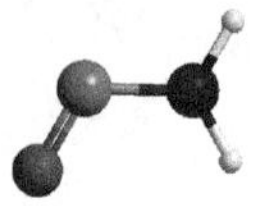	酰胺

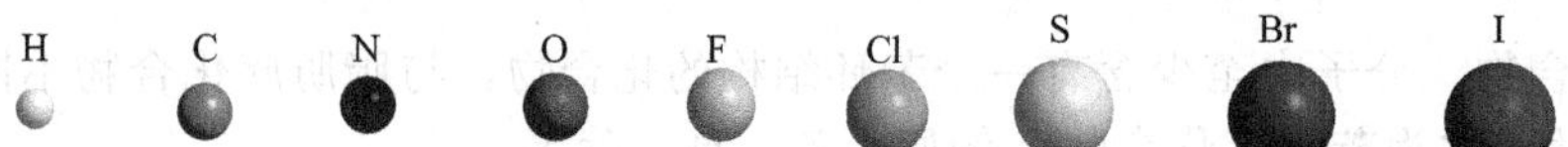

H　C　N　O　F　Cl　S　Br　I

1.6　简单有机化合物的命名（nomenclature of simple organic compound）

简单有机化合物的命名可分为普通命名，系统命名，衍生物命名，英文命名［IUPAC命名、common命名、美国化学文摘（CA）命名］以及烷基的命名。

1.6.1　烷烃的命名（nomenclature of alkane）

（1）普通命名

对于结构简单的有机化合物可采用普通命名法，碳数在十以内直链的烷烃用天干甲、乙、丙、丁、戊、己、庚、辛、壬、癸来表示。多于十个碳原子时，用十一烷、十二烷等。为了区别直链及支链烃，分别用正、异、新来描述。

《有机化合物命名原则》（1980版）规定："正"表示直链烃；"异"表示在第二个碳上带有一个甲基侧链，其余部分是直链；"新"表示在第二个碳上带有两个甲基侧链，其余部分是直链。命名时包含所有的碳。由于《有机化合物命名原则》（2017版）烷烃只保留了下列化合物的普通命名，因此有机化合物的普通命名使用范围很小。

$CH_3CH(CH_3)CH_2CH_3$ 异戊烷　　$CH_3CH(CH_3)CH_3$ 异丁烷　　$CH_3CH(CH_3)CH_2CH_2CH_3$ 异己烷　　$C(CH_3)_4$ 新戊烷

异辛烷属于俗名，其结构与普通命名中的"异"无关，因为是汽油辛烷值的量度，仍保留使用。

异辛烷(普通命名);2,2,4-三甲基戊烷(CCS);2,2,4-trimethylpentane(IUPAC)

甲烷等烷烃的英文名称如下：

methane	甲烷	ethane	乙烷	propane	丙烷
butane	丁烷	pentane	戊烷	hexane	己烷
heptane	庚烷	octane	辛烷	nonane	壬烷
decane	癸烷	undecane	十一烷	dodecane	十二烷

烷基的英文名称是将烷烃的词尾"ane"改为"yl"，如甲基 methyl，乙基 ethyl 等。用 *n*-表示正，用 *iso*-表示异，用 *neo*-表示新，用 *sec*-表示仲，用 *t*-表示叔。用 mono（一），di（二），tri（三），tetra（四）表示取代基的个数。常见的取代基有：

CH_3—	C_2H_5—	$CH_3CH_2CH_2$—	$(CH_3)_2CH$—
甲基 methyl	乙基 ethyl	正丙基 *n*-propyl	异丙基 *iso*-propyl
$CH_3CH_2CH_2CH_2$—	$(CH_3)_2CH_2CH$—	$CH_3CH_2(CH_3)CH$—	$(CH_3)_3C$—
正丁基 *n*-butyl	异丁基 *iso*-butyl	仲丁基 *sec*-butyl	叔丁基 *t*-butyl

英文的普通命名是在英文名称前加上 *n*-，*iso*-，*neo*-。如：*n*-hexane（正己烷），*iso*-butane（异丁烷），*neo*-pentane（新戊烷）。

（2）系统命名

中文系统命名（CCS 命名）是中国化学会（CCS）于 1980 年根据国际纯粹与应用化学联合会（International Union of Pure and Applied Chemistry，简称 IUPAC）命名原则结合我国的文字特点制定的有机化合物命名法。2017 年以前，我国各种版本的有机化学教科书一直使用该法。为了适应有机化学的飞速发展并与国际接轨，2017 年中国化学会颁布的《有机化合物命名原则》中有许多新的规定，其中在有机基团的排序上与 IUPAC 一致，从而将中、英文的系统命名统一起来。这就要求学生要熟悉有机基团的英文名称，才能正确地给出化合物的中文名称。命名时必须遵循下列规则：

① 选择最长碳链作为母体，把支链看作是母体的取代基，根据主链的碳原子数称"某烷"。当存在两条等长主链时，则选择连有取代基多的那一条为母体。

② 母体确定后，将母体中的碳原子从最接近取代基的一端（第一个英文字母靠前的取代基所处位次尽可能小）开始，依次给予编号，用阿拉伯数字 1，2，3…表示。

乙基(ethyl)

7 8 6 5 4 3 2 1

甲基(methyl)

③ 当对主链以不同方向编号，得到两种或两种以上的不同编号系列时，须遵循最低系列原则，即顺次逐项比较各系列的不同位次，将最先遇到的位次最小者定为最低系列。优先考虑最低系列原则，在最低系列编号相同时，再按②规则编号。

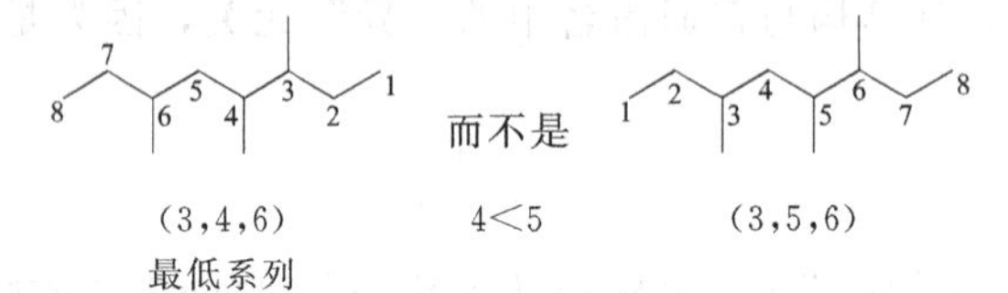

④ 当支链较为复杂时，可将支链从和主链连接的碳原子开始编号，并将支链名称放在括号中。

⑤ 在书写化合物名称时，应将第一个英文字母靠前的取代基放在前面，其余按英文字母顺序依次于后，相同基团应予以合并。直链烷烃的系统命名与普通命名相似，但要去掉"正"字。

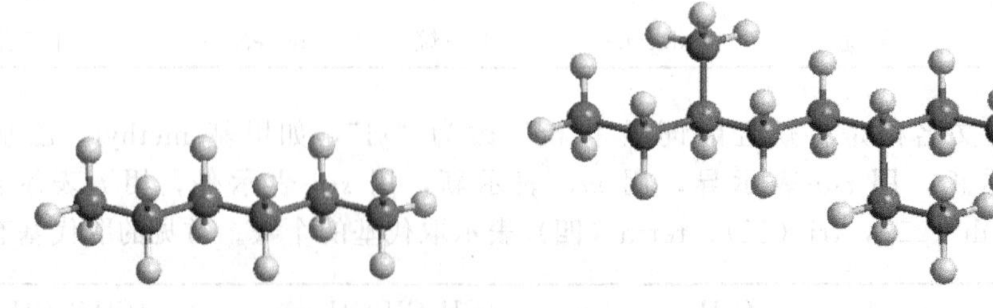

正己烷(普通命名)
己烷(系统命名)

3-乙基-7-甲基壬烷(2017)
3-甲基-7-乙基壬烷(1980)
3-ethyl-7-methylnonane(IUPAC)

下列命名体现了最低系列原则，不是 4,8-diethyl-9-methyldodecane，而是 5,9-diethyl-4-methyldodecane（IUPAC）；是 5,9-二乙基-4-甲基十二烷（2017），而不是 4-甲

基-5,9-二乙基十二烷（1980）。

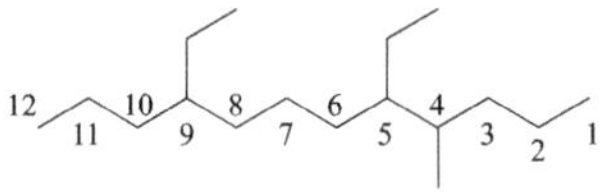

12 11 10 9 8 7 6 5 4 3 2 1　　而不是　　1 2 3 4 5 6 7 8 9 10 11 12

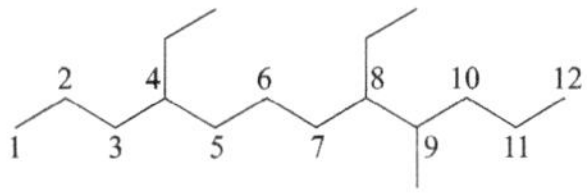

（4,5,9）　　5<8　　（4,8,9）

烷基的系统命名要将基标为1，如异丁基 $(CH_3)_2CHCH_2$—为2-甲基丙基，叔丁基 $(CH_3)_3C$—为1,1-二甲基乙基。

（3）衍生物命名

支链烷烃衍生物命名法多以甲烷作为母体，将支链烷烃都看作是甲烷的烷基衍生物。选择连有烷基最多的碳原子作为甲烷的母体原子，将所连接烷基按支链结构的分子量和复杂程度由小至大，由简单至复杂的顺序列出。例如：

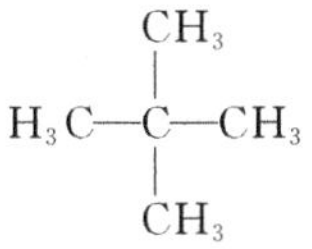

$$H_3C-\underset{CH_3}{\overset{CH_3}{C}}-CH_3 \qquad H_3C-\underset{H}{\overset{CH_3}{C}}-CH_2-CH_3$$

新戊烷　　异戊烷

四甲基甲烷（衍生物命名）　　二甲基乙基甲烷（衍生物命名）

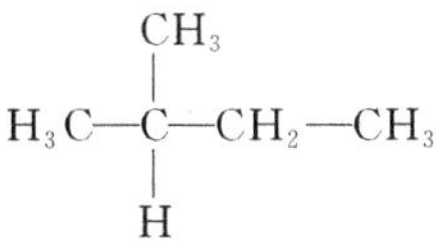

衍生物命名法较直观地表示出烷烃的结构，但对于碳原子数较多、结构复杂的化合物难以适用。

（4）CA命名

通常是母体名称在前，将取代基按字母顺序排在后面。如：

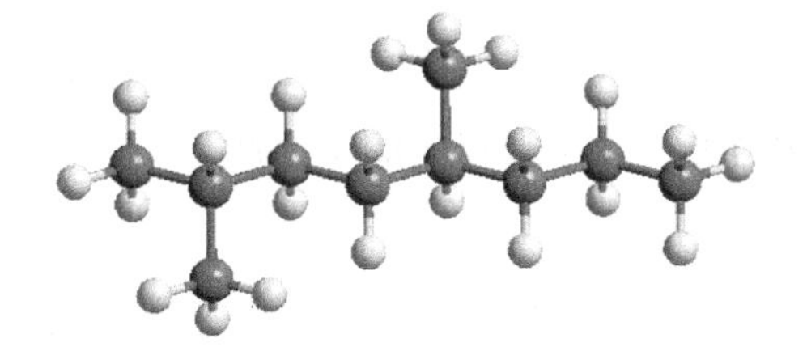

octane,2,5-dimethyl

1.6.2　单环烷烃的命名（nomenclature of mono cycloalkane）

（1）系统命名

环烷烃按碳原子的数目称为环某烷，IUPAC名称在烷烃名称前加一词头"cyclo"，取代基按字母顺序，字母顺序在前给以小编号。如：

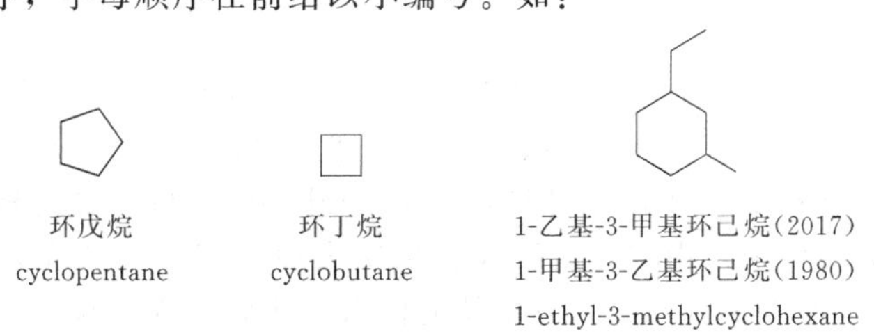

环戊烷　　环丁烷　　1-乙基-3-甲基环己烷（2017）

cyclopentane　　cyclobutane　　1-甲基-3-乙基环己烷（1980）

1-ethyl-3-methylcyclohexane

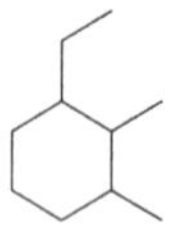

1-ethyl-2,3-dimethylcyclohexane(IUPAC)

1-乙基-2,3-二甲基环己烷(2017)　1,2-二甲基-3-乙基环己烷(1980)

环烷烃还有立体异构体，普通命名法中两个取代基在环同一侧面的称为“顺”（*cis*，拉丁文在一边的意思），两个取代基不在同一侧的称为“反”（*trans*，拉丁文不在一边之意）。

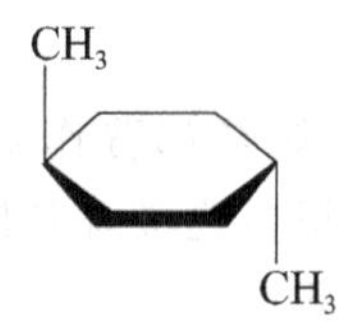

反-1,4-二甲基环己烷(CCS)

trans-1,4-dimethylcyclohexane(IUPAC)

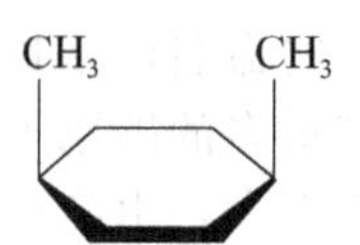

顺-1,4-二甲基环己烷(CCS)

cis-1,4-dimethylcyclohexane(IUPAC)

(2) 环基的命名

从基开始标号，基的顺序同前。如：

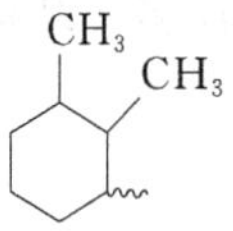

2,3-dimethyl cyclohexyl

2,3-二甲基环己基

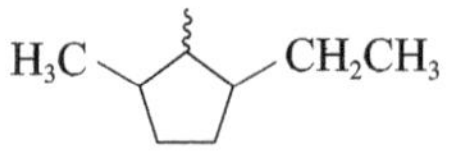

2-ethyl-5-methyl cyclopentyl

2-乙基-5-甲基环己基(2017)　2-甲基-5-乙基环己基(1980)

(3) CA 命名

以环为母体，取代基在后，按字母顺序排列。如：

cyclohexane,1,2-dimethyl　　cyclopentane,1-ethyl,3-methyl

1.6.3 桥环烃的命名 (nomenclature of bridged alkane)

有两个及以上共用碳原子的双环烃称为桥环化合物。三环及其以上的多环是先将之拆成两个二环，先按二环命名，再将之间相连的原子连接上，之间相隔的碳数用阿拉伯数字标出，连接的位置用上角标，中间用逗号隔开。桥环化合物的命名可按下列步骤进行：

① 确定环的个数　这方面已有许多报道，但最简单实用的还是断键法，即将桥环烃变为同碳数的链状化合物。如断两次的桥环烃称为“二环”(bicyclo)，断三次的桥环称为“三环”(tricyclo)。如果使用计算机的 ChemDraw 软件就显得极为方便，如立方烷，先画出立方烷的结构，用“橡皮”操作依次去掉一键，直到成为同碳数的链状烃 E。因断了五个键，所以为五环。无论用其他什么方法确定立方烷环的个数，在命名时

均要通过断键，将多环变成二环烃 C，见图 1-1。

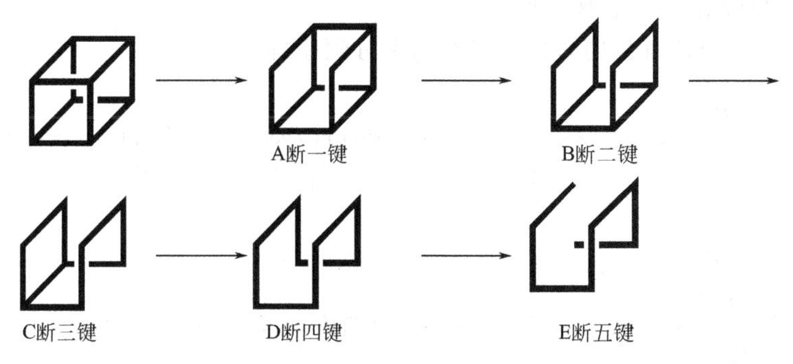

图 1-1　立方烷的断裂方式

② 永远从桥头碳开始编号，先大环后小环再桥，其他原则同烷烃　如二环，称为二环［a. b. c］某烷，a 代表不含桥头碳的大环碳原子数，b 代表不含桥头碳的小环碳原子数，c 代表桥上的碳原子数（如无碳用 0 表示），数字之间用圆点隔开，根据环总碳数称为某烷。如：

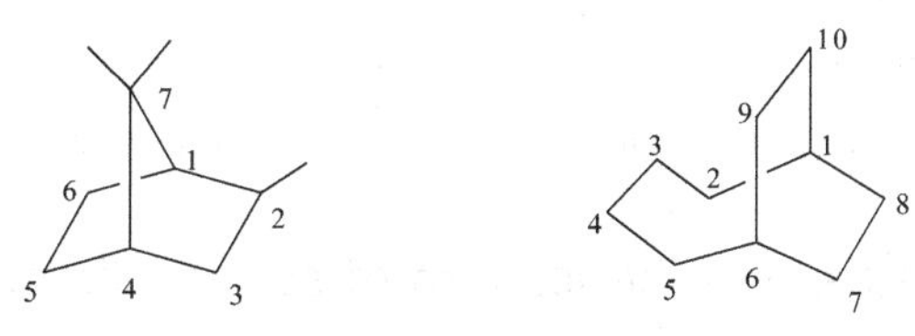

2，7，7-三甲基二环［2. 2. 1］庚烷　　　　二环［4. 2. 2］癸烷

③ 三环以上的烃类以二环为基础命名　即先将多环通过断键法变成二环（使产生的环尽量大且平均），再将原断裂的键按桥碳由多至少排列，并在其右上角标出桥键的位置，之间用逗号隔开。如：

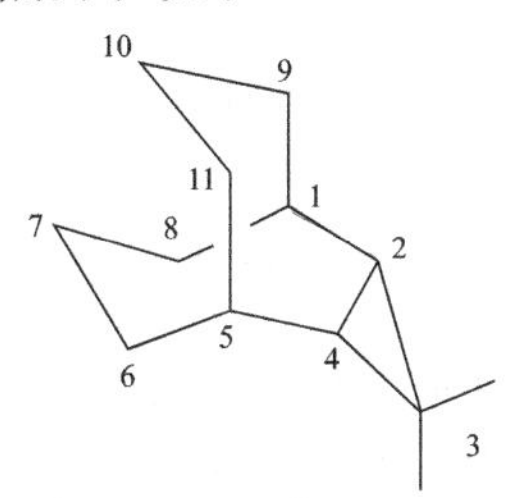

3,3-dimethyltricyclo[3. 3. 3. $0^{2,4}$]undecane

3,3-二甲基三环[3. 3. 3. $0^{2,4}$]十一烷

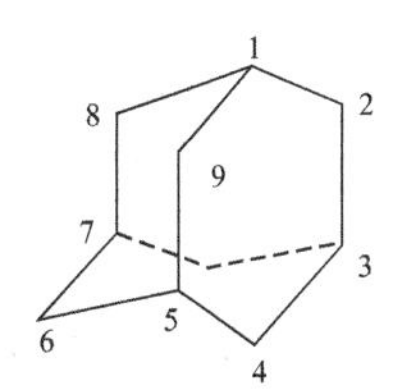

tricyclo[3. 3. 1. $1^{3,7}$]decane

三环[3. 3. 1. $1^{3,7}$]癸烷

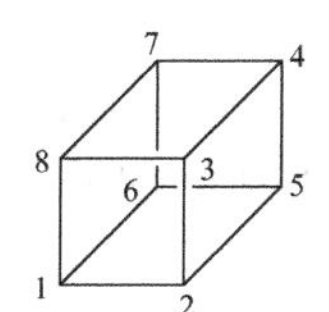

pentacyclo[4. 2. 0. $0^{2,5}$. $0^{3,8}$. $0^{4,7}$]octane

五环[4. 2. 0. $0^{2,5}$. $0^{3,8}$. $0^{4,7}$]辛烷

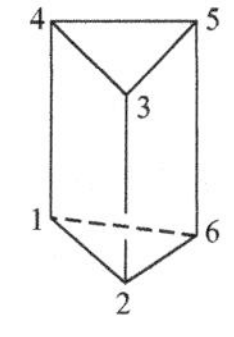

tetracyclo[2. 2. 0. $0^{2,6}$. $0^{3,5}$]hexane

四环[2. 2. 0. $0^{2,6}$. $0^{3,5}$]己烷

在命名时要注意：

a. [] 内的数字用圆点相隔，而不是逗号；[] 内的上角标数字要用逗号相隔，而不是圆点；要用 []，不能用 ()。

b. 无论是 CCS 还是 IUPAC 命名，其中的阿拉伯数字采用英文书写格式。如 3,3-二甲基己烷不能写成 3,3-二甲基己烷。

c. CCS 与 IUPAC 命名均是按取代基的字母顺序排列。

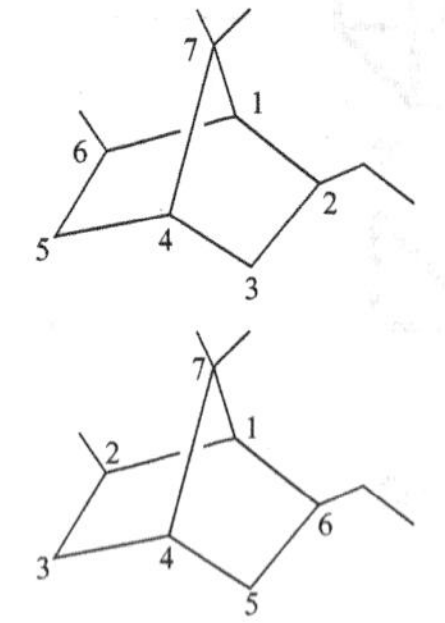

2-ethyl-6,7,7-trimethyl biscyclo[2. 2. 1]heptane(IUPAC)

2-乙基-6,7,7-三甲基二环[2. 2. 1]庚烷(2017)

2,7,7-三甲基-6-乙基二环[2. 2. 1]庚烷(1980)

d. 当桥上原子个数相同时，应使两侧环的原子尽量相差较小。

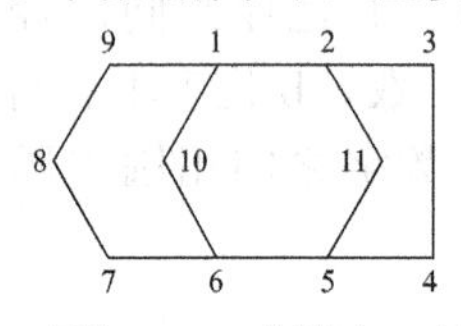

而不是

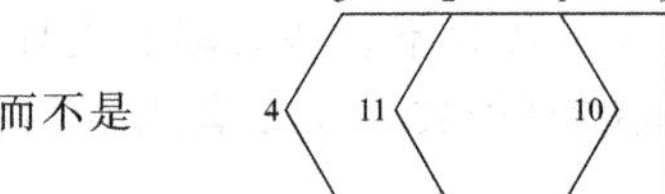

三环[4. 3. 1. $1^{2,5}$]十一烷　　而不是　　三环[5. 2. 1. $1^{2,6}$]十一烷

tricyclo[4. 3. 1. $1^{2,5}$]undecane　　　　tricyclo[5. 2. 1. $1^{2,6}$]undecane

1. 6. 4　螺环烃的命名 (nomenclature of spirocyclic alkane)

两环共用一个原子称为螺环，共用的原子称为螺原子，其命名原则是：为了使螺原子编号尽量小，一螺环化合物从小环一端与螺原子相邻的碳原子开始编号，经螺原子再编大环，其格式为螺 [a. b] 某烷。英文用 spiro 表示螺。多螺环也由较小的端环按顺序编号，以使螺原子的编号尽量小。

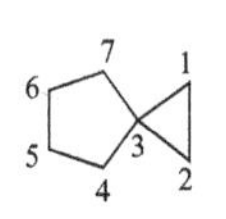

螺[2. 4]庚烷

spiro[2. 4]heptane

1-甲基螺[4. 5]癸烷

1-methylspiro[4. 5]decane

多螺环重复经过的螺原子的位次要以上角标形式标在其后，例如：

二螺 [5. 2. 5. 2] 十六烷 (1980)　二螺 [5. 2. 5^{9}. 2^{6}] 十六烷 (2017) dispirocyclo [5. 2. 5^{9}. 2^{6}] hexadecane

多环基的命名要先按桥环或螺环编号，同时使取代基的编号数尽量小，注意 2017 版与 1980 版命名规则的区别，如：

1,7,7-trimethylbiscyclo[2. 2. 1]hept-2-yl

1,7,7-三甲基二环[2. 2. 1]庚-2-基(2017)

1,7,7-三甲基二环[2. 2. 1]-2-庚基(1980)

7-methylsprio[4. 4]non-2-yl

7-甲基螺[4. 4]壬-2-基(2017)

7-甲基螺[4. 4]-2-壬基(1980)

1.6.5 烯烃的命名（nomenclature of alkene）

（1）CCS命名和IUPAC命名

选择最长链为主链，从靠近双键的一端开始编号，使双键处在尽量小位。命名时双键的位号放在碳数与烯之间，其余同烷烃。英文中将烷烃的“ane”改为“ene”，如乙烯为ethene，丁烯为butene等。烯基是将“ene”改为“enyl”，如乙烯基为ethenyl，丙烯基为propenyl等。

$CH_3CH_2CH_2CH_2CH{=}CH_2$

己-1-烯(2017)
1-己烯(1980)
hex-1-ene

$CH_3CH{=}CHCH(CH_3)CH_2CH_2CH_3$

4-甲基庚-2-烯(2017)
4-甲基-2-庚烯(1980)
4-methylhep-2-ene

若含有不饱和键的碳链不是最长碳链，则将其作为取代基处理。

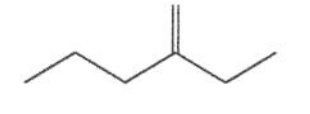

3-methylene-hexane
2-乙基-1-戊烯(1980) 3-甲亚基己烷(2017)

环烯烃的命名与烯烃相似，注意取代基的位次和最低系列原则即可。

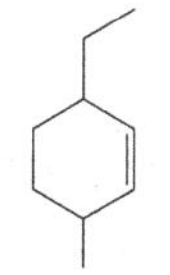

3-ethyl-6-methyl-cyclohexene
3-乙基-6-甲基环己烯(2017)
3-甲基-6-乙基环己烯(1980)

2,3-diethyl-1-methyl-cyclohexene
2,3-二乙基-1-甲基环己烯(2017)
1-甲基-2,3-二乙基环己烯(1980)

（2）立体异构体的命名

当双键的两个碳上分别连有两个不同基团时，由于双键不能自由旋转而产生立体异构体，可用顺、反（普通命名）及*Z*、*E*（系统命名）来表示。

相同的基团在双键的同侧为顺，在异侧为反；当双键所连的四个基团均不一样时，不能用普通命名来表示，可用系统命名*Z*（Zusammen，德文）、*E*（Entgegen，德文）来表示其构型。基团的大小可用Cahn-Ingold-Prelog顺序规则或氧化数法来判断（见1.7.3），两个大的基团（或小的基团）在双键的同侧为*Z*，在异侧为*E*。如：

顺-丁-2-烯(普通命名)
(*Z*)-丁-2-烯(CCS)
cis-but-2-ene(common)
(*Z*)-but-2-ene(IUPAC)

反-丁-2-烯(普通命名)
(*E*)-丁-2-烯(CCS)
trans-but-2-ene(common)
(*E*)-but-2-ene(IUPAC)

值得指出的是，顺反表示法也可用*Z*-*E*法代替，顺-丁-2-烯也是（*Z*)-丁-2-烯，反-丁-2-烯也是（*E*)-丁-2-烯。但*Z*、*E*和顺、反是两种不同的构型表示方法，顺、反是普通命名，*Z*、*E*是系统命名，*Z*不一定是顺，*E*不一定是反。如：

H_3C CH_3
H Br

顺式,*E*式

H_3C Br
H CH_3

反式,*Z*式

(3) 普通命名

烯烃的普通命名使用较少，如：异丁烯 *iso*-butene，乙烯 ethylene，丙烯 propylene，乙烯基 vinyl，烯丙基 allyl 等。

(4) CA 命名

以烯为母体，取代基放在后面，如：hept-1-ene,5-ethyl,4-methyl。

(5) 烯基的命名

从基开始标号，在烯的命名后加个基字即可，如：

$H_2C{=}CHCH_2{-}$
丙-2-烯基(烯丙基)
prop-2-en-1-yl

$H_3C{-}HC{=}CH{-}CH_2{-}$
丁-2-烯基(巴豆基)
but-2-en-1-yl

1.6.6 炔烃的命名(nomenclature of alkyne)

(1) 系统命名

以含三键的最长链为主链，从靠近三键的一端开始编号，使三键处在最小位。命名时三键的位号放在炔烃名称的前面，其余同烷烃。当有双键及三键时，称为某烯炔，且当烯炔位置相同时，以烯键为最小，如：

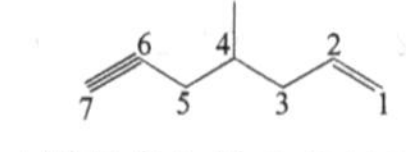

4-甲基庚-1-烯-6-炔(2017)
4-甲基-1-庚烯-6-炔(1980)

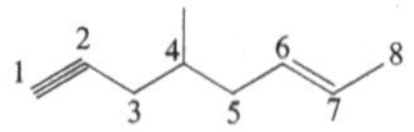

4-甲基辛-6-烯-1-炔(2017)
4-甲基-6-辛烯-1-炔(1980)

IUPAC 命名是将烷烃的“ane”改为“yne”，如乙炔 ethyne，丁炔 butyne 等。炔基是将“yne”改为“ynyl”，如乙炔基为 ethynyl，丙炔基为 propynyl 等。如：

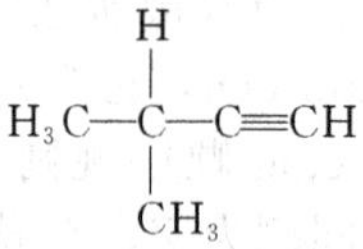

$$H_3C{-}CH(CH_3){-}C{\equiv}CH$$

3-methylbutyne(IUPAC)

当炔键并不是最长碳链时，则选最长链为母体，将炔作为取代基，这一点 2017 版命名规则与 1980 版不同。如：

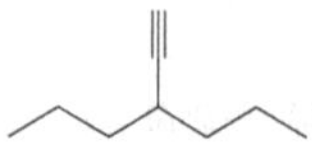

4-ethynyl heptane
4-乙炔基庚烷(2017)
3-丁基-1-己炔(1980)

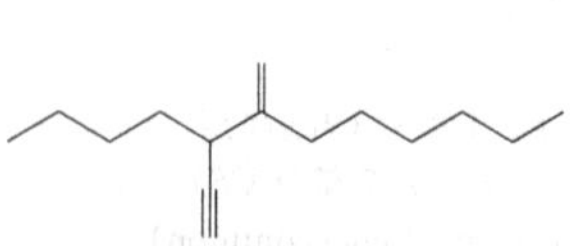

5-ethynyl-6-methylene-dodecane
5-乙炔基-6-甲亚基十二烷(2017)
3-丁基-2-己基-1-戊烯-4-炔(1980)

(2) CA 命名

以炔为母体，取代基放在后面，如 3-甲基丁炔 3-methylbutyne 为 butyne, 3-methyl。

（3）炔基的命名

从基开始标号，如：

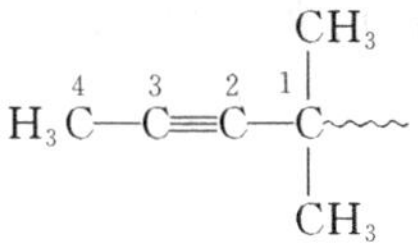

$$H_3\overset{4}{C}-\overset{3}{C}\equiv\overset{2}{C}-\overset{1}{C}(CH_3)_2\sim$$

1,1-dimethylbut-2-yn-1-yl(IUPAC)

1.6.7　二烯烃的命名（nomenclature of diene）

二烯烃的命名和烯烃相似，分子中有两个双键称为二烯，主链应选含两个双键的碳链并要标明双键的位置。如 $CH_2=CH-CH=CHCH_3$ 为戊-1,3-二烯，$CH_2=C=CHCH_2CH_2CH_3$ 为己-1,2-二烯。

当二烯的双键两端连接的原子或基团不同时，也存在构型异构体。如：

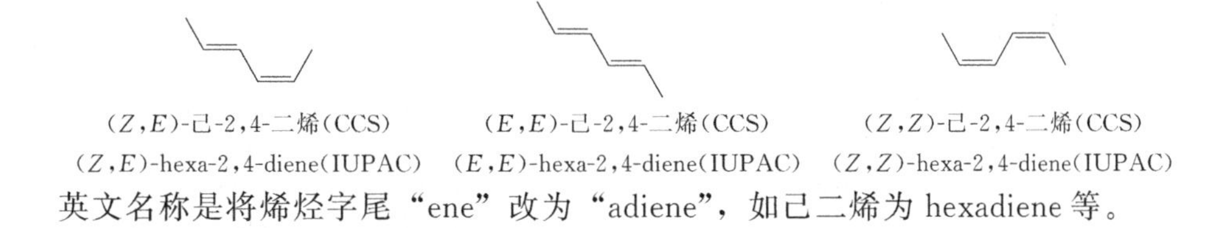

(*Z*,*E*)-己-2,4-二烯(CCS)　(*E*,*E*)-己-2,4-二烯(CCS)　(*Z*,*Z*)-己-2,4-二烯(CCS)

(*Z*,*E*)-hexa-2,4-diene(IUPAC)　(*E*,*E*)-hexa-2,4-diene(IUPAC)　(*Z*,*Z*)-hexa-2,4-diene(IUPAC)

英文名称是将烯烃字尾“ene”改为“adiene”，如己二烯为 hexadiene 等。

1.6.8　芳烃的命名（nomenclature of arene）

（1）普通命名

普通命名仅适用于简单的取代苯。如：

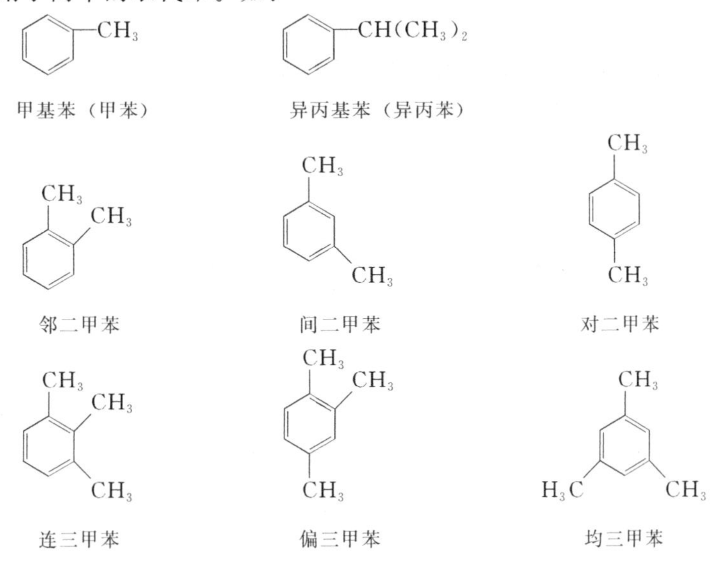

甲基苯（甲苯）　异丙基苯（异丙苯）

邻二甲苯　间二甲苯　对二甲苯

连三甲苯　偏三甲苯　均三甲苯

（2）系统命名

较复杂的烷基取代苯，应采用系统命名。1980 版 CCS 命名与 IUPAC 命名略有不同，2017 版的 CCS 命名与 IUPAC 命名一致。

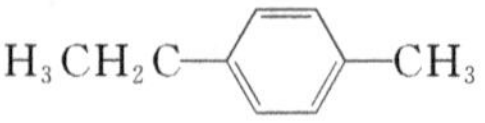

H_3CH_2C—⟨苯环⟩—CH_3

1-甲基-4-乙基苯或 4-乙基甲苯(1980)　　1-乙基-4-甲基苯或 4-甲基乙苯(2017)

1-ethyl-4-methyl-benzene(IUPAC)

a. 如基团的位次与最低系列原则相矛盾时，服从后者。如：

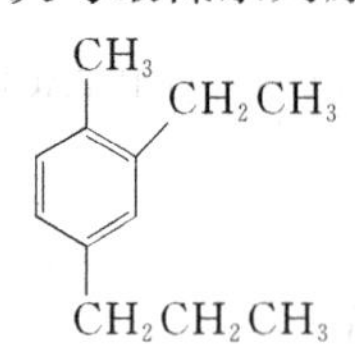

2-乙基-1-甲基-4-丙基苯(2017)

1-甲基-2-乙基-4-丙基苯(1980)

2-ethyl-1-methyl-4-propylbenzene

不称为 1-乙基-2-甲基-5-丙基苯

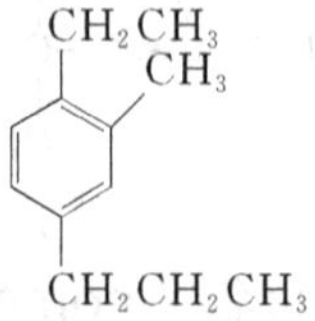

CH_2CH_3, CH_3, $CH_2CH_2CH_3$

1-乙基-2-甲基-4-丙苯(2017)

2-甲基-1-乙基-4-丙苯(1980)

1-ethyl-2-methyl-4-propylbenzene

CH_2CH_3, $CH_2CH_2CH_3$, $H_3CH_2CH_2CH_2C$

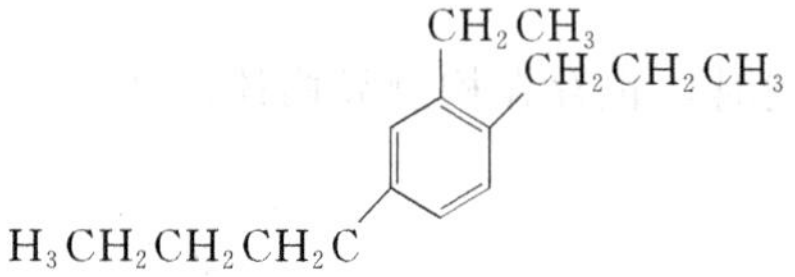

2-乙基-1-丙基-4-丁基苯(1980)

4-丁基-2-乙基-1-丙基苯(2017)

4-butyl-2-ethyl-1-propyl-benzene

不称为 5-丁基-1-乙基-2-丙基苯

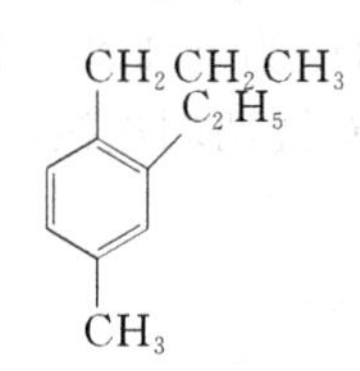

4-甲基-2-乙基-1-丙基苯(1980)

2-乙基-4-甲基-1-丙基苯(2017)

2-ethyl-4-methyl-1-propyl-benzene

不称为 1-乙基-2-丙基-5-甲基苯

b. 当苯环与较长、较复杂烃基相连时，可将苯环作为取代基。如：

$CH_3CHCH_2CH_2CH(CH_3)_2$

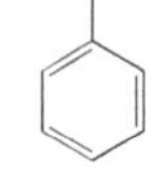

2-甲基-5-苯基己烷

2-methyl-5-phenylhexane

c. 当苯环上有官能团时将苯基作为取代基。如：

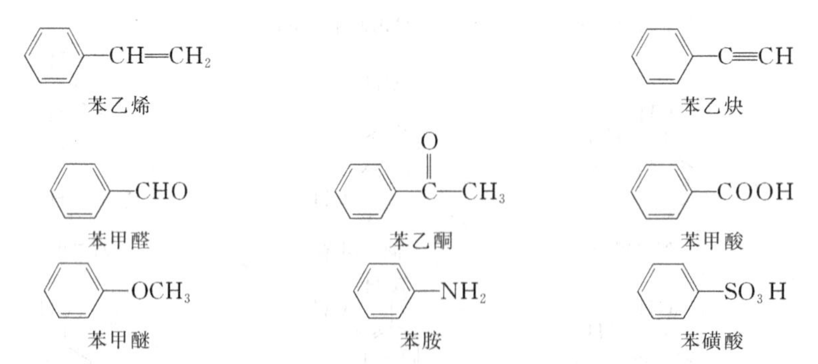

苯乙烯　苯乙炔

苯甲醛　苯乙酮　苯甲酸

苯甲醚　苯胺　苯磺酸

d. 多苯代脂烃中通常以烃为母体，将苯作为取代基。

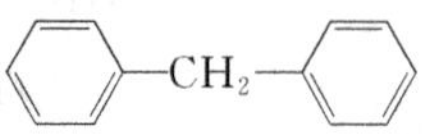

⟨苯环⟩—CH_2—⟨苯环⟩　　⟨苯环⟩—CH_2CH_2—⟨苯环⟩

二苯甲烷 　　1,2-二苯乙烷

(3) 联苯类化合物的命名

该类化合物有特定的位置标号。

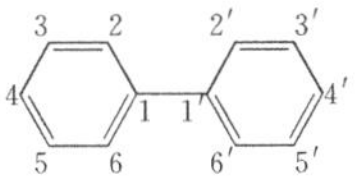

联苯 　　　　三联苯

(4) 稠环芳烃的命名

该类化合物也有特定的位置标号。

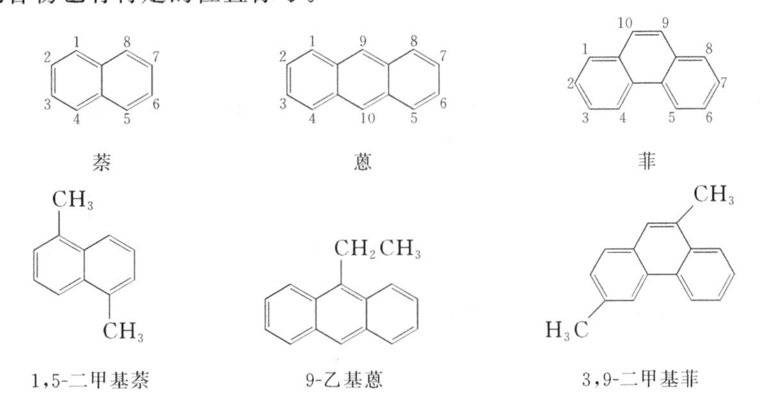

萘　　　　蒽　　　　菲

1,5-二甲基萘　　　　9-乙基蒽　　　　3,9-二甲基菲

1.6.9 卤代烃的命名（nomenclature of halohydrocarbon）

(1) 普通命名

在基团名称之后，加上氟化物（fluoride）、氯化物（chloride）、溴化物（bromide）、碘化物（iodide）。例如：

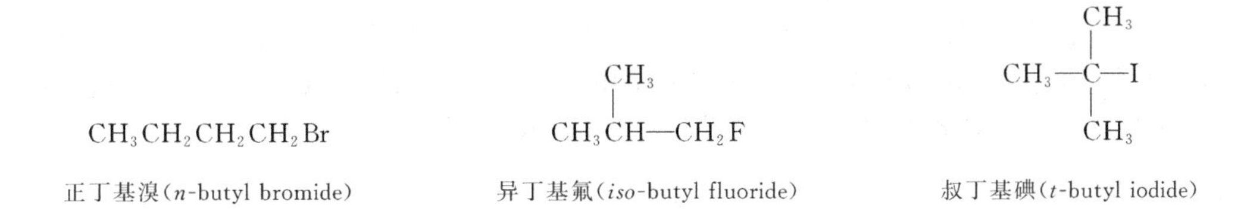

正丁基溴（*n*-butyl bromide）　　异丁基氟（*iso*-butyl fluoride）　　叔丁基碘（*t*-butyl iodide）

(2) 俗名

有些多卤代烃有俗名，如 $CHCl_3$ 称为氯仿（chloroform），CHI_3 称为碘仿（iodoform）。一些实验教科书中常用的溴代正丁烷也应属于俗名。

(3) CCS 命名和 IUPAC 命名

将卤原子看成取代基，烃看成母体。IUPAC 命名时，卤原子用词头表示氟（fluoro）、氯（chloro）、溴（bromo）和碘（iodo）。例如：

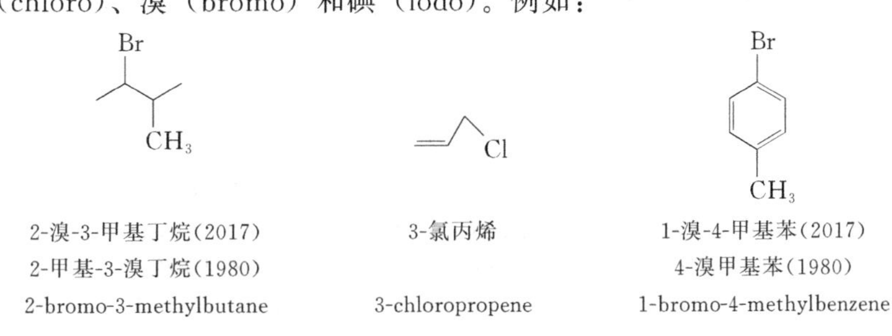

2-溴-3-甲基丁烷(2017)　　3-氯丙烯　　1-溴-4-甲基苯(2017)
2-甲基-3-溴丁烷(1980)　　　　4-溴甲基苯(1980)
2-bromo-3-methylbutane　　3-chloropropene　　1-bromo-4-methylbenzene

(4) CA 命名

以烃为母体，将取代基放在后面，如 2-溴-3-甲基丁烷为 butane,2-bromo,3-methyl；3-氯丙烯为 propene,3-chloro；1-溴-4-甲基苯为 benzene,1-bromo,4-methyl。

1.6.10 醇的命名 (nomenclature of alcohol)

(1) 普通命名

此法按烷基的普通名称命名，即在烷基后面加一个醇字，英文加 alcohol。

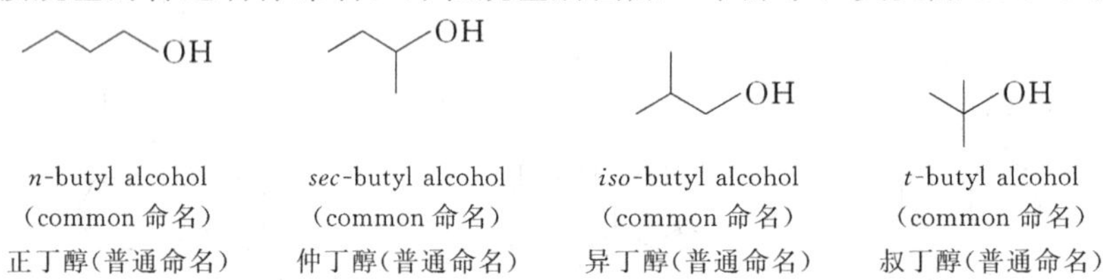

n-butyl alcohol	*sec*-butyl alcohol	*iso*-butyl alcohol	*t*-butyl alcohol
(common 命名)	(common 命名)	(common 命名)	(common 命名)
正丁醇(普通命名)	仲丁醇(普通命名)	异丁醇(普通命名)	叔丁醇(普通命名)

(2) 系统命名

把连有羟基的最长碳链选作主链，给羟基尽可能小的位次，将醇的位次放在醇前，称为某-1-醇或某-2-醇。例如：

OH　　　OH

己-1-醇(2017)　　庚-1-烯-4-醇(2017)

1-己醇(1980)　　1-庚烯-4-醇(1980)

英文命名时，用词尾“ol”代替烷烃词尾“ane”中的“e”。例如：methanol 甲醇，ethanol 乙醇，propanol 丙醇等。二元醇词尾用“diol”，三元醇词尾为“triol”，命名时便于发音，保留烷烃名称词尾中的“e”，如 ethanediol，butanediol 等。

(3) CA 命名

以醇为母体，将取代基放在后面，如 1-butanol,2-chloro,3-methyl。

CH_3

H_3C　　OH

Cl

1.6.11 酚的命名 (nomenclature of phenol)

羟基直接连在芳环上的一类化合物称为酚，英文名称为 phenol。如：

OH CH_3　　OH CH_2CH_3

IUPAC 名称	2-methylphenol	4-ethylphenol
CCS 名称	2-甲基苯酚	4-乙基苯酚
CA 名称	phenol,2-methyl	phenol,4-ethyl

1.6.12　醚的命名（nomenclature of ether）

（1）系统命名

把顺序小的烃基和氧一起看成取代基称烃氧基，顺序大的烃基看成母体，但系统命名使用不普遍。

O

methoxy-ethane(IUPAC)

甲氧基乙烷(CCS)

烷氧基的英文名称是在相应烷基名称后面加词尾“氧基”，即“oxy”。如辛氧基 $CH_3CH_2CH_2CH_2CH_2CH_2CH_2CH_2O$—为 octyloxy，甲氧基为 methoxy，乙氧基为 ethoxy 等。

（2）普通命名

简单醚只要在相同的烃基名称前写上“二”，然后写上醚（ether），习惯上“二”也可以省略不写，混合醚中烃基列出顺序按烃基的顺序排列。例如：$CH_3CH_2OCH_3$，乙甲醚，ethyl methyl ether；$CH_3CH_2OCH_2CH_3$，乙醚，diethyl ether。

（3）环醚的命名

一个氧原子和烃基上相邻的两个碳原子或链上非相邻的两个碳原子相连接而形成的环形体系，称为环氧化合物，命名法用“环氧”（epoxy）作词头写在母体烃名之前。如：

epoxyethane　环氧乙烷　　epoxypropane　环氧丙烷

（4）冠醚的命名

命名时用“冠”（crown）表示冠醚，在冠字前面写出环中的总原子数（碳和氧），并用一短线隔开，在冠字后写出环中的氧原子个数，也用一短线隔开。

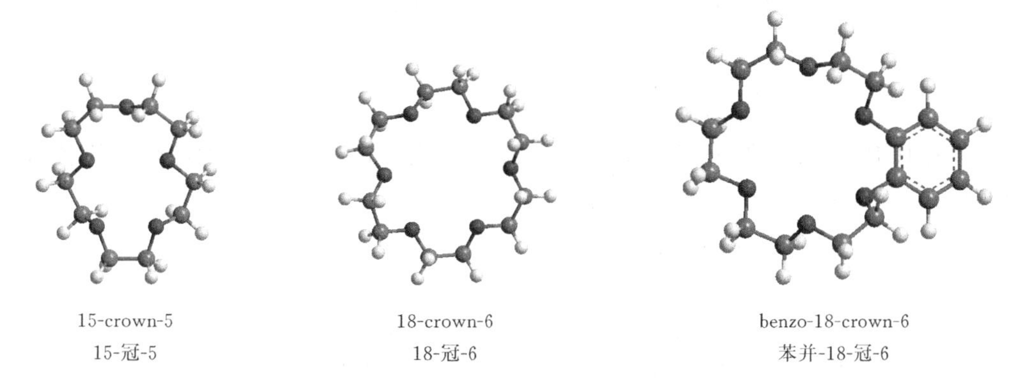

15-crown-5　15-冠-5　　18-crown-6　18-冠-6　　benzo-18-crown-6　苯并-18-冠-6

1.6.13　简单醛、酮的命名（nomenclature of simple aldehyde and ketone）

醛基—CHO 在链端，命名时不必标出醛基位置。酮羰基在碳链中间时，从靠近羰基一端开始给主链编号，命名时标出羰基的位置。醛 IUPAC 命名中将相应烃的字尾“e”去掉，加“al”；酮 IUPAC 命名中将相应烃的字尾“e”去掉，加“one”。例如：

CHO　　CHO　　O　　O

butanal　　but-3-enal　　cyclohexanone　　pentan-3-one
丁醛　　丁-3-烯醛　　环己酮　　戊-3-酮

1.6.14 简单羧酸及其衍生物的命名（nomenclature of simple carboxylic acid and derivatives）

羧酸的 CCS 命名与醛相似。一元羧酸的 IUPAC 命名中用“oic acid”代替相应烃中的字尾“e”。二元羧酸用“dioic acid”，三元羧酸用“trioic acid”加在烃名称的后面，并保留烃的字尾“e”。如羧基直接连在脂环上，则在脂环烃的后面加上羧酸（carboxylic acid）。

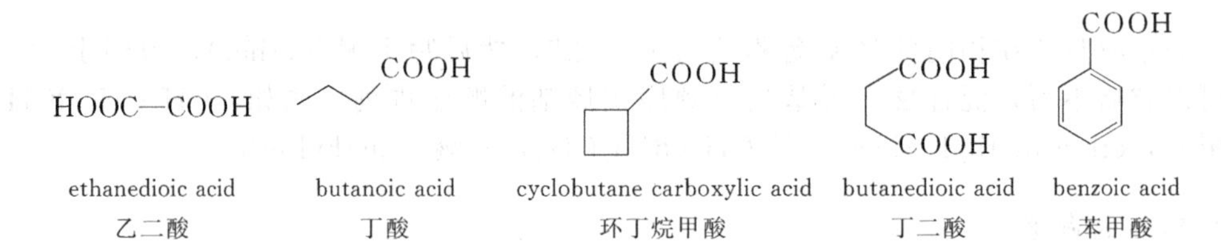

ethanedioic acid　　butanoic acid　　cyclobutane carboxylic acid　　butanedioic acid　　benzoic acid
乙二酸　　丁酸　　环丁烷甲酸　　丁二酸　　苯甲酸

酰卤的名称是酰基加上卤素，如丙酰氯、甲酰氯等。IUPAC 命名中酰卤是用词尾“yl”代替羧酸的“icacid”，再加上 bromide，chloride，fluride 或 iodide。酰卤做取代基时，将之称为卤甲酰（halocarbonyl）。二酰用相应的烷烃加“dioyl”。

$H_3C—COF$　　$H_3C—COCl$　　$H_3C—COBr$　　$H_3C—COI$
ethanoyl fluride　　ethanoyl chloride　　ethanoyl bromide　　ethanoyl iodide
乙酰氟　　乙酰氯　　乙酰溴　　乙酰碘

酸酐的名称是两个酸加上酐，如乙酐、甲乙酐。IUPAC 命名是在羧酸的基本名称（去掉 acid）上加 anhydride。混酐中羧酸名称按英文字母顺序列出。

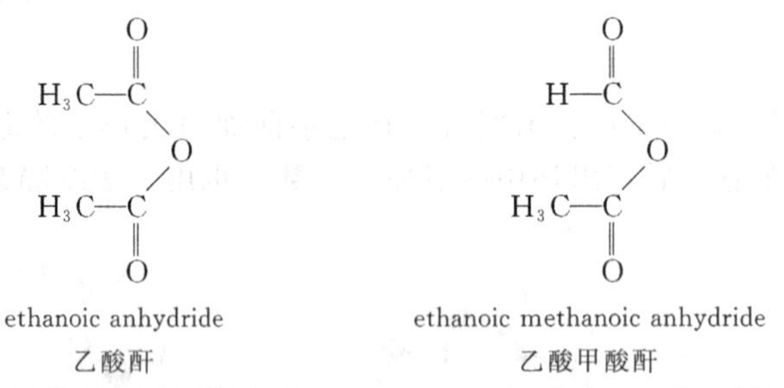

ethanoic anhydride　　ethanoic methanoic anhydride
乙酸酐　　乙酸甲酸酐

酯的 IUPAC 名是将羧酸的词尾“oic acid”改成“ate”，然后将醇的烃基的名称放在前面，并隔开。

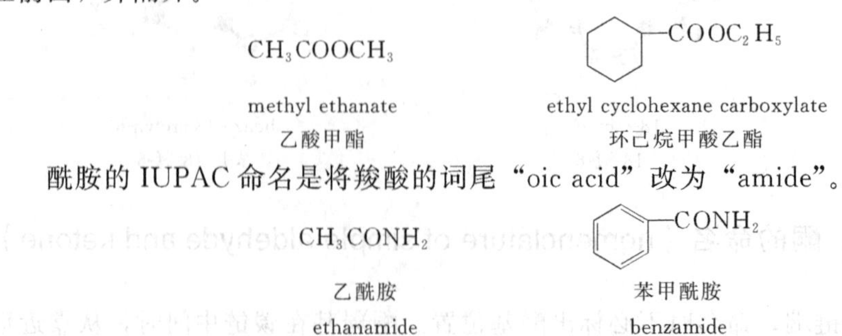

methyl ethanate　　ethyl cyclohexane carboxylate
乙酸甲酯　　环己烷甲酸乙酯

酰胺的 IUPAC 命名是将羧酸的词尾“oic acid”改为“amide”。

乙酰胺　　苯甲酰胺
ethanamide　　benzamide

1.6.15 硝基化合物的命名（nomenclature of nitro compound）

硝基看成取代基，烃看成母体，如硝基苯、硝基甲烷。硝基的英文名称是 nitro。

CH_3NO_2

nitromethane
硝基甲烷

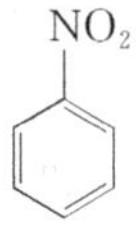

NO_2

nitrobenzene
硝基苯

1.6.16 胺类化合物的命名（nomenclature of amines）

胺的命名是在烃基后面加胺字，如甲胺、苯胺等。它的英文名称是烃加 amine 或烃基加 amine。二胺，三胺可用 diamine，triamine。氨基是 amino，亚氨基是 imino。

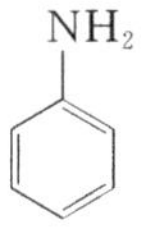

NH_2

phenylamine benzeneamine

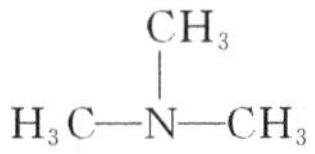

CH_3

$H_3C—N—CH_3$

trimethyl amine

有机化合物的命名是有机化学最基本的知识，以上对常见有机化合物的命名作了介绍，目的是让学生了解有机化学的全貌，以便对分章介绍的内容有一个全面的了解。醛、酮，羧酸及其衍生物，硝基化合物和胺类化合物的命名比较复杂，在后续相应的章节还会进行更详细的介绍。

习题（Problems）

1. Name the following compounds using IUPAC and CCS.

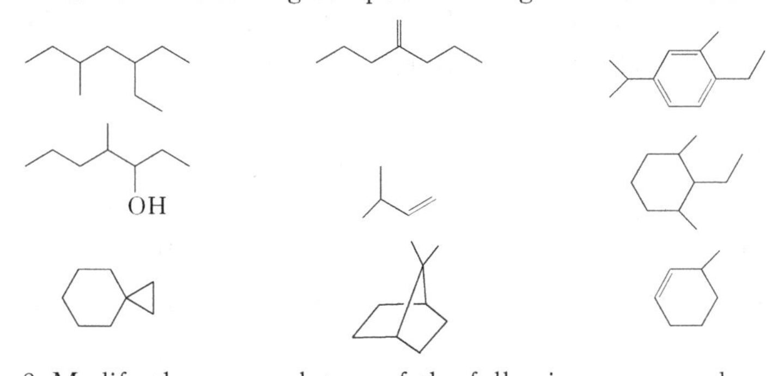

2. Modify the nomenclature of the following compounds。

2-丁烯　　3-戊醇　　4-乙基甲苯　　2-乙基-1-己烯

1.7 氧化数（oxidation number）

1.7.1 电负性（electronegativity）

在分子中原子吸引电子的能力叫做原子的电负性，吸引电子的能力越强电负性越大。有机化合物中常见的原子电负性为：

F，4.0；O，3.5；N，3.0；Cl，3.0；Br，2.8；C，2.5；B，2.0；H，2.1。

1.7.2 氧化数值（oxidation value）

与化合价一样，氧化数是用来描述原子或元素周围电子云密度变化的。有机化合物中，电子对的偏移情况可用氧化数来表示，用元素电负性大小来判断化学键极性的方向，即电子云的偏移方向。在有机化合物不同形式的键中，电负性比碳大的元素与碳成键时，对碳来说，氧化数为正值，而电负性比碳小的元素与碳成键时，碳的氧化数为负值，碳-碳键（不论单、双、三键）氧化数均为零，详见表 1-3。

表 1-3 在不同环境下碳的氧化数

化学键	氧化数	化学键	氧化数
C—C	0	C═C	0
C≡C	0	C—H	−1
C—F	+1	C—Cl	+1
C—Br	+1	C—I	+1
C—N	+1	C═N	+2
C≡N	+3	C—O	+1
C═O	+2	O—C═O	+3
O═C═O	+4	C—B	−1

1.7.3 用氧化数法确定有机基团的大小（determination of sequence of organic group by oxidation number）

在命名有机化合物及确定有机化合物 *Z*、*E* 或 *R*、*S* 构型时，总要涉及有机基团的大小问题。简单的 CH_3—，C_2H_5—，HO—，—X 等一般可一目了然，较复杂的基团则需将结构式按 Cahn—Ingold—Prelog 顺序规则展开来比较。如：

```
                     H                                  C  C
                     |  |                               |  |
CH2═CH—  展开为  H—C—C—            CH≡C—  展开为  H—C—C—
                     |  |                               |  |
                     C  H                               C  C

           C  C  C  C  C  C                           H  O
           |  |  |  |  |  |                           |  |
(苯环) 展开为 —C—C—C—C—C—C        —CH2COOH 展开为 —C—C—OH
          1| 2| 3| 4| 5| 6|                          |  |
           C  H  H  H  H  H                           H  O
```

后来虽有人对展开方法加以改进，但仍不能摆脱展开繁琐之困境。例如，需要比到第四个碳才能比出大小的 A 及 B 两基团展开式如下：

```
   CH3
   2                         C          —C—
  3   1                      |           |
(萘环)—           C—C—H  C  H—C—C  C     H
  4                         |1      |2   |3     |4    |  |
   A      展开为       —C——C——C——C——C—C—
                            |       |    |      |    |  |
                            C  H—C—H  C  H—C—C  C
                                    |          |
                                    H         —C—
```

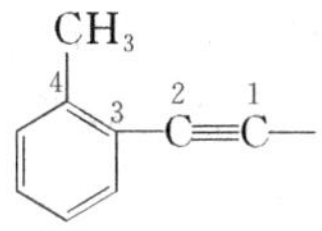

B　　展开为

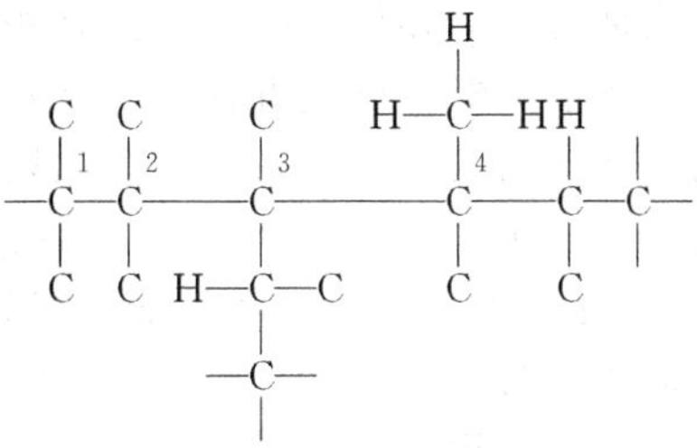

展开繁杂，耗费时间，对初学者来说，极易发生错误。而使用氧化数法，不必展开就可很快解决这一问题。按最优先支链顺序比较氧化数，前三个均为0，A的第四个碳上氧化数为0，相邻的碳分别为−1，−1，而B第四个碳上氧化数为0，相邻的碳分别为−1，−3，所以A大于B。

A　　B

用氧化数法判断基团大小的步骤如下：

① 首先写出基团的经典结构式。

② 标出基团中各个碳原子的氧化数值。

③ 依次（有支链时，按优先支链向下比）比较碳原子氧化数的数值大小，直到不同为止，所连碳的氧化数值大者为大。

④ 若氧化数相同者，以碳链长者为大。

⑤ 若含杂原子（O，N，S等），则优先考虑原子序数大小（若同位素，则考虑原子量大小）。杂原子相同且处在相同的位置，可用氧化数法来比较。

例1　比较乙烯基及环己基的大小。

首先写出结构式，标出氧化数，两个碳氧化数相同，因乙烯基无第三个碳原子，因此环己基大于乙烯基。

$\overset{-2}{C}H_2{=}\overset{-1}{C}H-$ 小于 环己基

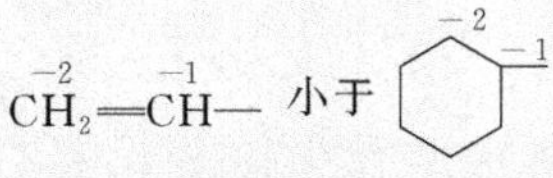

例2　两基团所含杂原子为氮且位置相同，可用氧化数法判别大小。首先标出每个碳的氧化数值，比较第一个碳原子，氧化数均为−2，再比较第二个碳原子，前者为+1.5，而后者为+2，因此，后者大于前者，即

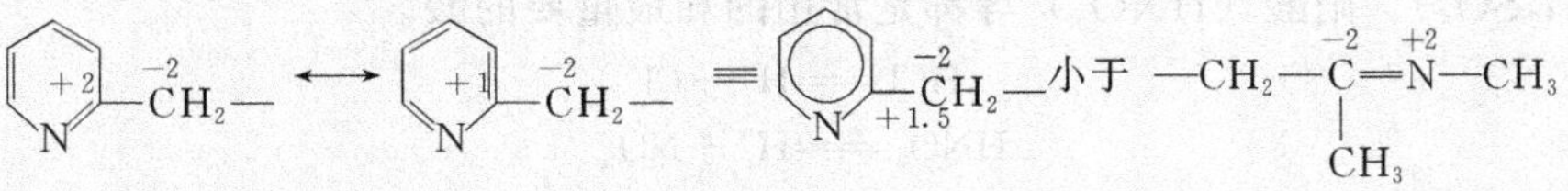

$-\overset{-2}{C}H_2-$（2-吡啶基，+2）⟷（+1）$\equiv$（+1.5）$-\overset{-2}{C}H_2-$ 小于 $-CH_2-\overset{-2}{C}(CH_3){=}\overset{+2}{N}-CH_3$

利用氧化数法判断有机基团大小比用Cahn—Ingold—Prelog顺序规则中规定的方法简单、易行，特别是只含碳、氢的复杂基团。

1.7.4　用氧化数法处理氧化还原滴定结果（handling redox titration data by oxidation number）

关于氧化还原滴定结果的处理关键是找出滴定剂与被测物之间的关系。多数教科书上介绍的方法是将反应方程式配平，但有些有机化学反应较为复杂，方程式很难配平。而使用氧化数法不需配平反应方程式，只要算出滴定剂和被测物的氧化数变化值，即可找出滴定剂与被测物之间的关系。该变化只与始末状态有关，而与途经无关。如多元醇的测定多用 $K_2Cr_2O_7$-碘量法。定量称取甘油样品，将之放于锥形瓶中，向内加入定量的 $K_2Cr_2O_7$ 及 H_2SO_4，加热，使甘油分解为 CO_2 和 H_2O，用 100mL 的容量瓶定容后，用移液管移取 10mL，放入 250mL 碘瓶中，加入 KI，在暗处放置 10min 后用标准的 $Na_2S_2O_3$ 溶液滴定，用淀粉作指示剂。反应方程式如下：

$$\begin{array}{l} H_2C-OH \\ \ \ | \\ HC-OH \\ \ \ | \\ H_2C-OH \end{array} + K_2Cr_2O_7 + H_2SO_4 \longrightarrow CO_2 + K_2SO_4 + Cr_2(SO_4)_3 + H_2O$$

$$K_2Cr_2O_7 + KI + H_2SO_4 \longrightarrow K_2SO_4 + Cr_2(SO_4)_3 + I_2 + H_2O$$

$$I_2 + 2Na_2S_2O_3 \longrightarrow Na_2S_4O_6 + 2NaI$$

$$\begin{array}{l} {}^{-1}H_2C-OH \\ \ \ \ \ | \\ {}^{0}\ HC-OH \\ \ \ \ \ | \\ {}^{-1}H_2C-OH \end{array} \longrightarrow \underset{+4}{3CO_2} \qquad -2 \longrightarrow +12 \quad \text{氧化数变化为 14}$$

$$X = \frac{c(V_0 - V)M}{1000W} \div \frac{m}{n} \times 100\%$$

式中，X 为甘油含量，%；c 为 $Na_2S_2O_3$ 的浓度，mol/L；V_0 为空白消耗 $Na_2S_2O_3$ 的体积，mL；V 为样品消耗的 $Na_2S_2O_3$ 的体积，mL；M 为甘油的摩尔质量，g/mol；W 为样品质量，g；m 为 $Na_2S_2O_3$ 变成 $Na_2S_4O_6$ 的氧化数变化值；n 为甘油变成 CO_2 的氧化数变化值。

甘油的氧化数变化为－2 到＋12，变化数为 14，而硫代硫酸钠的氧化数变化值为 1，所以 $m/n=1/14$。

1.8 广义酸碱理论（theory of generalized acids and bases）

(1) 无机化学的酸碱概念

1889 年瑞典科学家 S. Arrhenius（阿仑尼乌斯）从他的电离学说出发，提出了酸碱电离理论。把酸定义为在水溶液里能电离生成氢离子的一类化合物，如盐酸（HCl）、硫酸（H_2SO_4）、硝酸（HNO_3）等都是常用的和最重要的酸。

$$HCl \rightleftharpoons H^+ + Cl^-$$

$$HNO_3 \rightleftharpoons H^+ + NO_3^-$$

$$H_2SO_4 \rightleftharpoons 2H^+ + SO_4^{2-}$$

碱是一类在水溶液里（或熔融状态时）能电离生成氢氧根离子（而且生成的阴离子只有氢氧根离子一种）的化合物，如氢氧化钠（NaOH）、氢氧化钙［$Ca(OH)_2$］。

$$Ca(OH)_2 \rightleftharpoons Ca^{2+} + 2OH^-$$

由此，不难看出电离出 H^+ 的是酸，电离出 OH^- 的是碱。并可认为酸碱反应实质上就是氢离子与氢氧根离子结合，生成水分子的反应。

应用酸碱电离理论，能解释许多水溶液中的酸碱反应。但它也有一定的局限性，仅把酸碱反应定义为在水溶液中的氢离子（H^+）与氢氧根离子（OH^-），不能解释在非水溶液中以及不含氢离子和氢氧根离子的物质也会表现出酸或碱性质的现象。例如：乙醇钠溶于乙醇，其碱性离子是 $C_2H_5O^-$，而不是 OH^-；将金属钠溶于液氨，其碱性离子是 NH_2^-。

$$2Na+2NH_3 \rightleftharpoons 2Na^+ +2NH_2^- +H_2\uparrow$$

(2) 酸碱质子理论

丹麦化学家 Brönsted（布朗斯特）和英国化学家 Lowry（劳里）于 1923 年分别提出了酸碱质子理论，又称 Brönsted-Lowry 质子理论。按照该理论，凡能给出质子的物质都是酸，凡能接受质子的物质都是碱。

$$HA \rightleftharpoons H^+ +A^-$$

它们之间的关系可用下式表示：

$$\text{酸} \rightleftharpoons \text{质子}+\text{碱}$$

可见，酸碱可以是阳离子、阴离子或中性离子。酸（HA）失去质子后变成碱（A^-），碱接受质子后变成酸，这种相互依存的关系叫共轭关系。从反应产物看，酸在反应中失去质子，生成它的共轭碱；碱在反应中获得质子，生成它的共轭酸，因此酸碱反应的产物为原酸的共轭碱和原碱的共轭酸。

$$\underset{\text{共轭酸(1)}}{CH_3CH_2OH} + \underset{\text{共轭碱(2)}}{NH_2^-} \longrightarrow \underset{\text{共轭碱(1)}}{CH_3CH_2O^-} + \underset{\text{共轭酸(2)}}{NH_3}$$

利用互为共轭酸碱的强弱关系，我们可以判断酸碱的相对强度。例如要判断 HO^-、RCH_2O^-、$RCOO^-$ 的碱性，由其共轭酸的 pK_a 得知：

	H_2O	RCH_2OH	$RCOOH$
pK_a	15.7	18	4～5

酸性：$RCOOH>H_2O>RCH_2OH$

碱性：$RCH_2O^- >HO^- >RCOO^-$

即强酸的共轭碱是弱的，反之亦然。

按照酸碱质子理论，酸碱的概念是广义的，酸碱反应也远远超出了 S. Arrhenius 提出的酸碱反应类型，同时酸碱反应也不只是局限在溶液中的反应，而包括了气相反应、液态反应等。对于这些反应，可以清楚地看出“酸和碱发生质子转移后，生成了新酸和新碱”。如：

按照酸碱质子理论的反应	传统名称
$\underset{\text{酸 1}}{HAc}+\underset{\text{碱 2}}{NH_3} \rightleftharpoons \underset{\text{碱 1}}{Ac^-} +\underset{\text{酸 2}}{NH_4^+}$	成盐反应
$\underset{\text{酸 1}}{H_2O}+\underset{\text{碱 2}}{H_2O} \rightleftharpoons \underset{\text{碱 1}}{OH^-} +\underset{\text{酸 2}}{H_3O^+}$	自解离反应
$\underset{\text{酸 1}}{H_2O}+\underset{\text{碱 2}}{Ac^-} \rightleftharpoons \underset{\text{碱 1}}{OH^-} +\underset{\text{酸 2}}{HAc}$	弱酸盐水解

(3) 酸碱电子理论

酸碱电子理论是 G. N. Lewis（路易斯）在 1923 年提出来的，故又称为 Lewis 酸碱理论。凡是能接受电子对的物质称为酸；凡是能提供电子对的物质称为碱。因此，酸是电子对的受体，而碱是电子对的供体。例如，H^+，Ag^+，RCH_2^+，BF_3，$AlCl_3$，Pd 等是酸，因为它们缺少电子，需要一对电子以填满它们的价电子层。OH^-，Cl^-，$:NH_3$，$H_2\overset{\cdot\cdot}{\underset{\cdot\cdot}{O}}$，$R-\overset{\cdot\cdot}{\underset{\cdot\cdot}{O}}-R$，$RC\overset{\cdot\cdot}{\underset{\cdot\cdot}{O}}R$，$RCH_2\overset{\cdot\cdot}{\underset{\cdot\cdot}{O}}H$，$C_6H_5-R$，$RCH=CH_2$，$RC\equiv CH$ 等是碱，它们可以提供共享的电子对。所以，在 Lewis 的酸碱概念中，一种物质呈酸性，它一定是缺少电子的，具有接受电子对的能力，是亲电试剂。一种物质呈碱性，它一定具有未共用的电子对，具有提供电子对的能力，是亲核试剂。

大多数有机反应都是按离子型历程进行的。在亲电试剂（Lewis 酸）参与的反应中，它进攻反应物分子的负电中心，得到电子而形成一个新的共价键。而在亲核试剂（Lewis 碱）参与的反应中，它进攻反应物分子的正电中心，提供电子而形成一个新的共价键。由于在任何一个化学反应中，电子的得失都是同时发生的，换言之，有 Lewis 酸必有 Lewis 碱，所以，大多数有机反应都可以看成是 Lewis 酸碱反应。

Lewis 酸碱几乎包括了所有的有机、无机化合物，又称为广义酸碱。与酸碱质子理论相比，它扩大了酸的范围。在有机化学中，常用 Lewis 酸作为反应的催化剂，常见的有 $AlCl_3$，$ZnCl_2$，BF_3 等。

（4）软硬酸碱规则

1963 年 R. G. Pearson（皮尔逊）提出了软硬酸碱规则（hard and soft acid and base rule，HSAB）。他提出 Lewis 酸碱可分为软酸、硬酸、软碱、硬碱以及性质介于软硬之间的交界酸和交界碱。

软酸，即酸中吸电子原子的体积大，带正电荷少或不带电荷，对外层电子的吸引力弱，易被极化，易变形，易发生还原反应。

硬酸，即酸中吸电子原子的体积小，带正电荷多，对外层电子的吸引力强，不易被极化，不易变形，不易发生还原反应。

软碱，即碱中给电子原子体积大，电负性小，对外层电子吸引力弱，易被极化，易发生氧化反应。

硬碱，即碱中给电子原子体积小，电负性大，对外层电子吸引力强，不易被极化，不易发生氧化反应。

各类酸碱对外层电子约束能力不同，其软硬程度也就不同。一些常见的软硬酸碱如下：

硬酸	软酸
H^+、Li^+、Na^+、K^+、Rb^+ Be^{2+}、Mg^{2+}、Ca^{2+}、Sr^{2+}、Mn^{2+} Si^{4+}、I^{7+}、I^{5+}、Cl^{7+} $AlCl_3$、SO_3、CO_2 等	Cu^+、Ag^+、Hg_2^{2+}、CH_3Hg^+、Au^+ Pd^{2+}、Pt^{2+}、Hg^{2+}、RO^+、RS^+ RSe^+、Br_2、I_2、金属原子、三硝基苯等
硬碱	**软碱**
SO_4^{2-}、PO_4^{3-}、CO_3^{2-}、ClO_4^-、NO_3^-、 CH_3COO^-、F^-、Cl^-、OH^-、O_2、F_2 NH_3、H_2O、R_2O、ROH、RO^- RNH_2	H^-、R_2S、RSH、RS^-、I^- SCN^-、S_2O^{2-}、CN^-、CO、C_2H_4、C_6H_6、R 等

此外还有一些常见的交界酸和交界碱。

交界酸	Fe^{2+}、Co^{2+}、Ni^{2+}、Cu^{2+}、Zn^{2+}、Pb^{2+}、Sn^{2+}、Bi^{3+}、$B(CH_3)_3$、SO_2、NO^+、$C_6H_5^+$、R_3C^+
交界碱	$C_6H_5NH_2$、C_5H_5N、N^{3-}、Br^-、NO_2^-、SO_3^{2-}

R. G. Pearson 在实验的基础上，总结出酸碱反应的规律：硬酸优先与硬碱结合，软酸优先与软碱结合，即“硬亲硬，软亲软”。硬酸与硬碱结合形成离子键或极性键，如大部分的无机反应属于此类结合。软酸与软碱结合形成共价键，生成稳定的酸碱络合物，如大部分的有机反应属于此类结合。软酸与硬碱（或硬酸与软碱）结合则会生成弱的键或不稳定的络合物。

软硬酸碱规则在无机和有机化学中都有广泛的应用，能说明许多化学现象，如酸碱反应、金属与配位体间的作用、配位离子的形成、共价键和离子键的形成等。

1.9 有机化合物中碳的构型（configuration of carbon in organic compound）

（1）sp^3 杂化与四面体构型

CH_4 分子的结构经实验测知为正四面体结构，四个 C—H 键均等同，键角为 109°28′。价键理论认为：甲烷碳原子的外层电子首先发生电子跃迁，由 $2s^2 2p^2$ 变成 $2s^1 2p^3$，再经过杂化，形成四个相等的杂化轨道。由于是一个 s 轨道和 3 个 p 轨道杂化，所以称为 sp^3 杂化。sp^3 杂化轨道的构型是碳原子处在四面体的中心，四个杂化轨道指向四面体的顶点，见图 1-2。

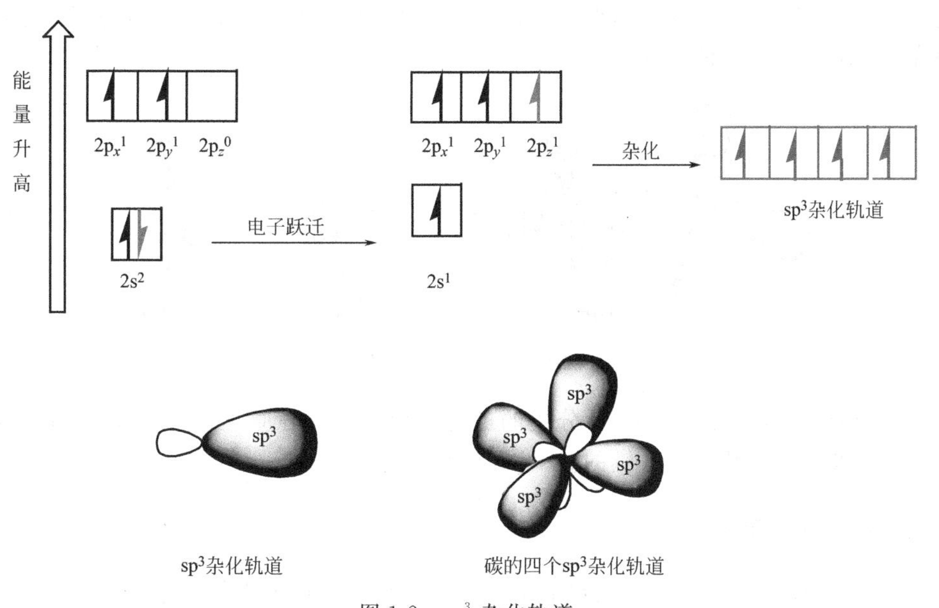

图 1-2 sp^3 杂化轨道

其中每一个 sp^3 杂化轨道都含有 1/4s 轨道和 3/4p 轨道的成分。sp^3 杂化轨道成键时，都是以杂化轨道比较大的一头与氢原子的成键轨道重叠而形成四个 σ 键。据理论推算，键角为 109°28′，这表明 CH_4 分子为正四面体结构，与实验测得的结果完全相符，如图 1-3 所示。

饱和烃中的碳原子均是 sp^3 杂化的四面体构型，其中 C—C 单键是由碳的 sp^3 杂化

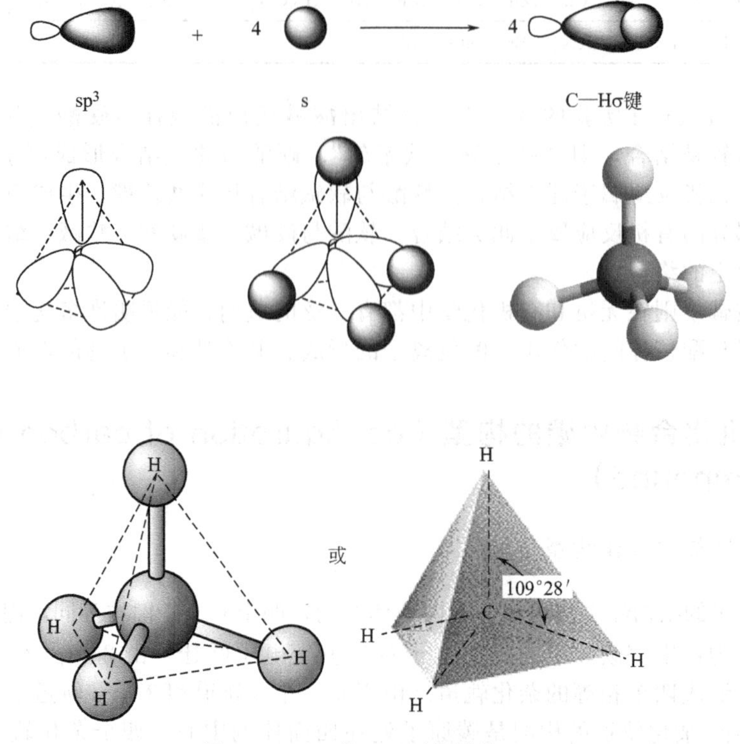

图 1-3 CH_4 的正四面体结构

轨道与另一个碳的 sp^3 杂化轨道形成的，C—H 单键是碳的 sp^3 杂化轨道与氢原子的 1s 形成的，如图 1-4 乙烷的形成。

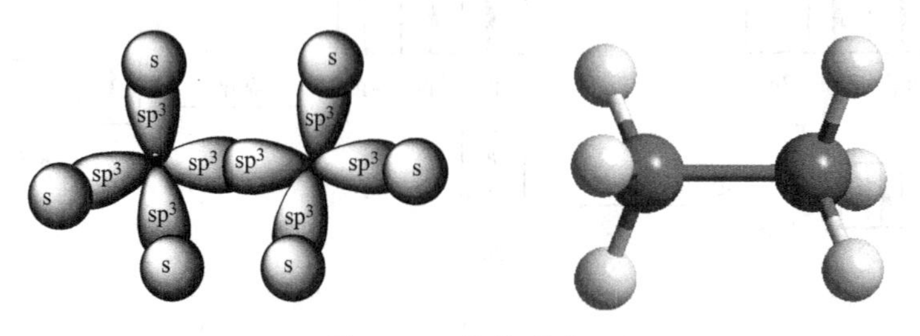

图 1-4 乙烷的形成

研究证明，NH_3 分子和 H_2O 分子的成键过程中，中心原子也像 CH_4 分子的 C 原子一样是采取 sp^3 杂化方式成键的。

(2) sp^2 杂化与平面构型

实验测知乙烯分子具有平面结构，键角为 120°。价键理论认为：乙烯分子中碳原子的外层电子首先发生电子跃迁，由 $2s^2 2p^2$ 变成 $2s^1 2p^3$，再经过杂化，形成三个相等的杂化轨道。由于是一个 s 轨道和 2 个 p 轨道杂化，所以称为 sp^2 杂化，其中每一个 sp^2 杂化轨道都含有 1/3s 和 2/3p 轨道的成分。p_z 轨道未参加杂化，如图 1-5 所示。

sp^2 杂化轨道的形状和 sp^3 杂化轨道的形状类似，只是由于其所含的轨道和 p 轨道成分不同，表现在形状的“肥瘦”上有所差异。成键时，都是以杂化轨道比较大的一头

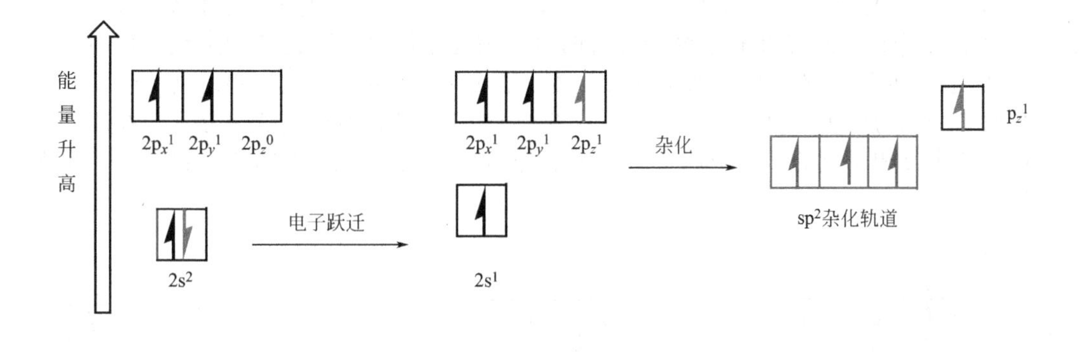

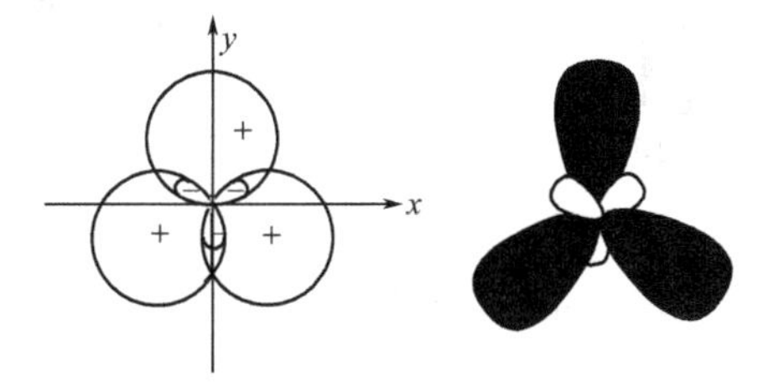

图 1-5 sp^2 杂化轨道

与氢原子的成键轨道重叠而形成 σ 键。根据理论计算，键角为 120°，C_2H_4 分子中的六个原子都在同一平面上。这样，推断结果与实验事实相符。

每个碳中有一个未参与杂化的 p_z 轨道，它与三个 sp^2 杂化轨道所在平面垂直，碳原子的 sp^2 杂化轨道与另一个碳原子的 sp^2 杂化轨道沿各自的对称轴方向重叠，形成 C—Cσ 键，两个 p_z 轨道互相靠近，从侧面互相重叠，形成 π 键。四个氢原子的 s 轨道沿着两个碳原子剩下的四个 sp^2 杂化轨道对称轴方向与之重叠，形成四个 C—Hσ 键，即构成乙烯分子。显然，π 键是垂直于四个 C—H 键和一个 C—C 键所在的平面，通过两个碳原子核间连线的平面为对称面，两个 p_z 轨道重叠较差，键不牢，π 键的两个电子易流动，如果两个碳原子绕 C—Cσ 键轴转动，π 键将破裂，见图 1-6。

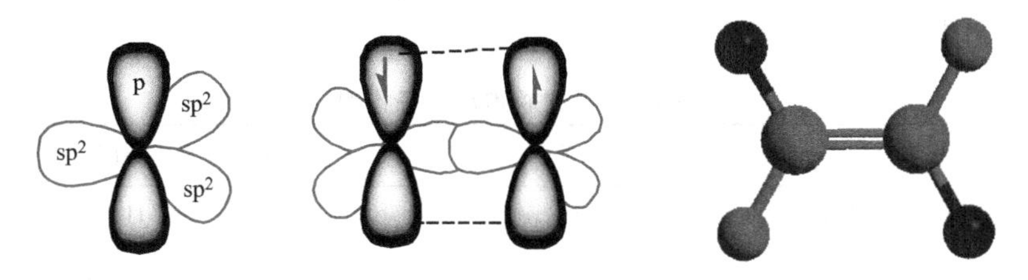

图 1-6 乙烯的两个 p_z 轨道形成 π 键

(3) sp 杂化与线状构型

乙炔分子为直线型分子，键角为 180°。价键理论认为：乙炔分子中碳原子的外层电子首先发生电子跃迁，由 $2s^2 2p^2$ 变成 $2s^1 2p^3$，再经过杂化，形成两个相等的杂化轨道。由于是一个 s 轨道和 1 个 p 轨道杂化，所以称为 sp 杂化，其中每一个 sp 杂化轨道都含有 1/2s 和 1/2p 轨道的成分。p_y 和 p_z 轨道未参加杂化。

两个 sp 杂化轨道都垂直于 p_y 和 p_z 轨道所在的平面，p_y 与 p_z 轨道仍保持互相垂直。两个碳原子的 sp 杂化轨道沿着各自的对称轴互相重叠，形成 C—Cσ 键，同时，两个 p_y 轨道和两个 p_z 轨道也分别从侧面重叠，形成两个互相垂直的 π 键。剩下的两个 sp 杂化轨道分别与两个氢原子的 s 轨道形成两个 C—Hσ 键，即构成乙炔分子。在乙炔分子中，两个互相垂直的 π 键中四个电子云的分布形成绕 C—Cσ 键轴的筒状分布，见图 1-7 和图 1-8。

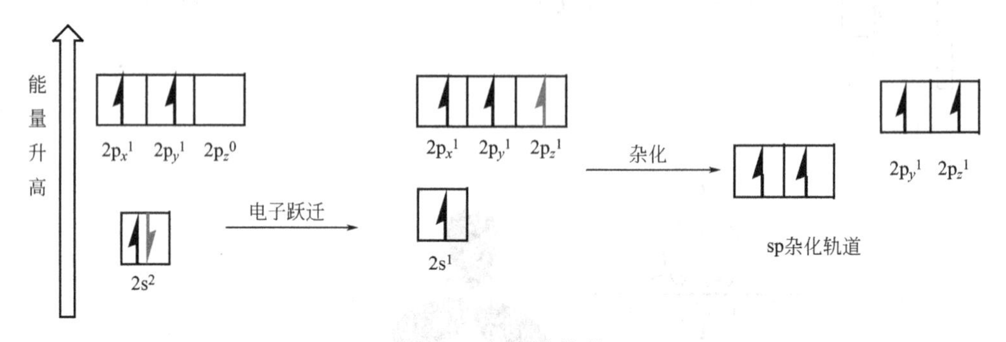

图 1-7 sp 杂化轨道

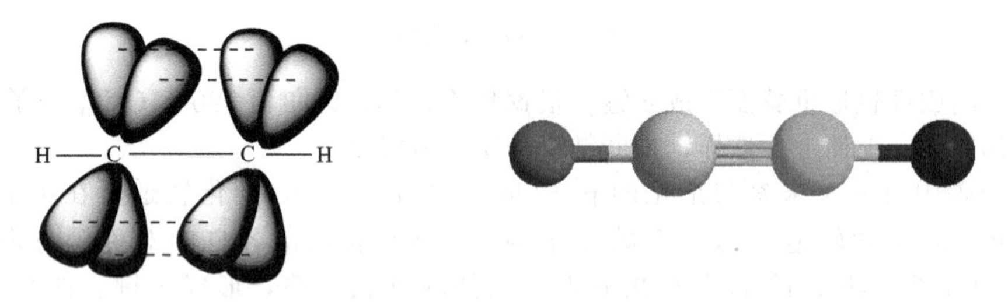

图 1-8 两个 p_y 轨道与两个 p_z 轨道形成两个 π 键

(4) sp^3、sp^2、sp 杂化与 d^2sp^3、dsp^2 杂化的构型

杂化轨道的空间构型决定了所形成分子的空间构型，如果杂化轨道不含孤对电子，则称为等性杂化轨道。如果杂化轨道中含有孤对电子，则称为不等性杂化轨道。现简要归纳于表 1-4 中。

表 1-4 杂化轨道和分子构型

杂化轨道类型	s 成分	电负性	构型	典型分子或官能团
sp^3	1/4	小	四面体	饱和碳，NH_3，H_2O
sp^2	1/3	较小	平面	烯键碳：C═O，C═N，N═N，自由基，碳正离子
sp	1/2	大	直线	炔键碳：O═C═O，C═C═C，CN，CNS
dsp^2			平面四方	二氨二氯合铂
d^2sp^3			八面体	EDTA 金属络合物

有机化学中的许多重要中间体，如碳正离子（sp^2 杂化）、碳负离子（sp^3 杂化）、碳自由基（sp^2 杂化）、单线态卡宾（singlet carbene，sp^2 杂化）、三线态卡宾（triplet carbene，sp 杂化）、碳自由基正离子（radical cation，sp 杂化），见图 1-9。

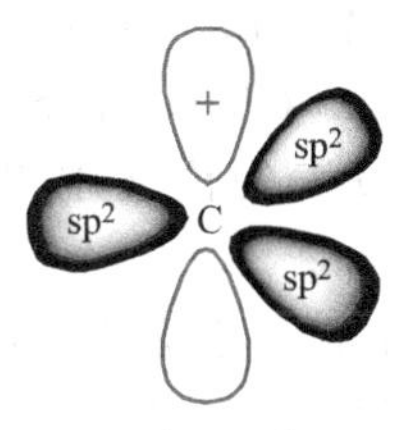

carbon cation
碳正离子(sp^2杂化)

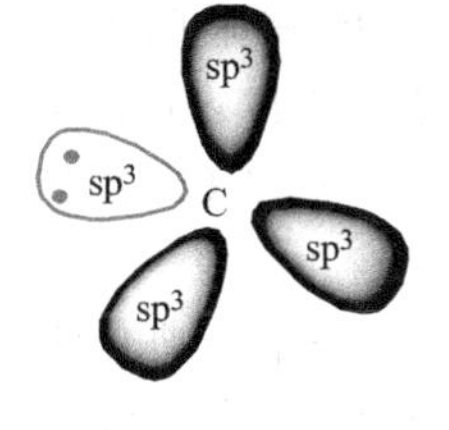

carbon anion
碳负离子(sp^3杂化)

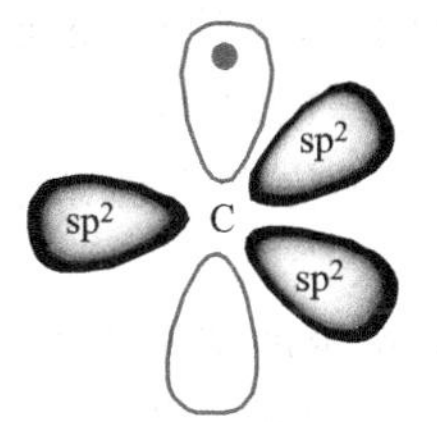

carbon radical
碳自由基(sp^2杂化)

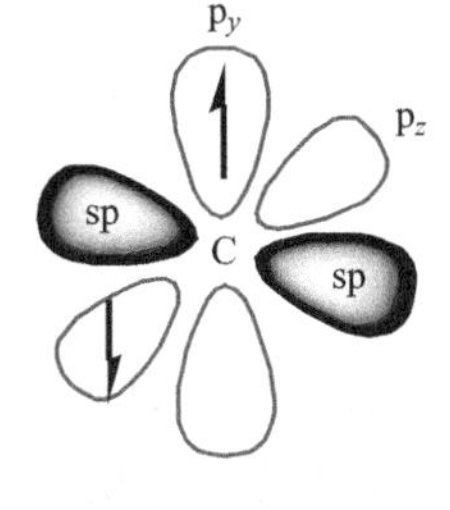

triplet carbene
三线态卡宾(sp杂化)

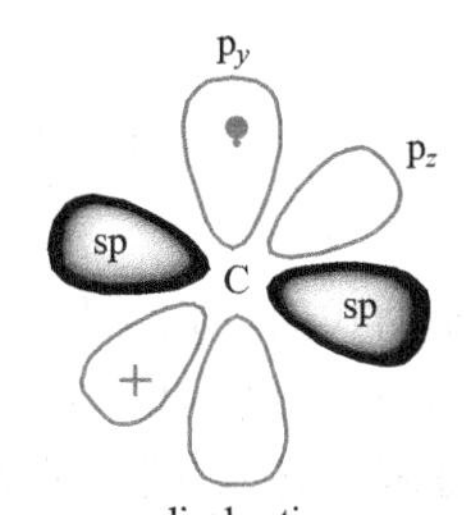

radical cation
碳自由基正离子(sp杂化)

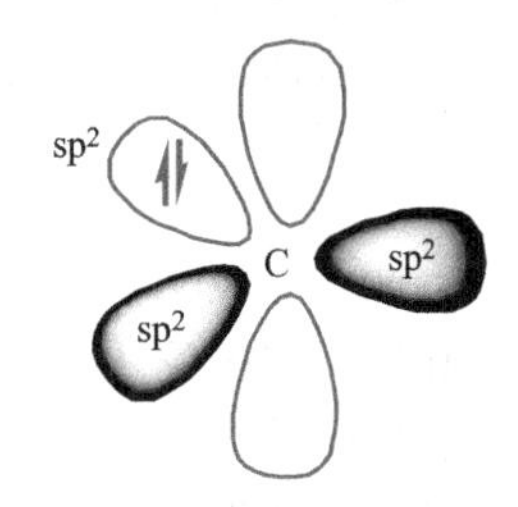

singlet carbene
单线态卡宾(sp^2杂化)

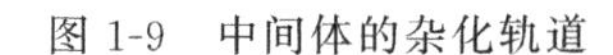

图 1-9 中间体的杂化轨道

鲍林（L. C. Pauling），美国化学家。1901 年出生于美国俄勒冈州波特兰市一个药剂师家中。在中学时代他就喜欢做化学实验，1925 年获博士学位。他对化学键的本质有独特的见解，创立杂化轨道理论，提出碳原子可进行 sp、sp^2 和 sp^3 杂化，从化学键本质来阐明碳原子成键的复杂性；提出电负性概念，并用实验测定了元素电负性的数值；提出共振论学说，合理解释了苯的结构；发现氢键，并提出形成氢键的理论，用氢键理论解释水、氨等缔合现象并获得成功；提出蛋白质分子的螺旋状结构。在蛋白质分子中，由于氢键的作用可形成两种螺旋体，一种是 α 螺旋体，另一种是 β 螺旋体，这为以后发现 DNA 结构提供了理论基础。他的研究工作成就卓著，发表科学论文 400 多篇，最有代表性的是介绍化学键理论的经典著作《化学键的本质》，并于 1954 年获得诺贝尔化学奖。鲍林也是国际上知名的社会活动家，曾获得 1962 年诺贝尔和平奖，有“和平老人”的美称。

1.10 共振论与分子轨道理论（resonance theory and molecular orbital theory）

（1）共振论

苯的结构是不能用一个凯库勒（Kekulé）式来表示的。因为凯库勒式表示的苯有三个双键和三个碳-碳单键，它应该有典型的双键性质和反应，实际上苯并没有典型的双键反应。另外，如果苯的结构是凯库勒式的 1,3,5-环己三烯的话，由于双键与单键的键长的不等，苯的各碳-碳键的键长应该也是不相等的。实际上，苯的各碳-碳键的键长是相等的。这说明用单一的凯库勒式表示苯的结构不能反映苯的真实状态。

为了解决使用经典结构式所造成的缺陷问题，美国化学家鲍林（L. C. Pauling）于 1931—1933 年在《美国化学会志》（*The Journal of the American Chemical Society*）及《化学物理杂志》（*The Journal of Chemical Physics*）上发表的论文中提出了“共振论”。

共振论的基本观点是，许多不能用一个经典价键结构式描述的分子，可以用几个经典价键结构式的组合来描述。物质的真实结构可以认为是这些价键结构式的杂化体（hybrid）。每个参与描写真实物质结构的价键结构式称为共振结构（resonance structure）。鲍林指出，这些共振结构本身是不存在的，是假想的。共振论是用假想的共振结构去近似地描绘真实物质的结构理论。

1 ⟷ 2

由此，共振论主张用两个凯库勒式的共振结构来描述苯的结构。

用共振结构 1，2 可以说明苯的真实结构既不是 1 也不是 2，而是共振结构 1 与共振结构 2 的共振杂化体。共振使得苯中各碳-碳键的键长相等，而且已没有典型的双键，因此反映不出典型的双键性质，它也可以说明苯的二取代物只有邻位、对位和间位三种物质的事实。

书写共振极限式需要遵从以下几点：

① 共振极限式必须符合 Lewis 电子结构式，各原子的价数不能越出常规。

② 在所有结构式中，原子的空间位置应保持不变，只允许键和电子移动，不允许原子核的位置变化。

③ 所有的共振结构式都应有相同数目的未成对电子。

④ 参与共振的所有原子应基本上处于同一平面。

判断各个共振结构所作贡献的大小，可从以下几点看：

① 含完整电子八隅体的结构比价电子少于八隅体的结构稳定。

② 共价键的数目越多，共振结构越稳定。

③ 结构中电荷数目越多，越不稳定。

④ 在电负性大的原子上带负电荷比电负性小的稳定。

(2) 共振论在有机化学中的应用

① 解释碱性　RNH_2 是弱碱，而胍是强碱，这是由于胍与质子形成的共轭酸共振而稳定。

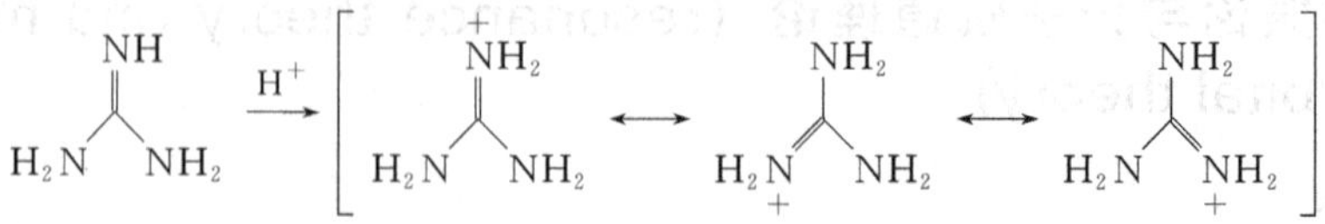

$H_2N-C(=NH)-NH_2 \xrightarrow{H^+} [H_2N-C(=\overset{+}{N}H_2)-NH_2 \longleftrightarrow \overset{+}{H_2N}=C(NH_2)-NH_2 \longleftrightarrow H_2N-C(NH_2)=\overset{+}{N}H_2]$

② 解释酸性　苯酚的酸性比醇大，因为苯酚的共轭碱由于共轭而稳定。

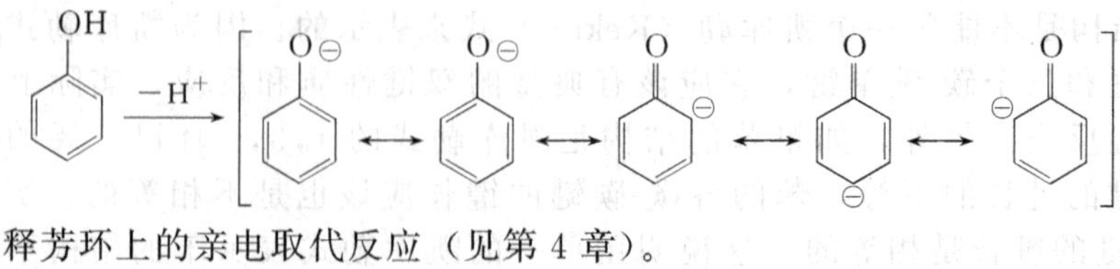

$C_6H_5OH \xrightarrow{-H^+} [\text{苯氧负离子共振结构}]$

③ 解释芳环上的亲电取代反应（见第 4 章）。

④ 解释活性中间体的稳定性　如苄基自由基、苄基正离子的稳定性。

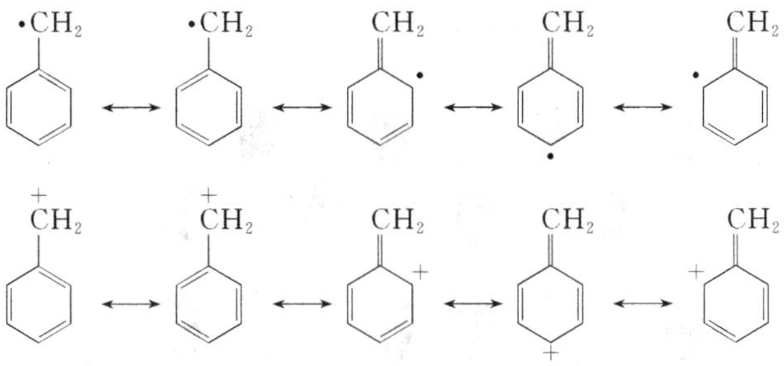

⑤ 解释物质的稳定性 如环丙烯酮。

⑥ 解释立体化学中的问题

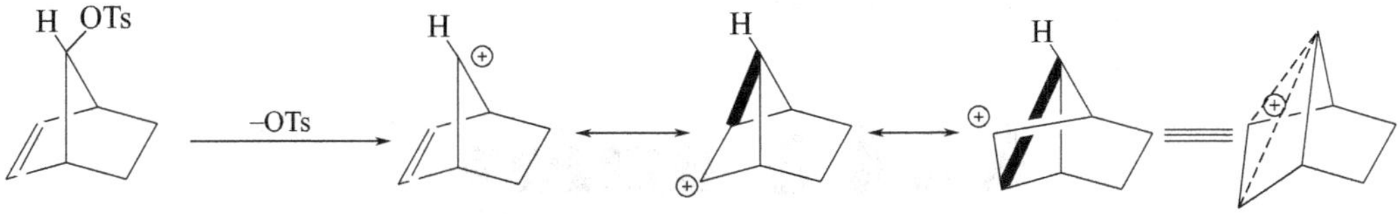

凯库勒（F. A. Kekulé）是一位极富想象力的学者，他曾提出了碳四价和碳原子之间可以连接成链这一重要假说。凯库勒式是除Lewis结构外另一种非常重要和经常使用的用直线来描述价键的结构式。

（3）分子轨道理论

按照该理论，当原子组成分子时，形成共价键的分子即运动于整个分子区域。分子中价电子的运动状态，即分子轨道，可以由波函数 ψ 来描述。分子轨道由原子轨道通过线性组合而成。组合前后的轨道数是守恒的，即形成的分子轨道数与参与组成原子的轨道数相等。例如，两个原子轨道可以线性组合成两个分子轨道，其中一个分子轨道由符号相同（即位相相同）的两个原子轨道波函数相加而成；另一个分子轨道则由符号不同（即位相不同）的两个原子轨道波函数相减而成。

分子轨道 ψ_1 中两个原子核之间的波函数增大，电子云密度亦增大，这种分子轨道的能量较原来的两个原子轨道能量低，所以叫成键轨道；分子轨道 ψ_2 中两个原子核之间的波函数相减，电子云密度亦减小，这种分子轨道的能量反而比原来两个原子轨道能量高，所以叫反键轨道。

用分子轨道理论处理丁-1,3-二烯分子结构，四个碳原子上的四个p轨道线性组合而成四个分子轨道 ψ_1，ψ_2，ψ_3，ψ_4，如图1-10所示。四个分子轨道的能量为 $\psi_1<\psi_2<\psi_3<\psi_4$。$\psi_1$ 和 ψ_2 是成键轨道，各有一对电子，而 ψ_3 和 ψ_4 是反键轨道，未有填充电子。ψ_2 是填充电子的能量最高轨道，称为HOMO（highest occupied molecular orbital）；ψ_3 是未填充电子的能量最低轨道，称为LUMO（lowest unoccupied molecular orbital）。ψ_1 轨道无节点；ψ_2 轨道在C2与C3间有一节点；ψ_3 轨道在C1与C2间和C3与C4间有两个节点；ψ_4 轨道有三个节点。节点即轨道相位符号改变的一点。从成键轨

道相位的变化，不难理解杂化轨道理论难以解释的 C2—C3 键较弱，即键长比其他两个 C═C 键稍长的现象。

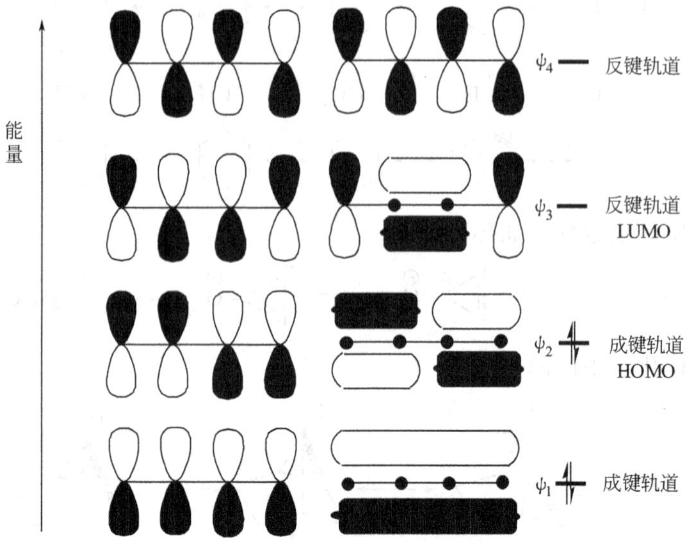

图 1-10　丁-1,3-二烯的分子轨道

1.11　有机化合物的波谱简介（introduction to spectroscopy of organic compound）

在有机化学的研究中，无论是合成一个新的化合物或者是从天然产物中分离得到的物质都需要确定其结构。紫外光谱、红外光谱、核磁共振波谱及质谱是常用的手段。

1.11.1　紫外光谱（ultraviolet spectrum）

(1) 基本知识

光波是电磁波的一种，紫外光区介于 X 射线与可见光的波区段之间，如图 1-11 所

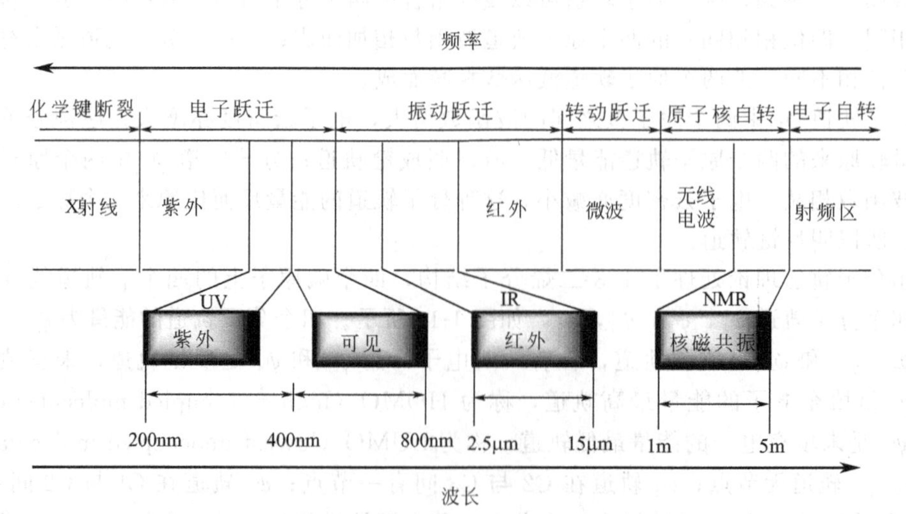

图 1-11　各种光区的位置（波长）

示。紫外光谱是由分子吸收紫外光，导致其外层电子由基态跃迁至高能量的激发态，在相应波长位置出现吸收带形成的吸收光谱。

紫外光区包括远紫外区（10～200nm）和近紫外区（200～400nm）。远紫外区大气能够吸收，必须在真空条件下操作，因而对仪器要求高。同时，共轭的有机物吸收主要落在近紫外区，所以在有机物紫外光谱分析中主要研究的是近紫外区。

（2）基本术语

① 红移现象　由于取代基或溶剂的影响，最大吸收波长向长波方向移动的现象。

② 蓝移现象　由于取代基或溶剂的影响，最大吸收波长向短波方向移动的现象。

③ 增色效应　使吸收强度（ε 值）增大的效应。

④ 减色效应　使吸收强度（ε 值）减小的效应。

（3）电子跃迁的类型

紫外光谱主要是由电子跃迁形成的。当原子相互靠近组成分子时，原有的原子轨道将线性组合成分子轨道，其中比原子轨道能量低的为成键轨道，比原子轨道能量高的为反键轨道，n 电子基本保持原有能级称为非键轨道，如图 1-12 所示。

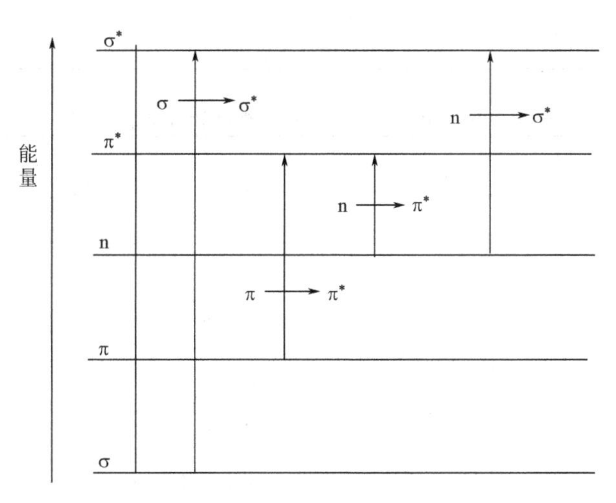

图 1-12　电子跃迁能级图

① $\sigma \rightarrow \sigma^*$ 跃迁　饱和脂肪族化合物紫外光谱属于 $\sigma \rightarrow \sigma^*$ 跃迁吸收，因为 σ 键结合牢固，σ 电子被激发到 σ^* 轨道需要的能量较多，吸收峰落于远紫外区（真空紫外区），而在近紫外区是透明的。

② $\pi \rightarrow \pi^*$ 跃迁　单个 π 键的吸收峰一般在远紫外区，在近紫外区有末端吸收。如双键处于共轭时，吸收峰将进入近紫外区。如乙烯 λ_{max} 为 162nm，丁二烯 λ_{max} 为 217nm。

③ $n \rightarrow \sigma^*$ 跃迁　氮、氧、硫、卤素都含有未共用电子对，当这些原子与饱和烃相连时，就可能有 $n \rightarrow \sigma^*$ 跃迁。这种吸收一般落在远紫外区，但也有一些在近紫外区有末端吸收。

④ $n \rightarrow \pi^*$ 跃迁　当分子中含有 π 键及未共用电子对时，可能存在 $n \rightarrow \pi^*$ 跃迁。这种跃迁需要的能量较少，用波长较长的紫外光照射，分子就有可能进行这种跃迁。由于 n 轨道与 π 轨道是垂直的，这种跃迁一般难于发生，即产生的概率很小，属于禁阻跃迁。实现这种跃迁所需的能量落在近紫外区和可见光区。

(4) 有机化合物的紫外光谱

Wood ward 和 Fieser 总结出各种共轭体系 λ_{max} 的经验规则，称为 Wood ward-Fieser 规则，计算所得数值与实测的 λ_{max} 比较，以确定推断的共轭体系骨架结构正确性，见表 1-5(a) 和表 1-5(b)。

表 1-5 (a) Wood ward-Fieser 规则计算 λ_{max} 方法

共轭二烯 $\pi\rightarrow\pi^*$ 跃迁 λ_{max} 计算方法		环共轭二烯 $\pi\rightarrow\pi^*$ 跃迁 λ_{max} 计算方法		
共轭二烯基本值	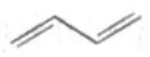 217nm	同环共轭二烯基本值		253nm
烷基或环残基	+5nm	异环共轭二烯基本值	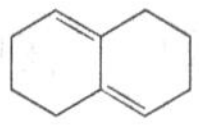	214nm
环外双键	+5nm	烷基或环残基		+5nm
卤素取代	+17nm	环外双键		+5nm
每增加一个共轭双键	+30nm	烷氧基取代	OR	+6nm
		烷硫基取代	SR	+30nm
		氨基取代	NRR′	+60nm
		卤素取代		+5nm
		酰基取代		+0nm
		每增加一个共轭双键		+30nm

表 1-5(b) Wood ward-Fieser 规则计算 λ_{max} 方法

酰基苯衍生物 λ_{max} 计算方法 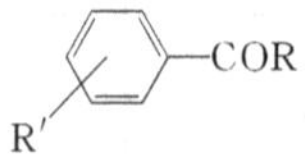 (R′-C₆H₄-COR)			
R 为烷基或环残基	246nm		
R 为 H	250nm		
R 为 OH 或 OR	230nm		
取代基增值	邻	间	对
烷基或环残基	+3nm	+3nm	+10nm
OH 或 OR	+7nm	+7nm	+25nm
O^-	+2nm	+2nm	+78nm
Cl	+0nm	+0nm	+10nm
Br	+2nm	+2nm	+15nm
NH_2	+13nm	+13nm	+58nm
$NHCOCH_3$	+20nm	+20nm	+45nm
NRR′	+20nm	+20nm	+85nm

α,β-不饱和羰基化合物 λ_{max} 计算方法	
α,β-不饱和酮	215nm
α,β-键在环内	−13nm
α,β-不饱和醛	209nm
环外双键	+5nm
每增加一个共轭双键	+30nm
同环共轭双键	+30nm
烷基或环残基 α 位	+10nm
烷基或环残基 β 位	+12nm
烷基或环残基 γ 位	+10nm

例题 1

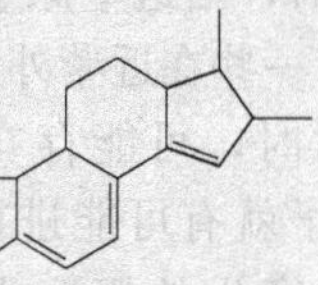

同环双烯		253nm
烷基和环残基	5(5)	+25nm
环外双键	5(2)	+10nm
增加一个共轭双键		+30nm
计算值		318nm
实测值		319nm

例题 2

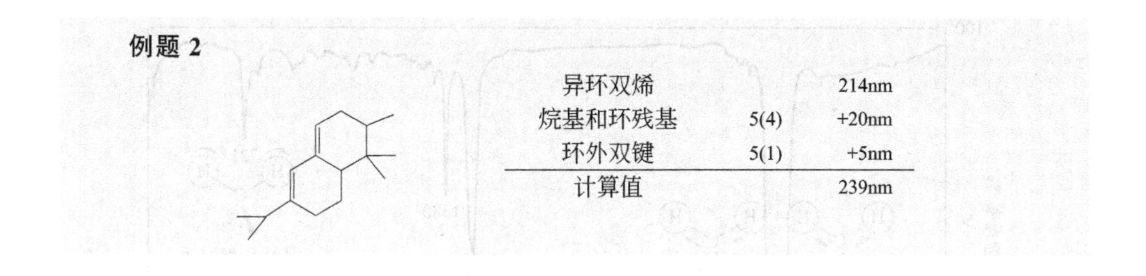

异环双烯		214nm
烷基和环残基	5(4)	+20nm
环外双键	5(1)	+5nm
计算值		239nm

1. 11. 2　红外光谱（infrared spectrum）

当一束连续波长的红外光照射样品时，样品分子将吸收某些波长的光能，发生振动能级的跃迁，由此可以得到样品分子的红外光谱。

红外光谱的产生需要有两个条件，一是红外光的频率和分子振动能级间的能量差相匹配，二是在振动过程中能引起分子偶极矩变化的分子才能产生红外光谱。因此，一些对称分子就不一定会发生红外吸收。例如 H_2、O_2、N_2 等双原子组成的分子，分子内电荷分布是对称的，振动时不引起分子偶极矩变化，在实验中观察不到它们的红外光谱。

（1）烷烃的红外光谱

烷烃中有 CH_3、CH_2 以及 CH，而以上三种基团又是由碳-碳与碳-氢两种化学键组成。每种化学键又有伸缩振动与弯曲振动两种振动方式。图 1-13 是烷烃中亚甲基（$—CH_2—$）的伸缩振动与弯曲振动。

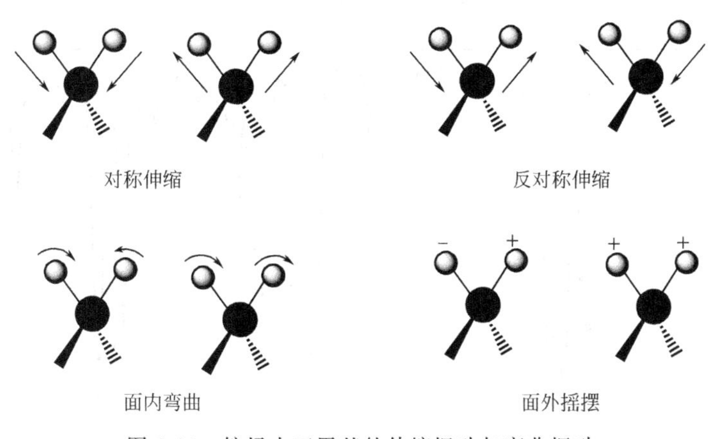

图 1-13　烷烃中亚甲基的伸缩振动与弯曲振动

① 伸缩振动　甲基的伸缩振动在 $2960cm^{-1}$ 和 $2870cm^{-1}$ 附近出现两个清晰的吸收谱带。前者是由不对称伸缩振动引起的，后者是对称伸缩振动所引起的。亚甲基的伸缩振动分别在 $2920cm^{-1}$ 和 $2850cm^{-1}$ 左右出现两个吸收谱带。次甲基的伸缩振动吸收谱带位置在 $2890cm^{-1}$ 附近，但吸收峰很弱。碳-碳单键的伸缩振动在 $1250 \sim 800cm^{-1}$，但特征性不强。

② 弯曲振动　甲基的弯曲振动在 $1380 \sim 1370cm^{-1}$ 附近出现吸收峰。当分子中存在异丙基或叔丁基时则此峰裂分为双峰。亚甲基在 $1460cm^{-1}$、$1305cm^{-1}$ 等处出现吸收峰。图 1-14 是正辛烷的红外光谱图。

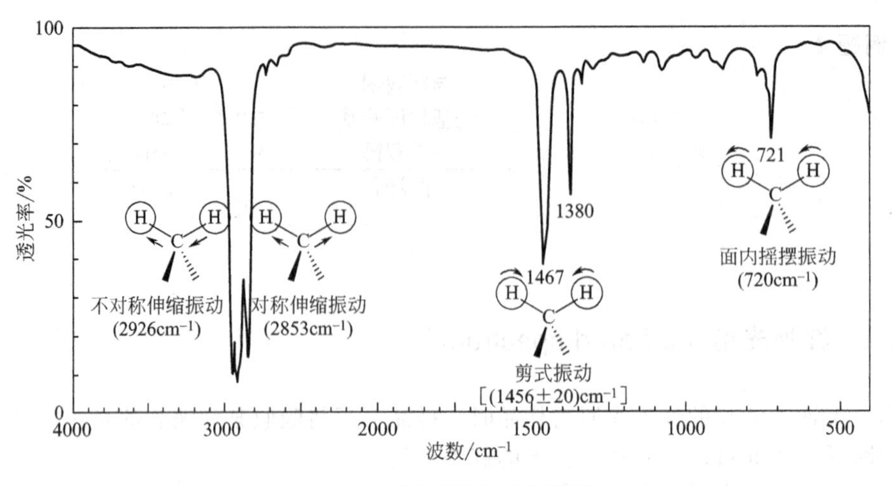

图 1-14 正辛烷的红外光谱图

(2) 烯烃的红外光谱

烯烃在烷烃的基础上增加了 C═C—H 与 C═C 两种结构，因此其特征吸收为：双键上碳-氢的不对称伸缩振动出现在 3100～3000cm^{-1} 范围内，强度较小。

双键上碳-碳的伸缩振动在 1680～1600cm^{-1}，但随着双键两侧取代基的对称性增强而减弱。因此，如果在此区域内有一中等或强的尖锐吸收带，可以认为双键存在。但是，如果此区域内看不到吸收带并不能认为双键不存在。

C═C—H 的弯曲振动出现在 1000～650cm^{-1} 区域内，由此可对双键的位置及取代情况有所了解。图 1-15 是己-1-烯的红外光谱图。

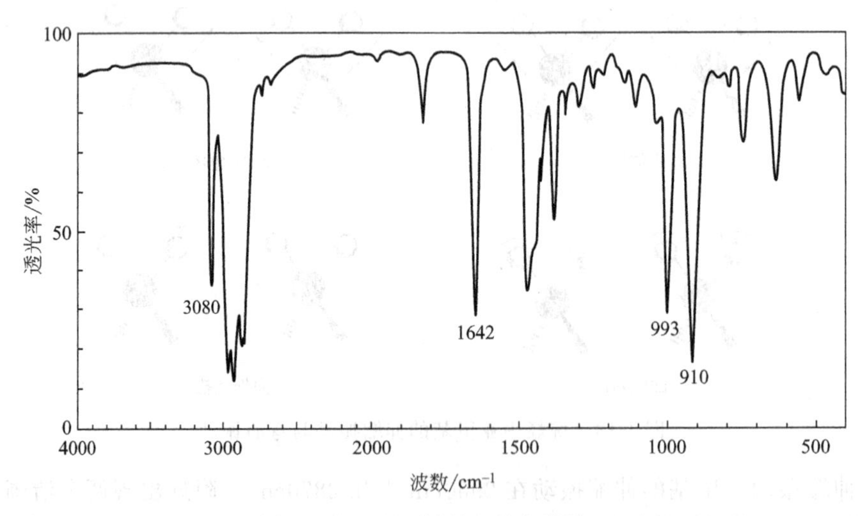

图 1-15 己-1-烯的红外光谱图

(3) 炔烃的红外光谱

炔烃的特征是含有碳-碳三键，即 C≡C—H 与 C≡C，因此主要观察以下几处吸收峰：对于单取代炔烃，在 3300cm^{-1} 附近 ≡C—H 伸缩振动吸收峰峰型尖锐，特征性强；单取代炔烃 C≡C 伸缩振动吸收峰位于 2140～2100cm^{-1} 区域内；对于双取代炔烃，随着对称性增强，谱带变弱，并移至 2260～2190cm^{-1}；≡C—H 弯曲振动吸收峰在 665～625cm^{-1}。图 1-16 是己-1-炔的红外光谱图。

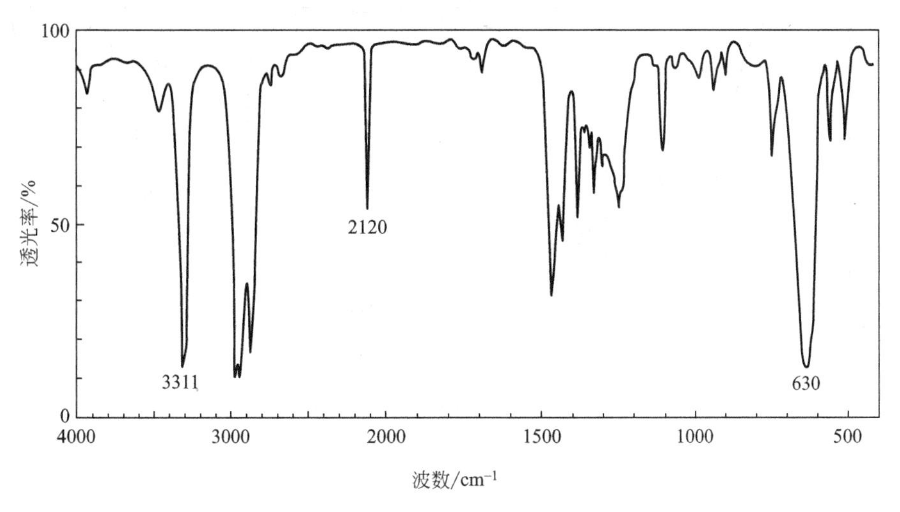

图 1-16　己-1-炔的红外光谱图

(4) 苯系化合物的红外光谱

苯系化合物的红外光谱主要观察以下四个区域的吸收峰：苯环上氢的伸缩振动吸收峰位于 3100～3000cm^{-1}；苯环骨架振动吸收谱带位于 1600～1450cm^{-1} 区域；苯环上氢的变形振动位于 900～650cm^{-1} 区域，由此可了解苯环上取代类型的信息；由 2000～1660cm^{-1} 区域的泛频峰也可了解苯环上取代类型的信息。图 1-17 是对二甲苯的红外光谱图。

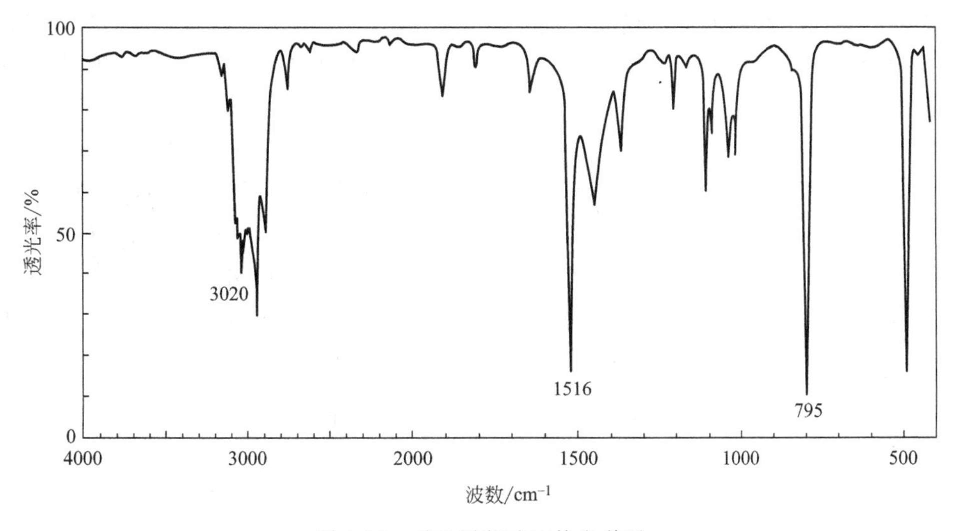

图 1-17　对二甲苯的红外光谱图

(5) 醇的红外光谱

在醇的红外光谱图中可观察到 3700～3200cm^{-1}O—H 键的伸缩振动与 1260～

1000cm^{-1} C—O 键的伸缩振动吸收峰，见图 1-18。

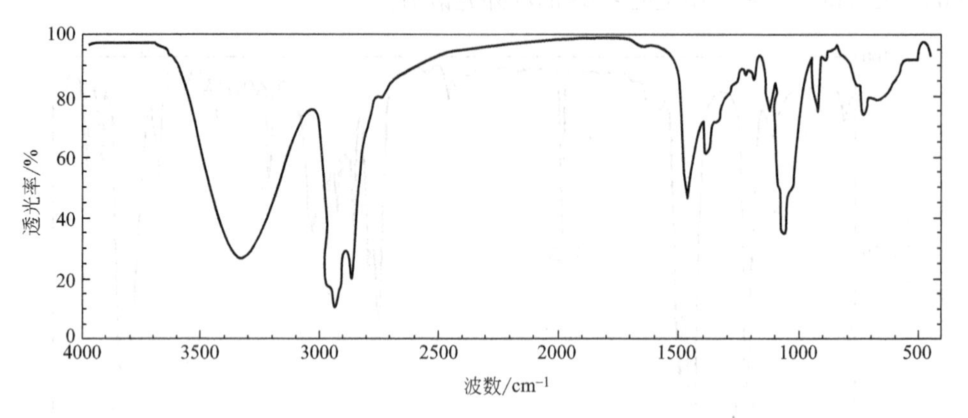

图 1-18　丁-1-醇的红外光谱图

(6) 醚的红外光谱

醚特征官能团 R—O—R′的伸缩振动吸收位于 1210～1050cm^{-1} 区域。

(7) 醛、酮的红外光谱

凡含有羰基的化合物在 1800～1650cm^{-1} 区域都有一个很强的吸收峰，此峰特征性强，是红外光谱中最容易辨认的谱带之一。其中，饱和脂肪酮羰基伸缩振动吸收位于 1720cm^{-1} 附近。共轭酮、环酮、卤代酮、二酮、醌等由于其结构等影响，故此谱带有一定的变化，需具体分析。

醛的特征吸收频率除 1730cm^{-1} 处的羰基伸缩振动吸收外，醛基上 C—H 的伸缩振动与醛基上 C—H 弯曲振动的倍频之间发生费米共振，产生两条弱而尖锐的吸收带，通常在 2820cm^{-1} 与 2720cm^{-1} 处。图 1-19 和图 1-20 分别为苯甲醛和环己酮的红外光谱图。

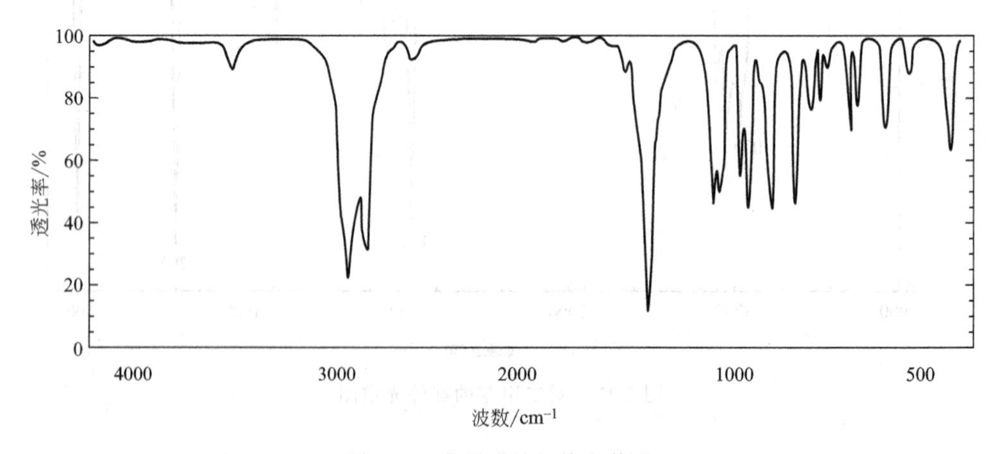

图 1-19　苯甲醛的红外光谱图

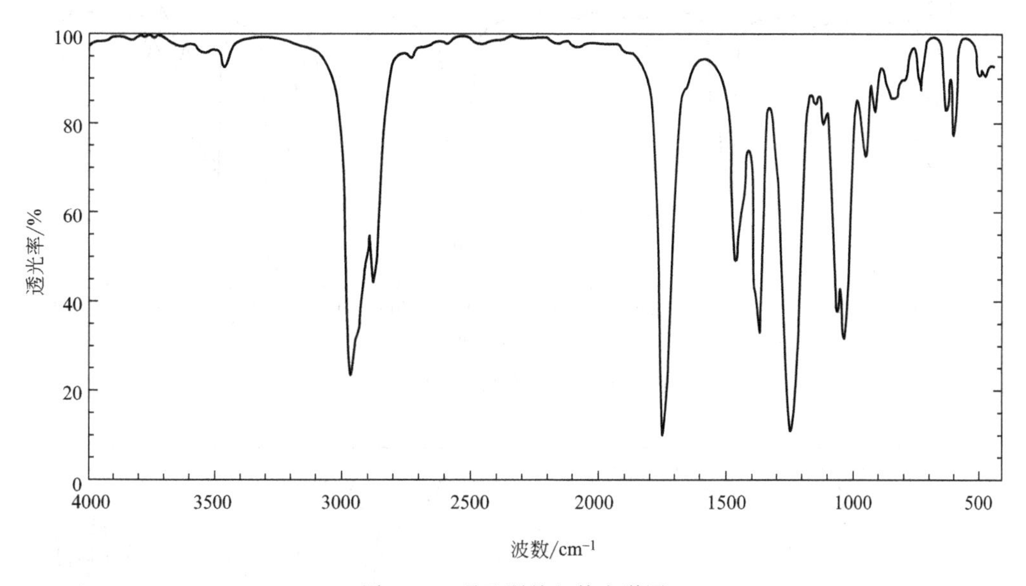

图1-20 环己酮的红外光谱图

(8) 羧酸及其衍生物的红外光谱

羧酸及其衍生物 C═O 伸缩振动吸收峰位置为羧酸：~1720cm^{-1}；酯：~1740cm^{-1}；酰胺：1690 ~ 1660cm^{-1}；酰卤：~ 1820cm^{-1}；酸酐：~ 1810cm^{-1}，~1760cm^{-1}。图1-21~图1-25为羧酸及其衍生物的红外光谱图。

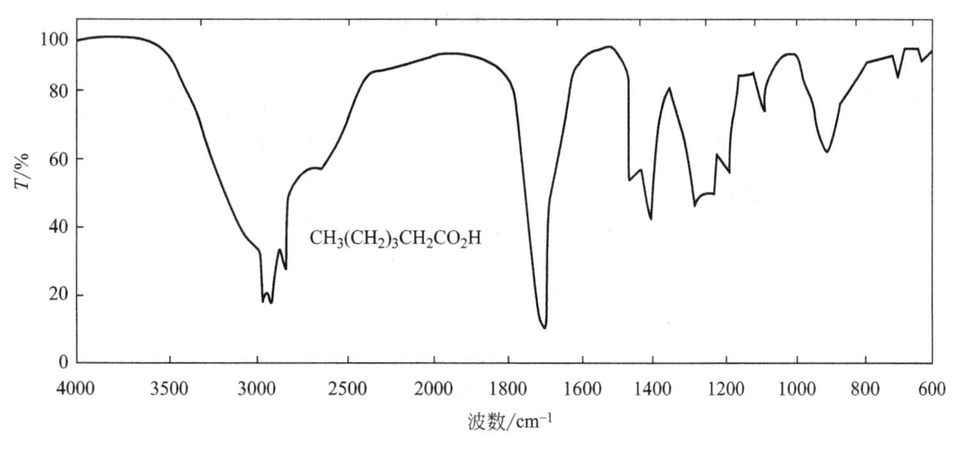

图1-21 己酸的红外光谱

(9) 胺类的红外光谱

N—H 伸缩振动出现在 3500~3300cm^{-1} 范围内。伯胺有两个峰，仲胺有一个峰，叔胺没有 N—H 峰。N—H 键的面内弯曲振动出现在 1650~1500cm^{-1} 范围内，面外弯曲振动在 900 ~ 650cm^{-1} 范围内。C—N 伸缩振动出现在 1350 ~ 1000cm^{-1} 范围内。

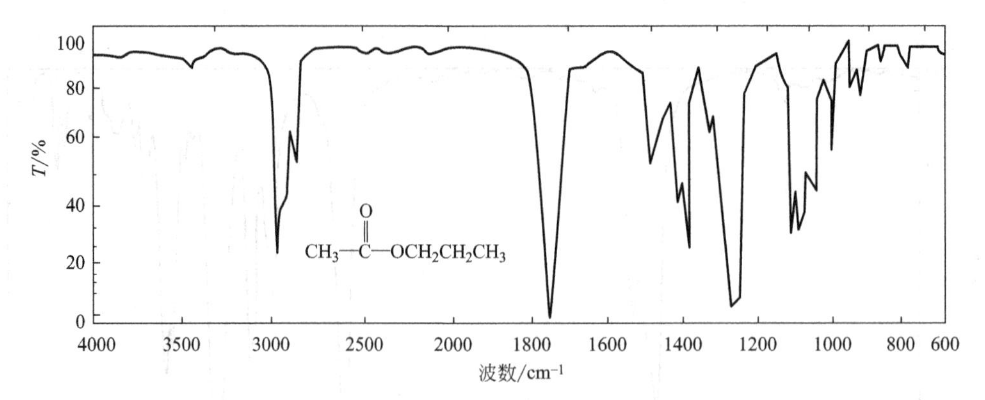

图 1-22　乙酸丙酯的红外光谱

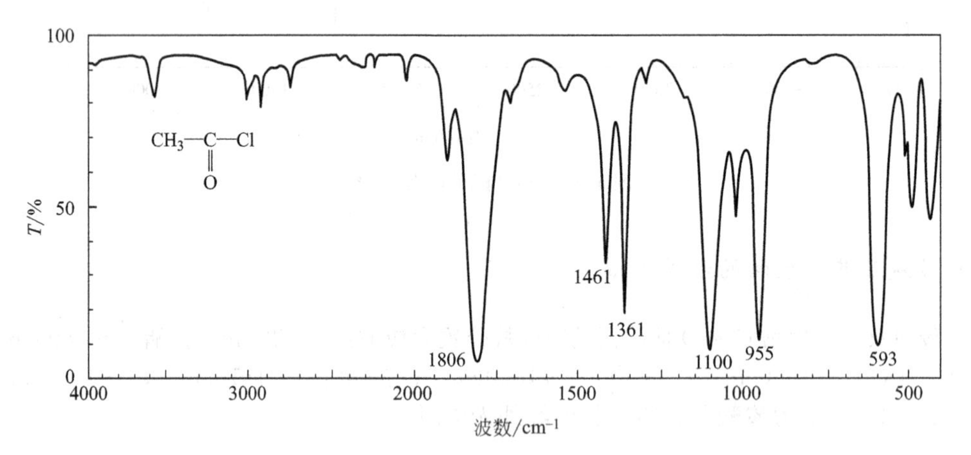

图 1-23　乙酰氯的 IR 谱

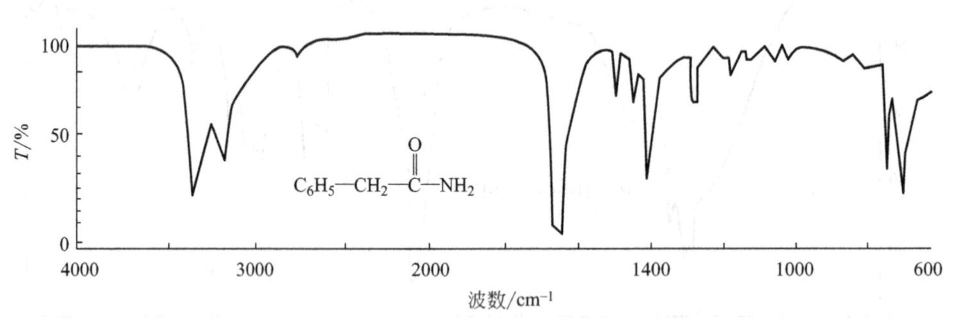

图 1-24　苯乙酰胺的 IR 谱

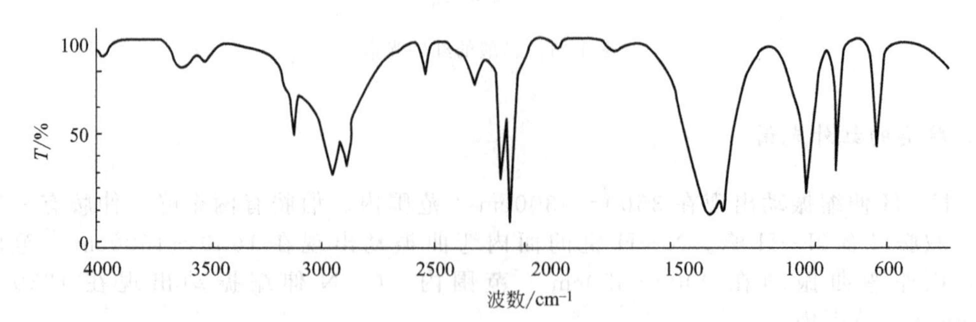

图 1-25　乙腈的 IR 谱

(10) 硝基化合物的红外光谱

N═O 伸缩振动有两个强吸收峰，在 1600～1500cm^{-1} 和 1390～1300cm^{-1}。

1.11.3 核磁共振波谱 (nuclear magnetic resonance spectroscopy)

核磁共振（NMR）现象于 1946 年由哈佛大学珀塞尔小组和斯坦福大学布洛赫小组分别在物理实验中发现。因为该发现，爱德华·珀塞尔（Edward Mills Purcell）和费利克斯·布洛赫（Felix Bloch）共享了 1952 年的诺贝尔物理学奖。核磁共振逐步发展成为化学家鉴定有机化合物结构的工具。图 1-26 为核磁共振仪的示意图。

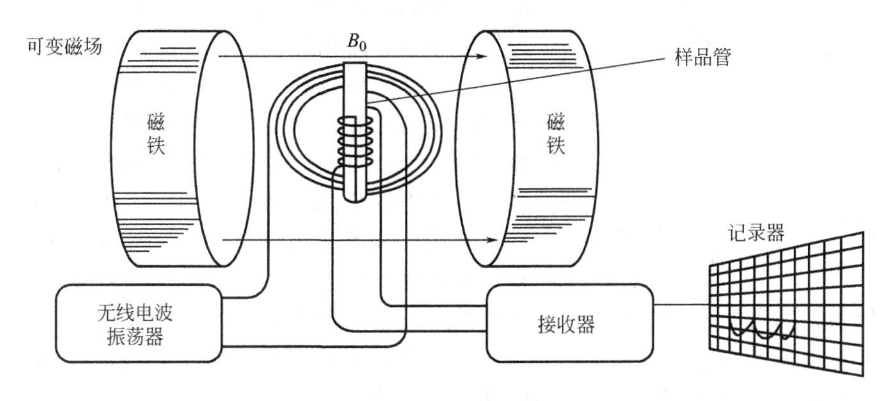

图 1-26　核磁共振仪的示意图

核磁共振波谱的研究对象为具有磁矩的原子核。如果说红外光谱可以为我们提供分子中存在的各种不同官能团的信息，那么核磁共振波谱可以使我们了解分子中不同类型氢原子或碳原子的化学环境及数目。

(1) 核的磁性

量子力学证明，原子核具有自旋量子数 I，中子数与质子数均为偶数的核，如^{12}C（中子及质子数均为 6），其自旋量子数 I 为 0，没有自旋。^{1}H，^{13}C，^{19}F，^{31}P 等存在自旋的核，具有磁性，可以产生核磁共振现象；不自旋的核，没有磁性，不能产生核磁共振现象。一般来说，原子核的磁性可这样判别：

① 原子序数和质量数均为偶数的核无磁性，磁矩为 0，无核磁共振谱，如^{12}C，^{16}O 等。

② 原子序数和质量数只要其中有一个为奇数的核就有磁性，磁矩不为 0，有核磁共振谱。如^{13}C，原子序数为 6 是偶数，而质量数为 13 是奇数；^{14}N，原子序数为 7 是奇数，而质量数为 14 是偶数。

(2) 核磁共振现象

磁性核进行自旋时，会产生磁场，如果在外加磁场的作用下，磁性核本身产生的磁场可有（$2I+1$）种取向，如氢质子的自旋量子数 I 为 1/2，因此有两种取向，即与外加磁场方向相同与相反。与外部磁场方向相同的核处于低能态，与外部磁场方向相反的核处于高能态。由于自旋轴与外加磁场方向存在一定角度，自旋核就会受到外加场的作

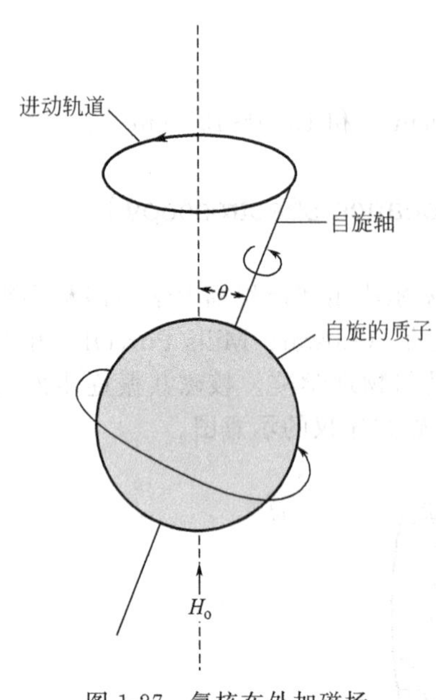

图 1-27 氢核在外加磁场 H_0 中的进动

用，企图使自旋轴与外加磁场方向完全平行。自旋的质子，受到这种作用后，自旋轴就会在与外部磁场垂直的平面上进行进动。在陀螺的旋转中，当陀螺的旋转轴与重力轴有偏差时，就能观察到这种运动，见图 1-27。

进动的频率 υ 与外加磁场 H_0 成正比：

$$\upsilon=\gamma H_0/2\pi$$

式中，γ 为磁旋比，是氢核的特征值。对于 ^1H 来说，自旋量子数 $I=1/2$。在外加磁场中，有两个自旋取向，磁量子数 $m=1/2$ 时，自旋取向与外磁场方向相同，能量较低；$m=-1/2$ 时，自旋取向与外加磁场方向相反，能量较高，如图 1-28 所示。

由于自旋核具有磁矩，因此在磁场中，核自旋产生的磁场与外磁场发生相互作用。由于这种作用不在同一个方向，而是呈一定的角度，自旋核将受到一个力矩的作用。因此核在磁场中一方面自旋，一方面围绕磁场（与自旋轴有一个角度 θ）进行回旋，这种现象称为拉莫尔（Larmor）进动。两种取向氢核能级差为 ΔE，当质子在外磁场中受到与进动频率相同的电磁波照射时，质子就会吸收能量由低能态跃迁至高能态，从而产生核磁共振现象，即 $\upsilon_{射}=\gamma H_0/2\pi$。对于不同的原子核，由于 γ 不同，因此共振时要求 $\upsilon_{射}$ 的频率不同。

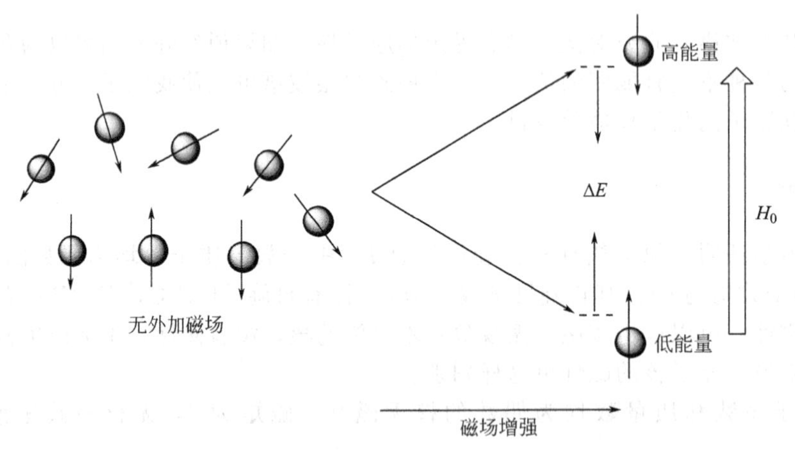

图 1-28 氢原子在磁场作用下发生能级裂分示意图

(3) 化学位移

① 化学位移的产生　发生核磁共振时，如果有机物中所有氢原子的共振频率都一样，谱图上仅出现一个峰，这样的核磁共振对有机结构的测定毫无用处。

1950 年，Proctor 和 Dickinson 等发现一种现象，磁性核的共振频率不仅取决于核的磁旋比 γ 和外部磁场强度 H_0，还受到核周围分子环境的影响，使各种不同种类的氢原子所吸收的频率稍有不同，即谱线位置不同。这种差别取决于被测核（氢核）周围的化学环境，是氢核外围电子云对核的屏蔽作用不同而引起的。因在分子中磁性核都不是裸核，核外都被不断运动着的电子云包围，当氢核处于磁场中时，磁场的磁力线通过原子核周围时，受到核外围电子云的排斥，外围电子云起到对抗磁场的作用，产生与外磁场方向相反的对抗磁场 H，抵消了一部分外磁场。由于核外电子云的这种屏蔽作用，原子核实际受到的磁场强度稍有降低（$H_{实}=H_0-H$），为了使氢核发生共振，必须提高磁场强度以抵消电子的屏蔽作用。这样，原子核的共振信号将出现在较高的磁场。于是共振条件应为：

$$\nu=\frac{\gamma}{2\pi}H_{实}=\frac{\gamma}{2\pi}(H_0-H)=\frac{\gamma}{2\pi}H_0(1-\sigma)$$

式中，σ 为核的屏蔽常数，表示屏蔽作用对磁场强度的影响。屏蔽作用的大小与核外电子云密度有关。绕核电子云密度越大，核所受的屏蔽作用越大，核实际受到的磁场强度降低越多，共振时外加磁场强度就必须增加得越多。而电子云密度和氢核所处的化学环境有关，因此由屏蔽作用引起共振时磁场强度的移动现象称为化学位移（chemical shift）。由于化学位移的大小与氢核所处的化学环境有密切的关系，因此就有可能根据化学位移的大小来了解氢核所处的化学环境，即了解有机化合物的分子结构。

② 化学位移的表示方法　化合物处于各种不同化学环境中的质子的共振频率虽有差异，但差异范围不大，约为 10^{-5}。目前还不能精确测定这么小频率范围的绝对值，因此一般都用适当的化合物作为标准物质，测定样品和标准物质的吸收频率之差，这个差值即化学位移。因此，化学位移是相对于某一标准物质而言的，氢核的波谱一般常用四甲基硅 $Si(CH_3)_4$（tetramethylsilicon，TMS）的质子共振吸收峰作为参考标准。例如化合物 1,2,2-三氯丙烷（$CH_3CCl_2CH_2Cl$）在 60MHz 和 100MHz 的 NMR 仪器上测得的谱图，如图 1-29 所示。

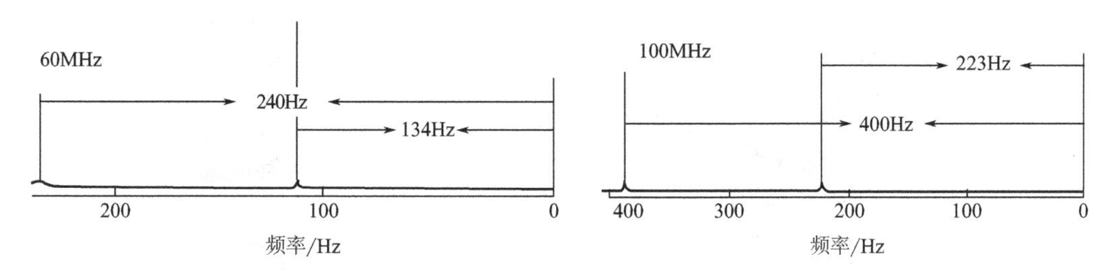

图 1-29　1,2,2-三氯丙烷在 60MHz 和 100MHz 的谱图

图 1-29 中分别出现两个吸收峰，CH_2 与电负性大的氯原子直接相连，故 CH_2 信号比 CH_3 在更低的磁场强度出现。60MHz 时：CH_3 峰距 TMS 为 134Hz（即 CH_3 的化学位移为 134Hz）；CH_2 峰为 240Hz，CH_2 与 CH_3 的化学位移之差为 106Hz。100MHz 时：CH_3 的化学位移为 223Hz；CH_2 的为 400Hz，CH_2 与 CH_3 的化学位移之差为 177Hz。此例说明，同一种质子在不同仪器上用 Hz 表示化学位移是不相同的。因此用 Hz 表示化学位移必须注明所用仪器的射频电磁波频率，用起来十分不便。

化学位移通常用 δ 来表示，其定义为：

$$\delta=\frac{v_{样品}-v_{标准物}}{v_{仪器}}\times10^6$$

式中，δ 为化学位移；$v_{样品}$ 为样品的共振频率，Hz；$v_{标准物}$ 为标准物的共振频率，Hz；$v_{仪器}$ 为仪器的频率，MHz。

$$60\text{MHz}：\delta=\frac{134-0}{60\times10^6}\times10^6=2.23$$

$$100\text{MHz}：\delta=\frac{223-0}{100\times10^6}\times10^6=2.23$$

上述化学位移用 δ 来表示时，60MHz 和 100MHz 仪器上测得甲基的化学位移值是一致的，用起来非常方便。

（4）影响化学位移的因素

化学位移是由氢核外电子对核的屏蔽作用所引起的。因此，凡是使氢核外电子云密度改变的因素都能影响化学位移。能够引起核磁共振信号移向高场的称为屏蔽作用（shielding effect），引起信号移向低场的称为去屏蔽作用（deshielding effect）。其中主要影响因素有：诱导效应、各向异性效应、共轭效应及溶剂效应等。

① 诱导效应　化学位移与相邻原子的电负性有密切关系，随着相邻原子的电负性增强，化学位移增大，如 CH_3—C，δ 为 0.9；CH_3—N，δ 为 2.3；CH_3—O，δ 为 3.3。烷基的增加使质子的化学位移移向低场（化学位移增大），即烷基是吸电子的去屏蔽基团。如：R-CH_3，δ 为 0.9；R_2CH_2，δ 为 1.2；R_3CH，δ 为 1.5。

② 各向异性效应　化学位移是核周围电子云密度的函数，化学键所产生的小磁场是各向异性的，即这个小磁场在化学键周围是不对称的。该小磁场可与外加磁场方向相同（去屏蔽）或相反（屏蔽）。如苯、醛、酮平面外为去屏蔽区，而面内为屏蔽区，氢原子处于去屏蔽区，化学位移较大，见图 1-30 和图 1-31。乙炔的氢原子处于屏蔽区，化学位移较小，见图 1-32。

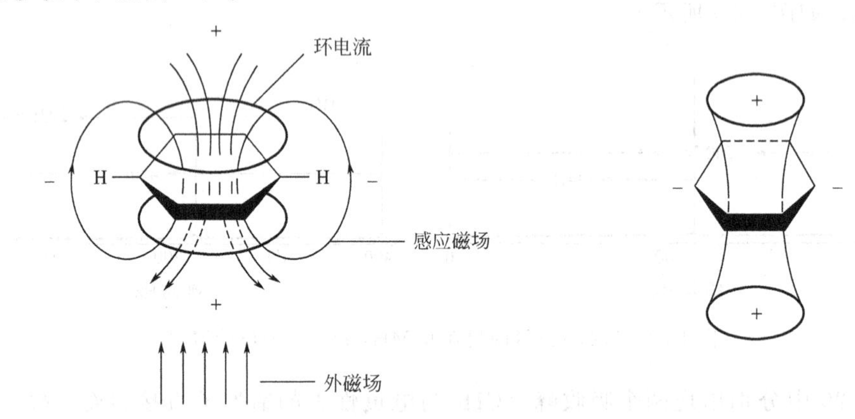

图 1-30　苯的各向异性效应

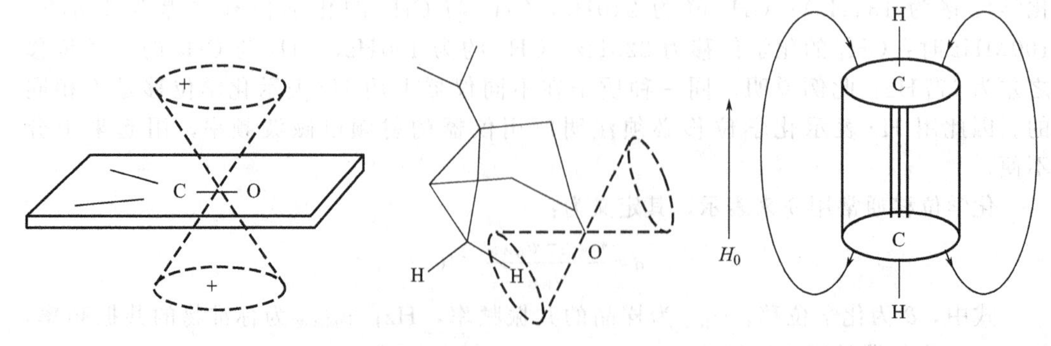

图 1-31　羰基的各向异性效应　　　图 1-32　乙炔的各向异性效应

(5) 自旋-自旋偶合与自旋-自旋裂分及 $n+1$ 规律

分子中相邻质子间的自旋相互作用，称为自旋-自旋偶合，由自旋偶合作用而产生的共振吸收峰裂分的现象称为自旋-自旋裂分。

H_a　H_b
H_a—C—C—Br
H_a　H_b

H_b　J_{ab}　J_{ab}　J_{ab}　　$J_{ab}=J_{ba}$　　H_a　J_{ba}　J_{ba}

溴乙烷分子中有两类质子 H_a 与 H_b，但它的核磁共振氢谱不是两个吸收峰，而是两组峰。两个 H_b 有三种取向（↑↑，↑↓、↓↑，↓↓），使 H_a 的吸收峰裂分为三重峰，其强度比为 1∶2∶1。三个 H_a 有四种取向（↑↑↑；↑↑↓，↑↓↑，↑↓↓；↓↓↑，↓↑↓，↓↑↑；↓↓↓），使 H_b 的吸收峰裂分为四重峰，其强度比为 1∶3∶3∶1。

如前所述，氢核在磁场中有两种不同的取向。因此，与外磁场方向相同的自旋，起到加强外磁场的作用；而与外磁场方向相反的自旋，则起到减弱外磁场的作用。以溴乙烷为例，见图 1-33。

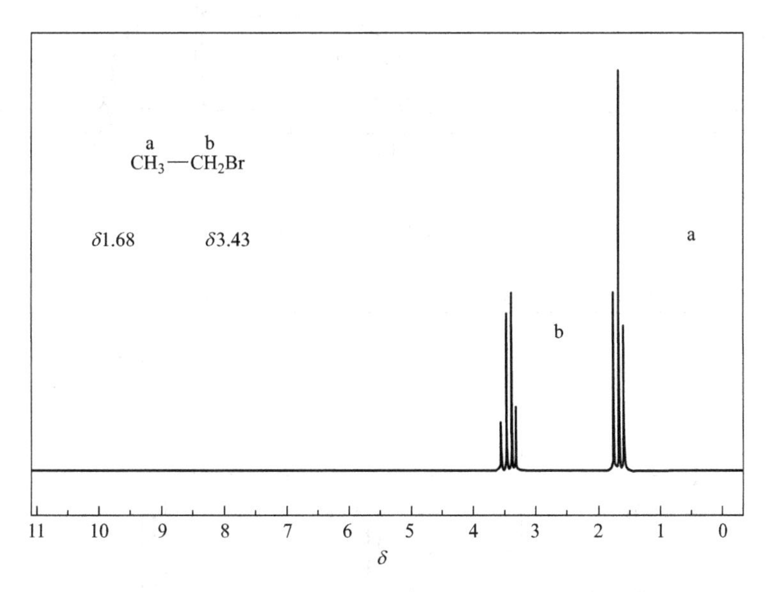

图 1-33　溴乙烷的 ^{1}H NMR 谱图

同理可推出：若氢核的邻近有 n 个与之偶合常数相同的氢，则该氢核的吸收峰将裂分为 $n+1$ 重峰，即所谓的 $n+1$ 规律。一般来说，按 $n+1$ 规律裂分的图谱称为一级图谱，若产生偶合的原子核数为 n，则偶合裂分的谱线间相对强度用 $(a+b)^n$ 展开式的各项系数值来描述，如表 1-6 所示。

表 1-6 偶合裂分的谱线间的相对强度

n	二项式展开系数	峰形
0	1	单峰
1	1 1	二重峰
2	1 2 1	三重峰
3	1 3 3 1	四重峰
4	1 4 6 4 1	五重峰
5	1 5 10 10 5 1	六重峰
6	1 6 15 20 15 6 1	七重峰

（6）偶合常数

由自旋偶合作用产生的多重峰，其峰间距离称为偶合常数，用符号 J 表示，单位为 Hz 或周/秒（cps/sec）。偶合常数和化学位移一样，对于确定化合物结构有重要作用。偶合常数随原子核所处的环境不同而不同。在解析谱图时，偶合常数 J 可以用裂分峰的频率差与仪器的频率比计算出来。乙酸乙酯和乙醇的裂分情况和 ^1H NMR 谱图见图 1-34 和图 1-35。其中，单峰用 s，二重峰用 d，三重峰用 t，四重峰用 q，多重峰用 m 表示。

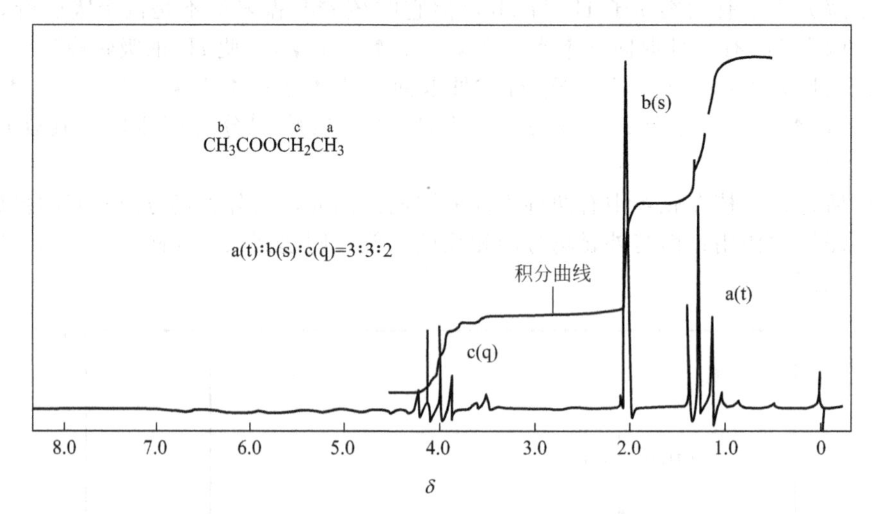

图 1-34 乙酸乙酯的 ^1H NMR 谱图

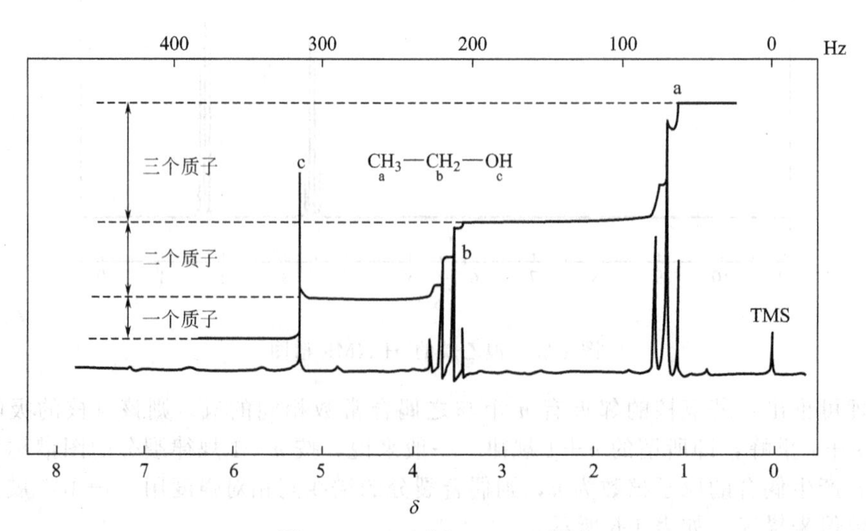

图 1-35 乙醇的 ^1H NMR 谱图

(7) 核的等价性

分子中的一组核，若其化学位移完全相等，则称它们为化学位移等价核。如碘代乙烷中甲基三个氢的化学位移完全相同，它们是化学等价的。同理，亚甲基的两个氢核也是化学等价的。若分子中有一组核，其化学位移等价，且对组外任何一个原子核的偶合常数都相同，则这组核被称为磁等价核或磁全同核。磁等价的核一定是化学等价的，但化等价的核不一定磁等价。

(8) 苯环质子的裂分模型

① 苯环质子的偶合常数 苯环质子的偶合常数通常为：$J_o=7\sim9$Hz，$J_m=2\sim3$Hz，$J_p=1$Hz。因为 J_p 较小，假如忽略不计，只考虑邻、间位偶合常数 J_o 和 J_m，可以将一些苯环上 H 的裂分处理成 AMX 或 AM 体系。

② 裂分模型 若设 $J_o=4J_m$，对位 H 之间的作用可以忽略，则可用它解释三、四、五取代苯环氢和大部分二取代苯环氢的裂分。

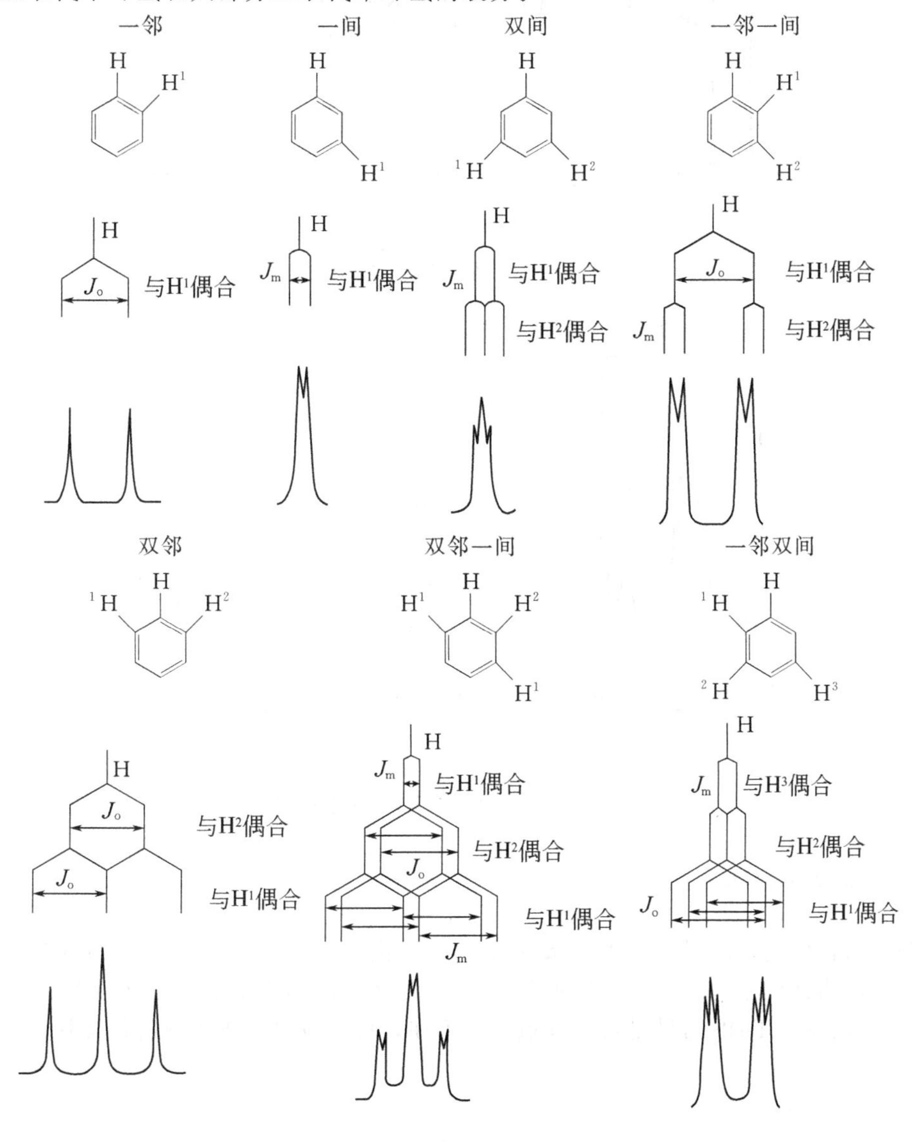

二硝基苯的三个异构体的谱图解析如下：

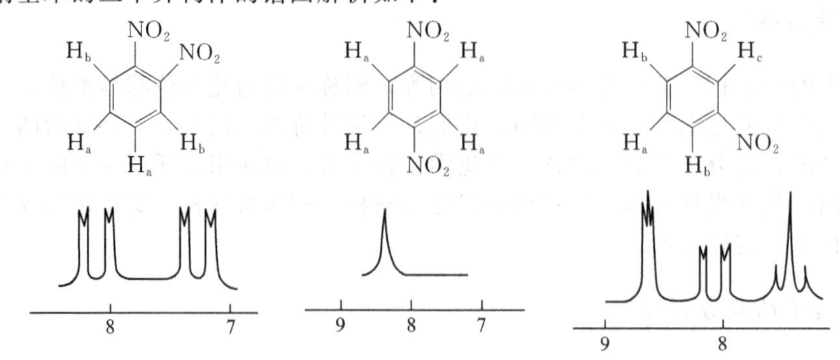

下面是可用上述方法处理的实例，如图 1-36 和图 1-37 所示。

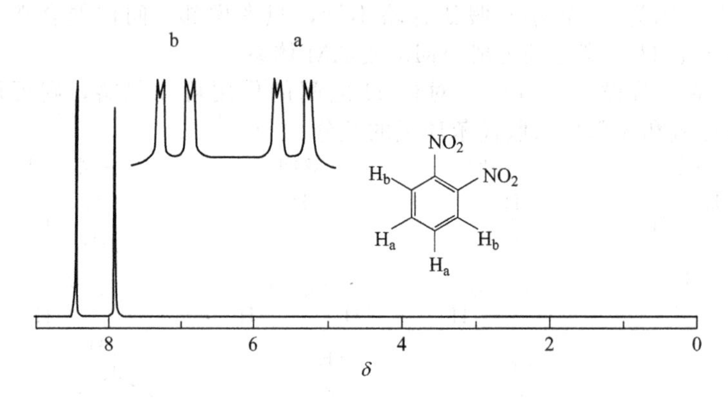

图 1-36　邻二硝基苯的¹H NMR 谱图

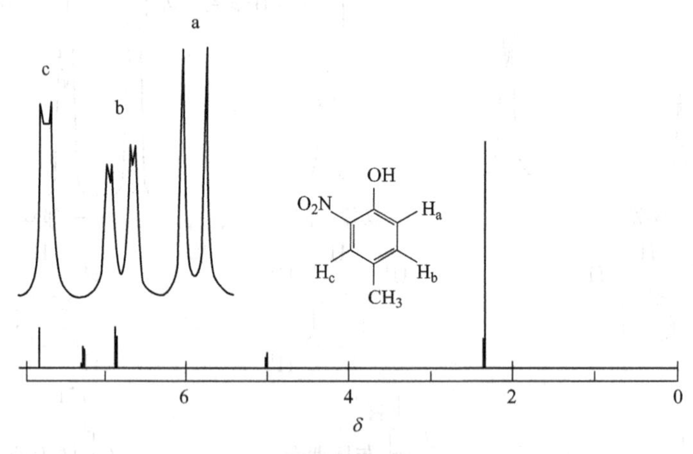

图 1-37　2-硝基-4-甲基苯酚的¹H NMR 谱图

(9) 核磁共振谱图的解析

在解析谱图前，应尽量获取有关物质的物理化学性质，以便将未知结构的范围缩小，或推出可能的结构式，用 NMR 进一步证实。解析 NMR 谱图的一般步骤是：

① 首先检查 TMS 信号是否在零点，如不在，首先应对着谱图峰的位置加以校正或重做。

② 识别杂质峰，有时使用氘代试剂会残留少量质子，如 $CDCl_3$，内含极少量 $CHCl_3$，δ 约为 7.27，苯内含有少量未氘代的氢（δ 为 7.2）等。

③ 根据积分曲线，计算出各峰含氢的个数。

④ 根据 δ 及 J 与结构的关系，识别一些简单的强峰，如 CH_3O—，CH_3CH_2—等。先解析没有偶合的信号，再解析偶合的信号。

⑤ 如分子内含有活泼氢，可用 D_2O 交换方法加以确证。

⑥ 如谱图系一级谱，可计算 δ 值及 J 值，用 $n+1$ 规则直接推出结构式。

(10) 样品及溶剂

CD_3SOCD_3、C_6D_6 等。

(11) ^{13}C NMR 简介

^{13}C NMR 可以得到许多 ^1H NMR 所不能得到的信息，对于研究化合物的结构有十分重要的意义。但由于自然界丰富的 ^{12}C 没有核磁共振信号，而 ^{13}C 的天然丰度只有 1.1%，信号很弱，给检测带来一定难度。到 20 世纪 70 年代，PFT-NMR（脉冲傅里叶变换 NMR）问世，对 ^{13}C NMR 的研究工作才迅速发展起来。

由于 ^{13}C 的天然丰度很小，所以 ^{13}C—^{13}C 相连的概率很小，故可以认为 ^{13}C—^{13}C 无偶合作用，只有 ^{13}C—^1H 会发生偶合作用，使吸收峰裂分成多重峰。^{13}C—^1H 之间的偶合常数远比 ^1H—^1H 之间的偶合常数大，脂肪族 ^{13}C—^1H 之间的偶合常数 $J=125Hz$；芳香族 ^{13}C—^1H 之间的偶合常数 $J=160Hz$；炔类 ^{13}C—^1H 之间的偶合常数 $J=250Hz$。由于 ^{13}C—^1H 之间的偶合常数大，^{13}C 信号分散，常常造成信号交叉重叠，必须采用去偶技术，消除 ^{13}C—^1H 之间的偶合信号，否则解析化合物的 ^{13}C NMR 谱非常困难。为了解析 ^{13}C NMR 谱，可采用多种去偶技术。

① 宽带去偶（PND）　除了第一射频场外，再加一个去偶射频场，经过一系列技术处理，^{13}C 谱就变成了单峰，化合物中有几种化学环境的碳，就会产生几种单峰。

② 化学位移　^{13}C 的化学位移与 ^1H 的化学位移有相近的趋势，饱和的 ^{13}C 和 ^1H 均出现在高场，而烯烃和芳烃均出现在较低场。共轭效应、诱导效应和各向异性效应等对 ^{13}C 的化学位移的影响与氢谱相同。脂肪烃（sp^3 杂化碳）^{13}C 的 δ 为 0～50，与电负性强的基团相连，化学位移向低场移动，δ 为 48～88；烯烃和芳烃（sp^2 杂化碳）的 δ 值为 105～149；酸和酯羰基碳 δ 为 155～190；醛和酮羰基碳 δ 为 175～225；炔烃和腈（sp 杂化碳）δ 分别为 68～93 和 112～126。

③ ^{13}C NMR 谱　以 3-乙基-5-硝基氯苯为例，见图 1-38。

1.11.4 质谱（mass spectrum）

(1) 基本原理

质谱（mass spectrum，简称 MS）就是化合物分子经过电子轰击或其他手段打掉一个电子后，形成正电荷离子，在电场磁场作用下按质荷比（m/z）大小排列而成的图谱。质谱具有用样量小（10～100μg）、快速、准确的特点。被测试样在高真空条件下气化，经高能电子轰击，失掉一个外层电子而形成分子离子（M^+）。不同化合物产生的分子离子的质荷比（m/z），即质量与所带电荷之比是不同的，在电场和磁场的作用下可以按质荷比大小进行分离，最后被质谱仪记录下来。这样就可以通过分子离子峰来确定试样精确的分子

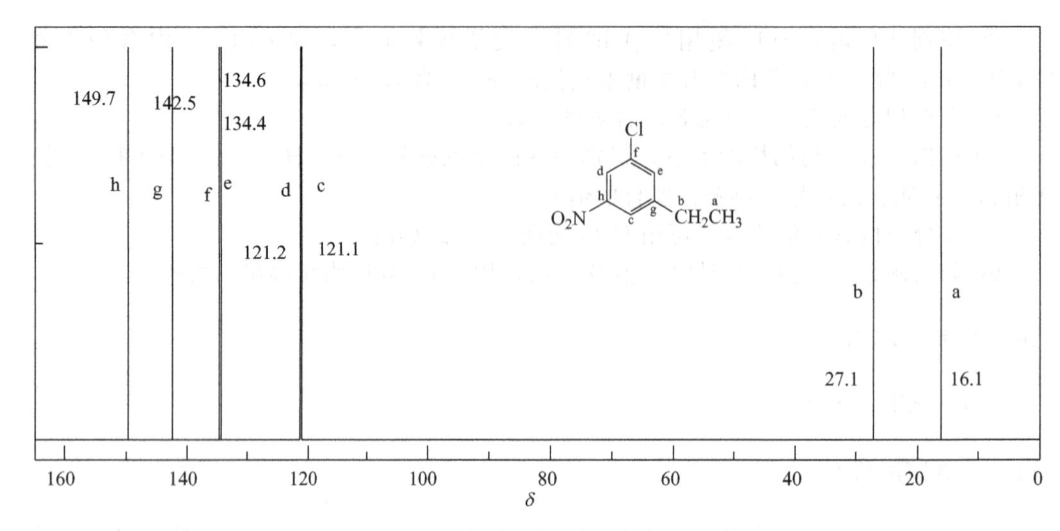

图 1-38 3-乙基-5-硝基氯苯的^{13}C NMR 谱图

量。同时，这些高能分子离子通常是不稳定的，可以根据原化合物碳架和官能团的不同，进一步裂分成各种不同的碎片。其中，带正电荷的碎片可以在电场和磁场作用下按质荷比大小进行分离，根据这些碎片离子峰的位置和相对强度可以分析被测试样的分子结构。分子离子和碎片离子峰的相对强度称为丰度，丰度最高的峰为基峰，其强度定为 100。图 1-39 和图 1-40 是质谱的工作原理示意图和不同质荷比离子流通过狭缝的示意图。

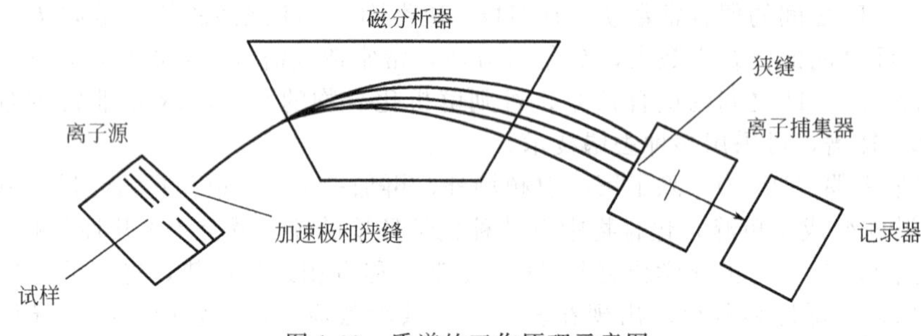

图 1-39 质谱的工作原理示意图

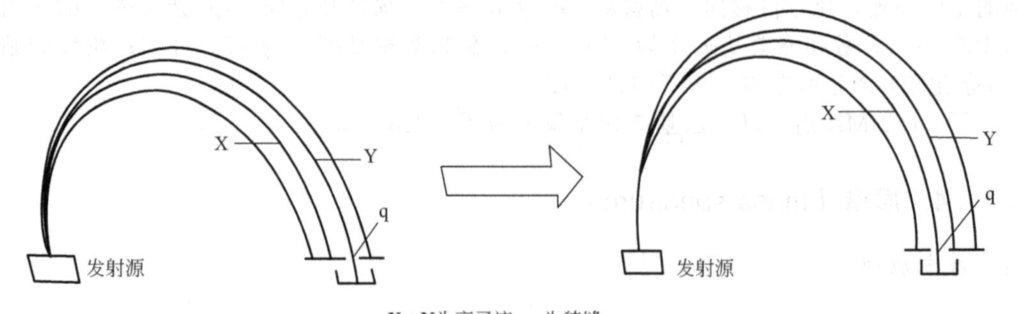

图 1-40 不同质荷比的离子流 X、Y 一次通过狭缝 q 的示意图

（2）质谱解析

① 确定未知物的分子式 分子离子和碎片离子通常只带一个电荷，因此质荷比表

示分子量或碎片的式量。高分辨质谱仪能精确测出 10^{-6} 的质量差别。例如 CO、N_2 和 C_2H_4 的精确分子量分别为 27.9949、28.0062 和 28.0313。因此，通过高分辨质谱可以测定有机化合物的精确分子量，进而确定分子式。

② 确定分子离子峰　分子离子峰的丰度按芳烃、共轭烯烃、脂环烃、直链烷烃、支链烷烃的碳骨架次序，或按酮、胺、酯、醚、羧酸、醛、卤代烃、醇的官能团次序减弱。分子离子若含奇数个氮原子，其质量数为奇数；若不含或含偶数个氮原子，其质量数为偶数。这个规律称为氮规律，适用于绝大多数有机化合物。在比分子离子少 4～13 个单位处不会出现碎片离子峰。分子离子峰附近高出一两个单位处常常伴随有 $M+1$ 或 $M+2$ 的小峰，$M+1$ 峰是 ^{13}C 的同位素峰。由于 ^{13}C 在自然界中的元素丰度仅为 1.1%，所以 $M+1$ 峰的强度比分子离子峰的强度要小得多。若化合物中含有 n 个碳原子，由于 ^{2}H 的元素丰度很小，可以忽略，$M+1$ 峰的强度近似为分子离子峰的 $n\times1.1\%$。氯和溴的同位素在自然界中的丰度很大（$^{35}Cl : ^{37}Cl=3:1$，$^{79}Br : ^{81}Br$ 接近 1∶1），所以同位素峰很明显。图 1-41 和图 1-42 分别为氯甲烷和溴甲烷的 MS 图。

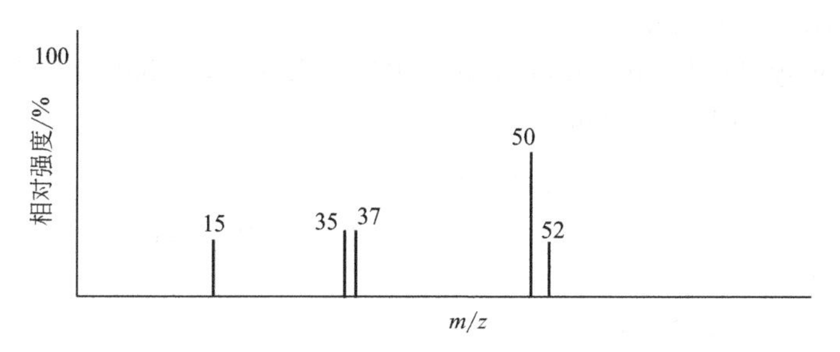

图 1-41　氯甲烷的 MS 图

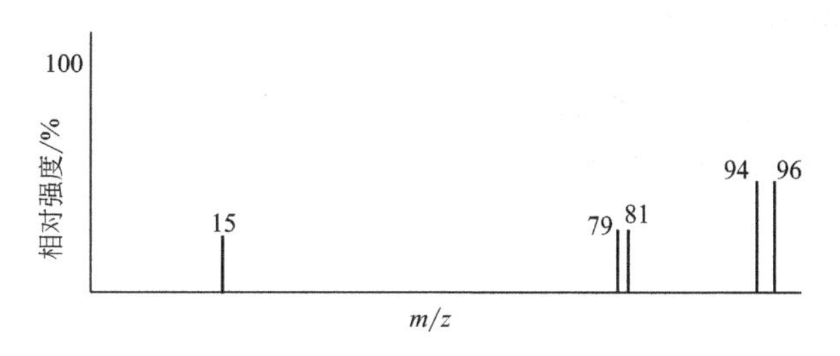

图 1-42　溴甲烷的 MS 图

③ 推测未知化合物的结构　根据质谱裂分的一般规律和碎片的丰度可以推测被测化合物的结构。通常一些稳定的碳正离子，如烯丙基或苄基正离子、酰基正离子、连有杂原子的正离子等碎片离子具有较大的丰度，最常见的有 α-裂分（指与官能团直接相连的键发生断裂）、β-裂分（指 α 碳原子与 β 碳原子间的键发生断裂）等。图 1-43 和图

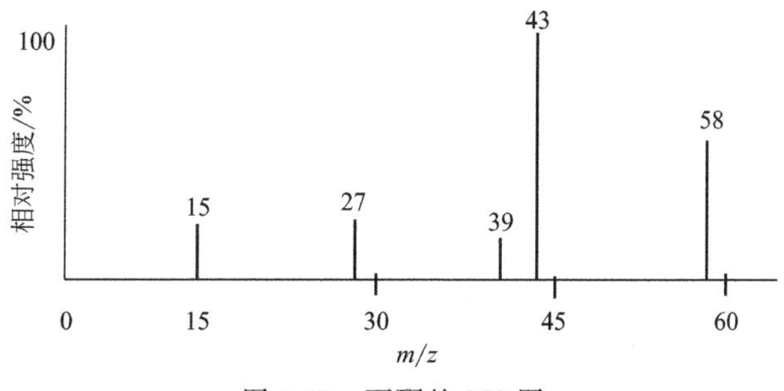

图 1-43　丙酮的 MS 图

1-44 分别为丙酮的 MS 图和 α-裂分表达式。

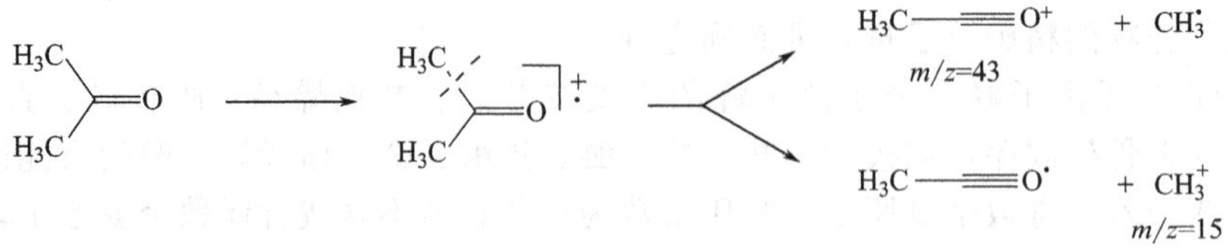

H_3C—C(=O)—CH_3 ⟶ $[H_3C$—C(=O)—$CH_3]^{+\cdot}$ ⟶ H_3C—C≡O^+ + $CH_3^{\cdot}$ (m/z=43); H_3C—C≡$O^{\cdot}$ + CH_3^+ (m/z=15)

图 1-44 丙酮的 α-裂分表达式

习题 (Problems)

1. Draw the H-bonding in a solution containing (a) CH_3CH_2OH and H_2O; (b) NH_3 and H_2O; (c) CH_3COOH and CH_3COCH_3.

2. The C_5H_{12} have boiling points of 9.5℃, 28℃ and 36℃, match each boiling point with the correct structure.

3. Explain why the dipole moment of $CHCl_3$ is less than that of CH_2Cl_2?

4. Compare the order of groups.

(1) 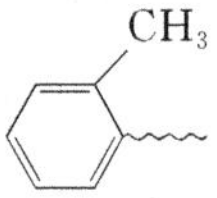 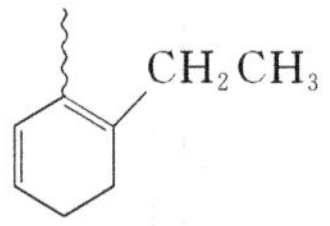 CH_3 CH_2CH_3 H_2C=CH—C≡C~

(2)

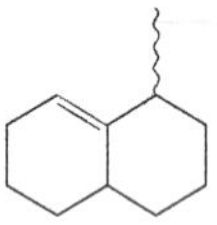

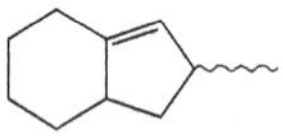

5. Explain why is not resonance form.

(1) 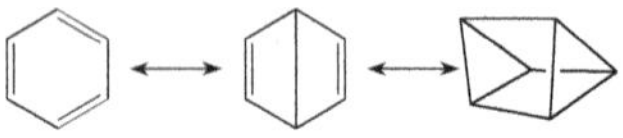 ⟷ ⟷

(2) H_2C=C(OH)—CH_3 ⟷ H_3C—C(=O)—CH_3

第2章

碳-碳单键化合物

2.1 烷烃（alkane）

有机化合物中只有碳、氢两种元素的化合物统称为碳氢化合物，简称为烃。烃分子中碳原子间都是以单键相连，碳原子的其余价键都是氢原子的饱和化合物，统称为饱和烃或烷烃。烷烃分子中碳原子连成直链或带有支链的称为开链烷烃，简称为链烷烃或烷烃。

2.1.1 烷烃的物理性质及波谱（physical properties and spectrum of alkane）

纯态物质的物理性质在一定条件下都有固定的数值，常把这些固定的数值称为物理常数，在各种手册中及网上（如 www.chemdocs.com）均可查到。通过测定物理常数，可以鉴定物质及其纯度。表 2-1 列出一些正构烷烃的常用物理常数，从中可以看出同系列化合物的物理常数随着分子量的增减而有规律地变化。

表 2-1 烷烃的物理常数

名称	分子式	熔点/℃	沸点/℃	相对密度 d_4^{20}	折射率
甲烷	CH_4	−182.6	−161.6	0.42	
乙烷	C_2H_6	−172	−88.6	0.45	
丙烷	C_3H_8	−187.1	−42.2	0.582	1.2297(沸点)
丁烷	C_4H_{10}	−138.0	−0.5	0.579	0.3562(−15℃)
戊烷	C_5H_{12}	−129.7	36.1	0.6263	1.3577
己烷	C_6H_{14}	−95.3	68.9	0.6594	1.3750
庚烷	C_7H_{16}	−90.5	98.4	0.6837	1.3877
辛烷	C_8H_{18}	−56.8	125.6	0.7028	1.3976
壬烷	C_9H_{20}	−53.7	150.7	0.7179	1.4056
癸烷	$C_{10}H_{22}$	−29.7	174.0	0.7298	1.4120
二十烷	$C_{20}H_{42}$	36.4	343.4	0.7886	1.4307(50℃)
三十烷	$C_{30}H_{62}$	66.0	449.7	0.7750	
一百烷	$C_{100}H_{202}$	115.2			

(1) 沸点

正构烷烃的沸点随着分子量的增加而有规律地升高，但每增加一个 CH_2 基团使沸点升高的值，却随着分子量的增加而逐渐减小。例如乙烷的沸点比甲烷高 73℃，而十九烷比十八烷仅高 7℃。

碳链的沸点受到碳链的分支及分子对称性的影响。在同碳数的烷烃异构体中，正构烷烃的沸点最高；含支链越多，沸点越低；支链数目相同者，分子对称性越好，沸点越高。例如含六个碳原子的烷烃各种异构体的沸点如下：

$CH_3CH_2CH_2CH_2CH_2CH_3$　68.95℃　$(CH_3)_2CHCH_2CH_2CH_3$　63.28℃

$CH_3CH_2CH(CH_3)CH_2CH_3$　60.27℃　$(CH_3)_2CHCH(CH_3)_2$　57.99℃　$(CH_3)_3CCH_2CH_3$　49.74℃

$C_1 \sim C_4$ 的烷烃为气体；$C_5 \sim C_{16}$ 的烷烃是液体；C_{17} 及以上的烷烃是固体。固体烷烃又称为石蜡。

(2) 熔点

正构烷烃的熔点也随着分子量的增加而升高，但是含奇数碳原子的烷烃比偶数碳原子烷烃熔点的升高值要少，形成两条熔点曲线。偶数碳原子烷烃的在上，奇数碳原子烷烃的（除甲烷外）在下。随着碳原子数的增加，两条曲线逐渐趋近，见图 2-1。

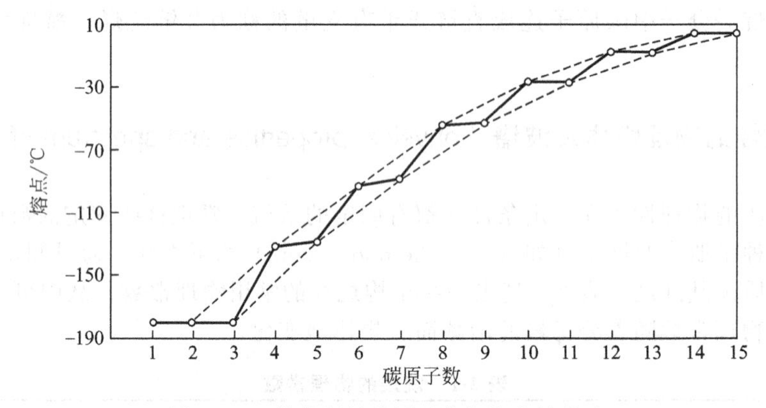

图 2-1　正构烷烃的碳原子数与熔点的关系

这是因为正构烷烃有较好的对称性。对称性好的分子的晶格排列较紧密，分子间作用力大，熔点相应高些。而含支链的烷烃由于支链对分子在晶格中紧密排列有位阻，分子间作用力小于正构烷烃，所以熔点比正构烷烃低。但当支链烷烃分子具有很好的对称性时，其熔点比同碳数的正构烷烃的还高。如甲烷熔点比丙烷高，这是因为甲烷分子接近球状，有利于晶格的紧密排列。

(3) 相对密度

烃类都比水轻，其相对密度都小于 1。正构烷烃的相对密度随着分子量的增大而增加，最后趋于最大值约为 0.8。相同碳原子数目的烷烃含支链越多，相对密度越低。例如：

$(CH_3)_2CHCH_2CH_3$	$(CH_3)_4C$
0.6263	0.6135

(4) 溶解度

烃类都不溶于水，能溶于有机溶剂。在非极性溶剂中，有较好的溶解度，而在极性溶剂中溶解度较差。这是因为结构相似的化合物之间有相近的引力，可以互相溶解，普遍的经验原则是相似相溶。

(5) 折射率

折射率（又称折光指数）是光通过空气和介质的速度比。光通过介质的速度要比通过空气慢得多，折射率总是大于1。折射率反映了分子中被光极化的程度，分子极化程度越大，折射率越大。在正构烷烃中，随着碳链长度增加，折射率增大。

(6) 毒性

烷烃是低毒性物质，少量接触对身体损害不大，但长期接触，一定要作好防护，否则会对肝、肾造成严重伤害。

(7) 红外光谱（IR）

烷烃主要是C—H的振动吸收，其伸缩振动在2930～2853cm^{-1}，变形振动在1460～1380cm^{-1}。

(8) 核磁共振谱（NMR）

烷烃分子中质子的核磁共振化学位移见表2-2。

表2-2 烷烃中质子的化学位移

质子	$Si(CH_3)_4$	CH_4	$—CH_3$	$—CH_2—$	$>CH—$
δ	0(标准物)	0.23	0.85～0.95	1.20～1.35	1.40～1.60

从上面可以看出，叔氢的化学位移大于仲氢，大于伯氢，大于甲烷的氢，说明烷基的诱导效应是吸电子的基团。

2.1.2 烷烃的同分异构（isomerism of alkane）

(1) 烷烃的同分异构体

烷烃的通式为C_nH_{2n+2}，甲烷、乙烷、丙烷只有一种排列方式，丁烷有两种排列方式。

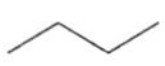

正丁烷 　　异丁烷

戊烷有3种排列方式。

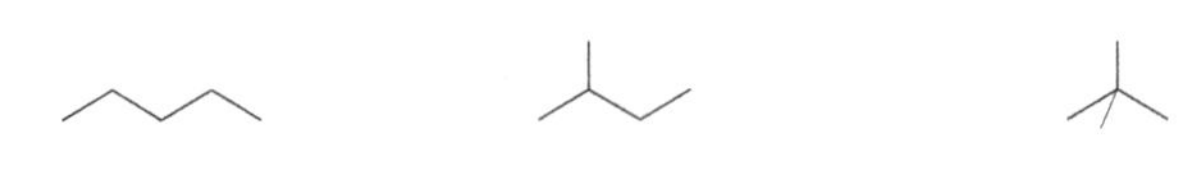

正戊烷　　异戊烷　　新戊烷

上述化合物有相同的分子式，但结构不同。这种具有相同分子式，而结构不同的物质称为同分异构体。正丁烷和异丁烷是同分异构体；正戊烷、异戊烷和新戊烷是同分异构体。可以预测，随着碳数的增加同分异构体的个数会迅速增加，见表 2-3。

表 2-3　烷烃同分异构体的个数（不含立体异构）

碳的个数	同分异构体个数	碳的个数	同分异构体个数
2～3	1	8	18
4	2	9	35
5	3	10	75
6	5	15	4347
7	9	20	366319

烷烃的异构是由碳原子之间的连接方式不同引起的，这种异构被称为碳链异构。

以 C_7H_{16} 为例，介绍一下烷烃异构体的书写方式。

① 先写出直链的庚烷。

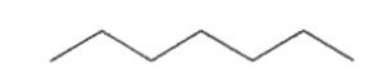

② 6 个碳为直链 1 个碳为支链，通过移动甲基的位置写出所有的结构。

③ 5 个碳为直链 2 个碳为支链，通过移动 2 个甲基或 1 个乙基的位置写出所有的结构。

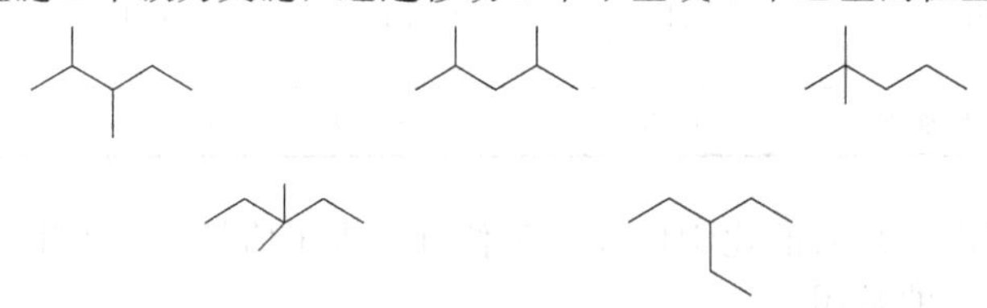

④ 4 个碳为直链 3 个碳为支链，通过移动 3 个甲基的位置写出所有的结构。只有一种，其他的与前面相同。

(2) 伯、仲、叔、季碳原子和伯、仲、叔氢原子

仅和一个碳原子相连的碳原子被称为伯碳原子（一级碳原子），用 1℃表示；和两个碳原子相连的碳原子被称为仲碳原子（二级碳原子），用 2℃表示；和三个碳原子相连的碳原子被称为叔碳原子（三级碳原子），用 3℃表示；和四个碳原子相连的碳原子被称为季碳原子（四级碳原子），用 4℃表示。伯碳原子上的 H 被称为伯氢（一级氢），用 1°H 表示；仲碳原子上的 H 被称为仲氢（二级氢），用 2°H 表示；叔碳原子上的 H 被称为叔氢（三级氢），用 3°H 表示；季碳原子上没有氢。

```
     H   H   CH3 H   H
   1°|  3°|   |4°  |2° |1°
H—C—C—C—C—C—H
     |   |   |   |   |
     H  CH3CH3 H   H
```

注意：①甲烷中的碳原子不属于伯、仲、叔、季碳原子。②碳原子的级数仅对饱和碳而言，不饱和碳原子不分级数。碳的级数和后续课讲的醇、卤代烃、硝基化合物相关。

(3) 特殊的烷基

除第 1 章介绍的烷基外，下面是一些常用的特殊烷基，注意 2017 版与 1980 版命名的不同，见表 2-4。

表 2-4　特殊烷基的命名

特殊的烷基构造式	IUPAC	2017 版命名	1980 版命名
$CH_2=$	methylidene	甲亚基	
$-CH_2-$	methylene	甲叉基	亚甲基
$CH_3CH=$	ethylidene	乙亚基	
$-CH_2CH_2-$	ethylene	乙-1,2-叉基	乙撑
$H-\overset{\vert}{\underset{\vert}{C}}-$	methanetriyl	甲爪基	次甲基

2.1.3 烷烃的构象（conformation of alkane）

(1) 乙烷的构象

若使乙烷分子中的一个甲基固定，另一个甲基绕着 C—C 键轴旋转，两个甲基上氢原子的相对位置将产生变化，会形成不同的空间排列方式。这种由于绕 σ 键旋转而产生的分子中原子或基团在空间具有不同排列方式的异构体叫作分子的构象异构体。

在乙烷的无数个构象异构体中，有两个典型的构象异构体，这两种构象可用 Newman（纽曼）式表示。Newman 式是把 C—C 键轴对着观察者进行投影，用 M 图表示离观察者远的碳原子上的三个 C—H 键，用 N 图表示离观察者近的碳原子上的三个 C—H 键。

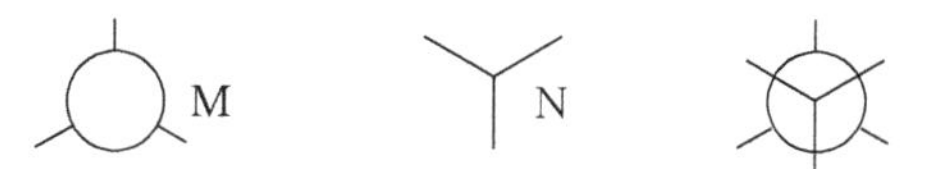

用近、远两个 C—H 键所在平面二面角 θ 表示旋转角度，由重叠式构象旋转 60°变成交叉式构象。旋转角 θ 为 0°，120°，240°时为重叠式构象，θ 为 60°，180°，300°时为交叉式构象，见图 2-2。

(2) 丁烷的构象

丁烷的构造比乙烷复杂，先讨论沿 C2—C3 键旋转所形成的构象，见图 2-3。

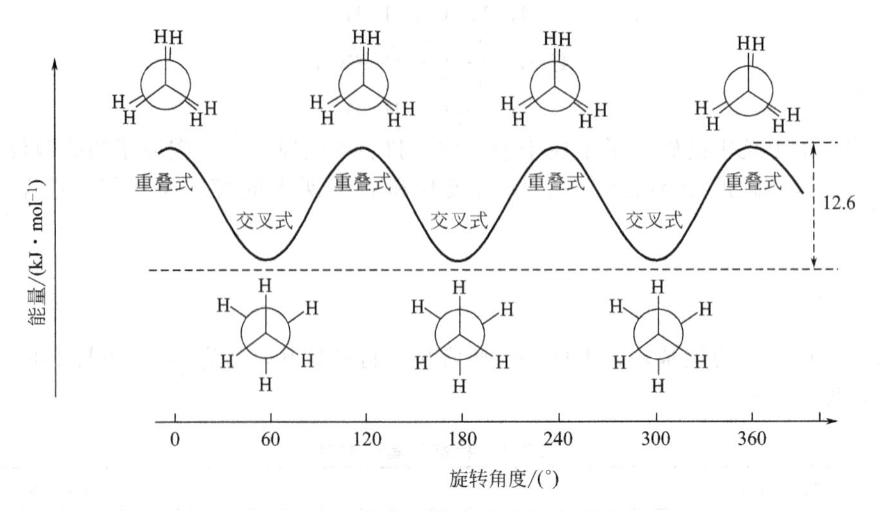

图 2-2　乙烷典型构象的能量关系图

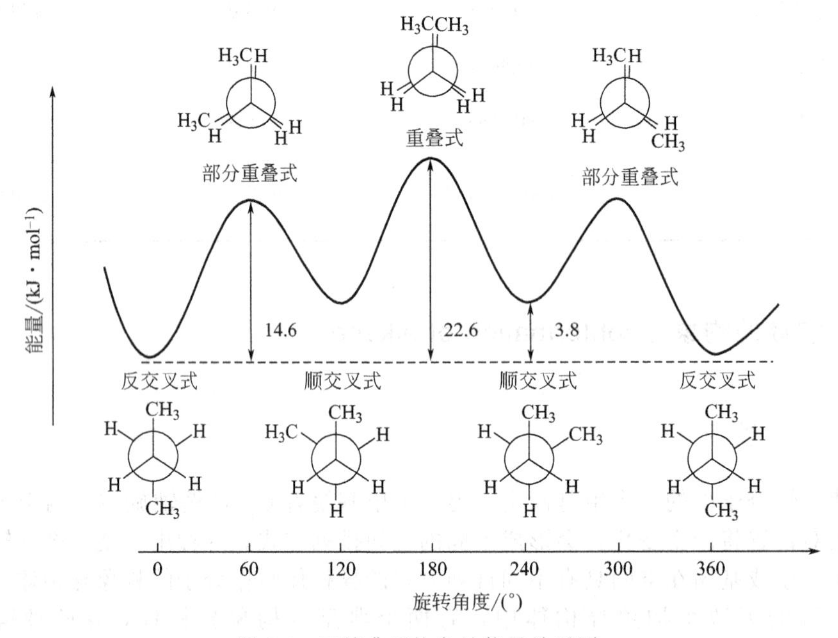

图 2-3　丁烷典型构象的能量关系图

丁烷分子也可以绕 C1—C2 或 C3—C4 的 σ 键旋转而产生不同的构象。但是最稳定的构象是反交叉式，四个碳原子呈锯齿状排列，相邻两个碳原子上的 C—H 键处在交叉式的位置。

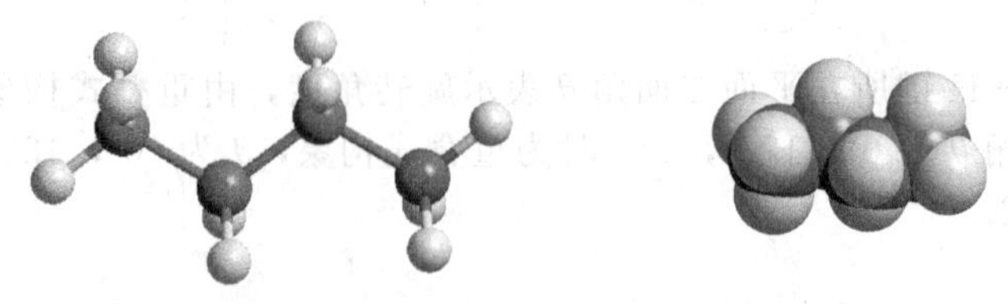

其他碳数的正构链烷烃，其碳原子也呈锯齿状排列，相邻两碳原子上 C—H 键都是交叉式。

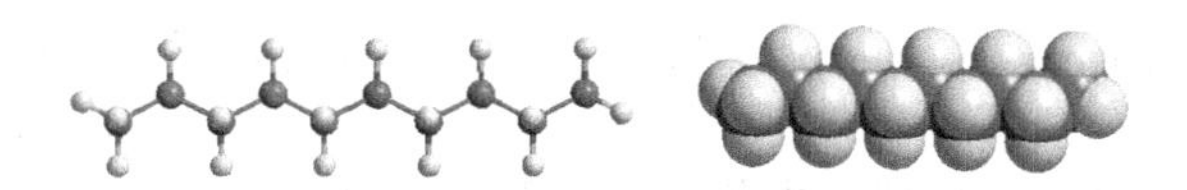

2.1.4　烷烃的化学性质（chemical properties of alkane）

烷烃都是由 C—C、C—Hσ 键组成，键能较大，所以化学性质稳定。在常温下不易与强酸、强碱、强氧化剂等发生反应，在一定的条件下，烷烃也有一定的反应性能。烷烃在基本有机工业和石油化工工业中作为原料占有非常重要的地位。

（1）包结反应

直链烷烃与尿素可形成稳定的加合物，形成的加合物呈六边形，碳链越长，结合的尿素越多，如正庚烷与尿素的比例为 1∶6，正三十二烷与尿素的比例为 1∶23.3。只有直链的烷烃容易生成加合物，带支链的难生成。利用这一性质，可以分离直链烷烃和支链烷烃。硫脲也可以与烷烃形成加合物。（除了烷烃外，醇、醚、酸、酯、醛、酮、胺和腈也可形成加合物，形成的加合物与碳链的形状有关。）一般说，两端带有 Cl 或 CH_3 易形成加合物，而带有支链如乙基、异丙基的难形成。芳香烃不能形成加合物。

加合物制备简单，只要将烷烃与甲醇的尿素溶液混合，在冰箱内冷却结晶后，过滤即可。加入过量的水，加合物又分解成烷烃和尿素。

（2）卤化反应

烷烃分子中氢原子被其他原子或基团所取代的反应，称为取代反应。被卤素原子取代的反应称为卤化反应。

① 烷烃和卤素在室温和黑暗处不发生反应，但在高温或光照条件下，生成卤代烷和卤化氢。

甲烷和氯气在强光条件下激烈地反应，生成碳和氯化氢。

$$CH_4 + 2Cl_2 \xrightarrow{\text{强光}} C + 4HCl$$

在漫射光、热和催化剂的条件下，甲烷的氢易被卤素取代，并有大量的热放出：

$$CH_4 + Cl_2 \xrightarrow{h\nu} CH_3Cl + HCl$$

$$CH_3Cl + Cl_2 \xrightarrow{h\nu} CH_2Cl_2 + HCl$$

$$CH_2Cl_2 + Cl_2 \xrightarrow{h\nu} CHCl_3 + HCl$$

$$CHCl_3 + Cl_2 \xrightarrow{h\nu} CCl_4 + HCl$$

生成的氯甲烷可继续发生氯化反应，生成二氯甲烷、三氯甲烷直至四氯甲烷。

因此，得到的产物为四种氯代甲烷的混合物，通过控制反应条件，可生成一种氯代甲烷为主的产物。在工业上，可采用热氯化法，反应温度控制在 400～450℃，若甲烷与氯气物质的量之比为 10∶1，可得到以一氯甲烷为主的产物，若甲烷与氯气物质的量之比为 0.263∶1，可得到以四氯甲烷为主的产物。

丁烷的氯化反应可得到各种异构体，可控制反应物氯的量，使一氯代物为主要产物。

$$CH_3CH_2CH_2CH_3 + Cl_2 \xrightarrow[25℃]{h\nu} \underset{28\%}{CH_3CH_2CH_2CH_2Cl} + \underset{72\%}{CH_3CH_2CHClCH_3}$$

$$(CH_3)_2CHCH_3 + Cl_2 \xrightarrow[25℃]{h\nu} \underset{64\%}{(CH_3)_2CHCH_2Cl} + \underset{36\%}{(CH_3)_3CCl}$$

分析这些产物的组成，可预测出伯、仲、叔氢氯化反应相对活性的大小。其方法是扣除概率因子的影响，预测每种氢的活性。

在2-甲基丙烷中：$\frac{3°H}{1°H}=\frac{0.36/1}{0.64/9}=\frac{0.36}{0.071}=\frac{5.1}{1}$

在丁烷中：$\frac{2°H}{1°H}=\frac{0.72/4}{0.28/6}=\frac{0.18}{0.047}=\frac{3.8}{1}$

叔、仲、伯氢氯化反应相对速率为5.1∶3.8∶1。由此可以看出，烷烃中，氯取代氢的速率是3°＞2°＞1°＞甲烷。

高碳烷烃的氯化反应在工业上有重要的应用。如石蜡、聚乙烯（分子量很大的烷烃）经氯化可得到含氯量不同的氯化石蜡和氯化聚乙烯。含氯量≥61%的氯化聚乙烯具有耐候性、耐臭氧、耐热、耐燃、耐化学试剂性，可用于耐腐蚀、自熄性、耐磨性涂料。氯化石蜡可用于阻燃增缩剂。

与氯化反应相似的还有溴化反应，但它比氯化反应放出的热量少，转化速率也慢，生成溴化物产物的比例也不同。例如丁烷的溴化生成一溴化物：

$$CH_3CH_2CH_2CH_3 + Br_2 \xrightarrow[127℃]{h\nu} \underset{3\%}{CH_3CH_2CH_2CH_2Br} + \underset{97\%}{CH_3CH_2CHBrCH_3}$$

$$(CH_3)_2CHCH_3 + Br_2 \xrightarrow[127℃]{h\nu} \underset{<1\%}{(CH_3)_2CHCH_2Br} + \underset{>99\%}{(CH_3)_3CBr}$$

由此可以看出，烷烃中不同类型氢的溴化反应活性也遵循3°＞2°＞1°的规律。与氯化反应相比，溴化反应中各种异构体的比例有区别，氯化反应得到的混合物中各种异构体的比例基本相同，而溴化产物中，一种异构体占有绝对优势，可以占到生成混合物的97%～99%。叔、仲、伯氢溴化的相对速率为1600∶82∶1。溴化反应有高度的选择性，为制备溴代烷提供了一条很好的合成途径。

反应活性大，选择性差；反应活性小，选择性好，是反应活性与选择性之间存在的普遍规律。而溴化反应有高度选择性，也是因为溴的反应活性小。

氟化反应是强放热反应，难以控制，易引起爆炸，为此常需通入氮气来稀释反应物。

碘化反应是吸热反应，低温不利于烷烃碘化反应的进行，而生成物碘化氢又是还原剂，可把碘代烷还原成原来的烷烃。若加入氧化剂破坏碘化氢的生成，就可使反应顺利进行。

卤化反应的反应活性顺序为：$F_2>Cl_2>Br_2>I_2$。

② 烷烃卤化反应是自由基型反应。以甲烷氯化为例说明其机理。甲烷氯化是分步进行的，氯分子在光或热的作用下，均裂成两个自由基Cl·：

$$Cl_2 \xrightarrow[\text{或}\triangle]{h\nu} Cl\cdot + Cl\cdot$$

因氯分子的键能较小，要产生氯自由基可用不太高的温度或较长波长的光照射。氯自由基与甲烷分子相碰撞，夺取甲烷的一个氢原子，生成甲基自由基和氯化氢：

$$Cl\cdot + CH_4 \longrightarrow HCl + \cdot CH_3$$

甲基自由基很活泼，在与氯分子碰撞中夺取一个氯原子，生成氯甲烷分子和氯自由基，新生成的氯自由基将继续与甲烷碰撞，生成甲基自由基和氯化氢，使反应反复发生，直至两个自由基相互碰撞，生成稳定的分子为止。

$$\cdot CH_3 + Cl_2 \longrightarrow CH_3Cl + \cdot Cl$$
$$\cdot CH_3 + \cdot Cl \longrightarrow CH_3Cl$$
$$\cdot CH_3 + \cdot CH_3 \longrightarrow CH_3CH_3$$

在过氧化物的存在下，二氯砜（SO_2Cl_2）也可作为烷烃的氯化剂，其反应如下。

$$ROOR \longrightarrow 2RO\cdot$$
$$RO\cdot + R'H \longrightarrow ROH + R'\cdot$$
$$R'\cdot + SO_2Cl_2 \longrightarrow R'Cl + \cdot SO_2Cl$$
$$\cdot SO_2Cl \longrightarrow SO_2 + \cdot Cl$$
$$R'H + \cdot Cl \longrightarrow HCl + R'\cdot$$

思考思考

（1）烷烃中最简单的一取代物仅为一种的是甲烷和乙烷，将它们中的氢原子用甲基替换后，可得到一系列一取代物仅为一种的烷烃，表述如下：

（结构式：甲烷 CH_4；新戊烷 $C(CH_3)_4$；$C[C(CH_3)_3]_4$）

CH_4	C_5H_{12}	$C_{17}H_{36}$	$C_{53}H_{108}$	C_mH_n
C_2H_6	C_8H_{18}	$C_{26}H_{54}$	$C_{80}H_{162}$	$C''_mH''_n$

再仔细看一下规律，会发现甲烷系列和乙烷系列中后面一个分子式中的碳的个数刚好是前面的分子式H和C个数的和，再使用 C_nH_{2n+2} 的通式，很快可以得到该系列下一个的分子式。试写出 C_mH_n 和 $C''_mH''_n$ 的分子式。

（2）烷烃与HBr在光照下是否可以反应，试讨论之。

（3）硝化反应

在常温下，烷烃与浓硝酸不发生反应，在高温时，反应生成硝基烷。工业上在350～450℃进行烷烃与浓硝酸气相硝化反应。如丙烷的气相硝化得到各种硝基烷的混合物。硝基烷可作为汽油添加剂。

$$CH_3CH_2CH_3 + HNO_3 \xrightarrow{420℃} \underset{25\%}{CH_3CH_2CH_2NO_2} + \underset{40\%}{CH_3CH(NO_2)CH_3} + \underset{10\%}{CH_3CH_2NO_2} + \underset{25\%}{CH_3NO_2}$$

（4）氯磺酰化反应

烃分子中的氢原子被氯磺酰基（$-SO_2Cl$）取代的反应称为氯磺酰化反应，此反应也为自由基取代反应。反应必须在光照下进行，得到各种氢原子被取代的烷基磺酰氯的混合物。例如：

$$CH_3CH_2CH_3 + SO_2 + Cl_2 \xrightarrow{50℃} CH_3CH_2CH_2SO_2Cl + (CH_3)_2CHSO_2Cl$$

工业上用氯磺酰化反应合成高碳烷基磺酰氯和其水解产物高碳烷基磺酸钠。前者是氮肥碳酸氢铵的吸湿剂，后者可做洗涤剂。

（5）CH_2 插入反应

CH_2 可以插入C—H键，也可以插入C—C键，使碳链增长。

$$H_3C{-}CH_3 + :CH_2 \longrightarrow H_3C{-}CH_2{-}CH_3$$

(6) 武尔兹反应（Wurtz reaction）

利用武尔兹反应可以得到对称的烷烃：

$$2RX + 2Na \longrightarrow R{-}R + 2NaX$$

$$2CH_3CH_2Cl + 2Na \longrightarrow CH_3CH_2CH_2CH_3 + 2NaCl$$

在制备奇数碳的正构烷烃时，用武尔兹反应收率很低，如：

$$CH_3CH_2Cl + CH_3CH_2CH_2Cl \longrightarrow \underset{\text{正戊烷}}{CH_3(CH_2)_3CH_3} + \underset{\text{正丁烷}}{CH_3(CH_2)_2CH_3} + \underset{\text{正己烷}}{CH_3(CH_2)_4CH_3}$$

反应得到正戊烷、正丁烷和正己烷，而所要制备的正戊烷收率有限。所以，在制备奇数碳烷烃时，通常使用另外一种试剂——Cu-Li 试剂：

$$(CH_3)_2CHBr \xrightarrow[2.\ CuI]{1.\ Li} [(CH_3)_2CH]_2CuLi \xrightarrow{CH_3CH_2CH_2Br} (CH_3)_2CHCH_2CH_2CH_3$$

$$(CH_3)_2CHBr \xrightarrow[2.\ CuI]{1.\ Li} [(CH_3)_2CH]_2CuLi \xrightarrow{CH_3CH(CH_3)CH_2Br} (CH_3)_2CHCH_2CH(CH_3)CH_3$$

$$CH_3CH_2C(CH_3)_2{-}Br \xrightarrow[2.\ CuI]{1.\ Li} [CH_3CH_2C(CH_3)_2]_2CuLi \xrightarrow{CH_3CH_2Br} CH_3CH_2C(CH_3)_2CH_2CH_3$$

利用武尔兹反应只能够制备直链的烷烃，不能制备有支链的烷烃。武尔兹反应提供了一个很好的制备正构烷烃的方法。

2.1.5 烷烃的来源（source of alkane）

烷烃的天然来源主要是天然气、石油和煤。

天然气是蕴藏在地层内的可燃气体。它是多种气体的混合物，主要是甲烷，还有少量的乙烷、丙烷、丁烷和戊烷。甲烷是动植物在没有空气的条件下腐烂分解的最终产物，即一些有生命的有机物非常复杂的分子断裂的最终产物。

石油是烷烃最主要的来源。它的组成主要是烃类（烷烃、环烷烃和芳烃）。石油主要用做燃料，是主要的能源，又是有机化工的基本原料。石油精馏馏分如表 2-5 所示。

表 2-5 石油精馏后的主要成分

沸程/℃	碳数	馏分	用处
<30	2～4	石油气	气体燃料
30～180	4～9	汽油	发动机燃料
16～230	8～12	煤油	燃料
200～320	10～18	柴油	燃料
300～450	16～30	重油	加热
>300	>25	蜡	润滑剂
残渣	>35	沥青	铺筑路面

煤在高温、高压和催化剂的存在下，加氢可得到烃类的复杂混合物，又叫人造石油。

$$nC+(n+1)H_2 \xrightarrow[450℃,加压]{FeO} C_nH_{2n+2}+H_2O$$

另外，在一些生物体中也发现了一些少量的烷烃，如长链的烷烃存在于冬青蜡质的叶子中，这可以减少水分的蒸发。近年来发现在海底存在一种甲烷的水合物 $CH_4 \cdot H_2O$，它是一种新的对环境友好的能源，我国东海有丰富的储藏。

汽油的辛烷值　通常是将正庚烷的辛烷值定为 0，将异辛烷（2，2，4-三甲基戊烷）的辛烷值定为 100。若汽油的辛烷值为 85，则表示该汽油与 85 份的异辛烷和 15 份的正庚烷相当；若汽油的辛烷值为 75，则表示该汽油与 75 份的异辛烷和 25 份的正庚烷相当。现在市场上的汽油，如 75，85，90，95 号油，并非就是将 75，85，90，95 份的异辛烷分别与 25，15，10，5 份的正庚烷相混合，而是指汽油燃烧时所产生的燃烧热，相当于燃烧按比例合成的异辛烷与正庚烷所产生的热量，可能在使用的汽油中根本就不含有异辛烷与正庚烷。汽油的辛烷值越高，对汽车发动机的损害越小。正因为这样，人们就常常加入一些添加剂来增加汽油的辛烷值。像硝基甲烷、硝基异丙烷、二茂铁、甲基叔丁基醚等，均可当作添加剂来使用。同时，它们还可以充当发动机的防爆剂。

2.2　环烷烃（cycloalkane）

2.2.1　环烷烃的分类和命名（classification and nomenclature of cycloalkane）

（1）分类

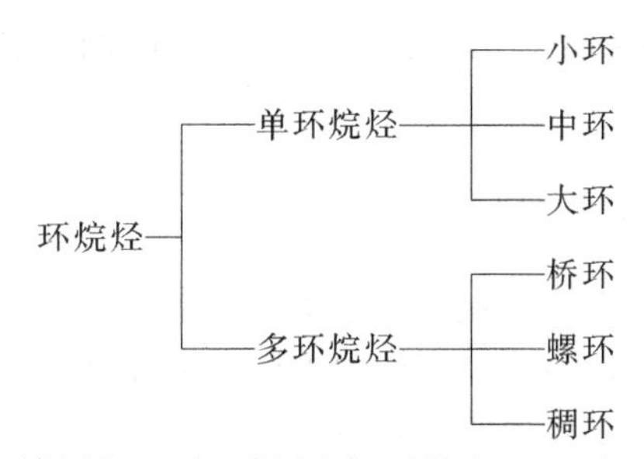

脂环烃包括环烷烃、环烯烃、环二烯烃和环炔烃（8 个碳以上的环），本节只介绍环烷烃。小环是三元环和四元环；中环主要是五元环和六元环；大环一般是指 10 个碳以上的环。如下所示：

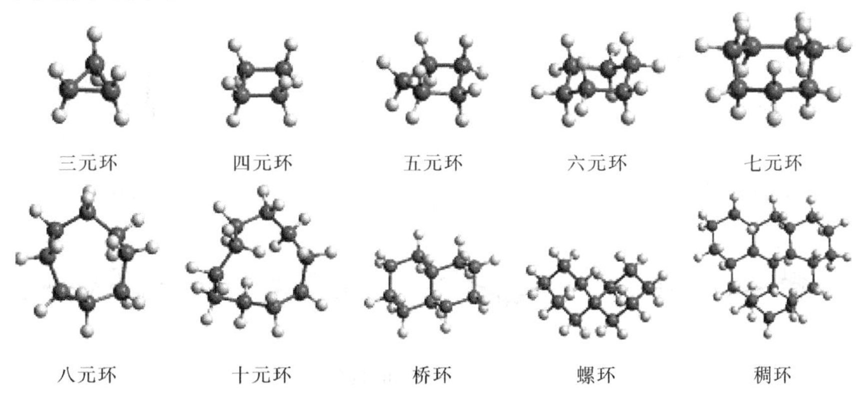

(2) 命名

① 单环烷烃的命名　是在同数碳原子烷烃的前面加一个环字。有烷基取代时，将环看作母体。

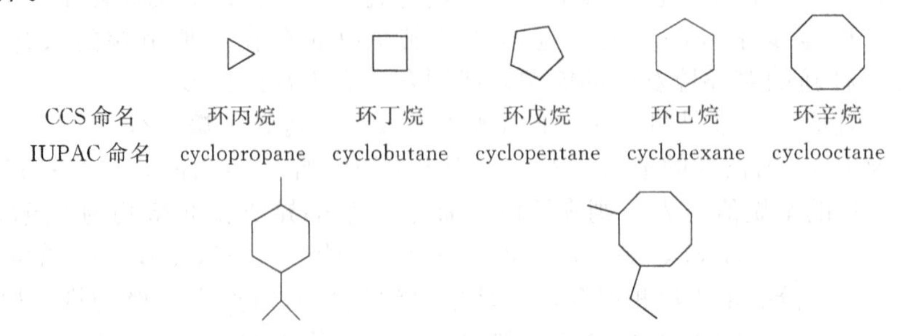

1-异丙基-4-甲基环己烷　　1-乙基-3-甲基环辛烷

② 多取代单环烷烃的命名　多取代单环烷烃的命名首先要选择一个优先基团作为参考基团 (r)，其他基团根据与参考基团 (r) 的方向用顺、反描述。如：

CH_3　CH_3　CH_3　　　CH_3　CH_3　CH_3

A　　　　B

A 以 1 位甲基为参考基团，该化合物的名称为：1 (r),2-顺,3-顺-三甲基环己烷；B 以 1 位甲基为参考基团，该化合物的名称为：1 (r),2-顺,3-反-三甲基环己烷。

③ 螺环烷烃和桥环烷烃的命名　参见第 1 章。

2.2.2 环烷烃的构象 (conformation of cycloalkane)

(1) 环丙烷、环戊烷和环丁烷的构象

环丙烷的三个碳原子共平面，相邻两个碳原子上的 C—H 键是重叠式构象，这种构象不会改变，存在扭转张力，不稳定。构象如图 2-4 所示。

环戊烷的构象呈信封式，张力小，较稳定，见图 2-5。

环丁烷分子中四个碳原子不在一个平面内，呈折叠式构象 (又称蝶式)，两折叠式构象可相互转换。环丁烷分子中也有张力，但比环丙烷的小，比环丙烷稳定。构象如图 2-6 所示。

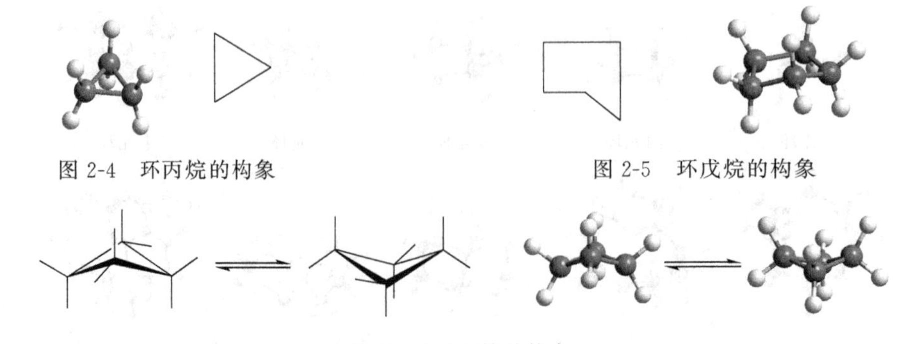

图 2-4　环丙烷的构象　　图 2-5　环戊烷的构象

图 2-6　环丁烷的构象

(2) 环己烷的构象

环己烷的六个碳原子保持 109°5′的键角，环己烷有两种构象，一种是为椅型构象，另一种为船型构象，如图 2-7 所示。

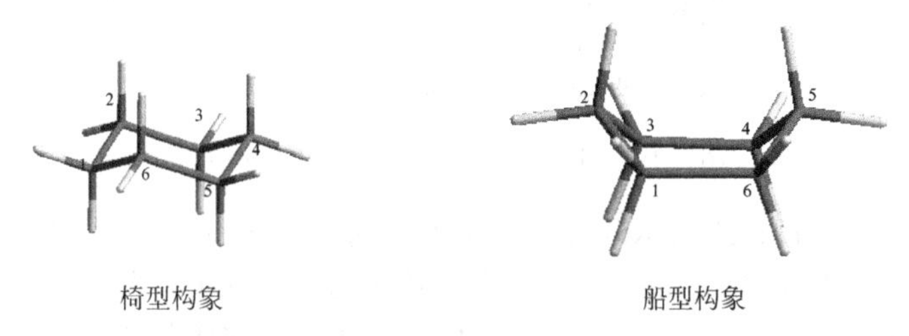

图 2-7 环己烷椅型构象和船型构象

环己烷的椅型构象所有相连的两个碳原子之间全是交叉式（C1-C2，C2-C3，C3-C4，C4-C5，C5-C6，C6-C1），而环己烷的船型构象只有 C1-C2，C2-C3，C4-C5，C5-C6 之间是交叉式，而 C1-C6，C3-C4 是重叠式。因此，环己烷及其衍生物是以椅型构象为主，其椅型构象可以相互转换，见图 2-8。

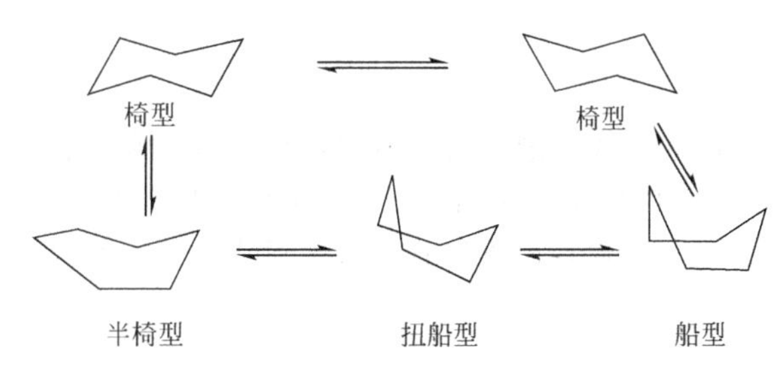

图 2-8 环己烷椅型构象和船型构象的转换

椅型构象的画法：先画一个锐角，在锐角的一边再画一线（钝角），另外三线与对边平行且等长。也可使用 ChemDraw 软件直接完成。

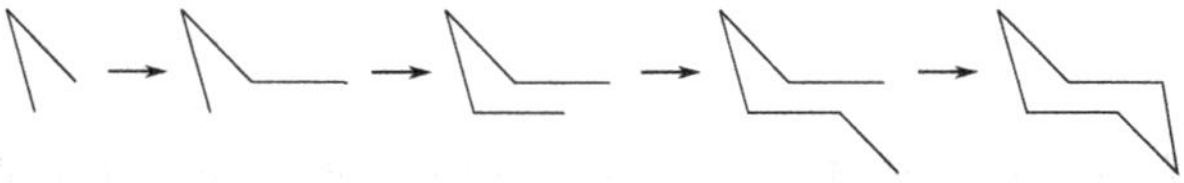

环己烷的 C—H 键分两组，一组为垂直于该碳所在平面的直立键（a 键），另一组为基本平行于该碳所在平面的平伏键（e 键）。a 键和 e 键是一上一下交替排布的，相对应碳的 e 键是平行的（C1-C4，C2-C5，C3-C6）。当环己烷由一种椅型转变成另一种椅型时，a 键转化成 e 键原来方向朝上变成朝下，e 键转化成 a 键原来方向朝下变成朝上，如图 2-9 所示。

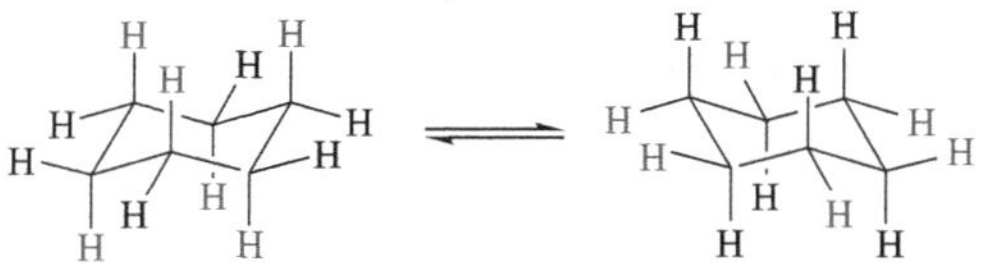

图 2-9 环己烷 a 键 e 键的相互转换

用透视式和 Newman 式表示环己烷的椅型构象，可以看到每一个—CH_2—都相同，任何两个相邻碳原子的 C—H 和 C—C 键都处于顺交叉式，非键合的两个氢原子间最近距离为 0.25nm，它既无角张力，也无扭转张力，是无张力环，见图 2-10。

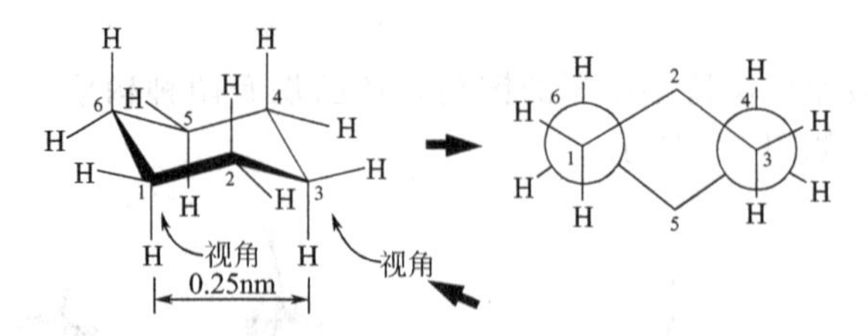

图 2-10　环己烷椅型构象和 Newman 式

用透视式和 Newman 式表示环己烷的船型构象，可以看出 C1 和 C2，C4 和 C5 原子上的 C—C 及 C—H 均全重叠构象，产生扭转张力；船头 C3 原子和船尾 C6 原子都有一个 C—H 键（俗称旗杆键）伸向船内，两氢原子间距离为 0.183nm，小于正常的非键合氢原子间的距离（0.24nm），互相排斥，产生非键张力。船型构象有扭转张力和非键张力，它比椅型构象的能量高出 30kJ · mol^{-1}。所以，在室温下，稳定构象是椅型构象，约占 99.9%，见图 2-11。

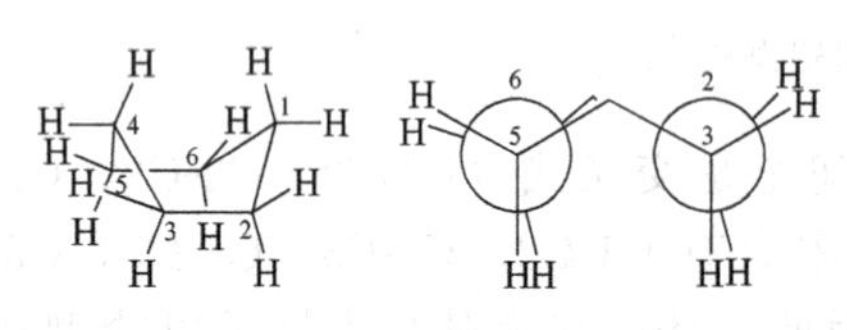

图 2-11　环己烷船式和纽曼式

(3) 取代环己烷的构象

由于取代基可以取代 e 键或 a 键，所以可以形成不同构象。因为 e 键上取代基与碳架处于对交叉式，(见图 2-12)，而 a 键上取代基与碳架处于邻交叉式（见图 2-13），对交叉式比邻交叉式稳定，一取代环己烷取代基在 e 键上比在 a 键上的构象稳定，一般以 e 键的构象为主。

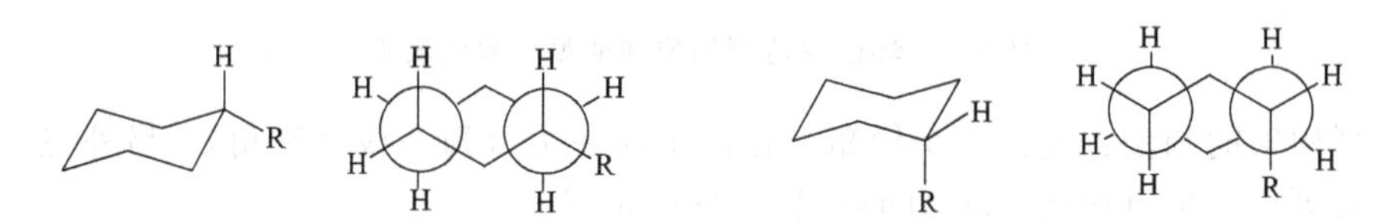

图 2-12　R 在 e 键上的构象　　　　图 2-13　R 在 a 键上的构象

二取代环己烷有顺、反异构体，顺式取代时是 ae 键，反式取代时是 ee 键。顺式取代时体积大的基团一般在 e 键上能量较小。1,2-二甲基环己烷和 1-乙基-2-甲基环己烷的优势构象如图 2-14 和图 2-15 所示。

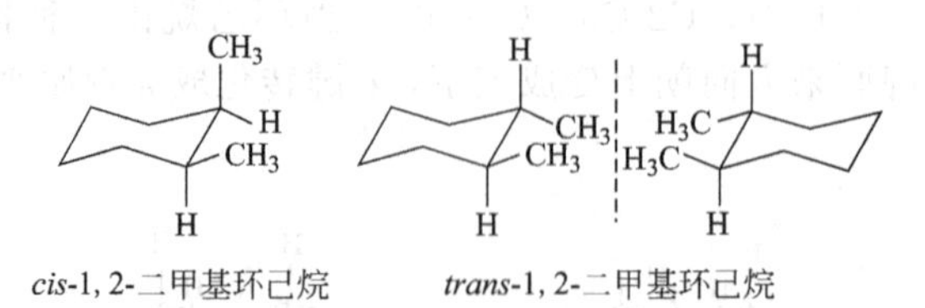

图 2-14　1,2-二甲基环己烷的优势构象

(4) 十氢化萘的构象

二环［4.4.0］癸烷的习惯名称为十氢化萘，十氢化萘是萘的完全加氢产物。它有顺、反两种椅型构象，均由通过一条边稠合的椅型环己烷构成，如图 2-16 所示。

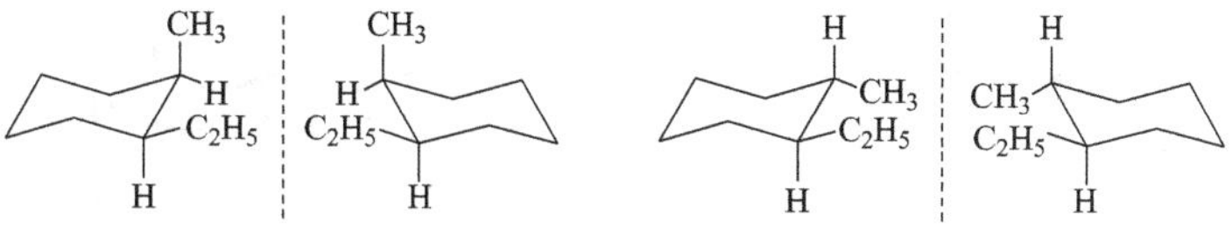

cis-1-乙基-2-甲基环己烷　　*trans*-1-乙基-2-甲基环己烷

图 2-15　1-乙基-2-甲基环己烷的优势构象

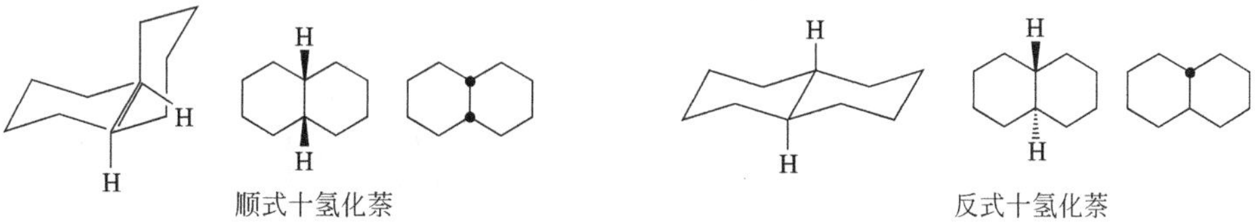

顺式十氢化萘　　反式十氢化萘

图 2-16　顺、反式十氢化萘的优势构象

因为反式的分子结构比较平展，能量较低，而顺式的分子结构中，环下方的几个 a 键氢原子比较拥挤，能量高，不稳定，所以，反式比顺式稳定。在常温下，不能通过 C—C 键的转动使两者相互转化。顺、反式十氢化萘的模型如图 2-17 所示。

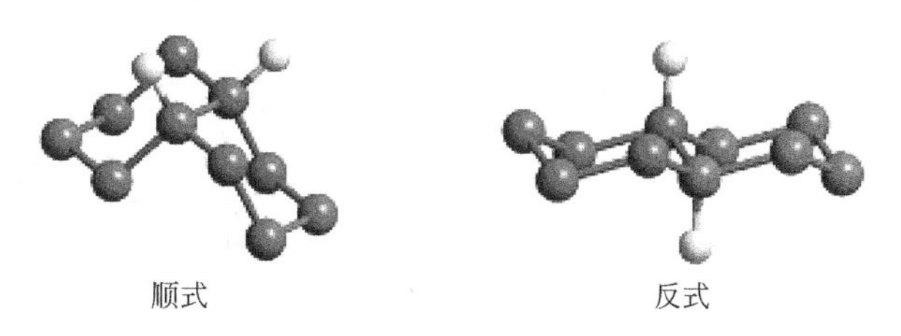

图 2-17　顺、反式十氢化萘的模型

(5) 稠环化合物的优势构象

环己烷类化合物的构象可简单地看成是环己烷的 1,2-，1,3-，1,4-取代物。当 1,2-取代时，反式优势构象是 ee，顺式优势构象是 ae；当 1,3-取代时，反式优势构象是 ae，顺式优势构象是 ee；当 1,4-取代时，反式优势构象是 ee，顺式优势构象是 ae。如：

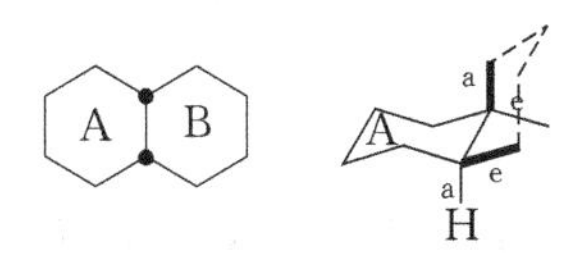

将 B 环看成 A 环的 1,2-取代基，顺-1,2-取代的优势构象是 ae，环残基是大基团，处在 e 键上，因此画 B 环相当于延长 A 的 ae 键。

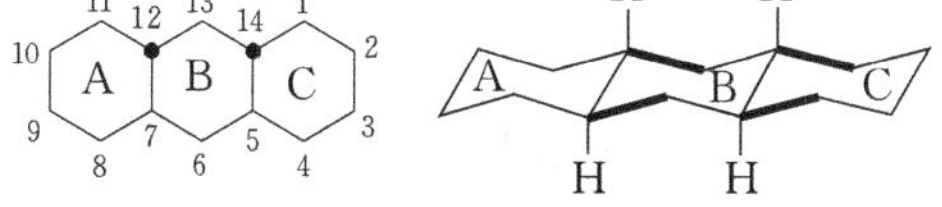

三环 ABC 与上面的二环相似，将 B 看成 A 的取代基，将 C 看成 B 的取代基，同时注意三个环之间的关系。12 位与 14 位的 H 方向相同；5 位与 7 位的 H 方向相同；7，12 位和 5，14 位的 H 方向相反。同理，画下面的环就是延长黑线。

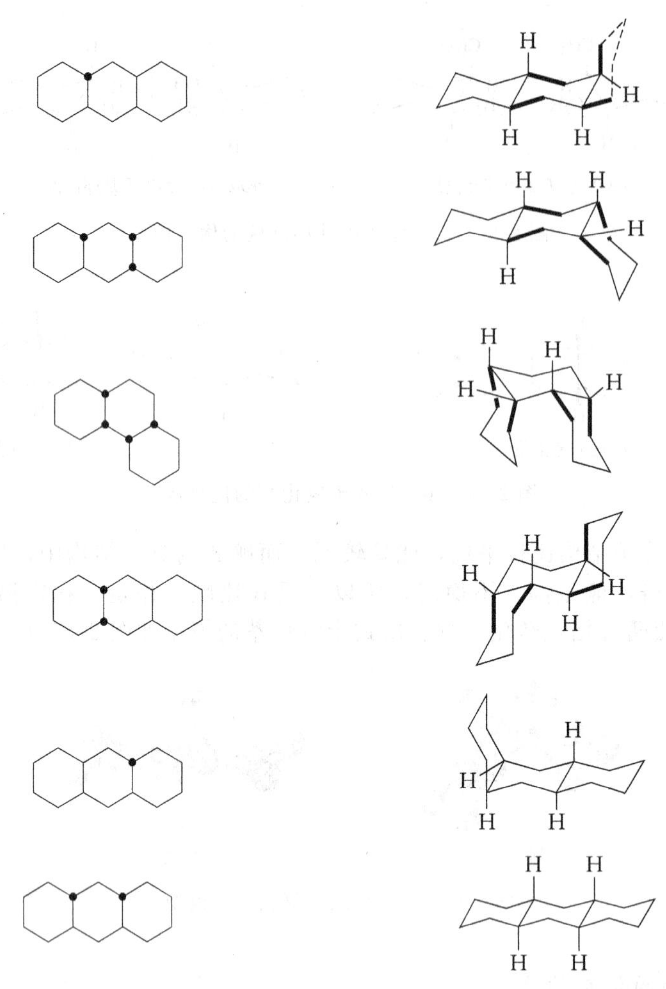

特别要注意，由于空间的原因，并不是所有的环己烷处于椅型是最稳定的构象，有时有的环己烷是船型更稳定。如：

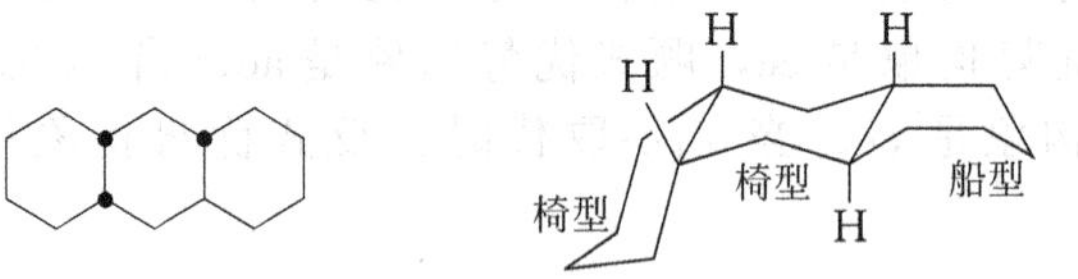

(6) 氢键与构象

通常环己烷的优势构象是体积较大的基团在 e 键上，但一些可形成分子内氢键的基团在 a 键上是稳定的，因为在 e 键上不能形成分子内氢键，如 1,3-环己二醇。

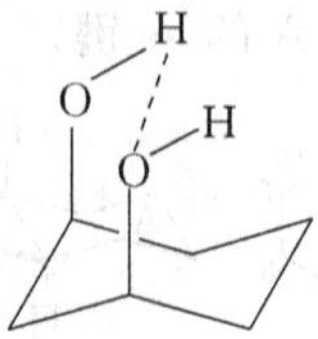

(7) 偶极矩与构象

由于分子内偶极矩的影响，1,2-二氯环己烷的优势构象为 aa，而不是 ee。

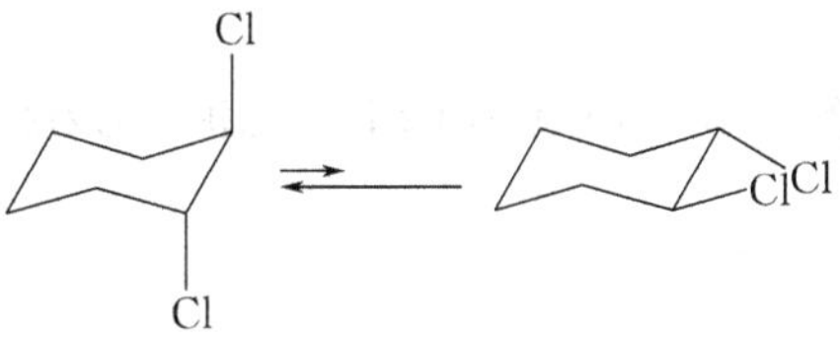

2.2.3　环烷烃的反应（reaction of cycloalkane）

（1）与 X_2 的反应

环丙烷及其烷基取代物容易与卤素进行开环加成反应，生成二卤代烷。例如环丙烷与溴在常温下即发生反应，生成1,3-二溴丙烷。

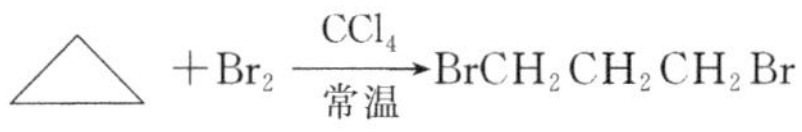

$$+Br_2 \xrightarrow[\text{常温}]{CCl_4} BrCH_2CH_2CH_2Br$$

多环烷烃中的三元环在溴作用下，容易开环加溴。利用这一反应可以区别小环烷烃与其他烷烃，但要注意与烯烃、炔烃的区别（小环烷烃在常温下不能使中性高锰酸钾褪色，而烯炔可以）。

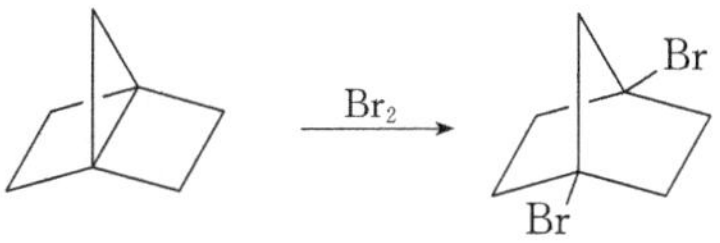

$$\xrightarrow{Br_2}$$

（2）与 HX 的反应

取代环丙烷、环丁烷与 HX 发生开环反应时，一般是断裂取代基多的碳与取代基少的碳形成的键，加成符合马氏规则。

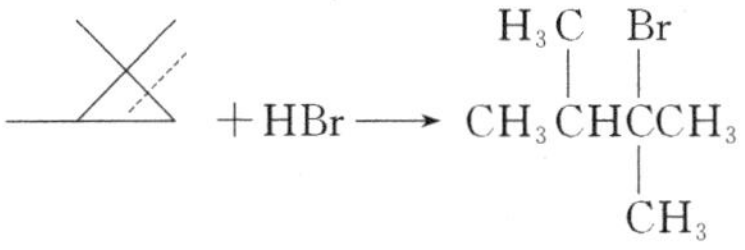

$$+HBr \longrightarrow CH_3CH(CH_3)C(Br)(CH_3)CH_3$$

（3）加氢反应

在催化剂存在下，小环烷烃加氢得到烷烃。

$$\xrightarrow[Pt]{H_2} \qquad \xrightarrow[Pt]{H_2}$$

小环烷烃对碱稳定，在缓和的条件下对氧化剂也较稳定，对稀的 $KMnO_4$ 水溶液稳定，可用之区别小环烷烃与小分子量的不饱和烃类。

（4）取代反应

在高温或紫外光的作用下，环烷烃与卤素发生取代反应，生成卤代环烷烃。例如：

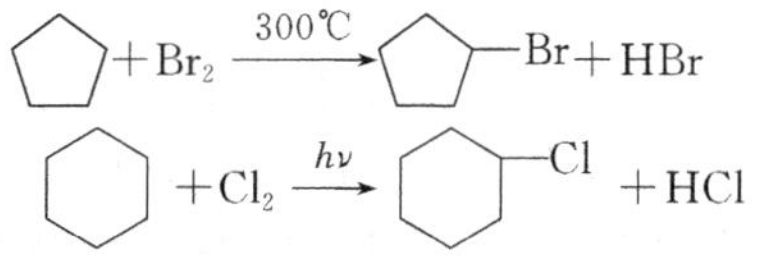

$$+Br_2 \xrightarrow{300℃} \text{—Br} + HBr$$

$$+Cl_2 \xrightarrow{h\nu} \text{—Cl} + HCl$$

环烷烃取代反应机理同链烷烃一样，按自由基型反应机理进行。

2.2.4 小环烷烃的制备（preparation of small-cycloalkane）

(1) 1,3-或 1,4-二卤化物消除

$$\mathrm{BrCH_2CH_2CH_2Br} \xrightarrow[\triangle]{\mathrm{Zn}} \triangle + \mathrm{ZnBr_2}$$

$$\mathrm{BrCH_2CH_2CH_2CH_2Br} \xrightarrow[\triangle]{\mathrm{Zn}} \square + \mathrm{ZnBr_2}$$

(2) 重排反应

$$\square\!\!-\!\mathrm{OH} \xrightarrow{\mathrm{H^+}} \triangle\!\!=\!\mathrm{CH_2} + \triangle\!\!-\!\mathrm{CH_2OH}$$

(3) 丙二酸酯与二卤代烷反应

$$\mathrm{CH_2(COOC_2H_5)_2 + BrCH_2CH_2Br} \xrightarrow[\mathrm{C_2H_5OH}]{\mathrm{C_2H_5ONa}} \triangle\!<^{\mathrm{COOC_2H_5}}_{\mathrm{COOC_2H_5}}$$

$$\mathrm{CH_2(COOC_2H_5)_2 + BrCH_2CH_2CH_2Br} \xrightarrow[\mathrm{C_2H_5OH}]{\mathrm{C_2H_5ONa}} \square\!<^{\mathrm{COOC_2H_5}}_{\mathrm{COOC_2H_5}}$$

2.2.5 奇妙的立方烷（wonderful cubane）*

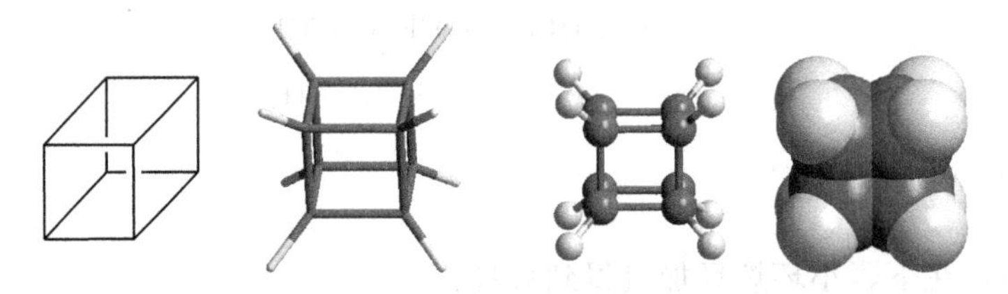

寻找与高科技密切相关的光、电、磁、声功能的聚集体化合物一直是国际上化学研究的热点和前沿。近年来，四元环聚集体化合物的研究集中在立方烷及其衍生物上。自20世纪中期美国芝加哥大学成功合成立方烷以来，由于它的对称性、高致密性、高张力能、高稳定性，很快成为化学界关注的热点。美国军方对立方烷的硝化物进行了长期的研究，成功地合成了当今最好的炸药（八硝基立方烷）。我国也进行了这方面的研究工作。

随着研究的深入，人们发现立方烷的氯代物具有较好的杀虫效果；一些酯类具有液晶的特性；一些衍生物具有抗病毒、抗 AIDS 和抗癌特性。这表明立方烷衍生物在生物科学研究中是理想的低毒性的亲脂性先导化合物，由于其独特的结构和很大的张力能，作为治疗药物有巨大的潜能。立方烷是亲脂性的，在人体内相容性好，更易透过细胞膜，不易降解，因此，它的持久性和反应性比链烷烃好。

在对 HIV 的有效抑制体的研究中发现，丁基脲能够有效地抑制细胞内和细胞外 HIV-1 的活性，破坏病毒的两个液体层，而立方烷分子是亲脂性的，能够联结到病毒

的表层上，起到对病毒表层的协同破坏作用。科学家设想把立方烷联结到单克隆抗体上，然后把它们输送到人体中的病原体或癌细胞上，从立方烷释放出的高能量就可以破坏这些病毒或癌细胞。取代的立方烷酰氯，能够和人体内的20种氨基酸反应，产生成千上万个新的分子，这个混合物能够提供一个合适的环境来和HIV病毒或癌细胞反应。Bashir-Hashemi报道说二（三甲基乙酰基）［$(CH_3)_3C\overset{\overset{\displaystyle O}{\|}}{C}—$］立方烷显示出一定的抗HIV活性而不破坏健康细胞的性能。我国合成出的高立方烷-2,4-二羧酸的酰胺类衍生物，已明显地显示出抗肿瘤的药理活性。立方烷不但适合药物的研制，而且高能立方烷也正被考虑用于炸药和推进剂，赛车和导弹研制者正设想把立方烷作为未来的燃料。此外，围绕着立方烷的奇特性质，理论计算、金属有机化合物的合成和催化剂的设计等方面人们做了大量的研究工作。

立方烷独特的化学性质和异常的稳定性引起了化学界的注意。四元环存在的角张力使之不稳定，为什么组合在一起的立方烷（6个四元环）却如此稳定？其他四元环聚集体是否也同样稳定？神奇的立方烷类化合物正等待着人们去进一步开发研究。

习题（Problems）

1. Describe the orbital structure of the ethyl radical.

2. Calculate the relative amounts of 1-and 2-bomopropane obtained from the bromination of propane. The relative reactivity of 1°∶2°∶3° H to bromination is 1∶82∶1600.

3. What is the reason for the higher selectivity in bromination compared to chlorination?

4. When sulfuryl chloride is used to chlorinate an alkane, organic peroxide, ROOR is used as an initiator. SO_2 is also a product. Write a mechanism for the chlorination.

5. What is meant by "octane number"?

6. Name the following alkenes using IUPAC and CCS.

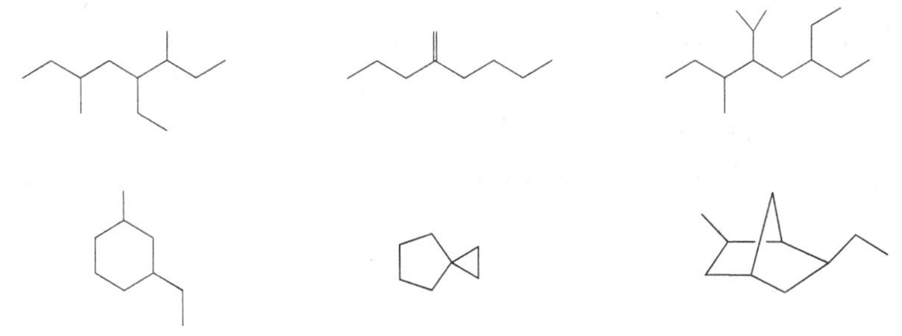

7. The following alkanes react with chlorine to give only one monochloride. Give the structures of each alkane (a) C_5H_{12} and (b) C_8H_{18}.

第3章

碳-碳重键化合物

3.1 分类及结构（classification and structure）

不饱和烃可分为烯烃、炔烃、环烯烃、二烯烃等，如：

（1）烯烃

分子中具有一个碳-碳双键的开链不饱和烃叫做烯烃。由于分子中具有双键，因此烯烃要比相同碳原子数的烷烃少两个氢原子，烯烃的通式是 C_nH_{2n}，碳-碳双键是烯烃的官能团。乙烯分子的两个碳原子各以 sp^2 杂化轨道与两个氢原子的 s 轨道交盖形成两个 σ 键，两个碳原子之间又各以 sp^2 杂化轨道相互交盖形成一个 σ 键。这五个 σ 键的对称轴都在同一个平面上。每个碳原子还各有一个未参加杂化的 p 轨道，它们的对称轴垂直于乙烯分子所在的平面，所以它们是相互平行的，它们以侧面相互交盖而形成另一种键，称为 π 键。组成 π 键的电子称为 π 电子，如图 3-1 所示。

图 3-1　乙烯的 π 键

（2）炔烃

分子中含有碳-碳三键的烃叫做炔烃。它的通式为 C_nH_{2n-2}，炔烃的结构特征是分子中具有碳-碳三键。下面以乙炔的结构为例，说明三键的结构。通过 X 射线衍射和电子衍射等物理方法测定，乙炔是一个线形分子，四个原子都排布在同一条直线上，如下式所示。

进行 sp 杂化形成两个 sp 杂化轨道。并分别与 H 的 1s 轨道形成两个 sp-s σ 键，碳与碳之间形成 sp-sp σ 键。每个碳剩余的 p_y 与 p_z 轨道平行交盖，形成 p_y-p_y π 键及 p_z-p_z π 键。

(3) 二烯烃

分子中含有多于一个双键的开链烃，按双键数目的多少，分别叫二烯烃、三烯烃，以至多烯烃等。其中以二烯烃最为主要，其通式为 C_nH_{2n-2}，和炔烃的通式相同。按分子中两个双键相对位置的不同，二烯烃又可以分为下列三类：

① 累积二烯烃　两个双键与同一个碳原子相连接，即分子中含有 C═C═C 构造的二烯烃称为累积二烯烃（cumulated diene）。如丙二烯，丁-1,2-二烯等，其中 C1，C3 为 sp^2 杂化，C2 为 sp 杂化。

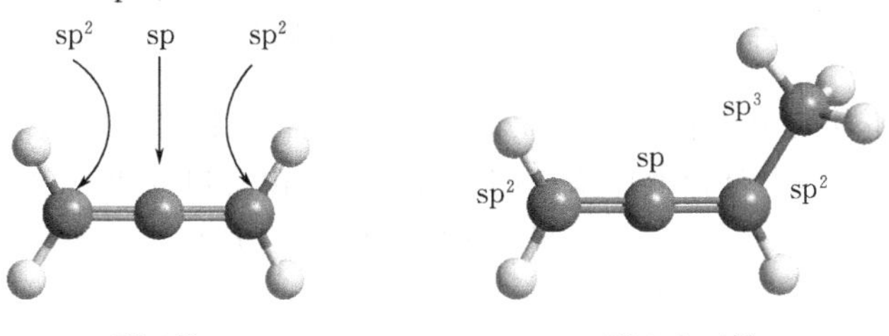

丙二烯　　　　丁-1,2-二烯

② 孤立二烯烃　两个双键被两个或两个以上碳-碳单键隔开，即分子中含有 CH_2 ═ CH$\text{-}[CH_2]_n\text{-}$CH ═CH_2（$n \geq 1$）构造的二烯烃称为孤立二烯烃（isolated diene）。如戊-1,4-二烯，己-1,5 二烯等。

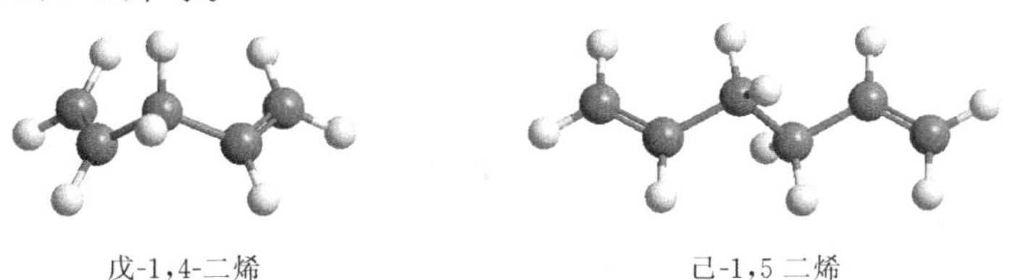

戊-1,4-二烯　　　　己-1,5 二烯

③ 共轭二烯烃　两个双键被一个碳-碳单键隔开，即分子中含有 CH_2 ═CH—CH ═CH_2 构造的二烯烃称为共轭二烯烃（conjugated diene）。如丁-1,3-二烯、2-甲基丁-1,3-二烯等。

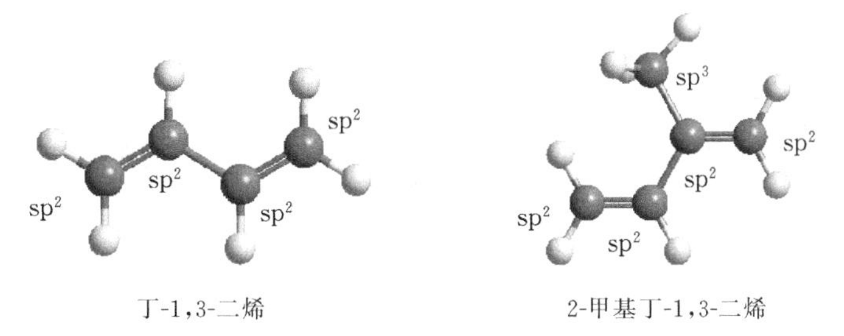

丁-1,3-二烯　　　　2-甲基丁-1,3-二烯

3.2　同分异构现象（isomerism）

(1) 烯烃

烯烃的通式为 C_nH_{2n}，它存在碳链异构、双键位置异构、官能团异构和立体异构，现以戊烯为例进行叙述。

① 先写出戊烷的碳链异构。

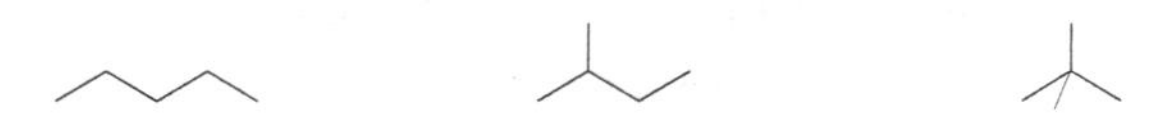

② 在戊烷碳链上面，导出双键可能出现的位置异构体（双键位置异构，因双键是烯烃的官能团，也称官能团位置异构），注意双键不可能出现在叔碳原子上。

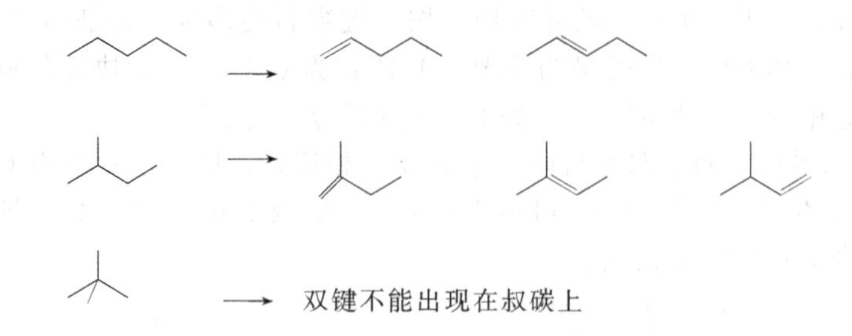

③ 由于双键不能自由旋转，构成双键的两个碳原子上如分别连有不同的基团会有立体异构体产生。在②中符合上述条件的只有一个，由它可导出 2 个立体异构体。

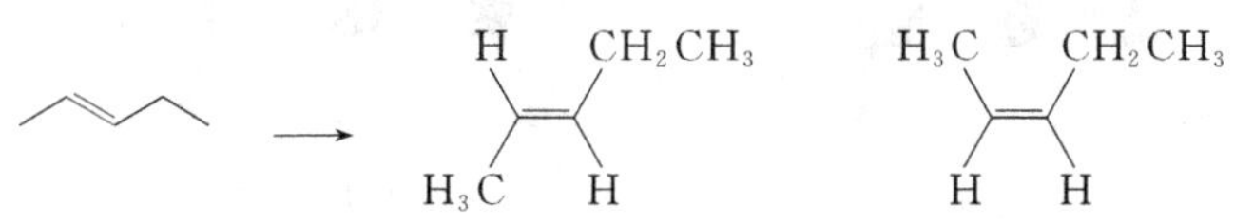

④ 由于烯烃与环烷烃的通式均为 C_nH_{2n}，所以还存在官能团异构（双键消失）。可先写五元环，再写四元环加一个甲基，再写三元环加 2 个甲基或 1 个乙基，还应考虑由于环的存在而产生的立体异构体。综上，戊烯的开链烯类异构体共有 6 种。

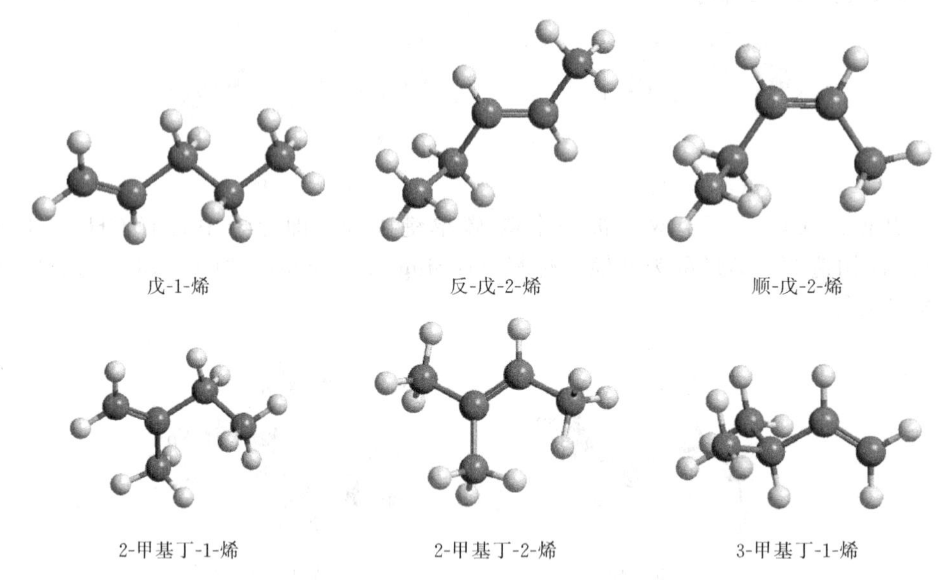

戊-1-烯　　反-戊-2-烯　　顺-戊-2-烯

2-甲基丁-1-烯　　2-甲基丁-2-烯　　3-甲基丁-1-烯

(2) 炔烃

炔烃的通式为 C_nH_{2n-2}，它存在碳链异构、三键位置异构、官能团异构，现以戊炔为例进行叙述。

① 先写出戊烷的碳链异构。

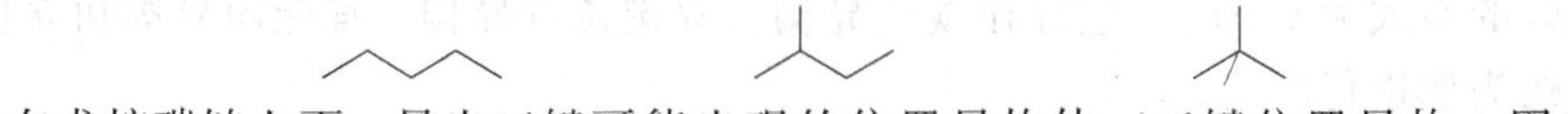

② 在戊烷碳链上面，导出三键可能出现的位置异构体（三键位置异构，因三键是炔烃的官能团，也称官能团位置异构），注意三键不能出现在仲、叔碳原子上。

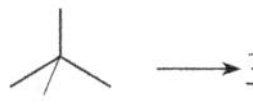

——→三键不能出现在叔碳上

③ 炔烃与环烯烃、双环烃和二烯烃的通式均为 C_nH_{2n-2}，它们之间存在官能团异构的可能。综上，可以看出，在碳数相同时，炔烃的炔类异构体比烯烃的烯类异构体少。戊炔的炔类异构体为 3 个，具体如下：

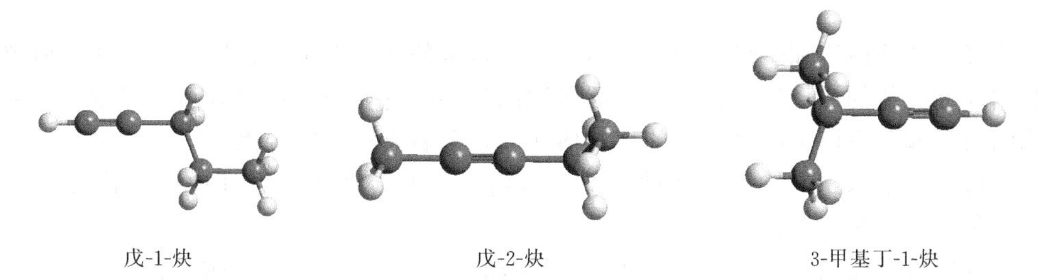

戊-1-炔　　　　戊-2-炔　　　　3-甲基丁-1-炔

（3）二烯烃

二烯烃与炔烃、环烯烃、双环烷烃、螺环烷烃是同分异构体，通式为 C_nH_{2n-2}，它的异构体可按上述过程推导，不详述。在这里主要介绍二烯烃的立体异构体。当共轭二烯烃的双键上连有不同基团时，就可能存在立体异构体。现以己-2,4-二烯为例：

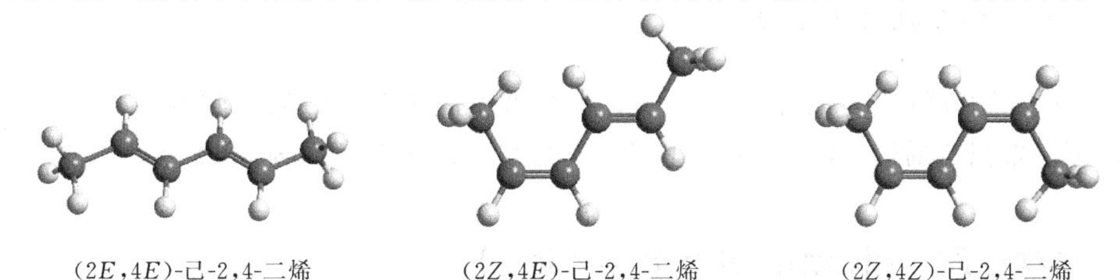

(2*E*,4*E*)-己-2,4-二烯　　(2*Z*,4*E*)-己-2,4-二烯　　(2*Z*,4*Z*)-己-2,4-二烯

当累积二烯烃的双键上连有不同基团时，就可能存在光学异构体。现以己-2,3-二烯和 2-溴己-2,3-二烯为例：

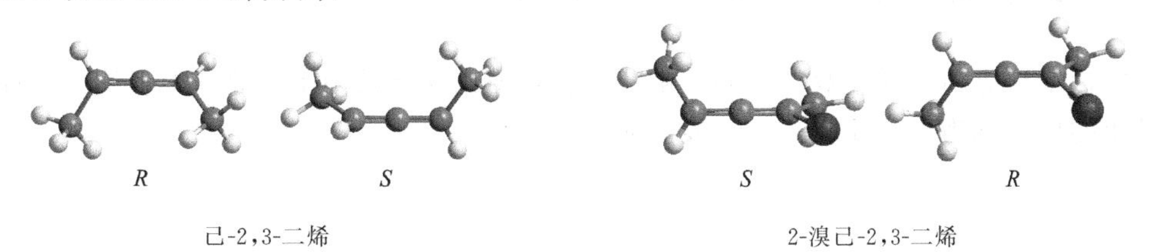

R　　*S*　　*S*　　*R*

己-2,3-二烯　　　　2-溴己-2,3-二烯

3.3　物理性质及波谱（physical properties and spectrum）

（1）烯烃的物理性质及波谱

烯烃在常温常压下的状态以及其沸点、熔点等都和烷烃相似。含 2～4 个碳原子的烯烃为气体，含 5～18 个碳原子的烯烃为液体，19 个碳以上的烯烃是固体。由于烯烃中有 π 键，其物理性质与烷烃又有差异。例如，端烯烃的沸点比相应的烷烃略高；烯烃的折射率比相应的烷烃大；烯烃在水中的溶解度比相应的烷烃略大；烯烃的相对密度也比相应的烷烃大，但仍小于 1，主要是它们的极性大于烷烃。

烯烃的顺、反异构体物理性质也有差异，顺式异构体一般都有具有比反式异构体较高的沸点和较低的熔点。烯烃几乎不溶于水，但可溶于非极性溶剂，如戊烷、四氯化碳和乙醚等。

烯烃的红外光谱中，═C—H 伸缩振动在 $3100\sim3000\mathrm{cm}^{-1}$ 有中强吸收峰，C═C 伸缩振动吸收峰出现在 $1680\sim1620\mathrm{cm}^{-1}$，是中等强度吸收，但完全对称的烯烃看不到吸收峰。烯氢的 ^{1}H NMR 化学位移 δ 为 2.0 左右。

(2) 炔烃的物理性质及波谱

炔烃的物理性质和烷烃、烯烃基本相似，低级的炔烃在常温常压下是气体，但沸点比相同碳原子数的烯烃略高。随着碳原子数的增多，它们的沸点也升高。三键位于碳链末端的炔烃和三键位于碳链中间的异构体比较，前者有更低的沸点。

炔烃不溶于水，但易溶于极性小的有机溶剂，如石油醚（石油中的低沸点馏分）、苯、乙醚、四氯化碳等。

炔烃的红外光谱中，C≡C—H 伸缩振动在 $3333\mathrm{cm}^{-1}$ 处有强吸收峰，C≡C 伸缩振动吸收峰在 $2222\mathrm{cm}^{-1}$，是中等强度吸收。炔氢的化学位移 δ 为 1.8 左右。

乙炔为无嗅、无味气体，工业上用的 C_2H_2 常有臭味，这是由于在制备电石时，伴有少量 Ca_3P_2 产生，水合后生成有异味的气体 PH_3（有毒）。

$$Ca_3P_2+6H_2O \longrightarrow 2PH_3+3Ca(OH)_2$$

(3) 二烯烃的物理性质及波谱

二烯烃的物理性质与烯烃相似。对于共轭烯烃，其 C═C 的吸收红移至 $1600\mathrm{cm}^{-1}$ 左右；对于累积二烯烃，C═C═C 的 IR 吸收与三键相近，约为 $2222\mathrm{cm}^{-1}$。

3.4 化学性质（chemical properties）

3.4.1 亲电加成反应（electrophilic addition）

在化学反应中，烯烃双键中的 π 键断裂，在原来 π 键的两个碳原子上各连一个原子或基团的反应称为加成反应，一般表示如下：

$$\gt C=C\lt \; + X-Y \longrightarrow -\underset{|}{\overset{X}{\overset{|}{C}}}-\underset{\underset{Y}{|}}{\overset{|}{C}}-$$

炔烃和烯烃分子中都有不饱和键，故两者有相似的化学性质，以下将介绍几类亲电加成反应。

(1) 与卤素的加成反应

烯烃容易与卤素发生加成反应，生成邻二卤代烷，这是制备邻二卤代烷的重要方法。工业上制备 1,2-二氯乙烷时，常采用既加催化剂又加溶剂稀释的方法，使反应顺利进行而不致过于剧烈。如用三氯化铁作催化剂，在无水情况下，以 1,2-二氯乙烷为溶剂，在 40℃左右，可使乙烯与氯进行加成反应而制备 1,2-二氯乙烷。

$$CH_2{=}CH_2 + Cl_2 \xrightarrow[40℃, 0.2MPa]{FeCl_3} \underset{Cl}{CH_2}{-}\underset{Cl}{CH_2}$$

溴与双键的加成反应也广泛用于分析检验烯烃，以及其他含有碳-碳不饱和键的化合物，如将烯烃加到溴的四氯化碳溶液中，轻微振荡后，红棕色褪去。ICl常用于碘量法定量测定双键分析。

$$CH_3CH{=}CH_2 + ICl \longrightarrow CH_3\underset{Cl}{CH}{-}\underset{I}{CH_2}$$

$$ICl + KI \longrightarrow I_2 + KCl$$

$$I_2 + 2Na_2S_2O_3 \longrightarrow 2NaI + Na_2S_4O_6$$

环己烯与溴的四氯化碳溶液反应生成反-1,2-二溴环己烷，是等量（1*R*，2*R*)-1,2-二溴环己烷和（1*S*，2*S*)-1,2-二溴环己烷外消旋体的混合物。

环己烯 $+ Br_2 \xrightarrow{CCl_4}$ (1R,2R)-1,2-二溴环己烷 + (1S,2S)-1,2-二溴环己烷

不同的卤素与同一烯烃进行加成反应的活性顺序为：$F_2 > Cl_2 > Br_2 > I_2$。

炔烃与氯可以进行加成反应，一般既要加催化剂，又要在溶剂稀释下进行，以防止反应过于剧烈。反应可以加一分子氯，在氯过量情况下也可以加上两分子氯。这是工业上制备四氯乙烷的方法。

$$H{-}C{\equiv}C{-}H \xrightarrow{Cl_2/FeCl_3} \underset{Cl}{HC}{=}\overset{Cl}{CH} \xrightarrow{Cl_2/FeCl_3} \underset{Cl}{\overset{Cl}{HC}}{-}\underset{Cl}{\overset{Cl}{CH}}$$

炔烃与溴也可以进行加成反应，与烯烃相似，用溴水褪色来检验碳-碳三键的存在。碘与炔烃加成比较困难，乙炔通常只能加上一分子碘而生成1,2-二碘乙烯。

$$HC{\equiv}CH + I_2 \xrightarrow{140\sim160℃} \underset{I}{HC}{=}\overset{I}{CH}$$

炔烃进行亲电加成反应比烯烃难，如分子中同时有三键和双键的戊-1-烯-4-炔与限量的溴在四氯化碳中进行加成反应，主要发生在双键上，生成4,5-二溴戊-1-炔。

$$HC{\equiv}CCH_2CH{=}CH_2 + Br_2 \longrightarrow HC{\equiv}CCH_2CHBrCH_2Br$$

(2) 与氢卤酸的加成反应

大量的实验事实表明，当烯烃双键两端不对称取代（称为不对称烯烃）时，酸的质子主要是加到含氢较多的双键碳原子上，而负性基团加到含氢较少的双键碳原子上，这是一个经验规则，是由俄国化学家Markovnikov（马尔科夫尼科夫）总结出来的，因此称为马尔科夫尼科夫规则，简称马氏规则，也称为不对称加成规则。

氢卤酸对烯烃双键加成的活性次序一般为：HI>HBr>HCl。

$$CH_3CH_2CH{=}CH_2 + HBr \xrightarrow{CH_3COOH} \underset{80\%}{CH_3CH_2CHBrCH_3} + \underset{20\%}{CH_3CH_2CH_2CH_2Br}$$

$$(CH_3)_2C{=}CH_2 + HBr \xrightarrow{CH_3COOH} \underset{90\%}{(CH_3)_3CBr} + \underset{10\%}{(CH_3)_2CHCH_2Br}$$

根据静电学原理，带电体系的稳定性随着电荷的分散而增大。烷基总的电子效应是给电子基团，碳正离子上连接的烷基越多，其稳定性越大。碳正离子的稳定性顺序为 $3°R^+ > 2°R^+ > 1°R^+ > CH_3^+$。

环烯烃与氢卤酸反应也符合马氏规则，如甲基环戊烯与 HCl 的反应。

$$\text{1-甲基环戊烯} + HCl \longrightarrow \text{1-氯-1-甲基环戊烷}$$

炔烃与氢卤酸反应一般要有催化剂，加成方向符合马氏规则。

$$HC{\equiv}CH + HCl \xrightarrow{HgCl_2/C} CH_2{=}CHCl$$

$$H_3CH_2CH_2CH_2C{-}C{\equiv}CH \xrightarrow[15℃]{\text{无水 }Fe/HBr} CH_3CH_2CH_2CH_2CBr{=}CH_2$$

$$CH_3CH_2CH_2CH_2CBr{=}CH_2 \xrightarrow{HBr} CH_3CH_2CH_2CH_2CH_2{-}CBr_2{-}CH_3$$

(3) 与硫酸的加成反应

将乙烯通入冷的浓硫酸时，发生加成反应，它是亲电加成反应，质子首先加到双键一端的碳原子上，形成碳正离子的活性中间体，然后硫酸氢负离子与碳正离子结合，生成硫酸氢乙酯（酸性硫酸乙酯）。

$$CH_2{=}CH_2 + \overset{+}{H}\overset{-}{O}SO_2OH \longrightarrow \overset{+}{C}H_2{-}CH_3 + \overset{-}{O}SO_2OH$$

$$\overset{+}{C}H_2{-}CH_3 + \overset{-}{O}SO_2OH \longrightarrow CH_2(OSO_2OH){-}CH_3 \quad \text{硫酸氢乙酯}$$

不对称烯烃与硫酸的加成反应，符合马氏规则。

$$CH_3CH{=}CH_2 \xrightarrow[75\%\sim80\%H_2SO_4]{50℃} CH_3CH(OSO_3H){-}CH_3$$

$$(CH_3)_2C{=}CH_2 \xrightarrow[50\%\sim60\%H_2SO_4]{10\sim30℃} (CH_3)_3C{-}OSO_3H$$

不同结构的烯烃与 H_2SO_4 反应的浓度和反应温度不同。一般来说，烯烃加成反应的活性顺序为：

$$(CH_3)_2C{=}C(CH_3)_2 > (CH_3)_2C{=}CHCH_3 > (CH_3)_2C{=}CH_2 > CH_3CH{=}CH_2 > H_2C{=}CH_2$$

硫酸氢酯很容易水解成相应的醇，例如：

$$CH_3CH_2OSO_2OH + H_2O \longrightarrow CH_3CH_2OH + HOSO_2OH$$

把烯烃与 H_2SO_4 的加成反应和硫酸氢酯的水解反应组合起来，相当于烯烃与水的加成反应（又称烯烃间接水合法），这是以烯烃为原料制备醇的一种方法。但由于污染问题现在已不再使用。例如：

$$H_2C{=}CH_2 + H_2SO_4 \longrightarrow CH_3CH_2OSO_3H$$

$$CH_3CH_2OSO_3H + H_2O \longrightarrow CH_3CH_2OH + H_2SO_4$$

必须注意，只有乙烯水合可以制备伯醇，其他的不对称烯烃因受马氏规则的支配，得不到伯醇。例如：

$$CH_3{-}CH{=}CH_2 + H_2SO_4 \longrightarrow CH_3{-}CH(OSO_2OH){-}CH_3 \xrightarrow{H_2O} CH_3{-}CH(OH){-}CH_3$$

由于烷烃一般不与硫酸反应，因此，烷烃和烯烃的混合物与冷的浓硫酸一起摇动时，烯烃质子化而溶于浓硫酸，而烷烃不溶。可用此方法除去烷烃和烯烃混合物中的烯烃。

(4) 与水的加成反应

烯烃可以在酸的催化作用下与水直接加成，而生成醇，常用的酸是硫酸或磷酸。近年来 HZSM-5 分子筛、大孔阳离子交换树脂已实现工业化生产。

$$CH_2=CH_2+H_2O\xrightarrow[280\sim300℃,7\sim8MPa]{H_3PO_4}CH_3CH_2OH$$

不对称烯烃与水的加成也符合马氏规则，例如：

$$CH_3-CH=CH_2+H_2O\xrightarrow[195℃,2MPa]{H_3PO_4}CH_3-CH(OH)-CH_3$$

因此，除了乙烯外，其他烯烃与水加成均得不到伯醇，这也是醇的工业制法，一般称为直接水合法。炔烃与烯烃不同，在酸催化下直接水合一般是困难的，通常是在 $HgSO_4$-H_2SO_4 的水溶液中进行，汞盐为催化剂，生成中间产物烯醇，重排成醛或酮。

$$HC\equiv CH+HO-H\xrightarrow{HgSO_4/稀\ H_2SO_4}\left[CH_2=C(H)-O-H\right]\xrightarrow{重排}CH_3-C(=O)-H$$

乙醛

这是瓦克法制备乙醛出现以前工业上生产乙醛的重要方法之一。由于汞盐污染环境，现在已使用非汞催化剂。

如果是不对称的炔烃，水在三键上加成也遵循马氏规则，得到的是相应的烯醇式化合物，然后进行分子重排而得到酮。

除乙炔水合得到乙醛外，其他炔烃水合得到的是酮，端炔烃水合得到甲基酮。例如：

$$H_3C-C\equiv CH+HO-H\xrightarrow[H_2SO_4]{HgSO_4}H_3C-C(O-H)=CH_2\xrightarrow{重排}H_3C-C(=O)-CH_3$$

丙酮

可用这种方法在实验室中合成少量的具有特殊结构的酮。

(5) 硼氢化反应

烯烃和硼氢化物进行的加成反应称为硼氢化反应（hydroboration）。最简单的硼氢化物应是甲硼烷（BH_3），但硼是缺电子的，甲硼烷很不稳定，两个甲硼烷相结合生成乙硼烷：$2BH_3=B_2H_6$［或（BH_3）$_2$］。

目前，甲硼烷尚不能分离、鉴定，由硼氢化钠和三氟化硼制备甲硼烷，实际得到的是乙硼烷。对结构简单的烯烃，每个 B—H 键都能迅速定量地与 C=C 加成，最后生成三烷基硼：

$$3R-CH=CH_2+BH_3\xrightarrow{THF}(RCH_2CH_2)_3B$$

硼氢化反应中，氢原子加到烯烃双键含氢较少的碳原子上，硼加到含氢较多的碳原子上，从表面上看，是反马氏规则。

$$(CH_3)_2C{=}CH_2 + 1/2(BH_3)_2 \longrightarrow \begin{cases} (CH_3)_2CHCH_2\text{-}BH_2 & 99\% \\ (CH_3)_2C\text{-}BH_2 & 1\% \end{cases}$$

得到这样的加成反应产物，除了有电子因素外，可能还有立体因素的影响，硼原子容易连到空间位阻较小的碳原子上。硼烷的亲电中心在硼原子上，氢的电负性（2.1）比硼的（2.0）大，硼缺电子，能够接受电子对，从电子效应看，它与马氏规则是一致的。

烯烃的硼氢化反应是顺式加成反应，其反应历程为：

$$\text{C=C} \xrightarrow{BH_3} \text{[π-complex } H_3B\cdots\text{C=C]} \longrightarrow \text{[four-center TS } H_2B\cdots H\text{]} \longrightarrow H_2B\text{-C-C-H}$$

$$\text{1-methylcyclopentene} + BH_3 \longrightarrow \left[\text{2-methylcyclopentyl (H, } CH_3\text{, H)}\right]_3 B$$

硼氢化反应生成的三烷基硼烷可不用分离，在碱性溶液中，直接用过氧化氢氧化成硼酸酯，水解得到醇，例如：

$$CH_3(CH_2)_7CH{=}CH_2 \xrightarrow[H_2O_2/OH^-]{B_2H_6,\text{醚}} CH_3(CH_2)_7CH_2CH_2OH$$

端烯烃经硼氢化反应水解后得到的醇是伯醇，端烯烃用硫酸法间接水合或直接水合法得到的是仲醇，此外，高度支化的烯烃在硼氢化反应中不发生烷基重排，保持烯烃原碳架。因此，这一反应在有机合成中有重要意义。例如：

$$(H_3C)_3C(H)C{=}C(H)C(CH_3)_3 \xrightarrow[H_2O_2/OH^-]{B_2H_6,\text{醚}} (CH_3)_3CCH_2CH(OH)C(CH_3)_3$$

如用 Br_2 代替 H_2O_2/OH^-，则得到顺式加成产物：

$$D(H_3C)C{=}C(CH_3)D \xrightarrow[THF]{BH_3} \begin{cases} BH_2, H \text{ 加成产物} \\ H, BH_2 \text{ 加成产物} \end{cases} \xrightarrow[THF]{Br_2} \begin{cases} Br, H \text{ 产物} \\ H, Br \text{ 产物} \end{cases}$$

气态的硼烷和高挥发性的低碳数烷基硼对空气极敏感，在空气中自燃。硼氢化反应需要在惰性气体保护下进行。

与烯烃相似，炔烃也可以进行硼氢化反应。炔烃的硼氢化反应也是实验室制备一系列有机化合物的有用方法。例如炔烃硼氢化反应后酸化可以得到顺式加氢产物——顺式烯烃。

$$H_3CH_2C{-}C{\equiv}C{-}CH_2CH_3 \xrightarrow[\text{醚}]{1/2B_2H_6} \left[(H_3CH_2C)(H)C{=}C(CH_2CH_3)\right]_3B$$

$$\xrightarrow{3CH_3COOH} (H_3CH_2C)(H)C{=}C(H)(CH_2CH_3)$$

如果硼氢化反应后氧化水解得到烯醇产物，经重排后可得到醛或酮。

$$H_3CH_2C-C\equiv CH \xrightarrow[2.\ OH^-/H_2O_2]{1.\ 1/2B_2H_6} \begin{matrix} H_3CH_2C & & H \\ & C=C & \\ H & & OH \end{matrix} \xrightarrow{\text{重排}} CH_3CH_2CH_2CHO$$

由于硼氢化反应在形式上是违反马氏规则的，因此同汞盐存在下的直接水合不同。只要是端位的炔烃，最后产物就是醛。而汞盐存在下的直接水合只有乙炔可以得到醛，其他炔烃都只能生成酮。

(6) 与卤素水溶液的反应

烯烃与卤素的水溶液（主要是氯或溴的水溶液）反应生成β-卤代醇。

$$CH_2=CH_2+Cl_2+H_2O \longrightarrow \underset{Cl}{CH_2}-\underset{OH}{CH_2}+HCl$$

工业上将乙烯和氯气直接通入水中来制备2-氯乙醇。如果通丙烯，则得到1-氯丙-2-醇。

$$CH_2=CH-CH_3+Cl_2+H_2O \longrightarrow CH_2ClCHOHCH_3$$

(7) 与醇的反应

烯烃与醇反应生成醚，如异丁烯与甲醇反应生成甲基叔丁基醚，这是汽油的添加剂。

$$H_2C=C(CH_3)_2+CH_3OH \xrightarrow{H^+} (CH_3)_3COCH_3$$

(8) 烷基化反应

烯烃与叔氢反应，得到相当于在双键上加烷烃的产物。

$$H_2C=CH_2+(CH_3)_3CH \xrightarrow{(HF)_n} (CH_3)_2CHCH(CH_3)_2$$

其反应过程为：

$$H_2C=CH_2 \xrightarrow{(HF)_n} CH_3\overset{+}{C}H_2 \xrightarrow{HC(CH_3)_3} CH_3CH_3+(CH_3)_3\overset{+}{C}$$

$$H_2C=CH_2 \xrightarrow{(CH_3)_3\overset{+}{C}} (H_3C)_3C-\overset{H}{\underset{H}{C}}-\overset{+}{C}H_2 \longrightarrow H_3C-\overset{CH_3}{\underset{CH_3}{C}}-\overset{+}{C}HCH_3$$

$$\downarrow$$

$$(CH_3)_3\overset{+}{C}+(CH_3)_2CHCH(CH_3)_2 \xleftarrow{(CH_3)_3C\text{-}H} H_3C-\underset{CH_3}{\overset{+}{C}}-CH(CH_3)_2$$

(9) 羟汞化-脱汞反应

$$\rangle C=C\langle +Hg(OAc)_2 \xrightarrow{H_2O} -\underset{OH}{\overset{|}{C}}-\overset{HgOAc}{\underset{|}{C}}- \xrightarrow{NaBH_4} -\underset{OH}{\overset{|}{C}}-\overset{H}{\underset{|}{C}}-$$

$$Hg(OAc)_2 \rightleftharpoons \overset{+}{Hg}(OAc)+OAc^-$$

$$\overset{+}{Hg}(OAc) + \;\gt C{=}C\lt \;\longrightarrow\; \text{环状汞鎓离子}(Hg^+\text{-OAc}) \xrightarrow{H_2O} \text{C–C (Hg–OAc, } H_2O^+) \longrightarrow \text{C–C (Hg–OAc, OH)} \xrightarrow[NaOH]{NaBH_4} \text{C–C (H, OH)}$$

3.4.2 亲电加成反应的机理（mechanism of electrophilic addition）

双键或三键化合物与亲电试剂加成时，第一步是试剂带正电的部分进攻双键或三键，使一对 π 电子转变为 σ 键。进攻试剂 X^+ 可认为是正离子也可以认为是偶极式诱导偶极正的一端。

$$\text{第一步：}\;\gt C{=}C\lt \;+X^+ \longrightarrow -\underset{|}{\overset{X}{C}}-\overset{+}{C}-$$

$$\text{第二步：}\;-\underset{|}{C}-\overset{+}{C}- \;+Y^- \longrightarrow -\underset{|}{\overset{X}{C}}-\underset{|}{\overset{Y}{C}}-$$

(1) 反应历程的依据

下列一些实验可证明分步加成历程。

在水中溴和乙烯的加成反应，除得到加成产物二溴乙烷外，同时得到溴代乙醇。

$$H_2C{=}CH_2 \xrightarrow[H_2O]{Br_2} H_2\underset{}{\overset{Br}{C}}-\overset{Br}{C}H_2 + H_2\overset{Br}{C}-\overset{OH}{C}H_2$$

$$Br_2 \longrightarrow Br^+ \cdots Br^-$$

$$H_2C{=}CH_2 + Br^+ \longrightarrow CH_2\overset{+}{Br}CH_2 \begin{cases} \xrightarrow{Br^-} CH_2BrCH_2Br \\ \xrightarrow{H_2O} CH_2BrCH_2\overset{+}{O}H_2 \xrightarrow{-H^+} CH_2BrCH_2OH \end{cases}$$

溴和乙烯的加成反应在浓氯化钠水溶液中进行时，则有二溴乙烷和氯溴乙烷同时生成。

$$H_2C{=}CH_2 \xrightarrow[NaCl]{Br_2} H_2\overset{Br}{C}-\overset{Br}{C}H_2 + H_2\overset{Br}{C}-\overset{Cl}{C}H_2$$

$$Br_2 \longrightarrow Br^+ \cdots Br^-$$

$$H_2C{=}CH_2 + Br^+ \longrightarrow CH_2\overset{+}{Br}CH_2 \begin{cases} \xrightarrow{Br^-} CH_2BrCH_2Br \\ \xrightarrow{NaCl} H_2\overset{Br}{C}-\overset{Cl}{C}H_2 \end{cases}$$

溴与顺丁烯二酸和反丁烯二酸在浓氯化钠水溶液中加成，同时得到二溴丁二酸和氯溴丁二酸。

$$\begin{array}{c}HOOC\quad H\\ \diagdown\ \diagup\\ C\\ \|\\ C\\ \diagup\ \diagdown\\ HOOC\quad H\end{array}\xrightarrow[NaCl]{Br_2}\begin{array}{c}COOH\\ |\\ CHBr\\ |\\ CHBr\\ |\\ COOH\end{array}+\begin{array}{c}COOH\\ |\\ CHBr\\ |\\ CHCl\\ |\\ COOH\end{array}\xleftarrow[NaCl]{Br_2}\begin{array}{c}HOOC\quad H\\ \diagdown\ \diagup\\ C\\ \|\\ C\\ \diagup\ \diagdown\\ H\quad COOH\end{array}$$

在甲醇介质中，溴和对称二苯乙烯作用时，除生成二溴对称二苯乙烷外，还生成溴甲氧基对称二苯乙烷。

$$Ph—CH═CH—Ph\xrightarrow[CH_3OH]{Br_2}\underset{\quad\ \ Br\qquad Br}{Ph—CH—CH—Ph}+\underset{\quad\ \ Br\qquad OCH_3}{Ph—CH—CH—Ph}$$

在甲醇溶液中，氯与炔烃进行加成时，也得到混合加成产物。

$$R—C≡CH\xrightarrow[CH_3OH]{Cl_2}\underset{\quad Cl\quad Cl}{R—C═CH}+\underset{\quad H_3CO\quad Cl}{R—C═CH}$$

以上实验事实说明，卤素分子的两个部分不是同时加成的，否则不会形成混合产物。

事实证明，在溴化作用中，确实形成了环化溴正离子。关于形成溴正离子最强有力的证明是离析了溴正离子的稳定溶液，例如在 SbF_5-SO_2 或 SbF_5-SO_2ClF 溶液中得到稳定盐。各种卤素的加成反应速率如表 3-1 所示。

表 3-1　卤素与烯烃加成反应相对速率

卤素	相对速率
I_2	1
IBr	3000
Br_2	10000
ICl	100000
BrCl	4000000

因为溴的电负性比碘大，因此 IBr 中的碘比 I_2 中的碘有较强的亲电子能力，所以 IBr 比 I_2 的加成速率快 3000 倍，这说明反应的第一步是 I^+ 先加成。BrCl 和烯烃的加成速率比 ICl 快，这是由于 Br^+ 比 I^+ 活泼，也符合正离子首先和烃加成的说法。

(2) 亲电加成的立体化学

大量实验证明，烯烃的亲电加成反应一般为反式加成。如顺-丁-2-烯与溴加成得到（*R*，*S*）外消旋体 2,3-二溴丁烷；反-丁-2-烯与溴加成得到内消旋体 2,3-二溴丁烷。

顺-丁-2-烯 + Br_2 ⟶ *SS* + *RR*

反-丁-2-烯 + Br_2 ⟶ *SR* + *RS*（全等）

顺-丁烯二酸和溴加成得到 2,3-二溴-丁二酸的外消旋体，而反-丁烯二酸和溴加成则得到 2,3-二溴-丁二酸的内消旋体，即加成为反式加成过程。溴与环戊烯加成得到反-

1,2-二溴环戊烷。反应首先形成三元环溴正离子中间体，溴负离子再从反面进攻碳原子，生成反-1,2-二溴环戊烷。

环戊烯 + $\overset{+}{Br}$---$\overset{-}{Br}$ ⟶ 三元环溴正离子中间体（Br^- 从反面进攻）⟶ 反-1,2-二溴环戊烷（两种对映体）

三键的加成也是立体选择性的反式加成，例如，丁炔二羧酸在水溶液中进行加成反应时得到70%反式异构体和30%顺式异构体。

$$HOOC—C≡C—COOH + Br_2 \longrightarrow \underset{70\%}{(HOOC)(Br)C=C(Br)(COOH)} + \underset{30\%}{(Br)(HOOC)C=C(Br)(COOH)}$$

试试看

通过下面反应预测加DBr的加成方式（已知消除反应是反式消除）。

$$(H_3C)(H)C=C(CH_3)(H) \xrightarrow{DBr} CH_3CHDCHBrCH_3 \xrightarrow{EtONa} (H_3C)(H)C=C(CH_3)(H) + (H_3C)(H)C=C(D)(CH_3)$$

$$(H_3C)(H)C=C(H)(CH_3) \xrightarrow{DBr} CH_3CHDCHBrCH_3 \xrightarrow{EtONa} (H_3C)(H)C=C(H)(CH_3) + (H_3C)(H)C=C(CH_3)(D)$$

（3）取代基的影响

给电子的基团如果与不饱和碳原子相连，则增加不饱和化合物和亲电试剂加成反应的活泼性，而不利于亲核试剂的加成；当吸电子的基团与不饱和碳原子相连时，由于它使双键或三键的电子云密度降低而不利于亲电试剂的加成，但提高了对亲核试剂加成的活泼性。甲基等给电子的基团使烯烃的加成反应速率增大；而卤素及羧基等吸电子的基团使烯烃的加成反应速率减小。

（4）邻位效应

当双键邻位有孤对电子基团存在时，作为亲核基团会对碳正离子中间体进行进攻。

$$H_2C=CH—CH_2X \xrightarrow{Br^+} H_2C(Br)—CH—CH_2\ (\overset{+}{X}\ 桥连) \xrightarrow{Br^-} H_2C(Br)—CH(X)—CH_2(Br)$$

$$H_2C(Br)—CH—CH_2\ (\overset{+}{X}\ 桥连) \xrightarrow{Br^-} H_2C(Br)—CH(Br)—CH_2X$$

X=OR,NHR,NH_2NR_2,Cl,Br,I等

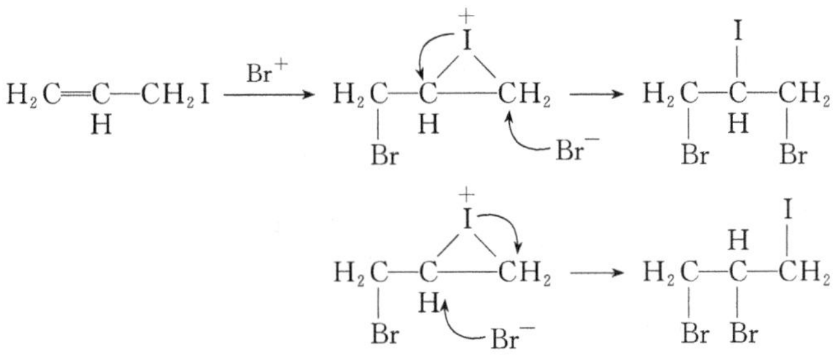

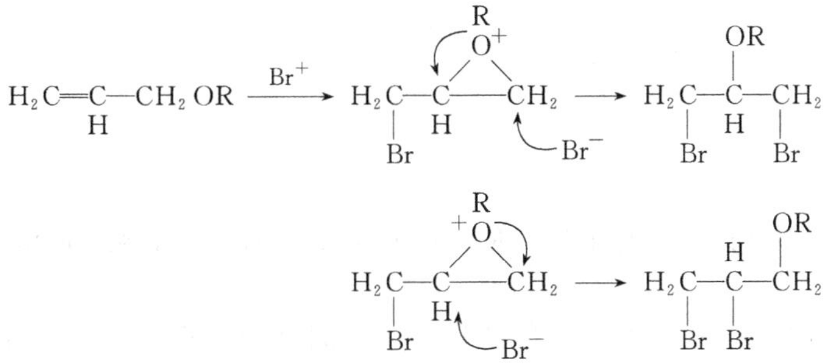

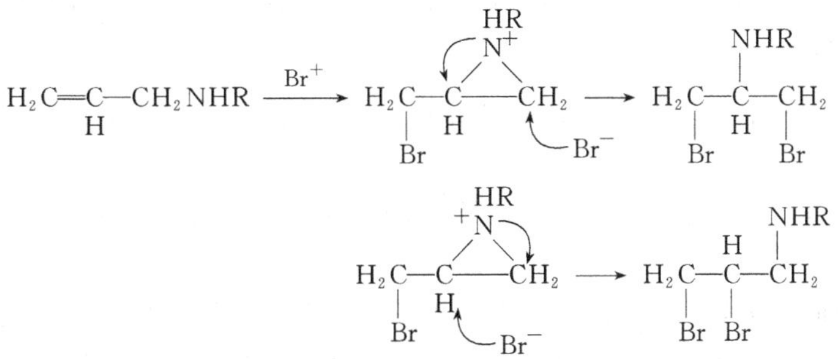

当双键的 γ 或 δ 位有—COOH 时，由于—COOH 的参与，形成五或六元环内酯。

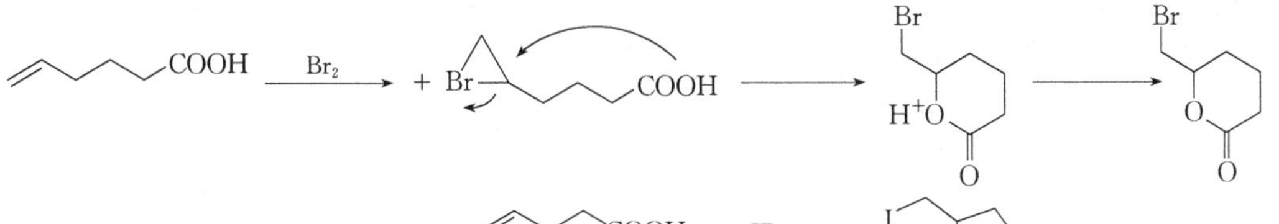

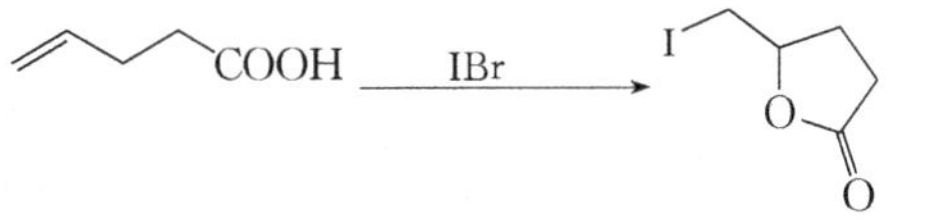

下面也是邻位参与的例子。

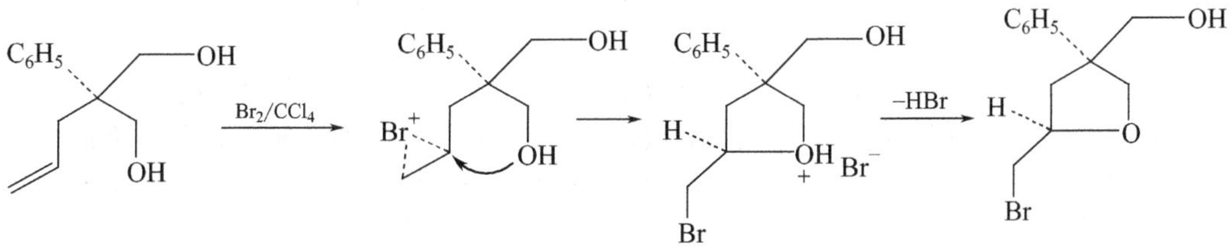

思考思考

描述反应过程（有邻位参与的因素）。

(1) 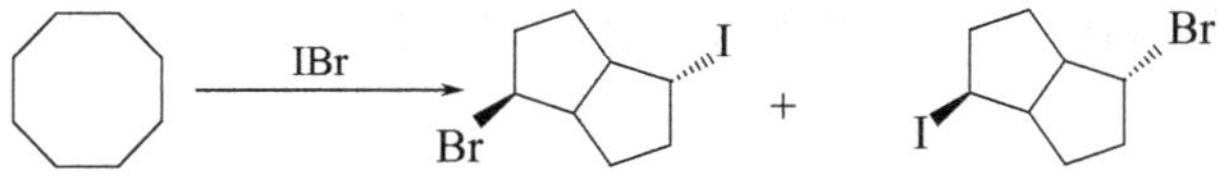

(2) $\xrightarrow{H^+}$ OH

(3) $H_2C{=}C(CH_3)-CH_2-C(CH_2OH)_2-CH_2-CH{=}CH_2 \xrightarrow{H_3O^+}$ $H_2C-CH{=}CH_2$，CH_2OH，O

(4) $\xrightarrow{Br_2}$ Br

3.4.3 马氏加成与反马氏加成（Markovnikov and anti-Markovnikov addition）

当一个反应能够产生一种以上的产物时，预测哪种产物占优势，将是很有意义的。大量的实验事实表明，当烯烃双键两端不对称取代（称为不对称烯烃）时，酸的质子主要是加到含氢较多的双键碳原子上。例如：

$$CH_3CH_2CH{=}CH_2 + HBr \xrightarrow{CH_3COOH} \underset{80\%}{CH_3CH_2CHBrCH_3} + \underset{20\%}{CH_3CH_2CH_2CH_2Br}$$

$$(CH_3)_2C{=}CH_2 + HBr \xrightarrow{CH_3COOH} \underset{90\%}{(CH_3)_3CBr} + \underset{10\%}{(CH_3)_2CHCH_2Br}$$

在烯烃与质子酸的反应中，第一步是质子与烯烃形成络合物，质子无孤对电子，不能形成环状离子，只能形成碳正离子。质子与双键上哪个碳原子相连接，取决于形成碳正离子的稳定性，稳定性大的碳正离子易形成。第二步是亲核性基团与碳正离子结合，完成反应。第一步是慢的，决定反应速率的步骤。

$$CH_3CH_2CH{=}CH_2 + H^+ \begin{cases} \longrightarrow CH_3CH_2\overset{+}{C}HCH_3 & \text{稳定，易形成} \\ \longrightarrow CH_3CH_2CH_2\overset{+}{C}H_2 & \text{不稳定，难形成} \end{cases}$$

$$(CH_3)_2C{=}CH_2 + H^+ \begin{cases} \longrightarrow (CH_3)_3\overset{+}{C} & \text{稳定，易形成} \\ \longrightarrow (CH_3)_2CH\overset{+}{C}H_2 & \text{不稳定，难形成} \end{cases}$$

丁-1-烯和2-甲基丙烯加溴化氢分别得到主要产物2-溴丁烷（80%）、2-溴-2-甲基丙烷（90%）。

因此马氏规则可这样理解：在碳-碳双键的亲电加成反应中，作为中间体，生成较稳定的碳正离子。由此可见，马氏规则是依据生成产物的稳定性，属于热力学控制。

在硼氢化反应中，氢原子加到烯烃双键含氢较少的碳原子上，硼加到含氢较多的碳原子上，从表面上看是按照反马氏规则的。

$$3CH_3CH{=}CH_2 + 1/2B_2H_6 \longrightarrow (CH_3CH_2CH_2)_3B$$

但B—H中，氢的电负性（2.1）比硼的（2.0）大，更重要的是硼缺电子，它只有六个价电子，能接受电子对，从电子效应看，它与马氏规则是一致的。

当双键旁有共轭体系的苯环时，加成反应是反马氏加成。如：

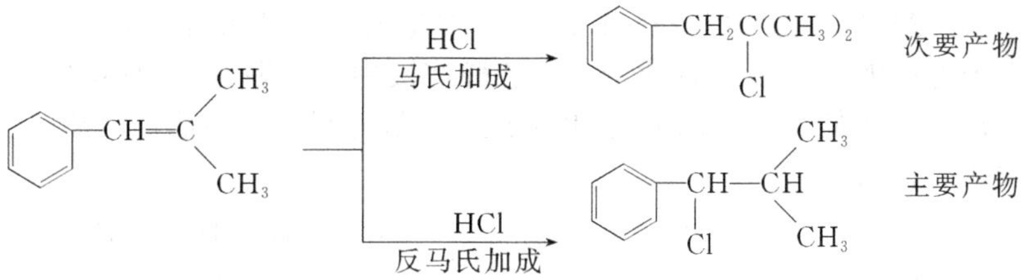

$$C_6H_5-CH=C(CH_3)_2 \xrightarrow[\text{马氏加成}]{HCl} C_6H_5-CH_2C(CH_3)_2 \text{(Cl)} \quad \text{次要产物}$$

$$C_6H_5-CH=C(CH_3)_2 \xrightarrow[\text{反马氏加成}]{HCl} C_6H_5-CH(Cl)-CH(CH_3)_2 \quad \text{主要产物}$$

原因是形成的A的稳定性大于B，是热力学控制的反应。

$$C_6H_5-\overset{+}{C}H-CH(CH_3)_2 \qquad C_6H_5-CH_2-\overset{+}{C}(CH_3)_2$$

p-π 共轭 σ-p 共轭

σ-p 共轭

A B

当双键的α-碳上有吸电子基团时，加成为反马氏加成。如：

$$CH_2=CHCOOH+HCl \longrightarrow ClCH_2CH_2COOH \quad \text{主要产物}$$

这是由于—COOH是吸电子基团，$\overset{+}{C}H_2-CH_2COOH$ 比 $CH_3-\overset{+}{C}H-COOH$ 稳定。又如：

$$CH_2=CHCN+HCl \longrightarrow ClCH_2CH_2CN$$

因此，从表面上看无论反应是按马氏加成还是反马氏加成方式进行，其实质均是生成热力学稳定的中间体，是热力学控制的反应。

3.4.4 加氢反应（hydrogenation reaction）

(1) 烯烃的加氢反应

烯烃加氢生成烷烃，反应是放热的，烯烃与氢混合并不起反应，即使加热，反应也很难进行，但在催化剂存在下，加氢反应能顺利进行。常用的非均相催化剂是过渡金属，如钌、铑、钯、铂和镍，常把这类催化剂负载到活性炭上或氧化铝上，加氢反应的收率接近100%，产品易分离。此外，常用此方法来定量分析分子中双键的数目。

$$R-CH=CH_2+H_2 \xrightarrow{Ni} R-CH_2CH_3$$

烯烃加氢反应在工业中有重要应用，如粗汽油中常含有少量烯烃，烯烃容易发生氧化、聚合反应，影响汽油的品质，在兰尼镍（Raney Ni）催化下，加氢变成烷烃，提高汽油品质。不饱和的脂肪酸酯加氢成为饱和的脂肪酸酯，可提高食用价值。

一般情况下，催化加氢主要得到顺式产物。连在双键碳上的烷基越多，其氢化热越小，烯烃越稳定。

不同碳架的烯烃和不同碳数的烯烃的热力学稳定性次序为：

$$R_2C=CR_2>R_2C=CHR>R_2C=CH_2>RCH=CH_2>H_2C=CH_2$$

(2) 炔烃的加氢反应

与烯烃一样，炔烃加氢也需要催化剂，否则难以进行。控制反应条件和使用不同的催化剂，炔烃可加一分子氢成为烯烃，也可以加两分子氢得到烷烃，使用兰尼镍为催化剂，在过量氢存在下得到烷烃。如果控制氢气的量，使用钝化的催化剂，如在钯/碳酸钡中加入一些醋酸铅，得到林德拉（Lindlar）催化剂；在钯/硫酸钡中加入一些喹啉使之钝化，得到克拉姆（Cram）催化剂；在乙醇溶液中，用硼氢化钠还原醋酸镍，得到硼化镍催化剂，又称布朗（Brown）催化剂或P-2催化剂。这些催化剂都能使炔烃选择性加氢生成烯烃，如：

$$H_3C-CH_2-C\equiv C-CH_2-CH_3+H_2\xrightarrow{\text{P-2}}\underset{\text{(cis)}}{(H_3C-CH_2)HC=CH(H_2C-CH_3)}$$

炔烃可在液氨中用金属钠或锂还原成烯烃。

$$H_9C_4-C\equiv C-C_4H_9\xrightarrow[-33℃]{\text{Na,液 }NH_3}\underset{\text{(trans)}}{(H_9C_4)HC=CH(C_4H_9)}$$

烯烃在液氨中不会被还原，炔烃还原停留在生成烯烃这一步，与P-2催化剂不同，该反应得到高含量的反式烯烃。

3.4.5 α-氢的反应（reaction of α-hydrogen）

烯烃分子中与双键直接相连的碳原子上的氢，由于受到双键的影响，具有较高的活泼性，可以发生取代和氧化反应。例如，丙烯与Cl_2加热，低于250℃，主要发生加成反应，温度升至500℃以上则主要发生自由基取代反应。

$$CH_2=CHCH_3+Cl_2\xrightarrow{500℃}CH_2=CHCH_2Cl+HCl$$

3-氯丙烯是制备甘油等的重要原料。其他烯烃也可进行取代反应。

3.4.6 氧化反应（oxidation reaction）

(1) 环氧化反应

乙烯在银催化下，在250℃用空气氧化得到环氧乙烷，这是工业上制备环氧乙烷的主要方法。

$$CH_2=CH_2+O_2\xrightarrow[250℃]{Ag}\underset{\diagdown O \diagup}{CH_2-CH_2}$$

$$CH_3-CH=CH_2+O_2\xrightarrow{Ag}\underset{\diagdown O \diagup}{CH_3-CH-CH_2}$$

此反应必须严格控制反应条件，若反应温度高于300℃产物将是二氧化碳，较难氧化的内烯烃可用H_2O_2催化氧化得到很高收率的环氧化物。例如：

$$(CH_3)_2C=CH-CH_3+H_2O_2\xrightarrow[n\text{-}C_4H_9OH]{SeO_2/\text{吡啶}}H_3C-\overset{O}{C(H_3C)-C(H)}-CH_3+H_2O$$

(2) 与$KMnO_4$反应

① 用很稀的$KMnO_4$碱性溶液或中性溶液，在较低的温度下氧化烯烃得顺式邻二元醇。

$$H_3C-CH=CH-H \xrightarrow{KMnO_4/NaOH} \text{(环状锰酸酯中间体)} \longrightarrow \text{RR/SS 邻二醇}$$

$$\text{环己烯} + KMnO_4 + H_2O \xrightarrow[0\sim5℃]{碱性溶液} \text{顺-1,2-环己二醇} + MnO_2 + KOH$$

$$H_2C{=}CH_2 + H_2O \xrightarrow{KMnO_4} \underset{OH}{H_2C}-\underset{OH}{CH_2} + MnO_2 + KOH$$

② 用浓的 $KMnO_4$ 溶液，在酸性介质中或温度较高时氧化烯烃，结果是双键断裂得到不同产物。若双键碳上无氢（$R'RC=$）则生成酮，有一个氢（$RCH=$）生成酸，有两个氢（$CH_2=$）生成二氧化碳。例如：

$$RHC{=}CH_2 \xrightarrow{KMnO_4/H^+} R-\overset{O}{\overset{\|}{C}}-OH + CO_2 + H_2O$$

$$RHC{=}CR'_2 \xrightarrow{KMnO_4/H^+} R-\overset{O}{\overset{\|}{C}}-OH + O{=}CR'_2$$

③ 炔烃与 $KMnO_4$ 反应生成羧酸。

$$H_3C-C{\equiv}C-C_2H_5 \xrightarrow{KMnO_4/H^+} CH_3COOH + CH_3CH_2COOH$$

(3) 臭氧化

臭氧化物不稳定，受热易分解引起爆炸，但一般可以不分离直接进行水解，生成水解产物醛、酮和过氧化氢。为防止过氧化氢进一步氧化醛，可在 Zn/H_2O 或 Zn/CH_3COOH 溶液中水解，产物为醛、酮和水。

$$\text{烯烃} + O_3 \longrightarrow \text{分子臭氧化物} \longrightarrow \text{臭氧化物} \xrightarrow{Zn/CH_3COOH} \text{酮}{=}O + O{=}\text{酮}$$

$$CH_3CH{=}CH_2 + O_3 \longrightarrow \xrightarrow{Zn/H_2O} CH_3CHO + CH_2O$$

$$\text{环己烯} \xrightarrow[Zn/H_2O]{O_3} OHCCH_2CH_2CH_2CH_2CHO$$

$$\text{苯} \xrightarrow[Zn/H_2O]{O_3} 3OHCCHO$$

利用该反应可以确定双键、三键的位置，但随着 IR 及 ^1H NMR 的普遍使用，目前已很少使用。炔烃经过臭氧化生成羧酸。

$$CH_3—C≡C—C_6H_5 \xrightarrow[CHCl_3]{O_3} CH_3COOH + C_6H_5COOH$$

烯烃经臭氧化后，在锌粉存在下水解，如果原料中的双键碳上有两个氢（$CH_2=$）则生成甲醛，双键碳上有一个氢（$RCH=$）生成醛，双键碳上无氢的（$RRC=$）生成酮。

3.4.7 自由基加成及机理（mechanism of radical addition）

H—Br 和不对称烯烃的加成反应方向，主要取决于反应条件，例如，在没有氧气存在下，加成反应遵循马氏规则，如果在氧气或过氧化物存在下，加成反应遵循反马氏规则。

$$R—CH=CH_2 + HBr \xrightarrow{过氧化物} RCH_2CH_2Br$$

若希望按马氏规则加成，则必须将烯烃纯化，除去由于长期存放烯烃中生成的过氧化物，或在反应液中加入自由基抑制剂（对苯二酚、甲硫酚、二苯胺）。若希望反应按反马氏规则进行，要向反应体系中加入过氧化物（ROOR，RCOOOH）。实验发现在光照条件下，也有类似的过氧化物效应。

这种效应并非适用于所有卤化氢，由于氯化氢 H—Cl 键能大，生成氯自由基困难，碘化氢虽容易产生碘自由基，但碘自由基不够活泼，不足以和烯烃发生加成反应。不对称烯烃与 H—Br 发生自由基加成反应的机理如下：

$$R—O—O—R \xrightarrow{\triangle} 2RO\cdot$$

$$RO\cdot + HBr \longrightarrow ROH + Br\cdot$$

$$Br\cdot + RCH=CH_2 \longrightarrow R\dot{C}H—CH_2Br$$

$$R\dot{C}H—CH_2Br + HBr \longrightarrow RCH_2—CH_2Br + Br\cdot$$

3.4.8 卡宾的加成反应（addition reaction of carbene）

单线态卡宾通过同向加成形成三元环；三线态卡宾由于加成后电子自旋方向相同，不能直接成键，通过键的旋转，形成两个异构体。由于在三线态中混有单线态，所以两种异构体的比例并不是 1∶1。

H H
H₃C CH₃ —CH₂ ⇅→ H H
H₃C CH₃

H H
H₃C CH₃ —CH₂ ↑↓→ H CH₂ H
H₃C CH₃ ——→ H CH₃
H₃C H + H₃C H
H CH₃

3.4.9 亲核加成反应（nucleophilic addition reaction）

(1) 与醇的加成反应

在碱存在下，炔烃可以和醇发生反应。例如乙炔可以和甲醇加成，在乙炔的一个碳上加一个氢原子，另一个碳上加一个甲氧基，生成的产物叫做甲基乙烯基醚。

$$HC\equiv CH + CH_3OH \xrightarrow[60℃]{20\%KOH} H_2C=CH-O-CH_3$$

甲基乙烯基醚可以看成是乙烯的衍生物，其聚合得到工业上有用的黏合剂。

(2) 与 HCN 的加成反应

$$HC\equiv CH + HCN \xrightarrow[25℃]{CuCl, NH_4Cl} H_2C=CHCN$$

丙烯腈是工业上重要的原料，其聚合物聚丙烯腈是很好的合成纤维。

(3) 与 CH_3COOH 的加成反应

$$HC\equiv CH + CH_3COOH \xrightarrow[70\sim80℃]{H_2SO_4} CH_3COOCH=CH_2$$

乙酸乙烯酯是工业上重要的原料，可作为黏合剂及涂料等。

取代乙炔也能与上述亲核试剂进行加成。如：

$$H_3C-C\equiv CH + CH_3OH \longrightarrow H_3C-C(OCH_3)=CH_2$$

$$CH_3C\equiv CH + HCN \longrightarrow H_3C-C(CN)=CH_2$$

$$CH_3C\equiv CH + CH_3COOH \longrightarrow H_3C-C(O-C(=O)-CH_3)=CH_2$$

(4) 烯烃的亲核加成反应

双键上带有强烈吸电子的基团时，烯烃的双键上也可发生亲核加成反应，如：

$$H_2C=C(CN)_2 \xrightarrow{CN^-} H_2C(CN)-\bar{C}(CN)_2 \xrightarrow{HCN} H_2C(CN)-CH(CN)_2$$

$$F_2C=CF_2 + CH_3OH \xrightarrow{CH_3ONa} F_2C(OCH_3)-\bar{C}F_2 \xrightarrow{CH_3OH} F_2C(H)-CF_2(OCH_3)$$

3.4.10 炔氢的反应 (reaction of acetylenic hydrogen)

(1) 炔氢的酸性

炔烃三键碳上的氢原子称为炔氢，有一定的酸性。这是因为炔氢相连的碳是 sp 杂化。它的电负性较大，使 C—H 键的 σ 电子对偏向碳原子，氢原子易以质子的形式参与反应，即有一定的酸性，乙炔的酸性强度比氨强，比水弱。

	NH_3	$HC\equiv CH$	CH_3COCH_3	H_2O
pK_a	36	25	20	15.7

(2) 碱金属炔化物的生成

乙炔和金属钠作用，放出氢气，并生成乙炔钠。

$$2HC{\equiv}CH + 2Na \xrightarrow{\text{液 } NH_3} 2HC{\equiv}CNa + H_2\uparrow$$

在较高温度下，乙炔中的两个活泼氢都可以被金属钠置换。

$$HC{\equiv}CH + 2Na \xrightarrow[190\sim220℃]{\text{液 } NH_3} NaC{\equiv}CNa + H_2\uparrow$$

在液氨中，炔氢能与碱金属氨基化物反应，生成碱金属的炔化物，如：

$$HC{\equiv}CH + NaNH_2 \xrightarrow{\text{液 } NH_3} HC{\equiv}CNa + NH_3$$

$$HC{\equiv}CNa + NaNH_2 \xrightarrow{\text{液 } NH_3} NaC{\equiv}CNa + NH_3$$

炔钠是一种亲核试剂，容易和卤代烷等发生反应，炔钠和卤代烷作用是制备高级炔烃的一种方法。

$$R{-}C{\equiv}CH + NaNH_2 \xrightarrow{\text{液 } NH_3} R{-}C{\equiv}CNa \xrightarrow{R'{-}X} R{-}C{\equiv}C{-}R' + NaX$$

(3) 过渡金属炔化物的生成

将乙炔或端炔烃加到硝酸银或氯化亚铜的氨溶液中，立即有炔化银的白色沉淀或炔化亚铜的砖红色沉淀生成。

$$HC{\equiv}CH + 2[Ag(NH_3)_2]^+ \longrightarrow AgC{\equiv}CAg\downarrow + 2NH_4^+ + 2NH_3$$

$$HC{\equiv}CH + 2[Cu(NH_3)_2]^+ \longrightarrow CuC{\equiv}CCu\downarrow + 2NH_4^+ + 2NH_3$$

反应很灵敏，现象明显，可用于乙炔和端炔烃的鉴定。炔化银、炔化亚铜在水中溶解度很小，很容易沉淀出来，它们在干燥状态受热或受震动容易爆炸，实验后应立即用稀酸分解。

$$AgC{\equiv}CAg + 2HCl \longrightarrow HC{\equiv}CH + 2AgCl\downarrow$$

$$CuC{\equiv}CuC + 2HCl \longrightarrow HC{\equiv}CH + 2CuCl\downarrow$$

比较不饱和碳正离子和碳负离子的稳定性。

(1) $HC{\equiv}\bar{C}$　　$H_2C{=}\bar{C}H$　　$CH_3\bar{C}H_2$

(2) $CH_3\overset{+}{C}H_2$　　$H_2C{=}\overset{+}{C}H$　　$HC{\equiv}\overset{+}{C}$

3.4.11　二烯烃的 1, 2-加成和 1, 4-加成反应 (1, 2-and 1, 4-addition of diene)

与烯烃一样，共轭二烯烃能与卤素、卤化氢发生亲电加成反应，也能进行催化加氢反应，但丁二烯与一分子 Br_2 加成，可生成两种产物，例如：

$$H_2C{=}CH{-}CH{=}CH_2 + Br_2 \longrightarrow H_2C{=}CH{-}\underset{Br}{\underset{|}{C}H}{-}\underset{Br}{\underset{|}{C}H_2} + \underset{Br}{\underset{|}{H_2C}}{-}CH{=}CH{-}\underset{Br}{\underset{|}{C}H_2}$$

两种产物来源于两种不同的加成方式。3,4-二溴丁-1-烯的生成像普通单烯烃加成反应一样，打开一个 π 键，溴加到双键的两个碳上，称作 1,2-加成。1,4-二溴丁-2-烯的生成是打开两个 π 键，溴加到两端的 C1 和 C4 上，在中间两个碳原子间形成一个新的双键，称作 1,4-加成。

共轭二烯烃可以进行 1,2-加成，也可以进行 1,4-加成，两者何种占优势，取决于反应物的结构、产物的稳定性以及反应条件。一般来说，温度高或在极性介质中进行

1,4-加成，温度低或在非极性介质中进行1,2-加成。

$$CH_2{=}CH{-}CH{=}CH_2 + Br_2 \xrightarrow[\text{极性介质}]{\text{1,4-加成}} CH_2BrCH{=}CHCH_2Br$$

$$CH_2{=}CH{-}CH{=}CH_2 + Br_2 \xrightarrow[\text{非极性介质}]{\text{1,2-加成}} CH_2BrCHBrCH{=}CH_2$$

有时为了保持产物的稳定性，无论极性介质还是非极性介质，反应都是按1,2-加成进行。

$$C_6H_5{-}CH{=}CH{-}CH{=}CH_2 + Br_2 \longrightarrow C_6H_5{-}CH{=}CH{-}CHBrCH_2Br$$

丁二烯与HBr反应，先加一个H^+生成碳正离子，由于烯丙基碳正离子比伯碳正离子稳定，亲电试剂总是加在共轭双键的链端碳上。

$$H_2C{=}CH{-}CH{=}CH_2 \xrightarrow{H^+} \left\{\begin{array}{l} H_3C{-}\overset{+}{C}H{-}CH{=}CH_2 \xrightarrow{Br^-} H_3C{-}CHBr{-}CH{=}CH_2 \\ H_3C{-}CH{=}CH{-}\overset{+}{C}H_2 \xrightarrow{Br^-} H_3C{-}CH{=}CH{-}CH_2Br \end{array}\right.$$

$$H_3CHC{=}CH{-}CH{=}CH_2 + HI \xrightarrow{\text{1,4-加成}} H_3CH_2CHC{=}CHCH_2I$$

$$H_2C{=}C(CH_3){-}CH{=}CH_2 + HI \xrightarrow{\text{1,4-加成}} H_3C\underset{\underset{CH_3}{|}}{C}{=}CHCH_2I$$

3.4.12 聚合反应（polymerization）

（1）烯烃的聚合反应

烯烃本身互相加成能生成分子量较大的化合物。由小分子化合物生成大分子化合物的反应称为聚合反应。小分子化合物称为单体，大分子化合物称为高分子化合物或聚合物，也称高聚物。例如：

$$nH_2C{=}CH_2 \xrightarrow{\text{催化剂}} {+}CH_2{-}CH_2{+}_n$$

$-CH_2CH_2-$称为一个链节，n称为聚合度，即链节数目。

（2）共聚合反应

两种或两种以上单体进行的聚合反应称为共聚合反应。例如乙烯与丙烯共聚合得到乙烯丙烯共聚物。

$$nH_2C{=}CH_2 + nH_2C{=}\underset{\underset{CH_3}{|}}{CH} \xrightarrow{TiCl_4/C_2H_5AlCl_2} {+}CH_2CH_2CH_2{-}\underset{\underset{CH_3}{|}}{CH}{+}_n$$

乙烯与丙烯共聚物是一种橡胶，称为乙丙橡胶。

（3）炔烃的聚合反应

将乙炔通入氯化亚铜-氯化铵的强酸溶液中生成乙烯基乙炔。

$$HC{\equiv}CH + HC{\equiv}CH \xrightarrow{CuCl/NH_4Cl} \underset{\text{乙烯基乙炔}}{H_2C{=}\underset{H}{C}{-}C{\equiv}CH}$$

乙烯基乙炔可合成氯代丁二烯，氯代丁二烯是氯丁橡胶的单体，工业上用此方法合成氯丁橡胶。乙炔在特殊的催化剂作用下，生成环状三、四聚合物。如：

$$4HC\equiv CH \xrightarrow{Ni(CN)_2} \text{环辛四烯}$$

$$3R—C\equiv CH \xrightarrow{Ni} \text{1,3,5-三取代苯} + \text{1,2,4-三取代苯}$$

使用不同催化剂，两种取代苯的比例不同，可控制产物的结构。这个反应在历史上对研究苯的结构很有意义，也可以合成一些特殊的化合物。

乙炔也可以聚合成链状、分子量大的聚乙炔。

$$nCH\equiv CH \xrightarrow[\text{催化剂}]{} \text{⁅}CH=CH\text{⁆}_n$$

规整的聚乙炔结构是单、双键交替出现的，呈现大 π 键，电子可以流动，因此聚乙炔有望成为一类新的物质——有机导体及半导体。

(4) 丁-1,3-二烯聚合反应

丁-1,3-二烯环二聚反应有几种反应方式。1,2-环二聚得 1,2-二乙烯基环丁烷；1,2-和 1,4-环二聚得 4-乙烯基环己烯；1,4-环二聚得环辛-1,5-二烯。

$$2H_2C=CH—CH=CH_2 \xrightarrow{Ni/PR_3} \text{1,2-二乙烯基环丁烷} + \text{4-乙烯基环己烯} + \text{环辛-1,5-二烯}$$

改变催化剂配体 PR_3 的结构，可以得到以一种结构为主的产物。

丁-1,3-二烯在零价镍催化下环三聚主要生成全反式环十二碳-1,5,9-三烯。

$$3H_2C=CH—CH=CH_2 \xrightarrow{(COD)_2Ni} \text{全反式环十二碳-1,5,9-三烯}$$

工业上把全反式环十二碳-1,5,9-三烯转变成十二碳二酸，做合成纤维的单体；转变成 1,2,5,6,9,10-六溴环十二烷，做阻燃剂。

丁二烯最重要的应用是高聚成弹性的聚合物——合成橡胶。例如，2-甲基丁-1,3-二烯聚合得到顺式聚异戊二烯，其组成和性质与天然橡胶相同，称为合成天然橡胶。

$$nH_2C=CH—C(CH_3)=CH_2 \xrightarrow{\text{催化剂}} \left[CH_2—C(CH_3)=CHCH_2 \right]_n$$

橡胶是一种重要的天然有机化合物，主要来自橡胶树汁。天然橡胶干馏得到异戊二烯。由于自然体的限制，远不能满足近代工业发展的需要。合成橡胶的出现不仅弥补了天然橡胶在数量上的不足，而且各种合成橡胶往往具有某些比天然橡胶优越的性质。如顺丁橡胶的耐磨性和耐寒性，都比天然橡胶好。

丁-1,3-二烯可以与苯乙烯、丙烯腈、甲基乙烯酸甲酯等单体进行共聚合反应，得到橡胶和塑料等。如丁二烯与苯乙烯进行共聚合反应，得到聚丁二烯-苯乙烯弹性体(又称丁苯橡胶)。其综合性能好，是目前合成橡胶中产量最大的品种，主要用于制造轮胎。

丁二烯、苯乙烯、丙烯腈共聚合，可以得到兼有橡胶和塑料性质的聚合物 ABS 树脂。

$$n\,H_2C{=}CH{-}CH{=}CH_2 + m\,H_2C{=}CH(C_6H_5) + p\,H_2C{=}CH(CN) \xrightarrow{催化剂} {-}\!\!\left[H_2C{-}HC{=}CH{-}CH_2\right]_n\!\left[H_2C{-}CH(C_6H_5)\right]_m\!\left[H_2C{-}CH(CN)\right]_p\!{-}$$

它是聚丁二烯、聚苯二烯和聚丙烯腈的嵌段聚合物，性能优异，是有广泛用途的工程塑料。

3.4.13　烯烃的复分解反应（metathesis of alkene）

2005 年诺贝尔化学奖授予法国科学家 Yves Chauvin（伊夫・肖万）及两名美国科学家 Richard R. Schroch（理查德・施罗克）和 Robert H. Grubbs（罗伯特・格拉布），以表彰他们在烯烃复分解反应中做出的贡献。在复分解反应中，原来烯烃上的取代基改变位置，形成新的烯烃。

$$2\ R_1R_2C{=}CR_1R_2 \xrightleftharpoons{催化剂} R_1R_1C{=}CR_1R_1 + R_2R_2C{=}CR_2R_2$$

该反应可看成是金属卡宾与烯烃的［2+2］环加成反应，形成四元环再开环，生成交换后的新烯烃。

$$L_nM{=}CHR + R'CH{=}CHR' \rightleftharpoons \text{（}L_nM\text{ 四元环，R、R}'\text{）} \rightleftharpoons L_nM{=}CHR' + RCH{=}CHR'$$

反应示例如下：

$$\text{（二烯酯）} \xrightarrow[\triangle，CH_2Cl_2]{钌催化剂} \text{（大环内酯）} + H_2C{=}CH_2$$

复分解合成法的发现，为化学工业制造出更多新的化学分子提供了千载难逢的机会，例如可制造出更多新型药物等。有的反应在常温常压下就可以完成。

3.5　诱导效应和共轭效应（inductive effect and conjugated effect）

3.5.1　诱导效应（inductive effect）

像碳卤键这样的极性共价键存在于分子之中，会明显地影响着分子的性质。以卤代羧酸的酸性为例，说明键的极性对酸性的影响。可用羧酸在水溶液中的解离平衡常数 K_a 表示酸的强弱，一些脂肪酸和取代酸的 pK_a 列入表 3-2 中。

$$RCOOH + H_2O \rightleftharpoons RCOO^- + H_3O^+ \quad K_a = \frac{[RCOO^-][H_3O^+]}{[RCOOH]} \quad pK_a = -\lg K_a$$

表 3-2　取代羧酸的 pK_a

羧酸	pK_a	羧酸	pK_a	羧酸	pK_a
CH_3COOH	4.74	$CH_3CH_2CH_2COOH$	4.82	$(CH_3)_2CHCOOH$	5.50
$ClCH_2COOH$	2.00	$ClCH_2CH_2CH_2COOH$	4.02	CH_3CH_2COOH	4.84
$Cl_2CHCOOH$	1.30	$CH_3CHClCH_2COOH$	4.00	CH_3COOH	4.74
Cl_3CCOOH	0.03	$CH_3CH_2CHClCOOH$	2.80	HCOOH	3.77

从表 3-2 所列数据可知：羧酸中烃基的氢原子被卤素取代后，酸性增强；在烃基的同一位置引入卤原子数越多，酸性越强；引入的卤原子离羧基越近，酸性越强；碳卤键的极性越大，酸性越强，即不同卤原子使酸性增强的顺序为 F＞Cl＞Br＞I。产生这种现象是由于碳卤键强极性的影响，分子中各原子间成键电子对都偏向卤原子一端，$X \leftarrow CH_2 \leftarrow \overset{\overset{\large O}{\|}}{C} \leftarrow O \leftarrow H$，羧基上的氢容易以质子形式解离，同时这种偏移使生成的酸根上的负电荷得以分散，酸根离子得到稳定，因而酸性增强。这种由极性键的诱导作用而产生的沿其价键链传递的电子偏移效应称为诱导效应，简称 I 效应。由极性键所表现出的诱导效应称为静态诱导效应，而在化学反应过程中由于外电场（如溶剂、试剂）的影响所产生的极化键所表现的诱导效应称为动态诱导效应。通常称 X 为吸电子（拉电子）基，Y 为给电子（推电子）基。测得的原子或基团的吸电子能力顺序为：

$$-\overset{+}{N}R_3 > -NO_2 > -CN > -COOH > -COOR > -\overset{|}{C}{=}O > -F > -Cl > -Br > -I > -OCH_3 > -OH > -C_6H_5 > -CH{=}CH_2 > -H$$

3.5.2　共轭效应与超共轭效应（conjugated effect and hyperconjugative effect）

（1）π-π 共轭体系

双键、单键相间的共轭体系称为 π-π 共轭体系，形成 π-π 共轭体系的双键可以多个，形成双键的原子也不限于碳原子。如：

$$C{=}C{-}C{=}C{-}C{=}C \qquad C{=}C{-}C{=}C{-}C{=}O \qquad C{=}C{-}C{\equiv}N$$

构成共轭体系的分子骨架又称为共轭链，最简单的 π-π 共轭体系分子是丁-1,3-二烯。在丁-1,3-二烯分子中，四个 π 电子不是两两分别固定在两个双键碳原子之间，而是扩展到四个碳原子之间，这种现象称为电子离域。电子的离域体现了分子内原子间相互影响的电子效应，这样的分子称为共轭分子。由 π 电子离域所体现的共轭效应，称为 π-π 共轭效应。

共轭效应使丁-1,3-二烯的碳-碳单键键长相对缩短，使双键产生了平均化的趋势，共轭二烯烃戊-1,3-二烯的能量比非共轭二烯烃戊-1,4-二烯的能量低 28kJ · mol^{-1}。这个能量差值是由 π 电子离域引起的，是共轭效应的具体表现，统称离域能或共轭能。电子的离域越明显，离域程度越大，则体系的能量越低，化合物也越稳定。共轭体系的最大特点是原子共面和电子云平均化。

(2) p-π 共轭体系

与双键碳原子相连的原子上有 p 轨道，这个 p 轨道与 π 键的 p 轨道形成 p-π 共轭体系。最简单的 p-π 共轭体系是由三个原子组成：

$H_2C{=}CH{-}OR$　　$H_2C{=}CH{-}\overset{\oplus}{C}H_2$　　$H_2C{=}\underset{H}{C}{-}\overset{\ominus}{C}H_2$

$H_2C{=}CH{-}Cl$　　$H_2C{=}CH{-}\overset{|}{C}H_2$

$CH_3{-}\ddot{O}{-}CH{=}CH_2$ 中的 C=C 与 O 上的 p 轨道；氯乙烯 $CH_2{=}CHCl$ 的 C=C 与氯上的 p 轨道；烯丙基正离子 $CH_2{=}CH{-}\overset{+}{C}H_2$，烯丙基自由基 $CH_2{=}CH{-}\dot{C}H_2$ 和烯丙基负离子 $CH_2{=}CH{-}\overset{-}{C}H_2$ 中的 C=C 与另一个碳上的 p 轨道间均形成 p-π 共轭体系，p 轨道可以无电子（正离子）、一个电子（自由基）和两个电子（负离子和孤对电子）。三个碳原子组成的共轭体系如图 3-2 所示。

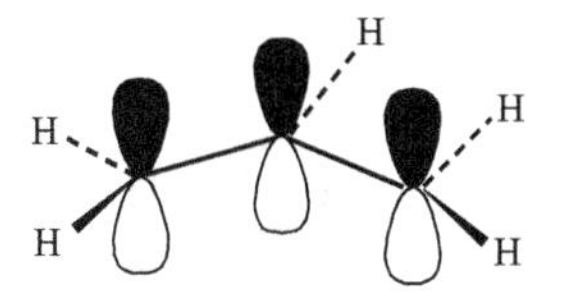

图 3-2　三个碳原子组成的共轭体系

由于共轭效应存在 $C{=}C{-}\overset{+}{C}$，比一般的伯碳正离子稳定，其正电荷不是平均分布在其他电荷上，而是主要分布在共轭体系两端的两个碳原子上，表示为 $\overset{\delta+}{C}H_2 \cdots CH \cdots \overset{\delta+}{C}H_2$。烯丙基自由基稳定性比丙基自由基 $CH_3CH_2\dot{C}H_2$ 和丁-3-烯基自由基 $CH_2{=}CHCH_2\dot{C}H_2$ 稳定，其未配对的单电子也是主要分布在两端碳原子上，$\overset{\delta}{\dot{C}}H_2 \cdots CH \cdots \overset{\delta}{\dot{C}}H_2$。烯丙基碳负离子的稳定性大于 $CH_2{=}CHCH_2\overset{-}{C}H_2$ 碳负离子的稳定性，所带负电荷也主要分布在两端的碳原子上，$\overset{\delta-}{C}H_2 \cdots CH \cdots \overset{\delta-}{C}H_2$。

由于 p-π 共轭效应，所以烯烃的 α-H 比较活泼，容易进行卤代、氧化等反应。

(3) 超共轭体系

由于电子离域而产生的影响还存在于其他类似的体系中，碳-氢键与碳-碳双键直接相连时，也有类似的影响，这叫做超共轭效应。

① σ-π 超共轭体系　丙烯分子中的甲基绕碳-碳 σ 键自由旋转，转到一个角度后，甲基上一个 C—H 键的键轨道与 C=C 的 p 轨道接近平行时，π 键与 C—Hσ 键相互重叠，形成 σ-π 共轭体系，如图 3-3 所示。

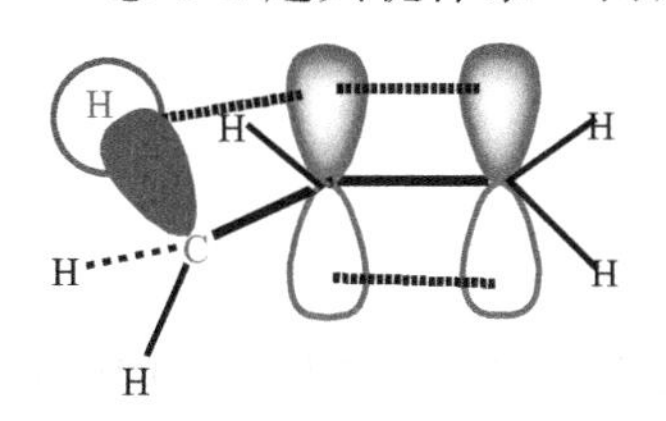

图 3-3　σ-π 共轭体系

σ-π 共轭作用比 π-π 或 p-π 共轭作用弱得多，故称为超共轭体系。

σ-π 共轭体系中 C=C 键的 α-H 数目越多，形成共轭的概率越大，σ-π 超共轭效应越强。因此，丁-2-烯比丁-1-烯稳定，因为丁-2-烯的 π 电子离域较广泛，离域能较大，较稳定。

$H{-}\underset{H}{\overset{H}{C}}{-}CH{=}CH{-}\underset{H}{\overset{H}{C}}{-}H$　　$H_2C{=}CH{-}\underset{H}{\overset{H}{C}}{-}CH_3$

② σ-p 超共轭体系　C—Hσ 轨道可以与 p 轨道形成共轭体系，称作 σ-p 共轭体系，也属于超共轭体系。烷基自由基与共轭的 C—Hσ 键越多，其稳定性越大，因此稳定性顺序如下：

$(CH_3)_3C\cdot$　9 个 C—H 键分散自由基，其共面的概率为360/9，即每转 40°可共面一次

$(CH_3)_2\dot{C}H$　6 个 C—H 键分散自由基，其共面的概率为360/6，即每转 60°可共面一次

$CH_3\dot{C}H_2$　3 个 C—H 键分散自由基，其共面的概率为360/3，即每转120°可共面一次

$H_3C\cdot$　无

$$(CH_3)_3C\cdot > (CH_3)_2\dot{C}H > CH_3\dot{C}H_2 > H_3C\cdot$$

自由基碳上的C—H由于与p轨道垂直，永远不能与p或π交盖，没有σ-p超共轭效应。

伯、仲、叔碳正离子的稳定性不同，也可用类似的超共轭效应的影响解释。碳正离子的中心碳原子为 sp^2 杂化，垂直于此平面的 p 轨道是空的，因此与 σ-π 共轭效应相似，在 α-碳上的碳氢键和空的 p 轨道形成超共轭效应，使正电荷分散，碳正离子稳定，α-碳氢键越多越稳定。

超共轭效应与共轭效应、诱导效应都是分子内原子间相互影响的电子效应，利用它们可以解释有机化学中的许多问题。如不对称烯烃与极性试剂的亲电加成方向遵从马氏规则的原因，主要是受超共轭效应作用。

3.6 电环化与环加成反应（electrocyclic reaction and cycloaddition reaction）

3.6.1 电环化反应（electrocyclic reaction）

在一定条件下，直链共轭多烯烃分子可以发生分子内加成反应，π 键断裂，同时双键两端的碳原子以 σ 键相连，形成一个环状分子，这类反应及其逆反应称为电环化反应。电环化反应的主体化学与共轭体系中 π 电子的数目有关。电环化反应是可逆的，按微观可逆原则，正反应和逆反应所经过的途径是相同的，所以成环反应的结果也适用于开环反应。热反应只与基态有关，在反应中起关键作用的是 HOMO（最高占据分子轨道），见图 3-4 和图 3-5。

己-2,4-二烯要转化成 3,4-二甲基环丁烯必须在 C2 和 C5 之间形成 σ 键，要求 C2 和 C5 两个原子分别绕 C2—C3 和 C5—C4 键旋转，同时 C2 和 C5 上 p 轨道逐渐转化成 sp^3

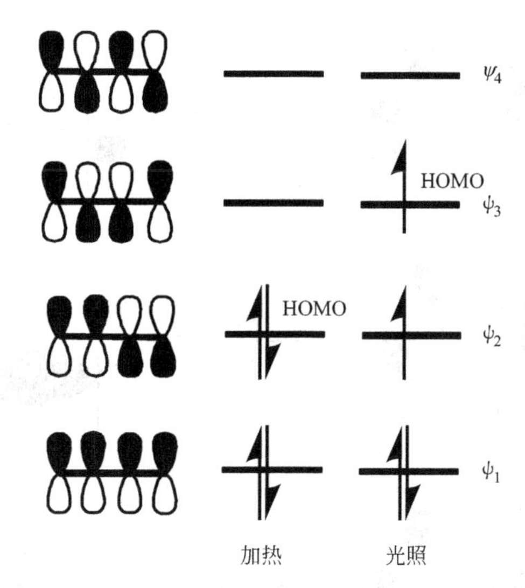

图 3-4 丁-1,3-二烯加热或光照时的 HOMO 轨道

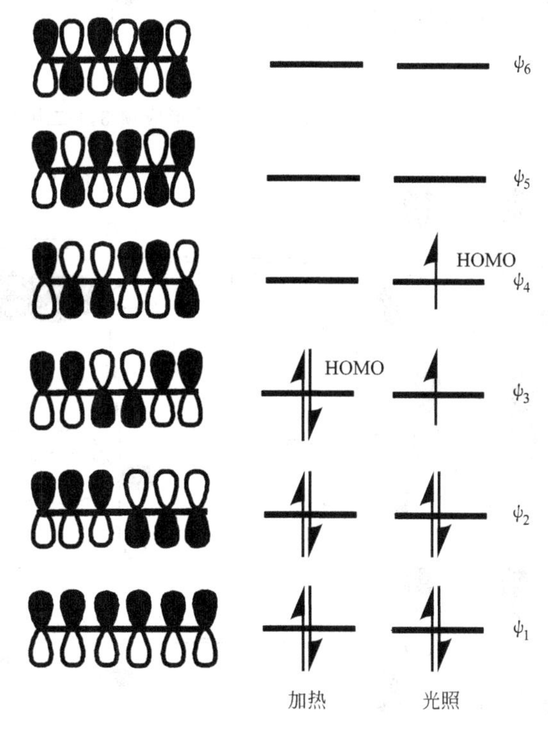

图 3-5 己-1,3,5-三烯加热或光照时的 HOMO 轨道

杂化轨道，互相重叠生成 σ 键。C2—C3 和 C5—C4 的旋转有两种可能的方式：一种是向同一方向旋转，称为顺旋（conrotatory）；一种是向相反方向旋转，称为对旋（disrotatory）。在加热的情况下，己-2,4-二烯分子中的 HOMO 轨道是 ψ_2，在成环状化合物反应中起关键作用的为 ψ_2 轨道，顺旋时对称性允许形成 σ 键，(2*Z*，4*E*)-己-2,4-二烯转化成顺-3,4-二甲基环丁烯；而对旋是对称禁阻的，不能形成 σ 键，如图 3-6 所示。

在光照的情况下，己-2,4-二烯分子中一个电子从 ψ_2 跃迁到 ψ_3 中，这时己-2，4-二烯的 HOMO 为 ψ_3，对旋时对称性允许形成 σ 键，(2*Z*，4*E*)-己-2,4-二烯转化成一对反-3,4-二甲基环丁烯，而顺旋是对称禁阻的，不能形成 σ 键，见图 3-7。

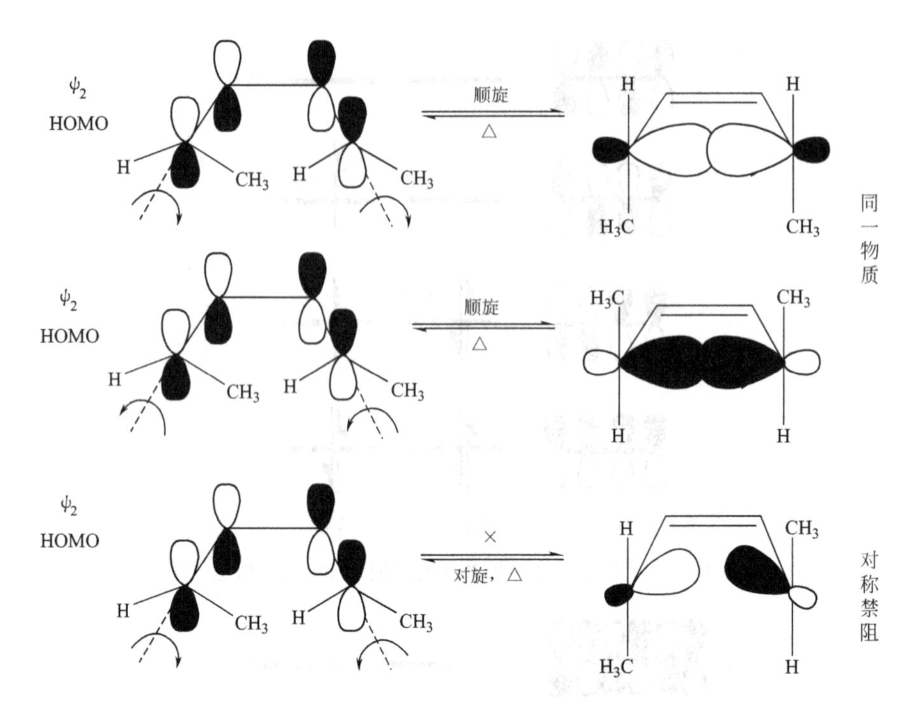

图 3-6　加热时（2Z，4E）-己-2,4-二烯顺旋形成顺-3,4-二甲基环丁烯

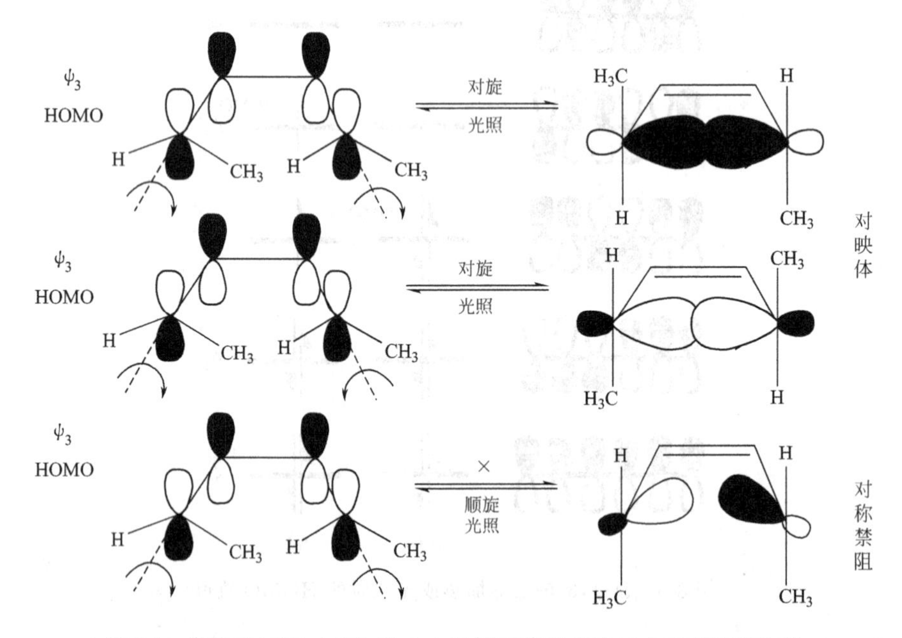

图 3-7　光照下（2Z，4E）-己-2,4-二烯对旋形成反-3,4-二甲基环丁烯

电环化反应的规律中，$4n$（n=1，2，3…）个 π 电子的共轭多烯烃，其 HOMO 两端碳原子上 p 轨道的位相分别为：

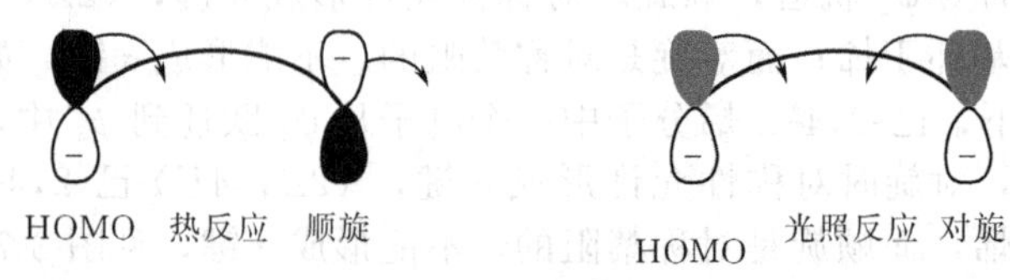

在热反应时，顺旋是对称性允许的，环化成环烯烃；在光照下反应时，对旋是对称性允许的，环化成环烯烃。

$4n+2$（$n=1$，2，3…）个π电子的共轭多烯烃，其HOMO两端碳原子上p轨道的相位分别为：

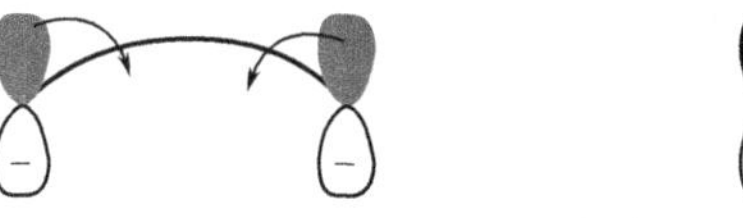

HOMO 热反应 对旋

HOMO 光照反应 顺旋

在热反应条件下，对旋是对称性允许的，环化成环烯烃；在光照条件下，顺旋是对称性允许的，环化成环烯烃。

反应体系如有电荷（正电荷或负电荷），只要是共轭体系，也可以反应。

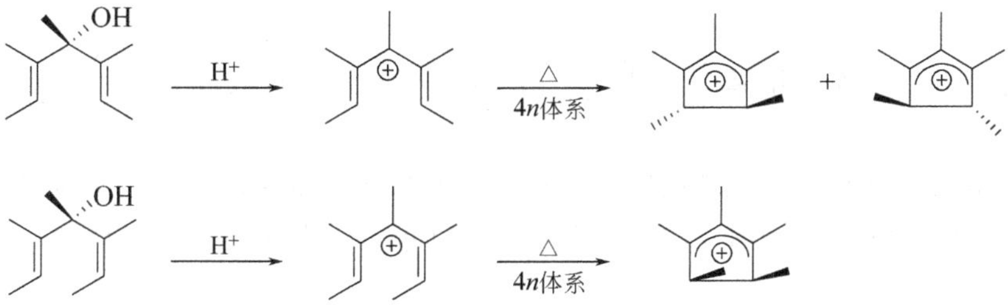

思考思考

（1）电环化反应必须是共轭烯烃，不共轭的双键不计电子数。

（2）所有的双键均为S-顺，S-反的双键不参加反应。

（3）共轭电子可以是正电荷或者负电荷。

（4）电环化反应有时会产生对映体。

（5）以上四条请举例说明。

3.6.2 环加成反应（cycloaddition reaction）

环加成反应是两个分子间进行加成的协同反应。例如共轭二烯烃与含有C═C或C≡C的不饱和化合物进行1,4-环加成反应，生成六元环烯烃，称作Diels-Alder（狄尔斯-阿尔德）反应。它是由德国有机化学家O. P. H. Diels（1876—1954）和K. Alder（1902—1958）发现的（由此两人同时获得1950年诺贝尔化学奖），又称为双烯合成反应。这一反应是可逆的，正向成环反应的温度较低，逆向开环反应的温度较高，是共轭二烯烃特有的反应。不论在理论上，还是实际应用上都有重要意义，是合成六元环状化合物的重要方法。例如：

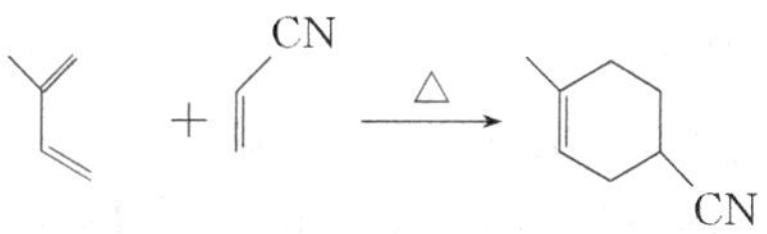

① 通常把双烯合成反应中的共轭二烯烃称作双烯体，与其进行反应的不饱和化合物成为亲双烯体，其基本反应是形成六元环。对于复杂的反应，可将其看成六元环的取

代产物。将双烯体和亲双烯体分别从双键开始按下面方法标号：

双烯体　亲双烯体

先写出基本六元环　　在 2 位加一个甲基

在 1，4 位加一个亚甲基　　在 5，6 位加一个环戊基

② 当双烯体上有给电子基团时，会使其 HOMO 能量升高，而亲双烯体的不饱和碳原子上连有吸电子基团时，会使它的 LUMO 能量下降，反应容易进行，如图 3-8 所示。

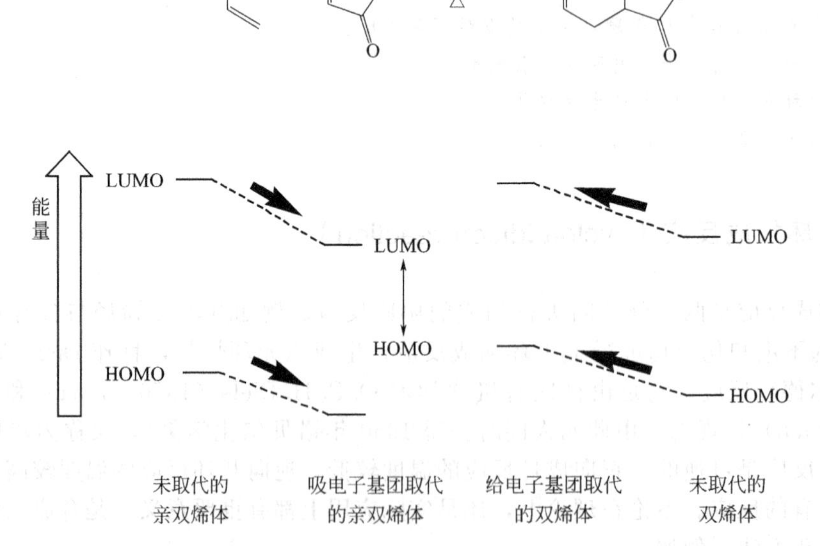

图 3-8　吸电子亲双烯体与给电子双烯体的 LUMO 和 HOMO 能级变化示意图

③ 当双烯体上有吸电子基团时，会使其 LUMO 能量下降，而亲双烯体的不饱和碳上连有给电子基团时，会使它的 HOMO 能量升高，反应也容易进行，见图 3-9。此类反应被称为逆电子需求（inverse electron demand）的 Diels-Alder 反应。

④ 在反应中保持双烯体和亲双烯体的构型（同向加成）。

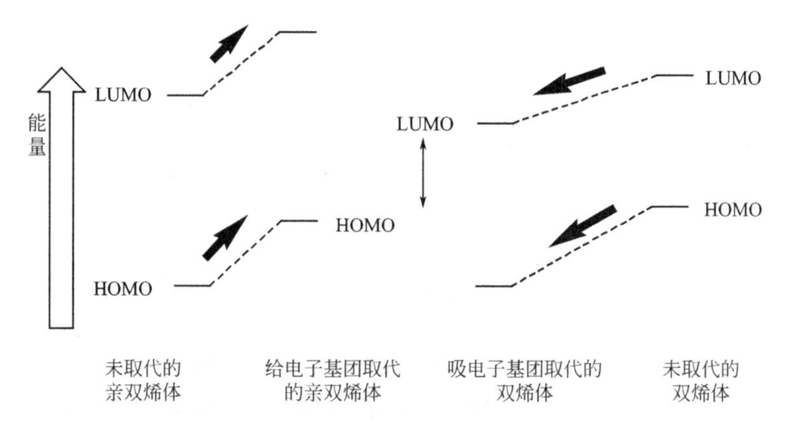

图 3-9　给电子亲双烯体与吸电子双烯体的 HOMO 和 LUMO 能级变化示意图

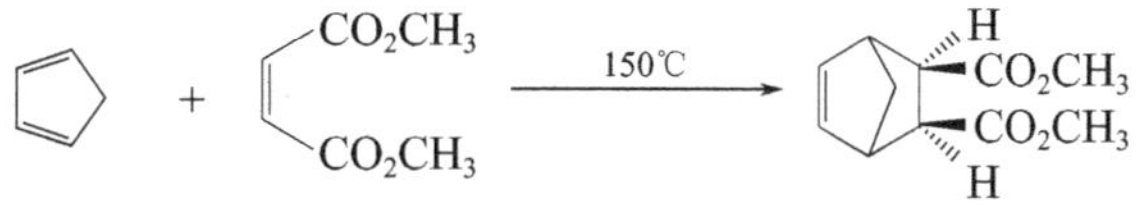

环戊二烯自身也能进行双烯合成，一分子为双烯体，另一分子为亲双烯体，这个反应很容易进行。在室温下放置，环戊二烯就变成二聚环戊二烯，加热蒸馏后又分解成环戊二烯，可立即使用。

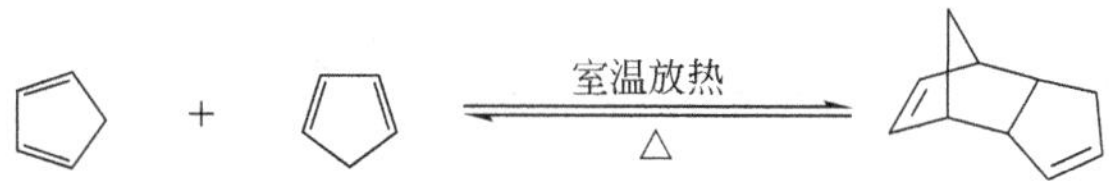

⑤ 取代的二烯体与取代的亲二烯体发生反应时，加成反应以不同的取向发生。实际的产物中多以邻、对位异构体为主，这种选择性称为定向选择性。

具有吸电子基团的亲双烯体的 LUMO，β-碳上有较大的轨道系数；具有 1 位给电子基团的双烯体，C4 原子上有较大的轨道系数，二者相互作用，达到电子云的最大重叠成键，所以得到邻位产物。

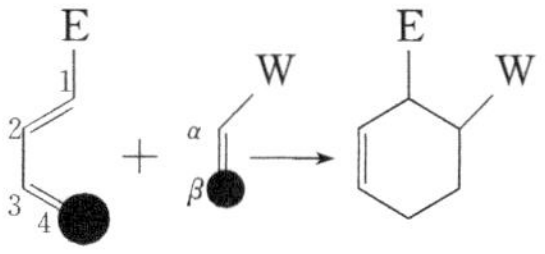

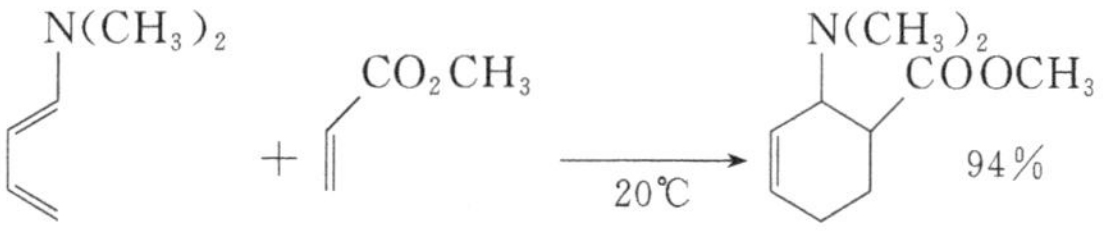

当 2 位取代双烯体和亲双烯体均为吸电子时，主要产物为对位。

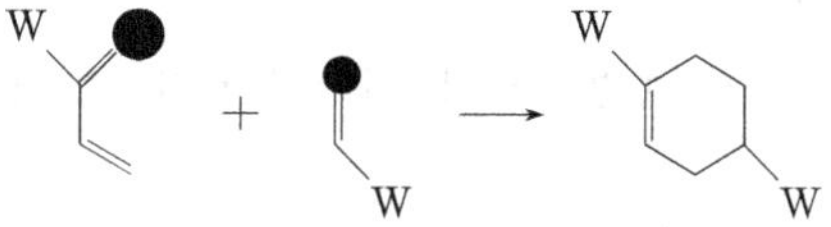

具体反应如下：

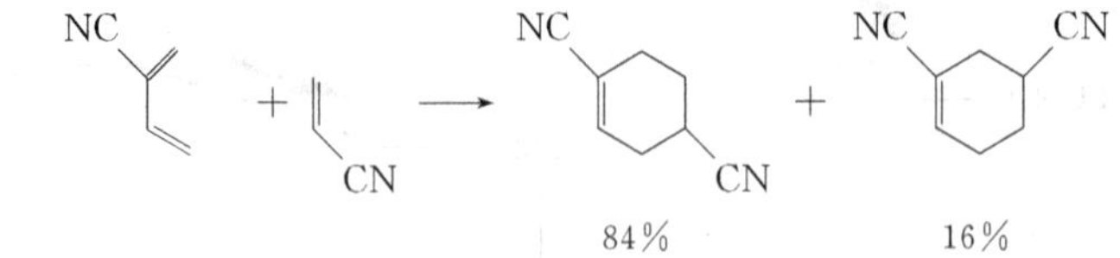

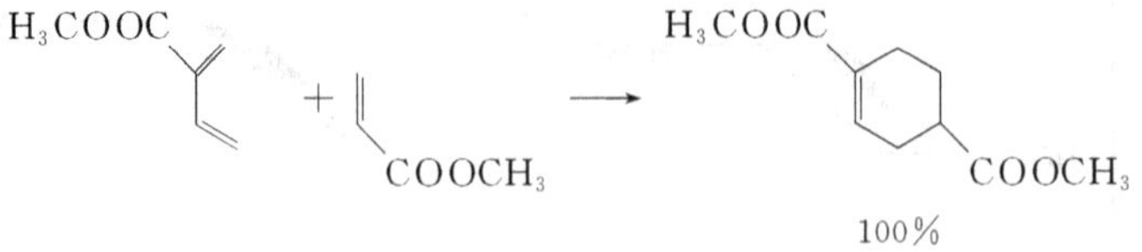

NC CN CN NC CN CN

84% 16%

H_3COOC $COOCH_3$ H_3COOC $COOCH_3$

100%

⑥ 只有当双烯体及亲双烯体上的取代基均为给电子基团时，间位产物才可能变为主要产物，但反应速率很慢。如下列反应，若反应（1）的反应速率 k 为 1，则反应（2）的反应速率 k 为 0.000001。

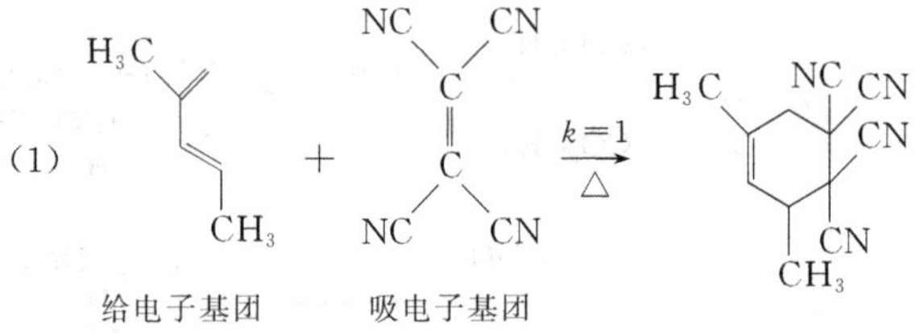

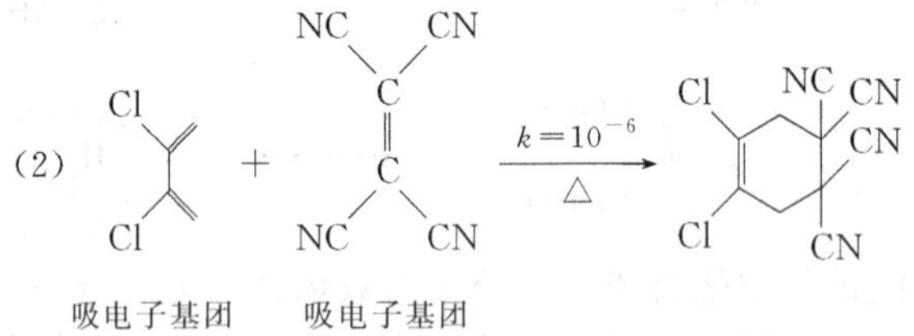

（1） $k=1$ △

给电子基团 吸电子基团

（2） $k=10^{-6}$ △

吸电子基团 吸电子基团

若反应（3）的反应速率 k 为 1，则反应（4）的反应速率 k 为 61000。

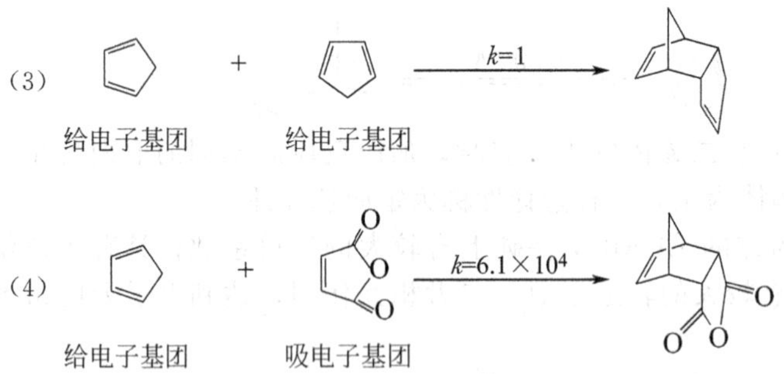

（3） k=1

给电子基团 给电子基团

（4） k=6.1×10^4

给电子基团 吸电子基团

⑦ 内型为主的产物。

△ 苯

外型 内型

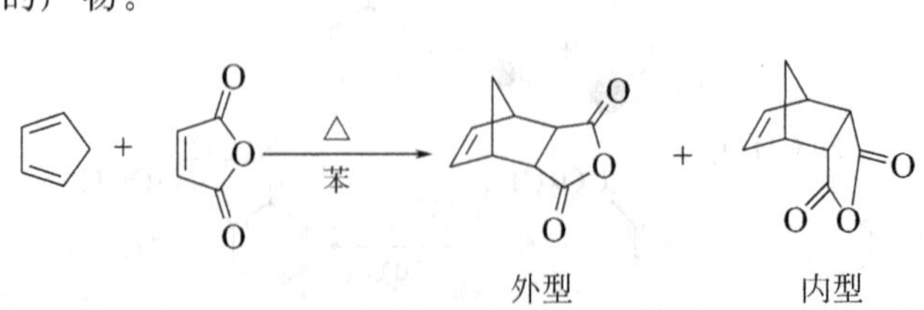

⑧ 用分子轨道理论解释。

先写出丁二烯和乙烯的分子轨道，标出 HOMO 和 LUMO。

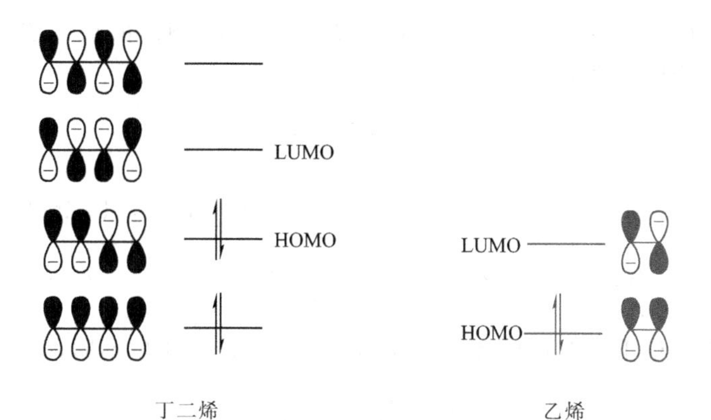

二烯的 HOMO 和乙烯的 LUMO 或二烯的 LUMO 和乙烯的 HOMO 相位相同，可以成键。

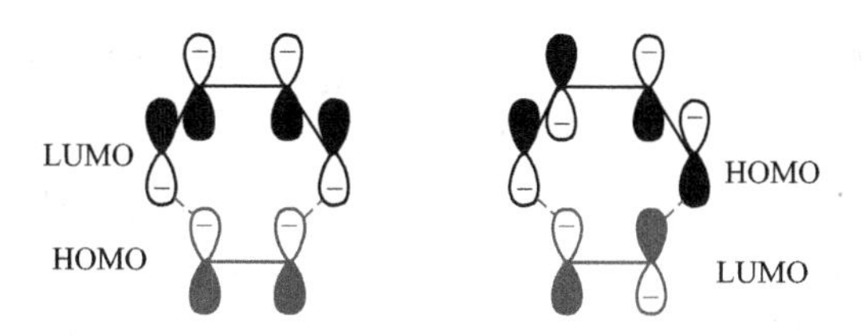

⑨ 只有 S-顺型的方可作为双烯体，如不是 S-顺型，要将 S-反型通过旋转 σ 轴，将之变成 S-顺型。如果由于构型的原因不能将 S-反型变成 S-顺型，则不能进行该类反应。

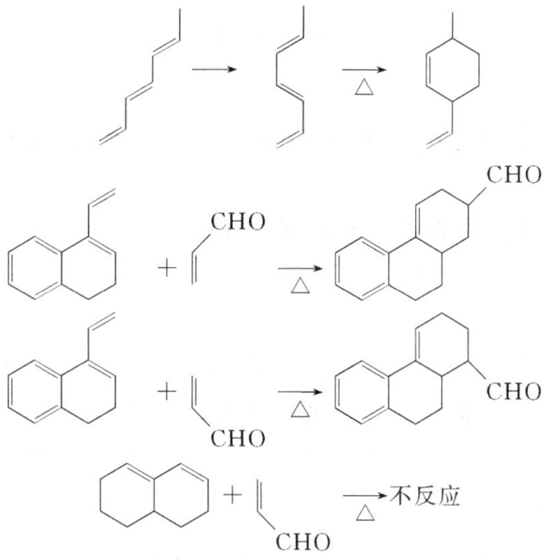

CHO　CHO

CHO　CHO

CHO　不反应

⑩ 空间效应的影响。

戊-1,3-二烯有两种构型，即（Z)-戊-1,3-二烯和（E)-戊-1,3-二烯，它们均可与四氰基乙烯发生 Diels-Alder 反应，生成同一产物。

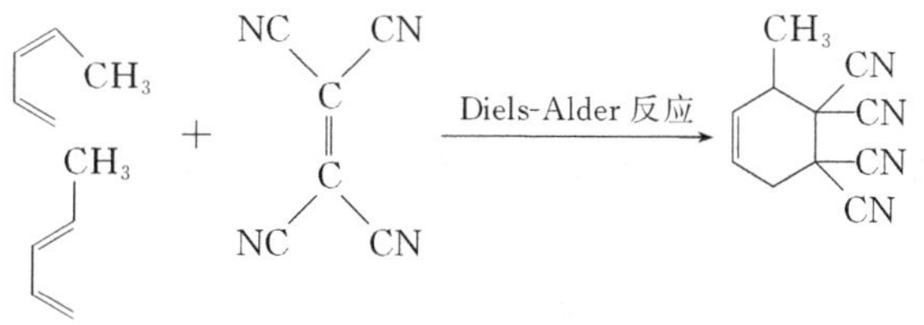

CH_3　CH_3　NC　CN　C=C　NC　CN　Diels-Alder 反应　CH_3　CN　CN　CN　CN

由于空间影响不同，（E)-戊-1,3-二烯与（Z)-戊-1,3-二烯的反应速率之比为

1∶0.0000005。(*Z*，*Z*)-己-2,4-二烯、(*Z*，*E*)-己-2,4-二烯和 (*E*，*E*)-己-2,4-二烯与同一亲双烯体反应的活性顺序为：

因为当将上述二烯烃由 S-反转成 S-顺时，(*Z*，*Z*) -己-2，4-二烯的空间位阻最大。

H_3C—CH=CH—CH=CH—CH_3 > (—CH_3, CH_3) > (CH_3CH_3)

如果在光照条件下，双烯体和亲双烯体的前沿轨道的相位不同，是对称禁阻的。

思 考 思 考

完成下列反应。

(2,2-二甲基环丙酮) + (环戊二烯) $\xrightarrow{\triangle}$

(呋喃) + CH_2N_2 $\xrightarrow{\triangle}$

(环戊二烯) + (环庚三烯酮) $\xrightarrow{\triangle}$

(吲嗪) + $C_2H_5O_2C—C\equiv C—CO_2C_2H_5$ $\xrightarrow{\triangle}$

(联环戊二烯) + $C_2H_5O_2C—C\equiv C—CO_2C_2H_5$ $\longrightarrow$

3.7 烯烃和炔烃的制备 (preparation of alkene and alkyne)

3.7.1 烯烃的制备 (preparation of alkene)

(1) 醇脱水

这是制备烯烃的最简便方法，当有脱水剂和催化剂存在时，在一定温度下，醇可脱去一分子水而生成烯烃。实验室制备少量乙烯时，常用乙醇和浓 H_2SO_4 共热至 160～170℃，使乙醇分子失去一分子水而生成乙烯。这种脱水反应也可在气相中进行，例如把乙醇蒸气通过加热的 Al_2O_3。

$$CH_3CH_2OH \xrightarrow[160\sim170℃]{浓\ H_2SO_4} CH_2=CH_2+H_2O$$

$$CH_3CH_2OH(g) \xrightarrow[350\sim450℃]{Al_2O_3} CH_2=CH_2+H_2O$$

(2) 脱 HX

卤代烷和氢氧化钾的醇溶液一起加热，脱去一分子卤化氢即可制得烯烃，例如：

2-氯丁烷 (Cl) $\xrightarrow{KOH/醇}$ 2-丁烯 80% + 1-丁烯 20%

(3) 邻二卤代烷脱卤

邻二卤代烷在金属锌作用下，失去卤原子而生成烯烃，例如：

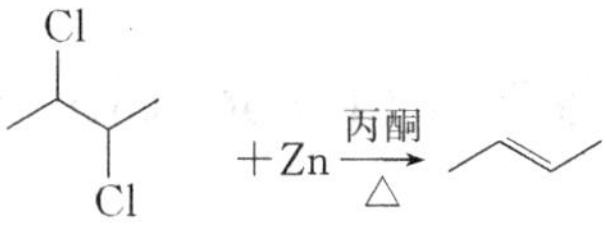

$$CH_3-CHCl-CHCl-CH_3 + Zn \xrightarrow[\triangle]{\text{丙酮}} CH_3CH{=}CHCH_3$$

(4) 炔催化加氢

此加氢反应是顺式加成，得到高含量的顺式烯烃。

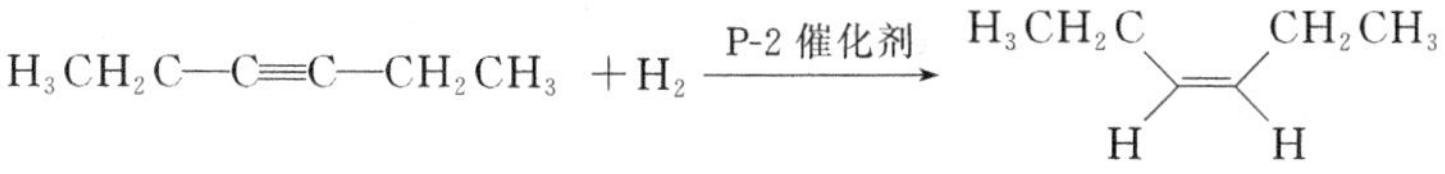

$$H_3CH_2C-C{\equiv}C-CH_2CH_3 + H_2 \xrightarrow{\text{P-2 催化剂}} \underset{H\quad\quad H}{\overset{H_3CH_2C\quad\quad CH_2CH_3}{C{=}C}}$$

(5) 炔烃的还原

炔烃可用还原剂还原成烯烃，一种有效的方法是在液氨中用金属钠或锂还原，也可使用 Na/乙醇还原。例如：

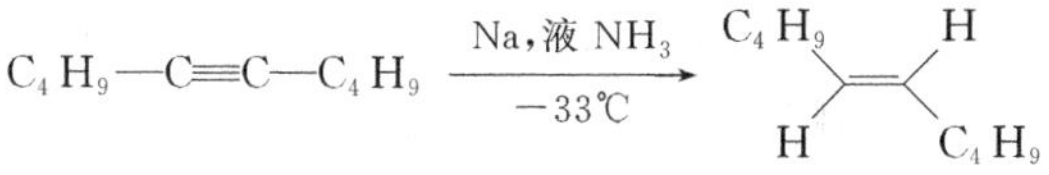

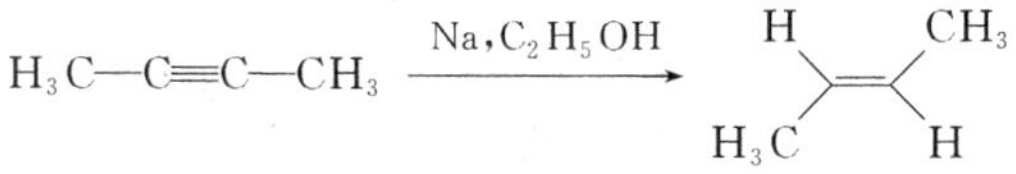

$$C_4H_9-C{\equiv}C-C_4H_9 \xrightarrow[-33℃]{\text{Na, 液 } NH_3} \underset{H\quad\quad C_4H_9}{\overset{C_4H_9\quad\quad H}{C{=}C}}$$

$$H_3C-C{\equiv}C-CH_3 \xrightarrow{Na, C_2H_5OH} \underset{H_3C\quad\quad H}{\overset{H\quad\quad CH_3}{C{=}C}}$$

3.7.2 炔烃的制备 (preparation of alkyne)

(1) 碳化钙水合

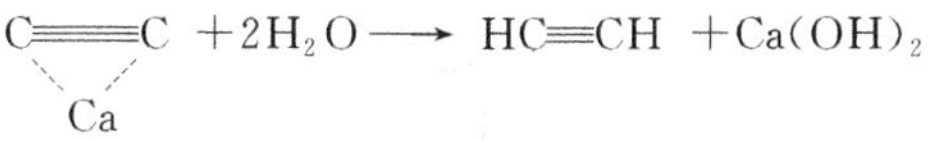

$$CaC_2\ (C{\equiv}C,\ Ca) + 2H_2O \longrightarrow HC{\equiv}CH + Ca(OH)_2$$

(2) 甲烷高温控制氧化

$$CH_4 \xrightarrow{\text{高温}} HC{\equiv}CH$$

(3) 脱 HX

$$RHC{=}CH_2 \xrightarrow{Cl_2} RHC(Cl)-CH_2(Cl) \xrightarrow{RONa} RC{\equiv}CH$$

(4) 高级炔的制备

$$HC{\equiv}CH \xrightarrow{NaNH_2} NaC{\equiv}CNa \xrightarrow{RX} RC{\equiv}CR$$

$$HC \equiv CH \xrightarrow{NaNH_2} HC \equiv CNa \xrightarrow{RX} RC \equiv CH \xrightarrow{NaNH_2} RC \equiv CNa \xrightarrow{R'X} RC \equiv CR'$$

使用的卤代烃不能是乙烯位的卤代烃（不活泼）、芳香卤代烃（不活泼）和叔卤代烃（发生消除反应）。

3.8 螺环烯烃与螺共轭效应（spirocycloalkenes and spiroconjugation effect）*

螺共轭术语是1967年由Simmons和Fukunaga首次提出的，由于其特殊的立体效应而引起了科学家们的广泛关注。经典有机化学中共轭（p-π，π-π）和超共轭（σ-p，σ-π）的最大特点是分子共平面和电子云平均化。不共面的分子中的π-π，σ-π不能发生共轭现象。如C—H中的σ轨道与p或π轨道不能发生交盖，丙二烯的两个双键也不能发生交盖，如图3-10所示。

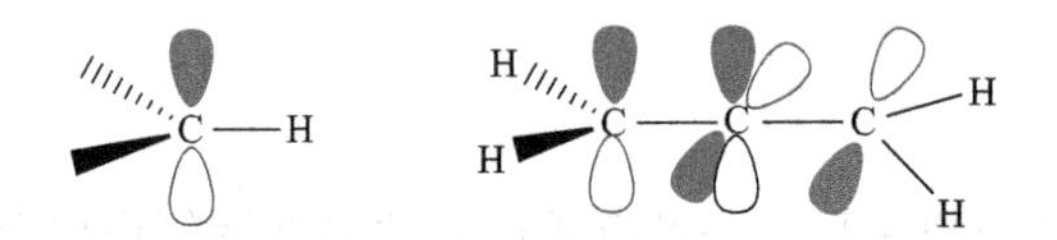

图3-10　C—H中的σ轨道与p轨道和丙二烯的两个双键

但在含有共轭体系的螺环化合物中，相互垂直的双键之间有一定的作用。1967年Simmons和Fukunaga首次发现了通过sp^2杂化的螺碳原子相连的两个相互垂直的π体系存在作用，将之称为螺共轭效应（spiroconjugation effect），Dtirr和Kober绘制了更加形象的螺［5.5］壬四烯的分子轨道能级图，如图3-11所示。

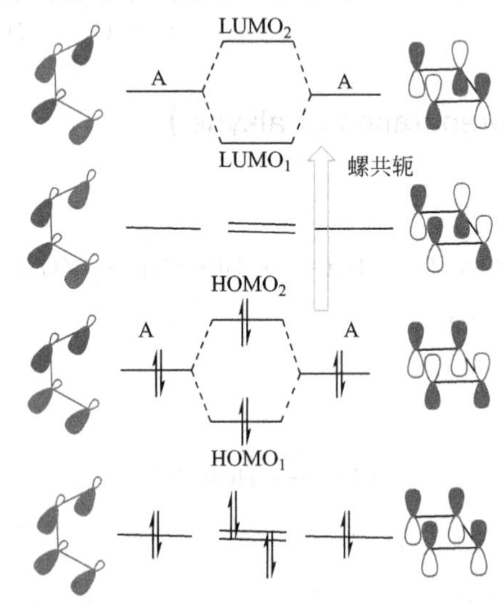

图3-11　螺［5.5］壬四烯的分子轨道能级图

(1) 螺共轭形式的主要特点

① 分子是螺环烃，与螺原子相邻的两个平面相互垂直或接近垂直，螺原子可是C、S、Si，也可以是金属原子；

② 与螺原子相邻的两个环上是共轭烯烃或由杂原子组成的共轭体系；

③ 两环相应的 HOMO 和 LUMO 轨道对称性相同；

④ 由于互相垂直的 p 轨道交盖一般只有 20%，所以之间的作用较弱，是一种特殊的空间电子效应。

(2) 螺共轭效应与空间效应及其他空间电子效应的比较

从电子作用的角度讲，螺共轭效应与异头效应、共轭效应、超共轭效应、诱导效应（沿化学键传导）、场效应等一样，均是电子通过空间的传导相互作用，因此螺共轭效应也是一种空间电子效应。空间效应一般是指体积效应。各种空间电子效应的关系如图 3-12 所示。

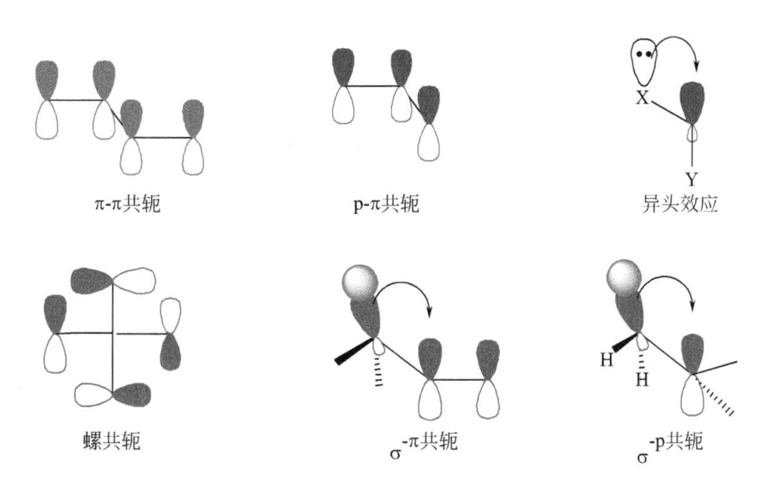

图 3-12　各种空间电子效应

螺共轭效应为设计非线性光学材料、光致变色材料和有机半导体材料以及新的药物分子提供了新的思路。

习题 (Problems)

1. Name the following alkenes using IUPAC and CCS.

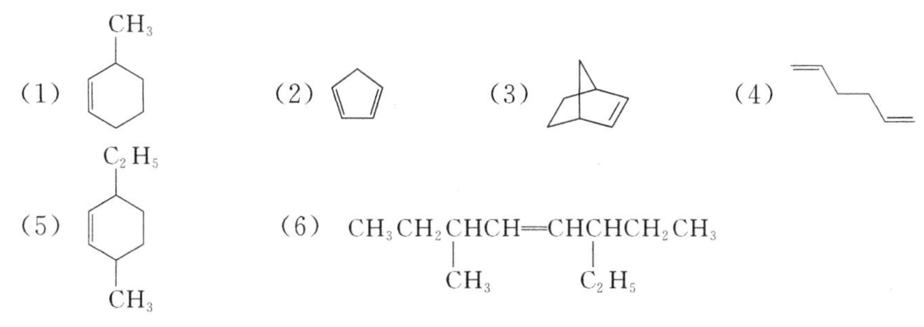

2. Draw and name the possible noncyclic isomers of C_5H_{10}.

3. There are three isomeric pentene (C_5H_{10}) that yield 2-methylbutane on catalytic hydrogenation. Write structural formulas for these three isomers.

4. How could you distinguish cyclopentene from 1-pentene by NMR spectroscopy?

5. Given the heat of hydrogenation below for isomers A and B, would you say that an exocyclic double bond (A) or an endocyclic one (B) is more stable?

A: CH_2 (methylenecyclohexane) B: CH_3 (1-methylcyclohexene)

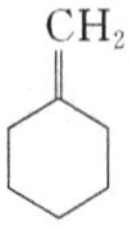

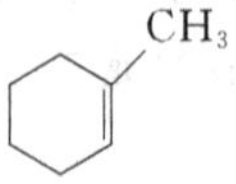

$\Delta H = -114.53 kJ/mol$ $\Delta H = -106.17 kJ/mol$

6. A compound with the molecular formula (C_6H_{12}) decolorizes a solution of (Br_2) in (H_2O) and displays HNMR signals at δ1.0, 1.7, 2.25, and 4.7, with relative areas of 6 : 3 : 1 : 2. Hydrogenation of this compound gives 2,3-dimethylbutane as the only product. What is the compound?

7. Describe simple chemical tests that could be used to distinguish the following three substance.

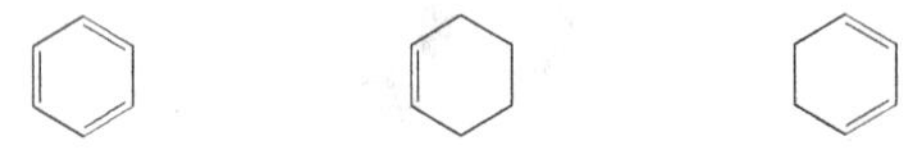

8. Indicate the products of the following reactions.

(1) 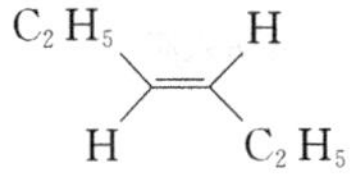 C_2H_5, H / H, C_2H_5 (trans) $+Br_2 \longrightarrow$

(2) 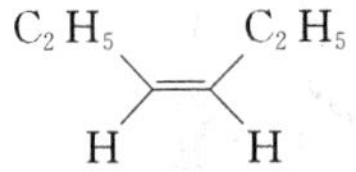 C_2H_5, C_2H_5 / H, H (cis) $+Br_2 \longrightarrow$

(3) 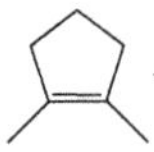 (1,2-dimethylcyclopentene) $+Br_2 \longrightarrow$

9. Write structural formulas for the alkenes that give the following products on treatment with ozone, followed by workup with zinc dust.

(1)  (2) 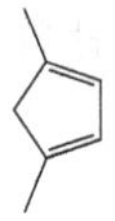 (3) $CH_2{=}CHCH_2CH{=}CH_2$

10. Write equations for each of the following reactions.

(1) 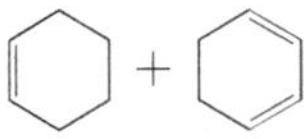 $+$ $\xrightarrow{\triangle}$ (2) 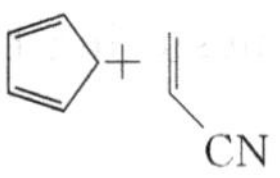 $+$ CN $\xrightarrow{\triangle}$

(3) 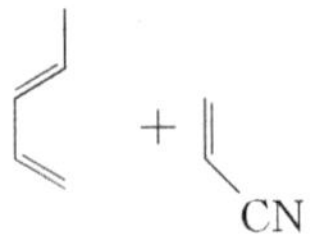 $+$ CN $\xrightarrow{\triangle}$ (4) 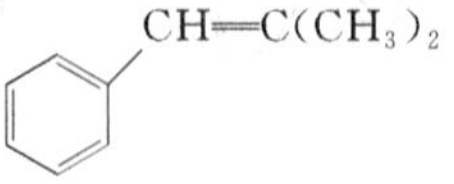 $CH{=}C(CH_3)_2$ $\xrightarrow{HBr}$

(5) 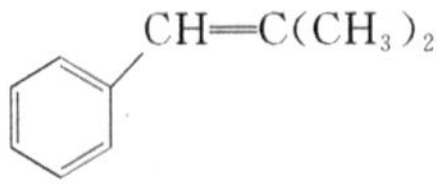 $CH{=}C(CH_3)_2$ $\xrightarrow[ROOR]{HBr}$ (6) $CH_3CH{=}CHCF_3 \xrightarrow{HBr}$

11. Predict each of the bond angles indicated by→ (↷).

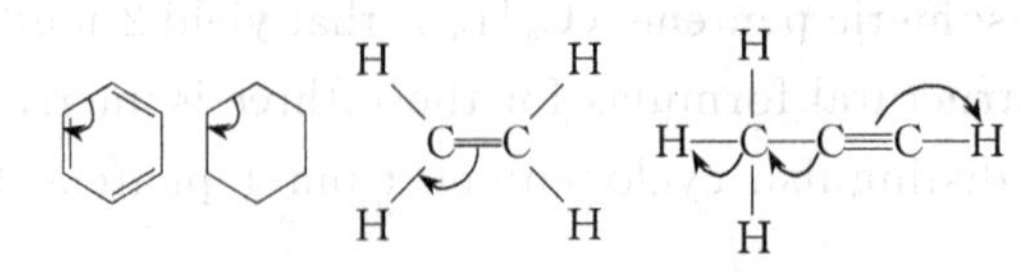

12. What simple chemical test could you use to distinguish between the following compounds?

(1) 　　(2) 

13. An unlabeled bottle is known to contain either *n*-pentane, 1-pentene or 1-pentyne. How would you distinguish the samples by NMR and IR?

14. Name the following radicals.

$-C{\equiv}CH$　　　$-CH_2C{\equiv}CH$　　　$-C{\equiv}CCH_3$

15. Write the structural formula for an alkyne hydrocarbon having the fewest number of C, which has geometric isomers, and give the IUPAC name for both geometric isomers.

16. Give the products of each of the following acid-base reactions using the approximate pK_a values given in parentheses.

(1) $HC{\equiv}CNa + CH_3OH$　　(2) $HC{\equiv}CH + CH_3Li$

(3) $HC{\equiv}CH + NaH$　　(4) $HC{\equiv}CH + NaCN$

(5) $HC{\equiv}CNa + CH_3COOH$

17. List alkanes, alkenes, and terminal alkynes in order of decreasing acidity of their terminal C—H.

18. Discuss the suggested synthesis of cyclodecyne from C_2H_2 and 1, 8-dibromooctane.

19. Write the products for the following reaction.

(1) $H_3C-C{\equiv}C-CH_3 \xrightarrow[C_2H_5OH]{Na}$　　(2) $H_3C-C{\equiv}CNa \xrightarrow{t\text{-}C_4H_9Br}$

(3) $H_3C-C{\equiv}CNa \xrightarrow{Br_2}$　　(4) $H_3C-C{\equiv}CNa + D_2O \longrightarrow$

20. Give the structural formulas and IUPAC names of the unbranched isometric dienes, C_5H_8.

21. Prepare 1,3-cyclohexadiene from cyclohexane.

22. Give the structural formulas and IUPAC names for the diene isomers, C_7H_{10}, having a cyclohexyl ring.

23. Draw and give the stereochemical designation for the geometric isomers of hetpa-2,4-diene.

24. Synthesize $CH_3CH{=}CHCH_3$ from 2-butene by RCuLi method.

25. A hydrocarbon C_7H_{10}(A), is catalytically hydrogenated to C_7H_{14}(B), A vigorous oxidation with $KMnO_4$ affords $HOOCCH_2CH_2COCH_2COOH$ (E). Deduce all the possible structures of A.

26. Give the products of the following reactions.

(1) 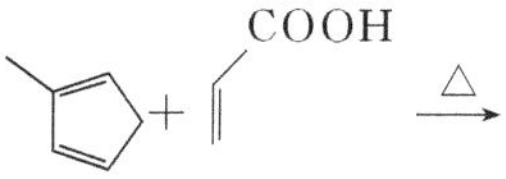　　(2) 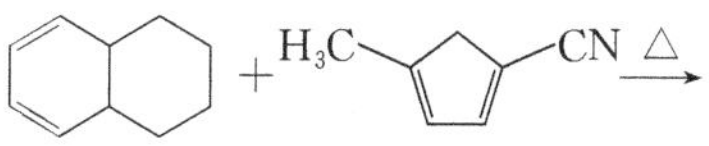

(3) 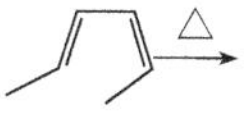　　(4) 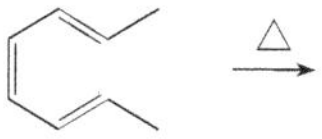

(5) $Me_2C{=}CHCH_2CH_2CH{=}CMe_2 \xrightarrow{H^+}$

第4章

芳烃及芳香性

4.1 芳烃（arene）

4.1.1 芳烃的分类（classification of arene）

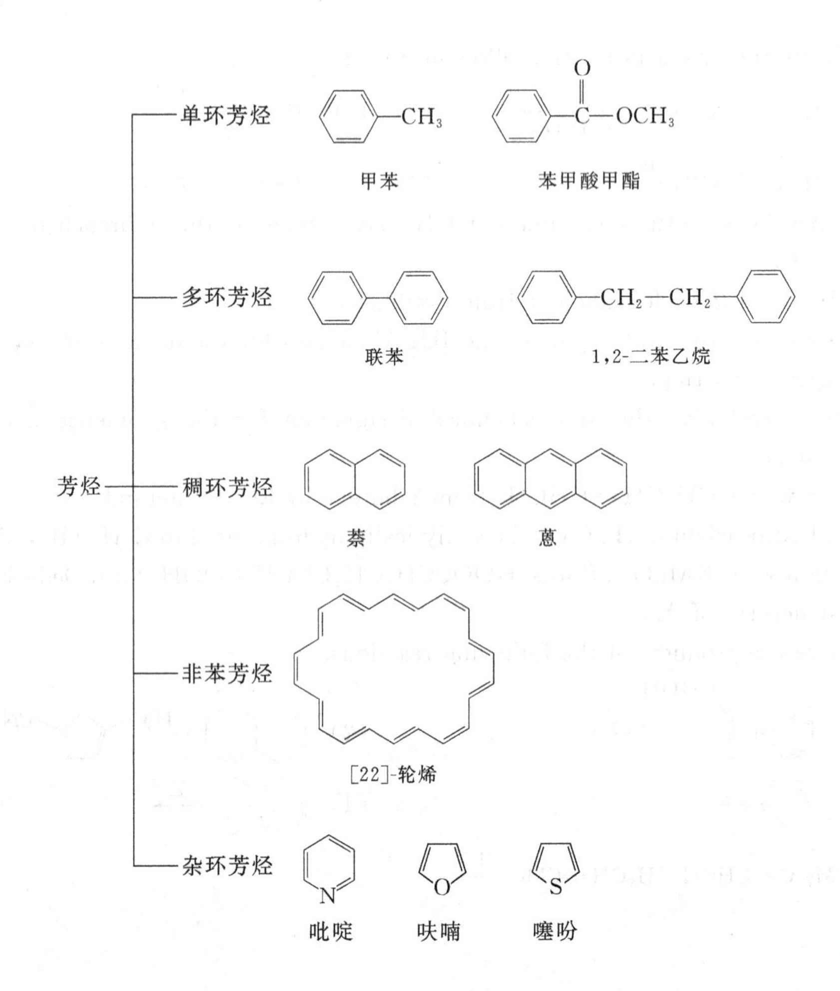

4.1.2 芳烃的物理性质及波谱（physical properties and spectrum of arene）

（1）溶解度及其生理性质

苯及其同系物一般为无色液体，相对密度小于1，比分子量相近的烷烃和烯烃的相对密度大。沸点随分子量增加而升高。不溶于水，可溶于有机溶剂。其中二甘醇、环丁砜、*N*-甲基吡咯烷酮、*N*,*N*-二甲基甲酰胺等特殊溶剂，对芳基有很高的溶解性，因此它们常被用来萃取芳烃。单环芳烃有特殊的气味，蒸气有毒，对呼吸道、中枢神经和造血器官产生损害。其毒性顺序一般是苯大于烷基苯。有的稠环芳烃对人体有致癌作用。当煤、石油、木材、烟草等不完全燃烧时，都可能产生致癌芳烃。因此使燃料充分燃烧以及对烟尘进行处理，仍是目前环境保护的重要课题。

（2）红外光谱

芳环的碳骨架振动在1625～1575cm^{-1}（中）和1525～1475cm^{-1}（强）处有两个吸收峰。芳环上的C—H伸缩振动在3030cm^{-1}处（中）有一个吸收峰。在大约900～700cm^{-1}区域内出现芳环上的C—H面外弯曲振动，这个吸收峰是比较有用的。例如，在邻二取代苯中，有四个邻接的C—H，在大约750cm^{-1}处给出吸收峰，如表4-1所示。但仅仅由C—H的面外弯曲振动来确定取代基位置是困难的。

表4-1 苯衍生物的红外光谱数据

取代类型	C—H的面外弯曲振动/cm^{-1}
一取代	773～730,710～690
邻二取代	770～735
间二取代	810～750,710～690
对二取代	840～810
1,2,3-三取代	780～760,745～705
1,3,5-三取代	865～810,730～675
1,2,4-三取代	825～805,885～870
1,2,3,4-四取代	810～800
1,2,4,5-四取代	870～855
1,2,3,5-四取代	850～840
五取代	870

（3）核磁共振波谱

芳环上的H由于苯环的面外环流效应，化学位移出现在低场。δ为7.27左右。环上有取代基后，环上电子云密度变化而使氢的化学位移变化。给电子基团使化学位移向高场移动，δ值减小；吸电子基团使化学位移向低场移动，δ加大。

4.1.3 苯的结构（structure of benzene）

（1）苯的凯库勒式

苯的分子式是C_6H_6，从分子式可以看出，它具有高度的不饱和性，但在一般条件下，苯并不与卤素加成，也不被高锰酸钾氧化。但苯环上的氢原子却易被卤原子、硝基等取代，且所得一元取代物只有一种。1865 年凯库勒首先提出苯的结构是一个对称的六碳环，且单键和双键交替排列。

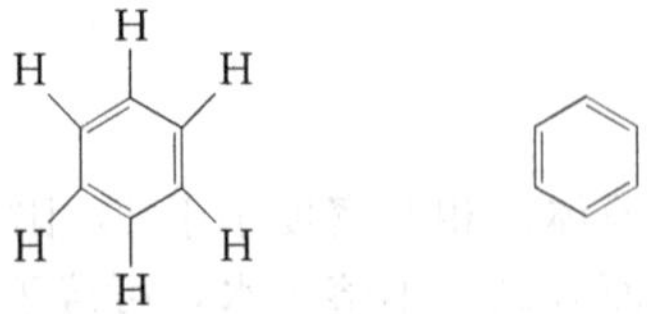

此式子叫凯库勒式，它在一定程度上能反映苯的化学性质，能说明苯的一元取代物只有一种的原因。但对苯的稳定性，苯的邻二取代物只有一种等不能给出满意的解释。

(2) 苯的共振式

20 世纪 30 年代初，鲍林提出了以共振论来解决苯的真正结构的问题，是价键理论的延伸和发展。共振论的基本概念是：当一个分子、离子或自由基按价键规则可以写成两种以上的 Lewis 结构式时，则真实的结构就是这些共振结构的杂化体。杂化体相当于经典价键结构的叠加式组合。按照共振论的观点，苯的结构是上述两个共振式的叠加组合，所以苯的分子结构没有通常的单双键之分，它的六个碳-碳键是等同的。由此可以解释苯的邻二取代物只有一种。

CH_3 CH_3 CH_3 CH_3

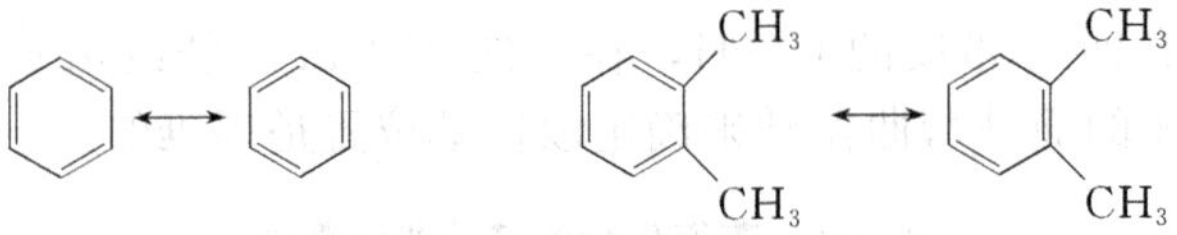

思考思考

邻二甲苯用 O_3 和 Zn/H_2O 处理后，应得到 2 种产物还是 3 种产物？

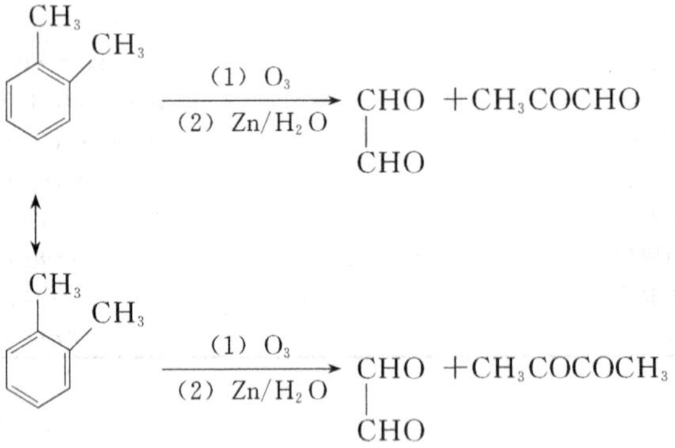

CH_3 CH_3 $\xrightarrow[(2)\ Zn/H_2O]{(1)\ O_3}$ CHO—CHO $+CH_3COCHO$

CH_3 CH_3 $\xrightarrow[(2)\ Zn/H_2O]{(1)\ O_3}$ CHO—CHO $+CH_3COCOCH_3$

(3) 苯分子结构近代概念

物理方法测定苯分子是平面的正六边形结构，且六个碳原子和六个氢原子都分布在同一平面上，相邻碳-碳键之间的键角为 120°，键长均为 0.139nm。

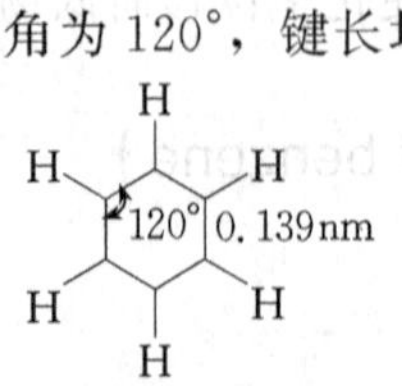

120° 0.139nm

按照苯结构的近代概念，认为苯分子中六个碳原子均以 sp^2 杂化轨道相互重叠形成六个碳-碳 σ 键，由于碳的 sp^2 杂化轨道的对称轴间夹角为 120°，具有共平面性，所以苯分子六个碳原子和六个氢原子在同一平面上，六个碳原子构成一个正六边形的碳环，各个键角均为 120°。此外，每个碳原子还剩余一个未杂化的垂直于分子平面的 p 轨道，每两个相邻 p 轨道相互均匀地重叠，形成一个包括六个碳原子和六个 π 电子在内的共轭大 π 键。这样，苯分子中 π 电子云的分布并非局限于或定域于两个碳原子之间，而是均匀地分布在六个碳原子上，而且这个大 π 键的键能与三个小 π 键的总键能相比要低得多，因此苯有特殊的稳定性。

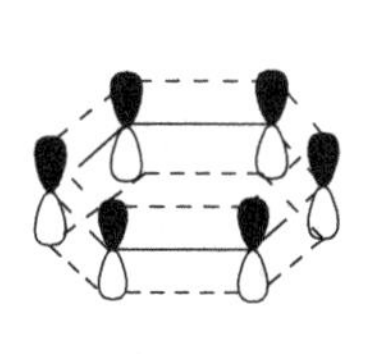

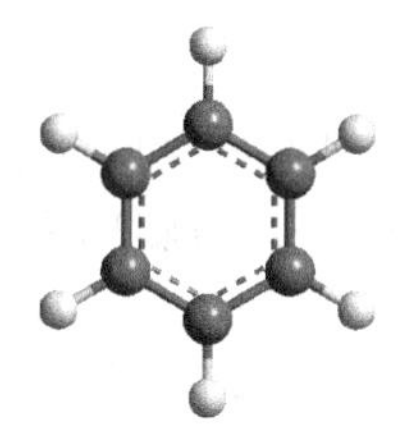

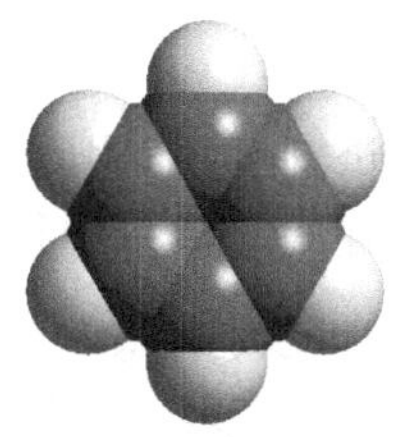

共轭大 π 键的形成使 π 电子离域，键长趋于平均化，苯分子成为一个具有高度对称结构的闭合共轭体系。苯分子中所有 C—C 键完全等同，它们既不是一般的碳-碳单键，也不是一般的碳-碳双键，但是每个碳-碳键都具有这种闭合的共轭大 π 键的特殊性质。所以苯的结构可以用一个带有圆圈的正六边形 ⌬ 表示，直线表示 C—Cσ 键，圆圈表示大 π 键。此表示不足之处为不符合有机化学习惯上使用的价键结构式。

(4) 苯的分子轨道

分子轨道理论认为，苯分子中的六个 p 轨道形成六个分子轨道 Ψ_1、Ψ_2、Ψ_3、Ψ_4、Ψ_5、Ψ_6，其中 Ψ_1、Ψ_2 和 Ψ_3 为成键轨道，Ψ_4、Ψ_5 及 Ψ_6 为反键轨道。Ψ_2，Ψ_3 和 Ψ_4，Ψ_5 为简并轨道。将 Ψ_1、Ψ_2 和 Ψ_3 叠合在一起，与杂化轨道结果一致，见图 4-1。

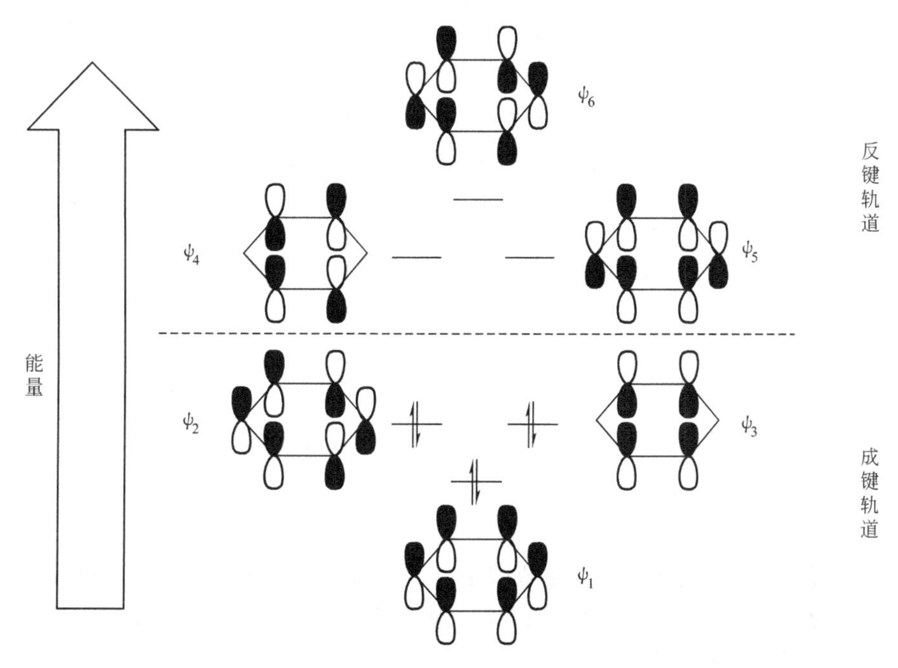

图 4-1　苯分子的轨道能级图

4.1.4 苯环上的亲电取代反应（electrophilic substitution of benzene ring）

苯环没有典型的 C ═C 双键性质，但环上电子云密度大，易被亲电试剂进攻，H 被取代，称为亲电取代反应。

（1）概述

苯与亲电试剂 E^+ 作用时，亲电试剂先与离域的 π 电子结合，生成 π 络合物，接着亲电试剂从苯环的 π 体系中得到两个电子，与碳形成 σ 键，生成 σ 络合物。

E^+ 慢 快 $+H^{\oplus}$

π 络合物　　σ 络合物

此时这个碳原子由 sp^2 杂化变成 sp^3 杂化状态，苯环上六个碳原子形成的闭合共轭体系被破坏，变成四个 π 电子离域在五个原子上。根据共振论的观点，σ 络合物是三个碳正离子极限结构的共振杂化体。

σ 络合物能量比苯环高，不稳定。它很容易从 sp^3 杂化碳原子上失去一个原子，碳原子由 sp^3 杂化状态恢复到 sp^2 杂化状态，再形成六个 π 电子离域的共轭闭合体系——苯环，从而降低了体系能量，产物比较稳定，生成取代苯。其能量变化如图 4-2 所示。

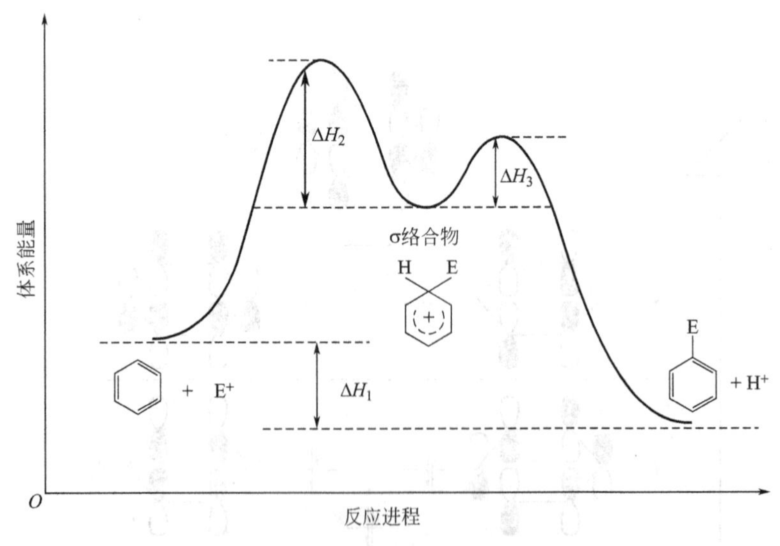

图 4-2　生成取代苯的能量变化

苯和烯烃受到 Cl_2 进攻时，均生成碳正离子中间体，为什么烯烃发生加成反应而苯发生取代反应？这是因为苯生成的碳正离子中间体属于反同芳结构不稳定，失去 H^+ 恢复苯环，是一个稳定的芳香结构。

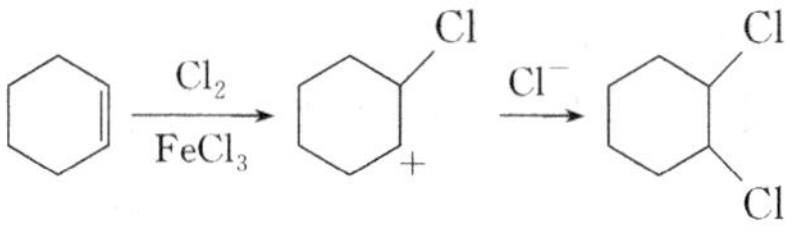

$$C_6H_{10} \xrightarrow[FeCl_3]{Cl_2} [C_6H_{10}Cl]^+ \xrightarrow{Cl^-} C_6H_{10}Cl_2 \qquad \Delta H^{\ominus} = -121\text{kJ/mol}$$

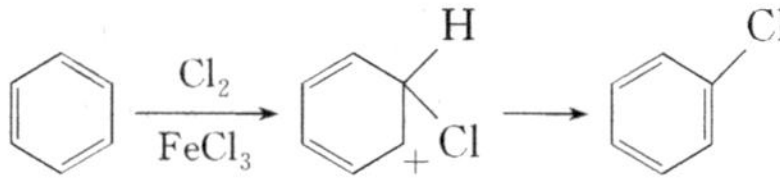

$$C_6H_6 \xrightarrow[FeCl_3]{Cl_2} [C_6H_6Cl]^+ \longrightarrow C_6H_5Cl \qquad \Delta H^{\ominus} = -45\text{kJ/mol}$$

(2) 亲电取代反应和历程

① 硝化反应　混酸中的硝酸作为碱，从酸性共享的硫酸中接受一个质子，形成质子化的硝酸，后者分解成硝酰正离子。

$$H_2SO_4 + HO\text{-}NO_2 \longrightarrow H_2\overset{+}{O}NO_2 + HSO_4^-$$

$$H_2\overset{+}{O}NO_2 \longrightarrow \overset{+}{N}O_2 + H_2O$$

$$H_2SO_4 + H_2O \longrightarrow H_3O^+ + HSO_4^-$$

即

$$2H_2SO_4 + HO\text{-}NO_2 \longrightarrow \overset{+}{N}O_2 + H_3O^+ + 2HSO_4^-$$

凝固点降低和光谱分析已证实，在混酸中存在着上述平衡。硝化反应是由硝酰正离子的进攻引起的。

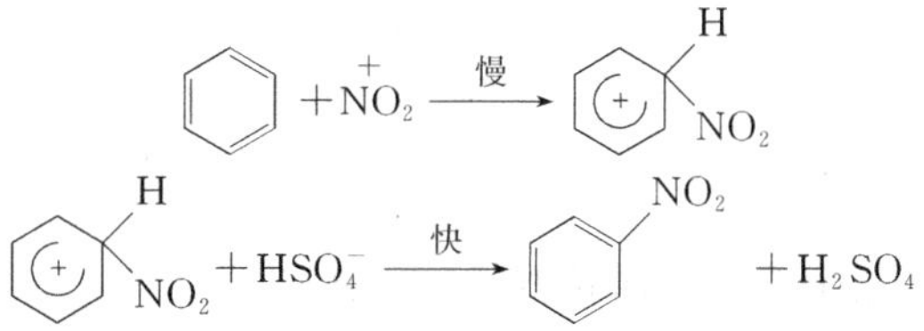

$$C_6H_6 + \overset{+}{N}O_2 \xrightarrow{慢} [C_6H_6NO_2]^+$$

$$[C_6H_6NO_2]^+ + HSO_4^- \xrightarrow{快} C_6H_5NO_2 + H_2SO_4$$

烷基苯进行硝化反应比苯容易，主要生成邻位及对位硝基烷基苯。如：

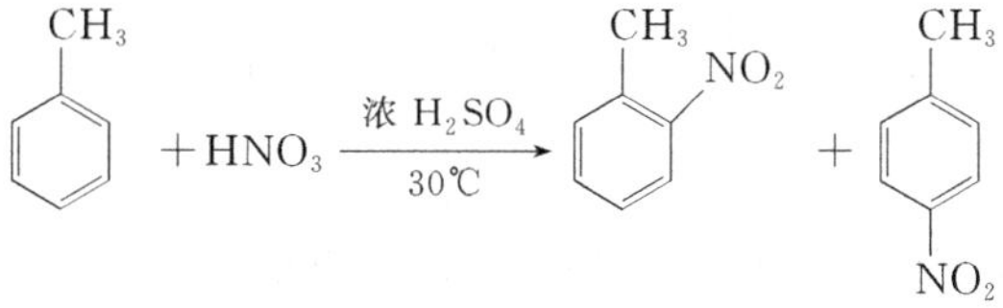

$$C_6H_5CH_3 + HNO_3 \xrightarrow[30℃]{浓\ H_2SO_4} o\text{-}CH_3C_6H_4NO_2 + p\text{-}CH_3C_6H_4NO_2$$

由于大量使用混酸，会对环境造成污染。负载型硝化剂，如硝酸铜负载到酸性白土上，称为黏土铜试剂的开发已取得一定成果。用 N_2O_5 作为硝化剂也有着美好的前景。

② 卤化反应　不同的卤素与苯环发生取代反应的活泼顺序是：氟＞氯＞溴＞碘。其中氟化反应很剧烈；碘反应不仅较慢，同时生成的碘化氢是一个还原剂，使反应成为可逆反应且以逆反应为主。因此，氟化物和碘化物通常不用此法制备。

苯与碘的反应，需要在氧化剂（如 HNO_3）存在下进行，氧化剂的作用是产生碘正离子。

$$I_2 \xrightarrow{-2e} 2I^+$$

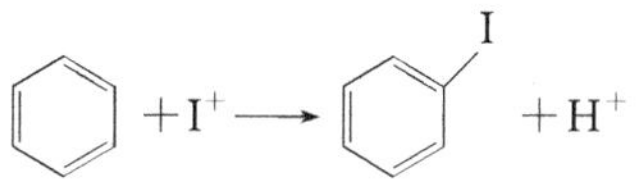

$$C_6H_6 + I^+ \longrightarrow C_6H_5I + H^+$$

在比较强烈的条件下，卤苯如氯苯可继续与卤素作用生成二卤苯，其中主要是邻位和对位取代物。

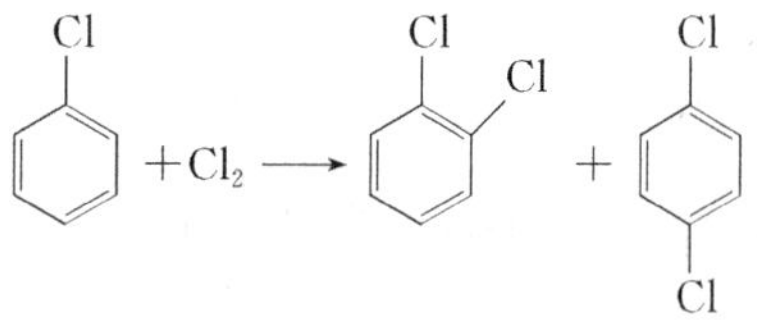

$$C_6H_5Cl + Cl_2 \longrightarrow o\text{-}C_6H_4Cl_2 + p\text{-}C_6H_4Cl_2$$

卤化反应的历程：无催化剂存在时，苯与溴或氯并不发生反应，因此苯不能使溴的四氯化碳溶液褪色，然而在催化剂如 FeX_3 存在下，则生成溴苯或氯苯。催化剂（如 $AlCl_3$）的作用首先是与卤素（Cl_2）生成络合物，后者作为亲电试剂进攻苯环，形成σ络合物和 $AlCl_4^-$ 离子。最后，σ络合物失去一个质子生成氯苯。与此同时，从σ络合物中分解出来的质子与 $AlCl_4^-$ 作用，生成 HCl 并使催化剂 $AlCl_3$ 再生。

$$Cl_2 + AlCl_3 \longrightarrow Cl^+ AlCl_4^-$$

$$C_6H_6 + Cl^+ \xrightarrow{\text{慢}} [C_6H_6Cl]^+ \ (\sigma\text{络合物})$$

$$[C_6H_6Cl]^+ + AlCl_4^- \xrightarrow{\text{快}} C_6H_5Cl + AlCl_3 + HCl$$

最近国内开发了一种氯化精馏工艺，边氯化边分离，将普通精馏塔的精馏段作氯化反应器，将提馏段作分离器，一氯代选择性达到 98% 以上。该工艺不用洗涤，无废水排放，接近绿色化学工艺。

③ 磺化反应

$$C_6H_6 \xrightarrow[\text{或 }10\%\ H_2SO_4\cdot SO_3,25℃]{\text{浓 }H_2SO_4,70\sim80℃} C_6H_5SO_3H \xrightarrow[200\sim250℃]{10\%\ H_2SO_4\cdot SO_3} m\text{-}C_6H_4(SO_3H)_2$$

烷基苯比苯容易磺化生成邻、对位取代物。例如：

$$C_6H_5CH_3 \xrightarrow{H_2SO_4} p\text{-}CH_3C_6H_4SO_3H + o\text{-}CH_3C_6H_4SO_3H$$

与卤化和硝化反应不同，磺化反应是一个可逆反应。

$$C_6H_6 + H_2SO_4(98\%) \rightleftharpoons C_6H_5SO_3H + H_2O$$

磺化反应的历程：苯用浓硫酸磺化，反应很慢。若用发烟硫酸磺化，在室温即可进行。故认为磺化试剂很可能是三氧化硫（也有人认为是 $^+SO_3H$），硫酸中也可能产生三氧化硫。

$$2H_2SO_4 \rightleftharpoons SO_3 + H_3O^+ + HSO_4^-$$

三氧化硫因为极化使硫显正电性，通过硫进攻苯环。在浓硫酸中，磺化反应历程可能如下：

$$C_6H_6 + O{=}S({=}O){=}O \underset{}{\overset{\text{慢}}{\rightleftharpoons}} [C_6H_6SO_3^-]^+ \ (\sigma\text{络合物})$$

$$[C_6H_6SO_3^-]^+ + HSO_4^- \overset{\text{快}}{\rightleftharpoons} C_6H_5SO_3^- + H_2SO_4$$

$$C_6H_5SO_3^- + H_3O^+ \xrightleftharpoons{快} C_6H_5SO_3H + H_2O$$

使用过量的 Cl-SO_3H 作磺化剂时，得到的产物为苯磺酰氯，把这个反应称为氯磺化反应。

$$C_6H_6 + ClSO_3H \longrightarrow C_6H_5SO_2Cl + H_2SO_4 + HCl$$

向内加入 $SOCl_2$ 或 SO_2Cl_2，可使产率提高，原因如下：

$$C_6H_6 \longrightarrow C_6H_5SO_3H \xrightarrow{SOCl_2} C_6H_5SO_2Cl + SO_2 + HCl\uparrow$$

$$C_6H_6 \longrightarrow C_6H_5SO_3H \xrightarrow{SO_2Cl_2} C_6H_5SO_2Cl + ClSO_3H$$

用硫酸磺化，会产生大量废酸，消耗大量的水，对环境造成污染，已逐渐被三氧化硫取代。用三氧化硫作磺化剂，其优点是不生成水，反应快，磺化效率高，废物少。一般有四种工艺：气态三氧化硫法、液态三氧化硫法、溶剂三氧化硫法及三氧化硫络合物法。实验室使用的 SO_3 可用发烟硫酸蒸馏法得到。

磺化反应是可逆反应，利用该反应可分离、纯化芳烃。如工业上分离二甲苯的混合物正是利用邻、间、对二甲苯的活性不同将间二甲苯分离出来的。因为在室温下，间二甲苯的活性高于邻位及对位二甲苯，生成磺化物溶于酸中，邻位及对位二甲苯反应较少，经水解后，可得到较纯的间二甲苯。

$$\text{邻二甲苯} + \text{间二甲苯} + \text{对二甲苯} \xrightarrow{H_2SO_4} \text{2,4-二甲基苯磺酸}(CH_3, CH_3, SO_3H) + \text{邻二甲苯} + \text{对二甲苯}$$

$$\downarrow \text{分离有机层}$$

$$H_2SO_4 + \text{间二甲苯} \xleftarrow{H_3O^+} \text{2,4-二甲基苯磺酸}$$

④ 烷基化和酰基化反应　在无水 $AlCl_3$ 等催化剂的作用下，芳烃与卤代烷或酰卤等作用，环上的氢原子被烷基和酰基取代的反应分别叫烷基化反应和酰基化反应。卤代烃、烯烃、醇、醚、醛、酮等可作烷基化试剂。酸、酰卤、酸酐为酰基化试剂。这两种反应是法国有机化学家傅瑞德尔（C. Friedel，1832—1899）和美国化学家克拉夫茨（J. M. Crafts，1839—1917）两人共同发现的，统称傅瑞德-克拉夫茨反应，简称傅-克反应。

a. 烷基化反应　烷基化反应是在芳环上引入烷基的重要方法，应用较广，如乙苯、异丙苯和十二烷基等的合成。在无水 $AlCl_3$ 存在下，苯与溴乙烷反应生成乙苯。

$$C_6H_6 + CH_3CH_2Br \xrightarrow{AlCl_3} C_6H_5-CH_2CH_3 + HBr$$

生成的烷基苯再进行烷基化反应比苯要容易。因此，烷基化反应需要过量的苯才能得到一烷基化产物，否则产生多烷基苯的混合物。

烷基化反应是合成烷基苯的重要方法。在合成反应中，烷基化试剂含三个或三个以上碳原子时，烷基容易发生异构反应。例如：

$$C_6H_6 + CH_3CH_2CH_2Cl \xrightarrow[0℃]{AlCl_3} \underset{(65\%)}{C_6H_5-CH(CH_3)_2} + \underset{(35\%)}{C_6H_5-CH_2CH_2CH_3} + HCl$$

由于在烷基化反应中，进攻的亲电试剂是碳正离子，而碳正离子易重排，所以主要生成异构的取代苯，其反应历程如下：

$$CH_3-CH_2-CH_2-Cl \xrightarrow{AlCl_3} CH_3CH_2\overset{+}{C}H_2AlCl_4^- \longrightarrow (CH_3)_2\overset{+}{C}HAlCl_4^-$$

$$C_6H_6 + (CH_3)_2\overset{+}{C}H \longrightarrow [C_6H_6(H)(CH(CH_3)_2)]^+$$

$$[C_6H_6(H)(CH(CH_3)_2)]^+ + AlCl_4^- \longrightarrow C_6H_5-CH(CH_3)_2 + AlCl_3 + HCl$$

烷基化反应经常有多元取代物生成，例如：

$$C_6H_6 \xrightarrow[AlCl_3, 0℃]{CH_3Cl} 1,2,4\text{-}C_6H_3(CH_3)_3$$

由于烷基化反应是可逆反应，故常常伴随着歧化反应，即一分子烷基苯脱烷基，另一分子增加烷基。

$$2\,C_6H_5CH_3 \xrightarrow{AlCl_3} C_6H_4(CH_3)_2 + C_6H_6$$

目前工业上利用甲苯歧化反应增产苯和二甲苯；一般情况下，苯、烷基苯、卤苯、苯基醚可发生烷基化反应，硝基苯等第二类定位基取代苯及部分第一类定位基取代苯不能发生烷基化反应。如：

$$C_6H_5-NO_2 + CH_3CH_2Cl \xrightarrow{AlCl_3} \text{不反应}$$

利用烯烃、醇为烷基化试剂可用酸为催化剂。使用多卤代物可得到多苯烃。

$$C_6H_6 \xrightarrow[HZSM\text{-}5]{CH_3CH=CH_2} C_6H_5-CH(CH_3)_2 \qquad C_6H_6 \xrightarrow[H_3PO_4]{RCH_2OH} C_6H_5-CH_2R + H_2O$$

$$C_6H_6 + CHCl_3 \xrightarrow{AlCl_3} (C_6H_5)_3C-H + HCl$$

烷基化反应的特点是：反应可逆，活化苯，发生异构化，烷基化试剂可用卤代烃、醇、烯烃等，硝基苯等第二类定位基取代苯及部分第一类定位基取代苯不能发生烷基化反应。

b. 酰基化反应　在 Lewis 酸催化下，苯与酰卤等反应是制备芳香酮的重要方法。常用的酰基化试剂有酰卤、酸酐等，例如：

$$C_6H_6 + CH_3COCl \xrightarrow{AlCl_3} C_6H_5COCH_3 + HCl$$

$$C_6H_6 + C_6H_5COCl \xrightarrow{AlCl_3} C_6H_5COC_6H_5 + HCl$$

$$C_6H_6 + (CH_3CO)_2O \xrightarrow{AlCl_3} C_6H_5COCH_3 + CH_3COOH$$

在这类反应中 $AlCl_3$ 的催化作用是产生酰基正离子，如：

$$CH_3COCl + AlCl_3 \longrightarrow CH_3CO^+ + AlCl_4^-$$

酰基化反应是一个十分有用的反应，酰基化反应不能生成多元取代产物，也不发生酰基异构现象，酰基化产物为芳香酮，如果用酸酐为酰基化试剂，还生成羧酸。这些含有酰基的产物、副产物都能与 Lewis 酸络合，消耗催化剂，因此，酰基化反应所用的催化剂 Lewis 酸的量要比烷基化反应多，至少是酰基化试剂的二倍以上。利用酰基不发生异构的特点，先合成烷基芳基酮，再还原羰基，可制取长链正构烷基苯。与烷基化反应相似，当芳环上有硝基、磺基等强吸电子取代基时，不能发生酰基化反应

⑤ 氯甲基化反应　在无水 $ZnCl_2$ 存在下，芳烃与甲醛及浓 HCl 作用，结果苯环上的氢被氯甲基（$—CH_2Cl$）取代，称为氯甲基化反应（chloromethylation），例如：

$$C_6H_6 + CH_2O \xrightarrow[\text{浓 HCl}]{ZnCl_2} C_6H_5CH_2Cl$$

若用其他脂肪醛代替甲醛，同样可以发生反应，生成卤烷基化产物。氯甲基化反应是很重要的，因为氯甲基很容易转化为羟甲基（$—CH_2OH$）、氰甲基（$—CH_2CN$）、醛基（—CHO）、羧甲基（$—CH_2COOH$）、氨甲基（$—CH_2NH_2$）等，这在有机合成上可方便地将芳烃转化成相应的衍生物。

从本质上来说，氯甲基化反应属于傅-克反应，所以可用于傅-克反应的催化剂均可用于氯甲基化反应。氯甲基化反应对于苯、烷基苯、烷氧基苯或稠环芳烃等都是能成功反应的。但当芳环上有第二类定位基及部分第一类定位基时不反应，一般是苯、烷基苯、卤苯及苯基醚才能反应。

反应历程：

$$CH_2O + H^+ \longrightarrow \overset{+}{C}H_2OH \xrightarrow{C_6H_6} [C_6H_6(H)(CH_2OH)]^+ \xrightarrow{-H^+} C_6H_5CH_2OH \xrightarrow{ZnCl_2/\text{浓 HCl}} C_6H_5CH_2Cl$$

⑥ 氘化反应　常用的氘代试剂 C_6D_6 可由苯与 D_2SO_4/D_2O 反应制得，反应是可逆的，需要过量的 D_2SO_4/D_2O。

$$SO_3 + D_2O \longrightarrow D_2SO_4$$

$$C_6H_6 \xrightarrow[D_2O]{D_2SO_4} C_6D_6$$

4.1.5 苯环上的定位效应（directing effect on benzene ring）

（1）一取代苯的定位效应

大量的实验结果表明：在亲电取代反应时，苯环上原有的取代基不仅影响着苯环的活性，同时也决定了第二个取代基进入苯环的位置。一取代苯硝化时的相对速率和异构体的分布见表 4-2。

表 4-2　一取代苯硝化时的相对速率和异构体的分布

取代基	相对速率	异构体的分布/%		
		邻	间	对
—H	1			
$—OCH_3$	$\sim 2\times10^5$	74	11	15
—OH	很快	55	45	痕量
$—NHCOCH_3$	快	19	80	1
$—CH_3$	25	63	34	3
$—C(CH_3)_3$	16	12	80	8
$—CH_2Cl$	0.302	32	52.5	15.5
—F	0.03	12	88	痕量
—Cl	0.03	30	69	1
—Br	0.03	37	62	1
—I	0.18	38	60	2
$—COOC_2H_5$	3.67×10^{-3}	24	4	72
—COOH	$<10^{-3}$	18.5	1.3	80.2
$—N^+(CH_3)_3$	1.2×10^{-8}	0	89	11
$—SO_3H$	慢	21	7	72
$—CF_3$	慢	0	0	100

按进行亲电取代时的定位效应分成两类：

第一类定位基——邻、对位定位基，使新进入的取代基主要进入它的邻、对位，同时又使苯环活化（除卤素外）。例如：$—O^-$，$—N(CH_3)_2$，$—NH_2$，—OH，$—OCH_3$，$—NHCOCH_3$，—F，—Cl，—Br，—I，—R，C_6H_5—等。

第二类定位基——间位定位基，使新进入的取代基主要进入它的间位，同时又使苯环钝化。例如：$—N^+(CH_3)_3$，$—NO_2$，—CN，$—SO_3H$，—CHO，$—COCH_3$，$—CONH_2$，$—CF_3$ 等。

从定位基的结构可以看出，第一类定位基与苯环直接相连的原子上只有单键（$—CH═CH_2$ 除外）且多数含有孤对电子或是负离子；第二类定位基与苯环直接相连的原子上有重键（且重键的另一端是电负性大的元素）或带正电荷（除$—CF_3$）。两类定位基中每个取代基的定位能力强弱不同，其强弱次序大致如上，但在不同的反应中也会有差异。

(2) 苯环上取代反应定位效应的理论解释

① 电子效应　苯是对称分子，环上电子云的密度是平均化的。但一取代苯，由于取代基的影响沿着苯环共轭链传递，在环上出现了电子云密度较大与较小的交替现象，这样就使环上各位置进行取代反应的难易程度不同。一取代苯进行亲电取代反应生成的中间体 σ 络合物的相对稳定性也可以说明这一问题。例如，当亲电试剂 E^+ 进攻一取代苯时，生成了三种 σ 络合物。

当 E^+ 进攻 Y-苯 的邻、间、对位时，由于生成碳正离子的稳定性不同，则各位置被取代的难易程度不同，出现了两种定位基作用。

a. 第一类定位基对苯环的影响及其定位效应

（ⅰ）甲基：$-CH_3$ 与苯环相连时（与丙烯相似），苯环上的 C—H 键变成 C—C 键，C 的氧化数由 −1 变成 0，$-CH_3$ 表现出吸电子诱导效应。这与甲苯的 ^{13}C NMR 是一致的，见图 4-3。

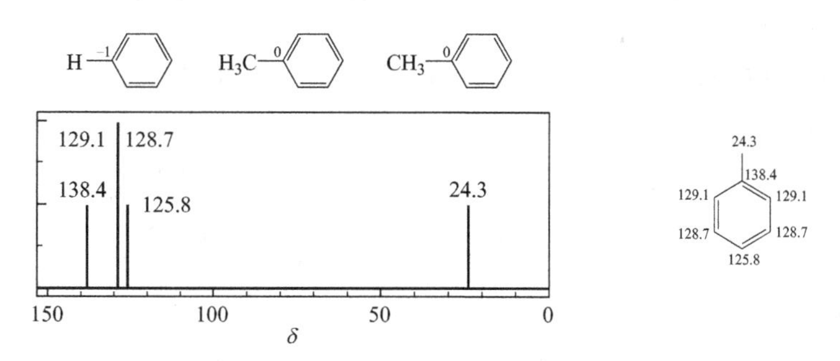

图 4-3　甲苯的 ^{13}C NMR 谱图

此外，$-CH_3$ 的 C—Hσ 键轨道与苯环的 π 轨道存在着 σ-p 超共轭效应，超共轭效应大于诱导效应，结果使苯环上的电子云密度增大，且邻、对位增加得相对较多，因此甲苯的亲电取代反应比苯更容易，且主要发生在$-CH_3$ 的邻、对位，见图 4-4。

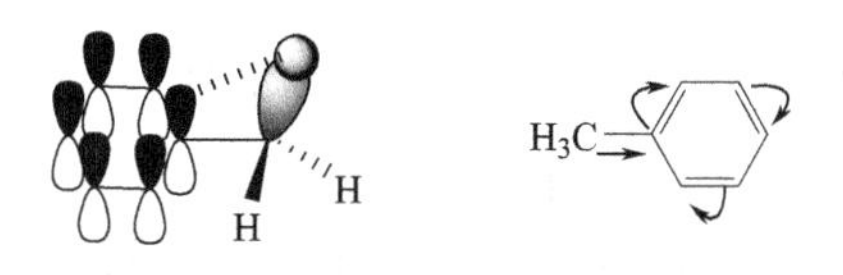

图 4-4　甲苯的 σ-p 超共轭效应

E^+ 进攻$-CH_3$ 的邻、间、对位时，形成了 σ 络合物的中间体，三种络合物碳正离子的稳定性可用共振杂化体表示。

进攻邻位：

CH_3 H E 或 [CH_3 H + E ⟷ CH_3 H + E ⟷ CH_3 H + E]

进攻对位：

CH_3 + H E 或 [CH_3 + H E ⟷ CH_3 + H E ⟷ CH_3 + H E]

进攻间位：

CH_3 + H E 或 [CH_3 + H E ⟷ CH_3 + H E ⟷ CH_3 H + E]

可以看出，进攻邻、对位时共振杂化体稳定，因为分别有一个共振杂化体的正电荷在的叔碳上，存在σ-p 超共轭效应，而进攻间位，正电荷都分布在仲碳上，不如前者稳定，因此—CH_3 为邻、对位定位基。

（ⅱ）羟基：—OH 与苯环相连时，由于—OH 中氧的电负性比 C 大，—OH 吸电子的结果使苯环上电子云密度下降，但由于氧直接与苯环相连，氧上的未共用电子对与苯环上的 π 电子形成了 p-π 共轭体系，电子离域的结果使苯环的电子云密度上升，尤其是邻、对位。由于共轭效应的影响大于诱导效应，当进行亲电取代反应时，比苯更易进行，且反应主要发生在—OH 的邻、对位。

当亲电试剂进攻苯环中—OH 的邻、对、间位时，得到如下的碳正离子：

进攻邻位：

OH H + E ⟷ OH H + E ⟷ OH H + E ⟷ $\overset{+}{O}H$ H E

进攻对位：

OH + E H ⟷ $\overset{+}{O}H$ E H ⟷ OH + E H ⟷ OH + E H

进攻间位：

OH H + E ⟷ OH + H E ⟷ OH + H E

其中进攻邻、对位会产生较稳定的氧正离子，进攻间位则得不到。所以苯酚的亲电取代反应比苯更容易，且主要发生在—OH 的邻、对位。

（ⅲ）氨基：在苯胺中，N—C 键为极性键，N 有吸电子的诱导效应，使环上的电子云密度减小，但同时 N 有孤对电子，与苯环形成给电子的 p-π 共轭效应，使环上电子云密度增加，此时，共轭效应大于诱导效应，综合效应使环上电子云密度增加，尤其是—NH_2 的邻、对位增加得更多。所以，苯胺进行亲电取代反应比苯更容易，主要发生在—NH_2 的邻、对位。当亲电试剂进攻苯环中—NH_2 的邻、对、间位时，可以得到如下的碳正离子：

进攻邻位：

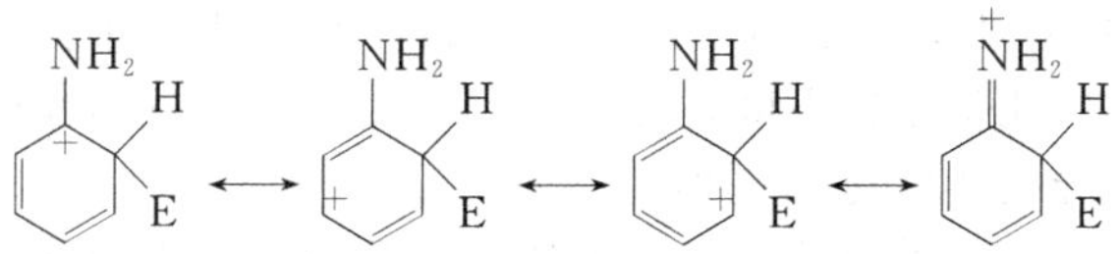

进攻对位：

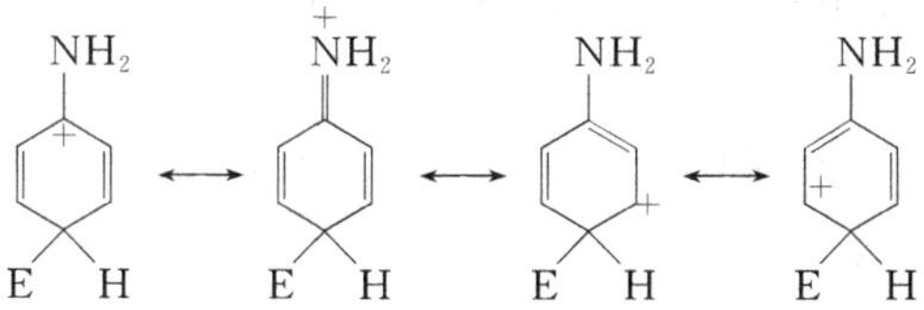

进攻间位：

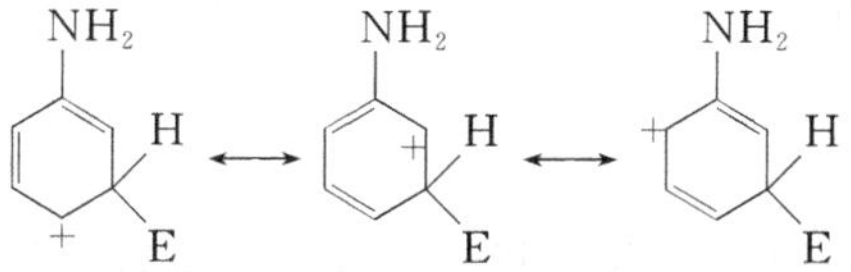

其中进攻邻、对位会产生较稳定的氮正离子，进攻间位则得不到。

（ⅳ）卤原子：X 是使苯环钝化的第一类定位基。以 Cl 为例，Cl 是强吸电子基团，强的吸电子诱导效应使环上电子云密度减小，比苯难进行亲电取代反应。但 Cl 与苯环有弱的给电子 p-π 共轭效应，使 Cl 邻、对位上电子云密度适当增加，因此，表现出邻、对位定位基的性质。

b. 第二类定位基对苯环的影响及其定位效应　如硝基苯，在硝基苯中，—NO_2 存在吸电子诱导效应，还存在着吸电子 p-π 共轭效应，它们使苯环上的电子云密度减小，尤其是邻、对位，表现出间位定位基的作用。亲电试剂进攻硝基苯时，形成邻、对、间三种 σ 络合物中间体：

进攻邻位：

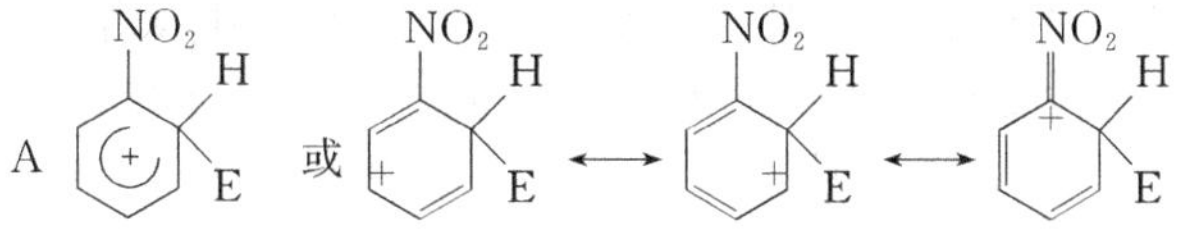

进攻对位：

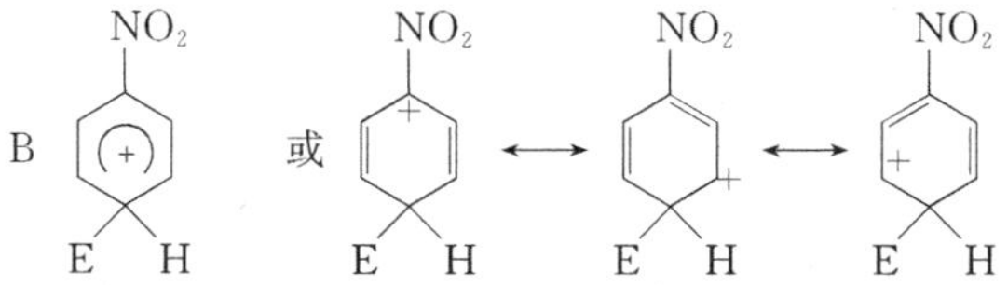

进攻间位：

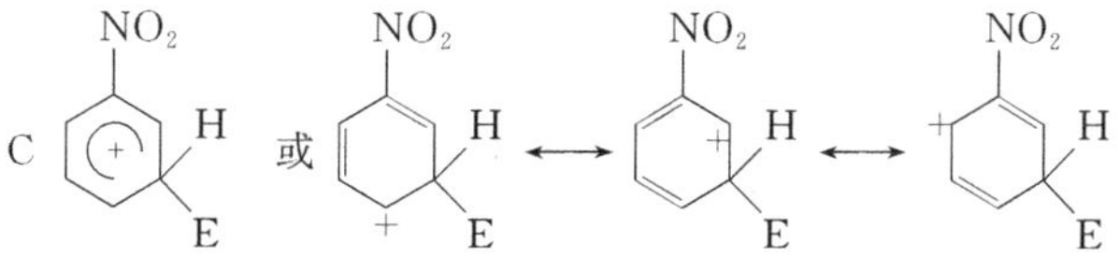

共振杂化体 C 比 A 和 B 稳定，因为在 A 和 B 中有正电荷分布在有强吸电子基团的叔碳上，其极限结构式不稳定。因此，—NO_2 为第二类定位基，取代反应发生在间位上。—NO_2 表现出钝化的作用。

② 空间效应　当苯环上有第一类定位基时，虽然指导新引入基团进入它的邻、对位，但邻、对位异构体的比例将随原取代基空间效应的大小不同而变化。空间效应越

大，其邻位异构体越少。

此外，邻、对位异构体的比例，也与新引入基团的体积有关。例如，在甲苯中，分别引入—CH_3，—CH_2CH_3，$(CH_3)_2CH$—，$(CH_3)_3C$—时，由于引入基团体积依次增大，所得邻位异构体的比例依次下降，如果苯环上原有取代基与新引入取代基的空间效应都很大时，则邻位异构体的比例更小。

第二个取代基进入苯环的位置，主要取决于苯环上的原有取代基和引入取代基的性质，但温度和催化剂等因素对异构体的比例也有一定影响。例如，溴苯的氯代。

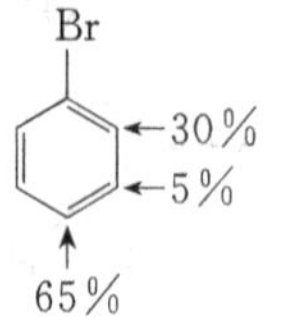

Br ←30% ←5% ↑65%

$AlCl_3$ 为催化剂

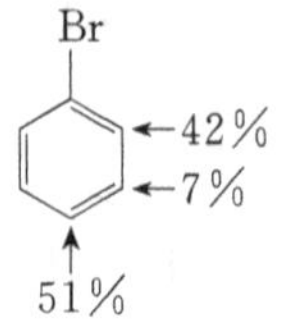

Br ←42% ←7% ↑51%

$FeCl_3$ 为催化剂

(3) 二取代苯的定位效应

当苯环上已有两个取代基时，第三个取代基进入苯环的位置，将主要由原来的两个取代基决定，可以大体分为两种情况：

① 苯环上原有的两个取代基对引入第三个取代基的定位效应一致，第三个取代基进入苯环的位置就由它们共同决定。

例如：

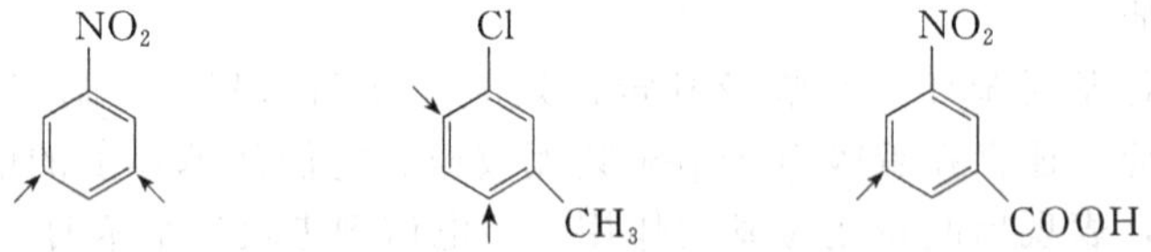

NO_2　　Cl CH_3　　NO_2 COOH

② 苯环上原有两个取代基，对进入第三个取代基的定位效应不一致时，可按下列原则判断：当两个取代基属同一类定位基时，第三个取代基进入苯环的位置主要由定位效应强的取代基决定。当两个取代基属不同类定位基时，服从第一类定位基的定位效应。如果两个取代基定位效应强度差较小时，得到两个定位基定位效应的混合物。

同属第一类定位基服从强者　CH_3 OH　OH>CH_3　$NHCOCH_3$ CH_2CH_3 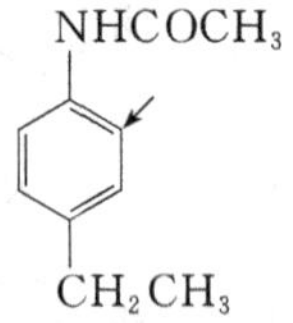　$NHCOCH_3$>CH_2CH_3

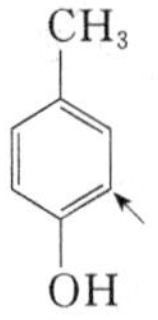

同属第二类定位基服从强者 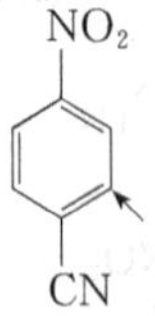　NO_2 CN 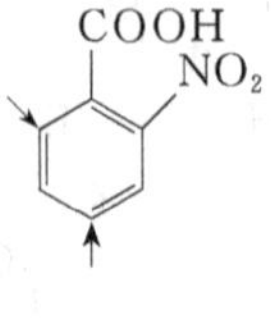　NO_2>CN　COOH NO_2　NO_2>COOH

不属同一类定位基服从第一类　CH_3 $COCH_3$　CH_2CH_3 $COOC_2H_5$

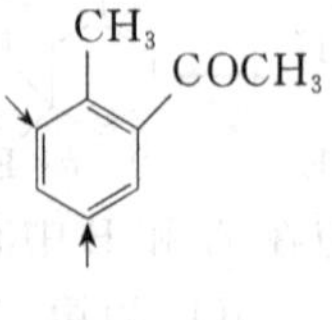

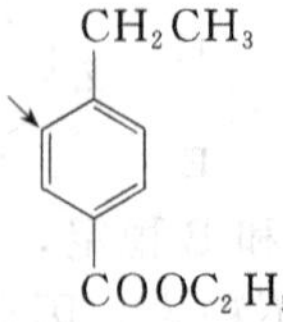

(4) 定位基的结构特征

第一类定位基如—OH，—NH_2，—$OCOCH_3$，—$NHCOCH_3$，—F，—Cl，

—Br，—I，$—CH_3$ 等，它们与苯环直接相连的元素上无双键，第二类定位基如 $—NO_2$，$—SO_3H$，—CN，$—COCH_3$，—CHO，—COOH，$—COOCH_3$ 等，它们与苯环直接相连的元素上均有双键。

当然，也存在一些特例，如苯基、乙烯基与苯环直接相连的元素上有双键，是第一类定位基；而$—CF_3$，$—N^+(CH_3)_3$ 与苯环直接相连的元素上无双键却是第二类定位基；还有一些基团是邻、对位定位基，如$—N(CH_3)_2$。

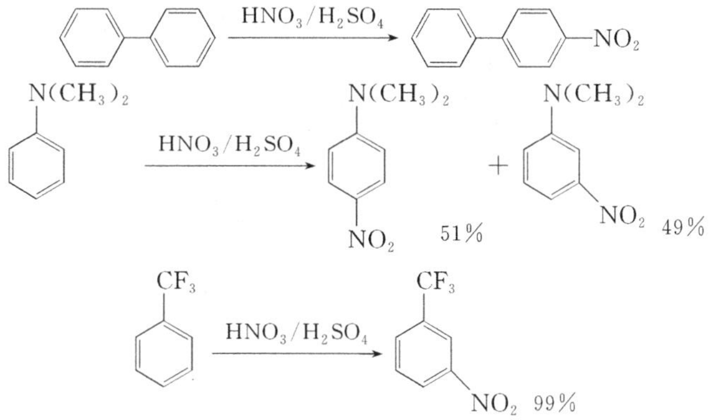

HNO_3/H_2SO_4

NO_2

$N(CH_3)_2$ HNO_3/H_2SO_4 $N(CH_3)_2$ + $N(CH_3)_2$

NO_2 51% NO_2 49%

CF_3 HNO_3/H_2SO_4 CF_3

NO_2 99%

(5) 定位效应的应用

① 预测主要产物　当二元取代苯发生亲电取代反应时，综合考虑取代基的影响因素（电子及空间因素）就可以预测得到的主要产物。

例如，间甲酚进行硝化时，主要得到在—OH 邻位和对位取代的产物。

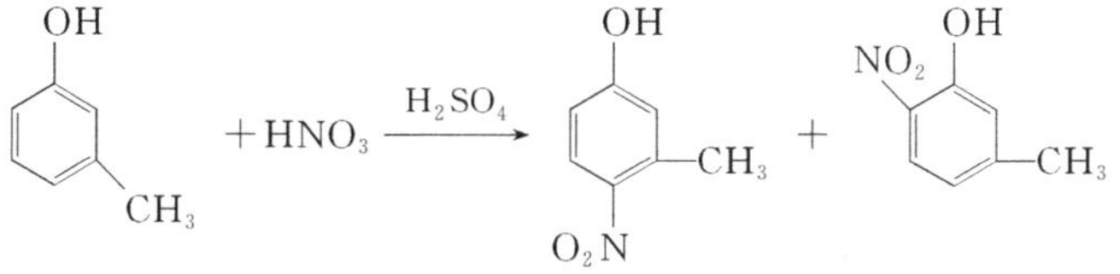

OH OH OH

$+HNO_3$ H_2SO_4 NO_2 $—CH_3$ + $—CH_3$

CH_3 O_2N

② 选择合理的合成路线　利用定位效应可以选择可行的合成路线，从而得到较高的产率并避免复杂的分离过程。

例如：

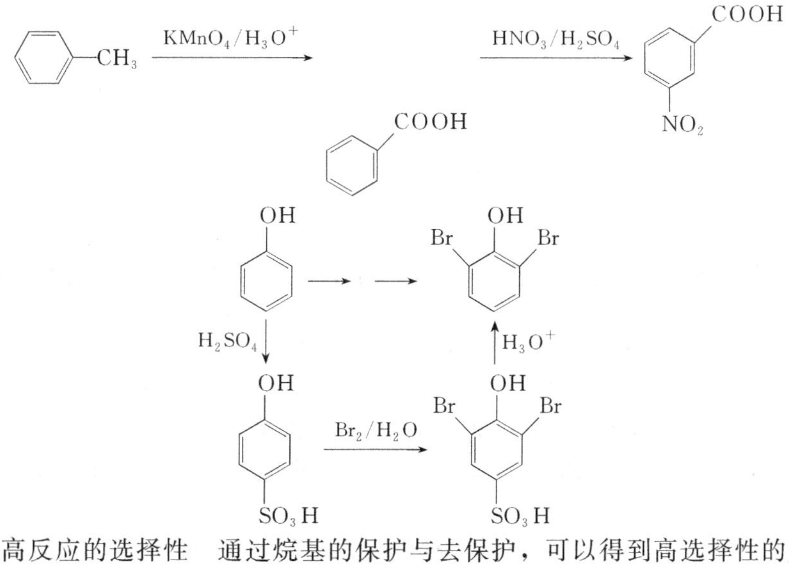

$—CH_3$ $KMnO_4/H_3O^+$ HNO_3/H_2SO_4 COOH

COOH NO_2

OH OH
Br Br

H_2SO_4 H_3O^+

OH OH
Br Br
Br_2/H_2O

SO_3H SO_3H

③ 提高反应的选择性　通过烷基的保护与去保护，可以得到高选择性的产物。

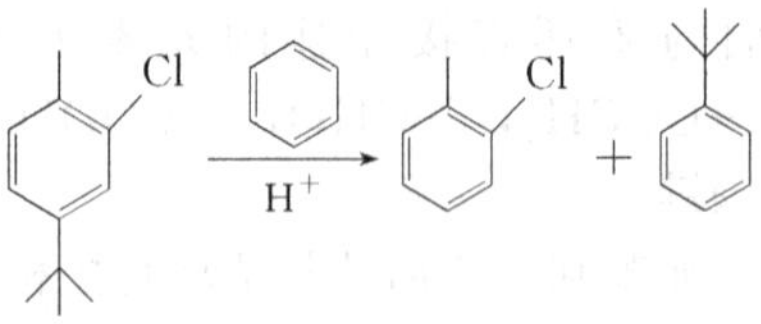

Cl, $\xrightarrow[H^+]{苯}$, Cl, +

其反应过程如下：

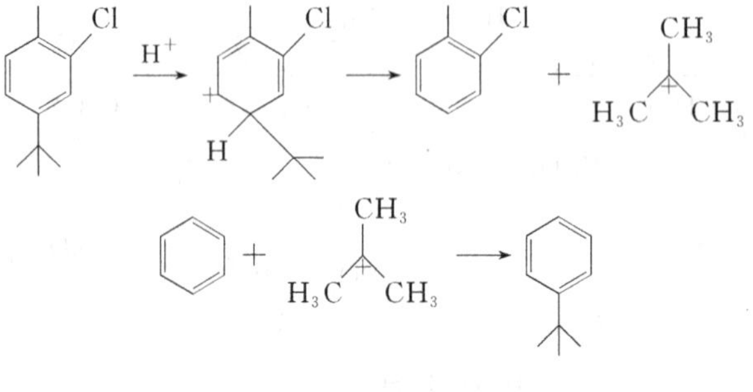

Cl $\xrightarrow{H^+}$ Cl, H, + $\longrightarrow$ Cl + CH_3, H_3C, +, CH_3

\+ CH_3, H_3C, +, CH_3 $\longrightarrow$

完成下列反应。

（1）O_2N—C₆H₄—CH═CH—C₆H₄—OCH_3 $\xrightarrow{HBr}$

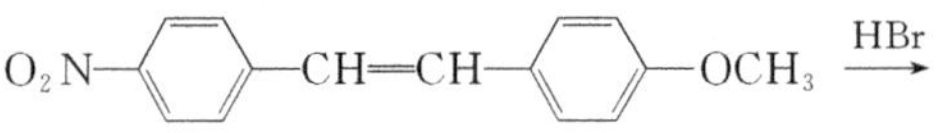

（2） 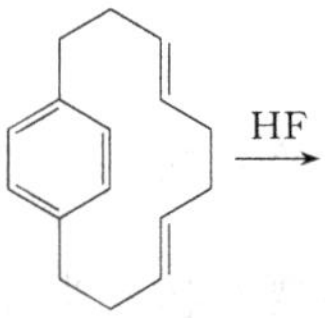 $\xrightarrow{HF}$

（3） NO_2 + CH_3CH_2Br $\xrightarrow[苯]{AlCl_3}$

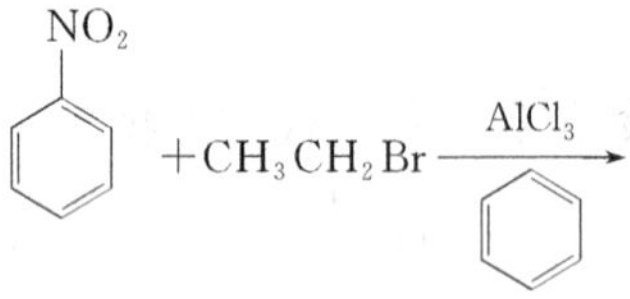

（4） 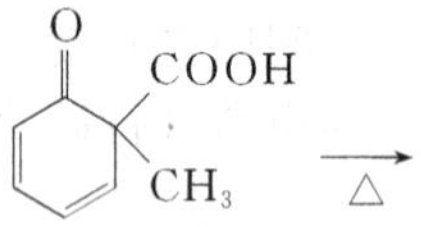 O, COOH, CH_3 $\xrightarrow{\triangle}$

（5） 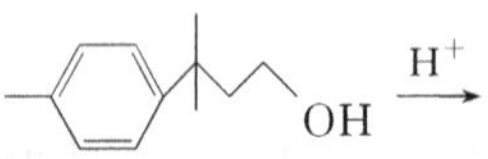 OH $\xrightarrow{H^+}$

（6） 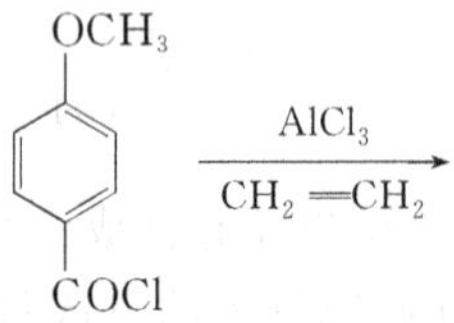 OCH_3, COCl $\xrightarrow[CH_2═CH_2]{AlCl_3}$

（7） 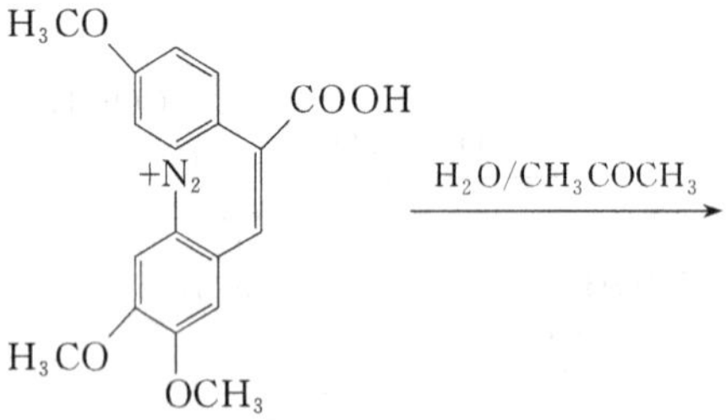 H_3CO, COOH, $+N_2$, H_3CO, OCH_3 $\xrightarrow{H_2O/CH_3COCH_3}$

（8） 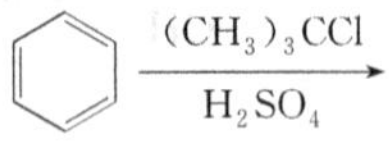 $\xrightarrow[H_2SO_4]{(CH_3)_3CCl}$

4.1.6 苯环上的亲核取代反应（nucleophilic substitution on benzene ring）

脂肪族化合物易发生饱和碳原子上的亲核取代反应。但芳香族化合物由于芳环上有较大的电子云密度，不利于富电子亲核试剂的接近。加之芳基正离子不稳定，不易形成，而且氢又不易以 H^- 的形式离去，所以芳环一般不易发生亲核取代反应。然而，若芳环上有适当的离去基团，在一定的条件下，还是可以发生亲核取代反应的。

芳香亲核取代反应（S_NAr）就其历程可分为三种。双分子历程：当被取代的原子或基团的邻、对位有较强的吸电子基团时，该原子或基团活化，易形成中间体 σ 络合物，但它不同于脂肪族的过渡态。单分子历程：重氮盐的氮原子被亲核试剂取代属于此种。苯炔历程：不活泼的被取代基团（如卤素等），在强碱的催化作用下，经过中间体苯炔进行取代反应。

（1）双分子历程

氯苯在常压下与 NaOH 一起煮沸，几天也不反应。但卤素的邻、对位若有一个或多个吸电子基团（如硝基），则反应易于进行。

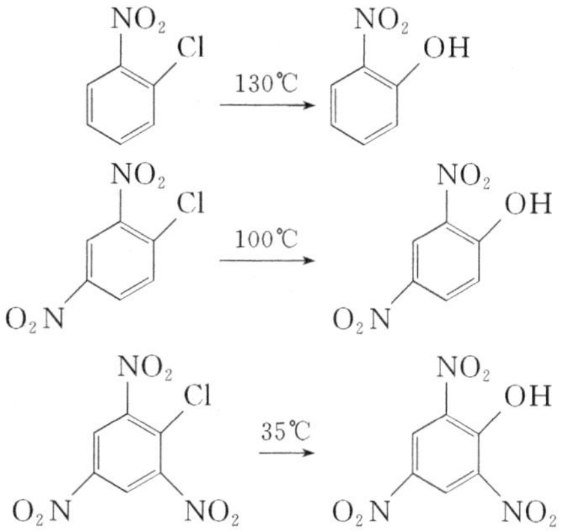

$$NO_2,\ Cl \xrightarrow{130℃} NO_2,\ OH$$

$$NO_2,\ Cl,\ O_2N \xrightarrow{100℃} NO_2,\ OH,\ O_2N$$

$$NO_2,\ Cl,\ O_2N,\ NO_2 \xrightarrow{35℃} NO_2,\ OH,\ O_2N,\ NO_2$$

同样，也可以发生醇解等取代反应，生成相应的产物。被取代的基团也不仅限于卤素，例如：

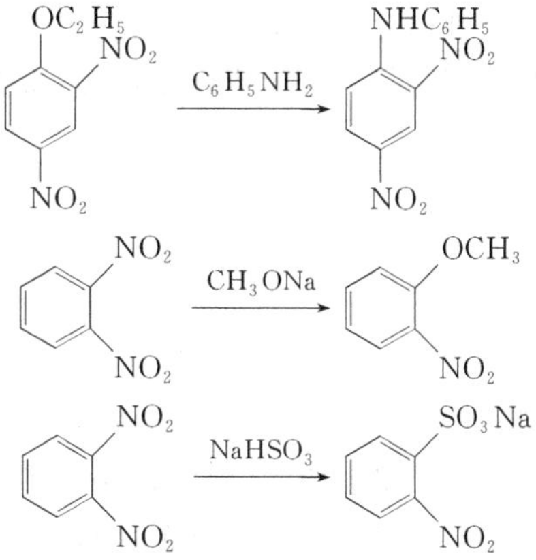

$$OC_2H_5,\ NO_2,\ NO_2 \xrightarrow{C_6H_5NH_2} NHC_6H_5,\ NO_2,\ NO_2$$

$$NO_2,\ NO_2 \xrightarrow{CH_3ONa} OCH_3,\ NO_2$$

$$NO_2,\ NO_2 \xrightarrow{NaHSO_3} SO_3Na,\ NO_2$$

这类反应的反应速率与作用物的浓度和亲核试剂的浓度成比例，为双分子反应历程。但它又是分两步进行的，与脂肪族 S_N2 不同。

第一步常是决定反应速率的一步，这一步亲核试剂首先与芳环发生加成，形成一个带负电的 σ 络合物。第二步离去基团带着一对电子离去。由于中间体环上带有负电荷，故在邻、对位有吸电子基团时，如—NO_2、—CN、—$COCH_3$ 和—CF_3 等，可使中间体电荷得到分散，增加它的稳定性，有利于反应的进行。

（2）单分子历程

芳香族重氮盐是属于此种历程的反应。因为在芳香族重氮盐分子中，重氮基 N_2^+ 的离去倾向特别强，所以芳香族重氮盐的一些反应可能是通过芳基正离子进行的单分子历程。动力学研究证明为一级反应，反应速率与重氮盐浓度成正比，而与亲核试剂的浓度无关。给电子取代基使反应速率加快，吸电子取代基则使反应速率减慢(详见第 10 章)。

(3) 苯炔历程

不含有强吸电子基团的芳香族卤代物不易进行亲核取代反应，一般需要强碱才能进行。但在这种反应中，亲核试剂不总是取代离去基所在的位置。例如：

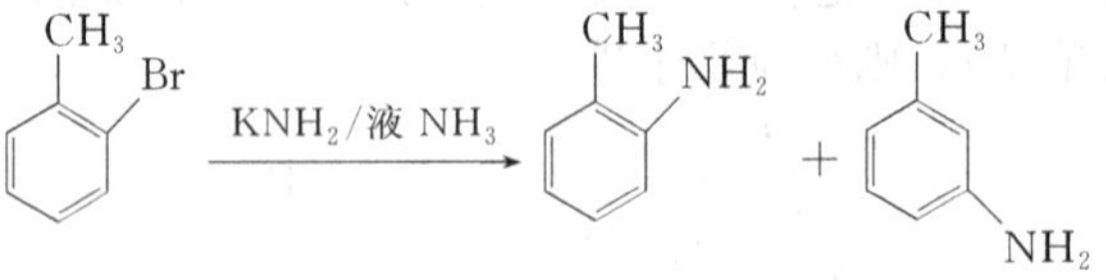

$\xrightarrow{KNH_2/液 NH_3}$

48%　　52%

$\xrightarrow{KNH_2/液 NH_3}$

$\xrightarrow{KNH_2/液 NH_3}$

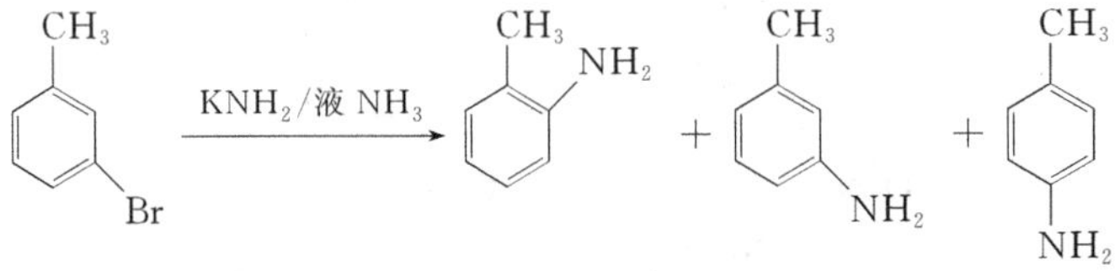

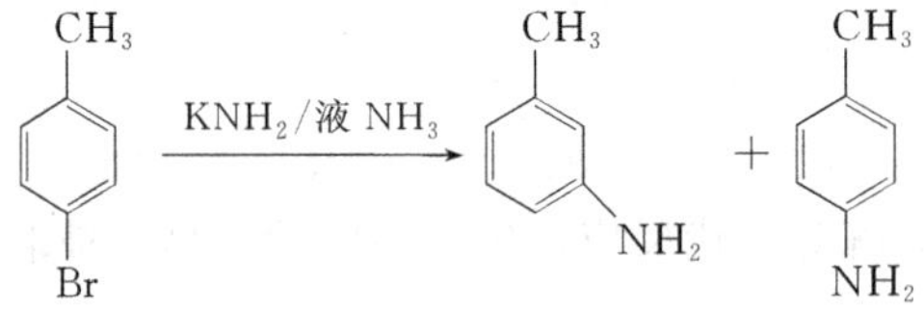

如卤素的两个邻位碳原子都有甲基时，不起反应。1953 年罗伯茨用氯苯与 KNH_2 在液氨中反应，得到下面的反应结果，于是提出了消除-加成反应历程（苯炔历程），苯炔的结构已由红外光谱证明。

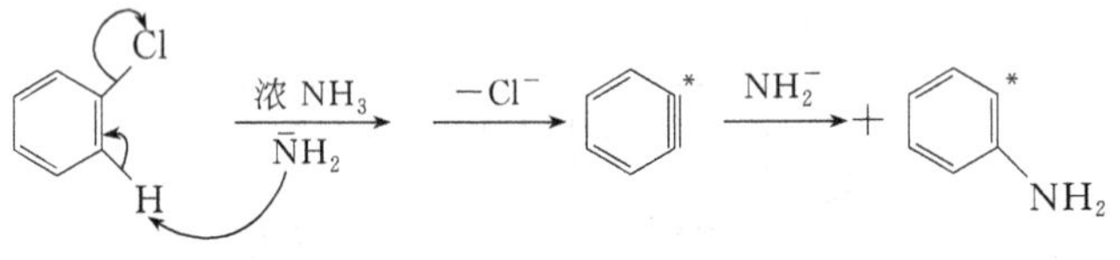

$\xrightarrow[\bar{N}H_2]{液 NH_3} \xrightarrow{-Cl^-} \xrightarrow{NH_2^-}$

在这个结构中，两个碳原子（一个原来连有卤素，一个原来连有氢）之间通过 sp^2 杂化轨道的侧面覆盖形成一个键。侧面覆盖程度很小，苯环上的 π 电子分布在苯环上下，不能与 sp^2 杂化轨道相重叠，因此，苯炔极不稳定，只能在低温（80K）下观测它的光谱。

4.1.7 苯环上的加成反应（addition reaction on benzene ring）

苯环是闭合共轭体系，能量较低，不易进行加成反应。但苯环又是不饱和体系，只要条件适合，苯环还是可以进行加成反应的，而且这类反应在有机化学工业中很重要。

(1) 加氢反应及其应用

当分子中具有侧链的双键时，在缓和条件下，侧链选择加氢，苯环上不发生加氢反应。

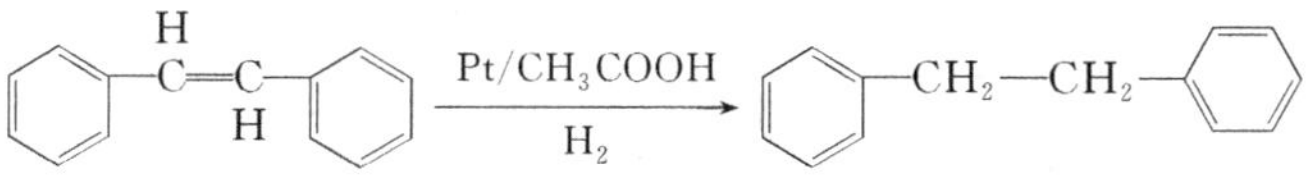

$$C_6H_5CH{=}CHC_6H_5 \xrightarrow[H_2]{Pt/CH_3COOH} C_6H_5-CH_2-CH_2-C_6H_5$$

但在剧烈的反应条件下，苯环也可以发生加成反应。例如：

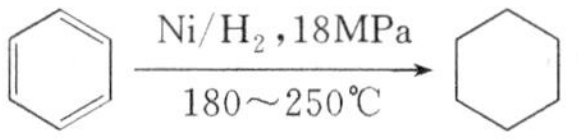

$$C_6H_6 \xrightarrow[180\sim250℃]{Ni/H_2,18MPa} C_6H_{12}$$

这是工业上制备环己烷的方法。也可以采用均相催化剂2-乙基乙酸镍/三乙基铝进行催化加成反应，此时，加氢条件比较缓和。

苯在液氨中用碱金属和乙醇还原，通过1,4-加成生成1,4-环己二烯，这个反应称为Birch（伯奇）反应。

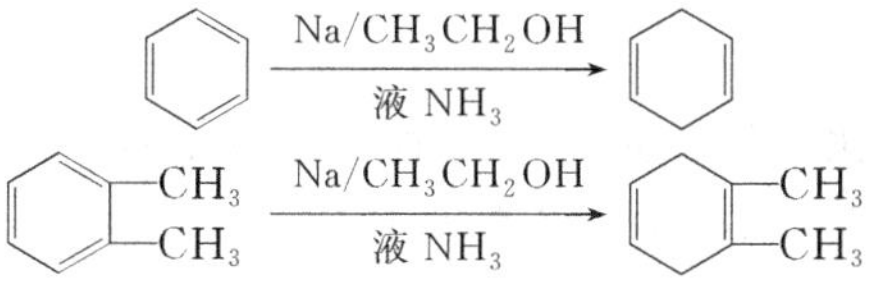

$$C_6H_6 \xrightarrow[液\ NH_3]{Na/CH_3CH_2OH} 1,4-环己二烯$$

$$邻二甲苯 \xrightarrow[液\ NH_3]{Na/CH_3CH_2OH} 1,2-二甲基-1,4-环己二烯$$

（2）加氯反应与环境

在紫外光照射下，苯与氯在40℃即可发生加成反应，生成六氯环己烷。

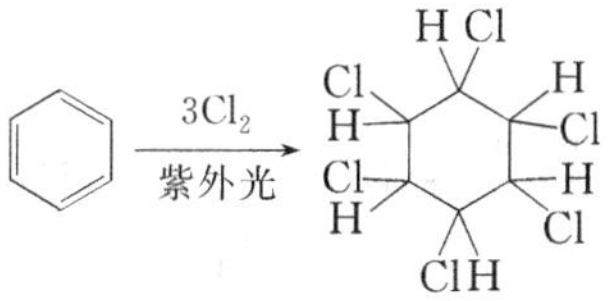

$$C_6H_6 \xrightarrow[紫外光]{3Cl_2} C_6H_6Cl_6$$

六氯环己烷又称六氯化苯，分子式为$C_6H_6Cl_6$，俗称六六六，它曾作为农药大量使用，由于残毒严重而逐渐被淘汰，很多国家禁止使用。六六六有九种异构体。

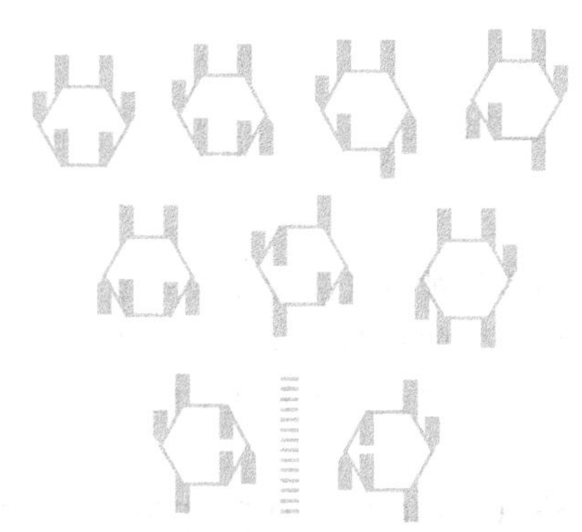

不论加氢还是加氯，反应都不容易停留在加一分子或两分子氢或氯的阶段，因为加氢或加氯的中间产物比苯更容易进行加成反应。

4.1.8 苯环上侧链的反应（reaction of branched chain on benzene ring）

烷基苯的侧链与苯环相连的第一个碳原子为α-碳，其上的氢为α-氢，在分子构造上芳烃侧链的α-氢与烯烃的α-氢相似，受苯环的影响比较活泼。

（1）氯化反应

在光照或加热的条件下，烷基苯的α-氢被卤素取代，生成α-卤代烷基苯，例如：甲苯与氯反应生成氯化苄（苄基氯）。

$$C_6H_5CH_3 + Cl_2 \xrightarrow{h\nu} C_6H_5CH_2Cl + HCl$$

$$C_6H_5CH_2CH_3 + Cl_2 \xrightarrow{h\nu} C_6H_5CHClCH_3 + HCl$$

α-H 氯化反应为自由基型反应，其活性中间体为苯甲基（苄基）自由基。氯化苄可以继续氯化生成二氯甲苯和三氯甲苯。

(2) 氧化反应

烷基苯比苯容易被氧化，通常是 α-碳上连有氢的取代苯可以被氧化成苯甲酸。

$$C_6H_5-CH_2CH_3 \xrightarrow[\triangle]{KMnO_4/H_3O^+} C_6H_5-COOH$$

一般情况下，不论侧链有多长，以及侧链上还有什么基团（如$-CH_2Cl$，$-CH_2OH$，$-CH=CH_2$ 等），只要有 α-氢都能被氧化成苯甲酸。无 α-氢的烷基苯，如叔丁苯则很难被氧化，在剧烈氧化时，苯环被破坏性氧化。

$$C_6H_5C(CH_3)_3 \xrightarrow[H^+]{KMnO_4} H_3C-C(CH_3)_2-COOH + CO_2 + H_2O$$

工业上用催化氧化方法制备苯甲酸、对苯二甲酸、邻苯二甲酸酐和均苯四甲酸等，这些化合物在工业上都有重要用途。

$$o\text{-}C_6H_4(CH_3)_2 \xrightarrow[450℃]{V_2O_5/O_2} o\text{-}C_6H_4(COOH)_2 \xrightarrow{-H_2O} \text{邻苯二甲酸酐}$$

异丙苯在碱性条件下，很容易被空气氧化生成过氧化异丙苯，后者在稀酸作用下，分解为苯酚和丙酮。这是生成苯酚的重要工业方法（见第 7 章）。同理，间异丙基甲苯进行氧化，再经过酸催化进行分解得到丙酮和间甲酚。

4.1.9 芳烃的来源及制备（source and preparation of arene）

(1) 从煤焦油中分离

煤经过干馏所得黑色的黏稠液体叫煤焦油。按照沸点，将其分馏，再用萃取法、磺化法或分子筛吸附法进行分离。

(2) 从石油裂解产品中分离

以石油为原料，裂解制 $CH_2=CH_2$，$CH_2=CH-CH_3$ 时，所得到的产物中含有芳烃，将副产物分馏可得裂解轻油和裂解重油。

(3) 石油芳构化

石油中一般含芳烃较少，但在一定温度和压力下，可以使石油中烷烃和环烷烃催化去氢转变成芳烃，例如环烷烃脱氢形成芳烃。

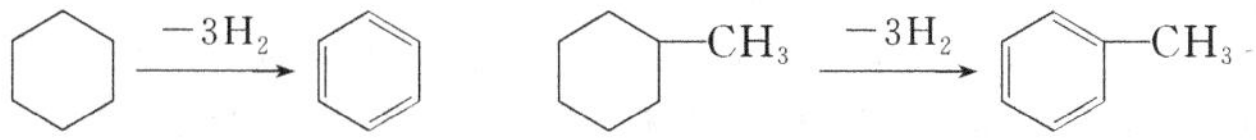

$\xrightarrow{-3H_2}$ $\quad$ $-CH_3 \xrightarrow{-3H_2} -CH_3$

环烷烃异构化，脱氢形成芳烃。

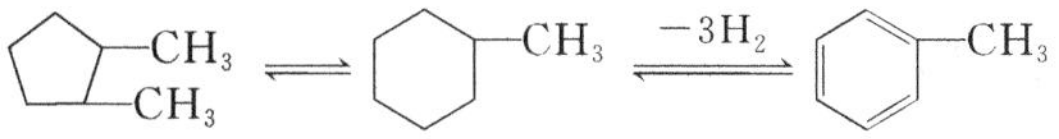

$-CH_3, -CH_3 \rightleftharpoons -CH_3 \xrightleftharpoons{-3H_2} -CH_3$

烷烃脱氢环化，再脱氢形成芳烃。

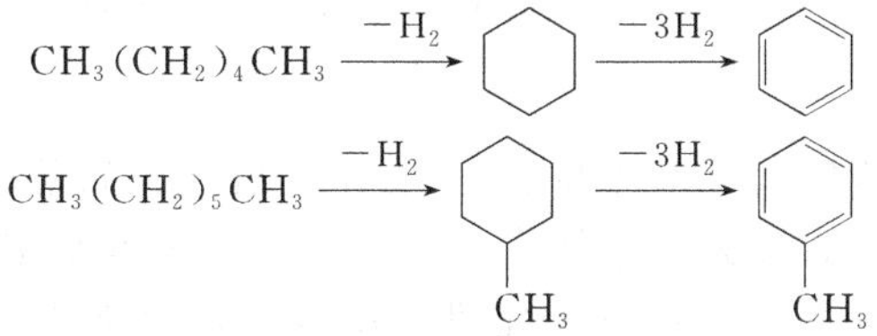

$CH_3(CH_2)_4CH_3 \xrightarrow{-H_2} \xrightarrow{-3H_2}$

$CH_3(CH_2)_5CH_3 \xrightarrow{-H_2} CH_3 \xrightarrow{-3H_2} CH_3$

4.2 多环芳烃 (polycyclic arene)

4.2.1 分类 (classification)

分子中含有多个苯环的烃称为多环芳烃。按照苯环相互联结的方式，多环芳烃可分为三种。

(1) 联苯类

这类多环芳烃分子中有两个或两个以上的苯环直接以单键相连结，称为联二苯（联苯）、联三苯等。

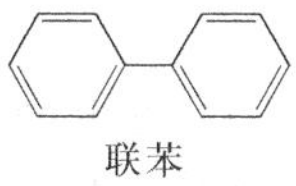

联苯 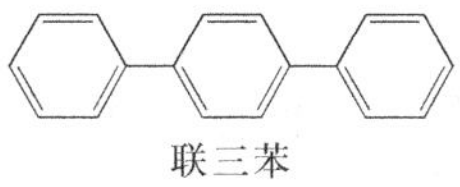 联三苯 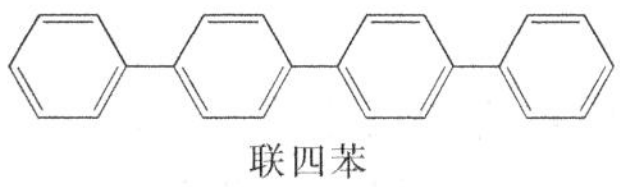 联四苯

(2) 稠环芳烃

这类多环芳烃分子中有两个或两个以上的苯环以共用两个碳原子的方式相互稠合，如萘、蒽、菲、芘等。

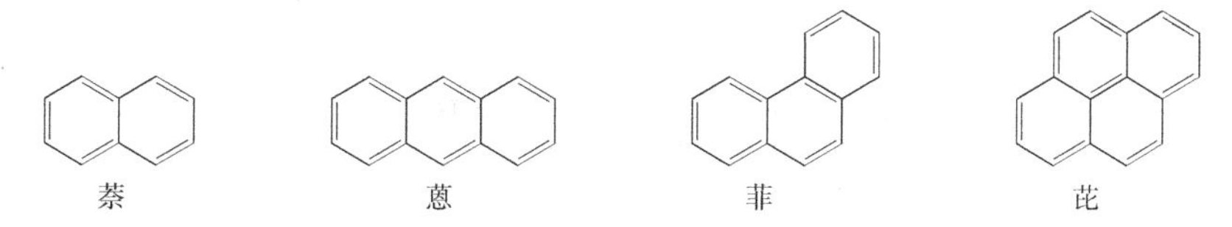

萘 蒽 菲 芘

(3) 多苯代脂烃类

这类多环芳烃可看作是脂肪烃中两个或两个以上的氢原子被苯基取代，如二苯甲烷、三苯甲烷等。

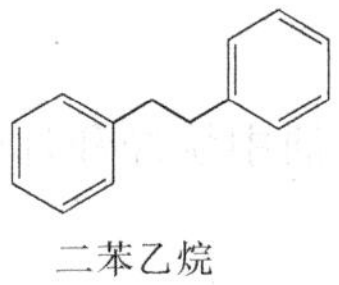

H H

二苯乙烷 diphenylethane　二苯乙烯 diphenylethene　二苯甲烷 diphenylmethane　三苯甲烷 triphenylmethane

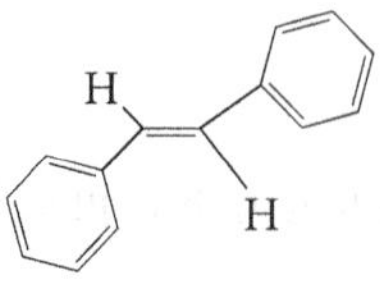

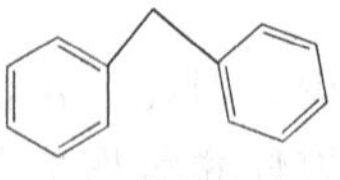

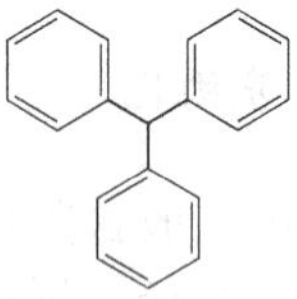

也可以将富勒烯归到多环芳烃中。多环芳烃中，稠环芳烃比较重要。

4.2.2 联苯（biphenyl）

联苯是两个苯环通过单键直接连接起来的二环芳烃。其结构为：

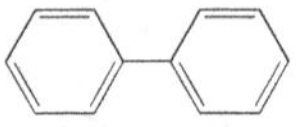

工业上联苯是由苯蒸气通过温度在700℃以上的红热铁管热解得到。实验室中可由碘苯和铜粉共热而制得。联苯为无色晶体，熔点70℃，沸点254℃，不溶于水而溶于有机溶剂。因其沸点高和具有很好的热稳定性，所以工业上常用它作热传导介质（热载体）。由26.5%的联苯与78.5%的二苯醚组成的低共溶混合物的熔点是12℃。在1MPa压力下，加热到400℃也不分解，是工业上性能优良的热载体。

联苯的化学性质与苯相似，在两个苯环上均可发生磺化、硝化等取代反应。联苯环上碳原子的位置采用下列所示的编号来表示：

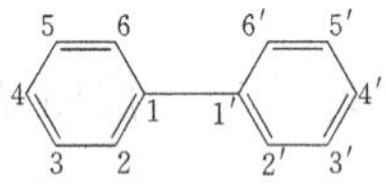

5 6 6′ 5′ 4 1 1′ 4′ 3 2 2′ 3′

联苯可看作是苯的一个氢原子被苯基取代，而苯基是邻、对位定位基，所以，当联苯发生亲电取代反应时，取代基进入苯的邻位和对位。但由于邻位上的空间位阻较大，主要生成对位产物。

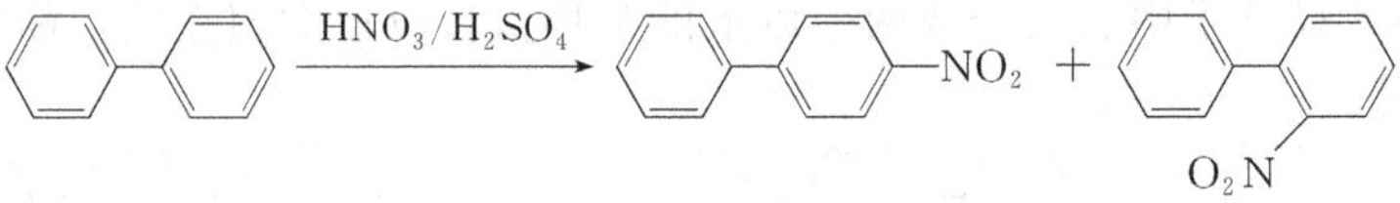

HNO_3/H_2SO_4 $-NO_2$ + O_2N

联苯最重要的衍生物是4,4′-二氨基联苯，也称为联苯胺。联苯胺可由硝基苯为原料制得。硝基苯在碱性溶液中还原时，可得到氢化偶氮苯。氢化偶氮苯在强无机酸（盐酸或硫酸）存在下，能够重排而得到联苯胺。这个重排反应称为联苯胺重排（见第10章）。氢化偶氮苯的衍生物也能发生这种重排，因此利用这个反应，可以由氢化偶氮苯衍生物来制取苯胺的衍生物。联苯胺是无色晶体，熔点127℃。它曾是许多合成染料的中间体，由于该化合物对人体有较大毒性且有致癌可能，近年来被禁止用于染料中。

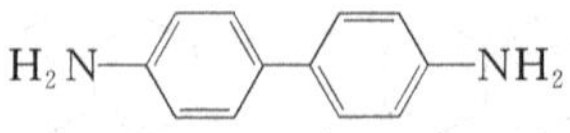

H_2N- $-NH_2$

4,4′-二氨基联苯（4,4′-diaminobiphenyl）

4.2.3 萘（naphthalene）

由多个苯环共用两个或多个碳原子稠合而成的芳烃称为稠环芳烃。简单的稠环芳烃如萘、蒽、菲等，还未发现有致癌作用。复杂的稠环芳烃如苯并菲、苯并蒽、苯并芘等，是有致癌活性和促进致癌的物质。这些稠环芳烃的衍生物也是如此。稠环芳烃中最重要的是萘。萘是有机化学工业基础原料之一，其主要是从煤焦油中分离。在煤焦油中萘的含量最高，约为5%。

(1) 萘的结构

萘的分子式为$C_{10}H_8$，其结构和苯相似，它也是一个平面状分子。萘分子中每个碳原子也以sp^2杂化轨道与相邻的碳原子及氢原子的原子轨道相互交盖而成σ键，十个碳原子都处在同一平面上，联结成两个稠合的六元环，八个氢原子也在同一平面上。每个碳原子还有一个p轨道。这些对称轴平行的p轨道侧面相互交盖，形成包含十个碳原子在内的π分子轨道。萘的各碳-碳键的键长并不完全相等，经X射线衍射法测定，萘分子中各键长如下：

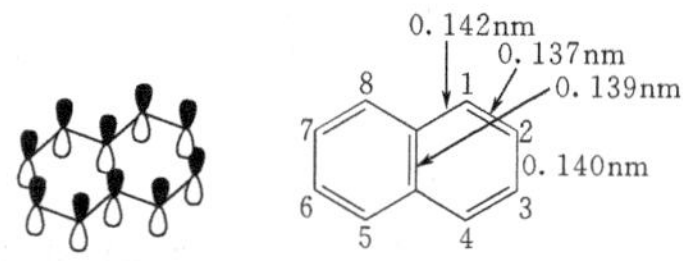

0.142nm
0.137nm
0.139nm
0.140nm
8 1 2 3 4 5 6 7

萘分子结构可用如下共振式表示：

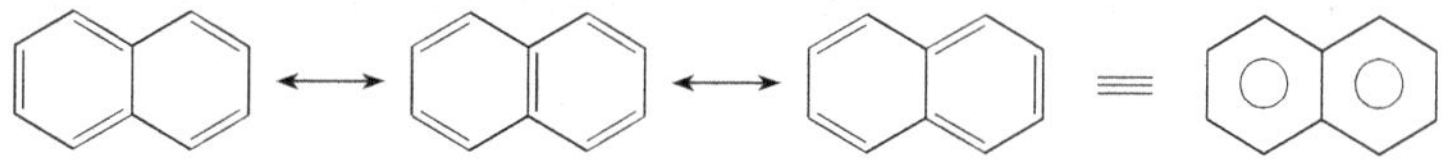

但一般表示如下：

α α β β β β α α

或

8 1 2 3 4 5 6 7

萘分子中不仅各个键长有所不同，各碳原子的位置也不完全等同。其中1、4、5、8四个位置是等同的，称为α位；2、3、6、7四个位置也是等同的，称为β位。

(2) 萘的物理性质

萘是白色晶体，熔点80.5℃，沸点218℃，有特殊气味，易升华，不溶于水，易溶于热的乙醇及乙醚，常用作防蛀剂。萘在染料合成中应用很广，大部分用于制造邻苯二甲酸酐。

(3) 萘的化学性质

萘的结构可看成是两个苯环稠合而成，但它的共轭能并不是苯的两倍，即不是2×152kJ/mol=304kJ/mol，而只是255kJ/mol。因此萘的芳香性较苯弱一些。萘比苯容易发生加成和氧化反应，萘的取代反应也比苯容易进行。

萘可以进行卤化、硝化、磺化等亲电取代反应。萘的α位活性比β位大，所以取代反应中一般得到α取代物。亲电取代反应中，萘的α位活性大于β位，一般可以用碳正离子中间体的稳定性及其形成过渡态时的活性能解释。

当萘的α位被取代时，碳正离子中间体的结构用下列共振结构式来表示：

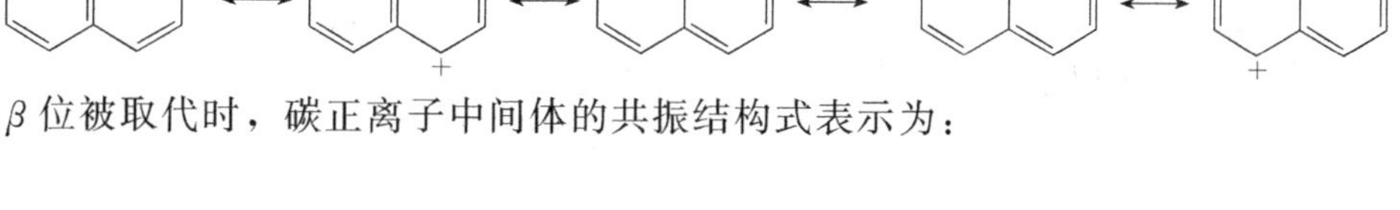

H Y + ⟷ H Y + ⟷ H Y + ⟷ + H Y ⟷ H Y +

β位被取代时，碳正离子中间体的共振结构式表示为：

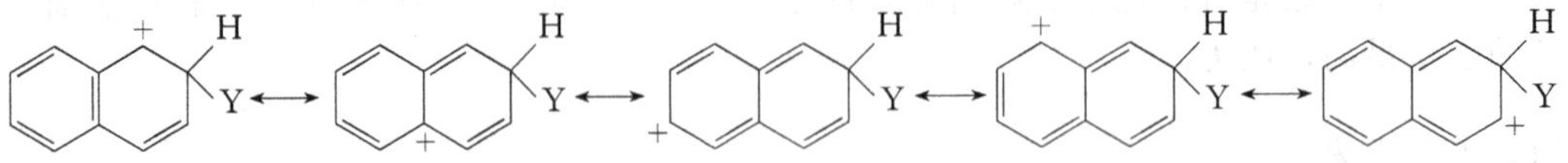

在 α 位取代的共振式中，第一和第二两个共振式保持了一定的苯环结构，它们的能量比较低，在共振杂化体中的贡献比较大。在 β 位取代的共振结构式中，只有第一个的结构保持了苯环的结构，它的能量低，贡献大，其余四个共振结构的能量都比较高，β 取代的碳正离子中间体在形成过渡态时活化能也高。因此萘的取代一般发生在 α 位。

① 卤化反应　在 Fe 或 $FeCl_3$ 存在下，将 Cl_2 通入萘的苯溶液中，主要得到 α-氯萘。

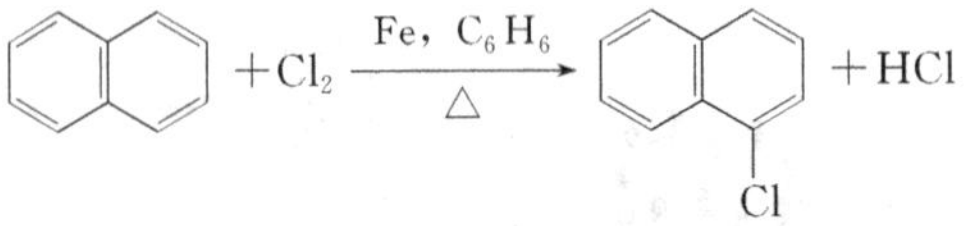

α-氯萘为无色液体，沸点 259℃，可作高沸点的溶剂和增塑剂。次氯酸丁酯负载到 SiO_2 上是近年来开发的一种新的氯化剂，与芳烃的反应条件温和，转化率高，选择性好，例如：

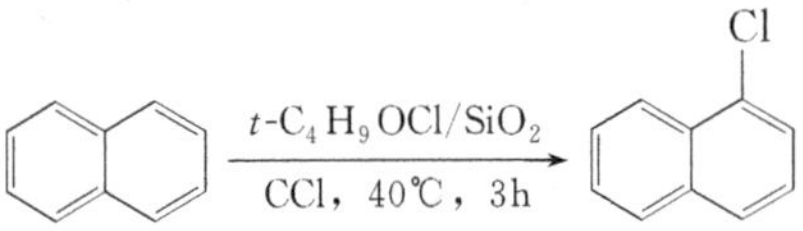

（转化率 93%，选择性 100%）

② 磺化反应　萘在较低温度（60℃）磺化时，主要生成 α-萘磺酸；在较高温度（165℃）磺化时，主要生成 β-萘磺酸。α-萘磺酸与硫酸共热到 165℃时，也变成 β-萘磺酸。

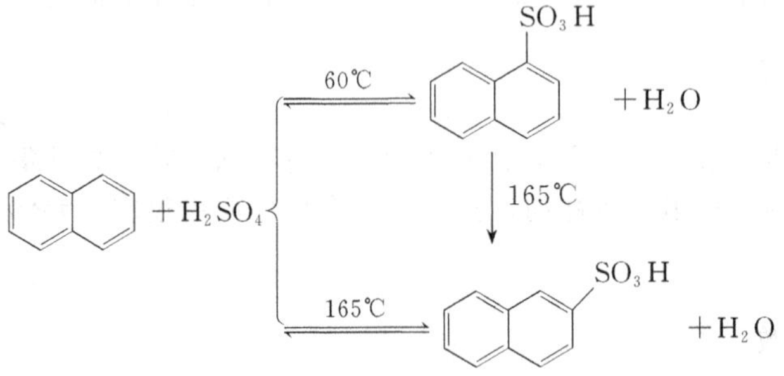

这是因为磺化反应是可逆反应。在低温时，取代反应发生在电子云密度高的 α 位上，但因磺基体积较大，它与相邻的 α 位上的氢原子间距离小于它们的范德华半径之和。所以，α-萘磺酸稳定性差。在较高温度时，生成稳定的 β-萘磺酸，即低温时磺化反应是动力学控制，高温时是热力学控制。

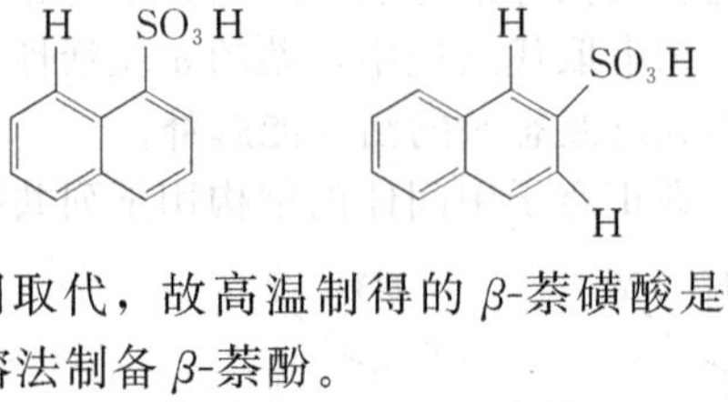

因为磺基易被其他基团取代，故高温制得的 β-萘磺酸是制备某些 β-取代萘的中间产物。如由 β-萘磺酸的碱熔法制备 β-萘酚。

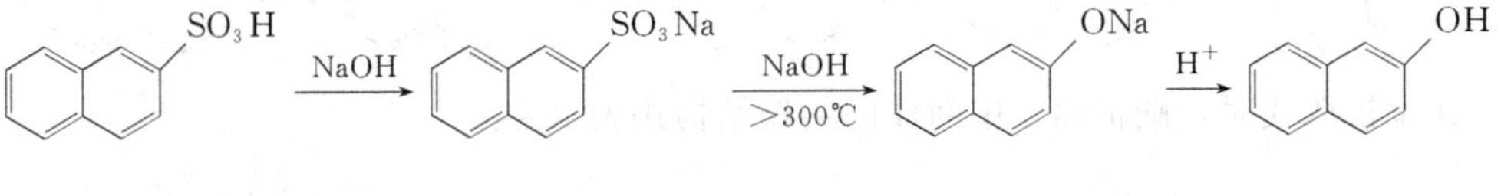

③ 酰基化反应　萘的酰基化反应产物与反应温度和溶剂的极性有关。低温和非极性溶剂中（如 CS_2）主要生成 α-取代产物。而在高温及极性溶剂中（如硝基苯）主要生成 β-取代产物。

CH_3COCl，$AlCl_3$，$-15℃$，CS_2 → 1-乙酰基萘 75% + 2-乙酰基萘 25%

CH_3COCl，$AlCl_3$，$200℃$，$C_6H_5NO_2$ → 2-乙酰基萘 95%

这是因为在极性溶剂中，酰基碳正离子与溶剂化物的体积较大，温度较高时进入 β 位；但在非极性溶剂中则进入活泼的 α 位。

④ 氯甲基化反应　在无水氯化锌的催化下，萘与甲醛及浓盐酸反应时，主要产物是 α-氯甲基萘。

$$\text{萘} + HCHO + HCl \xrightarrow{ZnCl_2} \text{α-氯甲基萘（74\%～77\%）} + H_2O$$

α-氯甲基萘分子中的—CH_2Cl 与 $C_6H_5CH_2Cl$ 分子中的—CH_2Cl 一样，容易转化成为—CH_2OH 等基团。因此，α-氯甲基萘在萘的 α 系列衍生物的合成中有着重要的地位。

⑤ 亲电取代反应规律　当一取代萘再进行亲电取代时，新的基团既可进入已有取代基的环上（同环取代），也可进入到另一个环上（异环取代）。另外，与一取代苯相比，一取代萘有七个不同的位置可被进一步取代，所以，一取代萘取代基的定位效应比一取代苯复杂得多。根据实验结果，可归纳出下列几条规则：

a. 萘环上原有的取代基为活化苯环的邻、对位定位基时，如果原有取代基处于 1 位（α 位），则新引入的基团主要进入到同环的 4 位。例如：

1-甲基萘 $\xrightarrow[0℃]{ClSO_3H/CCl_4}$ 4-甲基-1-萘磺酸（SO_3H）88%

1-萘酚 $\xrightarrow{HNO_3，CH_3COOH}$ 4-硝基-1-萘酚 85% + 2-硝基-1-萘酚 15%

b. 如果原有的取代基在 2 位（β 位），则新引入的基团主要进入到同环 1 位。例如：

2-萘酚 $\xrightarrow{NaNO_3，H_2SO_4}$ 1-硝基-2-萘酚（90%）

$$\text{2-甲基萘} \xrightarrow[80℃]{HNO_3,\ CH_3COOH} \text{1-硝基-2-甲基萘}\quad (70\%\sim80\%)$$

$$\text{2-乙酰氨基萘 }(NHCOCH_3) \xrightarrow{HNO_3,\ CH_3COCH_3} \text{1-硝基-2-乙酰氨基萘}\quad (47\%\sim49\%)$$

c. 萘环上原有取代基是钝化苯环的间位定位基时，原有取代基无论是在萘环的 1 位（α 位）还是 2 位（β 位），新引进的基团主要进入到异环的 5 位或 8 位。例如：

$$\text{1-萘磺酸 }(SO_3H) \xrightarrow{H_2SO_4 \cdot SO_3} \text{1,5-萘二磺酸}$$

$$\text{2-硝基萘} \xrightarrow{HNO_3 \cdot H_2SO_4} \text{1,7-二硝基萘} + \text{1,6-二硝基萘}$$

$$\text{2-萘磺酸} \xrightarrow[H_2SO_4]{HNO_3} \text{8-硝基-2-萘磺酸} + \text{5-硝基-2-萘磺酸}$$

在 1 位取代萘的亲电反应中，影响第二个取代基进入萘环位置的因素较多。除原有的取代基外，亲电试剂、溶剂和温度也都有明显的影响。例如，β-甲氧基萘在进行傅-克乙酰化反应时，由于溶剂不同，乙酰基进入萘环的位置也不同。

$$\text{2-甲氧基萘 }(OCH_3) \xrightarrow{CH_3COOH} \begin{cases} \xrightarrow{CS_2} \text{1-乙酰基-2-甲氧基萘 }(COCH_3,\ OCH_3)\quad (61\%) \\ \xrightarrow{C_6H_5NO_2} \text{6-乙酰基-2-甲氧基萘 }(H_3C\text{-}CO\text{-},\ OCH_3)\quad (70\%) \end{cases}$$

当引入第二个取代基的体积较大时，由于产生的空间位阻较大，第二个取代基进入萘环的位置出现一些特殊情况，例如：

$$\text{2-甲基萘 }(H_3C\text{-}) + \text{丁二酸酐 }(CH_2\text{—}CO,\ CH_2\text{—}CO,\ O) \xrightarrow[PhNO_2]{AlCl_3} H_3C\text{-}C_{10}H_6\text{-}COCH_2CH_2COOH$$

⑥ 氧化反应　萘比苯容易氧化，不同条件下，得到不同的氧化产物。例如，萘在醋酸溶液中，用三氧化铬进行氧化，则其中一个环被氧化成醌，生成萘-1,4-醌。

$$\text{萘} \xrightarrow[CrO_3,\ 10\sim15℃]{CH_3COOH} \text{萘-1,4-醌}$$

在强氧化条件下，则一个环破裂，得到邻苯二甲酸酐。

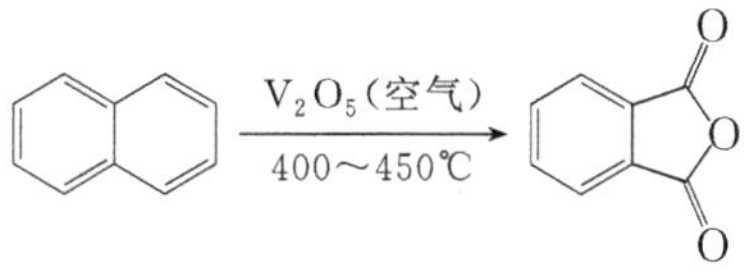

V_2O_5(空气)，400～450℃

邻苯二甲酸酐在化学工业上有广泛的用途，它是许多合成树脂增塑剂、染料的原料。

⑦ 加氢（还原）反应　萘比苯容易发生加成反应，用钠和乙醇就可以使萘还原成1,4-二氢化萘。

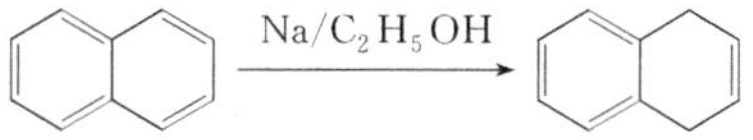

Na/C_2H_5OH

用钠和戊醇还原萘，反应在更高的温度下进行，这时得到1,2,3,4-四氢化萘。萘催化加氢也生成四氢化萘，如果催化剂和反应条件不同，也可以生成十氢化萘。

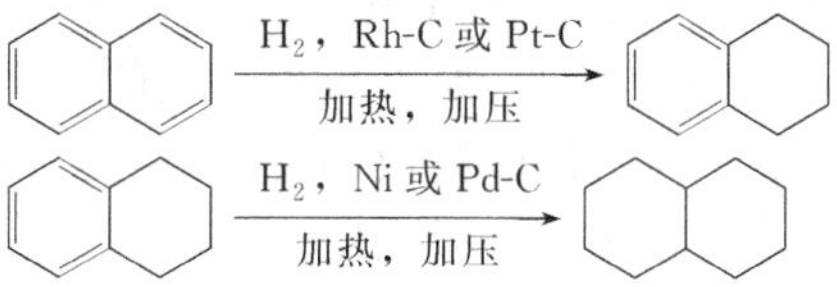

H_2，Rh-C 或 Pt-C，加热，加压

H_2，Ni 或 Pd-C，加热，加压

四氢化萘也叫萘满，是沸点为 207.6℃的液体，十氢化萘也叫萘烷，是沸点为 191.7℃的液体，它们都是良好的高沸点溶剂。

4.2.4 蒽（anthracene）

(1) 蒽的来源及结构

蒽存在于煤焦油中，分子式为 $C_{14}H_{10}$。它可以从分馏煤焦油的蒽油馏分中提取。蒽分子含有三个稠和的苯环，X 射线衍射法证明，蒽所在的原子都在一个平面上。环上相邻碳原子的 p 轨道侧面相互交盖，形成了包含 14 个碳原子的 π 分子轨道。与萘相似，蒽的碳-碳键键长也并不完全相同。蒽的结构和键长表示如下：

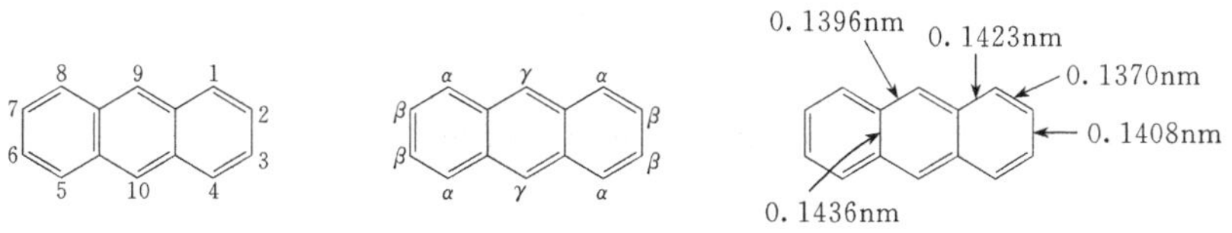

0.1396nm　0.1423nm　0.1370nm　0.1408nm　0.1436nm

蒽的各碳原子的位置并不相同，其中 1，4，5，8 位是等同的，称为 α 位；2，3，6，7 位也是等同的，称为 β 位；9，10 位等同，称为 γ 位。因此蒽的一元取代物有 α，β 和 γ 三种异构体。

一甲基蒽有三种异构体，二甲基蒽异构体的个数可用数学方法计算出来。

先将甲基定在 α 位，第二个甲基可在的位置的数量为 $C_9^1=9$，而后将甲基定在 β 位，第二个甲基可在的位置的数量为 $C_5^1=5$，再将甲基定在 γ 位，第二个甲基可在的位置的数量为 $C_1^1=1$，总异构体的个数是 $=C_9^1+C_5^1+1=15$（个）。将 H 用甲基置换，则六甲基蒽也有 15 种异构体。按上述方法算出二甲基菲的异构体的个数。

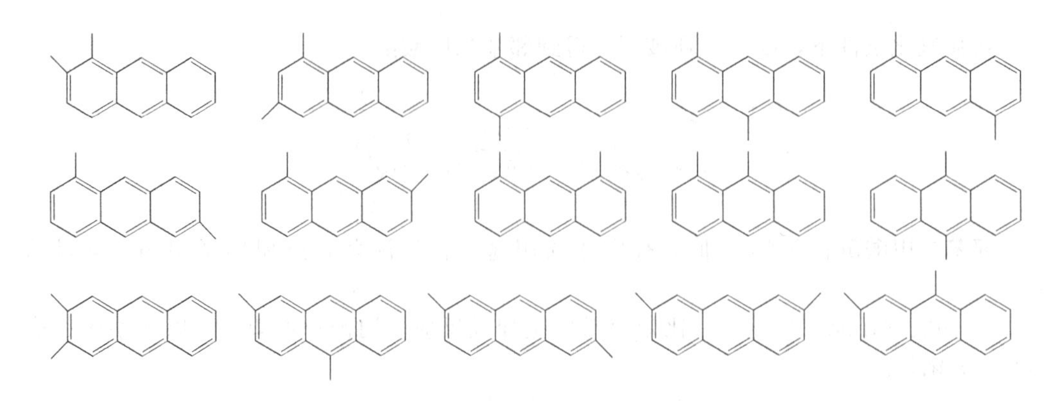

（2） 蒽的性质

蒽为白色晶体，具有蓝色荧光，熔点 216℃，沸点 340℃。它不溶于水，难溶于乙醇和乙醚，而能溶于苯。蒽比萘更容易发生化学反应。蒽的 γ 位最活泼，反应也一般发生在 γ 位。蒽的共振能是 351kJ/mol。如果与苯、萘的共振能相比，可以看出，随着分子中稠合环数的增加，每个环的共振能数值却逐渐下降，所以稳定性也逐渐下降。与此相应，它们也越来越容易进行氧化和加成反应。

① 加成反应　蒽容易在 9、10 位上发生加成反应。例如催化加氢生成 9,10-二氢化蒽。

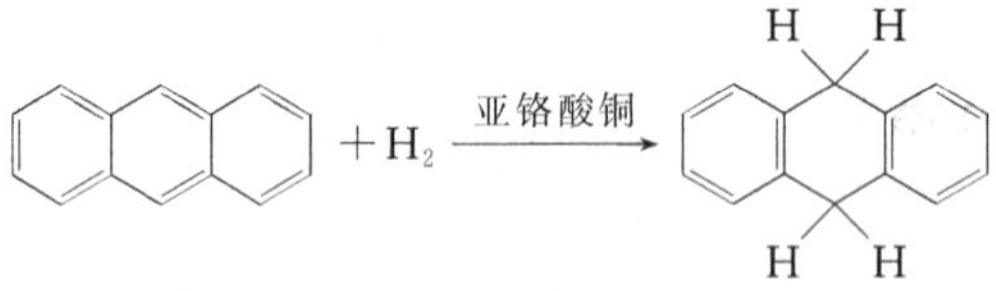

+ H_2 —亚铬酸铜→ （H H / H H）

9,10-二氢化蒽

也可用钠和乙醇使蒽还原为 9,10-二氢化蒽。氯或溴与蒽在低温下即可进行加成反应。例如：

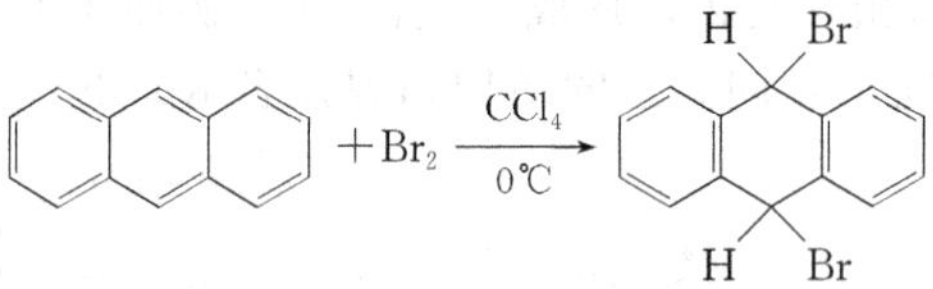

+ Br_2 —CCl_4, 0℃→ （H Br / H Br）

② 氧化反应　重铬酸钾和硫酸可将蒽氧化为蒽醌。

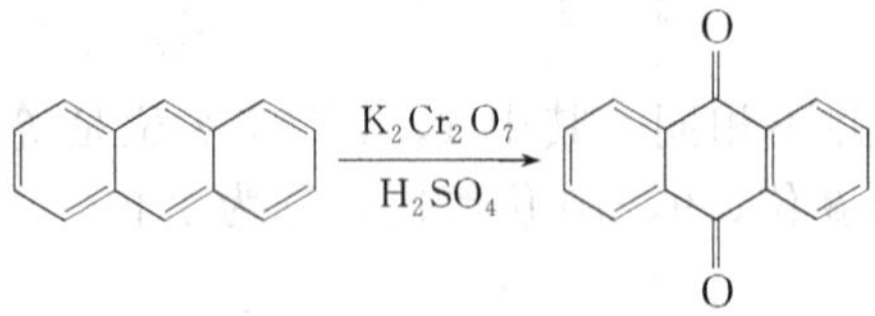

—$K_2Cr_2O_7$, H_2SO_4→ （O / O）

9，10-蒽醌

工业上一般以 V_2O_5 为催化剂，采用 300～500℃空气催化氧化的方法制造蒽醌。它也可以由苯和邻二甲酸通过傅-克酰基化反应来合成。

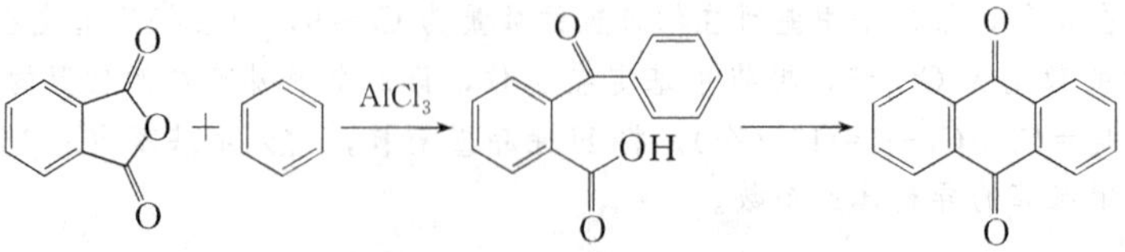

（O, O, O）+ —$AlCl_3$→ （O, OH, O）——→ （O, O）

蒽醌是浅黄色结晶，熔点为 275℃。蒽醌不溶于水，也难溶于多数有机溶剂，但易溶于浓硫酸。蒽醌及其衍生物是许多蒽醌类染料的重要原料，其中 β-蒽醌磺酸尤为重要。

4.2.5 菲 (phenanthrene)

菲存在于煤焦油的蒽油馏分中，分子式 $C_{14}H_{10}$，是蒽的同分异构体。与蒽相似，也是由三个苯环稠合而成，但菲和蒽不同的是，三个六元环不是连成一条直线，而是形成了一定角度。菲的结构和碳原子的编码如下所示：

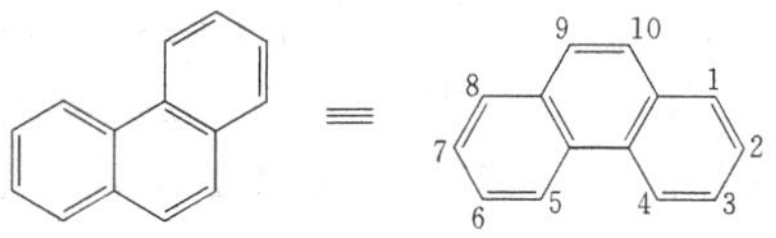

其中 1，8；2，7；3，6；4，5 和 9，10 位置分别相同。因此菲的一元取代物就有五种。菲是白色片状晶体，熔点 100℃，沸点 340℃，易溶于苯和乙醚，溶液呈蓝色荧光。菲的共振能为 381.64kJ/mol，比蒽大，因此比蒽稳定。化学反应易发生在 9，10 位。例如，将菲氧化可得 9，10-菲醌。

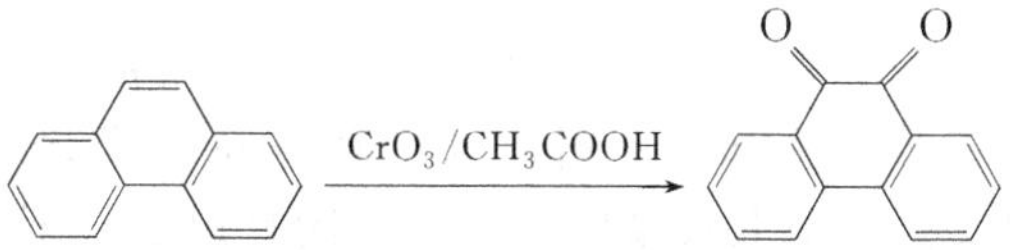

$$\xrightarrow{CrO_3/CH_3COOH}$$

菲醌是一种农药，可以防止小麦莠病、红薯黑斑病等。

4.2.6 其他稠环芳烃 (other fused ring aromatic hydrocarbons)

萘、蒽、菲等均为由苯环稠合的稠环芳烃。此外，也有不完全是由苯环稠合的，例如苊和芴，它们都可以从煤焦油馏分中提取得到。

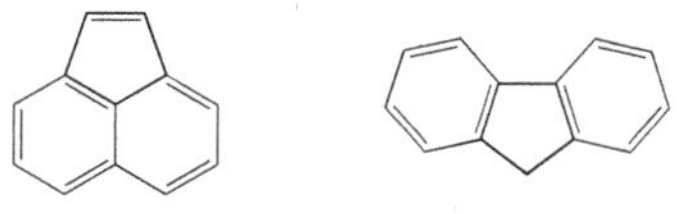

苊　　芴

苊是无色针状晶体，熔点 95℃，沸点 278℃，不溶于水，溶于有机溶剂。它也可以看作是萘的衍生物。

芴是无色片状结晶，有蓝色荧光，熔点 114℃，沸点 295℃。它的亚甲基上的氢原子相当活泼，可以被碱金属取代。例如：

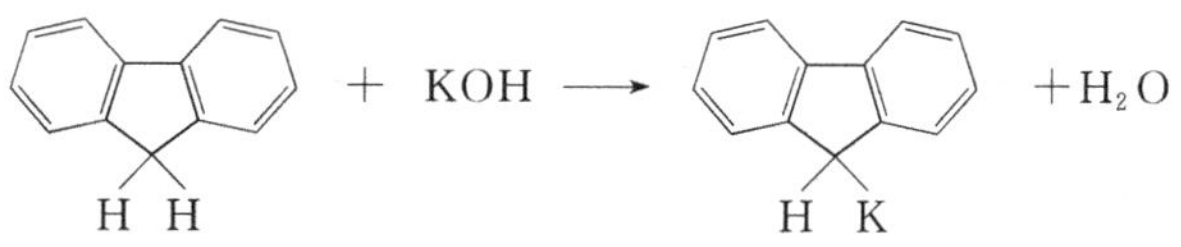

$$+\ KOH \longrightarrow \quad + H_2O$$

H H　　H K

生成的钾盐加水分解又得到原来的芴。利用这种性质可从煤焦油中分离芴。

4.2.7 Haworth 合成 (Haworth synthesis)

苯和萘以及它们的衍生物可顺利地与丁二酸酐或邻苯二甲酸酐进行酰基化反应。如果将得到的产物再进一步反应，就可得到某些稠环芳烃或芳基衍生物。例如：

AlCl$_3$ Zn-Hg/HCl HOOC HOOC PPA Pd Zn-Hg/HCl O

这个合成方法是由 R. D. Haworth 首先提出来的，叫做 Haworth 合成。从上述萘的合成中可以看出，Haworth 合成所采用的基本反应实际上包括酰基化、Clemmensen（克莱门森）还原和催化脱氢芳构化。这些反应都是比较熟悉的。如果把合成萘的这个方法中的一步或几步加以修饰，就可以制备出一些萘的衍生物。例如在第二次 Clemmensen 还原之前，如果用格氏试剂与中间产物 α-四氢萘酮反应，可以把一个烷基或一个芳基引入到环的 α 位上，再经过脱水，芳构化，便可制得 α-烷基或 α-芳基萘。例如：

PhMgX/THF Ph OH Ph Ph

如果用烷基醚、溴苯等作为起始原料，则可制得 β-取代萘。这是因为，上述取代苯的第一次酰基化主要发生在原取代基的对位上，闭环以后，苯环上原有的取代基必定处于萘环的 β 位。例如：

RO AlCl$_3$ RO HOOC Zn-Hg/HCl RO HOOC PPA Pd $-H_2$ RO Zn-Hg/HCl RO RO O

如果把取代苯第一次酰基化所得产物酮酸转变为相应的酯，然后再与格氏试剂反应，因为酮与格氏试剂的反应要比酯快得多，从而可以把烷基引入到 α 位上，最终得到 1,6-二取代萘。例如：

C_2H_5 AlCl$_3$ C_2H_5 COOH C_2H_5 $COOC_2H_5$ Ph C_2H_5 $COOC_2H_5$ $-H_2O$ Ph OH C_2H_5 $COOC_2H_5$ H^+

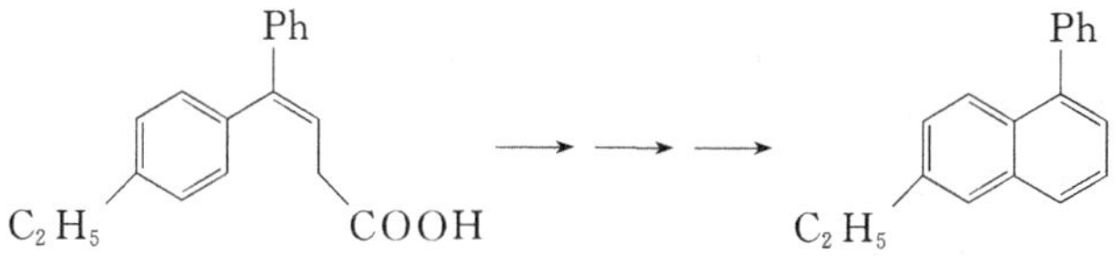

Ph　　Ph

C_2H_5　COOH　⟶⟶⟶　C_2H_5

把上述反应适当结合，就可制得多种取代萘。

4.2.8　多苯代脂烃（polyphenyl hydrocarbons）

多苯代脂烃的苯环被取代基活化，比苯容易发生各种取代反应。与苯环相连的甲基和亚甲基上的氢原子受苯环的影响也比较活泼，容易被氧化，取代显酸性。当多苯代脂烃中的苯基相距较远时，主要显示单环芳烃基衍生物的性质。

(1) 二苯甲烷

二苯甲烷为无色晶体，熔点 27℃。它可以苯与苄基氯或二氯甲烷为原料制备。

$$C_6H_6 + C_6H_5CH_2Cl \xrightarrow{HZSM\text{-}5} C_6H_5CH_2C_6H_5$$

二苯甲烷分子中的亚甲基在两个苯基的影响下，具有高度的反应活性，容易起取代和氧化反应。

(2) 三苯甲烷

三苯甲烷为斜方叶状晶体，熔点 92℃。它是三苯甲烷类染料的母体。三苯甲烷可由苯与氯仿制备。

$$3C_6H_6 + CHCl_3 \xrightarrow{AlCl_3} (C_6H_5)_3CH + 3HCl$$

三苯甲烷的 C—H 键与三个苯基形成 σ-π 共轭体系。氢原子显示出酸性，$pK_a=3.15$。在溶液中三苯甲烷与钠反应生成血红色的三苯甲基钠，其中含有三苯甲基负离子。

$$(C_6H_5)_3CH + Na \longrightarrow (C_6H_5)_3C\ Na + H_2$$

三苯甲基钠是很强的碱，可以夺取弱酸中的 H^+ 形成 $(C_6H_5)_3CH$，是有机合成中常用的碱。

$$(C_6H_5)_3C\ Na + CH_3OH \longrightarrow (C_6H_5)_3CH + CH_3ONa$$

三苯甲烷与溴反应生成三苯溴甲烷。

$$(C_6H_5)_3CH + Br_2 \longrightarrow (C_6H_5)_3CBr + HBr$$

三苯甲烷氧化可得到三苯甲醇。

$$(C_6H_5)_3CH \xrightarrow{CrO_3} (C_6H_5)_3COH$$

(3) 酚酞及三苯甲烷染料

具有三苯甲烷结构的化合物是一大类染料，如酚酞、百里酚酞、甲基紫等。酚酞在浓酸、稀碱中为红色，在强碱、稀酸中为无色，这是由分子结构的变化引起的。其合成方法是：

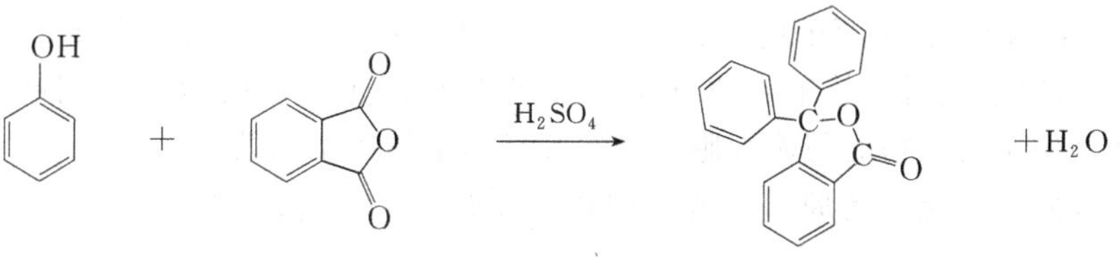

OH　+　O O O　$\xrightarrow{H_2SO_4}$　C-O C=O　$+H_2O$

内酯（无色） 二钠盐（红色） 醇型三钠盐（无色）

醇型（无色） 内盐（红色）

4.2.9 富勒烯（fullerene）

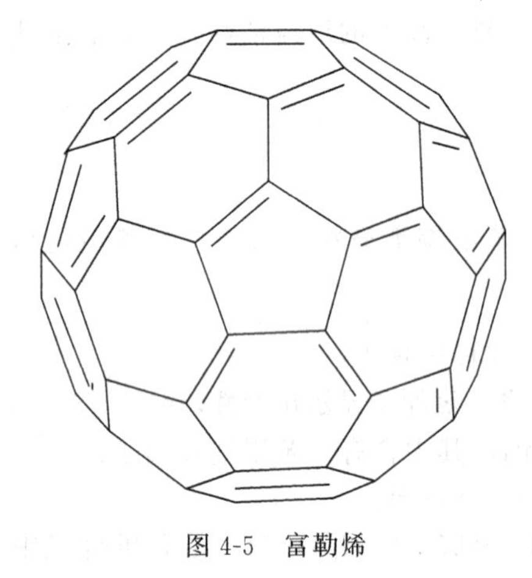

图 4-5 富勒烯

富勒烯是一族只有碳元素的化合物。分子形状像足球，故有足球烯之称，见图 4-5。从组成上看，富勒烯是碳的同素异形体，属无机化合物，但富勒烯及其衍生物从分子结构和化学性质看又像芳烃分子。因此，可归属于有机化合物。

自罗伯特（F. C. Robert），哈路特（W. K. Harld）和查理特（G. S. Richard）三位科学家于 1985 年发现 C_{60} 和富勒烯化合物以来，对富勒烯化学的研究就变得十分活跃，且研究较多的富勒烯族化合物是 C_{60}。C_{60} 是苯分子以后，化学领域中的一大重要发现。为此，这三位科学家共同分享了 1996 年诺贝尔化学奖。

C_{60} 是由 60 个碳原子组成的高度对称的足球状分子。60 个碳原子采用近似 sp^2 杂化轨道相互成键，形成笼状分子。未杂化的 p 轨道形成一个非平面的共轭离域大 π 键。60 个碳原子在 12 个正五边形和 20 个正六边形组成的 32 个平面的多面体的 60 个顶点上，是一个高度对称的分子。$\angle CCC$ 平均值为 116°，正六边形的键长为 0.1391nm。正五边形的键长为 0.1455nm。似乎双键都分布在正六边形上，类似苯的结构，正五边形上无双键。因此 C_{60} 化学性质较稳定，具有部分芳香性。

C_{60} 的相对密度为 1.678，不溶于大多数普通有机溶剂。C_{60} 的 60 个碳原子的化学环境完全相同，在 ^{13}C NMR 谱中仅在 δ 143.68 处出现一个单峰。C_{60} 在环己烷溶剂中的 UV 吸收出现在 213nm，257nm 和 329nm 处。

在 C_{60} 笼上掺杂金属原子后，有较好的超导性和光学性，可在非线性光学材料和特殊有机磁性材料中应用。其氟化物作为新型的润滑剂包层，展示了广阔的应用前景。C_{60} 的水溶性磷脂衍生物能与癌细胞结合，并显示生物医学活性。

C_{60} 可以发生氧化、还原、加成、周环（[2+2] 和 [2+4] 等）和聚合等反应。

C_{60} 不能直接进行取代，但它的衍生物可以进行取代。

4.2.10　稠环化合物的命名（nomenclature of fused ring aromatic hydrocarbons）

稠环化合物应尽量将苯环写在一条横线上，右上象限尽量多，标号从右上角开始。

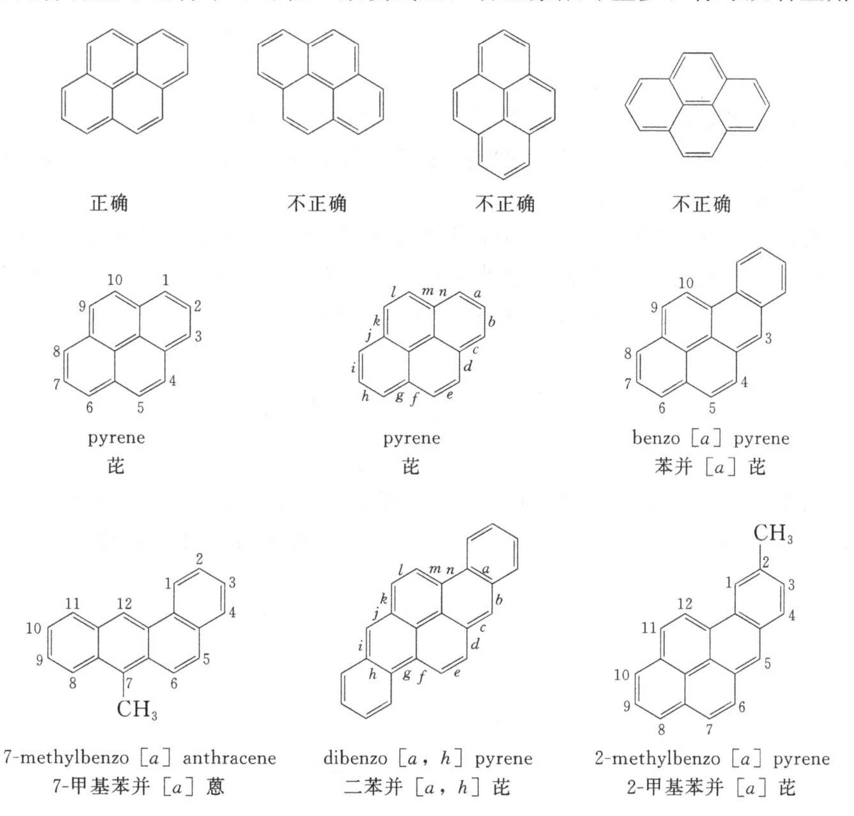

4.3　芳香性，非芳香性，反芳香性，同芳香性及反同芳香性（aromaticity，nonaromaticity，antiaromaticity，homoaromaticity and antihomoaromaticity）

（1）判断方法

芳烃一般具有苯环结构，它们是环状闭合共轭体系，π 电子高度离域，体系能量低，较稳定。在化学性质上表现为易进行亲电取代反应，不易进行加成和氧化反应，即具有不同程度的芳香性。是不是具有芳香性的化合物一定具有苯环？1931 年德国化学家休克尔（Hückel）从分子轨道理论的角度，对环状多烯烃（亦称轮烯）的芳香性提出了如下规则，即 Hückel 规则。其要点是：化合物是轮烯，共平面，它的 π 电子数为 $4n+2$（n 为 0，1，2，3，…，n 整数），共面的原子均为 sp^2 或 sp 杂化。针对芳稠环，1954 年伯朗特（Platt）提出了周边修正法，认为可以忽略中间的双键而直接计算外围的电子数，对 Hückel 规则进行了完善和补充。

① 芳香性　具有芳香性应符合以下条件：

a. 属于轮烯，即环状多烯，其未取代的环多烯通式为 C_nH_n（$n \geqslant 4$）。

b. 共平面，共面的原子均为 sp^2 或 sp 杂化。

c. π 或 p 电子数之和为 $4n+2$。如：利用 Hückel 规则，可以判断［18］-轮烯有芳香性，而［12］-轮烯没有芳香性。

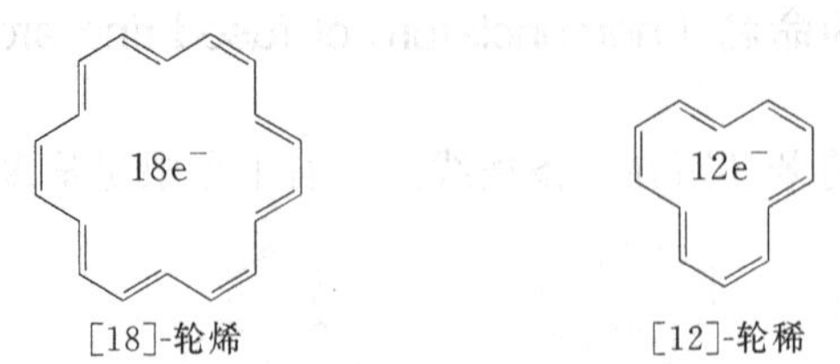

［18］-轮烯　　［12］-轮稀

d. 对于稠环芳烃也可将之看成轮烯，画经典结构式时，应使尽量多的双键处在轮烯上，处在轮烯内外的双键写成其共振的正负电荷形式，将出现在轮烯内外的单键忽略后，再用 Hückel-Platt 规则判断。

下面的化合物 A 周边有双键 6 个，此时直接判断它们的芳香性就会造成错误。所以首先应将它们改写成尽量多的双键处在轮烯上的 B 式，B 有双键 7 个，将内部的双键忽略后，用 Hückel-Platt 规则判断得 A 为芳香性物质。

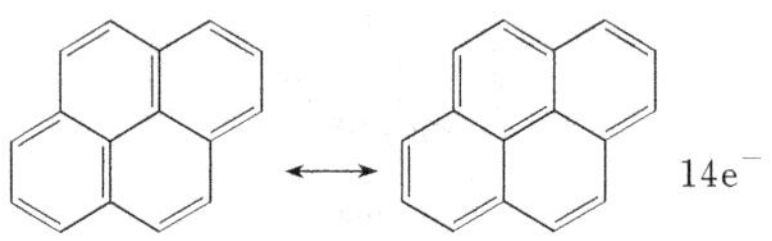

14e⁻

A　　B

双键与轮烯直接相连，不能使用 Platt 规则，计算电子数时，将双键写成其共振的电荷结构，负电荷按 2 个电子计，正电荷按 0 计，内部不计。如下面物质均有芳香性：

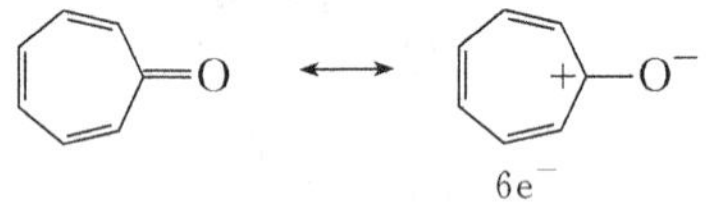

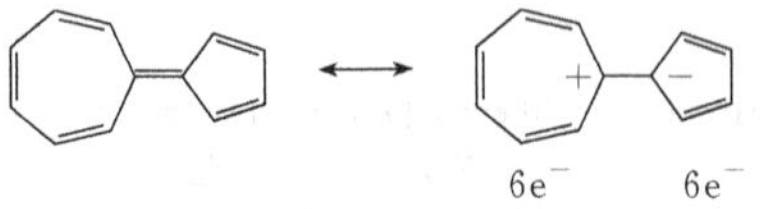

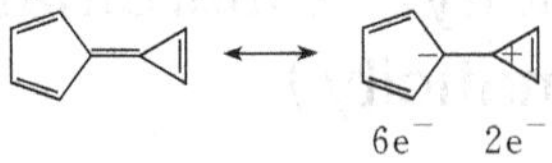

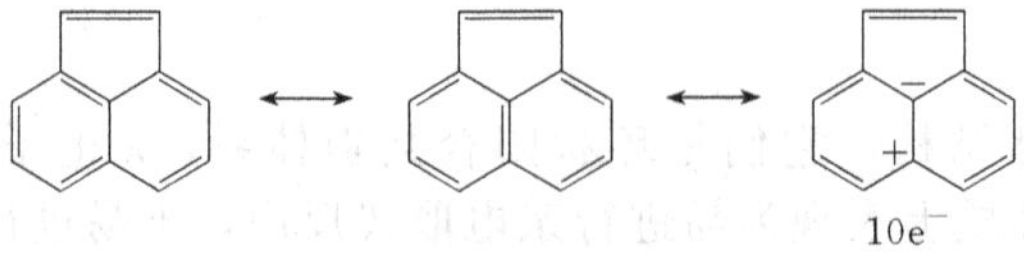

6e⁻

6e⁻　6e⁻

2e⁻

6e⁻　2e⁻

10e⁻

轮烯内部通过单键相连，且单键碳与轮烯共用，单键忽略后，下列物质萘、蒽、菲均有芳香性：

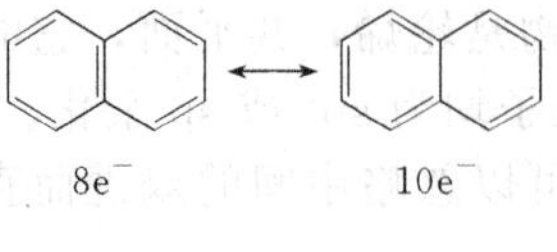

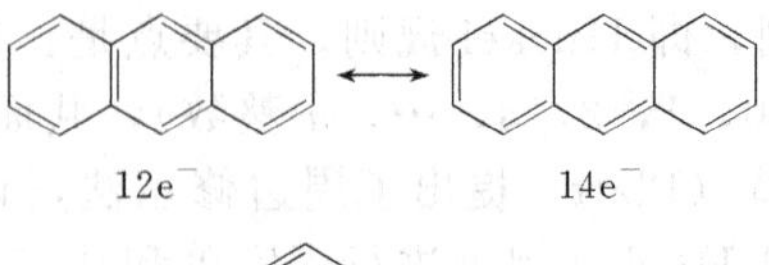

8e⁻　10e⁻　12e⁻　14e⁻

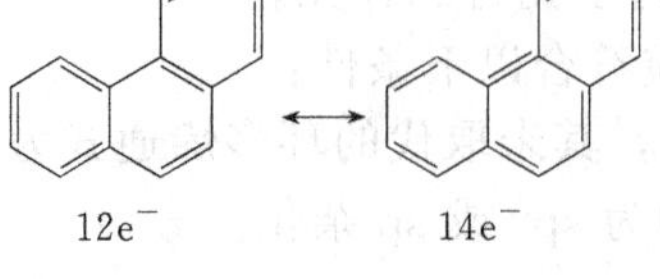

12e⁻　14e⁻

轮烯外部通过单键相连，且单键碳与轮烯共用，单键忽略后，分别计算单键所连的轮烯的芳香性，下列物质均有芳香性：

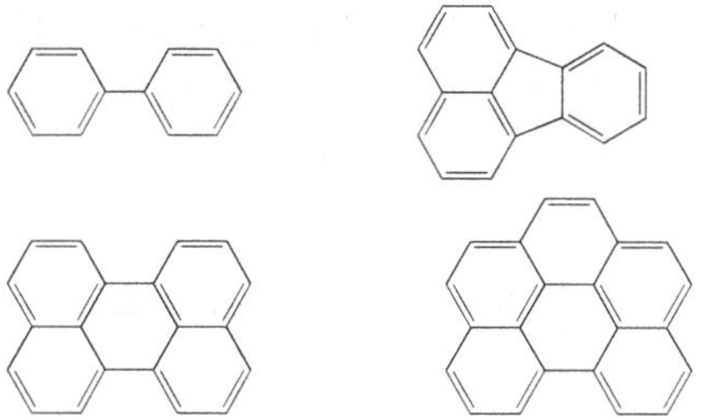

② 反芳香性　轮烯，共平面，π 电子数为 $4n$，共面的原子均为 sp^2 或 sp 杂化。它的稳定性小于同类开链烃，如环丁二烯。环戊二烯正离子是反芳香性（antiaromaticity）的物质。

$4e^-$　　$4e^-$

稳定性　　>　　>

苯并环丁烯是反芳香物质：

$8e^-$

③ 非芳香性　分子不共平面的多环烯烃或电子数是奇数的中间体。如环辛四烯、[10]-轮烯、[14]-轮烯等，它们均是由于内 H 的位阻不能共面。将 [14]-轮烯中的一个双键换成三键，由于消除了 2 H 的位阻，而具有芳香性（A）。以及环戊二烯自由基，环丙烯自由基等。

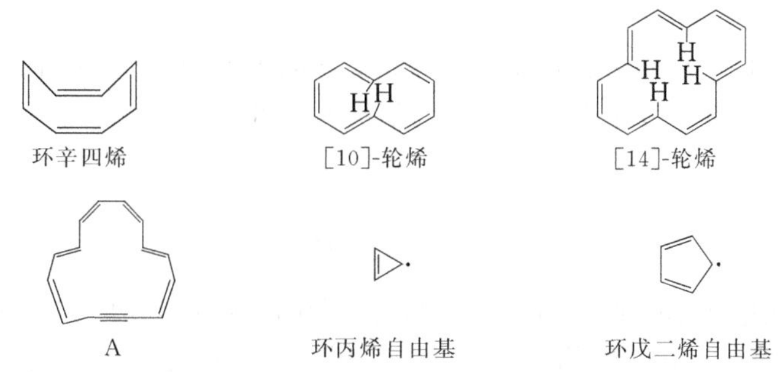

环辛四烯　　[10]-轮烯　　[14]-轮烯

A　　环丙烯自由基　　环戊二烯自由基

关于 [14]-轮烯是否具有芳香性的问题文献中有不同看法。[14]-轮烯存在两种构型，即（Z，E，E，Z，E，Z，E）和（Z，E，Z，E，Z，Z，E）-[14]-轮烯。

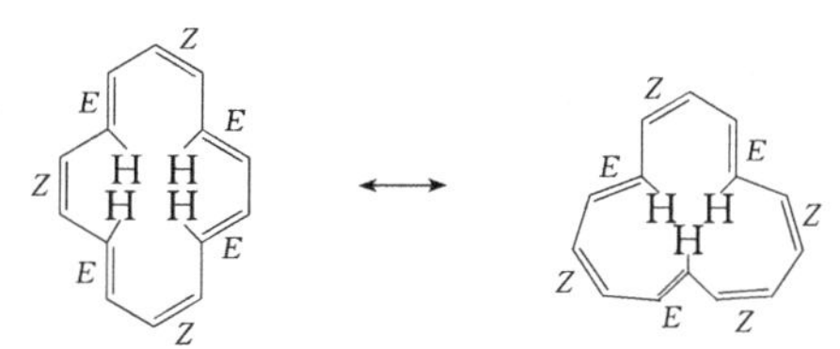

无论哪种构型，中间的 4 个 H 或 3 个 H 都颇为拥挤，使该分子不能共平面。

一种观点认为是非芳香性物质，理由是 X 光衍射实验证明它是非平面，不符合 Hückel 规则，且不能进行亲电取代反应中的硝化和磺化反应，分子非常不稳定，很快会被空气或光完全破坏，将其中一个双键转化为三键，消除 H 的空间位阻，成为芳香化合物；另一种观点认为它具有微弱的芳香性。理由是虽然它是非平面构型，不符合 Hückel 规则，但其^{1}H NMR 显示，内氢原子化学位移为 0，而外氢原子化学位移为 7.6，具有反磁环流，符合凡是具有反磁环流的化合物均有芳香性的论述。

④ 同芳香性　同芳香性是指共平面，π 电子数为 $4n+2$，共面的原子均为 sp^2 或 sp 杂化的轮烯上带有不与轮烯共面的取代基或桥。如：

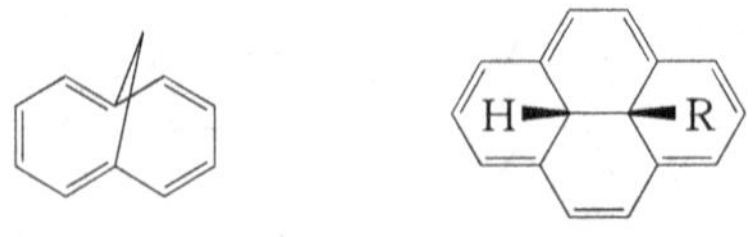

10e⁻　　14e⁻

环辛四烯加一质子，生成较稳定的具有同芳结构的环辛三烯正离子。

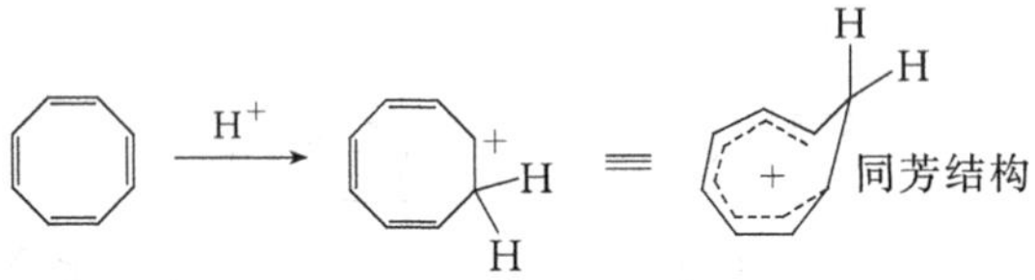

同芳结构

同理，下列烯烃与活泼金属反应，可得到同芳结构的负离子。

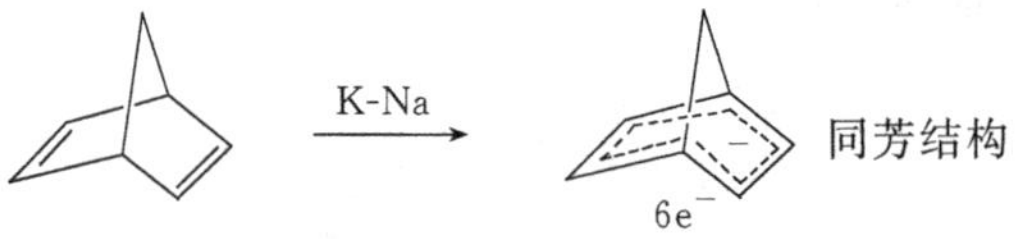

K-Na　同芳结构　6e⁻

下列含有 N 原子桥的轮烯中，N 原子与轮烯环单键相连，这样不仅容易将环拉成平面，而且消除了内 H 的影响，电子数符合 $4n+2$，具有同芳香性。

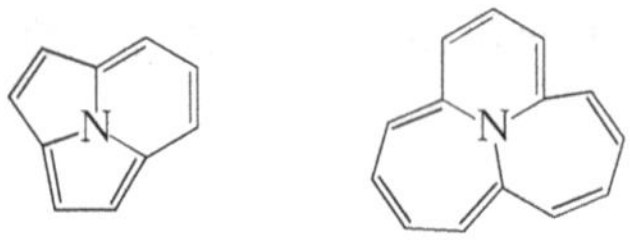

⑤ 反同芳香性　反同芳香性是指共平面，π 电子数为 $4n$，共面的原子均为 sp^2 或 sp 杂化的轮烯上带有不与轮烯共面的取代基或桥。如：

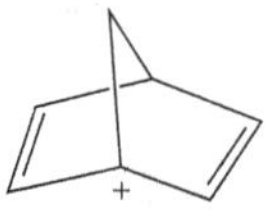

芳香化合物进行亲电取代反应生成的正离子中间体均是反同芳结构，由于不稳定，很快消去 H^+ 或其他正离子而恢复芳香性的芳环，完成取代反应。

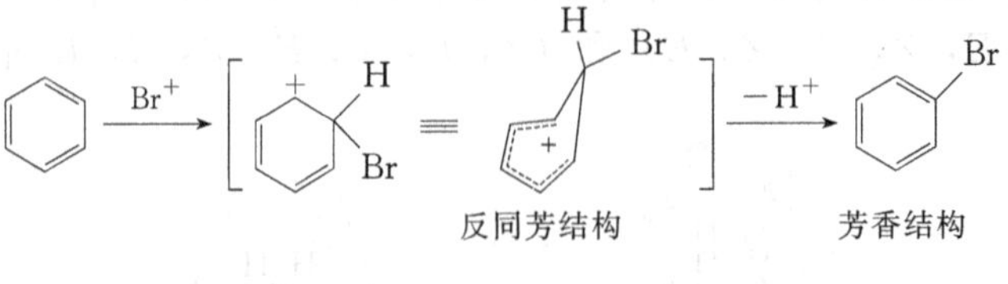

反同芳结构　　芳香结构

(2) Y 芳香性

胍是较强的碱，因为它的共轭酸是具有芳香性结构的物质。

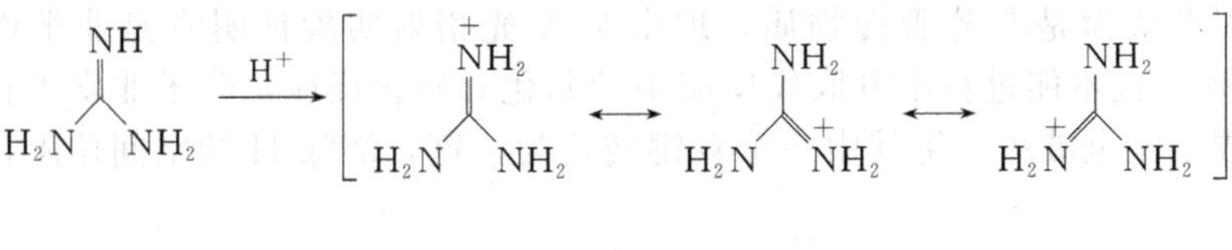

(3) 方克酸类

方克酸是一个较强的酸，$pK_{a1}=1.5$，$pK_{a2}=3.5$，因为其共轭碱有非常稳定的芳香结构。

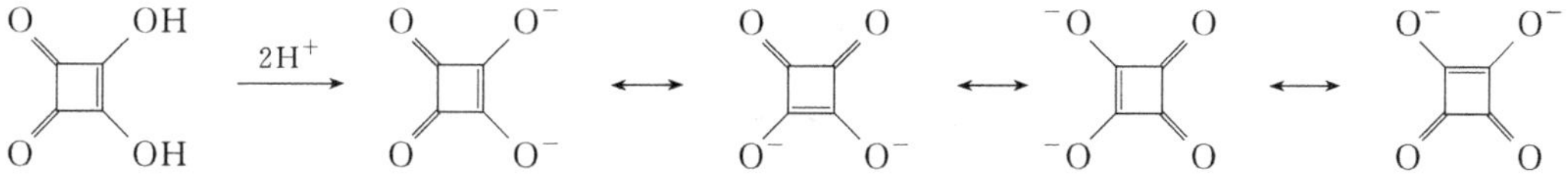

应该指出的是，一些芳香性的大环化合物并不十分稳定，从物理角度看这类物质有反磁环流的现象。目前将具有反磁环流现象的物质称为芳香物质，而反芳香物质是具有顺磁环流现象的物质。

(1) [10]-轮烯在−190℃已被制备，升温则转化成萘，为什么？

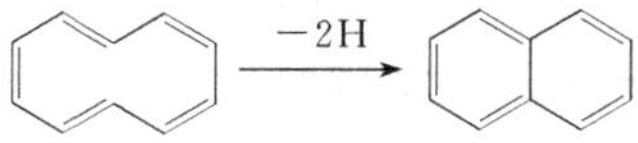

(2) 化合物D和F哪个芳香性更强？

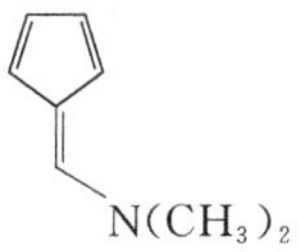

(3) 在酸性介质中判断A，B物质的芳香性。

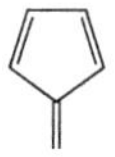

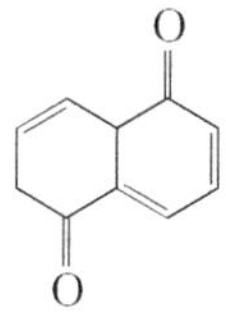

(4) 在有机化学中的应用

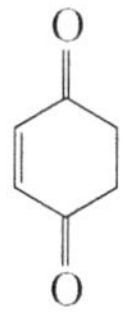

① 亲核取代反应　桥头卤代烃既不易发生S_N2反应（空间位阻原因），也不易发生S_N1反应，下面结构的卤代烃因为生成的中间体为反同芳结构不稳定，而更不易反应。而桥上的卤原子反应迅速，因为生成的中间体是具有芳香结构的环丙烯正离子较稳定。

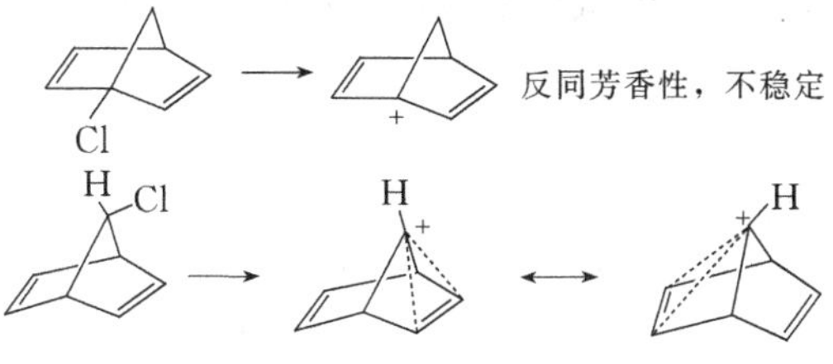

反同芳香性，不稳定

同芳香性，稳定　　同芳香性，稳定

同理，3-氯环丙烯，7-氯环庚烯由于能形成芳香性中间体而稳定，该卤代烃反应活性高。而5-氯环戊二烯由于生成反芳结构中间体，能量高，而不易进行S_N1反应，因此，它的反应活性低于开链的3-氯戊-1,4-二烯。

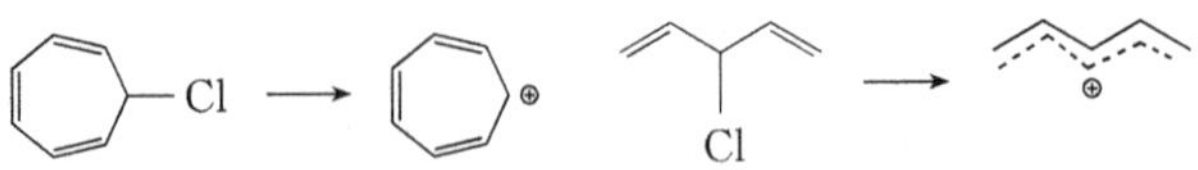

② 偶极矩　一些化合物由于能形成稳定的芳香结构而产生较大的偶极矩。如：

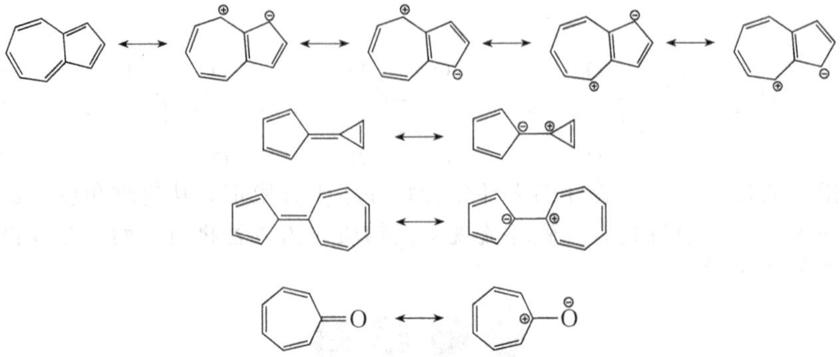

③ 酸碱性　若共轭碱是芳香结构，则其共轭酸酸性较强。如环戊二烯的酸性比开链戊二烯强 20 倍，而苯并环戊二烯和二苯并环戊二烯由于其共轭碱受芳香环的影响酸性减弱。环丁烯酮由于其共轭碱是反芳结构而是个弱酸。

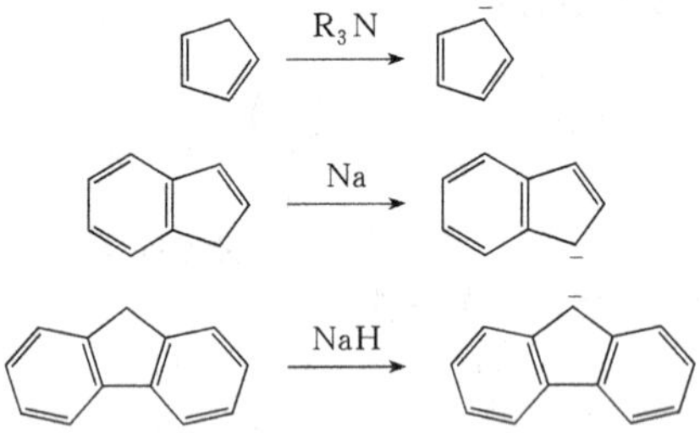

R_3N

Na

NaH

酸性顺序：

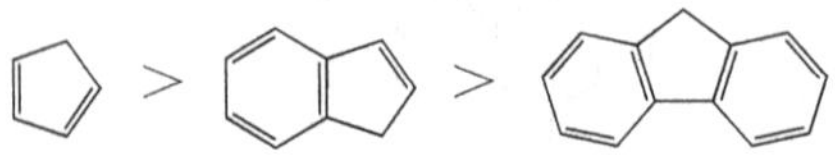

碱性顺序：

反芳结构

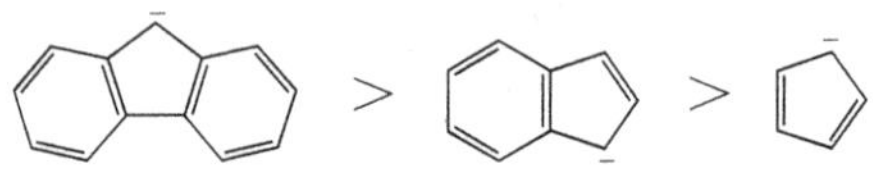

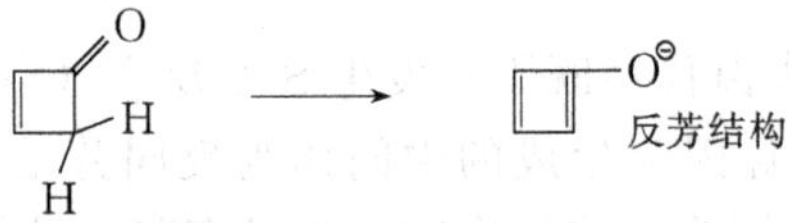

苯环有较大的电子云密度，但碱性很弱，只有在强酸中才能形成具有反同芳香性的共轭酸。

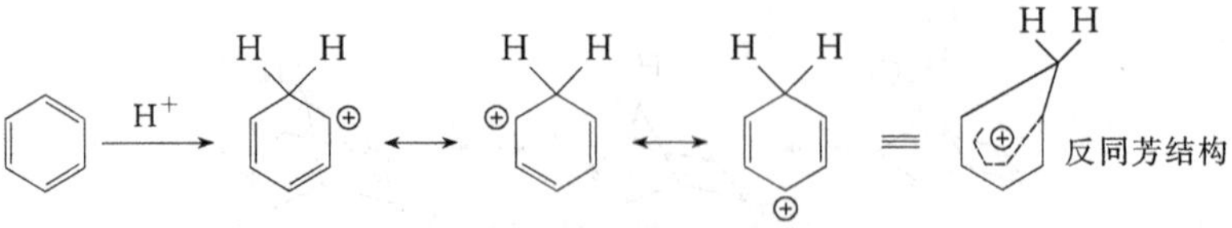

H^+

反同芳结构

研究研究

1. 比较下列各组物质的稳定性。

(1) 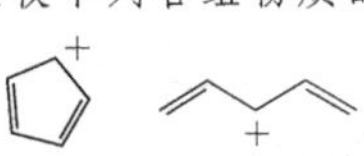　　　　(2)

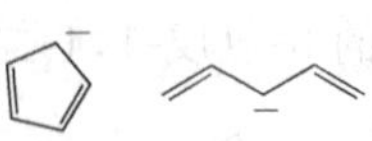

(3) 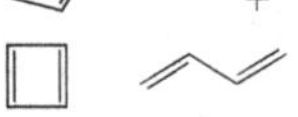　　　　(4)

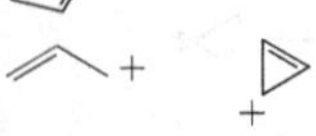

2. 比较下列物质与丁-1,3-二烯进行 Diels-Alder 反应的活性。

4.4　致癌芳烃（carcinogenic arene）

现已确认，许多环芳烃能使动物的正常细胞转为癌细胞，也就是说具有致癌性。早在 1915 年，人们就发现长期在煤焦油工厂工作的人员特别容易感染皮癌。对这些煤焦油进行进一步分离鉴定，首次发现其中的 1,2,5,6-二苯并蒽具有显著的致癌性。后来，人们又发现了煤焦油中另一种多环芳烃——苯并芘具有比二苯并蒽更强的致癌作用。1,2,7,8-二苯并芘是烟草焦油中的一种成分，也具有强烈的致癌性。它们的结构如下：

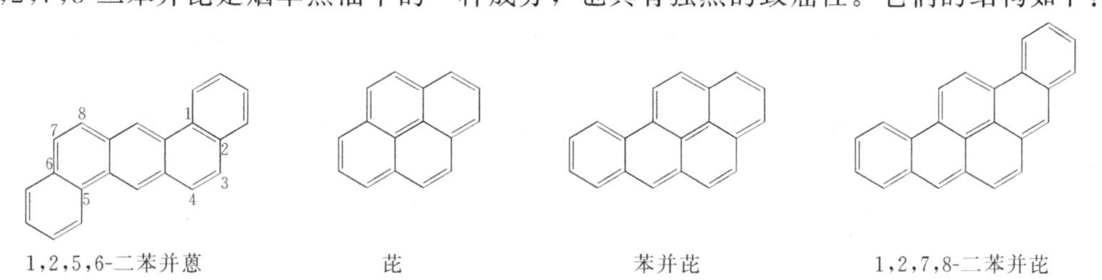

1,2,5,6-二苯并蒽　　芘　　苯并芘　　1,2,7,8-二苯并芘

下面几个芳烃也有较强的致癌活性。

CH_3　　CH_3

7-甲基苯并［a］蒽　　1,2,3,4-二苯并菲　　2-甲基-3,4-苯并菲

煤、石油、木材、烟草等不完全燃烧，食用油反复加热，烟筒灰和烧烤牛排都可能产生致癌芳烃。因此，使燃料充分燃烧，注意烟尘处理及少食用油炸食品等，与人类健康密切相关。

苯并芘进入人体后，在生物酶的作用下生成环氧化合物，该环氧化合物受到 DNA 上碱基中 NH_2 的亲核进攻，使 DNA 不能正常复制，产生变异细胞。

生物酶 / O_2　　+　　NH_2　　DNA-聚合物　　H　OH　NH　DNA-聚合物

习题（Problems）

1. Give the name of each of the following compound.

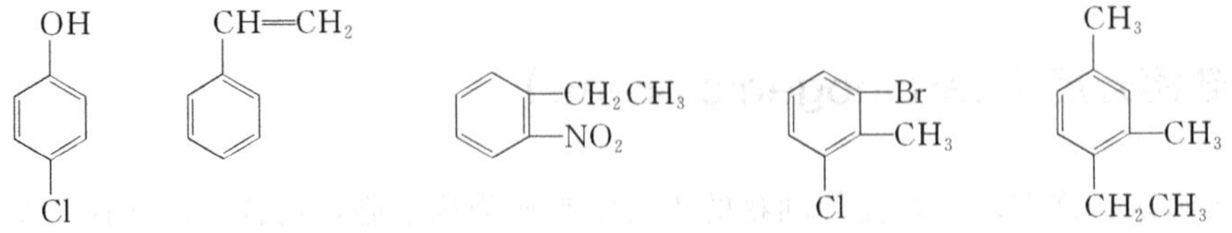

2. Draw structures for the following:

(1) β-bromonaphthalene　　(2) 2-naphthoic aid

(3) 1,5-dinitro-naphthalene　　(4) α-naphthalenesulfonic acid

3. How many monochloro derivatives of anthracene are possible? Give their names.

4. Give structures and names (IUPAC) of all isomeric benzene derivatives (C_9H_{12}).

5. Indicate the principal mononitration product from each of the following compounds.

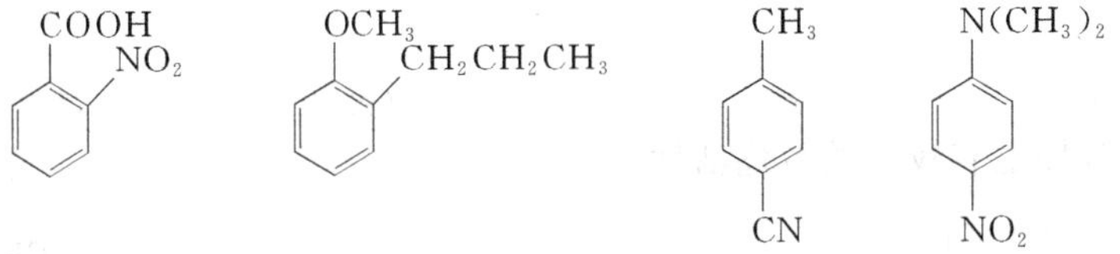

6. Give simple chemical tests to distinguish cyclohexane, cyclohexene, and methylbenzene.

7. Oxidation of 1-nitronaphthalene yields 3-nitrophthalic acid while oxidation of α-naphthylamine yields phthalic acid. Explain why different rings in the substituted naphthalenes are oxidized.

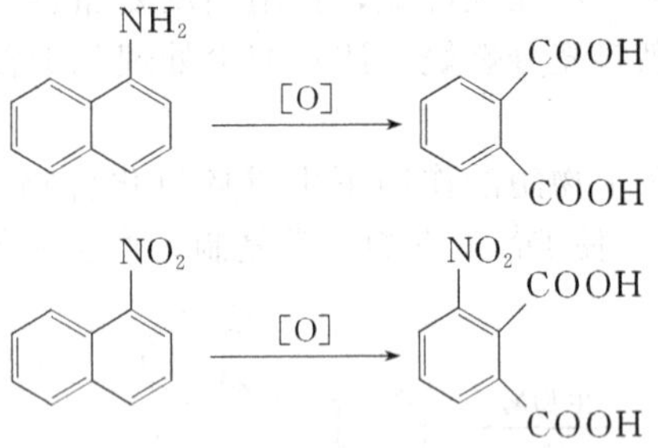

8. How many monomethlylphenanthrenes are possible?

9. State Hückel rule for deternining whether a molecule is aromatic, antiaromatic or nonaromatic and list aromatic, antiaromatic, and nonaromatic compounds.

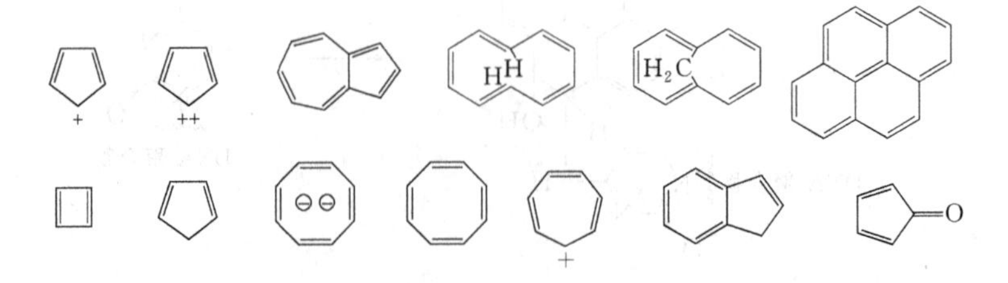

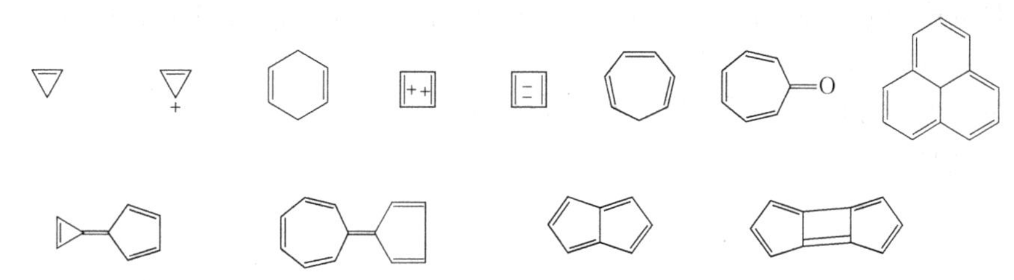

10. Use a Diels-Alder reaction（$CH_2=CH-CH=CH_2$ as meterial）to synthesize tetrlin and naphthalene.

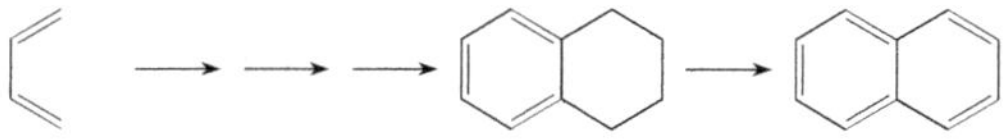

11. What is the structure of the Diels-Alder product of anthracene with（a）ethene, and（b）maleic anhydride?

12. 1-Ethenylnaphtalene reacts with $H_2C=CH_2$ to give a product A which reacts when heated with Pd or S to give B, $C_{14}H_{10}$. Give the structures of A and B.

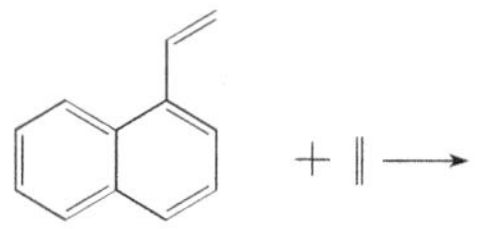

13. Use IR to distinguish following compounds.

（1）CH_2CH_3　OH

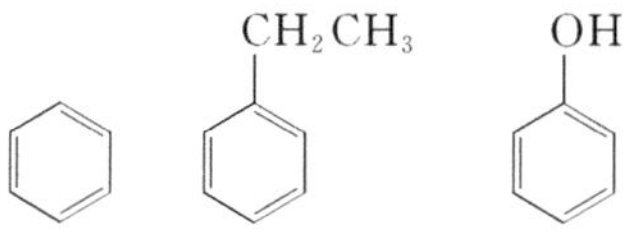

（2）$-CH=CH_2$　$-CN$　CH_3

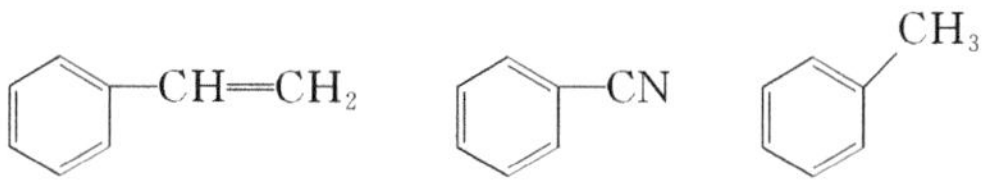

（3）CH_3 CH_3　CH_3 CH_3　CH_3 CH_3

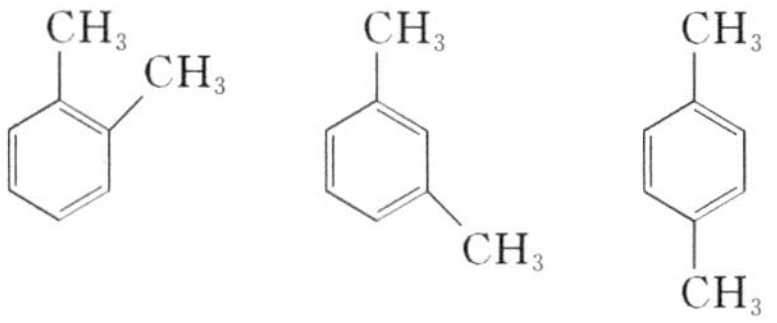

（4）$-CH_2COCH_3$　$-COCH_2CH_3$

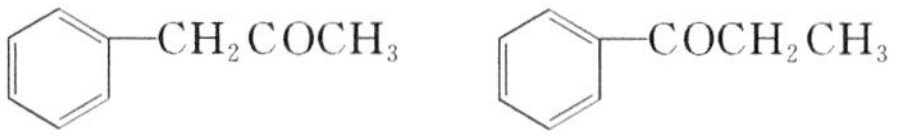

14. Use NMR to distinguish following compounds.

（1）NO_2 NO_2　NO_2 NO_2　NO_2 NO_2　（2）D CH_3　Br CH_3　NO_2 CH_3

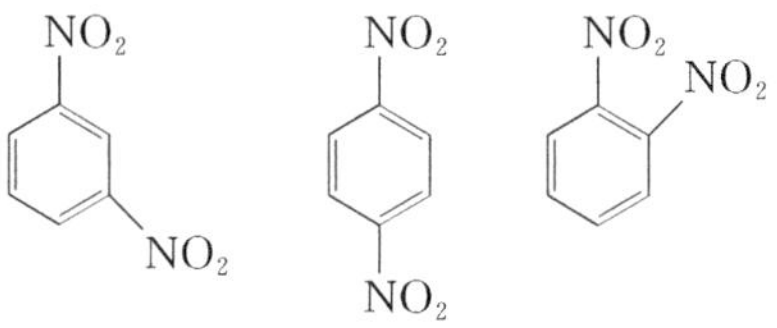

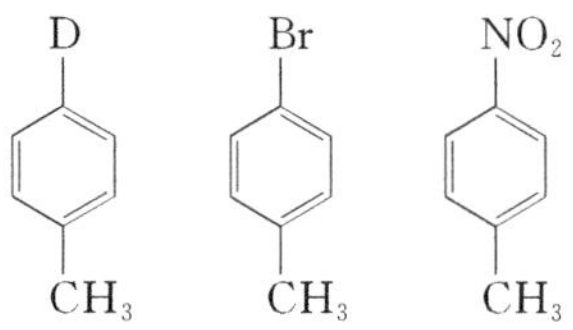

（3）NO_2 $NHCOCH_3$　NO_2 $NHCOCH_3$　NO_2 $NHCOCH_3$

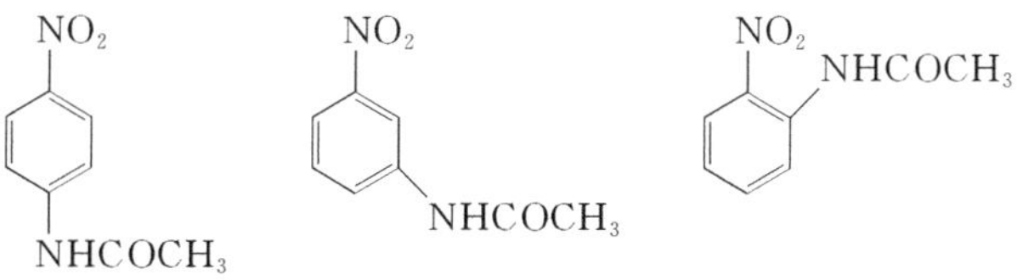

15. A hydrocarbon W molecular weight of 118 gives benzoic acid on oxidation with $KMnO_4$, ^1H NMR of W shows signals at δ 2.1, 5.5, 5.4 and 7.3, with an area ratio of 3∶1∶1∶5, write structure for W.

16. Use methylbenzene as material to synthesize 1-mehthyl-2-chloro-4-nitro benzene and 4-methylbenzoic acid.

17. Write the product of following reaction.

(1) 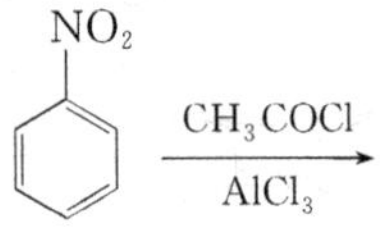 nitrobenzene $\xrightarrow[AlCl_3]{CH_3COCl}$

(2) benzene $\xrightarrow[AlCl_3]{CH_3CH_2CH_2Cl}$

(3) 2,3-dihydrobenzofuran $\xrightarrow[AlCl_3]{CH_3CH_2CH_2Cl}$

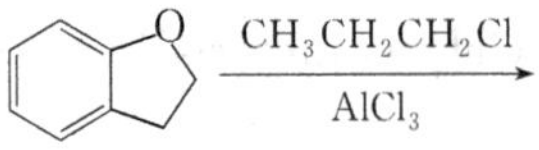

(4) 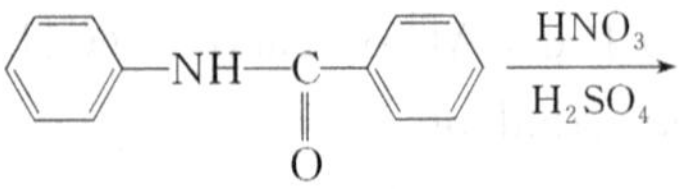 C_6H_5—NH—C(=O)—C_6H_5 $\xrightarrow[H_2SO_4]{HNO_3}$

(5) biphenyl $\xrightarrow[H_2SO_4]{HNO_3}$

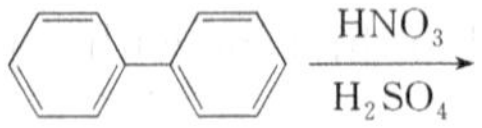

(6) 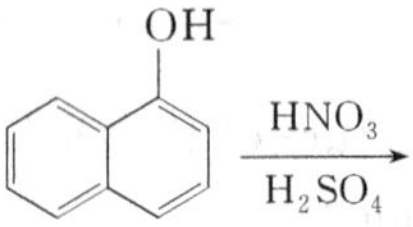 1-naphthol (OH) $\xrightarrow[H_2SO_4]{HNO_3}$

(7) 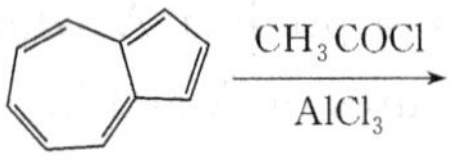 azulene $\xrightarrow[AlCl_3]{CH_3COCl}$

(8) 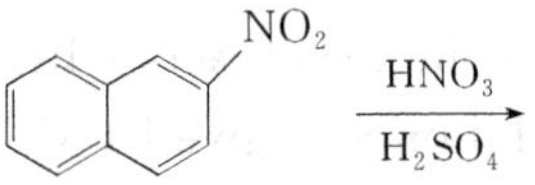 2-nitronaphthalene (NO_2) $\xrightarrow[H_2SO_4]{HNO_3}$

(9) 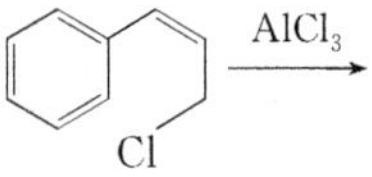 C_6H_5—CH=CH—CH_2Cl $\xrightarrow{AlCl_3}$

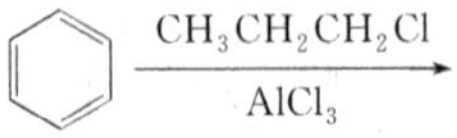

(10) 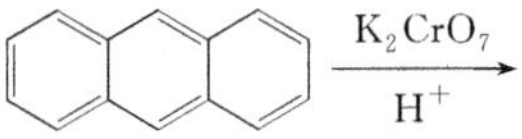 anthracene $\xrightarrow[H^+]{K_2CrO_7}$

第5章

手性化合物与手性合成

5.1 简介（introduction）

手性是自然界化合物的本质属性之一，没有生物高分子结构单元的手性均一性及识别和信息处理的手性化合物，地球上现在的生命现象就不可能存在。现代药物化学已使人类越来越认识到手性的重要性，正确地使用手性药物可以改善生活质量，提高生活水平。错误地使用手性药物会带来严重的毒副作用，甚至灾难性的后果。20 世纪 60 年代治疗呕吐的药沙利度胺（Thalidomide）在欧洲引起许多婴儿畸形，后来研究表明，(*R*)-异构体具有镇静和止吐作用，(*S*)-异构体具有强烈的致畸作用。

（*R*）镇静和止吐　　（*S*）致畸

此外，抗结核药乙胺丁醇、治疗心脏病药盐酸普萘洛尔、抗菌药氯霉素、治疗高血压药奈必洛尔及消炎药酮基布洛芬等的 *R* 和 *S* 体或 *RR* 和 *SS* 体的药效也不相同。鉴于这种差异的严重性，欧美各国以及日本的药政部门均做出相应的规定：具有手性的药物，必须对不同异构体分别给出药理毒性的数据，并倾向于以单一异构体出售。20 世纪 90 年代以来，以单一异构体出售的手性药物剧增。手性药物的巨大市场，已经吸引了学术界、工业界的关注，在国际上兴起了手性技术热潮。另外，手性香料、手性食品添加剂、手性农药等方面的需求也越来越大，手性液晶显示材料、手性高分子材料独特的理化性能已成为计算机等高新科技领域的特殊器件材料。一个新的高新科技产业——手性技术产业正在悄然兴起。

“宇宙是非对称的，如果把构成太阳系的全部物体置于一面跟随着它们的各种运动而移动的镜子面前，镜子中的影像不能与实体重合。……生命由非对称作用所主宰。我能预见，所有生物物种在其结构上、在其外部形态上，究其本源都是宇宙非对称性的产物。”100 多年前，L. Pasteur 所言极是。宇宙是不对称的，是手性的。构成生命的生物大分子是手性的。自 1848 年 L. Pasteur 在显微镜下用镊子将左右旋酒石酸分开以来，已发展到今天的蛋白质的合成、人类基因的破译、克隆技术……手性技术在医药、农药、香料、染料、功能材料、生命科学的研究方面具有十分重要的意义。

巴斯德（L. Pasteur）系统研究了酒石酸盐晶体结构，在显微镜下用手工将酒石酸盐晶体左右旋光体分开。创建了至今仍在广为使用的巴氏消毒法。

5.2 平面偏振光（plane polarized light）

光是一种电磁波。光波振动方向是与光的前进方向垂直的。普通光的光波在各个不同的方向振动，见图 5-1。

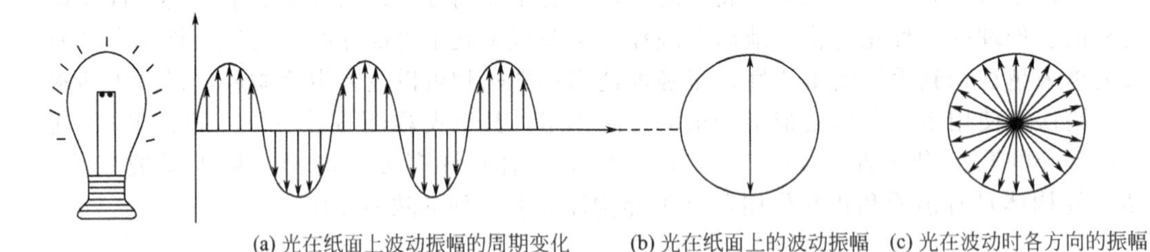

(a) 光在纸面上波动振幅的周期变化　(b) 光在纸面上的波动振幅　(c) 光在波动时各方向的振幅

图 5-1　普通光的振动情况

假如让它通过一个尼科尔（Nicol）棱镜或其他偏振片，只有在与棱镜晶轴平行的平面上振动的光能透过，透过的光叫平面偏振光，简称偏振光，见图 5-2。

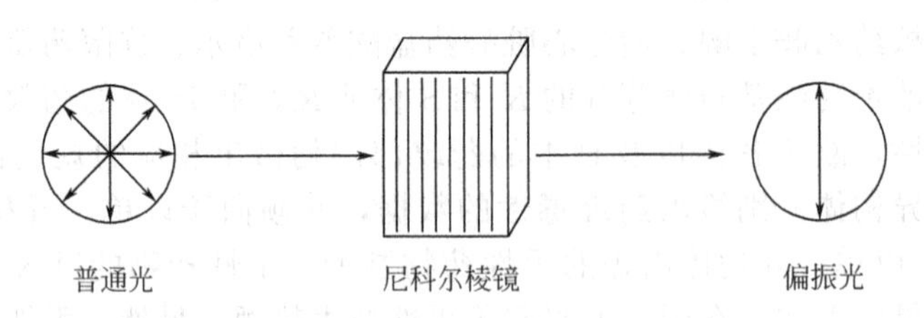

图 5-2　偏振光（双箭头表示光的振动方向）

5.3 旋光性、旋光物质与比旋光度（optical rotation，optically active substance and specific rotation）

当偏振光通过某种介质时，有的介质对偏振光没有作用，即透过介质的偏振光仍在原方向上振动，而有的介质却能使偏振光的振动方向发生旋转，这种能旋转偏振光振动方向的性质叫做旋光性。

把两块尼科尔棱镜晶体平行放置，普通光透过第一块晶体变成偏振光，偏振光也会透过第二块晶体。如果两块晶体间放置一个盛有液体或溶液的玻璃管，在第二块晶体后观察时，若管里盛的是水、乙醇、醋酸等，仍可以看到光透过第二块晶体。如果管里盛的是葡萄糖的水溶液，则观察不到有光透过，只有把第二块晶体旋转一个角度 α 后，才可以观察到有光透过（图 5-3）。由此可把化合物分成两类：能使偏振光振动平面旋转一定角度 α 的物质，有旋光性，称为旋光物质；另一类无旋光性，称为非旋光物质。

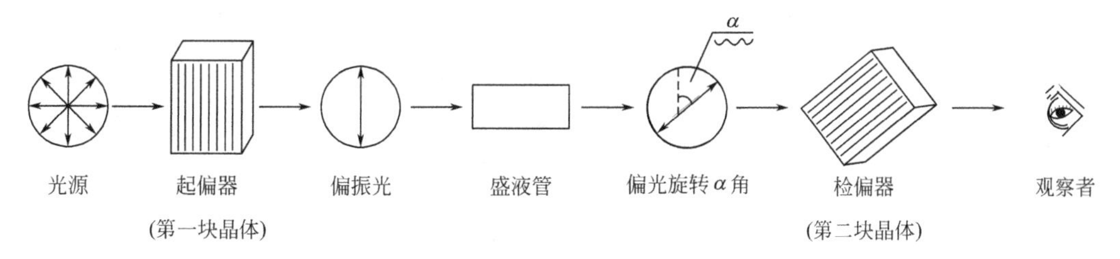

图 5-3　旋光仪的工作原理

图 5-3 是旋光仪的工作原理图，光源发出的光经过起偏器，产生偏振光，偏振光经过盛液管（盛试样管）后，需要将检偏器转动一个角度 α 后，才能观察到光透过，转动的角 α 的数值就是试样的旋光度。

测得的旋光度大小与试样的温度、试样溶剂的种类、试样的浓度、盛试样管的长度以及旋光仪使用的光源有关。在使用的旋光仪、测试时的温度及试样的溶剂一定的条件下，把试样浓度增加一倍或把盛试样管长度增加一倍，测得该试样的旋光度 α 值也增加一倍。实际测定时，为了消除浓度和盛试样管长度的影响，通常采用比旋光度 $[\alpha]$ 来描述物质的旋光性。

$$[\alpha]_{\lambda}^{t}=\frac{\alpha}{C \cdot L}$$

式中，α 为旋光仪测得试样的旋光度；C 为试样的质量浓度，g/mol，如果试样是纯液体，则 C 为试样的密度，g/cm^3；L 为盛试样管的长度，dm；t 为测样时的温度，℃；λ 为旋光仪用的光源的波长（通常用钠光做光源，用 D 表示，波长为 589nm）。$[\alpha]_{D}^{t}$ 可以看成 C 为 $1g/cm^3$，L 为 1dm 时的旋光度。由于测试时的浓度较小，所以比旋光度有时会大于 360°。

与物质的熔点、沸点、相对密度和折射率一样，比旋光度是旋光性物质的一个物理常数，可以定量地表示旋光物质的一个特性——旋光性。

5.4　分子的对称性（molecular symmetry）

考察分子的对称性，需要考虑的对称因素主要有下列四种：对称面、对称中心、对称轴和四重交错对称轴。

(1) 对称面

如果一个分子的所有原子均处在一个平面上或有一个平面能够把分子切成互为镜像的两半，该平面就是分子的对称面，对称面通常用 σ 表示。例如在图 5-4 中，可以看出甲烷有六个对称面，即通过四面体每条棱与中心碳原子的平面都是对称面；三氯甲烷有三个对称面，即通过四面体和氢原子相连的每条棱与中心碳原子的平面都是对称面；苯有七个对称面，即通过正六边形三个对边中点与分子平面垂直的三个平面，通过三个对角与分子平面垂直的三个平面和六个碳原子六个氢原子所在平面都是对称面；顺-1,3-二甲基环丁烷有两个对称面，即通过四边形对角与四边形平面垂直的两个平面都是对称面。具有对称面的分子是非手性分子，其自身能与其镜像重合，这种分子无旋光性。

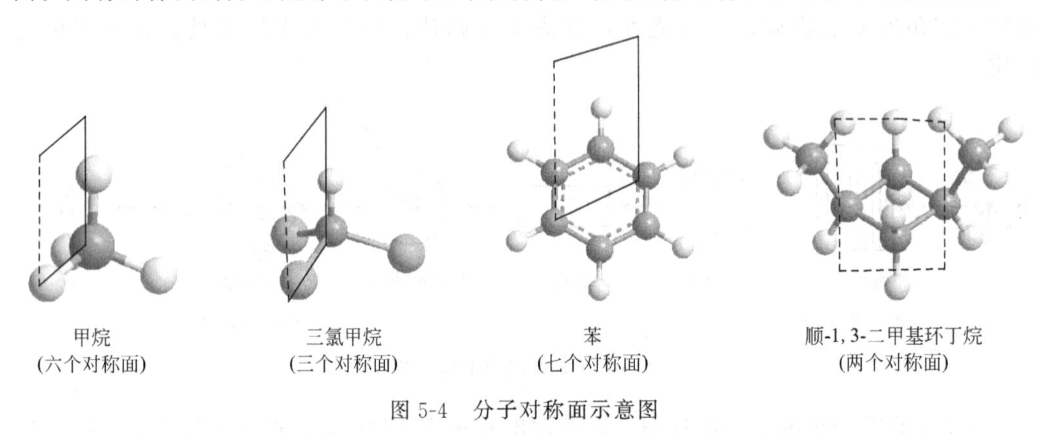

图 5-4　分子对称面示意图

(2) 对称中心

若分子中有一点 i，分子中任何一个原子或基团向 i 连线，在其延长线的相等距离处都能与相同原子或基团相遇，则 i 点是该分子的对称中心，如图 5-5 所示。苯、反-1,3-二甲基环丁烷及反-2,3-二氯丁-2-烯都有对称中心，具有对称中心的分子是非手性分子，其与镜像能重合，不具有旋光性。

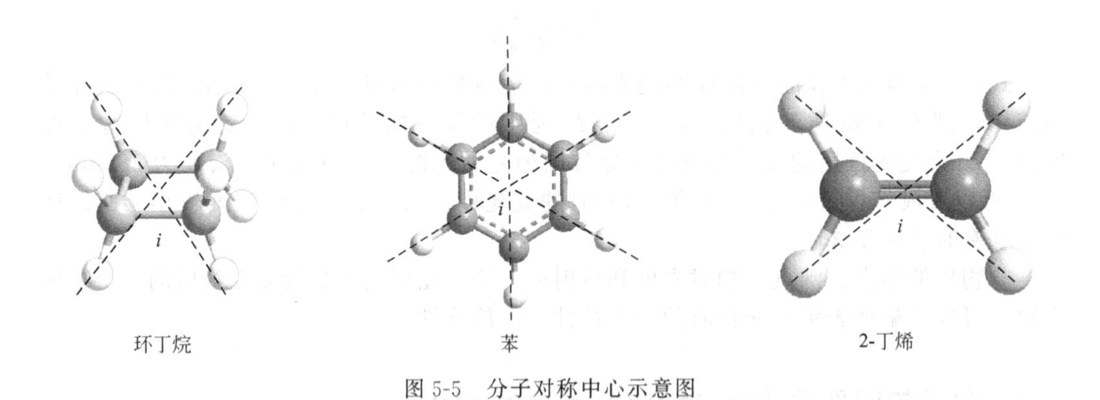

图 5-5　分子对称中心示意图

(3) 对称轴

若使直线通过一分子，该分子绕此直线旋转一定角度而能使原来分子中的各个原子或原子团的空间排列复原，这条直线就是分子的 n 重对称轴，用 C_n 表示。例如反-1,2-二氯乙烯有 C_2 对称轴，见图 5-6。

任何分子都有一个一重对称轴（$n=1$），一重对称不作为对称因素考虑。但不能根据有无 C_n 对称轴对分子有无手性做出判断。如内消旋酒石酸和光学活性酒石酸均有 C_2 对称轴。

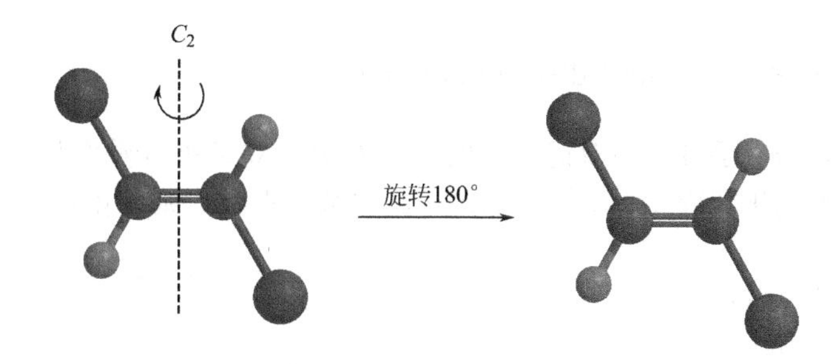

图 5-6　反-1,2-二氯乙烯的 C_2 对称轴

(4) 四重交错对称轴

当一个分子围绕通过分子的轴旋转一定角度，再用一个垂直于该轴的镜子，把旋转过的分子反射，如果这时所得的镜像同最初的分子能完全重合，这个轴则为该分子的交错对称轴，用 S_n 表示。如果绕轴旋转 360°，这种现象出现 4 次，这个轴则是这个分子的四重交错对称轴 S_4。有 S_4 的分子一般也有对称中心和对称面，如图 5-7 所示。

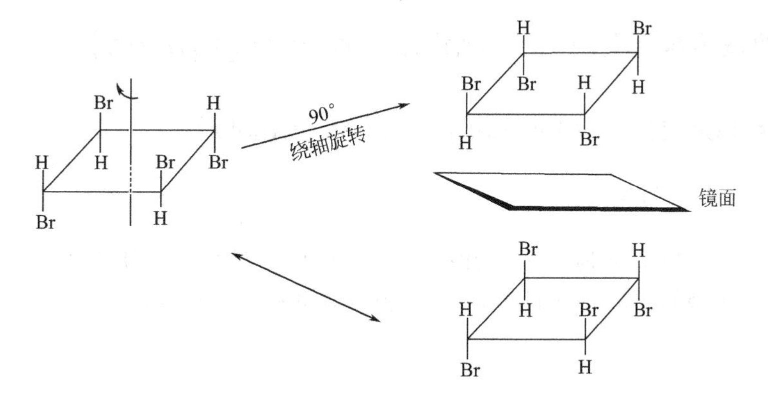

图 5-7　四重交错对称轴示意图

(5) 手性分子

凡不具有对称因素的分子（无对称中心、无对称面的分子），使平面偏振光发生旋转，这些分子称为手性分子，反之，称为非手性分子，见图 5-8。

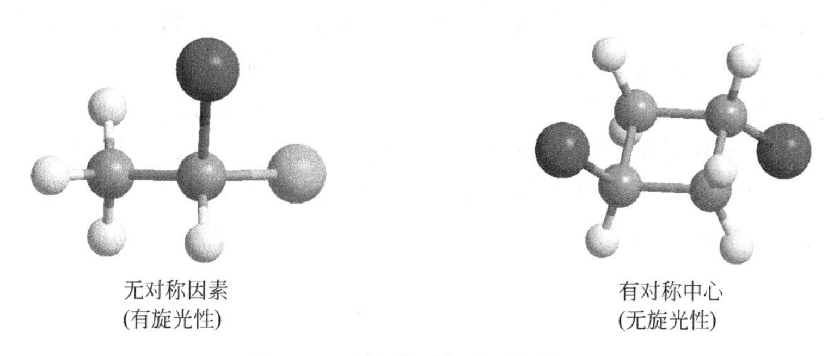

图 5-8　手性分子与非手性分子

连有四个不同基团的碳原子称为手性碳原子。只含有一个手性原子的分子一定是手性分子。

（6）判别化合物的手性（chiral discrimination）

一个化合物是否有手性，与双键及环的个数有关（双键可以看作是一个环），如果环的个数为奇数，则此化合物没有手性，如果环的个数为偶数，则此化合物有手性，例如：

（有手性）偶数环　　　　（无手性）奇数环（*E* 式）

分子内只有一个手性碳原子的一定是手性分子，而含有多个手性碳原子的分子不一定有手性，如内消旋酒石酸。无手性碳原子的分子不一定无手性，如手性轴和手性面的化合物。手性分子和手性原子是两个概念。当分子中无对称面和对称中心，该分子有手性，例外情况是很少见的。手性一词概括了不对称（asymmetry）和非对称（dissymmetry）两个概念。不对称是指分子内不含任何对称因素；非对称是指分子内只含 C_n 对称因素。

5.5 构型表示与标记（determination configuration）

5.5.1 Fischer 投影式（Fischer projection formula）

（1）Fischer 投影式的写法

用分子模型可以清楚地表示手性碳原子的构型。现在广为使用的是 Fischer 投影式，两种乳酸模型的图形和它们的 Fischer 投影式如图 5-9 所示。

COOH / H—+—OH / CH_3 ¦ COOH / HO—+—H / CH_3

图 5-9　乳酸的 Fischer 投影式

以手性碳为中心，把与手性碳相连的四个原子或基团中横向（左右）的两个放在手性碳的前方，纵向（上下）的两个放在手性碳的后方。习惯上把碳链放在纵向，且把命名时编号最小的碳放在上方，然后向纸面投影，用实线表示共价键，相交叉的两条实线连有四个原子或基团，两实线交叉点为手性碳原子（不必标出），在书写 Fischer 投影式时要按规定方式投影，横线连接的两个原子或基团是伸向观察者的，伸向纸面前方，竖线连接的两个原子或基团是背离观察者的，是伸向纸面后方的。因此，在书写 Fischer 投影式时，必须将模型按这样的规定方式投影。同样在使用 Fischer 投影式时，也必须记住这种规定方式表示的立体概念。

= Br / I—C—Cl / F = Br / I—+—Cl / F

但是要注意，对于 Fischer 投影式可把它在纸面上旋转 180°，但决不能旋转 90°或 270°，也不能将它脱离纸面翻一个身，因为在纸面上旋转 180°之后的投影式仍然代表以前的构型，而旋转 90°或 270°之后的投影式原来的横竖键交换了方向，原来向前和向后伸的键也改变了方向，而代表了原构象的镜像。如果将投影式翻个身，则翻身前后各个键的伸出方向都正好相反，因此翻身前后的两个投影式并不代表同一个构型。

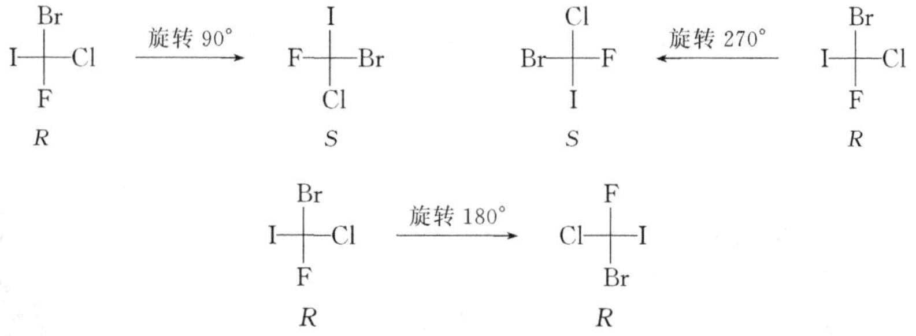

Br
I—Cl
F
R
旋转 90°
I
F—Br
Cl
S

Cl
Br—F
I
S
旋转 270°
Br
I—Cl
F
R

Br
I—Cl
F
R
旋转 180°
F
Cl—I
Br
R

（2）Fischer 投影式与 Newman 式的互换

① Fischer 投影式转换成 Newman 式　由 Fischer 投影式到 Newman 式的转化过程可按下列顺序进行：首先按上在后下在前将之变成重叠式，再由重叠式转化为交叉式，由交叉式转化为 Newman 式，见图 5-10。

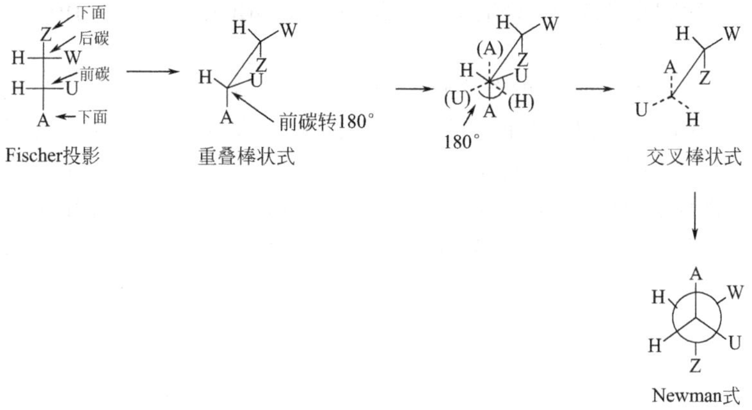

下面 后碳 前碳 下面
Z H W H U A
Fischer投影
H W Z H U A 前碳转180°
重叠棒状式
H W (A) Z H U (U) A (H) 180°
H W A Z U H
交叉棒状式
A H W H U Z
Newman式

图 5-10　Fischer 投影式转换成 Newman 式

例如：

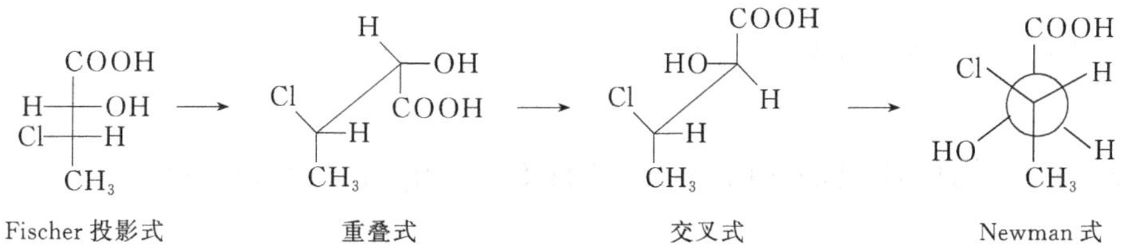

COOH
H—OH
Cl—H
CH_3
Fischer 投影式
H OH Cl COOH H CH_3
重叠式
COOH HO Cl H H CH_3
交叉式
COOH Cl H HO H CH_3
Newman 式

② Newman 式转换成 Fischer 投影式　将 Newman 式转化为 Fischer 投影式时，可按上法的逆操作进行，Newman 式→交叉式→重叠式→Fischer 投影式，见图 5-11。

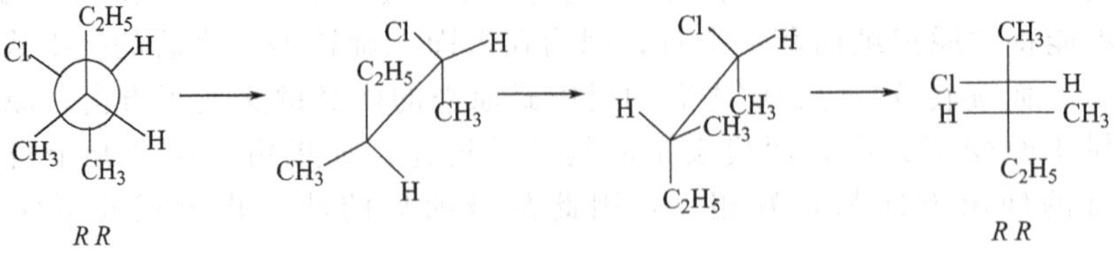

RR Newman式 → 交叉式 → 重叠式 → RR Fischer投影式

图 5-11 Newman 式转换成 Fischer 投影式

费歇尔（E. H. Fischer）德国有机化学家。他合成了苯肼，引入肼类作为研究糖类结构的有力手段，并合成了多种糖类，在理论上搞清了葡萄糖的结构，总结阐述了糖类普遍具有的立体异构现象，并用 Fischer 投影式加以描述。Fischer 因对糖类和嘌呤类的合成研究被授予 1902 年诺贝尔化学奖。

5.5.2 D-L 构型标记法（method of D-L-configuration labeling）

D-L（D 是拉丁文 Dexcro 的首字母，意为“右”，L 是拉丁文 Leavo 的首字母，意为“左”）构型标记法是以甘油醛的构型为对照标准来进行标记的。右旋甘油醛的构型被定为 D 型，左旋甘油醛的构型定为 L 型。凡通过实验证明其构型与 D-甘油醛相同的化合物，都叫做 D 型的，命名时标以 D，而构型与 L-甘油醛相同的，都叫做 L 型的，命名时标以 L。D 和 L 只表示构型，不表示旋光方向，如图 5-12 及图 5-13 所示。

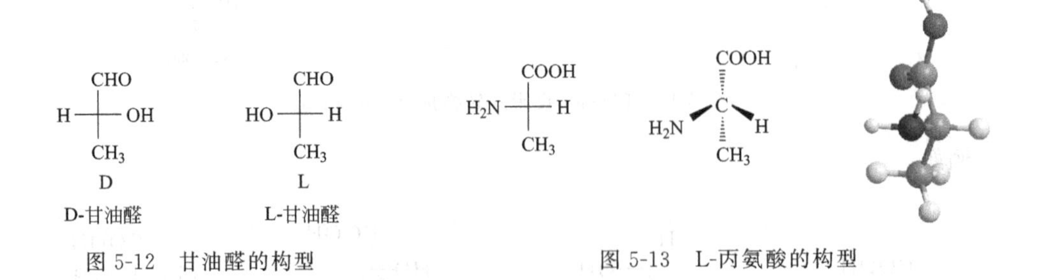

图 5-12 甘油醛的构型

图 5-13 L-丙氨酸的构型

5.5.3 *R*-*S* 构型标记法（method of *R*-*S*-configuration labeling）

R-*S* 构型标记法是广泛使用的一种方法，它是依据手性碳上四个不同原子或基团在 Cahn-Ingold-Prelog 顺序规则中排列的次序来表示手性碳原子的构型的。其方法是，先把手性碳原子所连的四个基团按 Cahn-Ingold-Prelog 顺序规则排列，如果 a>

b>c>d，把次序最不优先的原子或基团d放在观察者的远方，a，b，c分别放在离观察者较近的平面上，观察a，b，c的排列顺序，即从排在最先的a开始，经过b，再到c。如果旋转的方向是顺时针的，则将该手性碳原子的构型标记为 *R*，如果是逆时针的则标记为 *S*。

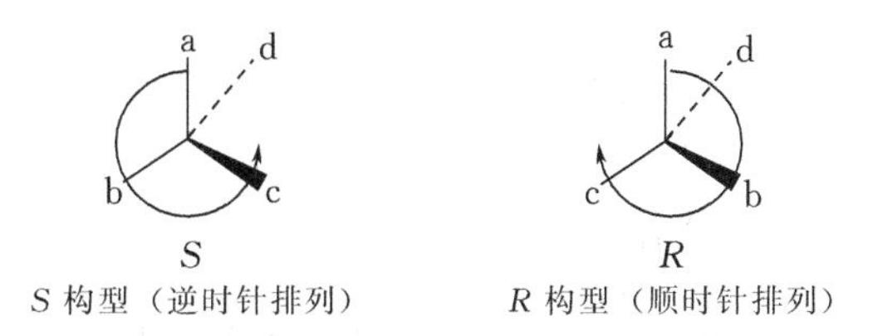

S 构型（逆时针排列） *R* 构型（顺时针排列）

（1）基团顺序大小的判断

判断基团的顺序大小可使用Cahn-Ingold-Prelog顺序规则，其具体规定是：

① 原子序数大的基团顺序大，如Br>Cl>N>O>C>H；

② 原子序数相同，原子量大的基团顺序大，如T>D>H；

③ 顺>反，*Z*>*E*，D>L，*R*>*S*。

应特别指出的是：

a. 当有几何异构体存在时，具有较高顺序次序的取代基与手性中心在双键同侧的基团大于反侧的基团。这时有可能 *Z*>*E*，也可能 *Z*<*E*，如图5-14所示。

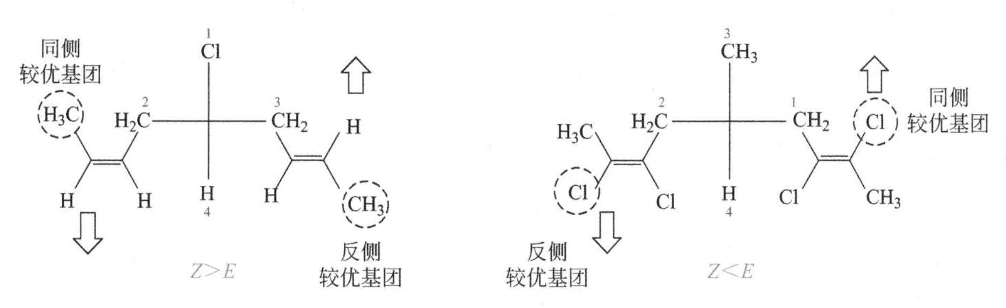

图5-14 *Z*>*E* 或 *Z*<*E* 的情况

b. 关于 *R*>*S* 的修订。简单的分子一般遵循 *R*>*S* 规则，复杂的分子有时要用到 *RR* 或 *SS* 大于 *RS* 或 *SR* 的情况。如：

```
        COOH
     HO—┼—H      S
     HO—┼—H      S
R     H—┼—OH
     HO—┼—H      R
      H—┼—OH     S
        COOH
```

SS>*RS*

④ 若两个取代基原子序数相同（例如均为C），则比较与之相连的原子，若仍相同，继续向下比较。如：

$$-\overset{1}{C}H_2\overset{2}{C}H_2\overset{3}{C}H_2\overset{4}{C}H_3 < -\underset{1'}{C}H_2\underset{2'}{\overset{CH_3}{\overset{|}{C}}}H\underset{3'}{C}H_3$$

C1（C，H，H）	C1′（C，H，H）	相同
C2（C，H，H）	C2′（C，C，H）	$C_2'>C_2$

⑤ 若含有双键，则将之按下列方法展开：

—CH═CH$_2$ 相当于 H H —C—C—H (C)(C)　　—CH═O 相当于 H —C—O (O)(C)

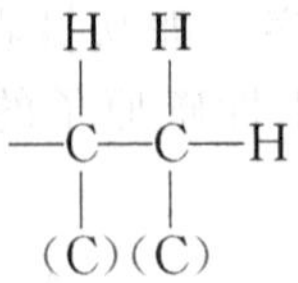

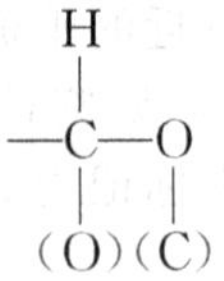

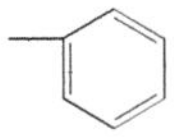

相当于 (C) (C) H (C) H H (C) H (C) H (C) H

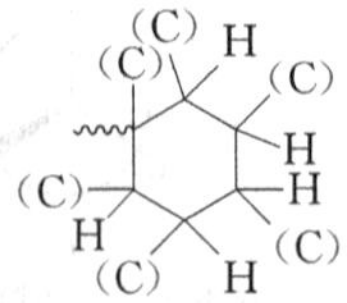

⑥ 仅由 C、H 组成的基团可使用更加简便的氧化数判断法，如：

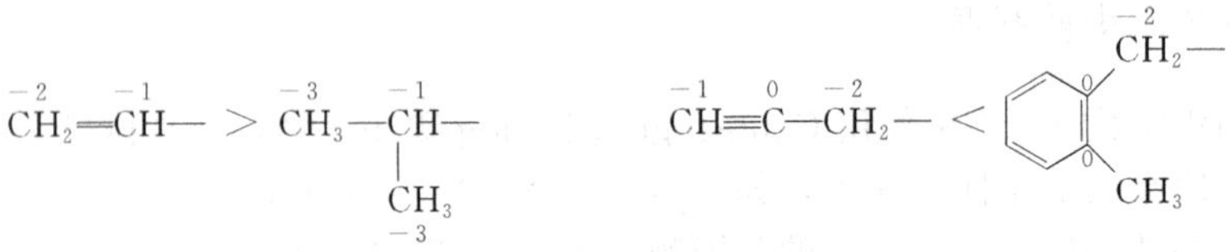

$\overset{-2}{CH_2}$═$\overset{-1}{CH}$— ＞ $\overset{-3}{CH_3}$—$\overset{-1}{CH}$— $\underset{-3}{CH_3}$　　$\overset{-1}{CH}$≡$\overset{0}{C}$—$\overset{-2}{CH_2}$— ＜ 0 $\overset{-2}{CH_2}$— 0 CH_3

(−1，−2)　(−1，−3)　(−2，0，−1)　(−2，0，0)

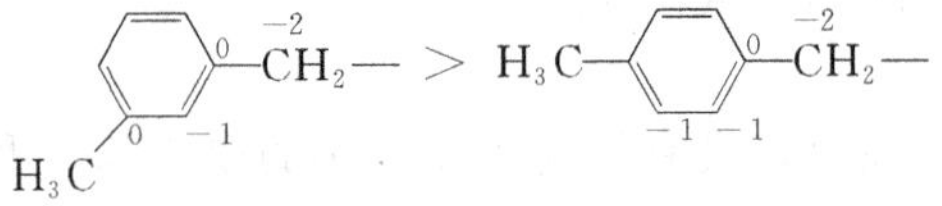

0 $\overset{-2}{CH_2}$— 0 −1 H_3C ＞ H_3C— 0 $\overset{-2}{CH_2}$— −1 −1

(−2，0，−1，0)　(−2，0，−1，−1)

⑦ 当环中含有 N 时，按照共振式处理。C═N 出现的概率加 6［《有机化合物命名原则》(2017 版)］，如下图三个共振式中 C═N 出现的概率为$\frac{2}{3}$，所以此位置的碳原子序数相当于 6 $\frac{2}{3}$；或将 C═N 中的碳原子序数当成 7，如下图：

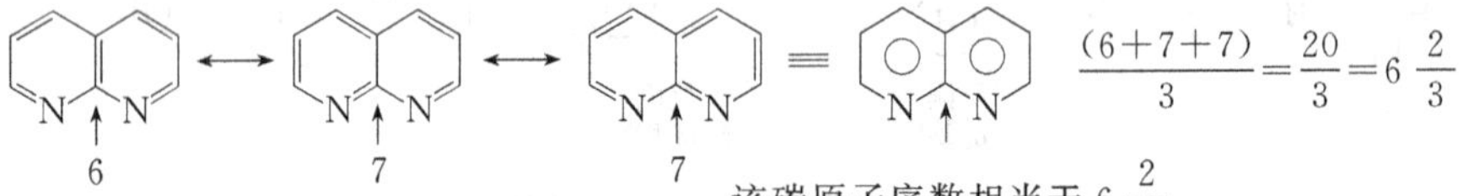

N N 6 ⟷ N N 7 ⟷ N N 7 ＝ N N　$\frac{(6+7+7)}{3}=\frac{20}{3}=6\frac{2}{3}$

该碳原子序数相当于 6 $\frac{2}{3}$

此时用氧化数方法更为方便：

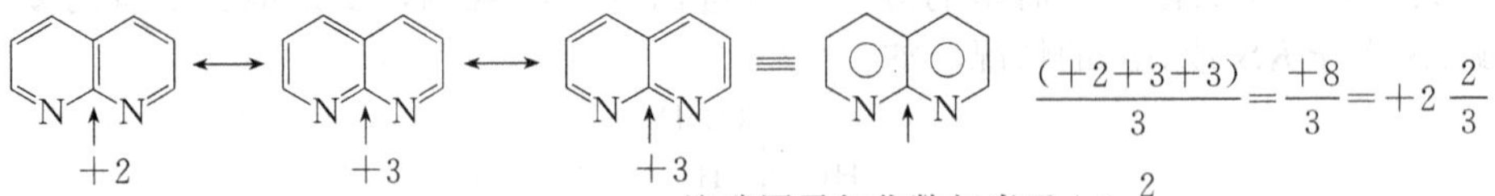

N N +2 ⟷ N N +3 ⟷ N N +3 ＝ N N　$\frac{(+2+3+3)}{3}=\frac{+8}{3}=+2\frac{2}{3}$

该碳原子氧化数相当于＋2 $\frac{2}{3}$

(2) 判别 *R*-*S* 的简易方法

当某一分子的表示形式为 Fischer 投影式时，若要用 *R*-*S* 标记法标记时，可以用"横反竖同"的方法（对最小基团所在的位置而言）。由下例可知：

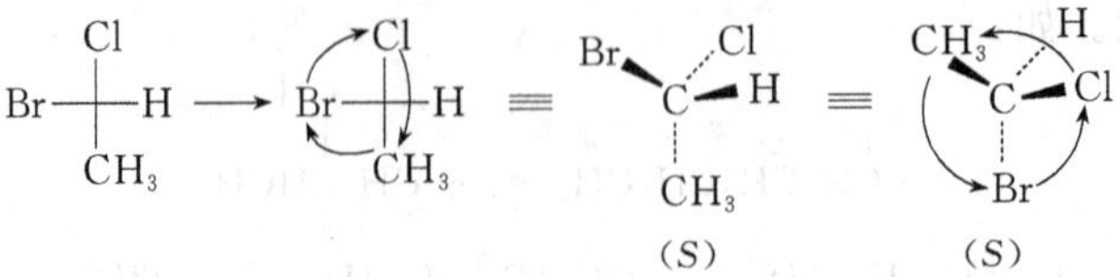

Cl Br—H CH_3 ⟶ Cl Br—H CH_3 ＝ Br Cl C H CH_3 (*S*) ＝ CH_3 H C Cl Br (*S*)

依据规则可判别—Br＞—Cl＞—CH_3＞—H，如果观察者从—Br→—CH_3 按顺时针旋转为 *R* 型，但小基团在横键上，所以为 *S* 型。

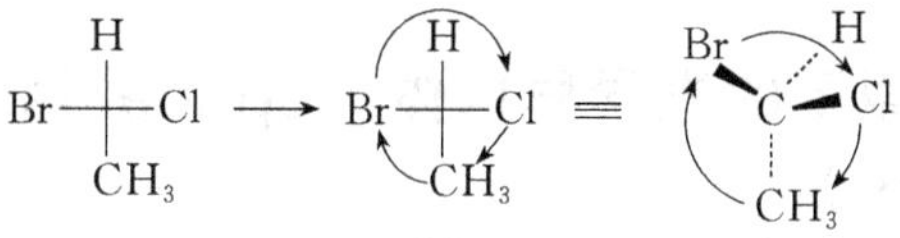

（R）　　（R）

依据规则可判别如下：—Br>—Cl>—CH_3>—H，为顺时针旋转，即为 *R* 型，由于—H 基团在竖键上即此 Fischer 投影式的最小基团在最远处，所以此构型为 *R* 型。因此，利用 Fischer 投影式来判别 *R-S* 型标记时，当小基团在横键上时，将它按自然顺序旋转之后再反向，若小基团在竖键上时，则可直接按自然顺序旋转，显示它的构型并用 *R-S* 表示。

对于楔形式，可利用基团交换的方法，尽量将小基团放在虚线上，即放在远处，交换偶数次构型不变，交换奇数次构型相反。如：

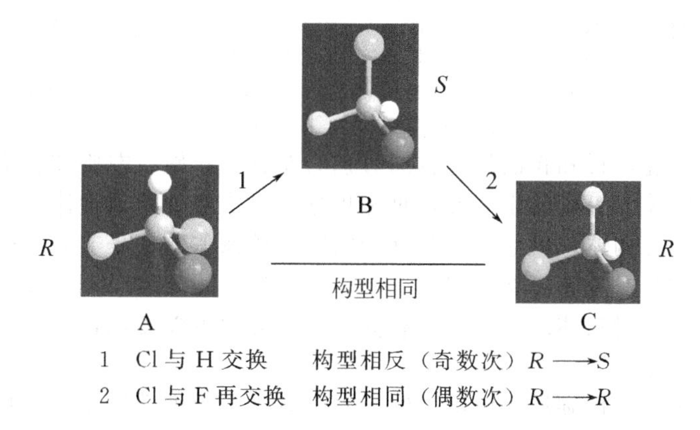

1　Cl 与 H 交换　构型相反（奇数次）*R* ⟶ *S*

2　Cl 与 F 再交换　构型相同（偶数次）*R* ⟶ *R*

5.6　含一个手性碳原子的光学异构体（optical isomer of one chiral carbon atom）

有机化合物分子是否具有手性取决于其化学结构。在有机化合物中，手性分子大都含有与四个互不相同的基团相连的碳原子。乳酸 $CH_3{}^*CHOHCOOH$ 的第二个碳就是这样的一个碳原子，在结构中通常用“*”标出手性碳原子。

含有一个手性碳原子的分子一定是手性分子。一个手性碳原子可以有两种构型，所以含有一个手性碳原子的化合物有构型不同的两种分子。像乳酸这样，构造相同、构型不同，形成实物与镜像关系的两种分子的现象称为对映异构现象，这种异构体称为对映异构体，简称对映体。例如：

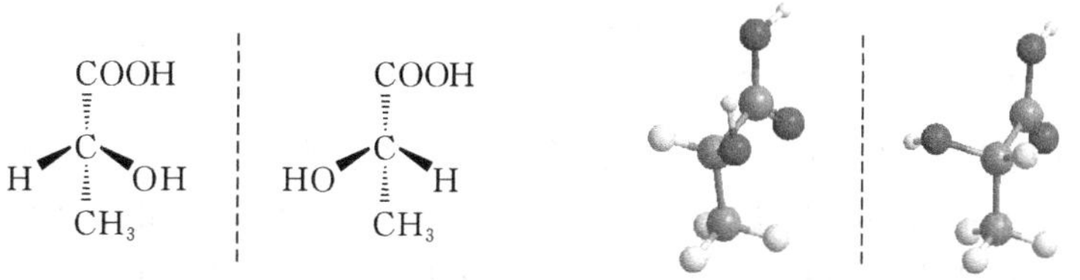

对映体是成对存在的，它们的旋光能力相同，但旋光方向相反。如果把等量的左旋乳酸和右旋乳酸混合，则混合的乳酸无旋光性，称为外消旋乳酸。从酸牛奶中得到的乳酸就是外消旋乳酸。由等量的对映体相混合而形成的混合物叫做外消旋体。外消旋体不仅没有旋光性，并且其他物理性质也往往与单纯的旋光体不同。

5.7 含两个手性碳原子的光学异构体（optical isomer of two chiral carbon atoms）

5.7.1 含两个不同手性碳原子的光学异构体（optical isomer of distinct two chiral carbon atoms）

含有一个手性碳原子的化合物有一对对映体。分子中如果含有多个手性碳原子，光学异构体的数目为 2^n。所以，含有两个手性碳原子的化合物就有四种构型。如 2-羟基-3-氯丁二酸（氯代苹果酸）有四种异构体：

```
    COOH     ┊     COOH         COOH     ┊     COOH
 HO─┼─H      ┊   H─┼─OH      HO─┼─H      ┊   H─┼─OH
 Cl─┼─H      ┊   H─┼─Cl       H─┼─Cl     ┊  Cl─┼─H
    COOH     ┊     COOH         COOH     ┊     COOH
 Ⅰ (2R, 3R)    Ⅱ (2S, 3S)    Ⅲ (2R, 3S)    Ⅳ (2S, 3R)
```

实验测得Ⅰ，Ⅱ，Ⅲ和Ⅳ的旋光方向分别为左旋、右旋、左旋和右旋。Ⅰ和Ⅱ，Ⅲ和Ⅳ分别互为对映体。等量的Ⅰ和Ⅱ，Ⅲ和Ⅳ分别组成两种外消旋体，Ⅰ与Ⅲ或Ⅳ，Ⅱ与Ⅲ或Ⅳ也是光学异构体，但它们不是互为实物与镜像关系，是非对映的，所以称作非对映异构体，简称非对映体。在一般情况下，对映体除旋光方向相反外，其他物理及化学性质都相同。但非对映体的旋光度不相同，旋光方向可能相同，也可能不同，其他物理性质，如熔点等也不同。

命名含两个不同手性碳原子的物质时，与含有一个手性碳原子化合物的标记方法相同，但必须标出每个手性碳原子的构型。

5.7.2 含两个相似手性碳原子的光学异构体（optical isomer of similar two chiral carbon atoms）

酒石酸含有两个手性碳原子，可能有如下四种构型。

```
          *     *
   HOOC─CH─CH─COOH
          │     │
          OH    OH
```

```
    COOH     ┊     COOH         COOH           COOH
  H─┼─OH     ┊  HO─┼─H        H─┼─OH   ═   HO─┼─H
 HO─┼─H      ┊   H─┼─OH       H─┼─OH       HO─┼─H
    COOH     ┊     COOH         COOH           COOH
 Ⅰ (2R, 3R)    Ⅱ (2S, 3S)    Ⅲ (2R, 3S)    Ⅳ (2S, 3R)
```

这个分子中含有两个手性中心，而且连接在一个手性碳原子上的四个基团与连接在另一个手性碳原子上的四个基团完全相同。Ⅰ与Ⅱ为对映体，彼此不能重叠；Ⅲ和Ⅳ是另一对对映体，然而当仔细观察时，发现它们事实上是相同的。如果将其中一个对映体在纸面上旋转 180°，那么就与另一个完全相同了，在这个立体异构中，含有两个相同的并且相互抵消的手性中心，因此这个分子作为整体是无手性的。这种虽然含有手性碳原子，但却不是手性分子，因而也没有旋光性的化合物，叫做内消旋体。酒石酸的立体异构中有一个内消旋体，因此异构体的数目为 2^n-1 个，只有三种异构体，而不是四种。所以说，不能认为凡是含有手性碳原子的分子都是手性分子。

5.8　含多个手性碳原子的光学异构体（optical isomer of multiple chiral carbon atoms）

具有 n 个手性碳原子应有 2^n 种异构体，如 2,3,4-三羟基戊酸可能有八种异构体。

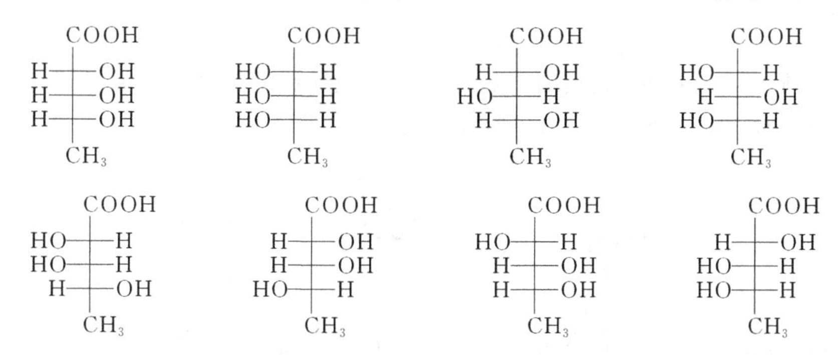

但有时由于假手性碳原子的存在，异构体的个数小于 2^n 个，中间的假手性碳用小的 r，s 标记。

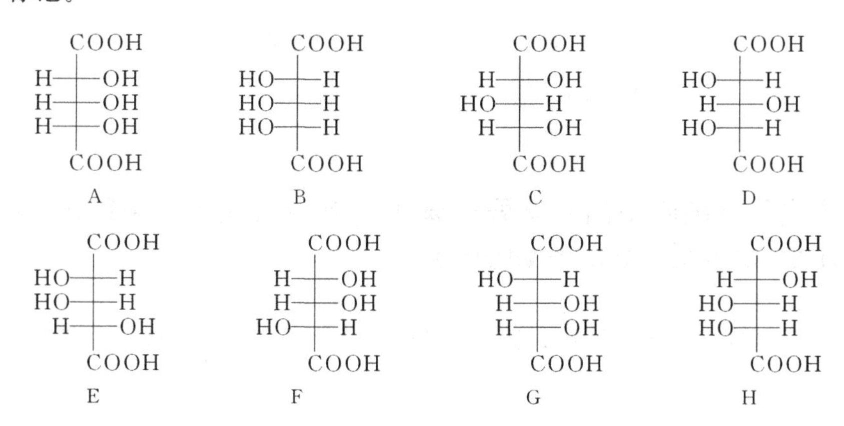

A 与 B，C 与 D，E 与 F，G 与 H 是一样的，即只有 4 种。

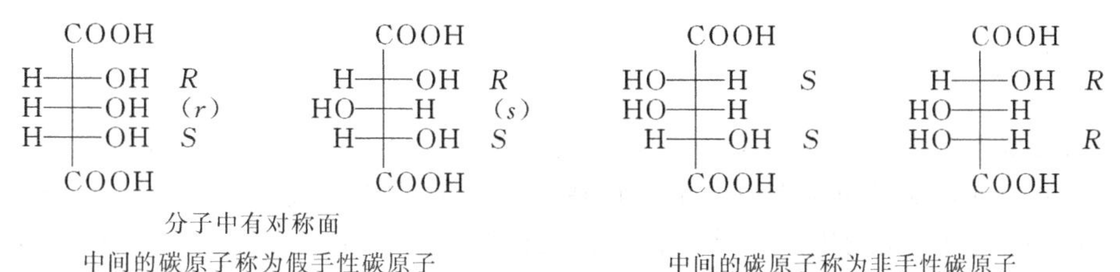

分子中有对称面
中间的碳原子称为假手性碳原子　　　　中间的碳原子称为非手性碳原子

5.9　环状手性化合物（chiral compound of cyclo-hydrocarbon）

反-1,2-环丙烷二甲酸分子中没有对称面和对称中心，是手性分子，有一对对映体，可组成外消旋体。顺-1,2-环丙烷二甲酸分子中有一个对称面，是非手性分子，是内消旋体，无旋光性，顺式与反式异构体互为非对映体。

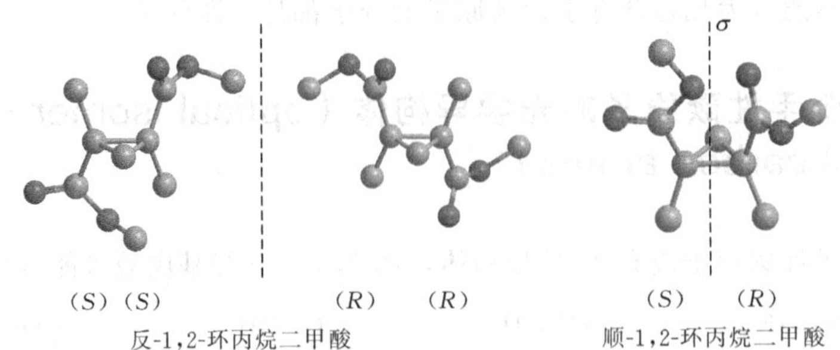

(*S*) (*S*)　　(*R*)　(*R*)　　(*S*)　(*R*)

反-1,2-环丙烷二甲酸　　顺-1,2-环丙烷二甲酸

同理，顺-1,2-二甲基环己烷有对称面，无旋光性；反-1,2-二甲基环己烷无对称中心，也无对称面，是手性分子，有对映体。

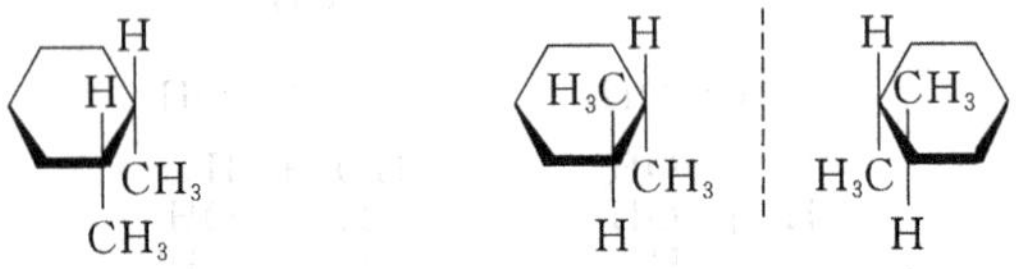

顺-1,2-二甲基环己烷　　反-1,2-二甲基环己烷

下列构造式的化合物，有不同的手性碳，有 2^n 个光学异构体。

$2^3=8$（8个异构体）　　$2^2=4$（4个异构体）

5.10 不含手性碳原子的光学异构体（optical isomer of non-containing chiral carbon atom）

有些化合物的分子中没有手性中心，但这些分子中含有手性轴或手性面也可以有手性。

5.10.1 含手性轴的化合物（compounds of containing chiral axis）

(1) 丙二烯型化合物

丙二烯型化合物 abC=C=Cab 累积双键两端碳上连的原子或基团是在处于互相垂直的两个平面内，如果两端碳原子都是连接两个不同的原子或基团，例如 2,3-二溴戊-2,3-二烯，可以有一对对映体。该类化合物的构型可将之看成是变了形的四面体，沿手性轴观察四面体，指定两个离观察者最近的基团优先于远端的基团。从在纸面上的一边看，可清楚地看出另一侧基团的前后。

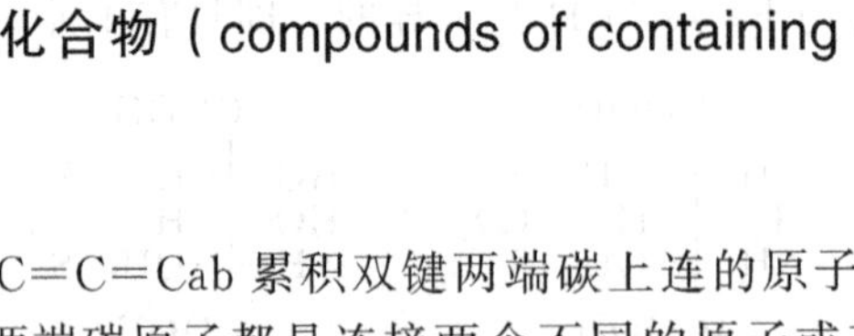

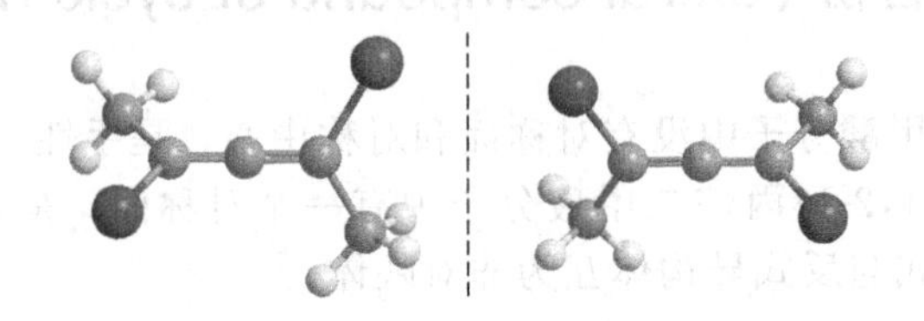

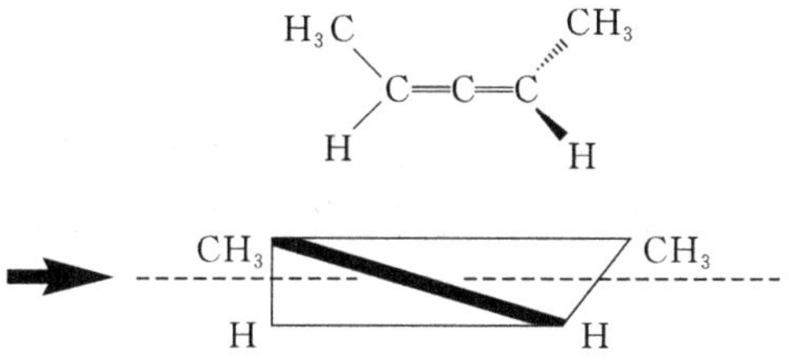

R构型

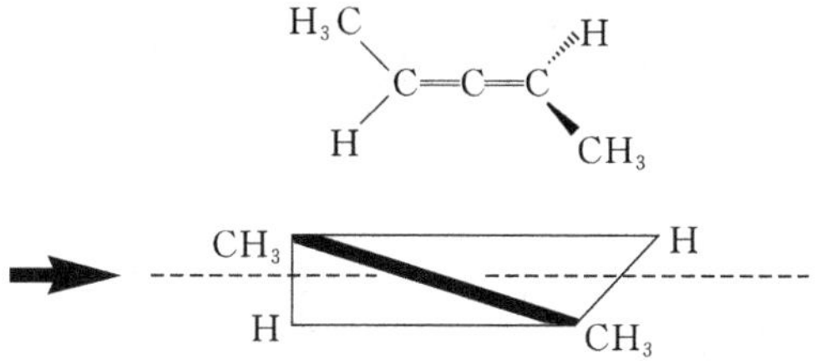

S构型

abC=C=Ca′b′类丙二烯型化合物有对称轴，但仍有手性（无四重交错对称轴）。

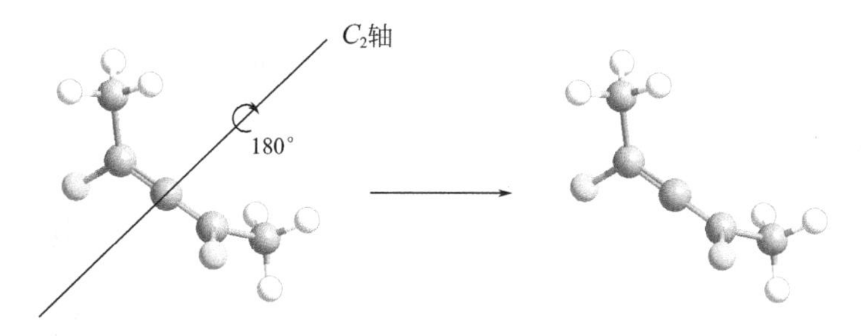

(2) 螺环类化合物

在2,6-二甲基-2,6-二碘螺［3.3］庚烷分子中，两个四元环是刚性的，所在平面是互相垂直的，与1,2-丙二烯结构相似，有一个手性轴，存在一对对映体，从箭头所指方向看去可方便地标出对映体的构型。

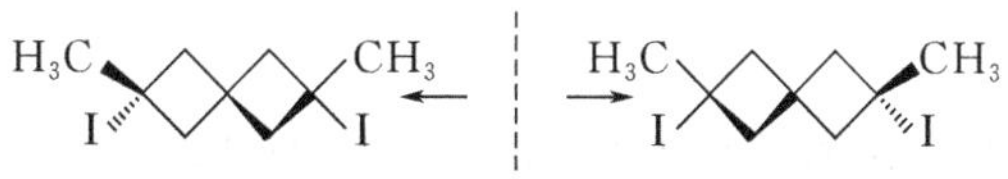

R　　S

另一螺环类如螺环酮或醚类的构型标记比较特殊。

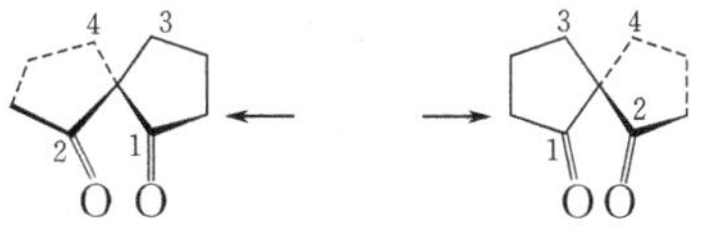

R　　S

(3) 亚烷基环烃类化合物

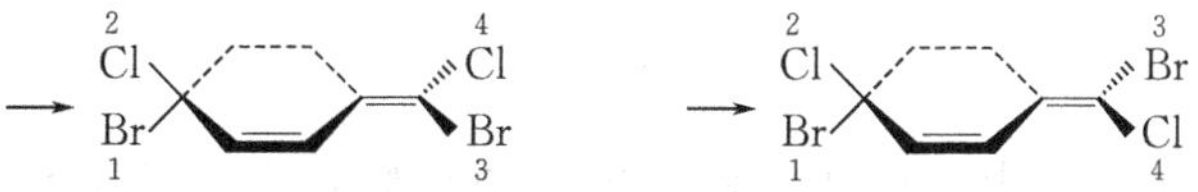

R　　S

（4）联芳烃类化合物

联苯化合物的邻位上如有两个大的取代基，限制两苯环绕两苯环间 σ 键的自由旋转，当每个苯环的邻位取代基不同时，则出现对映体。如 6,6′-二氯-2,2′-联苯二甲酸存在一对对映体，其构型标注与丙二烯类相似。

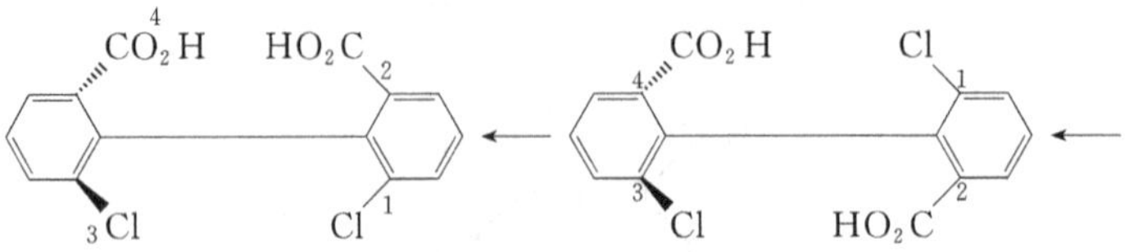

S　　*R*

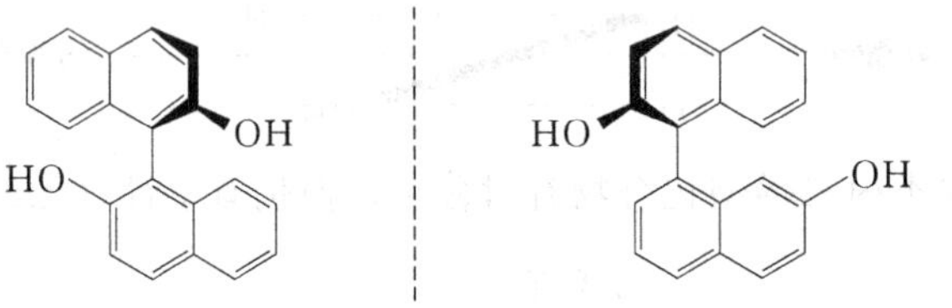

S　　*R*

（5）金刚烷类化合物

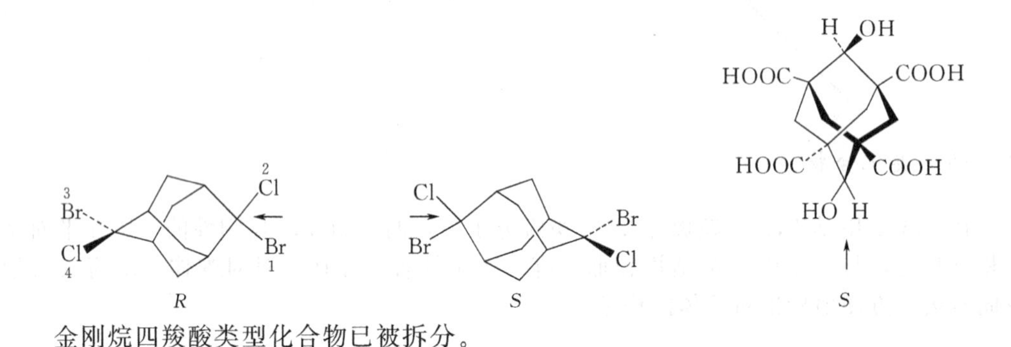

金刚烷四羧酸类型化合物已被拆分。

5.10.2 含手性面的化合物（compounds of containing chiral plane）

Lüttringhcans 和 Gralheer 首先发现了被称为柄状化合物（相当于拉丁语 ansa，即把手）的环芳烷具有手性，第一个被拆分的化合物 A，$n=12$，X=Br。

A

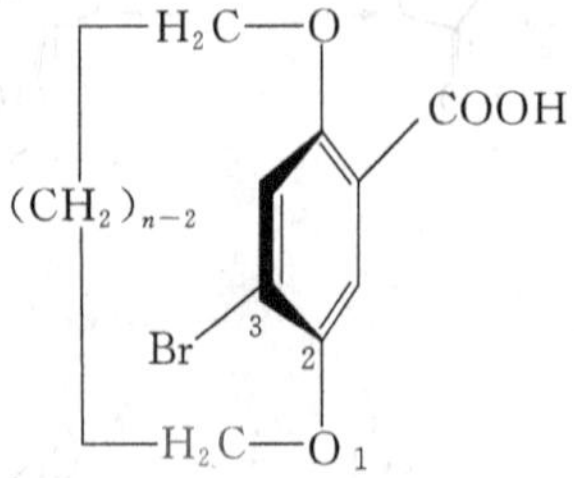

S

在 A 中，两个庞大的基团阻止了苯环的自由旋转，产生了阻转异构体，带取代基的苯环可认为是手性面。当 Br 被还原成 H 时，苯环可以自由旋转，阻转异构体消失。

该类化合物构型的确定，首先要找出手性面外顺序最大的基团 Br，再找出离 Br 最近的柄上的基团 CH_2，与柄上基团相连的 O 为 1，与 O 相连的 C 为 2，与 Br 相连的 C 为 3，1→2→3 顺时针为 *R*，逆时针为 *S*。所以 A 的构型为 *S*。

柄状化合物 B 当多甲叉 $(CH_2)_n$ 足够长时（$n=10$），可绕苯环自由旋转，无阻转异构体存在。但当 $n=8$ 或 9 时，苯环不能自由旋转，产生阻转异构体。根据上述规则，B 的构型为 *R*。

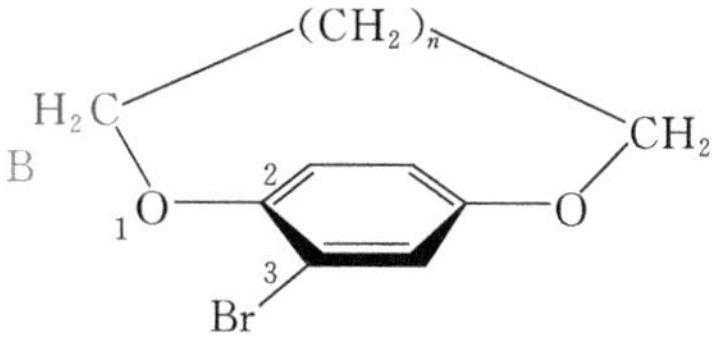

$(CH_2)_n$

H_2C　　CH_2

B　O　O

Br

R

5.10.3　螺旋化合物（screw compound）

六螺并苯是苯用两相邻碳原子互相稠合，六个苯环构成的一个环状烃。两端的两个苯环的四个氢拥挤，使两个苯环不能在同一个平面内，一端在平面之上，另一端在平面之下，整个分子形成一个螺状物，构成含手性面的分子，具有一对对映体，一个左旋，一个右旋。这类光学异构体的旋光能力是惊人的，六螺并苯的 [α] =3700°。这说明了旋光性与分子结构的密切关系。从旋转轴的上面观察，螺旋是顺时针为 M 型或 *R* 型，逆时针为 P 型或 *S* 型。

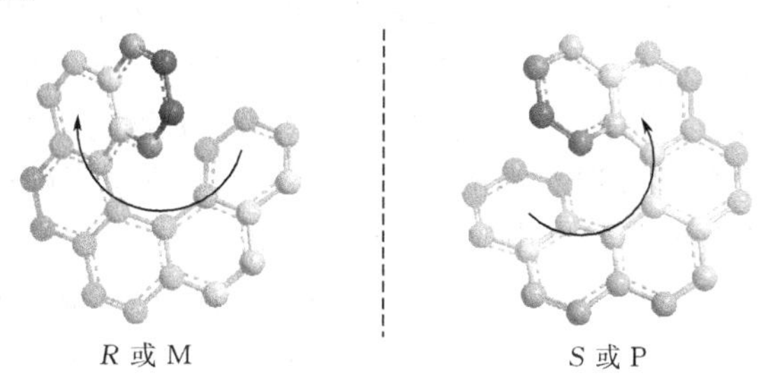

R 或 M　　　　*S* 或 P

5.11　外消旋体的合成与拆分（synthesis and resdution of racemate）

（1）外消旋体的合成

在非手性条件下合成的手性物质，通常是由左旋体和右旋体组成的外消旋体，比如烯烃顺式加成和反式加成，生成两种产物，并且组成了一对对映体。

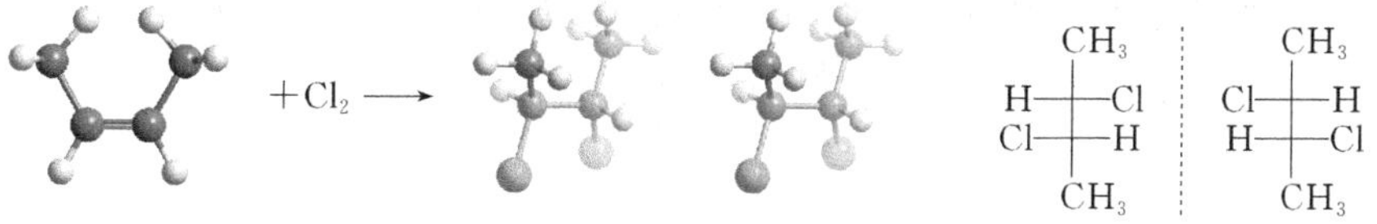

$+Cl_2 \longrightarrow$

CH_3	CH_3
H—|—Cl	Cl—|—H
Cl—|—H	H—|—Cl
CH_3	CH_3

（外消旋体）

$\xrightarrow[(2)\ H_2O_2/H_2O]{(1)\ BH_3}$

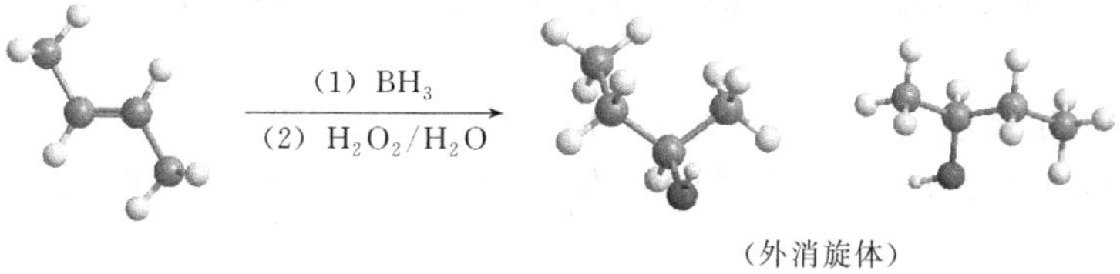

（外消旋体）

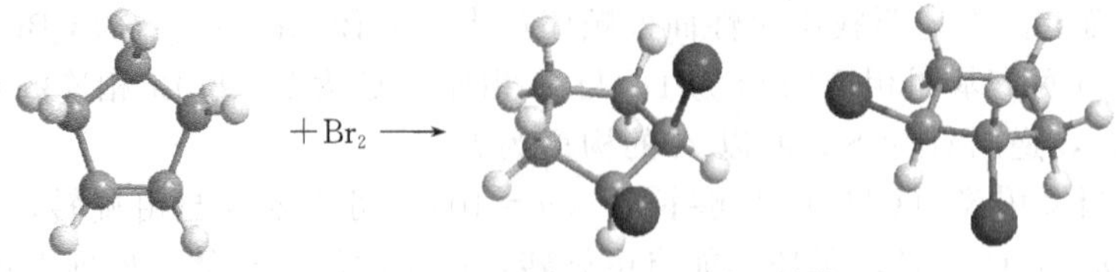

$+Br_2 \longrightarrow$

（外消旋体）

丙酸溴化得到的产物溴丙酸是等量的左旋体和右旋体组成的外消旋体。

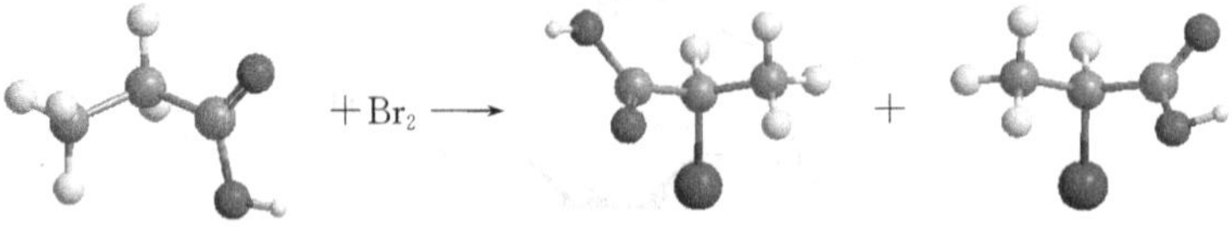

$+Br_2 \longrightarrow$ $+$

R *S*

（外消旋体）

（2）外消旋体的拆分

若要得到左旋体或右旋体，需要某种方法将其分开。用某种方法将外消旋体分成纯的左旋体和右旋体的过程称为外消旋体的拆分。

拆分的方法很多，一般有机械分离法、微生物分离法、柱层析分离法、诱导结晶法以及化学反应法等。这里主要介绍化学拆分法。

化学拆分法应用最广泛，其原理是将对映体转变成非对映体，然后用一般方法分离。外消旋体与无旋光性的物质作用并结合后，得到的仍是外消旋体。但若使外消旋体与旋光性物质作用，得到的就是非对映体的混合物了。非对映体具有不同的物理性质，可以用一般的分离方法把它们分开，最后再把分离所得的两种衍生物分别变回原来的旋光化合物，即达到了拆分的目的。化学拆分对映体的旋光性物质通常称为拆分剂。不少拆分剂是从天然产物中分离提取获得的。化学拆分法最适用于酸或碱的外消旋体的拆分。例如，对于酸，拆分的步骤可用如下通式表示：

$$\boxed{(\pm)\ RCOOH} + 2\ (-)\ R^1NH_2 \longrightarrow \boxed{\begin{array}{l}(-)\ RCOOH\cdot(-)\ R^1NH_2 \\ (+)\ RCOOH\cdot(-)\ R^1NH_2\end{array}}$$

外消旋体　　　　非对映体混合物

$$(-)\ RCOOH\cdot(-)\ R^1NH_2 \xrightarrow{HCl} (-)\ RCOOH + (-)\ R^1NH_2\cdot HCl$$

$$(+)\ RCOOH\cdot(-)\ R^1NH_2 \xrightarrow{HCl} (+)\ RCOOH + (-)\ R^1NH_2\cdot HCl$$

拆分酸时，常用的旋光性碱主要是生物碱，如（－)-奎宁，（－)-马钱子碱，（－)-番木鳖碱等。拆分碱时，常用的旋光性酸是酒石酸、樟脑等。

手性合成的收率，不仅看产率，更重要的是光学异构体的量，即某一旋光物质占总收率的比例，如只生成两种物质，其 *ee*（对映体过量值）可按下式计算：

$$ee = \frac{[R] - [S]}{[R] + [S]} \times 100\%$$

5.12 旋光方向与构型的关系（rotatory direction and configuration）

早在 1954 年 Wilds 就已提出了判断旋光方向与构型关系的方法，Lowe 进一步完善了该经验方法，并提出了手性轴化合物的绝对构型与旋光方向的经验关系式。具体操作如下：

① 首先将构型化简成相应的透视式，判断出其构型；

② 将基团再按可极化性方向画箭头，逆时针为左旋光（－），顺时针为右旋光（＋）；

③ 常见基团的可极化性如下：

I＞Br＞Cl＞ —C≡C— ＞CN＞ —HC═CH— ＞C_6H_5＞CHO＞COOH＞$C_6H_5CH_2$＞CH_3＞CH_2OH＞CH_2NH_2＞C_2H_5＞$CH_2CH_2CH_3$＞CH_2COOH＞NH_2＞OH＞H＞D＞CF_3＞F＞NH_3^+

如：

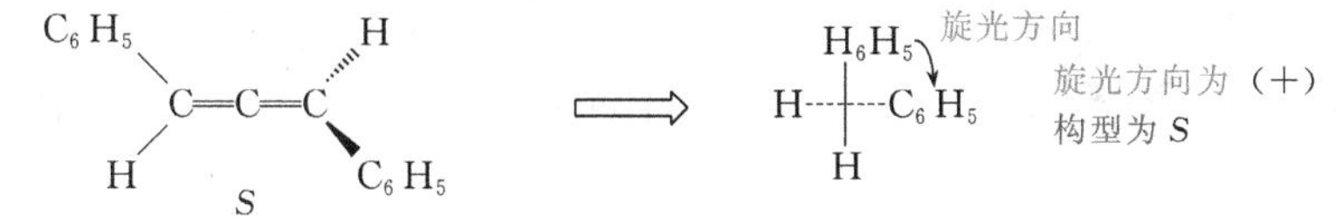

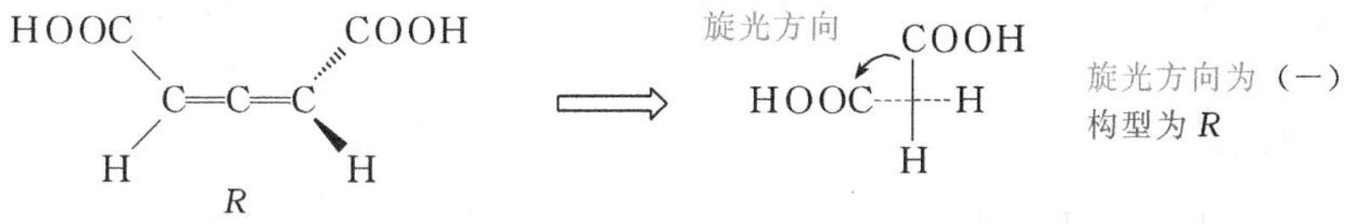

旋光方向为（＋）
构型为 *S*

旋光方向为（－）
构型为 *R*

根据螺旋理论也可以判断含一个手性碳化合物构型与旋光方向的关系，即先根据 Cahn-Ingold-Prelog 顺序规则判断出构型，再根据基团的可极化性判断化合物的旋光方向，如：

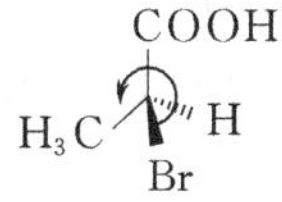

按 Cahn-Ingold-Prelog 顺序规则判断构型 *S* 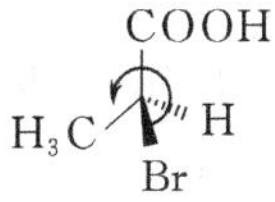　　按极化度判断旋光方向（－）

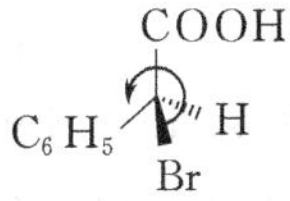

按 Cahn-Ingold-Prelog 顺序规则判断构型 *S* 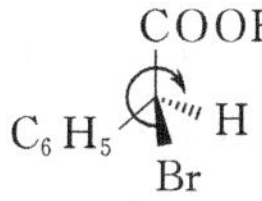　　按极化度判断旋光方向（＋）

尽管是经验规律，可能会有意外，且目前仅限于含一个手性碳原子的化合物和手性轴化合物，但这一经验规律给合成工作者设计手性分子，预测构型与旋光方向提供了重要的基础数据。

习题（Problems）

1. Draw structural formulas for：

（1） The smallest alkane that is chiral

（2） The smallest alkene that is chiral

（3） The smallest alkyl bromide that is chiral

（4） The smallest carboxylic acid that is chiral

2. Which of the following are chiral?

（1） Fork　（2） Spoon　（3） Shoe　（4） Glove　（5） Your ear

（6） Your nose

3. Draw the *R* cofigurations of the following compounds.

（1） 2-bromopentane

（2） 2-chloropropanoic acid

（3） ethyl 2-hydroxybutanate

（4） 1-phenyl-2-propylamine

4. Specify the configuration of each as *R* or *S*.

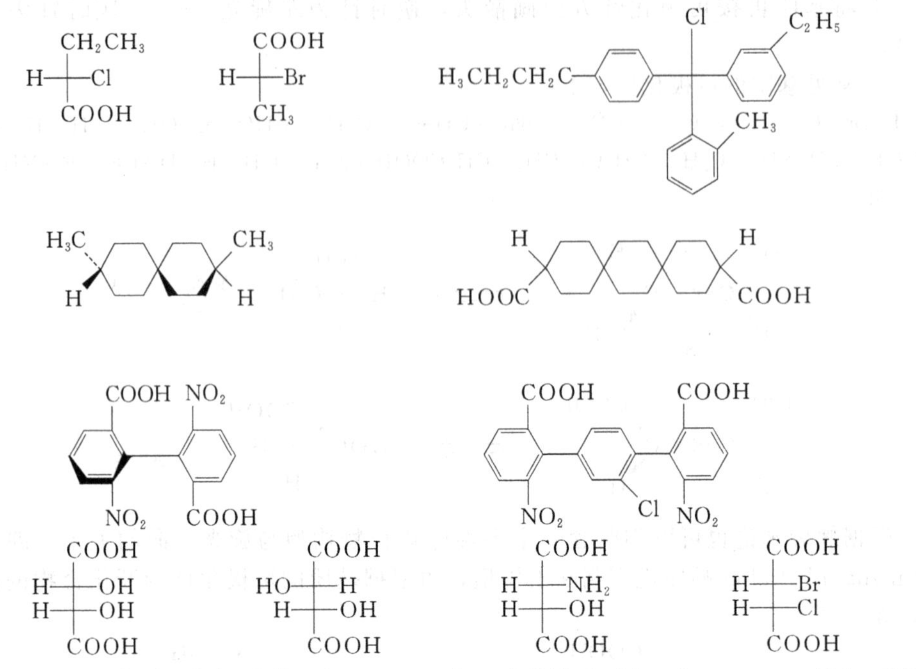

5. Indicate which of the following properties of (*R*)-2-chlorobutane would be different for (*S*)-2-chlorobutane.

(1) Boiling point (2) Melting point (3) Refractive index

(4) Specific rotation (5) Solubility in water (6) NMR spectrum

(7) Infrared spectrum (8) Rate of reaction with sodium hydroxide

6. Indicate the stereochemistry of the products in following reaction.

H_3CH_2C CH_3 (cyclohexene) $+Br_2 \longrightarrow$

7. Arrange the following ligands in decreasing order of priority.

(1) $CH_3CH_2CH_2CH_2CH_2-$ $(CH_3)_2CH-$ $CH_2=CH-CH_2-$ $CH_3CH=CH-$ $C_6H_5CH_2-$ $CH_2=CH-CH_2CH_2CH_2-$ $-CH_2Cl$

(2) CH_3 (2-methylphenyl)— ; phenyl—C≡C— ; CH_3, CH_3 (2,6-dimethylphenyl)—

(3) —C(=O)OH ; —C(=O)OR ; —C(=O)NH_2

(4) cyclohexenyl ; CH_3, CH_3 (2,6-dimethylcyclohexyl) ; decalinyl

8. Draw Fischer structures or Newman.

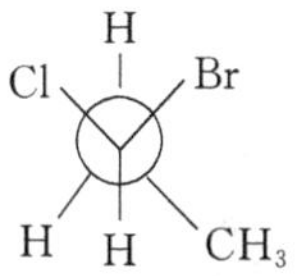

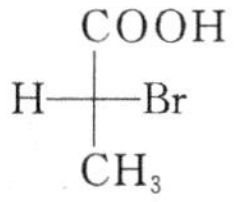

H Cl Br H H CH_3 COOH H Br CH_3

9. State whether the following statements are true or false. Give your reason.

(1) A compound with the S configuration is the (−) enantiomer.

(2) An achiral compound can have chiral centers.

(3) An optically inactive substance must be achiral.

(4) In chemical reactions the change from an *S* reactant to an *R* product always signals an inversion of configuration.

(5) When an achiral molecule reacts to give a chiral molecule the product is always racemic.

10. Tically active A has the molecular formula C_6H_{12} and catalytic hydrogenation converts it to achiral. Give the structure of A.

11. How many stereoisomers can be obtained by catalytic hydrogenation of both double bonds in the following compound.

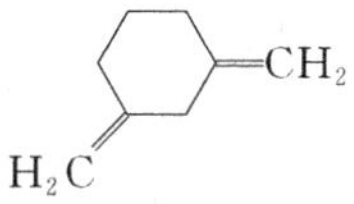

CH_2 H_2C

12. Spiro compounds are bicyclic compounds having one C common to both rings as shown below.

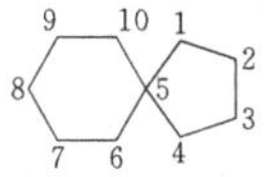

9 10 1 2 8 5 3 7 6 4

Draw the enantiomers of (a) 2-bromospiro [4.5] decane and (b) 8-chlorospiro [4.5] decane.

13. Which are symmetric, dissymmetric or asymmetric molecules?

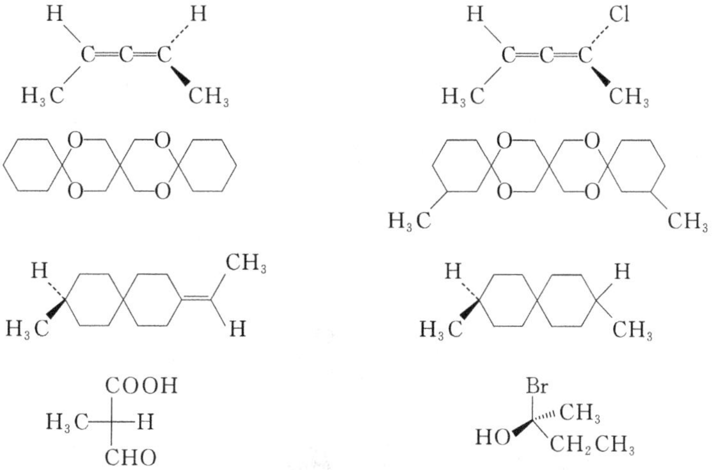

H H C=C=C H_3C CH_3 H Cl C=C=C H_3C CH_3

O O O O O O O O H_3C CH_3

H CH_3 H_3C H H H H_3C CH_3

COOH H_3C H CHO Br CH_3 HO CH_2CH_3

14. Judge optical direction of compound using Lowe rule.

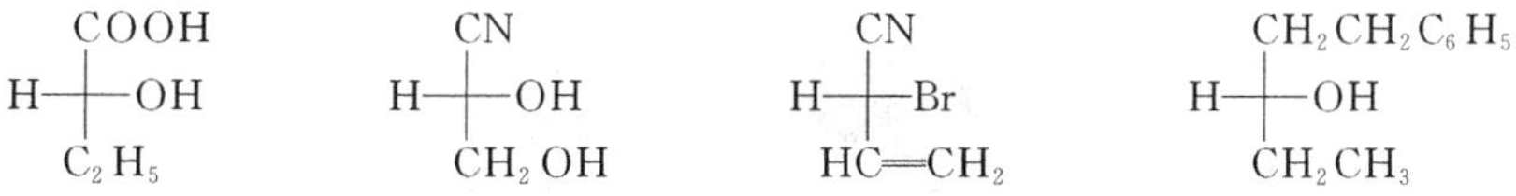

COOH H OH C_2H_5 CN H OH CH_2OH CN H Br HC=CH_2 $CH_2CH_2C_6H_5$ H OH CH_2CH_3

第6章

碳-卤极性单键化合物

6.1 脂肪卤代烃（aliphatic halohydrocarbons）

烃分子中的氢原子被卤原子取代后所生成的化合物称为卤代烃，一般用 R—X 表示（分子中存在 C—X 键，X 为 F、Cl、Br 或 I）。卤代烃在自然界很少存在，大量使用会导致生态环境的破坏，然而它们在有机合成中仍起着不可替代的重要作用，卤代烃是合成许多有机化合物的起始原料或中间产物。卤代烃的蒸气有毒，应尽量避免吸入。

6.1.1 卤代烃的分类（classification of halohydrocarbons）

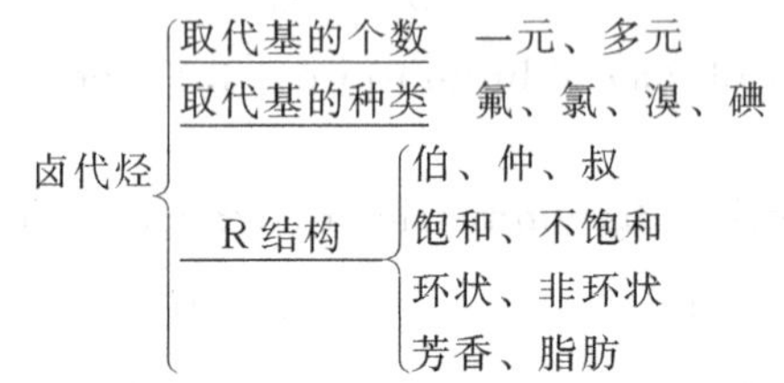

依据 R 结构的不同，卤代烃可分为饱和卤代烃、不饱和卤代烃，不饱和卤代烃要特别注意卤原子直接连在不饱和双键上的乙烯型卤代烃 RCH=CHX，和卤原子连接在 α-碳原子上的烯丙基卤代烃 $RCH{=}CHCH_2X$。

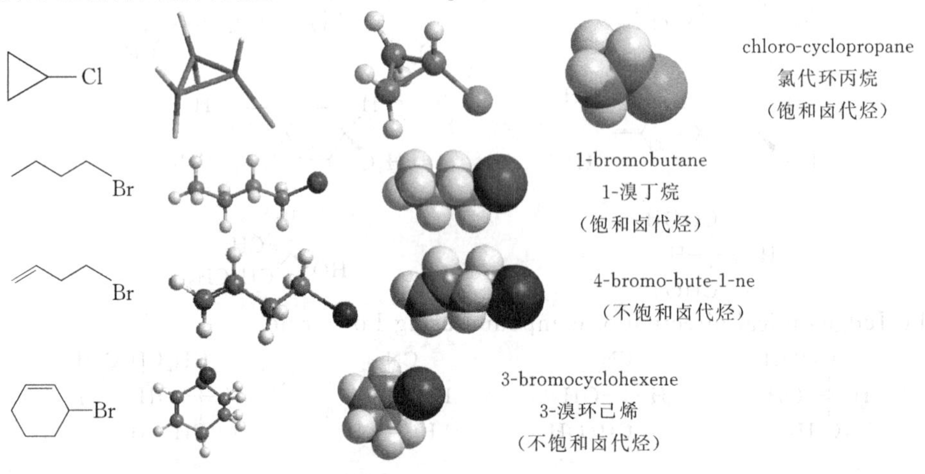

依据与卤原子直接相连的碳原子的级数，又可分为一级、二级和三级卤代烃，又称为伯、仲、叔卤代烃。

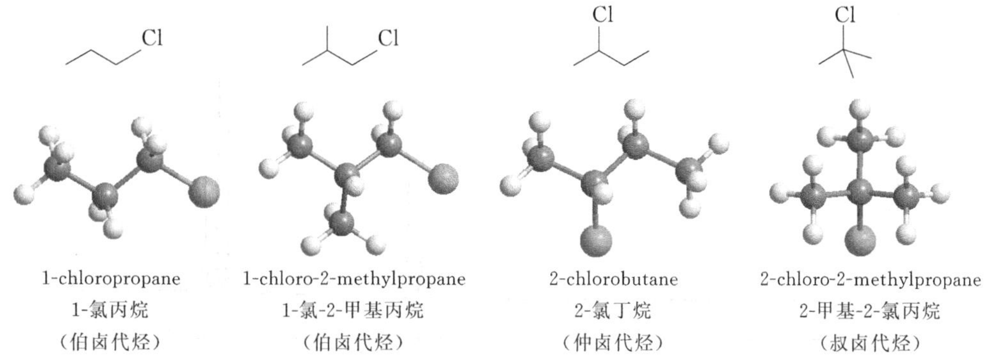

1-chloropropane	1-chloro-2-methylpropane	2-chlorobutane	2-chloro-2-methylpropane
1-氯丙烷	1-氯-2-甲基丙烷	2-氯丁烷	2-甲基-2-氯丙烷
(伯卤代烃)	(伯卤代烃)	(仲卤代烃)	(叔卤代烃)

依据X的种类可分为氟代烃、氯代烃、溴代烃和碘代烃，以及根据X数目不同，可分为一卤、二卤和多卤代烃。

6.1.2 卤代烃的物理性质及波谱(physical properties and spectrum of halohydrocarbons)

(1) 物理性质

室温下，四个碳以下的氟代烷、两个碳以下的氯代烷以及溴代烷是气体，一般卤代烃为液体或固体。卤代烃一般不溶于水，但溶于大多数有机溶剂。一氟代烃和一氯代烃的密度比水小，溴代烃和碘代烃的密度比水大。随着卤原子数目的增加，卤代烃的密度也随之增加，如CH_2Cl_2，$CHCl_3$，CCl_4的密度都大于$1.3g/cm^3$，而CBr_4和C_2Cl_6则是具有高密度的晶状固体。卤代烃一般无色，但碘代烃易分解产生游离的碘，碘代物常带有棕红色，久置的溴代烃也因分解带有一定的颜色。

卤代烃分子中存在C—X极性共价键，分子的偶极矩比相应的烃大，卤代烃一般为极性分子，分子间的相互作用力大，沸点比相应的烃要高。同系列中卤代烃的沸点随碳链的增加而升高。同分异构体中，一般直链分子沸点较高，支链越多沸点越低。具有相同烃基结构而卤原子不同的卤代烃，随着卤原子原子序数的增大，沸点升高，即氟代烃沸点最低，碘代烃最高。

卤代烃分子的折射率是重要的物理常数。具有相同烃基结构的卤代烃，碘代烃的折射率最高，依次为溴代烃、氯代烃、氟代烃，这说明分子的可极化性$RI>RBr>RCl>RF$。

(2) 波谱

与卤素相连的碳原子上H的^1H NMR化学位移值为1.9～4.0；C的^{13}C NMR化学位移值为35～40。红外光谱特征性不强。氯乙烷的^1H NMR和^{13}C NMR如图6-1和图6-2所示。

6.1.3 卤代烃的亲核取代反应(nucleophilic substitution of halohydrocarbons)

卤原子是卤代烃的活性基团，卤代烃的化学反应主要涉及C—X键的断裂，若β-C上连有H，反应还可涉及β-C的C—H键。在一定反应条件下，前者发生卤原子的取代

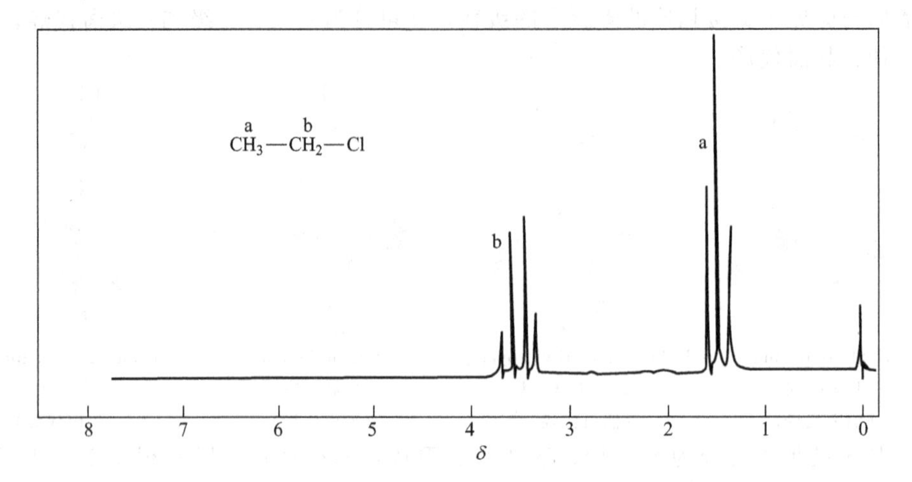

图 6-1　氯乙烷的[1]H NMR 谱图

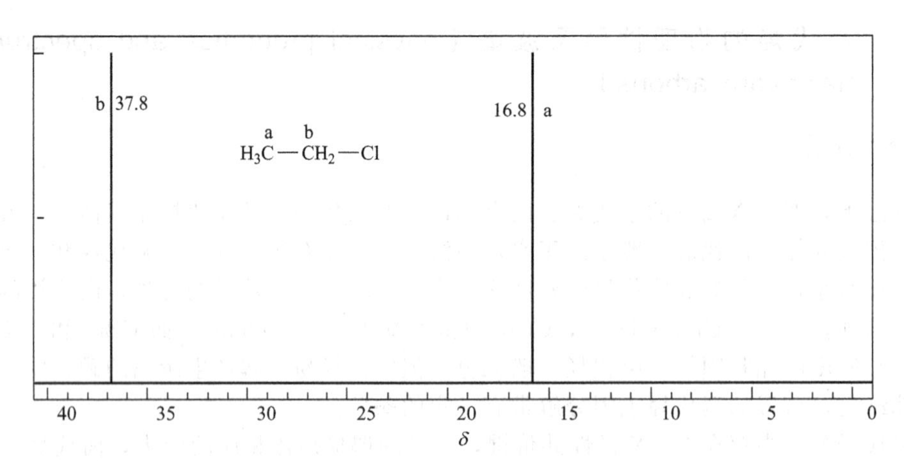

图 6-2　氯乙烷的[13]C NMR 谱图

反应，而后者则发生卤原子和 β-H 的消除反应。

在卤代烃分子中，卤原子的电负性很强，C—X 键的成键电子云偏向卤原子一方，碳原子带有部分正电荷，而卤原子则带有部分负电荷，即 $C^{\delta+}—X^{\delta-}$。带有部分正电荷的碳原子容易受负离子或带有未共用电子对的分子的进攻，卤原子则带着一对电子离去，而被进攻基团所取代。其中 RX 为反应底物，Nu：为亲核试剂，X 为离去基团。

$$RX+Nu\!:\longrightarrow RNu+X\!:$$

(1) 水解反应

卤代烃与氢氧化钠（或氢氧化钾）水溶液作用，卤原子被 OH^- 取代，生成醇。

$$R-X+{}^-OH\longrightarrow ROH+X^-$$

不活泼的乙烯型卤代烃水解比较困难，如氯苯水解制苯酚，必须在强烈的条件下进行反应。

$$C_6H_5-Cl\xrightarrow[300℃,\ 20MPa]{NaOH,\ H_2O}C_6H_5-OH$$

(2) 醇解反应

卤代烃与醇钠作用，卤原子被烷氧基（RO^-）所取代，生成相应的醚。

$$R—X+R'O^- \longrightarrow ROR'+X^-$$

这是制备混合醚的方法之一，该反应又称 Williamson（威廉逊）合成。与醇解类似，卤代烃与硫醇钠反应则生成硫醚。如使用酚钠则得到芳香醚。

$$R—X+R'S^- \longrightarrow RSR'+X^-$$

(3) 氨解反应

卤代烃与氨作用，卤原子被氨基所取代，生成有机胺。

$$R—X+H—NH_2 \longrightarrow RNH_2+HX$$

而生成的有机伯胺 RNH_2 与卤代烃继续反应，进而生成仲胺和叔胺。

$$RNH_2 \xrightarrow{RX} R_2NH \xrightarrow{RX} R_3N$$

所生成的有机胺具有碱性，可与 HX 反应生成铵盐。氨解反应往往得到各类胺的混合物，若使用大过量的氨，可主要生成伯胺，减少仲胺、叔胺和铵盐的生成。

(4) 氰解反应

卤代烃与氰化钠（或氰化钾）的醇溶液共热，卤原子被氰基（—CN）取代，生成腈。

$$R—X+CN^- \longrightarrow RCN+X^-$$

RCN 水解可得到 RCOOH，还原可得 RCH_2NH_2。该反应在有机合成中能用于增长碳链。

(5) 酸解反应

卤代烃与羧酸钠反应，卤原子被羧酸根（$RCOO^-$）取代，生成酯。

$$R—X+R'COO^- \longrightarrow R'COOR+X^-$$

(6) 巯解反应

卤代烃与硫氢化钠反应，卤原子被巯基（HS^-）所取代，生成硫醇。

$$R—X+HS^- \longrightarrow RSH+X^-$$

(7) 炔氢的烷基化

端炔可利用炔氢的酸性生成炔钠，再与卤代烃作用，完成炔氢的烷基化，生成较高级的炔烃。

$$R—C\equiv\bar{C}Na^+ + R'X \longrightarrow R—C\equiv C—R' + NaX$$

上述卤代烃的取代反应被广泛地应用于有机合成。但应指出，起始原料 RX 应为伯卤代烃，若使用仲卤或叔卤代烃，由于消除反应与取代反应的竞争，得不到产率较高的取代产物。特别是叔卤代烃，主要生成相应的消除产物。乙烯型卤代烃因为卤原子活性低，一般不发生上述取代反应。

(8) 卤素交换反应

氯代烃（溴代烃）和碘代烃在丙酮中反应，卤原子发生交换反应，而生成相应的碘代烃和氯化钠（溴化钠）。

$$NaI + R—Cl \longrightarrow R—I + NaCl$$

$$NaI + R—Br \longrightarrow R—I + NaBr$$

卤素的交换反应是可逆反应。NaI 在丙酮中溶解度较大，而 NaCl、NaBr 不溶于丙酮，使反应向正反应方向进行。该反应操作简便，产率高，它是由较便宜的氯代烃和溴代烃，制备碘代烃的常用方法。

(9) 与硫氰酸盐反应

$$RX + SCN^- \longrightarrow RSCN + X^-$$

(10) 与硝酸银醇溶液反应

卤代烃与硝酸银的醇溶液作用，生成硝酸酯和卤化银沉淀。

$$R—X + AgONO_2 \xrightarrow[EtOH]{} RONO_2 + AgX\downarrow$$

该反应可用于鉴别卤代烃。不同结构的卤代烃与硝酸银的醇溶液反应的难易程度明显不同，可以利用生成卤化银沉淀的速率，鉴别结构不同的卤代烃。

烯丙型卤代烃（包括苄卤）、三级卤代烃和一般碘代烃在室温下迅速生成卤化银沉淀；一级、二级氯代烃和溴代烃在加热条件下才能与硝酸银醇溶液作用，生成卤化银沉淀；而乙烯型卤代烃（包括卤苯）即使在加热情况下，与硝酸银的醇溶液也很难发生反应。

6.1.4 亲核取代反应的机理（mechanism of nucleophilic substitution）

卤代烃的亲核取代反应是一类重要的反应，通过卤代烃的水解、醇解、氨解、氰解和酸解等反应，可以合成醇、醚、胺、腈和酯等有机化合物，实现官能团的转变和新键的形成，卤代烃在起始原料和目标产物之间起着重要的桥梁作用。

在有机化学理论特别是反应机理的研究方面，卤代烃的亲核取代反应也占有重要的地位。下面以卤代烃在碱性条件下水解为例，通过反应动力学、立体化学讨论卤代烃亲核取代反应的反应历程，以及各种因素对反应机理和活性的影响。

(1) 双分子历程（S_N2）

溴甲烷在 80%乙醇的水溶液中进行水解，水解速率很慢，若在 80%乙醇的水溶液中加入碱，水解速率随 OH^- 浓度的增大而加快。实验表明：溴甲烷的水解速率取决于溴甲烷和碱的浓度，在动力学上是二级反应，即：

$$反应速率 = k\,[CH_3Br]\,[OH^-]$$

该反应中决定反应速率的步骤是由两个分子控制的，两个分子参与了反应过渡态的形成，这类亲核取代反应为双分子历程 S_N2。

S_N2 机理是协同过程。亲核试剂 OH^- 从反应底物中离去基团 Br 的背面进攻中心碳原子，形成过渡态。过渡态可看作中心碳原子与 OH^- 以及溴原子都部分键合的结构，

C—OH 键没完全形成，而 C—Br 键也没有完全断裂，羟基负离子的电负性逐渐减小，而溴原子具有部分负电荷。羟基和溴原子尽可能远离，三个氢原子与碳原子在同一平面上，键角为 120°，而羟基、溴原子和中心碳原子处于垂直于该平面的一条直线上。反应过程可用 a→b→c→d→e 描述，见图 6-3。

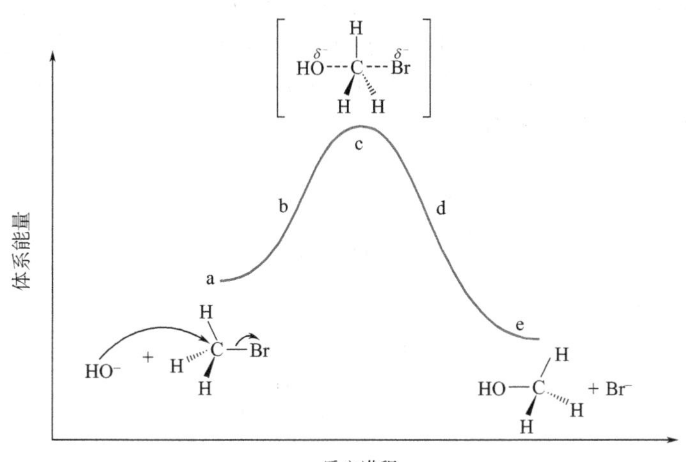

图 6-3　S_N2 反应进程

OH^- 从背面接近中心碳原子，体系能量升高，当中心碳原子形成五价过渡态时，体系能量达到最高点。随着 C—O 键的形成，释放能量，溴原子逐渐离去，张力减小，体系能量继续降低，最终生成取代产物。

这种取代反应，反应物是通过一个过渡态而转化为产物，没有中间体生成，属于一步反应。在反应过程中，旧键的断裂和新键的形成几乎同时发生，反应速率取决于反应底物和亲核试剂的浓度，动力学为二级反应，这是双分子亲核取代反应的动力学特征。

以具有旋光活性的 2-溴辛烷碱性水解为例，讨论 S_N2 的立体化学。

$$HO^- + (C_6H_{13})(H_3C)(H)C—Br \longrightarrow HO—C(C_6H_{13})(H)(CH_3) + Br^-$$

(*R*)-2-溴辛烷　　　　(*S*)-辛-2-醇

二级动力学证明该反应为 S_N2 反应，辛-2-醇的羟基占据 2-溴辛烷中溴原子的位置，产物的构型发生翻转。化学反应中的构型翻转现象是德国化学家瓦尔登（Walden）在 1896 年首先发现的，因此这种构型翻转称为瓦尔登转化。立体化学的证据说明了亲核试剂是从离去基团的背面进攻中心碳原子，这进一步支持了 S_N2 机理。若反应底物卤代烃分子的中心碳原子具有手性，进攻基团和离去基团对于中心碳原子所连接的基团具有相同的定序顺序，取代产物的中心碳原子将发生构型翻转，这是双分子亲核取代反应的立体化学特征。

(2) 单分子历程（S_N1）

叔丁基溴在 80% 乙醇的水溶液中水解，与溴甲烷不同，水解速率非常快，若在 80% 乙醇的水溶液中加入微量碱，叔丁基溴的水解速率不受 OH^- 浓度的影响。实验表明：叔丁基溴的水解速率只取决于卤代烃的浓度，与 OH^- 浓度无关，动力学上是一级反应，即：

$$反应速率=k[(CH_3)_3C—Br]$$

叔丁基溴的水解反应中，决定反应速率的一步，即慢反应步骤，仅一种分子参与了慢反应步骤中过渡态的形成，因此这类亲核取代反应是单分子历程 S_N1。S_N1 历程是分步进行的。首先反应底物叔丁基溴分子中溴原子带着一对电子逐渐远离中心碳原子，C—Br 键发生异裂，生成活性中间体碳正离子，这是慢反应步骤，即决定反应速率的一步。随后，活性碳正离子迅速与亲核试剂 H_2O 结合，经过过渡态，形成新键，生成取代产物，这是快反应步骤，见图 6-4。

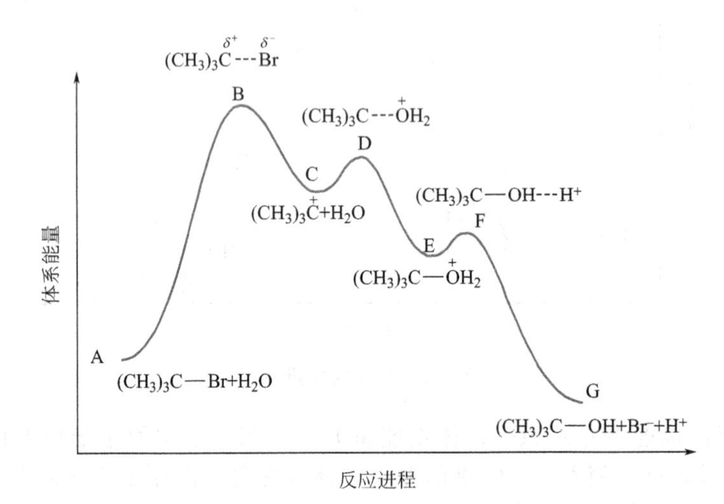

图 6-4 S_N1 反应进程

在反应过程中，反应底物分子中 C—Br 键的断裂需要能量，当能量达到最高点 B 时，即相当于过渡态 $R_3C\cdots Br$，C—Br 键发生异裂，能量下降到 C，形成中间体碳正离子；当碳正离子与亲核试剂 H_2O 接触，需要能量到 D，形成过渡态 $R_3C\cdots\overset{+}{O}H_2$，新键一旦形成，就要放出能量，能量下降到 E，经过过渡态 F 脱去 H^+ 生成取代产物。从能量变化图可以看出，从反应物到过渡态的形成，能量变化为最高点，因此 C—Br 键断裂生成碳正离子的一步是关键步骤，反应速率只取决于这一步，动力学一级反应是单分子亲核取代反应的动力学特征。

单分子历程 S_N1 涉及到碳正离子中间体的形成，可以预测，S_N1 反应可能发生碳正离子的重排，生成较稳定的碳正离子。重排是支持 S_N1 反应机理的重要证据，它也是单分子亲核取代反应的重要特征。例如，新戊基溴和 C_2H_5OH 反应，经由 S_N1 历程，几乎得到全部重排产物；而与 $C_2H_5O^-/C_2H_5OH$ 反应，经由 S_N2 历程，生成未重排的新戊基乙基醚。

$$(CH_3)_3C—CH_2Br \xrightarrow[C_2H_5OH,\ S_N2]{C_2H_5ONa} (CH_3)_3C—CH_2OC_2H_5 \quad 无重排$$

$$(CH_3)_3C—CH_2Br \xrightarrow[S_N1]{C_2H_5OH} H_3C—\underset{OC_2H_5}{\overset{CH_3}{C}}—CH_2CH_3 + (H_3C)_2C{=}CHCH_3 \quad 重排$$

应该指出，不是所有的 S_N1 反应都会发生重排，而发生重排的亲核取代反应一般是 S_N1 机理。S_N2 反应没有碳正离子中间体生成，所以一般不发生重排。以具有旋光活性的卤代烃为反应底物（中心碳原子是手性碳），通过观察生成物的旋光活性，讨论 S_N1 反应的立体化学。

单分子历程 S_N1 是通过形成碳正离子进行的，而碳正离子是平面构型，带正电荷的碳原子是 sp^2 杂化，有一个空的 p 轨道，碳原子所连接的三个不同基团位于同一平面。亲核试剂进攻碳正离子时，可以从平面两侧与其结合，而且概率相等，因此可以得到构型翻转和构型保持的两个化合物，如：

H, H_3C, C—Cl, Ph $\xrightarrow{H_2O}$ H_2O, H, H_2O, C^+, Ph, CH_3 $\longrightarrow$ H, H_3C, C—$\overset{+}{O}H_2$, Ph + $H_2\overset{+}{O}$—C, H, CH_3, Ph

↓ H, H_3C, C—OH, Ph　构型保持 + ↓ HO—C, H, CH_3, Ph　构型翻转

对于理想的 S_N1 反应，生成等量的构型翻转和构型保持化合物，取代产物是外消旋体。但在大多数的反应中，构型翻转的化合物占多数，实际上只能得到部分外消旋产物，同时还有构型翻转的产物生成。

在不同的反应中，外消旋化的比例各不相同，其比例主要取决于碳正离子的稳定性和亲核试剂的强度和浓度。碳正离子的稳定性越高，寿命越长，则产物的消旋化程度越高；若碳正离子不稳定，在它生成的瞬间，立即受到亲核试剂的进攻，由于离去基团可能还来不及离开中心碳原子到相当距离，它的“屏蔽作用”阻碍了亲核试剂从正面进攻，只能从背面进攻中心碳原子，结果生成较多的构型翻转的产物。亲核试剂越弱、浓度越小，从中心碳原子的背面进攻越不利，而从正面进攻越有利，产物的消旋化程度越高；反之，亲核试剂越强、浓度越大，有利于从背面进攻中心碳原子，生成较多的构型翻转的产物，产物的消旋化程度越低。例如，α-氯代乙苯和 2-溴代辛烷按 S_N1 机理水解，由于前者生成的苄基型碳正离子，较后者生成的碳正离子稳定，水解结果中前者生成 87%～98%的外消旋产物，而后者仅生成 34%的外消旋产物。

(3) 离子对机理

离子对机理认为反应底物 RX 在溶剂的作用下是按下列方式分步进行解离的。

$$RX \underset{k_1'}{\overset{k_1}{\rightleftharpoons}} [R^+X^-] \underset{k_2'}{\overset{k_2}{\rightleftharpoons}} [R^+\|X^-] \underset{k_3'}{\overset{k_3}{\rightleftharpoons}} [R^+] + [X^-]$$

分子　　紧密离子对　　溶剂分割离子对　　正离子　　负离子

第一步是电离，产生碳正离子和碳负离子，两个离子相互靠近，形成紧密的离子对。第二步是溶剂进入但此时两个离子仍然是一对离子对，称为溶剂分割的离子对。第三步两个离子完全分离，被溶剂包围，形成溶剂化的正离子和溶剂化的负离子。以上每步反应均是可逆的，每步反应的速率取决于溶剂的性质和 RX 的结构特征，实际的反应体系是上述平衡时各种物质的混合物。

如果亲核试剂与分子或紧密离子对反应，必然是从背后进攻，发生构型翻转，得到瓦尔登转化产物，此过程相当于 S_N2 历程；如果亲核试剂与溶剂分割的离子对反应，亲核试剂既可从背后进攻，发生构型翻转，得到瓦尔登转化产物，又可从 X 的离去方

向进攻，得到构型保持的产物，此过程是一个 S_N1，S_N2 混合历程；当亲核试剂与完全解离的正离子反应时，得到消旋化产物，此过程相当于 S_N1 历程。利用溶剂化理论，可以较好地将 S_N1 和 S_N2 历程联系在一起。用（S）2-氯丁烷的水解来描述这一过程：

$$RX \underset{k_1'}{\overset{k_1}{\rightleftharpoons}} [R^+X^-] \underset{k_2'}{\overset{k_2}{\rightleftharpoons}} [R^+\|X^-] \underset{k_3'}{\overset{k_3}{\rightleftharpoons}} [R^+] + [X^-]$$

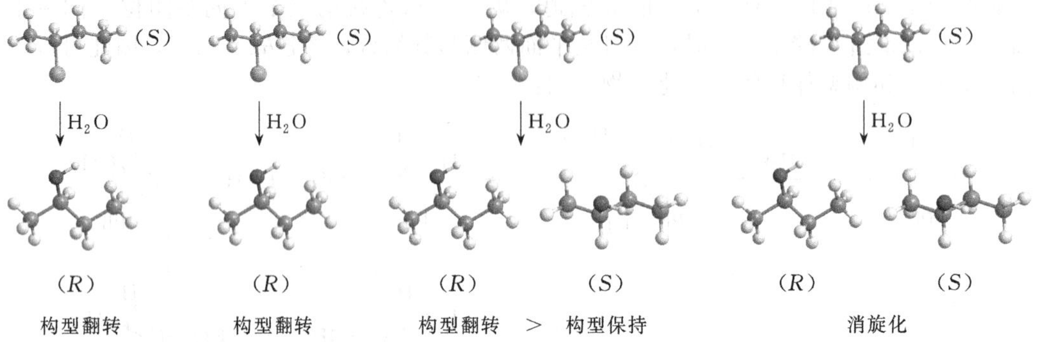

(S)　　(S)　　(S)　　(S)

H_2O　　H_2O　　H_2O　　H_2O

(R)　　(R)　　(R)　(S)　　(R)　(S)

构型翻转　　构型翻转　　构型翻转 ＞ 构型保持　　消旋化

6.1.5 影响反应历程的因素（influencing factor of reaction mechanism）

影响亲核取代反应历程以及反应活性的因素很多，主要考虑反应底物的烃基结构、离去基团的性质、亲核试剂能力和溶剂效应。

(1) 烃基结构的影响

卤代烃的烃基结构，主要通过电子效应和空间效应对亲核取代反应的反应活性产生影响，而这两种效应对不同反应机理的影响是不同的，因此应该结合反应机理讨论烃基结构的影响。

① S_N1 机理　溴代烷在甲酸水溶液中按 S_N1 机理进行水解反应，它们的相对反应速率：

$$RX \longrightarrow R^+ + X^- \qquad R^+ + H_2O \longrightarrow ROH + H^+$$

R	$(CH_3)_3C$	$(CH_3)_2CH$	CH_3CH_2	CH_3
相对反应速率	10^8	45	1.7	1.0

实验表明，卤代烃 S_N1 反应活性为叔卤＞仲卤＞伯卤＞甲基卤。

在 S_N1 历程中，决定反应速率的步骤是 C—X 键断裂生成碳正离子，碳正离子的稳定性是影响反应活性的主要因素。碳正离子的稳定构型是 sp^2 杂化，有一个空 p 轨道，三级碳正离子有较多的 C—H 键与空 p 轨道发生 σ-p 超共轭效应，使正电荷分散，因此三级碳正离子稳定性高，易于形成，二级碳正离子次之，一级碳正离子 σ-p 超共轭效应最少，不易生成。电子效应的影响使三级卤代烃 S_N1 反应活性最高。从空间效应看，三级卤代烃碳原子是 sp^3 杂化，四面体构型，连有三个烷基，比较拥挤，彼此相互排斥，空间张力大，而形成平面结构的碳正离子，三个基团成 120°，相互距离较远，彼此排斥作用小，空间张力得到大大的缓解，空间效应有利于三级卤代烃解离，形成碳正离子按 S_N1 机理进行反应。

② S_N2 机理　溴代烷在无水丙酮中与碘化钾作用，生成相应的碘代烷，是按 S_N2 机理进行的，它们的相对反应速率：

$$RBr + I^- \longrightarrow RI + Br^-$$

R	$(CH_3)_3C$	$(CH_3)_2CH$	CH_3CH_2	CH_3
相对反应速率	0.001	0.01	1	150

实验表明，卤代烃 S_N2 反应活性为甲基卤＞伯卤＞仲卤＞叔卤。S_N2 历程是一步反应，反应速率取决于过渡态的稳定性。反应进程中，中心碳原子是由基态的 sp^3 杂化形成五价过渡态，空间拥挤程度提高，过渡态中非键基团之间的相互作用比基态要大，因此随卤代烃分子中 α 位取代的烃基数目增多，体积增大，过渡态能量提高，稳定性下降，S_N2 的反应活性降低。

溴代烷在无水乙醇中（55℃）用 $C_2H_5O^-$ 按 S_N2 反应生成醚的相对反应速率：

$$RBr + C_2H_5O^- \longrightarrow ROC_2H_5 + Br^-$$

R	$CH_3CH_2^-$	$CH_3CH_2CH_2^-$	$(CH_3)_2CHCH_2^-$	$(CH_3)_3CCH_2^-$
相对反应速率	100	28	3	0.00042

这些卤代烃均为伯卤，随着 β-H 被甲基取代数目的增加，反应速率明显下降，这是因为 S_N2 机理进攻基团是从离去基团的背面进攻中心碳原子，β 位取代基的增加，空间位阻增大，进攻基团难于与中心碳原子接触，反应速率明显减小。

上述反应，卤原子的 α 位和 β 位取代的增加，使 S_N2 的反应速率下降。不论考虑过渡态的稳定性，还是从反应过程中进攻基团所受到的空间阻碍作用分析，空间效应都是影响 S_N2 反应活性的主要因素。

③ 乙烯型卤代烃　乙烯型卤代烃中最典型的代表物是氯乙烯和氯苯。在氯乙烯分子中，氯原子的未共用电子对所处的 p 轨道与双键中的 π 轨道相互交盖，形成共轭体系（p-π 共轭），如图 6-5 所示。

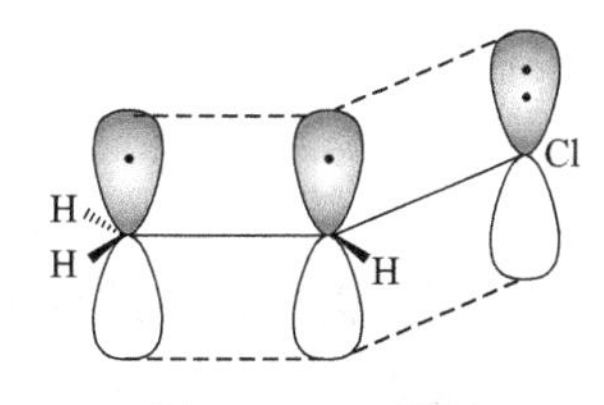

图 6-5　p-π 共轭

在氯乙烯分子中的共轭体系共有四个 p 电子（其中两个 p 电子来自双键碳原子，两个来自氯原子的未共用电子对），分布在三个原子周围。虽然氯原子的电负性比碳原子大，氯原子吸引电子的结果会使碳原子上的电子云向氯原子方向偏移，但由于 p-π 共轭大于诱导效应，总的结果是氯原子上的电子云向碳原子方向偏移，电子发生离域。氯乙烯分子中的 C ═C 键长（0.138nm）比乙烯的 C ═C 键（0.134nm）稍长，C—Cl 键长（0.172nm）则比氯乙烷的 C—Cl 键（0.178nm）略短。因而氯原子不活泼，不易与亲核试剂 NaOH，RONa，NaCN，NH_3 等发生反应，也不易与 $AgNO_3$ 的醇溶液反应。例如，溴乙烯与 $AgNO_3$ 的醇溶液一起加热数日也不发生反应，这一性质可用来鉴别卤代烷和乙烯型卤代烃。乙烯型卤代烃与 Mg 反应要在更高的温度下如四氢呋喃（THF）溶液中进行。

$$H_2C{=}CHCl \xrightarrow{Nu} \text{不反应}$$

$$H_2C{=}CHCl \xrightarrow[\text{THF，}\triangle]{Mg} H_2C{=}CHMgCl$$

值得注意的是，在氯乙烯分子中，由于氯原子吸电子诱导效应的影响，C ═C 键上的电子云密度降低，因此它比乙烯较难进行亲电加成反应，但与不对称试剂进行加成时，遵从马氏规则。氯乙烯是一种致癌物质，使用时应注意防护。氯苯属于乙烯型卤代烃，与氯乙烯性质相近。

④ 苄基卤代烃和烯丙型卤代烃　苄基卤代烃的典型代表物为氯化苄，烯丙型卤代烃中典型的代表物是烯丙基氯，二者性质相近，均为脂肪卤代烃。现以烯丙基氯为例进行讨论。与氯乙烯不同，烯丙基氯分子中的氯原子与亲核试剂 NaOH，NaOR，NaCN，NH_3 等容易发生亲核取代反应。在反应生成的碳正离子中，由于带正电荷碳原子的空 p 轨道与碳-碳双键的 π 轨道构成共轭体系，电子离域使正电荷不再集中在原来的带正电荷的碳原子上，而是分散在构成共轭体系的三个碳原子上，从而降低了碳正离子的能

量，使之得到稳定。氯化苄也具有烯丙基氯的上述性质，形成的苄基正离子由于共振而稳定。

$$H_2C{=}CH{-}CH_2Cl \xrightarrow{-Cl^-} H_2C{=}CH{-}\overset{+}{C}H_2 \longleftrightarrow H_2\overset{+}{C}{-}HC{=}CH_2$$

$$C_6H_5CH_2Cl \xrightarrow{-Cl^-} C_6H_5\overset{+}{C}H_2 \longleftrightarrow \cdots \longleftrightarrow \cdots \longleftrightarrow \cdots$$

苄基正离子和烯丙基正离子的电子构象如图 6-6 所示。

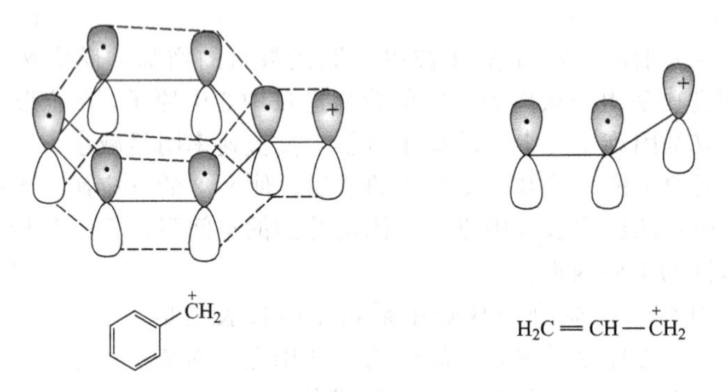

图 6-6 苄基正离子和烯丙基正离子的电子构象

烯丙型卤代烃在进行 S_N1 反应时，由于形成了共轭体系，不仅得到正常的取代产物，还能得到重排产物。例如，1-溴丁-2-烯的碱性水解反应，得到两种不同的产物。

$$CH_3CH{=}CHCH_2Br \longrightarrow CH_3CH{=}CH\overset{+}{C}H_2 \longleftrightarrow CH_3\overset{+}{C}HCH{=}CH_2$$

$$\xrightarrow{\overset{\ominus}{O}H} CH_3CH{=}CHCH_2OH \quad + \quad CH_3CHOHCH{=}CH_2$$

这类重排反应称为烯丙基重排，是有机化学中较常见的重排反应之一。

烯丙型卤代烃分子中卤原子的活泼性，还表现在容易与硝酸银的醇溶液反应，这一性质常被用来鉴别烯丙型卤代烃。

当烯丙基氯（或氯化苄）的亲核取代反应按 S_N2 机理进行时，由于过渡态 π 轨道与正在形成和断裂的键轨道在侧面相互交盖，使负电荷更加分散，过渡态能量降低，更稳定而容易生成，从而有利于反应的进行，同样表现出氯原子比较活泼，见图 6-7。

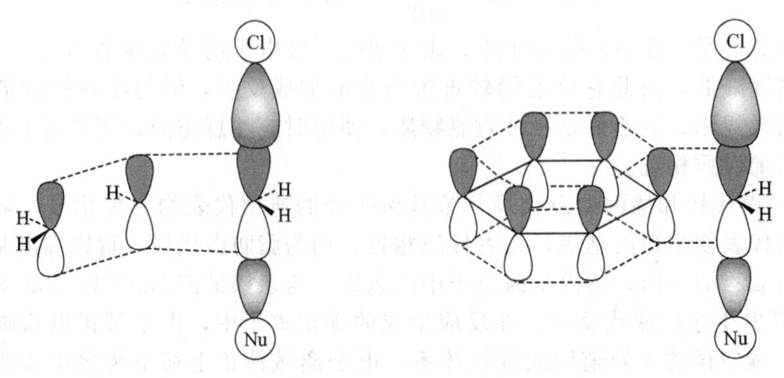

图 6-7 π 轨道参与的 S_N2 反应的过渡态

氯化苄与烯丙基氯相似，由于同样的原因，S_N1 和 S_N2 反应都很快。

关于苄基正离子、烯丙基正离子和叔丁基正离子稳定性的大小，是基础有机化学关心的问题。近年来，测定液态的碳正离子的 pK_{R^+} 和气态的碳正离子与氢负离子反应焓如表 6-1 所示。

表 6-1　三种碳正离子的 pK_{R^+} 和碳正离子与氢负离子反应焓

	pK_{R^+}	与氢负离子反应焓/(kJ/mol)	共轭形式
$(CH_3)_3\overset{+}{C}$	−15.5	992	σ-p
$C_6H_5\overset{+}{C}H_2$	−20	1000	p-π
$H_2C{=}CH{-}\overset{+}{C}H_2$	—	1071	p-π

显然 pK_{R^+} 越大以及碳正离子与氢负离子反应焓越小，碳正离子越稳定，因此三者的稳定顺序为：

$$(CH_3)_3C^+ > C_6H_5\overset{+}{C}H_2 > H_2C{=}CH{-}\overset{+}{C}H_2$$

如果苄基或烯丙基正离子碳上连有甲基取代基，排序有较大变化。

⑤ 桥头卤代烃　若卤原子连在桥头碳原子上，无论 S_N1 还是 S_N2 反应均很困难。例如 1-氯-7,7-二甲基［2.2.1］庚烷与硝酸银的乙醇溶液回流 48h 或与 30%KOH 的醇溶液回流 21h，氯原子被取代的反应难以发生，表现出比相应的开链化合物突出的稳定性。桥头碳上的卤代烃在进行亲核取代反应时，由于空间位阻的原因，无法发生 S_N2 反应，只能发生通过生成碳正离子的 S_N1 反应。由于环的角度只能生成能量较高的 sp^3 杂化碳正离子，见表 6-2。

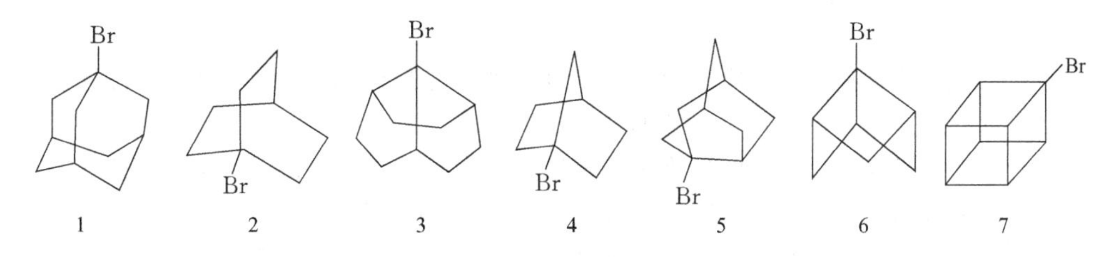

表 6-2　碳正离子生成焓和溶剂解的反应速率常数

桥头溴代物	1	2	3	4	5	6	7
$\Delta H^\ominus/(kJ \cdot mol^{-1})$	672.0	743.6	764.9	789.6	790.8	1093.6	1497.6
$\log K$(70℃,80%EtOH)	−0.41	−4.00	−6.16	−10.45	−7.28		−7.39

随着桥头碳环的增大，碳正离子的生成焓逐渐减小，碳正离子构型会由 sp^3 杂化转化为 sp^2 杂化。例如 1-氯二环［4.4.1］壬烷可形成稳定的 sp^2 杂化碳正离子。

(2) 离去基团的影响

亲核取代反应中，反应底物分子中的C—L键发生断裂，L带着一对电子离开，L为离去基团。无论S_N1还是S_N2反应，离去基团总是带着一对电子离开中心碳原子，它的性质对亲核取代反应有影响。

在卤代烷中，卤原子的电负性F>Cl>Br>I，但离去能力则是$I^- > Br^- > Cl^- > F^-$。这是因为C—X键的键能差别大，其中C—I键能最小。

	C—F	C—Cl	C—Br	C—I
键能/(kJ/mol)	485	339	284	217

碘的可极化性大，在形成过渡态时，C—I键发生变形，有利于S_N2机理中亲核试剂的进攻，而以I^-离去。从碱性分析，卤原子的离去倾向也如此。氢卤酸是强酸，且酸性顺序是HI>HBr>HCl，它们的共轭碱卤负离子是弱碱，碱性变化的规律应是$I^- < Br^- < Cl^-$，碱性越弱者，离去倾向越大。卤代烃中卤素原子作为离去基团的反应活性是RI>RBr>RCl。

碱性强的基团不是好的离去基团。如酸性条件下醇脱水生成烯和在酸性介质中卤离子取代醇羟基生成卤代烃的反应，作为反应底物的羟基是较强碱，不易离去，所以反应必须在酸性条件下进行，H^+对羟基质子化，形成质子化的醇，水分子碱性弱，可以离去生成碳正离子中间体，进而反应得到相应的产物。类似的还有—OR、—NH_2、—SR，碱性较强，都不是好的离去基团，但O、N、S原子有未共用电子对，它们可以质子化，转化为带正电荷的基团后，活泼性大大增强。

总之，较好的离去基团有利于亲核取代反应，而较差的离去基团常常使亲核取代反应难以发生。

(3) 亲核试剂的影响

S_N1反应的反应速率只取决于R—L键的解离，与亲核试剂无关，所以亲核试剂性能的改变对反应速率不产生明显的影响。

S_N2反应中亲核试剂从背面进攻中心碳原子，参与了过渡态的形成，亲核性能的改变对反应速率有明显的影响。亲核能力主要考虑两个因素，即碱性与可极化性。

由于无论碱性还是亲核性都是提供电子的能力，所以在大多数情况下，亲核性和碱性是一致的，可以根据碱性强弱判断试剂的亲核性。一般情况，试剂的给电子能力越强，碱性越强，则亲核性越强。

亲核原子相同时，亲核性与碱性顺序一致。

$$C_2H_5O^- > HO^- > C_6H_5O^- > CH_3COO^- > ROH > H_2O$$

同一周期元素所生成的同类型亲核试剂，亲核性与碱性顺序一致。

$$^-NH_2 > {}^-OH > F^- \quad , \quad R_3C^- > R_2N^- > RO^- > F^-$$

带负电荷的试剂的亲核性比它们的共轭酸强。

$$HO^- > H_2O \quad , \quad RO^- > ROH \quad , \quad RS^- > RSH \quad , \quad {}^-NH_2 > NH_3$$

一个极性化合物在外电场影响下，分子中电荷分布可产生相应的变化，这种变化能力称为可极化性。可极化性强的分子，在外界条件影响下，分子容易改变形状以适应反应的需要，因而易于反应。

亲核试剂的可极化性强，在进攻中心碳原子时，外层电子越易变形而伸向中心碳，所以试剂的可极化性越强则亲核能力越强。可极化性与进攻原子的体积密切相关，在同一族中，原子半径越小，原子核对核外电子束缚越牢固，可极化性小；原子半径越大，原子核对电子束缚越差，可极化性大。同族元素随原子序数的增加，可极化性增强，亲核性增强，如 I^- 可极化性大，它是一个好的亲核试剂。

$$RS^- > RO^- \qquad\qquad RSH > ROH$$

在质子性溶剂中，一些常见的亲核试剂的亲核性强弱顺序是：

$$RS^- > ArS^- > CN^- \approx I^- > RO^- > HO^- > Br^- > ArO^- > Cl^- > CH_3COO^- > H_2O^- > F^-$$

另外，亲核试剂分子的立体结构对反应活性也有影响，亲核试剂的体积增大，使得它难于从中心碳原子的背后进攻并将电子转到碳原子，因此任何使亲核中心发生拥挤的结构变化因素都将使 S_N2 反应速率降低。

（4）溶剂效应的影响

在不同反应机理的亲核取代反应中，使用不同的溶剂，溶剂效应的影响是有区别的。

在质子性溶剂中进行亲核取代反应，质子可以与反应生成的负离子形成氢键，溶剂化作用使负电荷分散，负离子得以稳定，因此质子性溶剂有利于 S_N1 反应。增加溶剂的酸性，即增加质子形成氢键的能力，有利于 S_N1 反应。在甲酸溶剂中，伯卤代烷也可按 S_N1 机理进行亲核取代反应。

而在 S_N2 反应中，质子与亲核试剂形成氢键，亲核能力大大降低，在形成过渡态时，需要一部分能量以克服亲核试剂与溶剂之间的氢键，S_N2 反应活性下降。

使用不同的溶剂不仅影响 S_N1 与 S_N2 反应的反应活性，而且还有可能改变反应机理。例如，氯化苄水解生成苄醇的反应，在丙酮中主要是按 S_N2 机理反应，而在水中则主要按 S_N1 机理反应。

（5）邻位基团参与

在讨论亲核取代反应的立体化学时发现，一些亲核取代反应也可以得到构型保持的产物。在这些取代反应底物分子中，离去基团的 β 位（有时要远一些）有一个具有未共用电子对的基团，它作为进攻基团参与了反应，发生了邻位基团参与现象。

以（S)-2-溴丙酸盐的水解反应为例，讨论邻位基团参与历程。在 Ag_2O 存在下，(S)-2-溴丙酸钠在0.5%碱溶液中进行水解，生成构型保持的（S)-乳酸钠。

$$H_3C-CH(Br)-COONa \xrightarrow[Ag_2O]{0.5\%\,NaOH} H_3C-CH(OH)-COONa$$

在反应中，COO^- 作为邻位基团参与了反应。首先，COO^- 作为亲核试剂从离去基团溴原子的背后进攻中心碳原子，由于银离子对卤原子有较强的亲和力，它的存在有利于溴离子的离去，结果生成环状 α-内酯，中心碳原子的构型发生了一次翻转。接着，OH^- 从 α-内酯张力环的背面进攻中心碳原子，发生开环反应，中心碳原子发生第二次构型翻转，最终得到构型保持的产物。

$$^-O(O=)C-CH(CH_3)Br \xrightarrow[Ag_2O]{0.5\%\,NaOH} {}^-O(O=)C-CH(CH_3)Br\cdots Ag^+ \xrightarrow{-AgBr} \alpha\text{-内酯} + OH^- \longrightarrow {}^-O(O=)C-CH(CH_3)OH$$

实验发现，能够作为亲核试剂的基团处于中心碳原子的邻近位置（离去基团的 β 位或更远一些），它们可以通过环状中间体参与亲核取代反应。

第一步，邻位基团作为分子内的亲核试剂，从离去基团的背面进攻中心碳原子，同时离去基团逐渐离开中心碳原子形成不稳定的环状中间体，中心碳原子发生一次构型翻转。

第二步，外加亲核试剂从环的背面进攻中心碳原子，邻位参与基团携带电子开环得到取代产物，中心碳原子又发生一次构型翻转。

立体化学邻位基团历程与两次 S_N2 取代是一致的，每次取代发生一次构型翻转，因而总的结果是构型保持不变，这是邻位参与亲核取代反应的立体化学特征。

邻位基团历程的动力学速率规律是一级反应，而且反应速率比相应没有邻位参与的类似反应速率要快。这主要是因为第一步分子内的亲核取代反应是决定反应速率的步骤，外加的亲核试剂未参与这一步骤，而且邻近基团在分子中处于有利位置，很容易从离去基团的背面进攻中心碳原子，这比外加亲核试剂与反应底物相互碰撞发生反应要快，所以邻位参与又称为邻位促进，这是邻位基团参与的动力学特征。实验表明，$CH_3CH_2SCH_2CH_2Cl$ 水解的平衡常数数值是 1-氯戊烷（$CH_3CH_2CH_2CH_2CH_2Cl$）水解平衡常数数值的 3000 倍。

邻位基团参与的最基本的条件是反应底物中心碳原子附近有能提供电子的基团，含有杂原子的基团，如 COO^-、OH、OR、NH_2、NR_2、SR、S^-、O^- 等都可作为邻位基团，利用杂原子上的负电荷或未共用电子对进攻中心碳原子而参与反应。

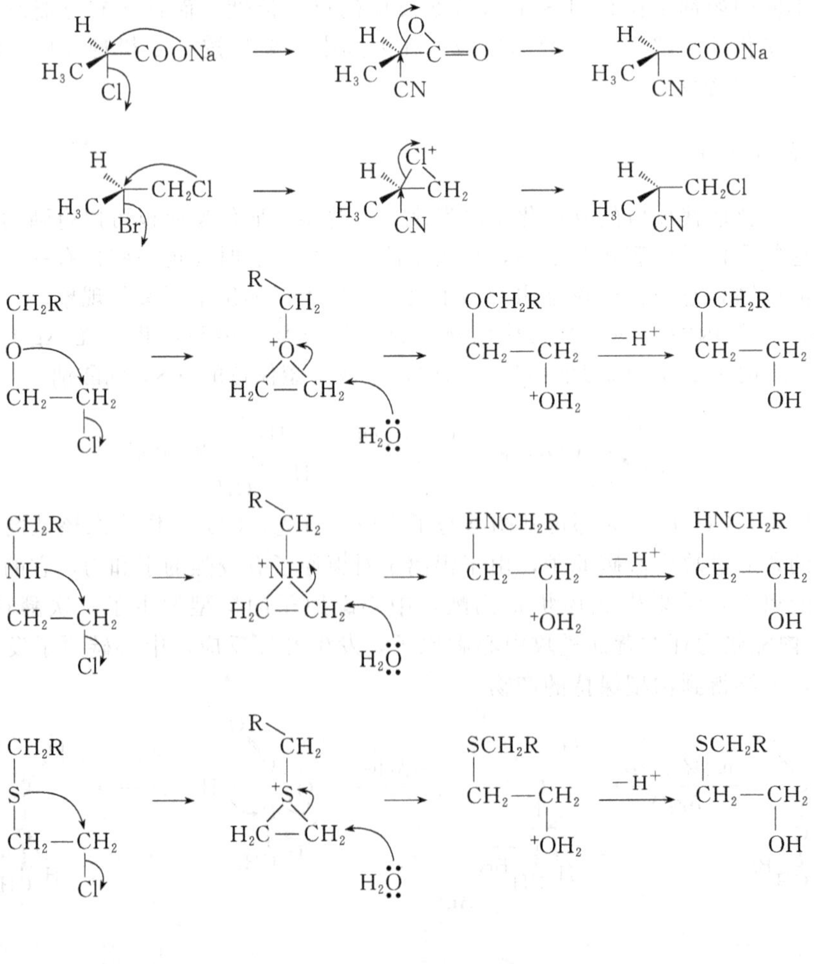

双键可以提供π电子，芳基可以提供它的大π键，它们也可以作为邻位基团参与亲核取代反应。

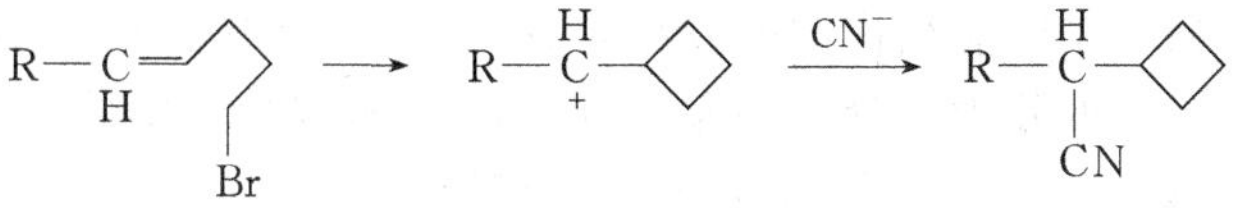

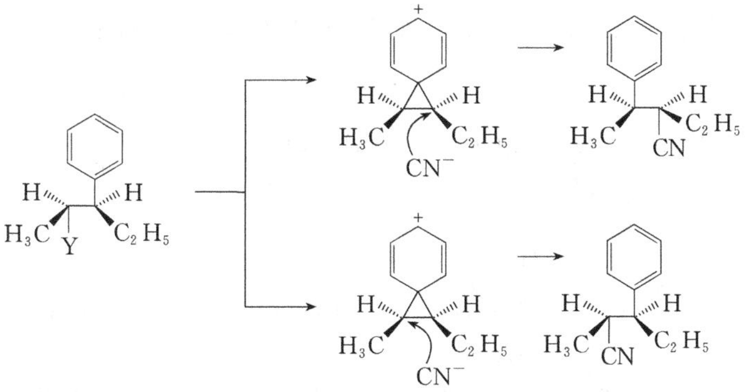

6.1.6 消除反应（elimination reaction）

（1）消除反应的方向

卤代烃用碱处理，卤原子和β-碳原子上的氢原子（β-H）一起消除，生成不饱和键，这是制备烯烃的常用方法。例如：

$$(CH_3)_3CBr+KOH \longrightarrow (CH_3)_2C{=}CH_2+KBr$$

若卤代烃分子中有多种β-H，消除反应的取向应该遵循札依采夫（Zaitsev）规则，也就是从含氢较少的碳原子上消除β-H，生成双键碳原子上取代比较多的烯烃。

$$CH_3CH_2CHBrCH_3 \longrightarrow \underset{81\%}{CH_3CH{=}CHCH_3}+\underset{19\%}{CH_3CH_2CH{=}CH_2}$$

碱进攻含氢较少的β-碳原子上的氢，形成的过渡态较为稳定，活化能较低，容易进行消除，而且产物烯烃σ-π的超共轭效应，使其热力学稳定性高。

应注意，卤代烃的消除反应若能生成共轭体系，那么稳定的共轭产物总是占优势，有时可能是反札依采夫（anti-Zaitsev）规则的。

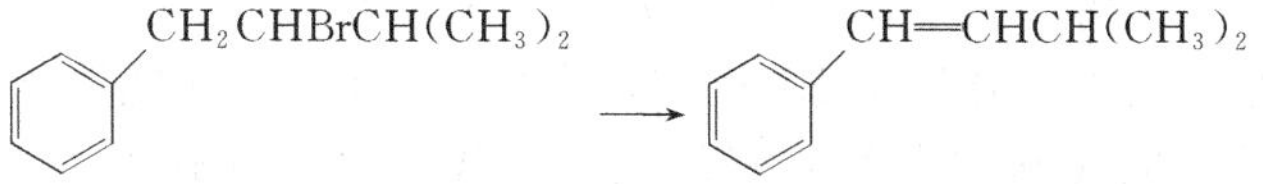

$$C_6H_5CH_2CHBrCH(CH_3)_2 \longrightarrow C_6H_5CH{=}CHCH(CH_3)_2$$

邻二卤代物或偕二卤代物在氢氧化钾的乙醇溶液中，加热可以脱掉两分子卤化氢，生成炔烃。

$$CH_3CH_2CHBr_2 \xrightarrow{KOH/C_2H_5OH} CH_3C{\equiv}CH$$

$$CH_3CHBrCH_2Br \xrightarrow{KOH/C_2H_5OH} CH_3C{\equiv}CH$$

乙烯型卤代烃消除反应活性低，在强碱（$NaNH_2$）的作用下，也可以发生反应生成炔烃。

$$CH_2{=}CHBr \xrightarrow{NaNH_2} HC{\equiv}CH$$

卤代烃的消除反应，常常伴随着取代反应，而且是相互竞争的反应，一般情况下，叔卤代烷的消除反应活性高，在弱碱的反应条件下，主要生成消除产物。

(2) 消除反应历程

亲核取代反应和消除反应往往同时发生，这两类反应的机理有共同之处，消除反应和亲核取代反应一样，可分为单分子消除反应（E1）和双分子消除反应（E2）。

① 单分子消除反应（E1） E1 反应是分步进行的。首先，分子中的离去基团 X 带着一对电子离开中心碳原子，形成碳正离子，然后失去 β-H 而生成烯烃。有时伴有重排反应发生。

$$RCH_2CH_2X \longrightarrow RCH_2\overset{+}{C}H_2 + X^- \longrightarrow RCH{=}CH_2 + H^+$$

$$(CH_3)_3C{-}CH_2X \xrightarrow{-X^-} (CH_3)_3C{-}\overset{+}{C}H_2 \longrightarrow H_3C{-}\overset{+}{C}(CH_3){-}CH_2CH_3 \longrightarrow (CH_3)_2C{=}CHCH_3$$

E1 机理的动力学特征：C—X 键断裂，形成碳正离子这一步是慢反应，是决定反应速率的步骤，反应速率只取决于反应底物 RX 的浓度，是动力学一级反应。

$$反应速率 = k\,[RX]$$

当反应底物的离去基团易于离去（如磺酸酯、叔卤代物），底物的分子结构有利于碳正离子的生成时，消除反应按 E1 机理进行。例如叔丁基溴在 25℃用乙醇钠-乙醇处理，得到 93%的消除产物，7%的取代产物。

E1 历程有碳正离子中间体生成，若反应底物结构允许，碳正离子可以发生重排，因此消除反应还会伴随着重排反应。例如不含 β-H 的反应底物新戊基溴的消除反应。

S_N1 和 E1 反应机理关键的一步都是生成碳正离子，不同的是在 S_N1 反应中进攻试剂（亲核试剂）进攻中心碳原子，发生取代反应；在 E1 反应中进攻试剂（碱）进攻 β-H，则发生消除反应。

$$-\overset{\oplus}{C}-\overset{|}{\underset{H}{C}}-\quad (S_N1:\ B \to C^+;\ E1:\ B \to H)$$

在它们的竞争中，从反应底物的结构考虑，α-碳原子上侧链增加，有利于消除反应的发生。这是因为碳正离子是平面构型，键角 120°，若发生 S_N1 反应，键角由 120°回到 109.5°，空间张力增大；若发生 E1 反应，产物烯烃是平面构型，空间张力比四面体小，因此 α-碳原子上取代基的空间体积越大，取代越多，越有利于消除反应。在单分子反应中，叔卤代烷给出较高比例的消除产物。

② 双分子消除反应（E2） E2消除是一步完成的反应。进攻试剂碱在进攻 β-H 的同时，离去基团带着一对电子离去。

$$HO^- + H_3C{-}CH(H){-}CH_2X \longrightarrow [H_3C{-}\underset{H}{C}(\cdots H\cdots \ddot{O}H){=\!=}CH_2\cdots X] \longrightarrow CH_3CH{=}CH_2 + H_2O + \ddot{X}$$

反应的过渡态涉及到两个分子，是双分子历程，反应速率与反应底物和碱的浓度有关，动力学上是二级反应。

$$反应速率 = k\,[反应底物]\,[碱]$$

例如正丙基溴在碱（$NaOH/C_2H_5OH$）中的消除反应。

$$CH_3CH_2CH_2Br \xrightarrow{NaOH/C_2H_5OH} CH_3CH{=}CH_2 + NaBr + H_2O$$

S_N2 和 E2 反应的竞争取决于进攻试剂的进攻，与单分子反应一样，进攻试剂是进攻中心碳原子还是进攻 β-H，决定了反应是取代还是消除。

X
—C—C—
S_N2 H E2
B

对于不同结构的反应底物，E2 反应的活性顺序为三级＞二级＞一级，而 S_N2 反应则恰好相反，即一级＞二级＞三级，也就是说，一级底物消除反应速率慢，取代反应速率快；三级底物消除反应速率快，而取代反应速率慢。表 6-3 中不同结构的溴代烷在55℃时与浓的乙醇/乙醇钠溶液作用所得到的取代和消除产物的比例，证实了上述反应活性顺序，证明了取代和消除的竞争。

表 6-3 取代和消除产物的比例

反应底物	取代产物/%	消除产物/%
$CH_3CH_2CH_2Br$	91	9
$CH_3CHBrCH_3$	20	80
$(CH_3)_3CBr$	3	97

S_N2 反应主要应考虑空间效应，一级卤代烷中心碳原子的空间效应小，易于亲核试剂的进攻，而三级卤代烷恰好相反；但就 E2 反应而言，α-C 所连烃基越多，可供消除的 β-H 数目就越多，被碱进攻的机会就越多。另外，三级卤代烷生成的烯烃，热力学稳定性较高，一级卤代烷生成的烯烃，热力学稳定性较低，因此三级卤代烷易于发生消除反应。

S_N2 和 E2 反应的过渡态都涉及到反应底物和进攻试剂，反应速率都与进攻试剂的浓度有关，消除反应和取代反应的竞争与进攻试剂的性质有密切的关系。如果试剂的亲核性强，易于发生 S_N2 反应；试剂的碱性强、浓度大，与质子结合能力强，有利于 E2 反应。

试剂体积的大小也会影响 S_N2 和 E2 反应的竞争，试剂的体积大，则不易与中心碳原子接近，而容易与 β-H 接近，有利于 E2 消除反应。

应该指出，溶剂的影响不能忽视。一般情况下，极性高的溶剂有利于 S_N2 反应，降低溶剂的极性会增加消除反应产物。这是因为双分子反应的过渡态电荷分散程度取代比消除要小，极性高的溶剂对过渡态的稳定程度取代比消除要大，如卤代烃在醇溶液中与碱作用，发生消除反应生成烯烃，在水溶液中与碱作用，发生取代反应生成醇。

还应指出，提高温度，不论单分子反应还是双分子反应，对消除反应都是有利的。这是因为消除反应的过渡态涉及到 C—H 键的拉长，活化能比取代反应高，消除反应速率不如取代反应速率快，升高温度往往有利于消除，增加其产物的比例。

在一般情况下，RX 与 NaI/丙酮反应是 S_N2 反应；RX 与 $AgNO_3$/乙醇反应是 S_N1 反应。伯、仲卤代烃在碱性水溶液中发生取代反应，在碱性醇溶液中加热发生消去反应；叔卤代烃在碱性介质中发生消除反应。

思 考 题

下列反应哪个更快些?

(1) 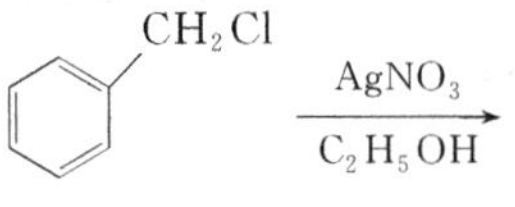 $C_6H_5CH_2Cl \xrightarrow[C_2H_5OH]{AgNO_3}$　　(2) 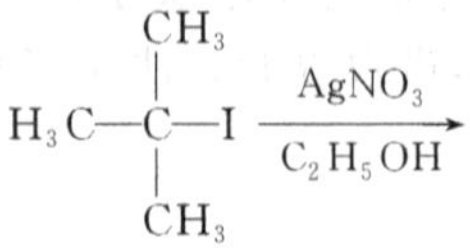 $(CH_3)_3C-I \xrightarrow[C_2H_5OH]{AgNO_3}$

(3) 消除反应的立体化学

双分子消除反应中，两个原子或基团从相邻的原子上脱掉，形成烯烃，而消除的原子或基团可以从碳-碳单键的同侧或异侧脱掉，有两种消除方式即反式消除和顺式消除。

E1 消除反应对立体化学没有严格的要求，反应生成稳定的烯烃。E2 反应的立体化学一般是反式消除，对于一些特殊结构的化合物也可能按顺式消除。在 E2 反应中，C—X 键和 C—H 键的断裂是协同完成的，C—X 键和 C—H 键要处于反式共平面位置，也就是占优势的对位交叉构象。E2 反应的立体化学特征明显，总是优先消除与卤原子处于反式的 β-H。

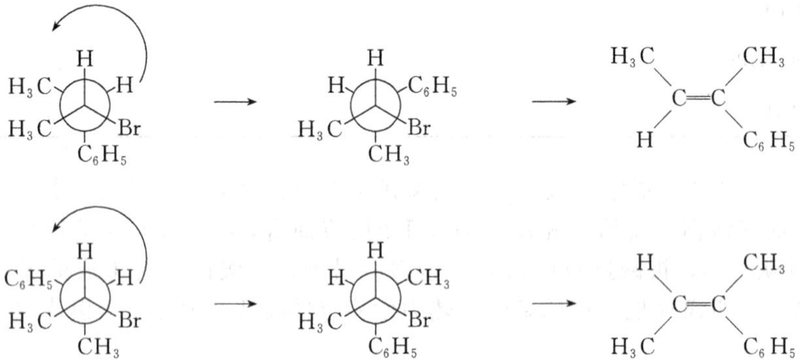

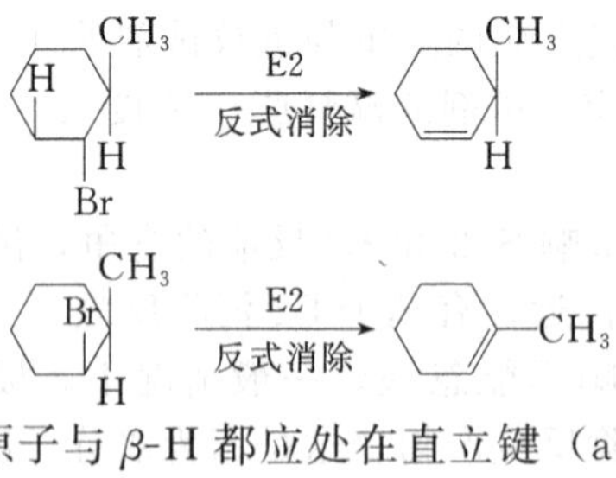

构象分析表明，消除的卤原子与 β-H 都应处在直立键（a 键）上，以使二者处于反式共平面进行反式消除。倘若化合物的构型，使消除的卤原子或 β-H 处在平伏键（e 键）上，需要经过构象翻转，使它们处在直立键，再进行反式消除。这个过程由优势构象翻转成不稳定的构象，需要吸收一定的能量，因而这类化合物消除反应的速率较慢。因此，下列物质的消除反应速率为 B>A。

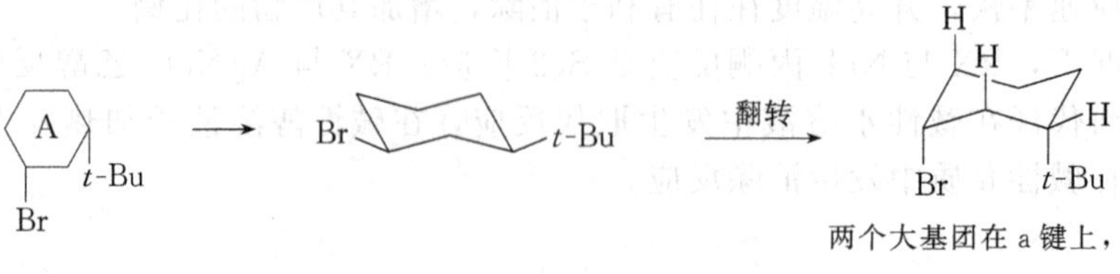

两个大基团在 a 键上，能量高

不需翻转，因为 H 和 Br 已处于反式共平面

反式消除是 E2 反应的一般规律，但当消除的两个原子或基团不能处于反式共平面位置时，则消除反应可按顺式途径进行。如某些刚性环状化合物，由于环本身僵直不能扭动，两个消除原子或基团不能达到反式共平面关系，则顺式消除更为有利，如图 6-8 所示。

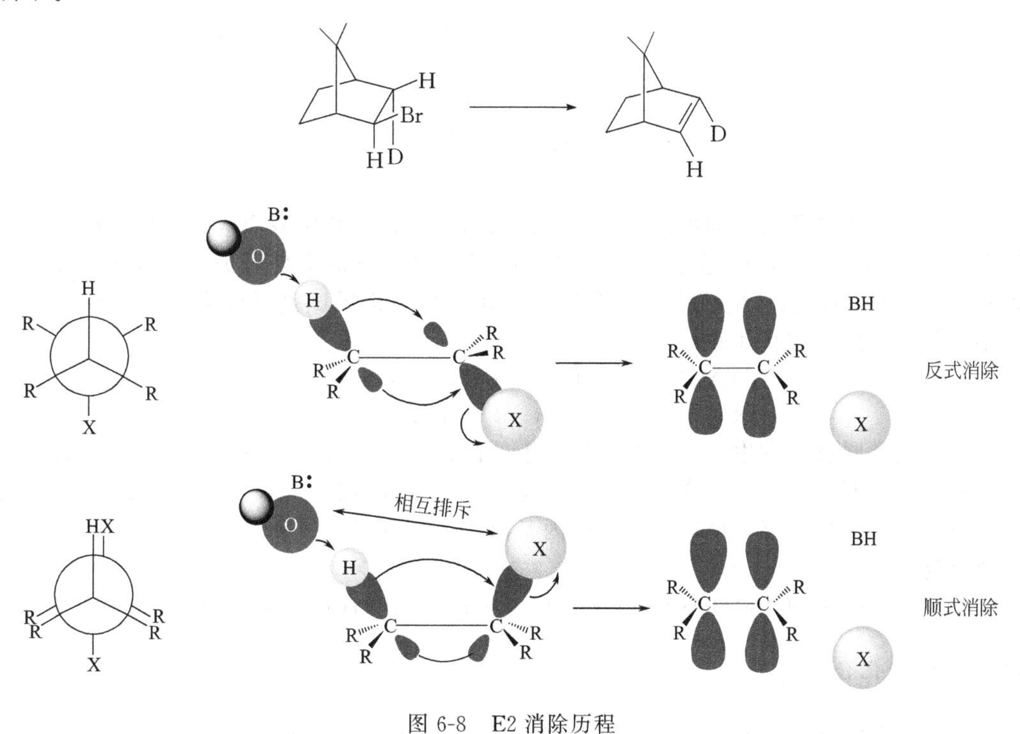

图 6-8 E2 消除历程

6.1.7 与金属的反应（reaction with metals）

卤代烃能与 Li、Na、K、Mg、Zn、Cd、Al、Hg 等金属反应，生成金属有机化合物。所谓金属有机化合物是指分子中碳原子直接与金属成键的化合物。由于碳与各种金属的电负性不同，因此碳-金属键的极性不同，如有机镁和有机锂化合物的碳-金属键是极性共价键，它们是重要的金属有机化合物。

(1) 有机镁化合物

卤代烃（RX）和金属镁在溶剂中直接反应，即可制得烃基卤化镁（RMgX）。

$$\mathrm{RX+Mg \xrightarrow{乙醚} RMgX}$$

法国化学家格利雅（Grignard，1871—1935）1900 年首次制成有机镁试剂，并在有机合成中得到了广泛的应用。1912 年格利雅获诺贝尔化学奖，烃基卤化镁称为格利雅试剂，简称格氏试剂。

格氏试剂的制备需要在无水隔绝空气的条件下进行，因为格氏试剂的活性高，与水

反应生成烃和碱式卤化镁，与氧气、二氧化碳都能反应，影响了格氏试剂的制备。

制备格氏试剂所用的卤代烃的反应活性为 RI＞RBr＞RCl，而烃基不同，反应活性也有差别。因此根据卤代烃的种类选择乙醚、丁醚、四氢呋喃、苯、甲苯等惰性有机溶剂作为反应溶剂，以控制不同的反应温度。如用较便宜、活性较低的氯苯制备苯基格氏试剂，应选择沸点较高的四氢呋喃为溶剂，以使反应在较高的温度下进行；若用活性较高的溴苯制备格氏试剂，则只需乙醚作溶剂便可顺利反应。

$$C_6H_5Cl + Mg \xrightarrow{THF} C_6H_5MgCl$$

$$3\text{-}ClC_6H_4Br + Mg \xrightarrow{\text{无水乙醚}} 3\text{-}ClC_6H_4MgBr$$

同时，使用合适的溶剂可以提高格氏试剂的产率，如醚作溶剂产率较高。格氏试剂 RMgX 可以与醚络合，以稳定的络合物形式溶于醚。制备不易合成的炔基格氏试剂，可利用 RMgX 与活泼氢的反应，用含炔氢的化合物与格氏试剂反应来制备。格氏试剂制备过程中的副反应是偶联反应。

$$RMgX + R'C\equiv CH \longrightarrow R'C\equiv CMgX + RH$$

$$RMgX + R'—X \longrightarrow R—R' + MgX_2$$

为避免偶联反应发生，应选择活性适中的卤代烃，同时反应中应将卤代烃滴加到镁和溶剂中。若制备烯丙基或苄基格氏试剂，因这二者卤代烃的反应活性较高，很易偶联，应注意在较低温度下反应。利用烯丙基卤代烃与其格氏试剂的偶联，合成末端双键的化合物。

$$CH_2=CHCH_2MgX + XCH_2CH=CH_2 \longrightarrow CH_2=CHCH_2CH_2CH=CH_2 + MgX_2$$

（2）有机锂化合物

有机锂化合物最常用而简便的制备方法，是使卤代烃与金属锂直接作用（直接合成法）。

$$RX + 2Li \xrightarrow{\text{无水乙醚}} RLi + LiX$$

卤代烃一般用氯代烃，较少用溴代烃和碘代烃，因为生成的有机锂很活泼，易与未反应的卤代烃发生偶联反应。

有机锂与碘化亚铜反应可生成一个重要的试剂——二烷基铜锂。这是一个非常有用的试剂，它可以用来与卤代烃反应合成烃类化合物（见烷烃的制备）。

$$2RLi + CuI \xrightarrow{\text{无水乙醚}} R_2CuLi + LiI$$

$$R_2CuLi + R'X \longrightarrow R—R' + RCu + LiX$$

6.2 芳香卤代烃（halogenated aromatic hydrocarbons）

6.2.1 芳香卤代烃的结构特征（structural feature of halogenated aromatic hydrocarbons）

在卤代芳烃分子中，卤原子直接连在 sp^2 杂化碳上，卤原子的孤对电子与苯环形成 p-π 共轭体系，这种共轭作用使其 C—X 键明显缩短。与卤代环己烷相比，偶极矩减小，化学惰性增加。

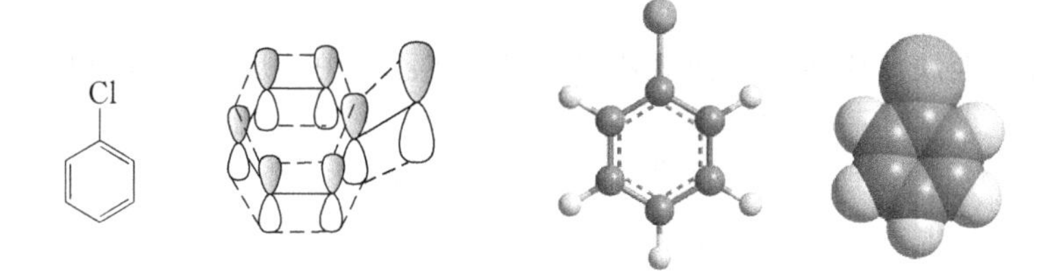

6.2.2 卤苯的反应（reaction of halobenzene）

（1）亲电取代反应

卤苯可以发生四大取代反应，但反应速率比通常的第一类定位基慢得多。

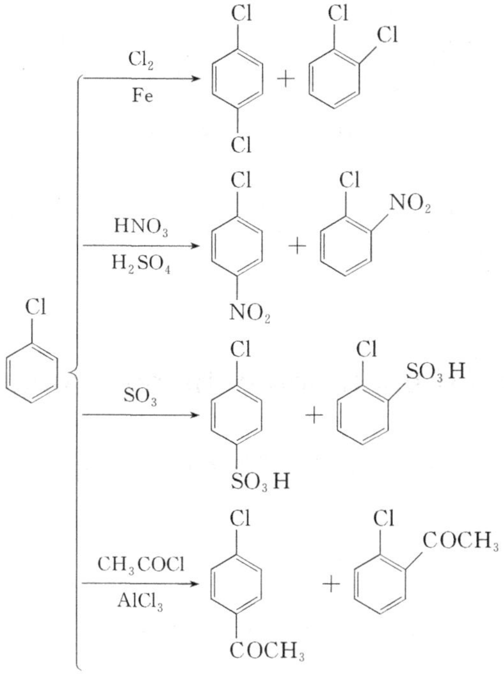

$$C_6H_5Cl \xrightarrow[Fe]{Cl_2} p\text{-}ClC_6H_4Cl + o\text{-}ClC_6H_4Cl$$

$$C_6H_5Cl \xrightarrow[H_2SO_4]{HNO_3} p\text{-}ClC_6H_4NO_2 + o\text{-}ClC_6H_4NO_2$$

$$C_6H_5Cl \xrightarrow{SO_3} p\text{-}ClC_6H_4SO_3H + o\text{-}ClC_6H_4SO_3H$$

$$C_6H_5Cl \xrightarrow[AlCl_3]{CH_3COCl} p\text{-}ClC_6H_4COCH_3 + o\text{-}ClC_6H_4COCH_3$$

（2）亲核取代反应

卤苯很难发生亲核取代反应，如氯苯水解要在高温高压下进行，得到苯酚。当苯环上有强吸电子基团时，反应很快完成。

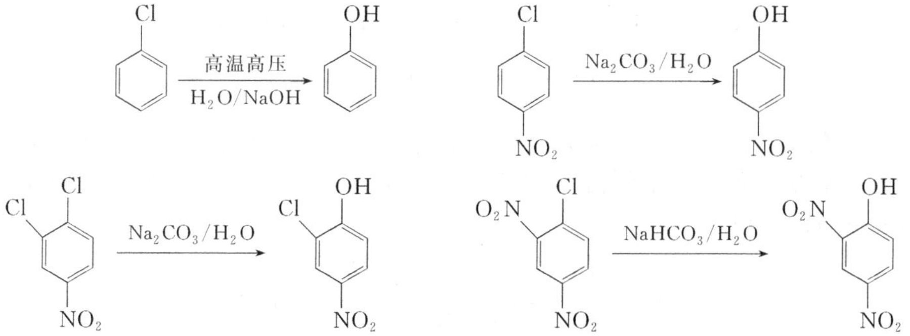

$$C_6H_5Cl \xrightarrow[H_2O/NaOH]{\text{高温高压}} C_6H_5OH$$

$$p\text{-}ClC_6H_4NO_2 \xrightarrow{Na_2CO_3/H_2O} p\text{-}HOC_6H_4NO_2$$

$$\text{1,2-二氯-4-硝基苯} \xrightarrow{Na_2CO_3/H_2O} \text{2-氯-4-硝基苯酚}$$

$$\text{1-氯-2,4-二硝基苯} \xrightarrow{NaHCO_3/H_2O} \text{2,4-二硝基苯酚}$$

(3) 与金属的反应

卤代芳烃与金属反应缓慢，如氯苯与金属镁在乙醚中不反应，但如改用四氢呋喃则可顺利进行。

$$C_6H_5Cl \xrightarrow[\text{THF，}\triangle]{Mg} C_6H_5MgCl$$

(4) 一些选择性反应

用—SO_3H 或—$C(CH_3)_3$ 去封堵某一位置，然后再去除，可以制得高选择性的产物。

$$C_6H_5Cl \xrightarrow{H_2SO_4} p\text{-}ClC_6H_4SO_3H \xrightarrow[H_2SO_4]{HNO_3} \text{2-硝基-4-磺酸基氯苯} \xrightarrow{H_2O} o\text{-}ClC_6H_4NO_2$$

$$C_6H_5Cl \xrightarrow[H_2SO_4]{(CH_3)_3CCl} p\text{-}ClC_6H_4C(CH_3)_3 \xrightarrow[H_2SO_4]{HNO_3} \text{2-硝基-4-叔丁基氯苯} \xrightarrow{H^+} o\text{-}ClC_6H_4NO_2$$

6.3 卤代烃的制备（preparation of halohydrocarbons）

卤代烃在自然界存在很少，但它是合成许多有机化合物的起始原料和中间产物，是重要的化工原料。

(1) 烃卤化

① 烷烃的卤化　烷烃在光照或加热条件下，可直接氯化或溴化，但往往得到各种异构体的混合物。

$$RH + Cl_2 \xrightarrow{\text{光照}} RCl + HCl$$

工业上，烷烃氯化所得的各种异构体混合物可以不分离，而作为溶剂使用。少数情况下可以氯化制备较纯的一氯代物。在烷烃的卤化反应中，溴的反应活性较氯差，但选择性比氯高，因此以适当的烷烃为原料可以得到一种主要的溴代烷。

$$CH_3CH_2CH_3 + Br_2 \xrightarrow[\triangle]{} \underset{92\%}{CH_3CHBrCH_3} + \underset{8\%}{CH_3CH_2CH_2Br}$$

$$CH_3CH_2CH_3 + Cl_2 \longrightarrow \underset{52\%}{CH_3CHClCH_3} + \underset{48\%}{CH_3CH_2CH_2Cl}$$

② α-卤化　不饱和碳原子的 α-H 有一定的活性，以其为原料，在高温下优先在 α 位发生游离基卤化反应，制备烯丙基型和苄基卤代烃。实验室使用 NBS（*N*-溴代丁二酰亚胺）制备溴化物。

$$C_6H_5CH_3 \xrightarrow[\text{光照}]{Cl_2} C_6H_5CH_2Cl + HCl$$

$$CH_2{=}CHCH_3 \xrightarrow[\text{光照}]{Cl_2} CH_2{=}CHCH_2Cl + HCl$$

③ 芳烃的卤化　芳烃的亲电取代反应是合成卤代芳烃的方法。

$$\text{蒽} \xrightarrow{Br_2/CCl_4} \text{9-溴蒽}$$

(2) 不饱和烃的加成

① 与 HX 加成

$$CH_3CH_2C{\equiv}CH \xrightarrow{HBr} CH_3CH_2CBr{=}CH_2$$

② 与卤素加成

$$\text{环戊二烯} \xrightarrow{Br_2} \text{3,5-二溴环戊烯}$$

(3) 醇的取代

醇分子中的羟基被卤素取代，可以生成相应的卤代烃，常用的卤化剂有氢卤酸(HX)、卤化磷（PX_3、PX_5）和亚硫酰氯（$SOCl_2$），因醇易得，卤代烃大多是由醇制备的。用 HX 制氯代烃，以浓 HCl、无水 $ZnCl_2$ 为催化剂或将 HCl 气体直接导入；制溴代烃，用 NaBr 与 H_2SO_4 作用生成 HBr，再与醇发生反应；制碘代烃，用浓 HI 溶液(57%）与醇一起回流而发生反应。

$$ROH \xrightarrow{PCl_3/\text{吡啶};\ SOCl_2;\ ZnCl_2/HCl} RCl$$

用 PX_3、PX_5 作卤化剂，如使用 PCl_3、PCl_5，产率较低（50%以下)。制备氯代烃常用亚硫酰氯，反应速率快，产物纯净。

(4) 氯甲基化反应

芳环上引入氯甲基的方法。在有机合成上很重要，因为引入的氯甲基可以转化为其他基团。这是一个特殊的傅-克反应，常用的催化剂有 $ZnCl_2$、H_3PO_4、$AlCl_3$、$SnCl_4$ 等。与芳环亲电取代反应一样，芳环上有第一类定位基，活化氯甲基化反应，氯甲基主要进入对位；芳环上有第二类定位基，反应被钝化，一般不发生氯甲基化反应。萘也可以发生氯甲基化反应，工业上利用它制备 α-萘乙酸。

$$C_6H_6 \xrightarrow[ZnCl_2,\ HCl]{\text{三聚甲醛}} C_6H_5CH_2Cl$$

$$\text{萘} \xrightarrow[HCl]{CH_2O} \text{1-}(CH_2Cl)\text{萘}$$

(5) 卤素的交换反应

这是由氯代烃、溴代烃制备碘代烃的方法，该方法比较方便而且产率较高。反应在丙酮溶液中进行，这是因为反应物碘化钠溶于丙酮，而生成物氯化钠、溴化钠在丙酮中溶解度小，使该可逆反应向正反应方向进行。

$$RBr \xrightarrow[\text{丙酮}]{NaI} RI + NaBr$$

6.4 重要的卤代烃（important halohydrocarbons）

（1）有机氟化物

氟原子的电负性大（4.0），原子半径小（0.135nm），C—F 键短（0.138nm）及 C—F 键的解离能高（$452kJ \cdot mol^{-1}$）等因素导致有机氟化物的性质与其他卤代物明显不同。

有机氟化学中氟氯烃的研究是一个重大的发现和创造，它极大地改变了人类的生活质量，但同时又造成了较明显的环境问题。1928 年 T. Midgley 承担了一个研制无毒、不燃、化学性质稳定的冷冻剂以取代液氨和硫氧化物等老的制冷剂的任务，经过多年的研究，他成功地得到了 CCl_2F_2。这一成果在化学界引起了极大的反响，是氟化学发展过程中的一个里程碑。

氟氯代烃的商品名又称为氟利昂（Freon），简写作 Fxxx。F 后第一个阿拉伯数字代表分子中的总碳原子数减去 1，第二个数字等于分子中的总氢原子数加 1，第三个数字代表分子中的氟原子数，剩余的价用氯原子使碳饱和。如 CCl_2F_2 为 F12，第一个数字为零，在此不再写出。对含有溴的氟化物，溴原子个数用 Bx 置于式后面，如 $CBrF_3$ 为 F13B1；环状物加 C，如全氟环丁烷 FC318。

氟利昂可用作气溶剂，广泛用于香水化妆品、农药、涂料、头发喷雾剂和奶油等食品工业。溴氟代烃是一类很好的灭火剂，商品名为 Halon 的 CBr_2F_2（F12B2）和 $CBrF_3$（F13B1）被广泛用于飞机、轮机舱、火箭、海上钻井平台和精密机械及图书馆的灭火装置。它们无毒，受光和高温作用后的分解物也无毒性、无残留物。

氟利昂的优良性能使其生产和使用量自 20 世纪 30 年代以来已超过 1000 万吨，90 年代初全世界的年产量达 100 万吨以上。氟利昂有特别稳定的化学性能，不易分解，残留在大气中并不断上升，引起了人们对其最终去向的注意。1985 年的一份研究报告指出，地球表面臭氧浓度正以每年 1%以上的速率降低，1987 年，南极上空则已出现了臭氧空洞。1999 年 9 月，南极上空臭氧层的浓度只有往年常量的 2/3。人们发现，除了有同样破坏臭氧层作用的氮氧化物外，这些稳定的在对流层不会分解的氟利昂是臭氧层的主要破坏者。它们吸收了 260nm 波长以下的光，分解出氯自由基，继而与臭氧作用成 ClO·自由基，引发链反应，一个 Cl 原子可以破坏许多个 O_3 分子，从而造成了对臭氧层的破坏作用，如图 6-9 所示。氟利昂从地球表面扩散上升到臭氧层约需 10 年时间。地球上的臭氧层在离地表约 25km 的成层圈内，下部浓度最大，是由空气中的氧气受到紫外光作用引发出原子氧后再与氧气作用而产生的。贴近地面的臭氧是一种污染，但是高高浮在臭氧层中的臭氧可以吸收 200～320nm 波长的紫外光。紫外光有杀菌和消毒作用，同样，臭氧层一旦出现空洞，每受到 1%的破坏，抵达地球表面的有害紫外线将增加 2%左右，植物生长受到抑制，生物体 DNA 中相邻的胸腺嘧啶发生二聚而造成基因改变并损伤细胞等。P. Crutzen，F. Rowland 和 M. Molina 等因自 20 世纪 70 年代以来对氟利昂造成大气层臭氧空洞研究的出色工作于 1995 年获得诺贝尔化学奖。80 年代末以后，国际上接连签署了多个关于限制使用、生产氟利昂的协议以更好地保护我们的生态环境和子孙后代。

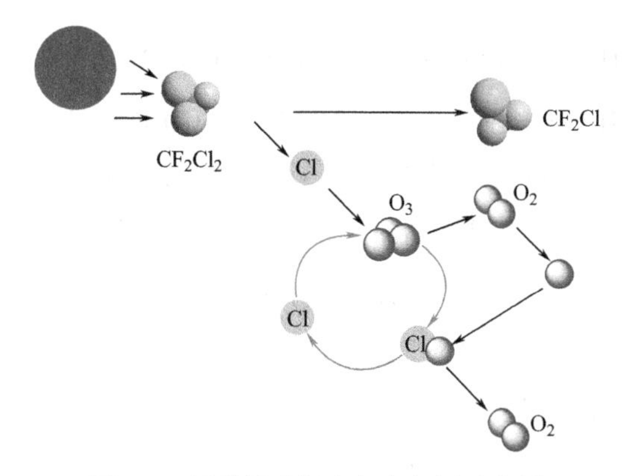

图 6-9 氟利昂破坏大气臭氧层示意图

$CFClF_2$ 受热后分解生成四氟乙烯，贮藏在钢瓶里的四氟乙烯也很容易自身聚合形成聚四氟乙烯。这一偶然发现的聚合物因其具有耐酸、耐碱和无毒、稳定等优良性能得到广泛应用，并被赋予“塑料王”的美称。

（2）DDT 和六六六

1874 年 Zeidler 首次合成了 DDT，60 年以后，Muller 发现了它的杀虫活性，对防治疟疾、霍乱、伤寒有很好的疗效。1943 年第二次世界大战后期，意大利由于连年战争，Naples 城体虱猖獗，面临斑疹伤寒暴发，由于对 100 万人使用了 DDT 粉剂而使市民幸免于难。而在第一次世界大战中，欧洲大陆上斑疹伤寒夺去了几百万人的生命。因发现 DDT 的作用 Muller 于 1948 年获得了诺贝尔生理学或医学奖。1825 年，Faraday 发现苯和氯在日光下反应可得到一种固体物质。1935 年 Bender 发现它有杀虫活性。二十世纪五六十年代，六六六曾是使用最多、应用最广的杀虫剂。但由于六六六、DDT 中的 C—Cl 键过于稳定，不能被自然界分解，使其随动植物而进入人体，造成了环境污染和对人类的伤害。曾对人类做出重要贡献的六六六、DDT 因对人类健康产生威胁而被停止使用。

习题（Problems）

1. Write Newman projections for the conformations of 1,1,2-tribromoethane.

2. 2-Bromo-, 2-chloro-and 2-iodo-2-methylbutanes react at different rates with pure methyl alcohol but produce the same mixture of 2-methoxy-2-methylbutane, 2-methylbut-1-ene, and 2-methylbut-2-ene as products. Explain these results briefly in terms of the reaction mechanism.

3. Explain each of the following observations. (*S*)-3-chloro-3-methylhexane reacts in aqueous acetone to give racemic 3-methylhexan-3-ol.

4. For each of the following pairs of reactions, predict which one is faster and explain why.

(1) $(CH_3)_2CHCH_2Cl + N_3^- \xrightarrow{\text{ethanol}} (CH_3)_2CHCH_2N_3$

$(CH_3)_2CHCH_2I + N_3^- \xrightarrow{\text{ethanol}} (CH_3)_2CHCH_2N_3$

(2) $CH_3CH_2CH(CH_3)CH_2Cl + CN^- \xrightarrow{\text{ethanol}} CH_3CH_2CH(CH_3)CH_2CN$

$$CH_3CH_2CH_2CH_2Cl + CN^- \xrightarrow{\text{ethanol}} CH_3CH_2CH_2CH_2CN$$

（3） $CH_3CH_2CH_2CH_2Br + SCN^- \xrightarrow{\text{ethanol}} CH_3CH_2CH_2CH_2SCN$

$CH_3CH_2CH_2CH_2Cl + SCN^- \xrightarrow{\text{ethanol}} CH_3CH_2CH_2CH_2SCN$

（4） $(CH_3)_3CBr + AgNO_3 \xrightarrow{\text{ethanol}} (CH_3)_3CONO_2$

$C_6H_5CH_2Br + AgNO_3 \xrightarrow{\text{ethanol}} C_6H_5CH_2ONO_2$

（5） $CH_3CH_2CH_2CH_2Br + NaI \xrightarrow{\text{acetone}} CH_3CH_2CH_2CH_2I$

$(CH_3)_3CBr + NaI \xrightarrow{\text{acetone}} (CH_3)_3C-I$

（6） t-Bu (cyclohexane) Br $\xrightarrow[\text{ethanol, E2}]{\text{NaOH}}$ t-Bu (cyclohexene)

Br

t-Bu (cyclohexane) $\xrightarrow[\text{ethanol, E2}]{\text{NaOH}}$ t-Bu (cyclohexene)

（7） $C_6H_5CH_2Cl \xrightarrow{AgNO_3} C_6H_5CH_2ONO_2 + AgCl\downarrow$

$(CH_3)_3CBr \xrightarrow{AgNO_3} (CH_3)_3CONO_2 + AgBr\downarrow$

5. Of the following nucleophilic substitution reactions which ones will probably occur and which will probably not occur or be very slow. Explain.

（1） $CH_3CN + I^- \longrightarrow$

（2） $CH_3F + Cl^- \longrightarrow$

（3） $CH_3Cl + H_2O \longrightarrow$

（4） (bicyclic bromide, Br) $+ OH^- \longrightarrow$

6. Give a specific example of two related reactions having different rates for which each of the following is the principal reason for the relative activities.

（1） The less basic leaving group is more reactive.

（2） Sulfur is more polarizable than nitrogen.

（3） Tertiary carbocations are more stable than secondary carbocations.

（4） Steric hindrance.

（5） E2 elimination is favored by less polarizable bases.

7. Of the following statements，which are true for nucleophilic substitutions occurring by the S_N1 mechanism?

（1） Tertiary alkyl halides react faster than secondary.

（2） The absolute configuration of the product is opposite to that of the reactant when an optically active substrate is used.

（3） The reaction shows first-order kinetics.

（4） The rate of reaction is proportional to the concentration of the attacking nucleophile.

（5） The probable mechanism involves only one step.

（6） Carbocations are intermediates.

（7） The rate of reaction depends on the nature of the leaving group.

8. Consider the reaction of isopropyl iodide with various nucleophiles. For each pair, predict which will give the larger substitution/elimination ratio.

(1) SCN^- or OCN^- (2) I^- or Cl^-

(3) CH_3S^- or CH_3O^- (4) $N(CH_3)_3$ or $P(CH_3)_3$

9. Optically active 3-bromobutan-2-ol is treated with KOH in methyl alcohol to obtain an optically inactive product having the formula. What is the structure of this material?

10. The ^1H NMR spectra for some isomer of $C_5H_{10}Br_2$ are summarized as follows. Deduce the structure corresponding to each spectrum.

(1) δ 1.0 (s, 6H), 3.4 (s, 4H)

(2) δ 1.0 (t, 6H), 2.4 (q, 4H)

(3) δ 0.9 (d, 6H), 1.5 (m, 1H), 1.85 (t, 2H), 5.3 (t, 1H)

(4) δ 1.0 (s, 9H), 5.3 (s, 1H)

(5) δ 1.0 (d, 6H), 1.75 (m, 1H), 3.95 (d, 2H), 4.7 (q, 1H)

(6) δ 1.3 (m, 2H), 1.85 (m, 4H), 3.35 (t, 4H)

第7章

碳-氧（硫）极性单键化合物

7.1 醇类（alcohols）

7.1.1 醇的结构、分类和异构（structure，classification and isomerism of alcohols）

（1）醇的结构

烃分子中饱和碳原子上连有羟基的化合物，称为醇。羟基是醇的官能团，饱和一元醇通式为 $C_nH_{2n+1}OH$，也可用 R-OH 表示。醇可看成是水中的 H 被 R 取代的产物，其中的 O 以 sp^3 杂化形式存在，如甲醇。

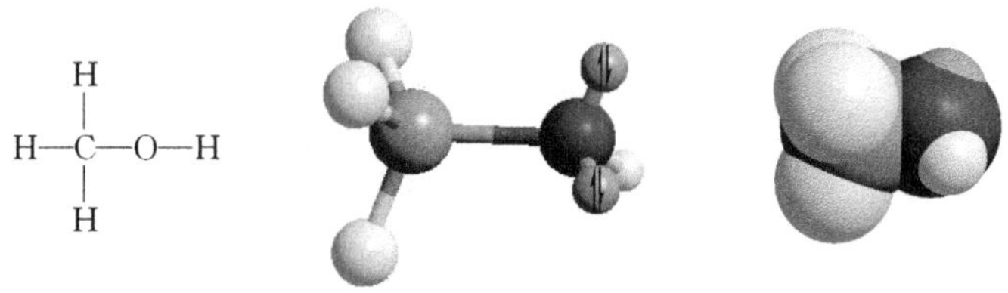

```
    H
    |
H—C—O—H
    |
    H
```

（2）醇的分类

- 脂肪醇
  - R 结构
    - 伯醇、仲醇、叔醇
    - 饱和醇、不饱和醇
    - 环状醇、非环状醇
  - OH 的个数：一元醇、多元醇

依据 R 的结构不同，醇可分为伯、仲、叔醇，饱和、不饱和醇和环状、非环状醇。根据分子中所含羟基的数目分为一元醇、二元醇、三元醇等。二元和二元以上的醇统称为多元醇。

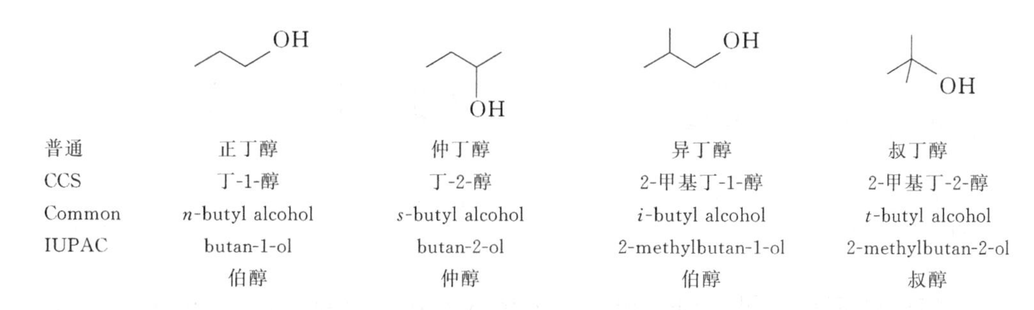

普通	正丁醇	仲丁醇	异丁醇	叔丁醇
CCS	丁-1-醇	丁-2-醇	2-甲基丁-1-醇	2-甲基丁-2-醇
Common	*n*-butyl alcohol	*s*-butyl alcohol	*i*-butyl alcohol	*t*-butyl alcohol
IUPAC	butan-1-ol	butan-2-ol	2-methylbutan-1-ol	2-methylbutan-2-ol
	伯醇	仲醇	伯醇	叔醇

(3) 醇的异构

醇的异构有碳架异构、官能团位置异构、官能团异构和构型异构。写异构体时，应先写出相应烃的所有异构体，再将 OH 放在不同的位置上，写出官能团位置异构，再看有无手性因素引起的构型异构和由于环或双键产生的构型异构。饱和醇和醚是同分异构体，这是醇的官能团异构。如果是不饱和醇或环醇，情况要复杂些。如戊醇的同类物质的异构体书写过程为：

① 先写出戊烷的异构体。

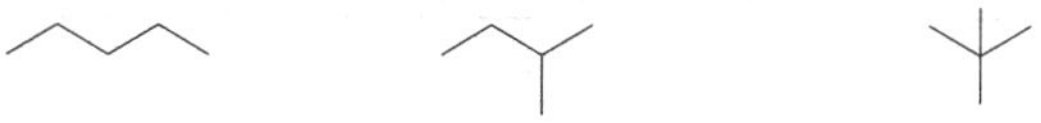

② 再在不同碳架的不同位置放上 OH。

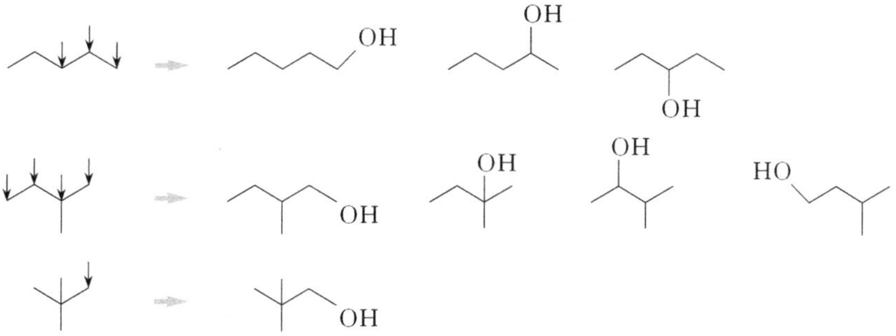

OH　OH　OH　OH

OH　OH　OH　HO

OH

③ 由于没有环和双键，只需在②中找出具有不对称碳的结构式，这样的结构存在构型式。

共 11 种，它们是：

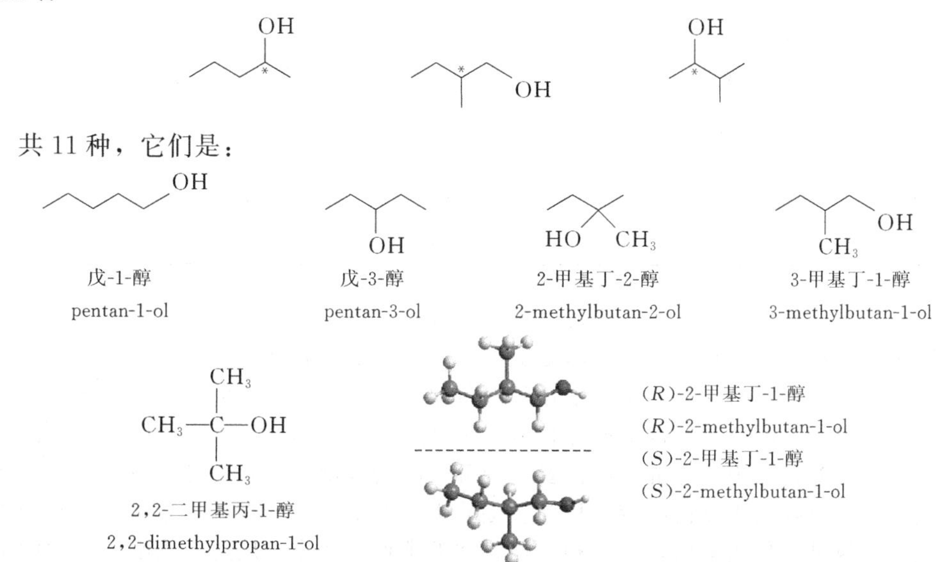

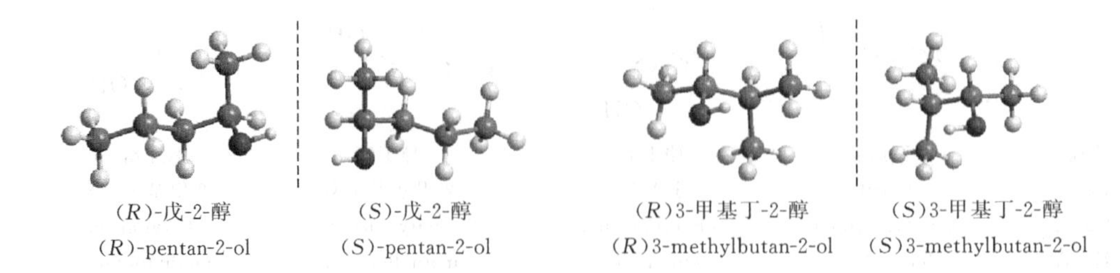

7.1.2 醇的物理性质及波谱(physical properties and spectrum of alcohols)

(1) 物理性质

饱和一元醇是无色的，低级醇是液体，高级醇是固体。它们的相对密度小于1，比水轻。从丁醇开始，其熔点随碳原子数的增加而升高。醇的沸点变化也是如此。醇在水中的溶解度则是随碳原子数的增加而降低。醇的沸点和熔点比分子量相近的烃高，在水中的溶解度大，这种差别在低级醇中表现最明显，见表7-1。

表7-1 醇的物理性质

名称	英文名称	熔点/℃	沸点/℃	相对密度 d_4^{20}	溶解度/(g/100g水)
甲醇	methanol	−97	64.5	0.793	互溶
乙醇	ethanol	−115	78.3	0.789	互溶
丙醇	*n*-propanol	−126	97.2	0.804	互溶
异丙醇	*iso*-propanol	−86	82.5	0.789	互溶
正丁醇	*n*-butanol	−90	118	0.810	7.9
异丁醇	*iso*-butanol	−108	108	0.802	10.0
仲丁醇	*s*-butanol	−114	99.5	0.806	12.5
叔丁醇	*t*-butanol	25.5	83	0.789	互溶
正戊醇	*n*-pentanol	−78.5	138	0.817	2.3
正己醇	*n*-hexanol	−52	156.5	0.819	0.6
正壬醇	*n*-nonanol	−5	214	0.827	不溶
十二醇	dodecanol	24	259	0.835	不溶
十八醇	octadecanol	58.5	210.5(2kPa)	0.835	不溶
烯丙醇	allylalcohol	−50	97	0.855	互溶
环己醇	cyclohexanol	24	161.5	0.963	3.6
苄醇	benzylalcohol	−15	205	1.046	4
二苯甲醇	diphenylmethanol	69	298		0.05

醇在物理性质上的特点，主要是由羟基引起的。由于羟基中氧原子的电负性较强，氧氢键是高度极化的，氧原子带有部分负电荷，氢原子带有部分正电荷，因此一个醇分子中羟基的氧原子容易与另一个醇中羟基的氢原子相互吸引，形成氢键。与水相似，醇在液态时，分子之间通过氢键形成缔合体。但醇以蒸气存在时，分子间并不存在氢键。因此，将液态醇转变为气态醇，不仅要克服分子间的范德华力，还必须供给较多的能量使氢键断裂，故醇的沸点比相应的烃高。随着碳链的增长，较大的烃基阻碍了醇分子间生成氢键，氢键的作用降低，醇与相应烃之间的沸点差变小。反之，当醇分子中的羟基

增多，如乙二醇和丙三醇，由于不同羟基都能分别形成分子间氢键，因此，其沸点比分子量相近的饱和一元醇还高。例如，乙二醇的沸点（197℃）比丙醇（97℃）高，丙三醇的沸点（290℃）比戊醇（138℃）高。

同理，由于醇分子间能形成氢键而烷烃不能，克服醇分子间的作用力所需的能量，比分子量相近的烷烃要高，故醇的熔点比分子量相近的烃高。

低级醇易溶于水是由于烷基在醇分子中所占的比例较小，与水能形成分子间氢键。高级醇由于烃基较大，羟基在分子中的比例变小，整个分子像烷烃，故与水不能形成氢键而不溶于水。多元醇由于分子中羟基增多，与水形成氢键的能力增加，故可与水混溶甚至具有吸湿性。例如，丙三醇不仅与水混溶，且吸湿性强，故可在化妆品、印刷和烟草工业中用作润湿剂。冬季人们常用甘油保护皮肤，但一定要用稀甘油，否则甘油的强吸水性，会使皮肤变得干裂粗糙。

（2）波谱

IR 中醇 OH 在 3600～3300cm^{-1} 有强吸收，C—O 在 1200～1050cm^{-1} 有强吸收；由于 OH 的影响，与 OH 相连的碳上氢的^{1}H NMR δ 值为 3～4；与 OH 相连的碳的^{13}C NMR δ 值为 54～59，如图 7-1 和图 7-2 所示。

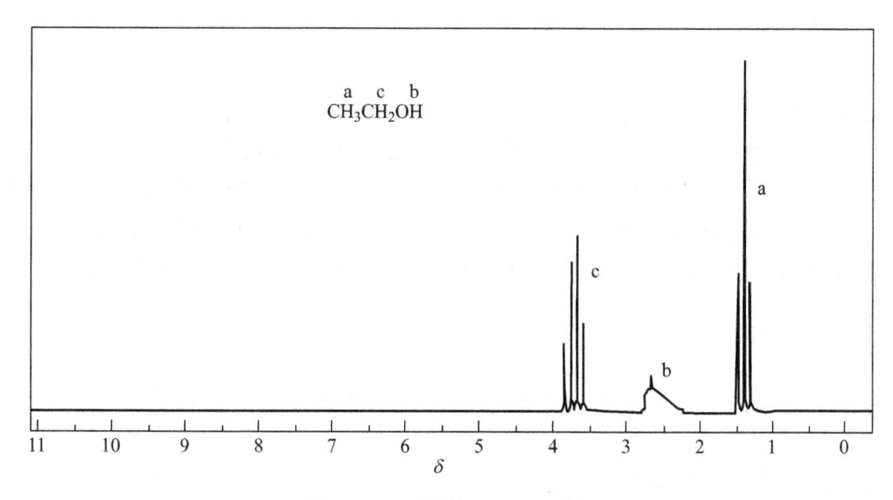

图 7-1　乙醇的^{1}H NMR 谱图

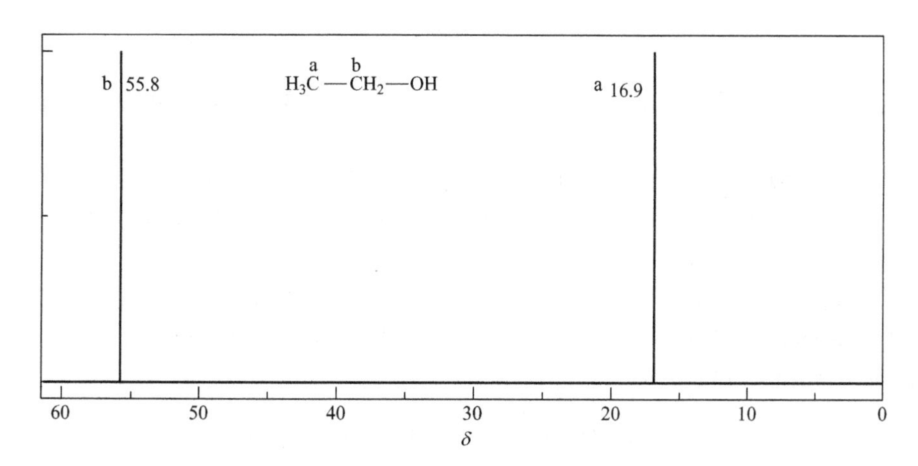

图 7-2　乙醇的^{13}C NMR 谱图

7.1.3 醇的化学性质（chemical properties of alcohols）

(1) 酸碱性

① 酸性　醇与水相似，也能与活泼金属（如 Na、K、Mg、Al）作用，生成相应的醇化物（醇盐）并放出氢气。例如：

$$ROH + Na \longrightarrow RONa + 1/2H_2\uparrow$$

$$2ROH + Mg \longrightarrow (RO)_2Mg + H_2\uparrow$$

表明醇具有酸性，但是，醇与金属钠的反应没有与水的反应剧烈，表明醇的酸性比水弱。随着醇分子的碳原子数增加，与钠的反应速率随之减慢。不同类型的醇与钠反应由快到慢的顺序为：

甲醇＞伯醇＞仲醇＞叔醇

醇钠为无色固体，易溶于乙醇、乙醚，遇水分解为醇和氢氧化钠。

$$RONa + H_2O \longrightarrow ROH + NaOH$$

醇钠具有强碱性和强亲核性，在有机合成中常被用作缩合剂和烷氧基化剂。

② 碱性　醇羟基中氧原子上的未共用电子对能与质子结合，形成质子化的醇（也称　盐）。醇表现为碱性，是个碱。

$$ROH + H^+ \longrightarrow R\overset{+}{O}H_2$$

醇与强酸作用生成　盐溶于强酸中，利用这一性质可将不溶于水的醇与烷烃、卤代烃区别开，或将烷烃、卤代烷中含有的少量不溶于水的醇除去。另外，由于　盐的生成，醇中的 C—O 键变弱而容易断裂，因此醇羟基的取代反应和消除反应，通常在酸催化下进行。醇与氯化钙可形成结晶醇，$CaCl_2$—X(ROH)，因此不能用氯化钙干燥醇，相反可用氯化钙除去卤代烃中的少量醇。醇呈中性，故通常说醇是中性化合物。

(2) 与卤化氢的反应

醇分子中羟基的氧原子具有较大的电负性，因此碳氧键是极性共价键，容易断裂，使得羟基较易被其他基团取代。

醇与氢卤酸作用，羟基被卤原子取代，生成卤代烷和水属于 S_N 反应。这是制备卤代烷的方法之一。例如：

$$CH_3CH_2CH_2OH + HBr \underset{\triangle,\ 95\%}{\overset{H_2SO_4}{\rightleftharpoons}} CH_3CH_2CH_2Br + H_2O$$

醇与氢卤酸反应是可逆反应，为了有利于卤代烷的生成，通常采用原料过量或移去一种产物的方法。

实验表明，醇与氢卤酸的反应速率与醇的结构和氢卤酸的种类均有关系。不同结构的醇的活性次序是烯丙型醇≈苄基型醇＞叔醇＞仲醇＞伯醇。不同氢卤酸的活性次序则是氢碘酸＞氢溴酸＞盐酸。

当使用盐酸时，通常加入无水卤化锌作催化剂，以利于氯代烷的生成。实验室通常采用浓盐酸的氯化锌溶液——卢卡斯（Lucas）试剂与不多于六个碳的醇作用，根据反应速率的不同，来鉴别伯、仲、叔醇。例如：

$$(CH_3)_3C—OH \xrightarrow[20℃]{HCl\text{-}ZnCl_2} (CH_3)_3C—Cl + H_2O$$

1min 变浑浊

$$CH_3CH_2CHCH_3(OH) \xrightarrow[20℃]{HCl\text{-}ZnCl_2} CH_3CH_2CHCH_3(Cl) + H_2O$$

10min 变浑浊

$$CH_3CH_2CH_2CH_2—OH \xrightarrow[\triangle]{HCl\text{-}ZnCl_2} CH_3CH_2CH_2CH_2—Cl + H_2O$$

加热才变浑浊

$$C_6H_5—CH_2OH \xrightarrow{HCl\text{-}ZnCl_2} C_6H_5—CH_2Cl$$ 立即浑浊

$$CH_2=CHCH_2OH \xrightarrow{HCl\text{-}ZnCl_2} CH_2=CHCH_2Cl$$ 立即浑浊

查阅文献回答问题。

$C_6H_5—CH_2OH$　　$CH_2=CHCH_2OH$　　$(OH_3)_3COH$

上述三种化合物与相同条件下的 $HCl—ZnCl_2$ 反应，那个应该更快些？

另外，醇与三溴化磷或亚硫酰氯作用，也可用来制备卤代烃。例如：

$$3CH_3CH_2CH_2OH + PBr_3 \xrightarrow{165℃} 3CH_3CH_2CH_2Br + H_3PO_3$$

90%～93%

$$o\text{-}CH_3C_6H_4CH_2CH_2OH + SOCl_2 \xrightarrow{苯，\triangle} o\text{-}CH_3C_6H_4CH_2CH_2Cl + SO_2 + HCl$$

89%

(3) 脱水反应

醇在催化剂作用下加热，可发生脱水反应。其脱水方式有分子间脱水和分子内脱水。究竟按何种方式进行，与醇的结构和反应条件（如温度等）有关。

通常在较低温度下，伯醇主要发生分子间脱水，生成醚；而在较高温度下伯醇主要发生分子内脱水，生成烯烃。例如：

$$CH_3CH_2CH_2OH + HOCH_2CH_2CH_3 \xrightarrow[或\ Al_2O_3，240℃]{H_2SO_4，140℃} CH_3CH_2CH_2OCH_2CH_2CH_3$$

$$CH_3CH_2CH_2OH \xrightarrow[或\ Al_2O_3，360℃]{H_2SO_4，170℃} CH_3CH=CH_2$$

醇的结构对脱水方式也有很大的影响。一般叔醇主要是分子内脱水，生成烯烃。例如：

$$H_3C—C(CH_3)_2—OH \xrightarrow[85\sim90℃]{20\%H_2SO_4} H_3C—C(CH_3)=CH_2$$

醇脱水由易到难的顺序是叔醇>仲醇>伯醇。

醇分子内脱水，若有不止一种取向时，一般遵循札依采夫规则，即脱水主要生成双键碳原子上连接烷基较多的烯烃。例如：

$$CH_3CH_2CHCH_3(OH) \xrightarrow[\triangle]{H_2SO_4，H_2O} \underset{(80\%)}{CH_3CH=CHCH_3} + \underset{(20\%)}{CH_3CH_2CH=CH_2}$$

但当脱水后能形成共轭体系时，则优先形成共轭体系，如：

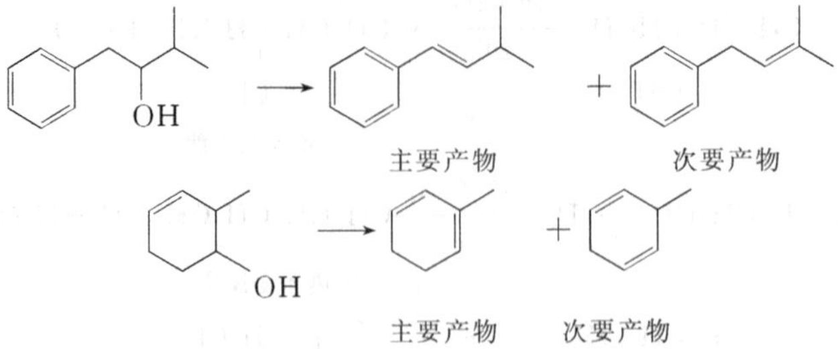

OH

主要产物　次要产物

OH

主要产物　次要产物

另当发生 E2 消除反应时，由于是反式消除，有时也是反札依采夫规则的。

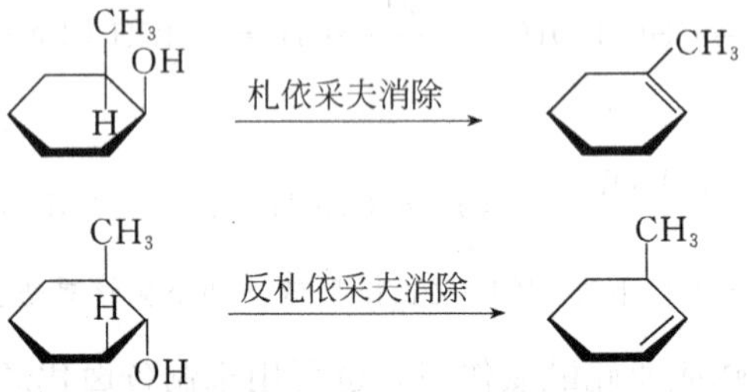

CH_3 OH H 札依采夫消除 CH_3

CH_3 H OH 反札依采夫消除 CH_3

有时可能会发生重排反应，称为 Wagner-Meerwein（外格迈尔-麦尔外因）重排。

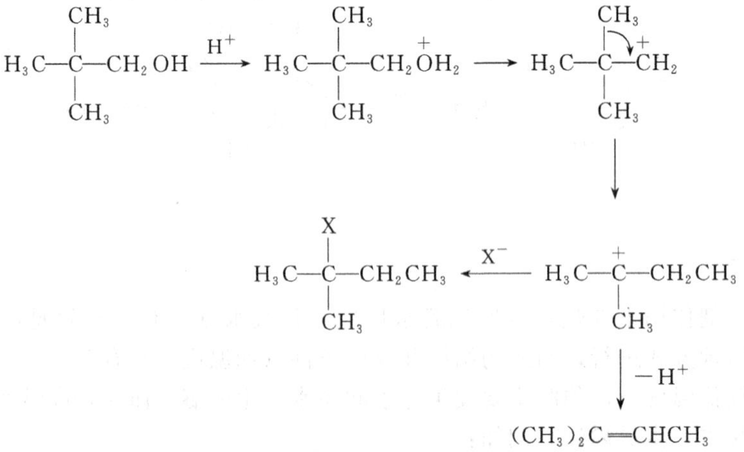

$$H_3C-C(CH_3)_2-CH_2OH \xrightarrow{H^+} H_3C-C(CH_3)_2-CH_2\overset{+}{O}H_2 \longrightarrow H_3C-C(CH_3)_2-\overset{+}{C}H_2$$

$$\longrightarrow H_3C-\overset{+}{C}(CH_3)-CH_2CH_3 \xrightarrow{X^-} H_3C-CX(CH_3)-CH_2CH_3$$

$$H_3C-\overset{+}{C}(CH_3)-CH_2CH_3 \xrightarrow{-H^+} (CH_3)_2C{=}CHCH_3$$

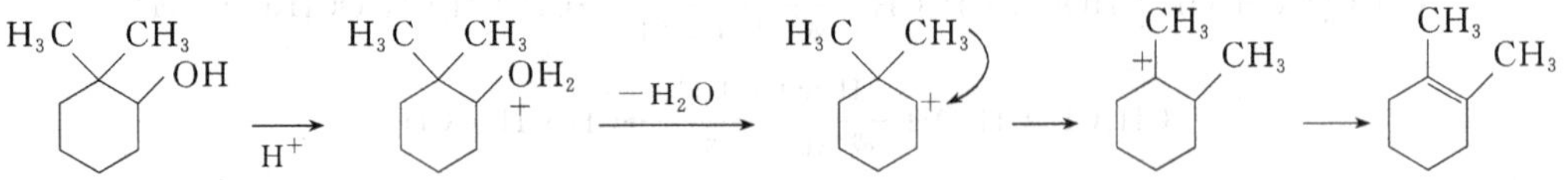

H_3C CH_3 OH $\xrightarrow{H^+}$ H_3C CH_3 $\overset{+}{O}H_2$ $\xrightarrow{-H_2O}$ H_3C CH_3 + $\longrightarrow$ CH_3 + CH_3 $\longrightarrow$ CH_3 CH_3

（4） Williamson 反应

醇钠与 RX 去 NaX 可得到混合醚，该反应称为 Williamson 反应。RX 不能是叔卤代烃（发生消除反应）、乙烯位卤代烃及芳香卤代烃（不活泼）。

$$R''X+R'ONa \longrightarrow R'OR''+NaX$$

（5） 与酸的反应

醇与酸作用，分子内脱水生成酯，这类反应统称酯化反应。所用酸既可是无机酸，也可是有机酸。常用的无机酸有硫酸、硝酸和磷酸等。例如乙醇与硫酸作用，生成硫酸氢乙酯，后者经减压蒸馏则得到硫酸二乙酯，即

$$CH_3CH_2OH + H_2SO_4 \rightleftharpoons \underset{\text{硫酸氢乙酯}}{CH_3CH_2OSO_2OH} + H_2O$$

$$2CH_3CH_2OSO_2OH \xrightarrow{\text{减压蒸馏}} \underset{\text{硫酸二乙酯}}{(CH_3CH_2O)_2SO_2} + H_2SO_4$$

硫酸二乙酯是常用的乙基化试剂，有毒，使用时应注意防护。

醇与硝酸反应生成硝酸酯。在硝酸酯中，最重要的是甘油三硝酸酯（俗名硝化甘油）。

$$\begin{matrix} CH_2OH \\ | \\ CHOH \\ | \\ CH_2OH \end{matrix} + 3HONO_2 \xrightarrow[\sim 10℃]{H_2SO_4} \begin{matrix} CH_2ONO_2 \\ | \\ CHONO_2 \\ | \\ CH_2ONO_2 \end{matrix} + 3H_2O$$

甘油三硝酸酯是无色或淡黄色液体，溶于乙醇、乙醚等。是常用的威力强大的炸药，同时由于其在人体内可分解成 NO，甘油三硝酸酯可用作冠状动脉扩张药，治疗心绞痛。

醇与磷酸或三氯氧磷作用生成磷酸酯，其中醇与三氯氧磷反应是制备磷酸酯最常采用的方法。例如：

$$3ROH + POCl_3 \longrightarrow (RO)_3P{=}O + 3HCl$$

其中，磷酸三丁酯是无色液体，微溶于水，溶于有机溶剂。它被用作塑料的增塑剂和稀有金属的萃取剂等。

醇与有机酸作用生成有机酸酯。例如：

$$CH_3CH_2CH_2OH + CH_3COOH \underset{}{\overset{H^+}{\rightleftharpoons}} CH_3COOCH_2CH_2CH_3 + H_2O$$

(6) 氧化反应

在醇分子中，由于羟基的影响，α-氢比较活泼，容易发生氧化反应。醇因种类不同，氧化的难易程度和产物均不相同。

伯醇因含有两个 α-氢，氧化产物是醛。例如：

$$CH_3CH_2OH \xrightarrow[\triangle]{K_2Cr_2O_7,\ H_2SO_4} CH_3CHO \quad 45\% \sim 49\%$$

用于检测汽车驾驶员是否饮酒的呼吸分析仪，其原理就是利用醇被重铬酸钾氧化的反应。

醛很容易被氧化成羧酸，为防止醛被进一步氧化，可采取在反应过程中不断蒸出醛的方法。实验室中常用的氧化剂除 $K_2Cr_2O_7$ 和 H_2SO_4 外，还有 $KMnO_4$。但工业上则常采用催化脱氢的方法。例如：

$$CH_3CH_2OH \xrightarrow[250 \sim 350℃]{Cu} CH_3CHO + H_2$$

这是工业上生产乙醛的方法之一。乙醛是重要的化工原料。

仲醇含有一个 α-氢，被氧化成酮。例如：

$$CH_3(CH_2)_4\underset{\substack{|\\OH}}{CH}CH_3 \xrightarrow[\triangle]{K_2Cr_2O_7,\ H_2SO_4} \underset{\text{2-庚酮}}{CH_3(CH_2)_4\underset{\substack{\|\\O}}{C}CH_3} \quad 95\%$$

$$\text{环戊醇(OH)} \xrightarrow[\triangle,\ \text{丙酮}]{K_2Cr_2O_7,\ H_2SO_4} \underset{\text{环戊酮}}{\text{环戊酮(=O)}}$$

工业上也可用催化脱氢的方法，由低级仲醇生成酮。例如：

$$CH_3CH_2\underset{\displaystyle OH}{\underset{|}{C}}HCH_3 \xrightarrow[400\sim480^\circ C]{Cu} CH_3CH_2\underset{\displaystyle O}{\underset{\|}{C}}CH_3$$

2-丁酮

叔醇无 α-氢，不易被氧化。但在强烈条件下，碳-碳键断裂，生成小分子的氧化产物，实用价值不大。

7.1.4 醇的制备（preparation of alcohols）

（1）卤代烃的水解

$$C_6H_5CH_2Cl \longrightarrow C_6H_5CH_2OH$$

（2）烯烃的水合

$$CH_3CH_2CH{=}CH_2 \xrightarrow[(2)\ H_2O]{(1)\ H_2SO_4} CH_3CH_2CH(OH)CH_3$$

（3）烯烃的硼氢化-氧化

$$CH_3CH_2CH{=}CH_2 \xrightarrow[(2)\ H_2O_2/OH^-]{(1)\ B_2H_6} CH_3CH_2CH_2CH_2OH$$

（4）格氏试剂与环氧化合物或羰基化合物反应

格氏试剂与环氧乙烷反应水解后得到比格氏试剂中 R 多两个碳的伯醇；格氏试剂与甲醛反应水解后得到比格氏试剂中 R 多一个碳的伯醇；格氏试剂与醛反应水解后得到仲醇；格氏试剂与酮或酯反应水解后得到叔醇。

$$\triangleright O + RMgX \xrightarrow{\text{无水乙醚}} RCH_2CH_2OMgX \xrightarrow{H_3\overset{+}{O}} RCH_2CH_2OH$$

$$CH_2O + RMgX \xrightarrow{\text{无水乙醚}} RCH_2OMgX \xrightarrow{H_3\overset{+}{O}} RCH_2OH$$

$$R'CHO + RMgX \xrightarrow{\text{无水乙醚}} R\underset{\displaystyle R'}{\underset{|}{C}}HOMgX \xrightarrow{H_3\overset{+}{O}} R\underset{\displaystyle R'}{\underset{|}{C}}HOH$$

$$R''-\underset{\displaystyle O}{\underset{\|}{C}}-R' + RMgX \xrightarrow{\text{无水乙醚}} R\overset{\displaystyle R''}{\overset{|}{\underset{\displaystyle R'}{\underset{|}{C}}}}OMgX \xrightarrow{H_3\overset{+}{O}} R\overset{\displaystyle R''}{\overset{|}{\underset{\displaystyle R'}{\underset{|}{C}}}}OH$$

（5）醛、酮、酸、酯的还原

$$RCH_2CHO \xrightarrow{H_2/Pt} RCH_2CH_2OH$$

$$RCOR' \xrightarrow{H_2/Pt} RCHOHR'$$

$$RCOOH \xrightarrow{LiAlH_4} RCH_2OH$$

$$RCOOR' \xrightarrow{Na/EtOH} RCH_2OH + R'OH$$

（6）酯的水解

$$\begin{array}{l} CH_2OOCR' \\ | \\ CHOOCR' \\ | \\ CH_2OOCR' \end{array} \xrightarrow{H_3O^+} \begin{array}{l} CH_2OH \\ | \\ CHOH \\ | \\ CH_2OH \end{array} + 3R'COOH$$

（7）无水乙醇的制备

方法 1：取市售的无水乙醇（99.9%），向内加入镁屑及少量碘，得到二乙氧基镁，将之加到市售的无水乙醇中，加热反应后蒸馏，可得到绝对无水乙醇（99.99%）。

方法 2：取市售的无水乙醇（99.9%），向内加入金属钠，蒸馏。

7.1.5 多元醇（polyalcohols）

多元醇由于分子内羟基的相互影响，具有某些特殊性质。

（1）氧化反应

具有 1,2-二醇（也称 α-二醇）结构的多元醇（如乙二醇、丙三醇等），可被高碘酸氧化，连有羟基的两个邻接碳原子之间的碳-碳键断裂。

$$\underset{OH}{\underset{|}{CH_2}}-\underset{OH}{\underset{|}{CH_2}} \xrightarrow[H_2SO_4]{KIO_4} 2CH_2O$$

$$CH_3\underset{OH}{\underset{|}{CH}}-\underset{OH}{\underset{|}{C}}(CH_3)_2 \xrightarrow[H_2SO_4]{KIO_4} CH_3CHO + CH_3COCH_3$$

β-二醇（1,3-二醇）和 γ-二醇（1,4-二醇）则不反应。此反应常被用来检测分子中是否含有 α-二醇结构。反应是定量进行的，可从消耗高碘酸的量来推测反应物的结构（可用碘量法来进行）。反应结果相当于在断键中间加一个 OH。实际上，二酮、二醛、二酸、α-羟基酮、α-羟基醛、α-羟基酸均可发生类似的反应。如：

二醇

$$\begin{array}{c} H \\ | \\ H-C-OH \\ \text{-----} \\ H-C-OH \\ | \\ H \end{array} \longrightarrow \begin{array}{c} H-\overset{H}{\overset{|}{C}}-OH \xrightarrow{-H_2O} CH_2O \\ \quad\; \underset{|}{OH} \\ H-\overset{H}{\overset{|}{C}}-OH \xrightarrow{-H_2O} CH_2O \\ \quad\; \underset{|}{OH} \end{array}$$

二醛

$$\begin{array}{c} H-C{=}O \\ \text{-----} \\ H-C{=}O \end{array} \longrightarrow \begin{array}{c} H-\underset{OH}{\underset{|}{C}}{=}O \longrightarrow HCOOH \\ H-\overset{OH}{\overset{|}{C}}{=}O \longrightarrow HCOOH \end{array}$$

```
                                         R
                                         |
                                         C═O  ──→  RCOOH
          R                              |
          |                              OH
羟酮      C═O        ──→                 OH
       ---|---                           |          −H₂O
       H—C—OH                         H—C—OH  ──────→  RCHO
          |                              |
          R′                             R′

                                         R
          R                              |         −H₂O
          |                           H—C—OH  ──────→  RCHO
羟酸   H—C—OH        ──→                 |
       ---|---                           OH
          COOH                           OH
                                         |         −H₂O
                                         COOH  ──────→  CO₂

                H   H   H          OH              OH           OH           OH
                |   |   |          |               |            |            |
糖类 HOH₂C—┼—┼—┼—CHO ──→ CH₂OH + H—┼—OH + H—┼—OH + H—┼—OH + CHO
                |   |   |                          |            |            |     |
                OH  OH  OH                         OH           OH           OH    OH
                                   ↓               ↓            ↓            ↓     ↓
                                   CH₂O            HCOOH        HCOOH        HCOOH HCOOH
```

(2) 频哪醇重排反应

邻二醇在酸催化下发生分子内重排生成酮的反应称为频哪醇重排反应，在有机合成中可用来制备特殊的酮。如：

```
     H₃C  CH₃                     CH₃ CH₃                        H₃C  CH₃
     |    |                       |   |           −H₂O           |    |
H₃C—C————C—CH₃   ──→   H₃C—C————C—CH₃   ──────→   H₃C—C————C—CH₃
     |    |                       |   |                          |    +
     HO   OH                      HO  OH₂                        OH
                                      +
     频哪醇                                                          ↓
     pinacol

          CH₃                        CH₃                          CH₃
          |          −H⁺             |                        +   |
H₃C—C————C—CH₃   ←──────   H₃C—C————C—CH₃   ←──→   H₃C—C————C—CH₃
     ‖    |                       ‖   |                          |    |
     O    CH₃                     OH  CH₃                        HO   CH₃
                                  +
     频哪酮
     pinacolone
```

下面的反应是个很有趣的反应，采用不同的合成路线得到同一产物：螺环［4.5］壬-6-酮。

```
                          OH                         +
                          |                          OH₂
           KMnO₄          |            H⁺            |
  [八氢萘]  ──────→  [十氢萘-4a,8a-二醇]  ──────→  [十氢萘骨架]
                          |                          |
                          OH                         OH
                                                     ↓ −H₂O
```

下面的一些例子，将使我们对频哪醇重排反应有更深刻的了解，从中找出一些规律性的知识。

① 小环扩环优先，减少张力。

② 因为重排是亲核重排，电子云密度大的基团优先转移。

$$\text{Ph–C(CH}_3\text{)(OH)–C(CH}_3\text{)(OH)–Ph} \longrightarrow \text{Ph–C(CH}_3\text{)(}\overset{+}{\text{O}}\text{H}_2\text{)–C(CH}_3\text{)(OH)–Ph} \longrightarrow \text{H}_3\text{C–}\overset{+}{\text{C}}\text{(Ph)–C(Ph)(OH)–CH}_3 \longrightarrow \text{H}_3\text{C–C(Ph)}_2\text{–}\overset{+}{\text{C}}\text{(OH)–CH}_3 \longleftrightarrow \text{H}_3\text{C–C(Ph)}_2\text{–C(=}\overset{+}{\text{O}}\text{H)–CH}_3 \longrightarrow \text{H}_3\text{C–C(Ph)}_2\text{–C(=O)–CH}_3$$

③ 卤代醇和氨基醇也可发生类似反应。

$$\text{Ph–C(CH}_3\text{)(X)–C(CH}_3\text{)(OH)–Ph} \xrightarrow{\text{AgNO}_3} \text{H}_3\text{C–}\overset{+}{\text{C}}\text{(Ph)–C(Ph)(OH)–CH}_3 \longrightarrow \longrightarrow \text{H}_3\text{C–C(Ph)}_2\text{–C(=O)–CH}_3$$

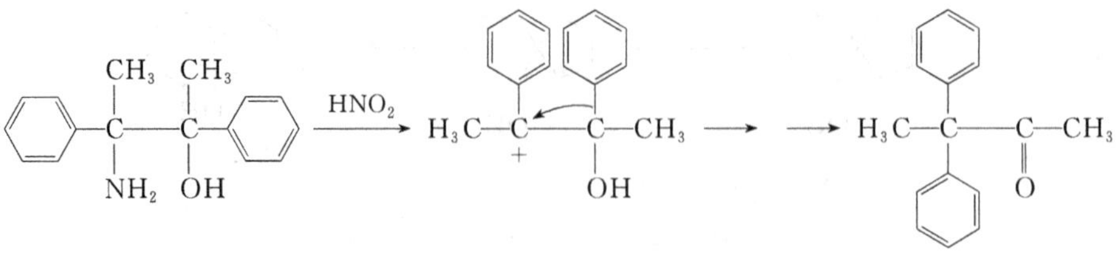

$$\text{Ph-C(CH}_3\text{)(NH}_2\text{)-C(CH}_3\text{)(OH)-Ph} \xrightarrow{HNO_2} H_3C-\overset{+}{C}(Ph)-C(Ph)(OH)-CH_3 \longrightarrow \longrightarrow H_3C-C(Ph)_2-C(=O)-CH_3$$

④ a 键和 a 键交换，e 键和 e 键交换。

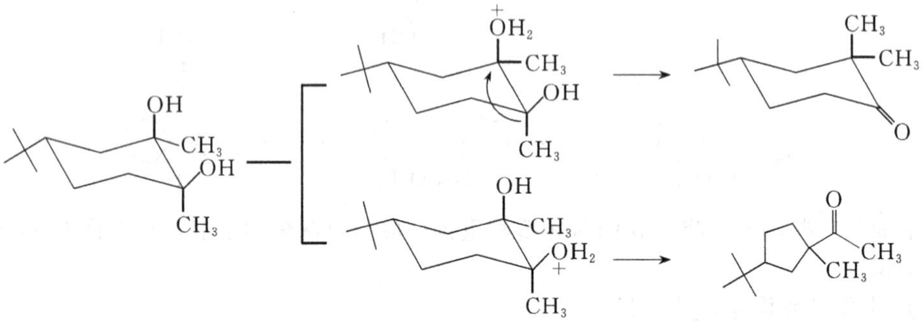

$$\text{OH, CH}_3\text{, OH, CH}_3 \quad \overset{+}{O}H_2 \quad CH_3 \quad OH \quad CH_3 \longrightarrow CH_3 \quad CH_3 \quad O$$

$$OH \quad CH_3 \quad \overset{+}{O}H_2 \quad CH_3 \longrightarrow O \quad CH_3 \quad CH_3$$

⑤ 如二醇不对称，优先形成稳定正离子。

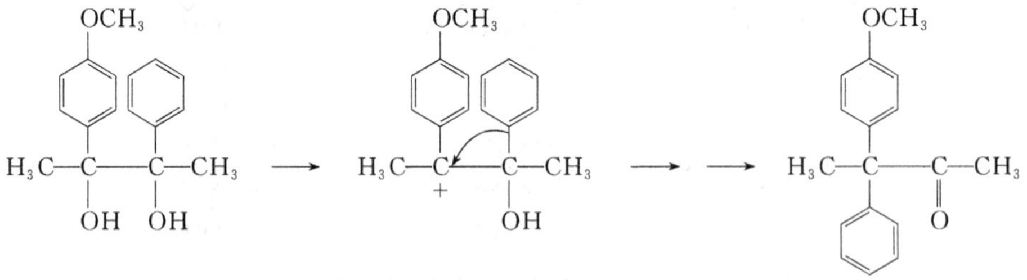

$$H_3C-C(C_6H_4OCH_3)(OH)-C(Ph)(OH)-CH_3 \longrightarrow H_3C-\overset{+}{C}(C_6H_4OCH_3)-C(Ph)(OH)-CH_3 \longrightarrow \longrightarrow H_3C-C(C_6H_4OCH_3)(Ph)-C(=O)-CH_3$$

⑥ 生成两种产物。

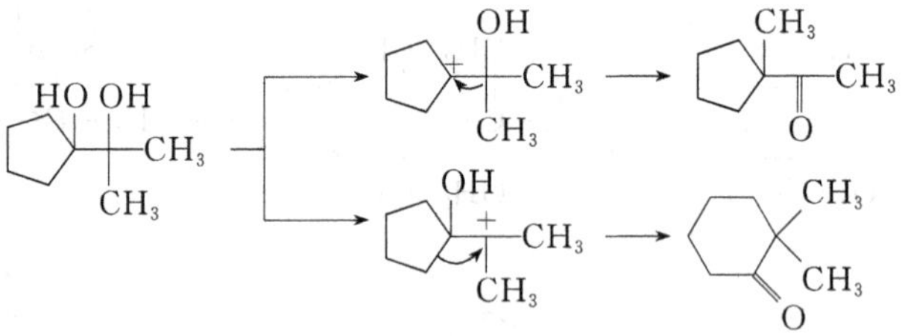

$$\text{HO OH, CH}_3\text{, CH}_3 \longrightarrow OH \quad CH_3 \quad CH_3 \longrightarrow CH_3 \quad CH_3 \quad O$$

$$\longrightarrow OH \quad CH_3 \quad CH_3 \longrightarrow CH_3 \quad CH_3 \quad O$$

⑦ H 发生重排。

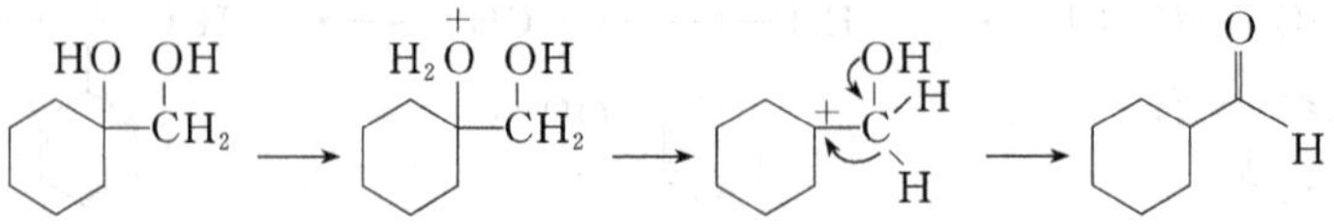

$$\text{HO OH CH}_2 \longrightarrow H_2\overset{+}{O} \; OH \; CH_2 \longrightarrow OH \; H \; C \; H \longrightarrow O \; H$$

思 考 题

完成下列反应。

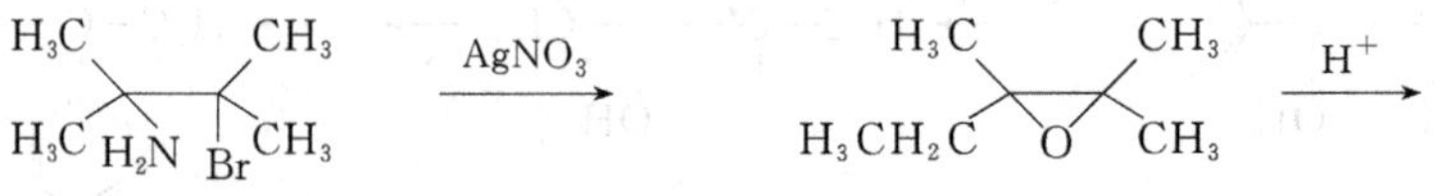

$$H_3C \; CH_3 \; H_3C \; H_2N \; Br \; CH_3 \; H_3C \; CH_3 \xrightarrow{AgNO_3} \qquad H_3C \; CH_3 \; H_3CH_2C \; O \; CH_3 \xrightarrow{H^+}$$

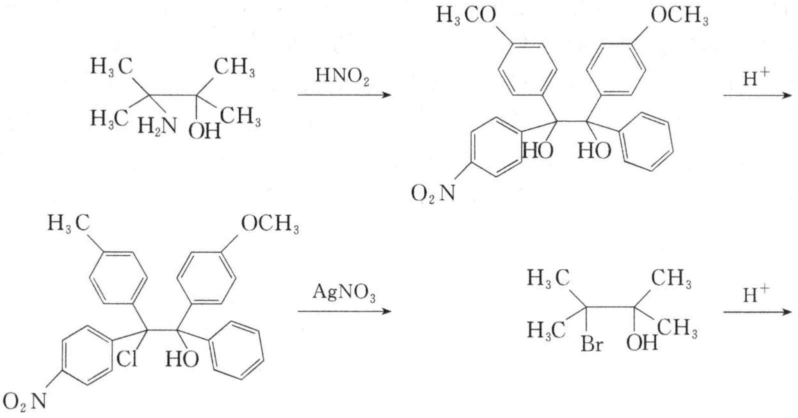

$(CH_3)_2C(NH_2)-C(OH)(CH_3)_2$ $\xrightarrow{HNO_2}$

（H_3CO、OCH_3、O_2N 取代的二芳基乙二醇，HO　HO）$\xrightarrow{H^+}$

（H_3C、OCH_3、O_2N 取代，Cl　HO）$\xrightarrow{AgNO_3}$

$(CH_3)_2C(Br)-C(OH)(CH_3)_2$ $\xrightarrow{H^+}$

7.2 醚类（ethers）

7.2.1 醚的结构、分类、异构和命名（structure，classification，isomerism and nomenclature of ethers）

(1) 醚的结构

醚可以看成是水的 2 个 H 被 R 取代或醇的 1 个 H 被 R 取代的产物。其中的 O 采用 sp^3 杂化，以甲醚为例：

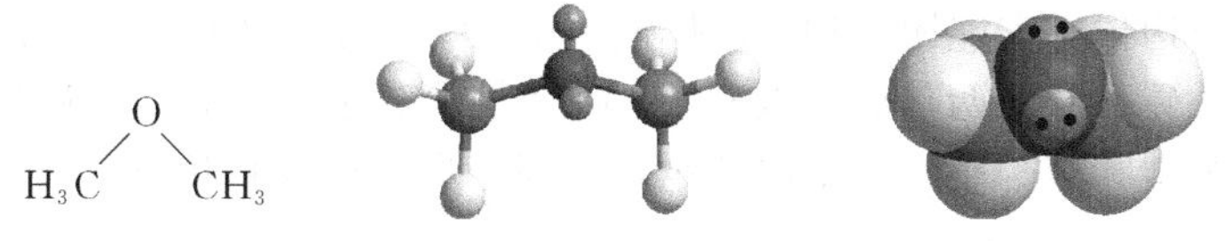

(2) 醚的分类和异构

与醇相似，按 R 的结构、醚基的个数、醚的形状可将醚分成以下类型。

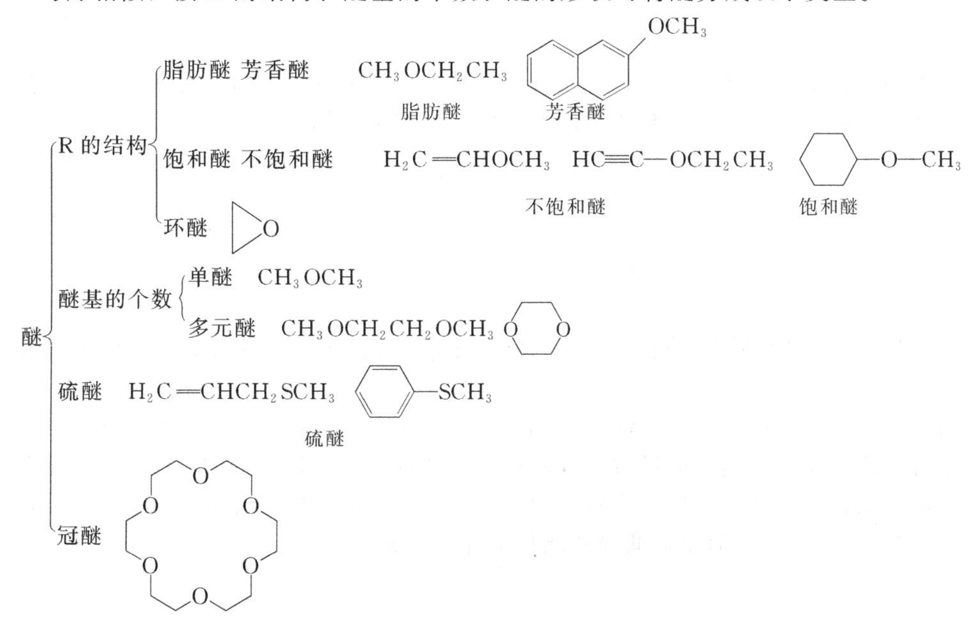

醚是由两个烃基通过氧原子连接在一起的化合物，可以看作是醇分子中的羟基氢原子被烃基取代后的化合物。醚键 C—O—C 是醚的官能团。醚常用 R—O—R′表示。

醚分子中的两个烃基可以相同也可以不同。两个烃基相同时，称为单醚；两个烃基不同时，称为混合醚。两个烃基是烷基或烯基时，称为脂肪醚；两个烃基或其中之一是芳基时，称为芳（香）醚；组成环的原子除碳原子外还有氧原子的环状化合物，称为环醚或环氧化合物。环醚是指氧原子在环内的醚，不包括氧原子在环外的醚。如：

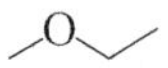

甲乙醚
ethyl methyl ether
（脂肪醚）

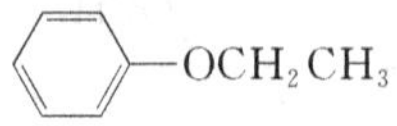

C_6H_5—OCH_2CH_3
苯乙醚
phenyl ethyl ether
（芳香醚）

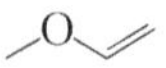

甲基乙烯基醚
methyl vinyl ether
（不饱和醚）

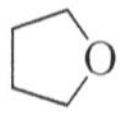

四氢呋喃
tetrahydrofuran（THF）
（环醚）

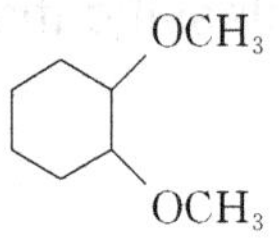

OCH_3
OCH_3
环己-1,2-二醇二甲醚
1,2-dimethoxy-cyclohexane
（二元醚）

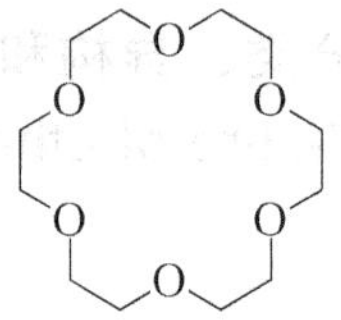

18-冠-6
18-crown-6
（冠醚）

醚与醇是同分异构体（官能团异构），其异构体的写法与醇略有不同，因为氧的两边均有烷基，需将总碳数分为两部分。以 $C_4H_{10}O$ 为例，分子内共有 4 个碳原子，将之可分为 3 个碳与 1 个碳和 2 个碳与 2 个碳两组，其属于醚类的异构体共 3 种。

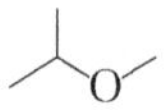

甲基异丙基醚 　　甲基丙基醚 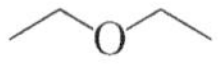　　乙醚

(3) 醚的命名

醚的命名在第一章已有叙述。多元醚的普通命名与常规醚的命名有所不同，首先写出多元醇的名称，接着写出烷基的名称，再加一个醚字。如：

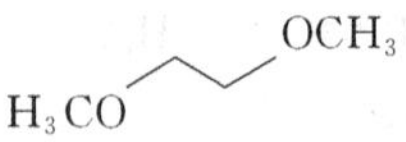

H_3CO—CH_2CH_2—OCH_3
1,2-dimethoxy-ethane
乙二醇二甲醚

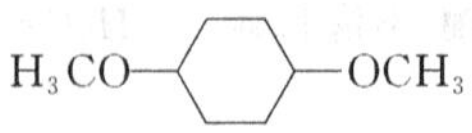

H_3CO—C_6H_{10}—OCH_3
1,4-dimethoxy-cyclohexane
环己-1,4-二醇二甲醚

7.2.2 醚的物理性质及波谱（physical properties and spectrum of ethers）

常温下，甲醚、甲乙醚是气体，其他醚大多数为无色液体。醚有特殊气味，大多数醚比水轻。由于醚分子间不能形成氢键，故醚的沸点与分子量相近的烃相近，而比分子量相近的醇低得多。例如，甲正戊醚的沸点（100℃）与正庚烷（98℃）接近，而比正己醇（157℃）低很多。但是，低级醚能与水分子形成氢键。

$$\begin{array}{l} H_3C \\ \quad \diagdown \\ \quad\; O\cdots H—O \\ \quad \diagup \qquad\qquad \diagdown \\ H_3C \qquad\qquad\quad H \end{array}$$

因此，低级醚在水中的溶解度与分子量相近的醇相近。例如，1 体积水能溶解 37 体积的甲醚；乙醚和正丁醇在水中的溶解度均约为 8g/100g 水。

无水乙醚的制备：向市售的无水乙醚中加入 CaH_2，除去大量水分，再加入金属钠及二苯甲酮，加热变成蓝色后蒸馏。

醚易溶于有机溶剂，且能溶解很多有机物，因此是良好的有机溶剂。但由于多数醚易挥发、易燃，尤其是乙醚，其蒸气与空气能形成爆炸混合物，爆炸极限为 1.85%～36.5%（体积），故使用时应注意安全。醚的 IR 是 C—O—C 的不对称伸缩振动吸收，为 1200～1045cm^{-1}。丙醚的 ^1H NMR 和 ^{13}C NMR 谱图如图 7-3 和图 7-4 所示。

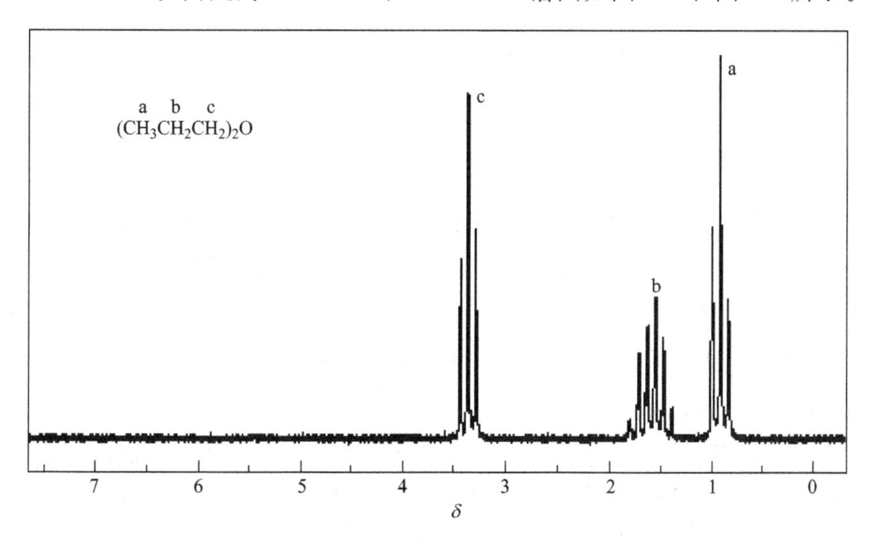

图 7-3　丙醚的 ^1H NMR 谱图

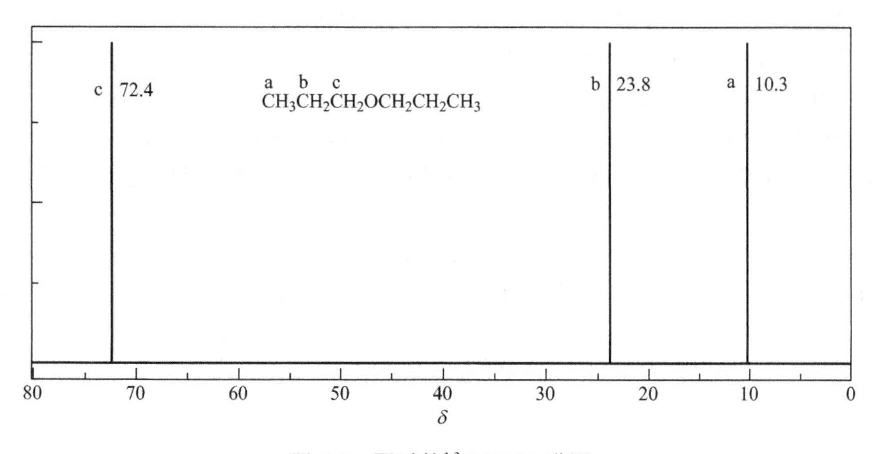

图 7-4　丙醚的 ^{13}C NMR 谱图

7.2.3　醚的化学性质（chemical properties of ethers）

醚键对于碱、氧化剂、还原剂和金属钠都很稳定，是一类比较不活泼的化合物，因此常被用作有机反应的溶剂。但醚分子中的氧原子能与强酸成盐，醚键也可发生断裂。

(1) 锌盐的生成

醚中氧原子上的未共用电子对，可以给出电子（Lewis 碱），能与强质子酸（如浓盐酸和浓硫酸等）或缺电子的 Lewis 酸（如三氟化硼和氯化铝）作用生成锌盐。

$$R-\ddot{\underset{..}{O}}-R + HCl \rightleftharpoons R-\overset{+}{\underset{H}{\underset{|}{O}}}-R + Cl^-$$

$$R-\ddot{\underset{..}{O}}-R + BF_3 \rightleftharpoons R_2\overset{+}{O}-\overset{-}{B}F_3$$

醚与强酸形成的锌盐溶于冷的浓酸中，它不稳定，遇水分解成原来的醚，利用此性质可以鉴别和分离醚。

(2) 醚的碳氧键断裂

醚形成锌盐后，由于带正电荷的氧原子吸电子，R—O 键变弱，因此，在强烈的条件下 R—O 键发生断裂。例如，醚与氢碘酸共热，R—O 键发生断裂，生成一分子碘代烷和一分子醇。例如：

$$CH_3CH_2CH_2-O-CH_2CH_2CH_3 + HI \rightleftharpoons CH_3CH_2CH_2-\overset{+}{\underset{H}{O}}-CH_2CH_2CH_3 + I^- \xrightarrow{\triangle}$$

$$CH_3CH_2CH_2I + CH_3CH_2CH_2OH$$

在此反应中，不仅由于氢碘酸是很强的质子酸，容易与醚形成锌盐，而且碘负离子是很强的亲核试剂，它容易进攻与带有正电荷的氧原子直接相连的碳原子，结果生成碘代烷和醇。当使用过量的氢碘酸时，醇也与氢碘酸作用，生成碘代烷，即：

$$CH_3CH_2CH_2OH + HI \longrightarrow CH_3CH_2CH_2I + H_2O$$

氢溴酸和盐酸虽然也能进行上述反应，但其活性差。

对于混合醚，当其中一个烃基是甲基（或乙基），另一个烃基是含碳原子数较多的伯烷基或仲烷基时，与氢碘酸作用，则生成碘甲烷（或碘乙烷）和醇。此反应已用于天然复杂有机化合物分子中甲氧基（或乙氧基）的测定，称为蔡塞尔（Zeisel）甲氧基（$-OCH_3$）定量测定法。生成的碘甲烷与硝酸银反应，根据生成碘化银的量，计算出甲氧基含量。

当混合醚中的一个烃基是芳基时，由于 p-π 共轭效应的影响，芳环与氧原子相连的键比较牢固，与氢碘酸反应时，烷氧键（R—O）发生断裂，生成碘代烷和酚。例如：

$$C_6H_5-O-CH_3 \xrightarrow[120\sim130℃]{57\%HI} C_6H_5-OH + CH_3I$$

(3) 过氧化物的生成

醚（如乙醚）在空气中久置，易被氧化生成过氧化物。过氧化物不稳定，受热易发生爆炸。判断醚（如乙醚）中是否含有过氧化物，可取少量乙醚、碘化钾溶液和几滴淀粉溶液一起摇荡，若呈现蓝色，表示有过氧化物存在。当乙醚中有过氧化物时，需将其除去后才能使用，以免发生危险。用硫酸亚铁和硫酸的稀水溶液进行洗涤，即可除去过氧化物。

为防止过氧化物的生成，应将醚放在棕色瓶中，避光、密封，并可加入少量抗氧剂。乙醚最初生成的过氧化物的结构如下：

$$CH_3CH_2—O—CH_2CH_3 + O_2 \longrightarrow CH_3CH_2—O—\underset{\displaystyle OOH}{CHCH_3}$$

过氧化物的生成过程如下：

$$R—CH_2—O—CH_2—R + \cdot\ddot{O}—\ddot{O}\cdot \longrightarrow R—\dot{C}H—O—CH_2—R + \cdot\ddot{O}—\ddot{O}H$$

$$R—\dot{C}H—O—CH_2—R + \cdot\ddot{O}—\ddot{O}\cdot \longrightarrow R—\underset{\displaystyle :\ddot{O}—\ddot{O}\cdot}{CH}—O—CH_2—R$$

$$R—\underset{\displaystyle :\ddot{O}—\ddot{O}\cdot}{CH}—O—CH_2—R + R—CH_2—O—CH_2—R \longrightarrow R—\underset{\displaystyle :\ddot{O}—\ddot{O}H}{CH}—O—CH_2—R + R—\dot{C}H—O—CH_2—R$$

7.2.4　环氧乙烷（epoxyethane）

最简单和最重要的环醚是环氧乙烷。它是三元环状化合物，由于三元环具有张力而不稳定，能与多种化合物反应，开环生成很多重要的有机化合物，因此是重要的化工原料。

环氧乙烷所发生的反应，主要是与含有活泼氢化合物（如 H_2O、ROH、NH_3 等）的反应，以及与格氏试剂的反应。

（1）与水反应

在酸催化下，环氧乙烷与水反应生成乙二醇。

$$\triangleright O + HOH \xrightarrow[50\sim70℃]{0.5\%H_2SO_4} HOCH_2CH_2OH$$

这是工业上生产乙二醇的方法之一。乙二醇用于制造树脂、合成纤维、化妆品、炸药等，还可用作溶剂和配制发动机的冷冻液等。

乙二醇分子中也有活泼氢原子，与水相似，它也能与环氧乙烷反应，生成一缩二乙二醇（二甘醇）。后者仍可与环氧乙烷反应，生成二缩三乙二醇（三甘醇）。因此在生产乙二醇时，不可避免地有少量二甘醇和三甘醇等副产物生成。

$$\triangleright O + HOCH_2CH_2OH \xrightarrow[50\sim70℃]{0.5\%H_2SO_4} \underset{\text{二甘醇}}{HOCH_2CH_2—O—CH_2CH_2OH}$$

$$\xrightarrow{\triangleright O} \underset{\text{三甘醇}}{HOCH_2CH_2OCH_2CH_2OCH_2CH_2OH}$$

二甘醇主要用作气体脱水剂和萃取剂以及溶剂等。三甘醇主要用作硝酸纤维素、橡胶、树脂等的溶剂，以及火箭燃料和增塑剂等。

(2) 与醇反应

在酸催化下，环氧乙烷与醇反应生成乙二醇（单）烷基醚。

$$\text{环氧乙烷} + ROH \xrightarrow{H^+} \underset{\text{HO}}{H_2C}-\underset{\text{OR}}{CH_2}$$

乙二醇（单）烷基醚

生成的乙二醇（单）烷基醚分子中仍有羟基，可进一步与环氧乙烷反应，生成二甘醇（单）烷基醚。

$$\text{环氧乙烷} + \underset{\text{HO}}{H_2C}-\underset{\text{OR}}{CH_2} \xrightarrow{H^+} ROCH_2CH_2-O-CH_2CH_2OH$$

二甘醇（单）烷基醚

乙二醇（单）烷基（如甲基等低级烷基）醚和二甘醇（单）烷基醚等具有醇和醚的性质，是一种优良溶剂。

(3) 与氨反应

环氧乙烷与20%～30%的氨水反应，首先生成2-氨基乙醇（一乙醇胺）。

$$\text{环氧乙烷} + NH_3 \xrightarrow{30\sim50℃} \underset{\text{HO}}{H_2C}-\underset{\text{NH}_2}{CH_2}$$

一乙醇胺

由于一乙醇胺的氨基上仍有氢原子，还可与环氧乙烷反应生成二乙醇胺，再进一步反应生成三乙醇胺。

$$HOCH_2CH_2NH_2 \xrightarrow{\text{环氧乙烷}} HOCH_2CH_2NHCH_2CH_2OH \xrightarrow{\text{环氧乙烷}} HOCH_2CH_2-\overset{CH_2CH_2OH}{\overset{|}{N}}-CH_2CH_2OH$$

二乙醇胺　　三乙醇胺

这是工业上生产三种乙醇胺的方法，其中以何者为主，取决于原料配比和反应条件。三种乙醇胺均为无色黏稠液体，有碱性，溶于水和乙醇。它们均能吸收酸性气体，可用于工业气体的净化，以及用于制造洗涤剂等。

(4) 与格氏试剂反应

环氧乙烷与格氏试剂反应，产物经水解得到伯醇。

$$\text{环氧乙烷} + RMgX \xrightarrow[\triangle]{\text{无水乙醚}} R-CH_2CH_2-OMgX \xrightarrow[H_2O]{H^+} R-CH_2CH_2-OH$$

这是制备伯醇的一种方法。此反应可使碳链增加两个碳原子，在有机合成中可用来增长碳链。

(5) 取代环氧乙烷的开环反应

在酸性介质中，开环断裂的键一般是取代基最多与氧相连接的键，反应是 S_N1 过程，中间体是稳定的碳正离子。

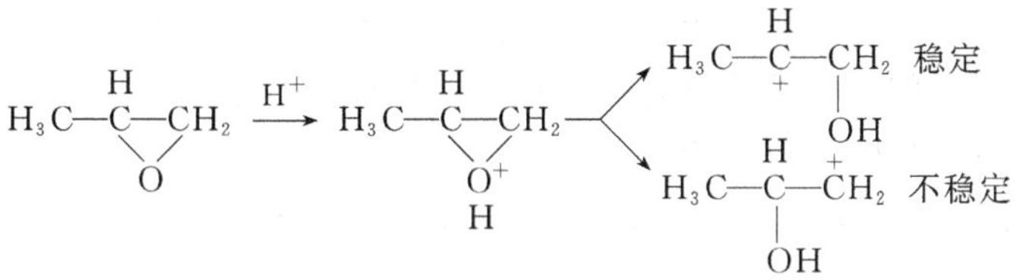

在碱性介质中，开环断裂的键一般是取代基最少与氧相连接的键，反应是 S_N2 过程。

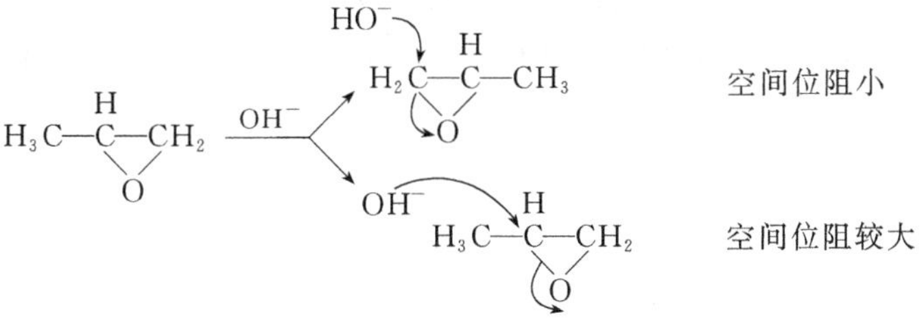

空间位阻小

空间位阻较大

例如：

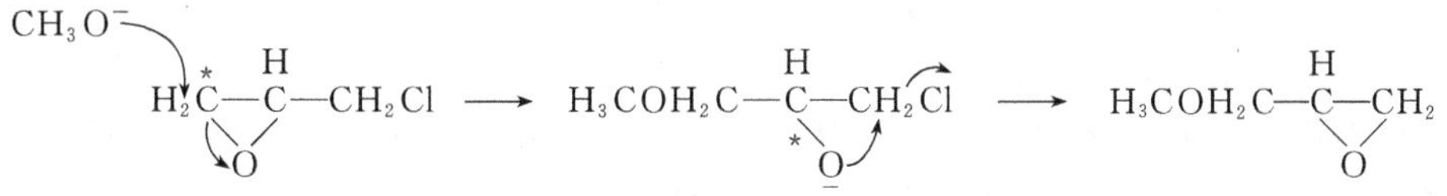

7.2.5 冠醚（crown ether）

冠醚是一类含有多个氧原子的大环化合物，因其结构形状似王冠，故称冠醚，或大环醚。冠醚的命名可用“X-冠-Y”表示，其中 X 代表组成环的总原子数，Y 代表环上的氧原子数。当环上连有烃基时，则烃基的名称和数目作为词头。例如：

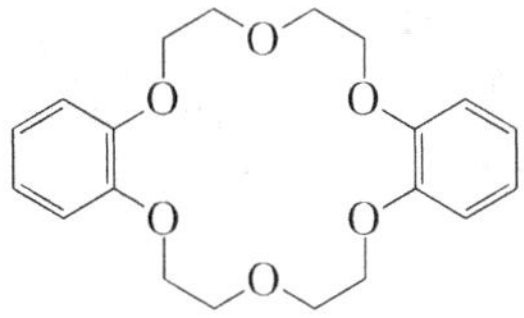

二苯并-18-冠-6

在冠醚分子中，环上氧原子的未共用电子对向着环的内侧，当适合于环大小的金属离子进入环内时，则氧原子与金属离子通过静电吸引形成络合物。例如，K^+ 的半径为 0.133nm，18-冠-6 的空穴为 0.26～0.32nm，K^+ 可以进入 18-冠-6 的空穴，因此，18-冠-6 可与 K^+ 形成络合物。同理，12-冠-4 可与 Li^+ 形成络合物。根据不同冠醚可以络合不同金属离子的特性，可以利用冠醚分离金属离子混合物。另外，冠醚环上的亚甲基排列在环的外侧，而亚甲基具有亲油性，因此，冠醚能溶于有机溶剂。由于冠醚既能络合金属离子，又能溶解在有机溶剂中，因此，它可以通过与金属离子络合将水相中的某些盐（如 NaCl、KCl、CH_3COONa 等）转移到有机相中，即将不溶于有机溶剂的试剂转移到有机溶剂中，故冠醚可用作相转移剂或叫相转移催化剂。冠醚是一种有效的相转移催化剂。例如，苄基溴与固体氟化钾或苄基溴的甲苯溶液与氟化钾的水溶液均很难发生反应，但若在苄基溴的甲苯溶液（有机相）与氟化钾的水溶液（水相）的混合溶液中，加入少量18-冠-6，则得到100%的苄基氟。

$$C_6H_5CH_2Br + KF \xrightarrow[\text{甲苯/水}]{\text{18-冠-6}} C_6H_5CH_2F + KBr\ (100\%)$$

这是由于加入少量冠醚后，冠醚与 K^+ 络合而将 F^- 裸露出来（通称“裸负离子”，即没有溶剂包围的负离子，这样的负离子具有较高的活性），但它们仍以离子对的形式存在。随着冠醚从水相转移到有机相，裸负离子也随之被携带到有机相，从而使反应在有机相（均相）中进行，生成产物。冠醚不断地络合 K^+，将 F^- 自水相转移至有机相，使反应完成。

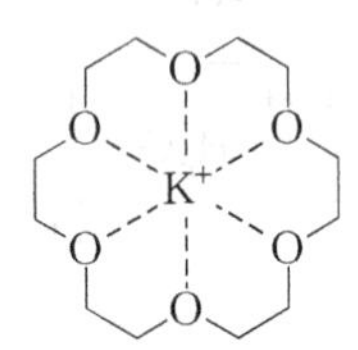

相转移催化反应比传统方法具有反应速率快、条件温和、操作方便、产率高等优点。由于冠醚价格昂贵，且毒性较大，因此使用受到限制。相转移催化剂不限于冠醚，其他还有季铵盐，如溴化四丁基铵、溴化三乙基苄基铵等；非环多醚类，如聚乙二醇-400、聚乙二醇-800 等。目前相转移催化反应在很多反应中已得到应用，有的已用于工业生产中。

7.3 酚类（phenols）

7.3.1 酚的结构（structure of phenols）

酚的通式是 ArOH，属芳香族化合物。它的结构特点是羟基直接与芳环相连，由于芳环上的碳及羟基上的氧均为 sp^2 杂化，羟基中氧原子上的孤对电子与芳环上的 π 键形成大共轭体系，如苯酚。

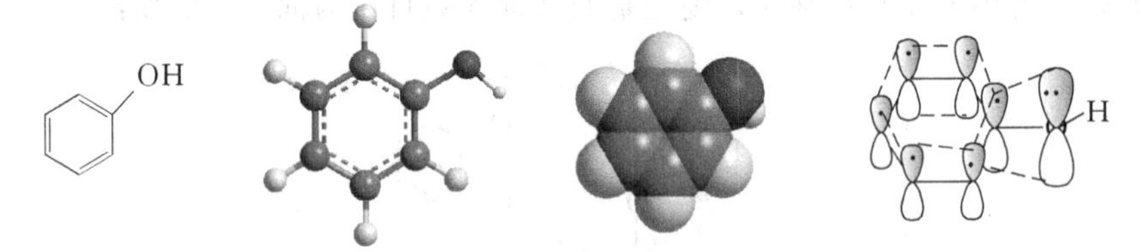

7.3.2 酚的物理性质及波谱（physical properties and spectrum of phenols）

酚中含有羟基，可形成分子间氢键，因此酚类化合物的熔点、沸点比相应的烃和卤代烃高（苯酚熔点 43℃，沸点 182℃）。在酚的 IR 谱中，酚 O—H 键伸缩振动，在 $3520 \sim 3100 cm^{-1}$ 的区域中显示一个强而宽的吸收带；C—O 键伸缩振动，在 $1250 \sim 1200 cm^{-1}$ 区域显示一个吸收带。

酚的 ^1H NMR 谱中，酚羟基上质子的化学位移在 4～7。当形成较强分子内氢键或环上有强吸电子基团（如—NO_2）时，化学位移移向低场，一般在 8～12 左右。

7.3.3 酚的化学性质（chemical properties of phenols）

（1）酸性

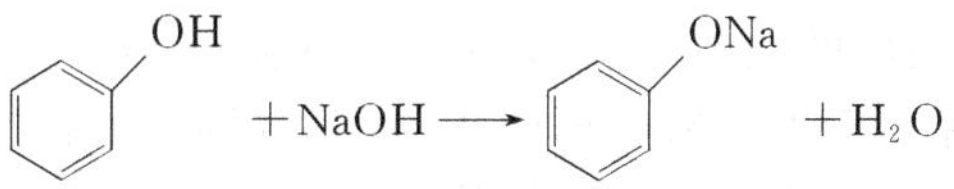

$$PhOH + NaOH \longrightarrow PhONa + H_2O$$

但苯酚不能与 $NaHCO_3$ 反应，说明酚类化合物只具有弱酸性（不能使湿润的石蕊试纸变色），可根据各物质的 pK_a 值比较酸性大小。以苯酚为例，与下列物质的酸性大小关系为：

$$CH_3COOH > H_2CO_3 > PhOH > H_2O > ROH$$

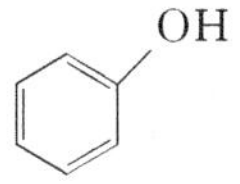

pK_a：　4.74　　6.38（pK_{a1}）　　9.9　　14　　16

所以有下列反应：

$$PhONa + CO_2 \xrightarrow{H_2O} PhOH + NaHCO_3$$

$$PhON + K_2CO_3 \xrightarrow{H_2O} PhOK + KHCO_3$$

另外，由于取代基的电子效应，芳环上的取代基会影响酚的酸性。当吸电子基团位于酚羟基邻、对位时，酚的酸性明显增强；反之，给电子基团使酸性减弱。酚酸性强弱排列如下：

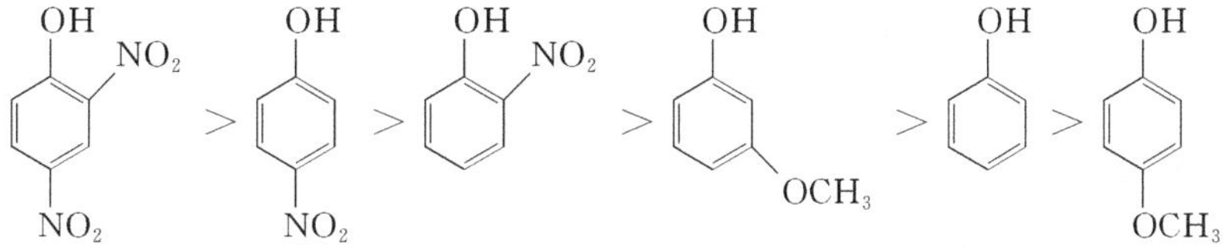

2,4-二硝基苯酚 > 对硝基苯酚 > 邻硝基苯酚 > 间甲氧基苯酚 > 苯酚 > 对甲氧基苯酚

（结构式：OH, NO_2, NO_2 > OH, NO_2 > OH, NO_2 > OH, OCH_3 > OH > OH, OCH_3）

—OCH_3 为第一类定位基，其诱导效应为吸电子，使酸性增强。而其共轭效应为给电子，使酸性降低。实验表明，共轭效应大于诱导效应，所以—OCH_3 在邻、对位时，酸性下降。而在间位时共轭效应不影响 OH，所以酸性比苯酚强。

（2）与 $FeCl_3$ 的显色反应

酚因羟基与芳环直接相连，相当于烯醇式结构，与 $FeCl_3$ 溶液发生显色反应，不同的酚显示不同的颜色，如：

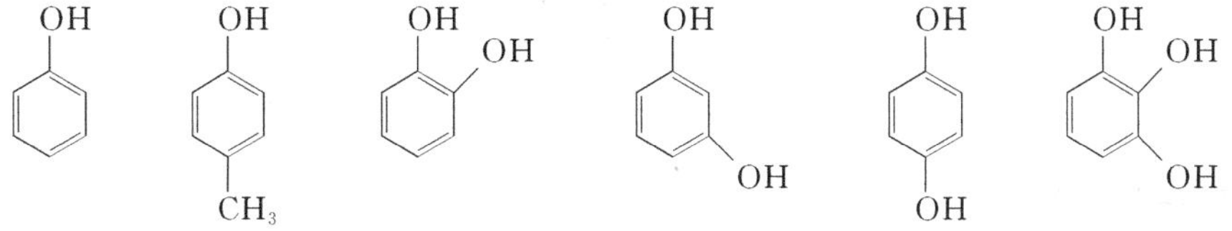

苯酚	对甲苯酚（OH, CH_3）	邻苯二酚（OH, OH）	间苯二酚（OH, OH）	对苯二酚（OH, OH）	连苯三酚（OH, OH, OH）
蓝紫色	紫色	深绿色	蓝紫色	暗绿色	淡棕色

这种特殊的颜色反应，可作为酚的定性分析依据。酚与 $FeCl_3$ 的显色反应，一般认为是形成下列络合物：

$$6ArOH + FeCl_3 \rightleftharpoons [Fe(OAr)_6]^{3-} + 6H^+ + 3Cl^-$$

（3）Fries 重排

酚与酰氯或酐先生成酯，在 $AlCl_3$ 催化下重排为羟基酮。

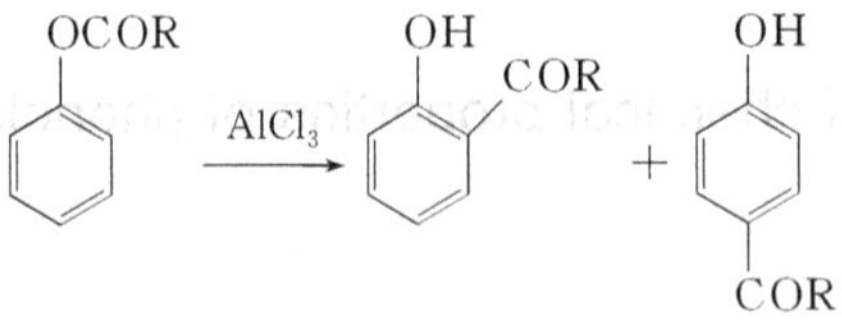

产物中邻、对位异构体的比例与温度有关，低温（小于 60℃）有利于生成对位异构体，高温（160℃）有利于生成邻位异构体，这种反应叫做 Fries（弗里斯）重排。

Fries 重排反应的总收率较高，生成的邻、对位异构体可以通过蒸汽蒸馏或分步结晶的方法加以分离。

抗胃溃疡药物螺佐呋酮（Spizofurone）的制备使用了 Fries 重排反应。

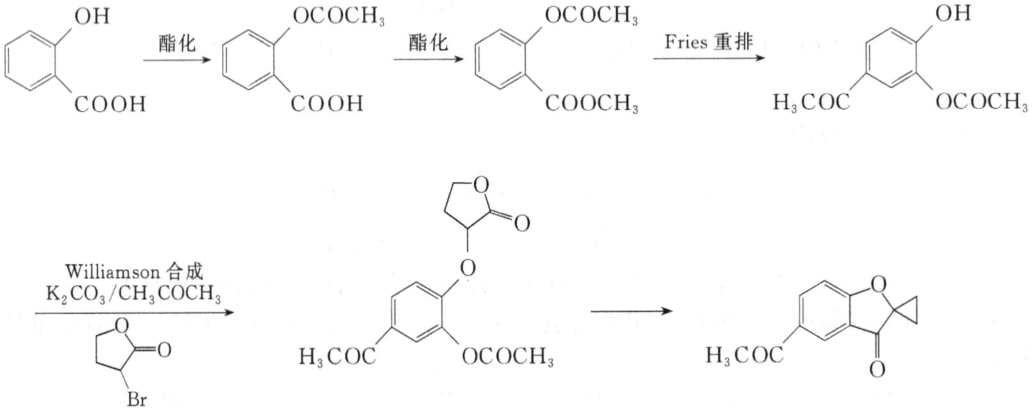

螺佐呋酮

(4) 布歇尔反应

β-萘酚与 $NaHSO_3$ 及氨水在一定条件下，可生成 β-萘胺。

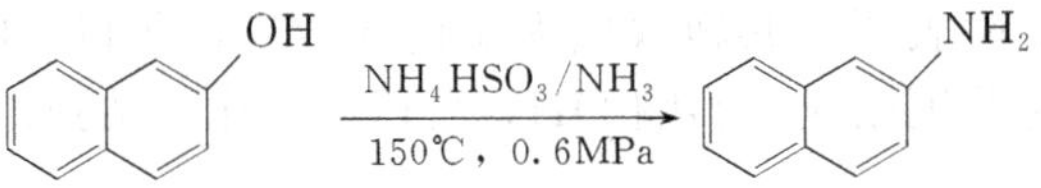

此反应称为布歇尔反应，即羟基的氨解。利用该反应可合成更多用途广泛的化合物。当芳环上存在吸电子基团时，氨解反应可顺利进行。

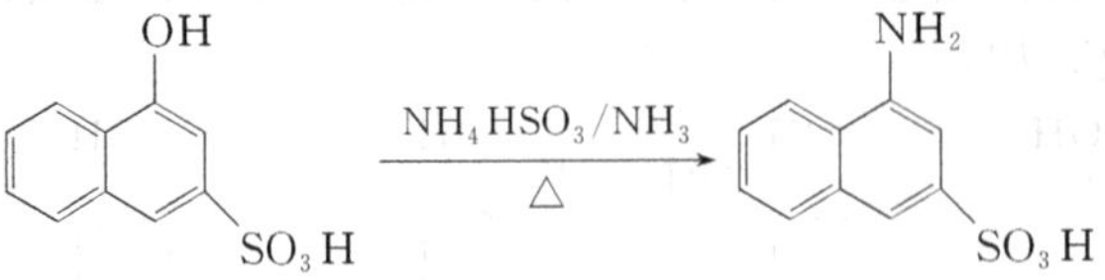

(5) 芳环上的反应

酚羟基是强的第一类定位基，故苯环上特别是羟基的邻、对位极易发生亲电取代反应。

① 卤化反应　酚极易卤化，不用借助催化剂，苯酚与过量溴水作用时，立即生成 2,4,6-三溴苯酚白色沉淀，且可定量进行。此反应可用于苯酚的定性和定量分析。

但酚与溴在不同的条件下，有不同的产物。

$$\text{C}_6\text{H}_5\text{OH} + \text{Br}_2 \begin{cases} \xrightarrow{CS_2\ 或\ CCl_4} p\text{-BrC}_6\text{H}_4\text{OH} + o\text{-BrC}_6\text{H}_4\text{OH} \\ \xrightarrow{H_2O} 2,4,6\text{-Br}_3\text{C}_6\text{H}_2\text{OH}\downarrow（白） \end{cases}$$

② 磺化反应　由于磺化反应的可逆性，酚的一磺化反应主要由平衡控制，温度越高，稳定的对位异构体越多。

$$\text{C}_6\text{H}_5\text{OH} \xrightarrow{98\%H_2SO_4} o\text{-HOC}_6\text{H}_4\text{SO}_3\text{H} + p\text{-HOC}_6\text{H}_4\text{SO}_3\text{H} \xrightarrow[\triangle]{98\%H_2SO_4} 2,4\text{-(HO}_3\text{S)}_2\text{C}_6\text{H}_3\text{OH}$$

	邻位	对位
20℃	49%	51%
100℃	10%	90%

苯酚与浓硫酸加热时，主产物是二磺化物。利用这一反应可以得到较高纯度的邻溴苯酚。

$$\text{C}_6\text{H}_5\text{OH} \xrightarrow[\triangle]{浓\ H_2SO_4} 2,4\text{-(HO}_3\text{S)}_2\text{C}_6\text{H}_3\text{OH} \xrightarrow[NaOH]{Br_2} 2\text{-Br-4,6-(NaO}_3\text{S)}_2\text{C}_6\text{H}_2\text{OH} \xrightarrow[\triangle]{H_3\overset{+}{O}} o\text{-BrC}_6\text{H}_4\text{OH}$$

苯酚的磺化与温度有关，低温生成一磺化物，高温以多磺化物为主。

③ 硝化反应　苯酚与稀硝酸反应，生成邻、对位产物，邻硝基苯酚和对硝基苯酚可用水蒸气蒸馏方法分开。

$$\text{C}_6\text{H}_5\text{OH} \xrightarrow[25℃]{20\%HNO_3} o\text{-O}_2\text{NC}_6\text{H}_4\text{OH} + p\text{-O}_2\text{NC}_6\text{H}_4\text{OH}$$

采用硝酸对酚类进行硝化，不可避免地会有副反应发生，故一般用间接方法进行。苦味酸的制备是一个具体的例子。

$$\text{C}_6\text{H}_5\text{OH} \xrightarrow[100℃]{H_2SO_4} 2,4\text{-(HO}_3\text{S)}_2\text{C}_6\text{H}_3\text{OH} \xrightarrow{HNO_3} 2,4,6\text{-(O}_2\text{N)}_3\text{C}_6\text{H}_2\text{OH}$$

在硝化反应中，要注意反应温度和硝化剂的用量，以防发生爆炸。

较弱的亲电试剂 HNO_2，也可以在环上发生亚硝化反应。

$$\text{C}_6\text{H}_5\text{OH} \xrightarrow[H_2SO_4,\ H_2O]{NaNO_2} \text{ON-C}_6\text{H}_4\text{-OH} \rightleftharpoons \text{HON=C}_6\text{H}_4\text{=O}$$

④ 傅-克反应　苯环上发生傅-克烷基化反应，一般以 H_2SO_4 为催化剂，以醇或烯烃为烷基化试剂，如抗氧剂 264 的制备。

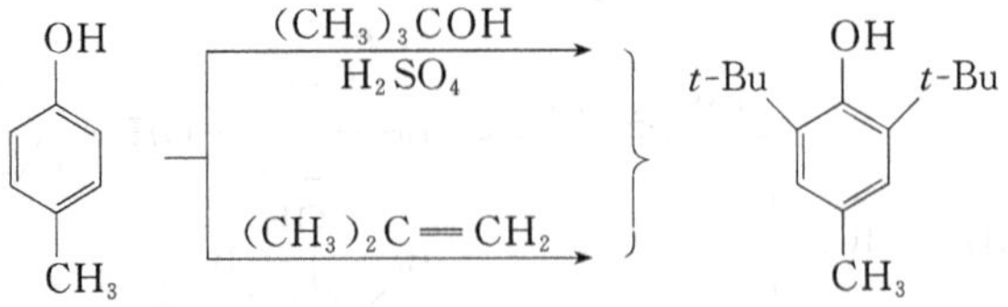

$$\text{对甲苯酚}\xrightarrow[H_2SO_4]{(CH_3)_3COH}\text{ 或 }\xrightarrow{(CH_3)_2C=CH_2}\text{ 2,6-二}t\text{-Bu-4-甲基苯酚}$$

一种新的全身麻醉药丙泊酚（Propofol）的制备就使用了酚的傅-克烷基化反应。

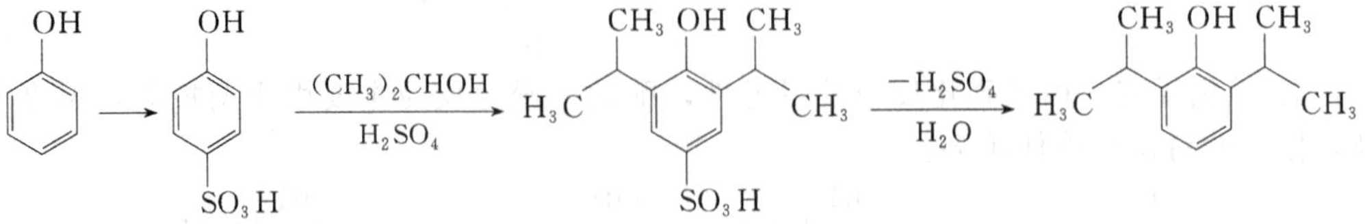

$$\text{苯酚}\longrightarrow \text{对羟基苯磺酸}(SO_3H)\xrightarrow[H_2SO_4]{(CH_3)_2CHOH}\text{2,6-二异丙基-4-磺酸基苯酚}\xrightarrow[H_2O]{-H_2SO_4}\text{丙泊酚}$$

磺化占位　　烷基化　　丙泊酚

苯酚与酰氯发生反应，可得到酚酮。

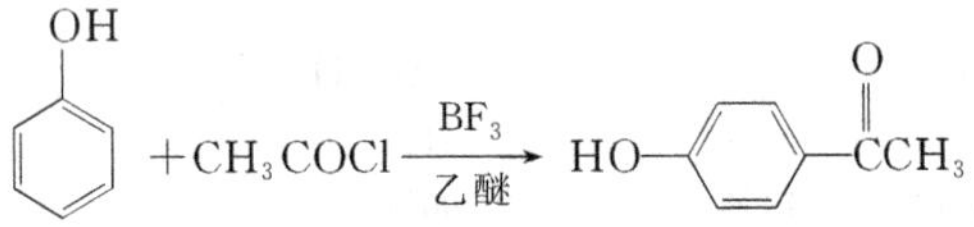

$$C_6H_5OH + CH_3COCl \xrightarrow[\text{乙醚}]{BF_3} HO\text{—}C_6H_4\text{—}\overset{O}{\overset{\|}{C}}CH_3$$

间苯二酚的酰化反应活性更高，酰化剂可直接用羧酸。

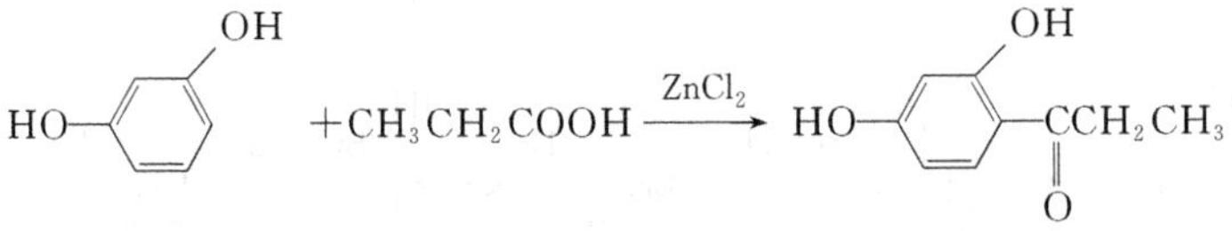

$$HO\text{—}C_6H_4\text{—}OH + CH_3CH_2COOH \xrightarrow{ZnCl_2} HO\text{—}C_6H_3(OH)\text{—}\underset{O}{\underset{\|}{C}}CH_2CH_3$$

（6）与甲醛的缩合反应

苯酚与甲醛作用，首先在苯酚的邻、对位上引入羟甲基。

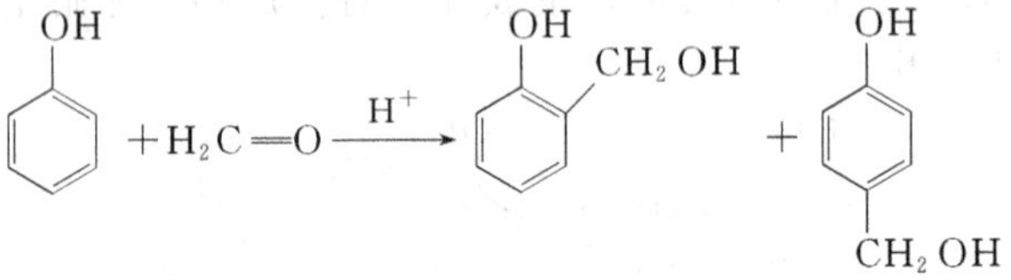

$$C_6H_5OH + H_2C{=}O \xrightarrow{H^+} o\text{-}HOC_6H_4CH_2OH + p\text{-}HOC_6H_4CH_2OH$$

酚醛树脂具有良好的绝缘性能，常用来制作绝缘材料。若使用甲醛的量与苯酚相当，产物是热塑性酚醛树脂（线型大分子）；若甲醛过量，则生成热固性酚醛树脂（体型大分子）。

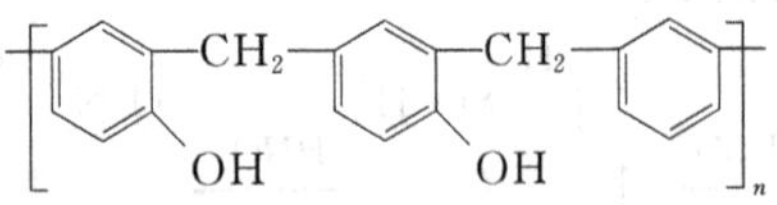

$$\left[\text{—}C_6H_3(OH)\text{—}CH_2\text{—}C_6H_3(OH)\text{—}CH_2\text{—}C_6H_4\text{—}\right]_n$$

热塑性酚醛树脂（线型大分子）

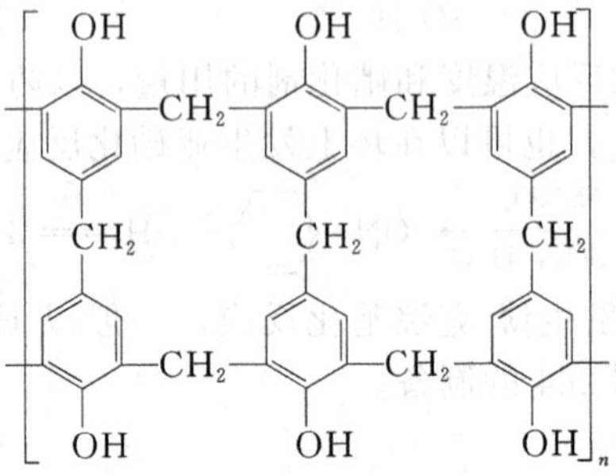

$$\left[\text{酚环之间以}\text{—}CH_2\text{—}\text{在邻、对位交联的网状结构}\right]_n$$

热固性酚醛树脂（体型大分子）

（7）氨甲基化反应

在酸性介质中甲醛、仲胺和酚可以发生环上的氨甲基化反应。

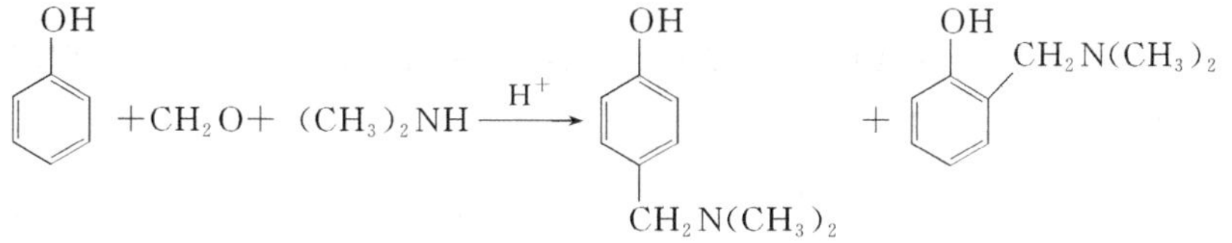

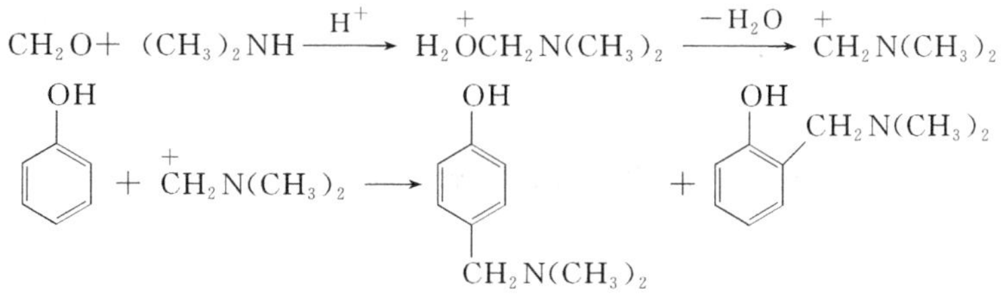

$$C_6H_5OH + CH_2O + (CH_3)_2NH \xrightarrow{H^+} p\text{-}HOC_6H_4CH_2N(CH_3)_2 + o\text{-}HOC_6H_4CH_2N(CH_3)_2$$

$$CH_2O + (CH_3)_2NH \xrightarrow{H^+} H_2\overset{+}{O}CH_2N(CH_3)_2 \xrightarrow{-H_2O} \overset{+}{C}H_2N(CH_3)_2$$

$$C_6H_5OH + \overset{+}{C}H_2N(CH_3)_2 \longrightarrow p\text{-}HOC_6H_4CH_2N(CH_3)_2 + o\text{-}HOC_6H_4CH_2N(CH_3)_2$$

在治疗心绞痛药物戈洛帕米（Gallopamil）的合成中，就用到了该反应。

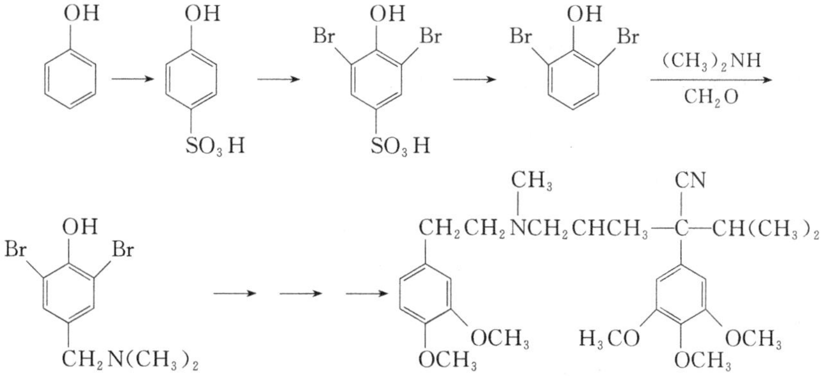

OH, SO₃H, Br, $(CH_3)_2NH$, CH_2O, $CH_2N(CH_3)_2$, CH_3, CN, $CH_2CH_2NCH_2CHCH_3—C—CH(CH_3)_2$, OCH_3, H_3CO

戈洛帕米

（8）Claisen重排与Cope重排反应

酚氧负离子可与卤代烃（RX）发生取代反应生成醚，如：

$$C_6H_5ONa + RX \longrightarrow C_6H_5OR + NaX$$

当生成物为酚的烯丙基醚时，会发生Claisen（克莱森）重排，最后生成取代酚。

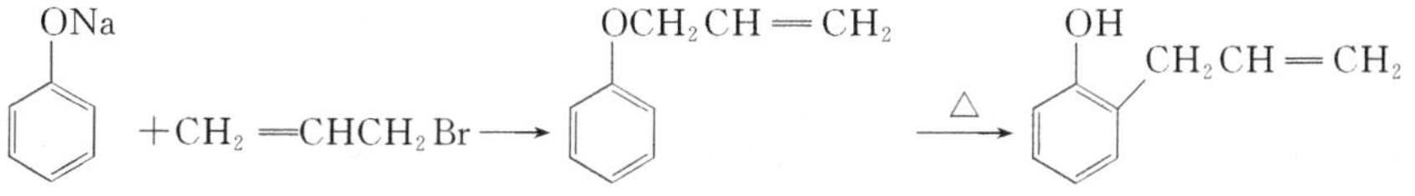

$$C_6H_5ONa + CH_2{=}CHCH_2Br \longrightarrow C_6H_5OCH_2CH{=}CH_2 \xrightarrow{\triangle} o\text{-}HOC_6H_4CH_2CH{=}CH_2$$

其反应机理符合如下规则：3,3′断裂；1,1′相连；双键移位。标号需从双键位开始标起，为1,2,3或1′,2′,3′。

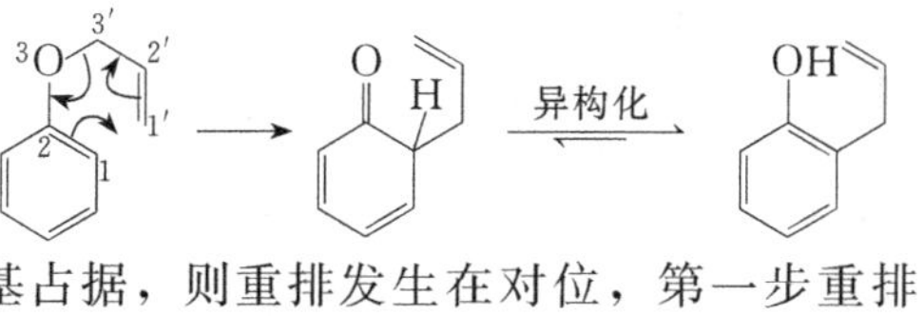

3, 3′, 2′, 1′, 2, 1, O, H, 异构化, OH

如果邻位已被取代基占据，则重排发生在对位，第一步重排叫Claisen重排（有杂原子参加的重排），第二步重排叫Cope（柯普）重排（只有纯碳链的重排）。

3O 3′ 2′ R 2 1′ 1 R → R O R = R O R 3 3′ 2 2′ 1 1′ $\xrightarrow{\text{Cope 重排}}$ R O R H $\xrightleftharpoons{\text{异构化}}$ OH R R

类似结构的酚的烯丙基醚均发生该重排，它是分子内重排，所以将下列两反应物混合加热，不会生成交叉产物。

$OCH_2CH{=}CH_2$, H_3C, CH_3 + $OCH_2CH{=}CHC_6H_5$ → OH, H_3C, CH_3, $CH_2CH{=}CH_2$ + OH, $CHCH{=}CH_2$, C_6H_5

在 BCl_3 催化下，当邻、对位有取代基时烯丙基可重排到间位。

O, H_3C, CH_3, CH_3 $\xrightarrow{BCl_3}$ OH, H_3C, CH_3, CH_3

将 O 换成 N 或 S 也可以发生 Claisen 重排。如：

$NHCH_2CH{=}CH_2$ $\xrightarrow[3h]{260℃}$ NH_2

S → SH → S

Cope 重排与 Claisen 重排均属周环反应。链状或环状的 1，5-二烯能发生 Cope 重排，例如：

D D → D D

利用 3,3′断裂；1,1′相连；双键移位的方法可以顺利完成下面的反应。

$OCH_2CH{=}CH_2$, H_3C, CH_3 $\xrightarrow{\text{Claisen 重排}}$ $H_2C{=}HCH_2C$, O, H_3C, CH_3 $\xrightarrow{\text{Cope 重排}}$ H_3C, O, $H_2C{=}HCH_2C$, CH_3 $\xrightarrow{\text{Cope 重排}}$

H_3C, O, $CH_2CH{=}CH_2$, CH_3 $\xrightarrow{\text{Cope 重排}}$ H_3C, O, $CH_2CH{=}CH_2$, H, CH_3 $\xrightarrow{\text{酮式变烯醇式}}$ H_3C, OH, $CH_2CH{=}CH_2$, CH_3

或 H_3C, $OCH_2CH{=}CH_2$, CH_3 ⟷ H_3C, $OCH_2CH{=}CH_2$, CH_3 $\xrightarrow{\text{Claisen 重排}}$ H_3C, O, $CH_2CH{=}CH_2$, CH_3

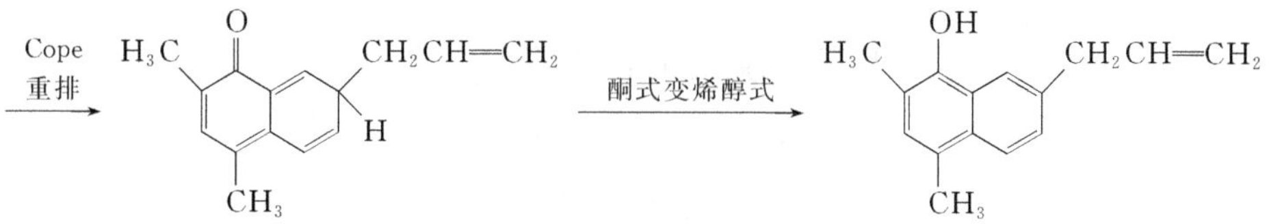

$\xrightarrow[\text{重排}]{\text{Cope}}$ H_3C O $CH_2CH=CH_2$ H CH_3 $\xrightarrow{\text{酮式变烯醇式}}$ H_3C OH $CH_2CH=CH_2$ CH_3

一个非常有趣的例子，二环［3.1.0］己烯正离子上的取代甲基在低温时^{1}H NMR信号不同，而在高温时是个单峰。在低温时，1,3-σ迁移速率慢，NMR可以区分不同甲基上的H，而在高温时1,3-σ迁移速率快，^{1}H NMR不能区分不同甲基上的H，是个单峰。

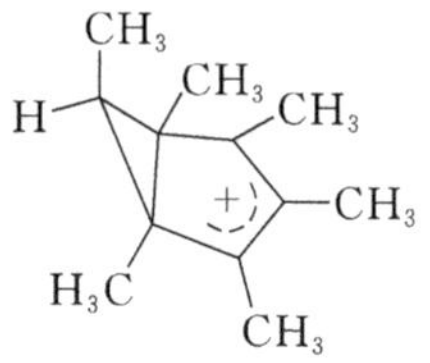

CH_3 H CH_3 CH_3 + CH_3 H_3C CH_3

思 考 思 考

1. 完成下列Cope重排与Claisen重排反应。

(1) 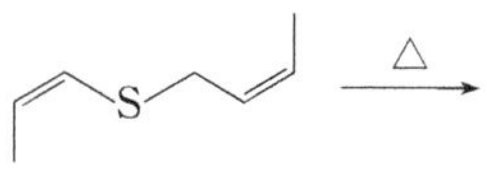 S $\xrightarrow{\triangle}$ (2) 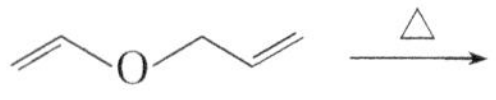 O $\xrightarrow{\triangle}$

(3) 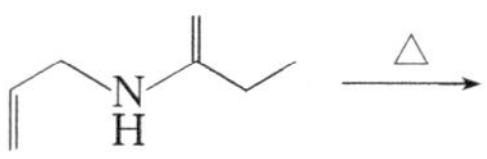 N H $\xrightarrow{\triangle}$ (4) 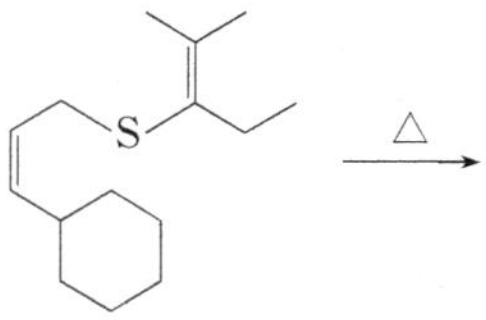 S $\xrightarrow{\triangle}$

(5) 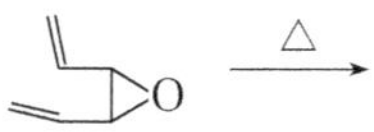 O $\xrightarrow{\triangle}$ (6) 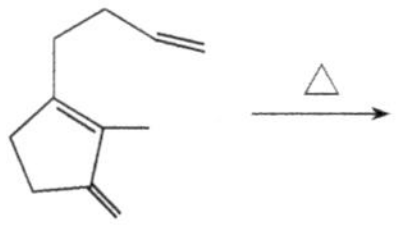 $\xrightarrow{\triangle}$

(7) 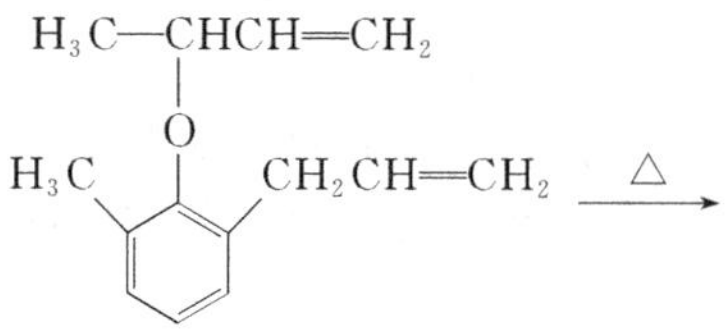 $H_3C—CHCH=CH_2$ O H_3C $CH_2CH=CH_2$ $\xrightarrow{\triangle}$

2. 完成下列迁移反应。

(1) 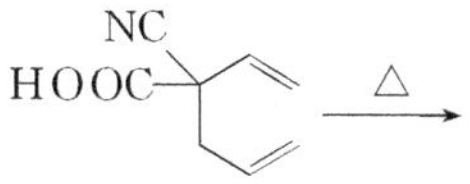 NC HOOC $\xrightarrow{\triangle}$

(2) 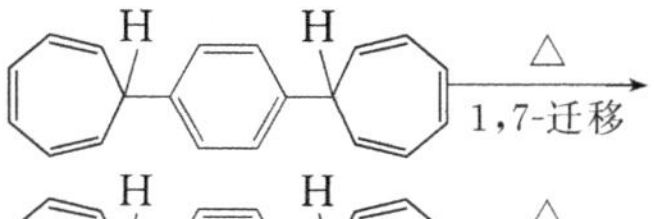 H H $\xrightarrow[\text{1,7-迁移}]{\triangle}$

(3) 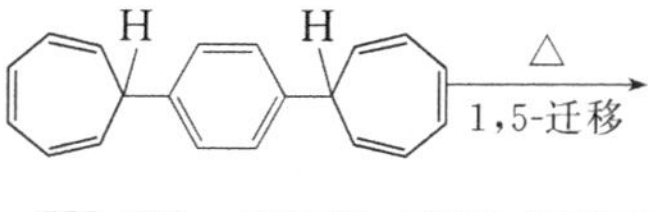 H H $\xrightarrow[\text{1,5-迁移}]{\triangle}$

(4)  $CH_3CH=CHCH_2OCH_2CHCOOCH_2CH=CHCH_3$ （CHC上连 CH_3） $\xrightarrow{\triangle}$

(9) 氧化反应

在氧化剂作用下，酚被氧化成醌，如：

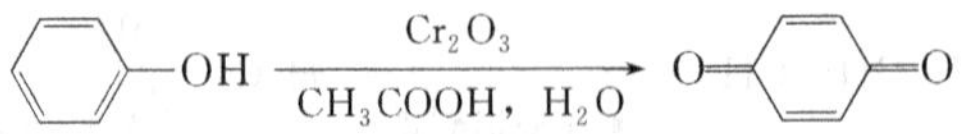

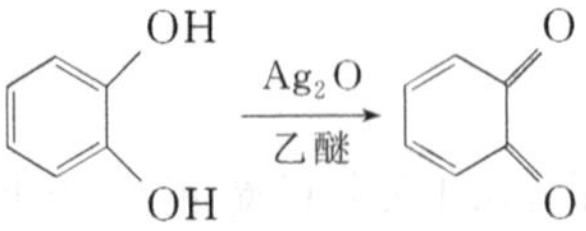

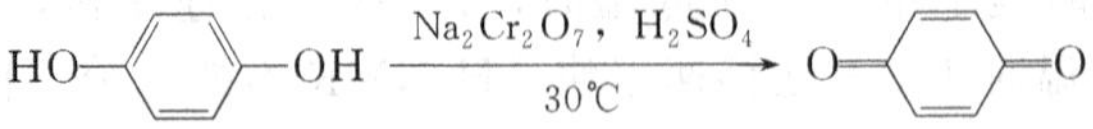

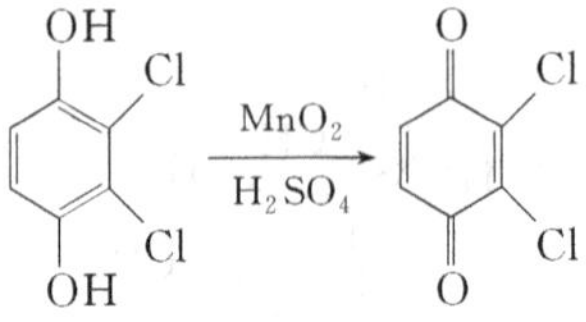

—OH $\xrightarrow[CH_3COOH,\ H_2O]{Cr_2O_3}$ O= =O

OH OH $\xrightarrow[乙醚]{Ag_2O}$ O O

HO— —OH $\xrightarrow[30℃]{Na_2Cr_2O_7,\ H_2SO_4}$ O= =O

OH Cl Cl OH $\xrightarrow[H_2SO_4]{MnO_2}$ O Cl Cl O

7.3.4 多元酚（polyphenols）

芳环上直接连有两个或两个以上的羟基，可通过过氧化氢的氧化作用得到。多元酚的特点是：

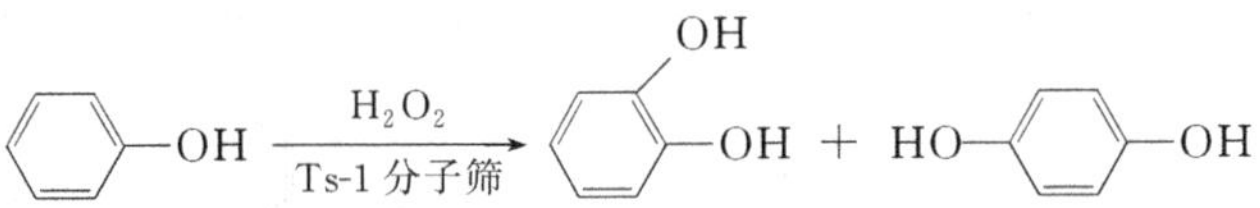

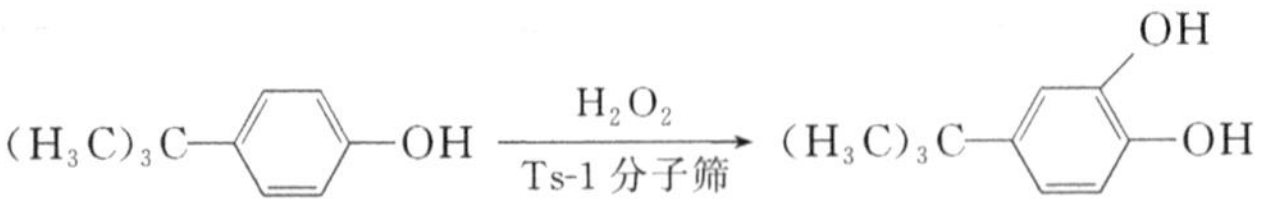

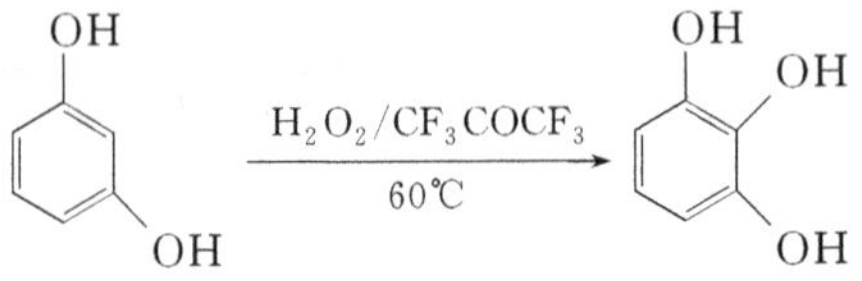

—OH $\xrightarrow[Ts\text{-}1 分子筛]{H_2O_2}$ OH —OH + HO— —OH

$(H_3C)_3C$— —OH $\xrightarrow[Ts\text{-}1 分子筛]{H_2O_2}$ $(H_3C)_3C$— OH —OH

OH OH $\xrightarrow[60℃]{H_2O_2/CF_3COCF_3}$ OH OH OH

多元酚有许多实际用途。例如，邻苯二酚是生产香兰素的原料，对苯二酚及对叔丁基邻苯二酚是工业上广泛应用的抗氧剂、阻聚剂、稳定剂、药物及二苯并呋喃酮分散染料中间体等。

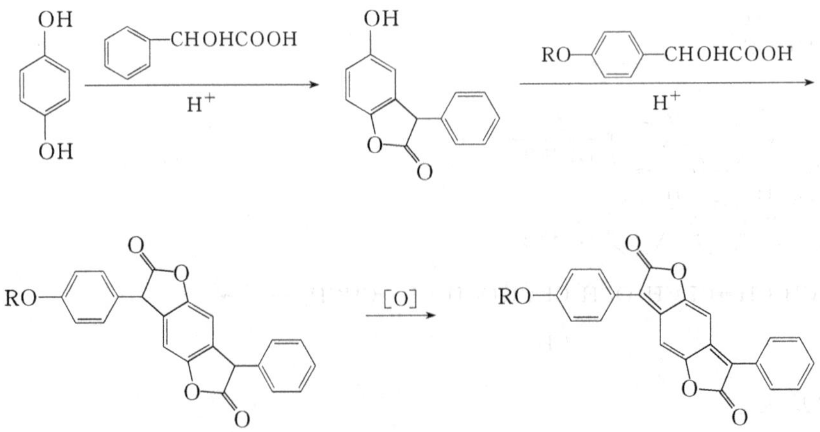

OH OH $\xrightarrow[H^+]{—CHOHCOOH}$ OH O O $\xrightarrow[H^+]{RO— —CHOHCOOH}$

RO— O O O O $\xrightarrow{[O]}$ RO— O O O O

分散红

7.3.5 酚的制备（preparation of phenols）

苯酚和甲酚可以从煤焦油中分离得到，也可采用合成法。基于在芳香环上直接引入羟基较难，故目前采用间接方法制备。

（1）苯磺酸钠碱熔法

将苯磺酸钠与氢氧化钠共熔，所得苯酚钠经酸化即得苯酚。

$$C_6H_6 \xrightarrow{H_2SO_4} C_6H_5-SO_3H \xrightarrow{NaOH} C_6H_5-SO_3Na \xrightarrow[30℃]{NaOH} C_6H_5-ONa \xrightarrow{HCl} C_6H_5-OH$$

这是生产苯酚的成熟方法，产品纯，但原料消耗量大，成本高，污染严重，故已逐步被其他方法代替。

（2）异丙苯氧化法

这是目前生产苯酚的主要方法之一，属清洁工艺。原料来源广泛且经济合理，异丙苯经过空气催化氧化，生成过氧化异丙苯，后者与稀 H_2SO_4 作用，通过重排，分解成苯酚和丙酮，反应如下：

$$C_6H_5-CH(CH_3)_2 + O_2 \xrightarrow[110℃]{过氧化物} C_6H_5-C(CH_3)_2-OOH \xrightarrow[80\sim90℃]{H^+} C_6H_5-OH + CH_3\overset{O}{\overset{\|}{C}}CH_3$$

$$C_6H_5-C(CH_3)_2-OOH \xrightarrow{H^+} C_6H_5-C(CH_3)_2-O-\overset{+}{O}H_2 \longrightarrow C_6H_5-O-\overset{+}{C}(CH_3)-CH_3 \xrightarrow{H_2O}$$

$$C_6H_5-O-C(CH_3)(\overset{+}{O}H_2)-CH_3 \longrightarrow C_6H_5-OH + CH_3\overset{O}{\overset{\|}{C}}CH_3$$

利用此法制备苯酚时，在苯酚蒸馏纯化过程中剩下一种残油，称酚焦油。用硫酸将它磺化，再与甲醛缩合，所得产品称为磺化酚焦油甲醛缩合物。在浮选磷化石等磷矿石时，它对分解石有抑制作用，是一种来源较广、价格便宜的良好抑制剂。

（3）卤代芳烃水解法

与苯环直接相连的卤素很不活泼，故卤代芳烃水解须在高温高压下进行。例如：

$$C_6H_5-Cl \xrightarrow[300℃，高压]{NaOH} C_6H_5-ONa \longrightarrow C_6H_5-OH$$

由于原料消耗量大，对环境污染严重，此法已逐渐被淘汰。不过若羟基的邻、对位存在强的吸电子基如—NO_2，可使 Cl 变得活泼，水解可在常压下进行。

$$p\text{-}ClC_6H_4NO_2 \xrightarrow[H_2O]{NaOH} p\text{-}NaOC_6H_4NO_2 \xrightarrow{CO_2} p\text{-}HOC_6H_4NO_2$$

习题（Problems）

1. Name the following compounds by any accepted nomenclature system.

（1）$CH_3CH_2CH_2CH_2OH$

（2）$CH_3CH(OH)CH_2CH_3$

（3）$CH_3CH(CH_3)CH_2OH$

（4）1-methylcyclopentanol structure (CH_3, OH on cyclopentane ring)

（5）$CH_2{=}CHCH_2CH_2CH(OH)CH_3$

（6）epoxide ring with CH_3 and H

（7）$HOCH_2CH_2CH_2CH_2OH$

（8）seven-membered ring with O

（9）$CH_3CH_2OCH_3$

（10）$CH_3CH_2OCH_2CH_2CH_3$

（11）$CH_3SCH_2CH_3$

2. Give the structure corresponding to each of the following names.

（1）isopropyl ethyl ether （2）*neo*-pentyl alcohol

（3）3-methoxy-2-methylpentane （4）3-methylhexan-2-ol

（5）triphenylethanol （6）tetrahydrofuran

（7）2,4-dimethylphenol （8）*p*-bromophenol

3. Draw structural formulas for all isomers having the composition $C_4H_{10}O$ and label each isomer as an alcohol or an ether. For each alcohol provide the IUPAC name and classify it as primary, secondary or tertiary.

4. Show how the following compounds may be prepared from alkyl halide.

$CH_3OC(CH_3)_3$ $H_2C{=}CHCH_2OCH_3$ H_3C–epoxide

5. Show the major organic products.

（1）$(CH_3)_3C\text{-}Br + CH_3CH_2ONa \longrightarrow$

（2）$CH_3OCH_2CH_2CH_2CH_3 + HI \longrightarrow$

（3）H_3C–epoxide $+ HBr \longrightarrow$

（4）allyl ether–$CH_3 \xrightarrow{\triangle}$

6. Arrange the following compounds in order of acidity.

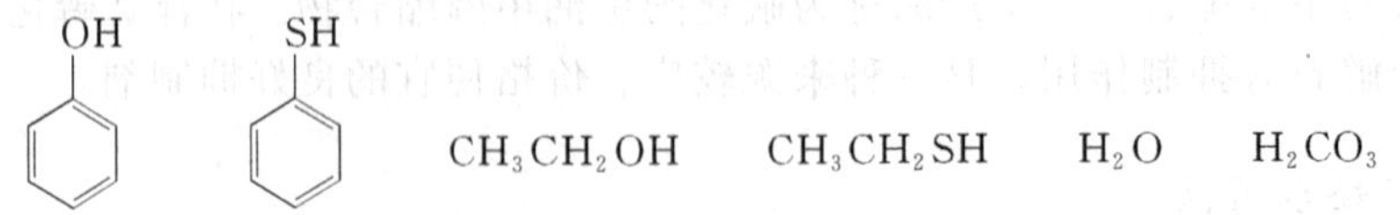

7. Arrange the following compounds in order of acidity.

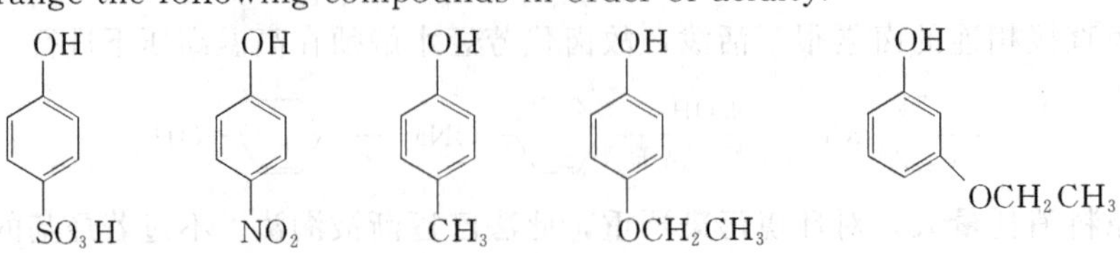

8. Show the major organic products.

（1）$CH_3CH_2OCH_2CH_2CH_3 \xrightarrow{HI}$

（2）环氧乙烷 $+ CH_3CH_2OH \xrightarrow{H^+}$

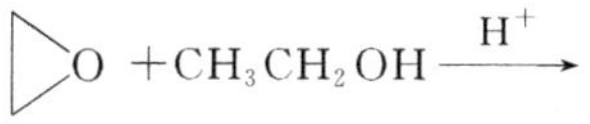

（3）$H_3CH_2C—C(CH_2CH_3)_2—CH_2OH \xrightarrow{H^+}$

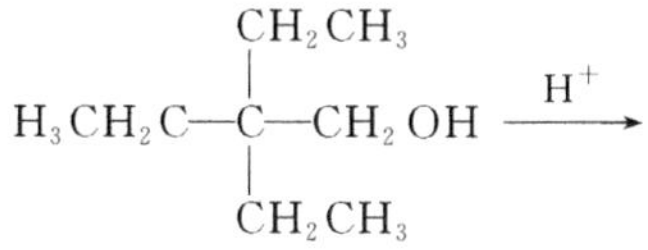

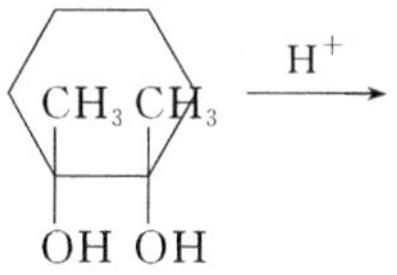

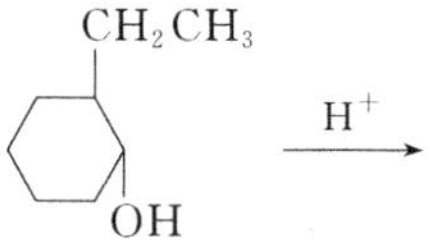

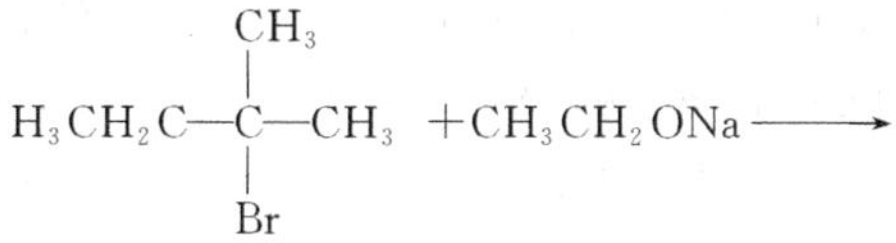

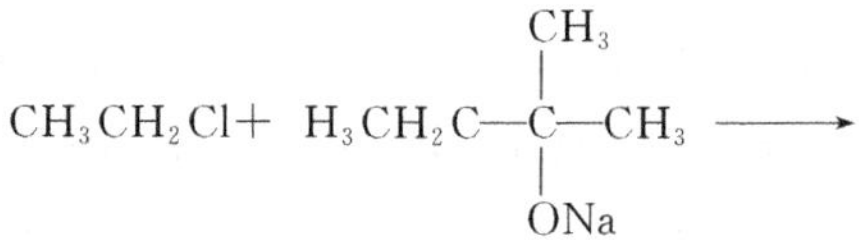

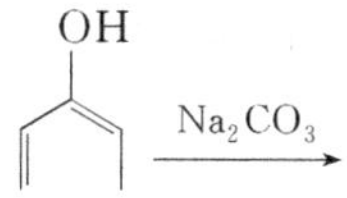

（4）1,2-二甲基环己烷-1,2-二醇（CH_3 CH_3，OH OH）$\xrightarrow{H^+}$

（5）（CH_2CH_3，OH 取代环己烷）$\xrightarrow{H^+}$

（6）$H_3CH_2C—C(CH_3)(Br)—CH_3 + CH_3CH_2ONa \longrightarrow$

（7）$CH_3CH_2Cl + H_3CH_2C—C(CH_3)(ONa)—CH_3 \longrightarrow$

（8）（OH 取代的共轭烯醇结构）$\xrightarrow{Na_2CO_3}$

（9）（苯基烯丙基醚：苯环—O—$CH_2CH=CHCH_2CH_3$）$\xrightarrow{\triangle}$

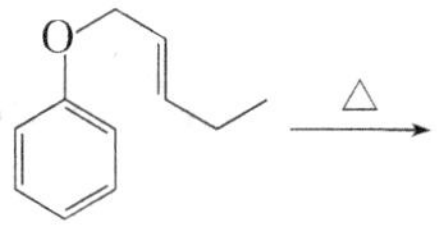

9. Show the products of the reaction of 1-butanethiol with:

$NaHCO_3$　　H_2O_2　　Hg^{2+}

10. Arrange the following compounds in order of basicity.

OH^-　　$CH_3CH_2O^-$　　$CH_3CH_2S^-$　　CO_3^{2-}

11. Describe simple chemical tests that could be used to distinguish:

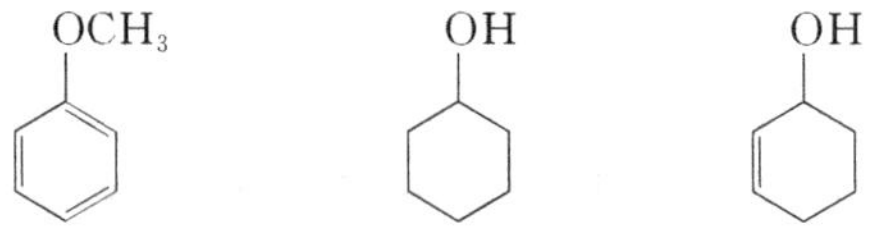

（OCH_3 苯甲醚）　（OH 环己醇）　（OH 环己烯醇）

12. Give the IUPAC name corresponding to each of the following structures.

（1）$H_3C—C(CH_2CH_3)$ 环氧 $—CH_2$（O 桥连 C 与 CH_2）

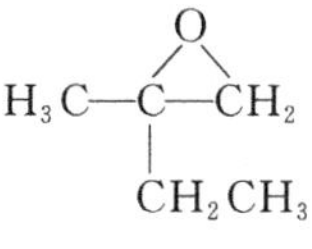

（2）$(CH_3)_2CHCH_2CH_2C(OH)(CH_2CH_3)CH(CH_3)_2$

（3）$CH_3CH_2CH_2C(CH_2CH_2OH)(CH_3)CH_2CH_3$

（4）$CH_3C(OCH_3)(OH)CH_2CH_2CH_3$

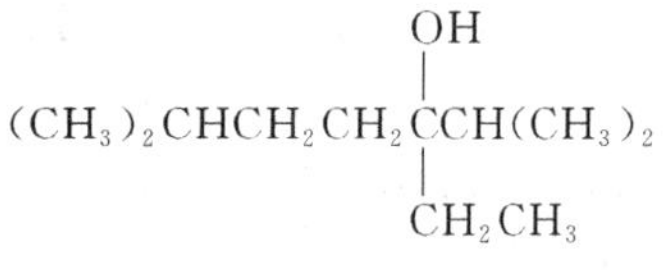

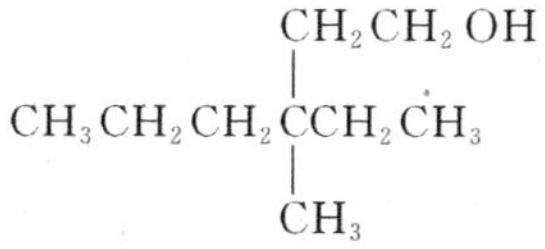

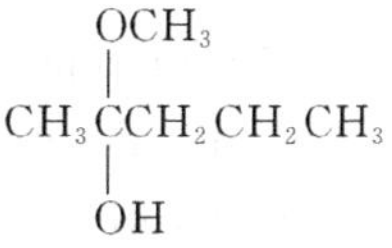

(5) C_6H_5 H / H_3C OH

(6) H_3C CH_3 / CH_3 / H_3C—O / CH_3

(7)
$$
\begin{array}{c}
\qquad\qquad\qquad CH_3 \\
\qquad\qquad\qquad | \\
ClCH_2CHCH_2CHCH_2OH \\
| \qquad\qquad \\
CH_2CH_3 \qquad\qquad
\end{array}
$$

13. What features of their infrared spectrum of following compounds could be used to make the distinctions.

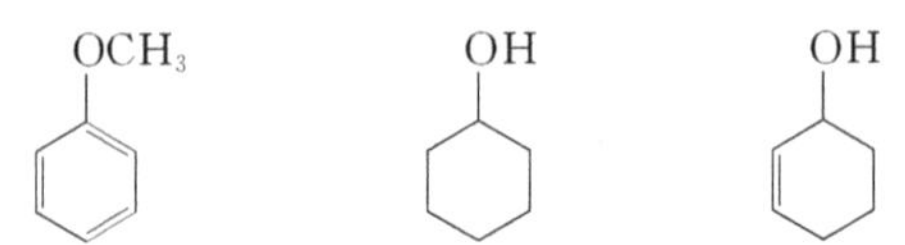

14. An unknown substance has the molecular formula C_3H_6O and does not react with sodium metal or bromine. What structures is possible for this compound?

15. Three isomeric compounds (A, B, C) have the molecular formula $C_4H_{10}O$. From the NMR data (δ) given below, indicate their structures. A: 0.9 (t, 6H), 3.5 (q, 4H); B: 0.9 (d, 6H), 3.5 (s, 3H), 4.0 (m, 1H); C: 0.8 (t, 3H), 1.2 (m, 2H), 3.5 (s, 3H), 3.7 (t, 2H).

16. Compound A has the molecular formula C_5H_{10} and yields product B when treated with hot H_2O by catalyst. The infrared spectrum of B shows absorption at $3600cm^{-1}$, and the ^1H NMR spectrum shows a trplet at 0.82, a singlet at 1.20, a quartet at 1.45, and a broad singlet at 4.50, with relative areas of 3 : 6 : 2 : 1. Dehydration of compound B with concentrated H_2SO_4 gives C, an isomer of compound A. What are likely structures for all three compounds?

17. 查阅文献完成.

(1) 通过 www. webbook. com 查阅 *n*-heptanol (正庚醇), phenyl methyl ether (苯甲醚), thio-ethanol (乙硫醇) 的 IR 数据。

(2) 通过 Chemical Abstract (CA) 查阅下列化合物制备方法。

a. 2-benzyl-2-propanol　　b. 2-bromophenol

c. methyl *t*-butyl ether　　d. 2-methyl-4-penten-2-ol

(3) 在实际工作中，常利用某一已知的合成方法模仿制备另一类似物。请利用制备 1-溴丁烷的制备方法，写出制备 1-溴戊烷的制备过程（原料、物质的量比及分离纯化过程等）。

18. 阅读短文，判断正误。

1,4-Dioxane, boiling point=101℃, miscible with water, flammable. Being an ether, 1, 4-dioxane reacts with molecular oxygen to form peroxides, which can be dangerous if they are not removed. The solvent can be tested for peroxides by the first method described in the section on the purification of diethyl ether. The commercial solvent may also contain the acetal formed from ethylene glycol and acetaldehyde (known as glycol acetal).

A method used widely for removal of water, glycol acetal and peroxides is to combine2 L of dioxane, 27mL of concentrated hydrochloric acid, and 200mL of water. Maintain the mixture at reflux for 12h with nitrogen bubbling through the solution to sweep away acetaldehyde. The solution is cooled and potassium hydroxide pellets are shaken into it slowly until they no longer dissolve and a second layer has separated. The dioxane is decanted，treated with fresh potassium hydroxide pellets to remove adhering aqueous liquid，decanted into a clean flask and kept at reflux with sodium for 10～12h.（The metal should remain bright.）The solvent should then be distilled from the sodium and stored over molecular sieves.

An alternative method to remove peroxides and reduce the aldehyde content is to pass the solvent through a column of activated alumina（80g Al_2O_3 for 100～200mL of solvent). This is also a convenient method of removing peroxides from small amounts of diethyl ether and other anhydrous solvents.（See the discussing on the purification of chloroform.）Because the boiling point of dioxane is over 100℃，distillation from lithium aluminum hydride is not recommended.

（1）该物质不溶于水。该物质不易燃烧。

（2）该物质可通过乙二醇脱水制备。在空气中久置不产生过氧化物。

7.4　硫醇和硫醚（thiol and thioether）

7.4.1　制备（preparation）

硫醇可通过卤代烷与硫氢盐发生亲核取代制成，也可通过烯烃在酸催化下和硫化氢加成来制备。

$$RX+KSH \longrightarrow RSH+KX$$

$$(H_3C)_2C{=}CH_2 + H_2S \xrightarrow{H_2SO_4} H_3C{-}C(CH_3)_2{-}SH$$

对称硫醚可用卤代烷和硫化钠反应来制备，不对称硫醚常用硫醇盐与卤代烷来制备。

$$2RX+Na_2S \longrightarrow RSR+2NaX$$

$$R'X+RSNa \longrightarrow R'SR+NaX$$

7.4.2　物理性质（physical properties）

硫醇、硫醚是具有特殊臭味的化合物，气味很难闻。硫醇很难形成氢键，不能缔合，与相应醇相比，沸点低，在水中溶解度小。低级硫醇有毒，乙硫醇在空气中浓度达到 10^{-11}g/L 时人会有感觉，黄鼠狼散发出来的自我保护剂中含有正丁硫醇。

7.4.3　化学性质（chemical properties）

（1）酸性

硫氢键的解离能比相应的氢氧键的解离能小，因此它们的酸性比相应的醇酸性强。硫醇的硫氢键易解离也表现在硫醇易与重金属盐反应生成在水中不溶的硫醇盐上。

$$2RSH+HgO \longrightarrow (RS)_2Hg+H_2O$$

(2) 硫醇的氧化

硫氢键易断裂，因此硫醇远比醇易被氧化，氧化反应发生在硫原子上，强氧化剂如过氧化氢、硝酸、高锰酸钾等总是把硫醇氧化成磺酸。

$$RSH \xrightarrow{\text{强氧化剂}} RSO_3H$$

弱氧化剂如 Fe_2O_3、MnO_2 等一些金属氧化物，碘、氧气等都能把硫醇氧化成二硫化物，二硫化物在亚硫酸氢钠、锌和乙酸、金属锂和液氨等还原剂的作用下，可重新转变成硫醇。硫酚也可进行上述氧化反应。

(3) 硫醇与烯烃的加成

在强酸作用下，硫醇易和烯烃发生亲电加成，得到按马氏规则加成的产物，反应机理与醇在酸催化下与烯烃加成一样。不过，硫醇的亲核性比醇和水都强，所以它更容易和反应中形成的碳正离子中间体结合。在碱性条件下，硫醇与含吸电子基团的烯烃按亲核的加成机理进行反应。

(4) 与卤代烃的反应

RS^- 的亲核性比 RO^- 强得多，因此硫醇在碱性条件和极性溶剂中很容易与卤代烷发生 S_N2 反应生成硫醚。硫醇还可以和醛、酮发生亲核加成反应，生成缩醛酮。

$$RX + R'SNa \longrightarrow R'SR + NaX$$

$$RCHO + 2R''SH \longrightarrow RCH(SR'')_2 + H_2O$$

(5) 硫醚的氧化反应

在氧化剂的作用下，硫醚可被氧化成亚砜和砜。

$$CH_3SCH_3 \xrightarrow{H_2O_2} CH_3-\overset{\overset{\displaystyle O}{\|}}{S}-CH_3 \xrightarrow{H_2O_2} CH_3-\underset{\underset{\displaystyle O}{\|}}{\overset{\overset{\displaystyle O}{\|}}{S}}-CH_3$$

二甲基亚砜

DMSO

7.5 芳磺酸（aromatic sulfonic acid）

7.5.1 芳磺酸的命名（nomenclature of aromatic sulfonic acid）

硫酸（$HOSO_2OH$）分子中去掉一个—OH 以后的基团（$—SO_3H$）称为磺酸基，简称磺基。磺酸基与烃基相连的化合物，统称磺酸。它也可以看成是烃分子中的氢原子被磺酸基取代的化合物。其中，最重要的是苯磺酸。

芳磺酸的命名是以磺酸（sulfonic acid）为母体，命名时把“磺酸”二字放在芳烃

名称之后。英文名称的构成是烃加磺酸。例如：

4-甲基苯磺酸
4-methyl benzene sulfonic acid

2-萘磺酸
naphthalene-2-sulfonic acid

4-氨基-5-羟基-2,7-萘二磺酸
4-amino-5-hydroxy naphthalene-2,7-disulfonic acid

7.5.2 芳磺酸的制备（preparation of aromatic sulfonic acid）

（1）直接磺化法

$$\text{萘} \xrightarrow[\text{加热}]{SO_3} \text{2-萘磺酸}$$

$$C_{12}H_{25}-C_6H_5 \xrightarrow[\text{加热}]{SO_3} C_{12}H_{25}-C_6H_4-SO_3H$$

用 SO_3 磺化与用硫酸或发烟硫酸磺化相比，可以大大减少废酸的生成，降低污水排放量，更有利于环境保护。

（2）间接磺化法

利用活泼卤原子等与亚硫酸盐反应，可得到芳磺酸。

$$\text{2,4-}(NO_2)_2C_6H_3Cl \xrightarrow{NaHSO_3/H_2O} \text{2,4-}(NO_2)_2C_6H_3SO_3H$$

$$p\text{-}(NO_2)_2C_6H_4 \xrightarrow{NaHSO_3/H_2O} p\text{-}NO_2C_6H_4SO_3Na \xrightarrow{HCl} p\text{-}NO_2C_6H_4SO_3H$$

（3）二氧化硫、盐酸法

$$C_6H_6 \xrightarrow[AlCl_3]{HCl/SO_2} C_6H_5SO_2H \xrightarrow{[O]} C_6H_5SO_3H$$

7.5.3 芳磺酸的物理性质（physical properties of aromatic sulfonic acid）

芳磺酸通常为无色晶体，不易挥发，易溶于水，而不溶或微溶于非极性的有机溶剂。同一芳磺酸因其所含结晶水分子数不同，其熔点也不相同。芳磺酸有很强的吸水性，常含有结晶水，故较难得到无水的纯品。例如用浓硫酸进行干燥得到的苯磺酸（$PhSO_3H \cdot H_2O$），熔点为 43～44℃。芳磺酸的钠盐、钾盐溶于水，而且芳磺酸的钙、钡和铅盐也溶于水（或温水）。因此在有机化合物分子中引入磺酸基，可显著地改善有机物的水溶性，这在染料及表面活性剂等工业中有一定的实用意义。IR 在～1590cm^{-1}和 1360cm^{-1} 有强吸收。

7.5.4 芳磺酸的化学性质（chemical properties of aromatic sulfonic acid）

（1）酸性

芳磺酸有较强的酸性，有机催化反应中，可用之代替硫酸，以减少氧化性。

（2）磺酸基中羟基的反应

磺酸盐与三卤化磷或三卤氧磷反应，生成苯磺酰卤，芳磺酰氯也常由芳烃与过量的氯磺酸反应制得。

$$C_6H_5SO_3Na \xrightarrow{POCl_3} C_6H_5SO_2Cl \qquad C_6H_5SO_3Na \xrightarrow{PBr_3} C_6H_5SO_2Br$$

$$C_6H_5SO_3H \xrightarrow{ClSO_3H} C_6H_5SO_2Cl \qquad C_6H_5SO_3Na \xrightarrow{SOCl_2} C_6H_5SO_2Cl$$

（3）磺酸基的反应

① 水解反应　在酸催化下，磺酸基或其钠盐与水共热，可脱去磺酸基，转变成相应的芳香族化合物。反应的实质是 H^+ 作为亲电试剂，进攻连接磺酸基的芳环碳原子，而发生亲电取代。故水解反应是磺化反应的逆反应。水解反应的条件随化合物不同而异。一般用稀盐酸或稀硫酸在加压下于 150～200℃进行反应。例如：

$$C_6H_5SO_3H \xrightarrow{稀硫酸} C_6H_6 + H_2SO_4$$

磺酸基的水解反应在有机合成中具有一定的实用性。可利用磺酸基暂时占据芳环上的某一位置，待反应完成后，再经水解除去磺酸基。这种占位合成法，对于制备难以分离提纯的某些异构体是很有用的。例如氯代甲苯的三种异构体是很难分离提纯的，但通过下列反应却可得到较纯的邻氯甲苯。

$$C_6H_5CH_3 \xrightarrow{H_2SO_4} p\text{-}CH_3C_6H_4SO_3H \xrightarrow{Cl_2/Fe} 2\text{-}Cl\text{-}4\text{-}HO_3S\text{-}C_6H_3CH_3 \xrightarrow{HCl} o\text{-}ClC_6H_4CH_3$$

② 碱熔与其他亲核取代反应　芳磺酸盐（钠盐、钾盐等）与氢氧化钠或氢氧化钾熔融，则发生亲核取代反应，生成相应的酚盐。这是工业上制备酚类化合物的方法之一（见 7.3 节）。但反应物分子中不宜含有硝基和卤原子，因为硝基化合物易与碱反应，卤原子可被羟基取代。其他的亲核试剂如 CN^-，NH_3，RNH_2 也可与芳磺酸盐发生亲核取代反应。例如：

$$1\text{-}C_{10}H_7SO_3Na \xrightarrow[300℃]{NaCN} 1\text{-}C_{10}H_7CN$$

$$\text{2-蒽醌磺酸钠}\ (\text{SO}_3\text{Na}) \xrightarrow[\text{加压}]{NH_3} \text{2-氨基蒽醌}\ (\text{NH}_2)$$

(4) 芳环上的亲电取代反应

芳磺酸的芳环上也能进行亲电取代反应。但由于磺酸基是强的钝化基团，芳环上的亲电取代反应活性显著降低。因此，与强的亲电试剂反应，如卤化、硝化、磺化等所用试剂，也需在较强烈的条件下进行，而不易发生酰基化反应、烷基化反应。

7.5.5 芳磺酰氯和芳磺酰胺（aromatic sulfonyl chloride and aromatic sulfamine）

(1) 芳磺酰氯

芳磺酰氯中的氯原子不如酰氯中的氯原子活泼，与水只发生微弱的水解，但在碱存在下，仍可与 H_2O、ROH、NH_3 等顺利地进行水解、醇解和氨解反应，生成相应的芳磺酸、芳磺酸酯和芳磺酰胺。例如：

$$H_3C-C_6H_4-SO_2Cl \xrightarrow[(2)H^+]{(1)NaOH} H_3C-C_6H_4-SO_3H$$

$$H_3C-C_6H_4-SO_2Cl \xrightarrow[\text{吡啶}]{ROH} H_3C-C_6H_4-SO_3R$$

$$H_3C-C_6H_4-SO_2Cl \xrightarrow{NH_3} H_3C-C_6H_4-SO_2NH_2$$

$$H_3C-C_6H_4-SO_2Cl \xrightarrow{RNH_2} H_3C-C_6H_4-SO_2NHR$$

芳磺酰氯亦可被还原。还原产物随反应条件不同而异。例如，用 $NaHSO_3$ 还原，产物为芳亚磺酸，继续用 Zn/H_2SO_4 还原，产物为芳硫酚。这些是染料、医药、功能材料的重要原料。

$$H_2N-C_6H_4-SO_2Cl \xrightarrow{NaHSO_3} H_2N-C_6H_4-SO_2H \xrightarrow{Zn/H_2SO_4} H_2N-C_6H_4-SH$$

下面的化合物是活性染料的重要中间体。

$$H_2N-C_6H_4-SO_2H \xrightarrow{\text{环氧乙烷}} H_2N-C_6H_4-SO_2CH_2CH_2OH$$

$$H_2N-C_6H_4-SO_2CH_2CH_2OH \xrightarrow{H_2SO_4} H_2N-C_6H_4-SO_2CH_2CH_2OSO_3H$$

苯磺酰氯在某些有机化合物的合成，胺的鉴别、分离以及反应机理的研究中具有一定的重要性。例如醇羟基在中性或碱性条件下不易离去，难以被亲核试剂取代，而在酸性条件下，则往往伴随有重排和消除产物。然而，若把醇转变成相应的磺酸酯，则构成一个活泼的离去基团，当其再与亲核试剂作用时，反应可顺利地进行，且分子中含有的碳-碳双键也不受影响。例如：

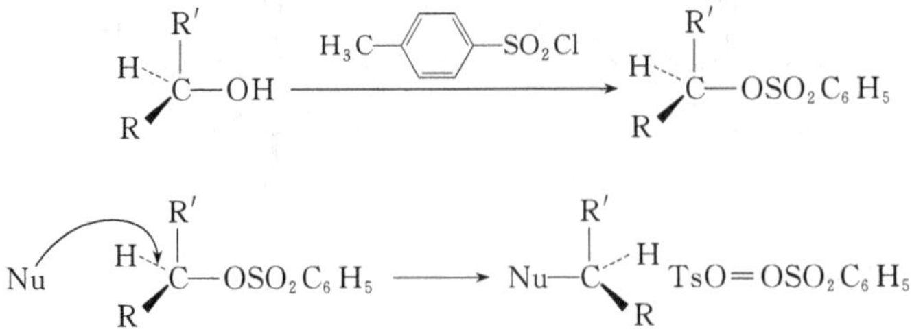

$$\mathrm{R'R(H)C{-}OH} \xrightarrow{H_3C{-}C_6H_4{-}SO_2Cl} \mathrm{R'R(H)C{-}OSO_2C_6H_5}$$

$$\mathrm{Nu} + \mathrm{R'R(H)C{-}OSO_2C_6H_5} \longrightarrow \mathrm{Nu{-}C(H)(R)R'} \quad TsO = OSO_2C_6H_5$$

(2) 芳磺酰胺

芳磺酰胺可看成是芳磺酸分子中的羟基被氨基取代后的化合物。它通常是由芳磺酰氯与氨或胺作用而得，但由于叔胺没有可被取代的氢原子，故不发生反应。在芳磺酰胺分子中，由于磺酰基强的吸电子效应的影响，氮上的氢原子具有酸性，能与氢氧化钠溶液作用成盐而溶解。若氮上没有氢原子，则不溶于氢氧化钠溶液。根据这些性质，可利用芳磺酰氯（如对甲苯磺酰氯）鉴别和分离伯、仲、叔胺。日常生活中所用的糖精和磺胺药物都是芳磺酰胺的重要衍生物。

糖精是白色结晶固体，比蔗糖甜 550 倍，但无营养价值，可作调味剂或供糖尿病患者食用。因其难溶于水，故通常制成钠盐（称为糖精钠）使用。它可以甲苯为原料，经下列反应制得。

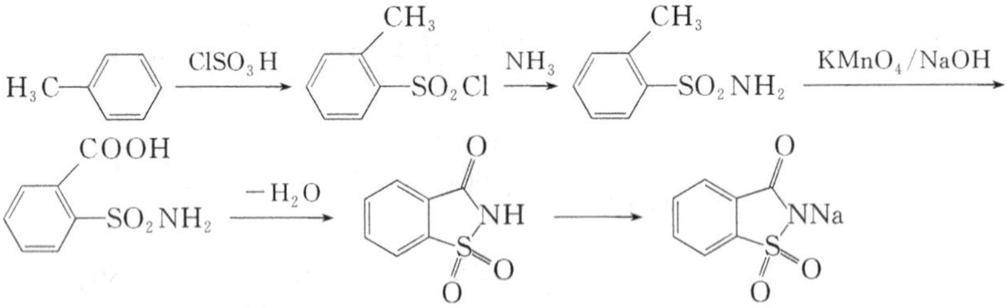

$$H_3C{-}C_6H_5 \xrightarrow{ClSO_3H} o\text{-}CH_3C_6H_4SO_2Cl \xrightarrow{NH_3} o\text{-}CH_3C_6H_4SO_2NH_2 \xrightarrow{KMnO_4/NaOH}$$

$$o\text{-}HOOC{-}C_6H_4{-}SO_2NH_2 \xrightarrow{-H_2O} \text{(糖精, NH)} \longrightarrow \text{(糖精钠, NNa)}$$

糖精对身体有害，尽量少用。

磺胺药物是对氨基苯磺酰胺类化合物，有抗菌消炎作用，许多磺胺药物是其磺酰氨基上的氢原子被更复杂的有机基团取代的产物。例如 SMZ，又称新诺明，其构造式如下：

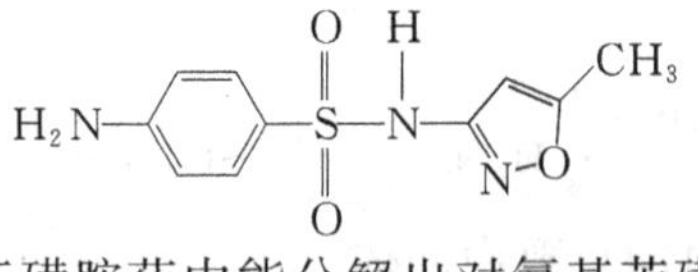

$$H_2N{-}C_6H_4{-}SO_2{-}NH{-}(5\text{-}CH_3\text{-异噁唑-3-基})$$

磺胺药的抑菌作用是由于磺胺药中能分解出对氨基苯磺酰胺，细菌在生长过程中需要一种维生素叶酸，对氨基苯磺酰胺的分子大小和形状与组成叶酸中的对氨基苯甲酰胺单元相近，化学性质也类似。由于细菌对二者缺乏选择性，大量的对氨基苯磺酰胺替代了对氨基苯甲酰胺而被细菌吸收。这样，由于缺乏叶酸，细菌死亡。

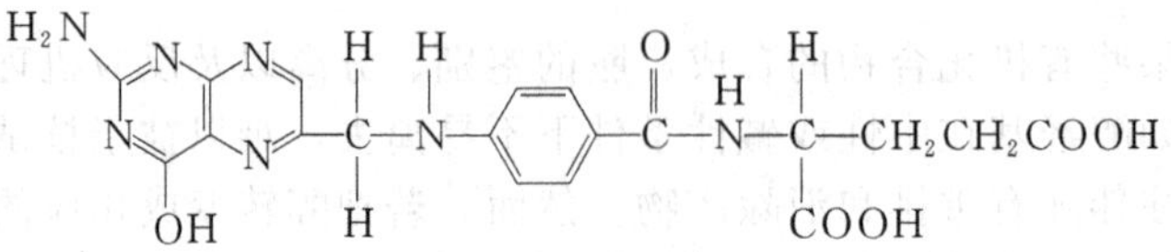

$$\text{(2-}H_2N\text{-4-OH-蝶啶-6-基)}{-}CH_2{-}NH{-}C_6H_4{-}C(=O){-}NH{-}CH(COOH){-}CH_2CH_2COOH$$

对氨基苯甲酰胺单元

叶酸广泛存在于自然界，因在绿叶中含量丰富而得名，又称维生素 B_{11}，对正常红细胞的形成有促进作用，缺乏时可引起血液等疾病。

7.5.6 烷基苯磺酸钠和表面活性剂（alkyl benzene sulfonic acid sodium and surfactant）

最重要的烷基苯磺酸钠是十二烷基苯磺酸钠，它是市售合成洗涤剂的主要成分，可由氯代十二烷与苯进行烷基化后再经磺化、中和制得。

$$C_6H_6 \xrightarrow[AlCl_3]{C_{12}H_{25}Cl} C_6H_5-C_{12}H_{25} \xrightarrow{SO_3} HO_3S-C_6H_4-C_{12}H_{25} \xrightarrow{NaOH} NaO_3S-C_6H_4-C_{12}H_{25}$$

十二烷基苯磺酸钠与肥皂（RCOONa，R = $C_8 \sim C_{17}$ 烃基）相似，均由两部分组成：亲油性（疏水性）的长链烃基（如 $C_{12}H_{25}$）和亲水性（疏油性）的极性基团（如 SO_3Na，COONa）。当用它们洗涤油污时，亲油基团吸附污物，亲水基团溶于水。同时由于它们的存在，水的表面张力（界面张力）显著降低，增加了油和水的相溶性，亲油基团和污物随同亲水基团一起形成微小粒子分散于水中，从而达到去污目的。但十二烷基苯磺酸钠与肥皂不同，在硬水中，肥皂与水中的钙、镁等离子作用，生成不溶于水的盐，而失去发泡能力，影响去污效果；但十二烷基苯磺酸的钙盐和镁盐均溶于水，故这种洗涤剂在软水和硬水中都有良好的去污能力。

像烷基苯磺酸钠和肥皂那样，凡是在很低的浓度下就能大大地降低溶剂（一般为水）的表面张力（或液-液界面张力），改变体系界面状态的物质，统称为表面活性剂。

如拉开粉广泛用于纺织、印染、造纸、和制革工业。

C_4H_9, C_4H_9, NaO_3S

sodium 5,6-dibutylnaphthalene-2-sulfonate
（5,6-二丁基萘-2-磺酸钠）

7.5.7 离子交换树脂（ion exchange resin）

离子交换树脂是由交联结构的高分子骨架与能解离的基团形成的不溶性高分子电解质。目前工业上和实验室中应用最广的离子交换树脂，其高分子骨架是由苯乙烯和二乙烯苯共聚而成，二乙烯苯的用量约为总量的 10%，它的作用是使苯乙烯交联成体型结构。

根据离子交换树脂中能解离基团的不同，离子交换树脂可分为多种，其中最常用的是阳离子交换树脂（能够交换的离子是阳离子）和阴离子交换树脂（能够交换的离子是阴离子）。

（1）阳离子交换树脂

其合成示意如下：

$$n\ C_6H_5CH=CH_2 \xrightarrow[\text{少量二乙烯苯}]{\text{过氧化苯甲酰}} \left[-\underset{C_6H_5}{\overset{H}{C}}-CH_2-\right]_n \xrightarrow{\text{浓 } H_2SO_4} \left[-\underset{C_6H_4SO_3H}{\overset{H}{C}}-CH_2-\right]_n \xrightarrow{NaCl}$$

交联聚苯乙烯　　磺化物

$$\left[-\underset{\text{C}_6\text{H}_4\text{SO}_3\text{Na}}{\overset{\text{H}}{\text{C}}}-\text{CH}_2-\right]_n \xrightarrow{\text{H}^+} \left[-\underset{\text{C}_6\text{H}_4\text{SO}_3\text{H}}{\overset{\text{H}}{\text{C}}}-\text{CH}_2-\right]_n$$

钠型阳离子交换树脂　　　　氢型阳离子交换树脂

这类树脂的解离基团是磺酸基，它能够交换阳离子，例如：

$$R—SO_3H+Ca^{2+} \longrightarrow R—SO_3Ca/_2+H^+$$

上述逆过程即离子交换树脂的再生过程，磺酸型离子交换树脂的再生可用5%～10%盐酸。用这种磺酸型离子交换树脂代替硫酸或芳磺酸作催化剂，既可避免后者所产生的废酸对环境的污染，又便于催化剂与产物的分离，已在工业上得到应用。

(2) 阴离子交换树脂

这类树脂分子中具有碱性基团，$R_4N^+OH^-$、$—NH_2$、—NHR 和$—NR_2$（胺型）等。例如，聚苯乙烯季铵型阴离子交换树脂的合成路线示意如下：

$$n\,\text{C}_6\text{H}_5\text{CH}{=}\text{CH}_2 \xrightarrow[\text{少量二乙烯苯}]{\text{过氧化苯甲酰}} \left[-\underset{\text{C}_6\text{H}_5}{\overset{\text{H}}{\text{C}}}-\text{CH}_2-\right]_n \xrightarrow[\text{ZnCl}_2]{\text{CH}_3\text{OCH}_2\text{Cl}} \left[-\underset{\text{C}_6\text{H}_4\text{CH}_2\text{Cl}}{\overset{\text{H}}{\text{C}}}-\text{CH}_2-\right]_n \xrightarrow{(\text{CH}_3)_3\text{N}}$$

交联聚苯乙烯　　　　氯球

$$\left[-\underset{\text{C}_6\text{H}_4\text{CH}_2\overset{+}{\text{N}}(\text{CH}_3)_3\text{Cl}^-}{\overset{\text{H}}{\text{C}}}-\text{CH}_2-\right]_n \xrightarrow{\text{OH}^-} \left[-\underset{\text{C}_6\text{H}_4\text{CH}_2\overset{+}{\text{N}}(\text{CH}_3)_3\text{OH}^-}{\overset{\text{H}}{\text{C}}}-\text{CH}_2-\right]$$

氯型阴离子交换树脂　　　　氢氧型阴离子交换树脂

最后用氢氧化钠处理，即得强碱性阴离子交换树脂。碱性离子交换树脂可用4%～10% NaOH溶液再生。强碱性的阴离子交换树脂在有机合成中可代替 NaOH 或 KOH 作为反应的催化剂。

离子交换树脂用途甚广，除了可用作有机反应的催化剂外，主要用于去离子水的制备，硬水的软化，有色金属和稀有金属的回收、提纯和浓缩，抗生素和氨基酸的提取和精制，含酚废水及其他污水的处理等。

第 8 章

碳-氧极性重键化合物——醛和酮

8.1 醛、酮的结构、分类及命名（structure，classification and nomenclature of aldehyde and ketone）

（1）醛、酮的结构

醛和酮都是具有羰基官能团的化合物，因此又称为羰基化合物。羰基与一个烃基和一个氢原子相连的化合物叫做醛（甲醛的羰基与两个氢原子相连），简写为 RCHO，—CHO 称为醛基。羰基与两个烃基相连的化合物称为酮，其通式为 RCOR，其分子中的羰基又称为酮基。羰基碳原子和氧原子是 sp^2 杂化状态，其中碳原子的 p 轨道与氧原子上的 p 轨道相互平行形成 π 键，见图 8-1。

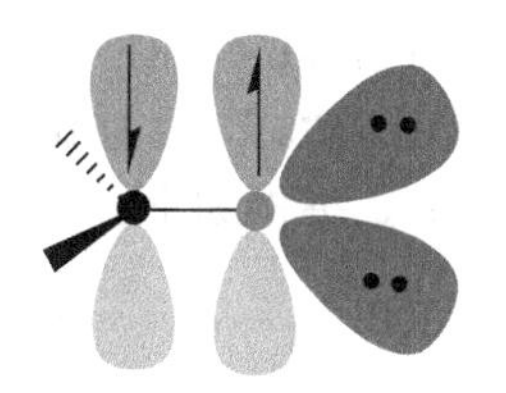

图 8-1 羰基的 π 键

（2）醛、酮的分类

可分为饱和醛、酮和不饱和醛、酮；根据分子中羰基的数目，可分为一元醛、酮和多元醛、酮。羰基直接连在芳环上才是芳香醛、酮。

醛、酮
- 脂肪类　$H_3C-\overset{O}{\overset{\|}{C}}-H$　　$H_3C-\overset{O}{\overset{\|}{C}}-C_2H_5$
- 芳香类　$C_6H_5-\overset{O}{\overset{\|}{C}}-H$　　$C_6H_5-\overset{O}{\overset{\|}{C}}-CH_3$
- 多元类　$H_3C-\overset{O}{\overset{\|}{C}}-\overset{O}{\overset{\|}{C}}-CH_3$
- 不饱和类　$C_6H_5-\overset{O}{\overset{\|}{C}}-CH{=}CH-CH_3$
- 脂环类　O=（螺[2.5]辛-6-酮结构式）

(3) 醛、酮的命名

简单的醛、酮可采用普通命名法，结构复杂的醛、酮则采用系统命名法。

① 普通命名法　简单醛的普通命名法与醇相似。例如：

$CH_3CH_2CH_2CHO$	$CH_3CH(CH_3)CHO$	$H_2C=CHCHO$
正丁醛	异丁醛	丙烯醛
n-butyraldehyde	isobutyraldehyde	arcylaldehyde

酮的普通命名法是按照羰基所连的两个烃基命名，基团英文字母在前优先，对于芳香酮加“甲酮”，例如：

$CH_3COCH_2CH_3$	$CH_3COCH(CH_3)_2$	$C_6H_5COC_6H_5$
ethyl methyl ketone	ethyl isopropyl ketone	diphenyl ketone
乙基甲基酮（2017）	乙基异丙基酮（2017）	二苯基甲酮
甲基乙基酮（1980）	乙基异丙基酮（1980）	

② 系统命名法　醛、酮的命名主要采取系统命名法。其原则是选取含有羰基和取代基最多的最长碳链为主链，根据主链碳数称为某醛或某酮。醛从醛基一端给主链碳原子编号，酮从靠近酮基一端编号；把主链所连取代基的位置、数目、名称以及酮基的位置写在某醛、酮之前（醛不用标明位置）。例如：

$CH_3CH_2CH(CH_3)CH_2CHO$	$CH_3CH=CHCHO$	OHC- (spiro)
3-甲基戊醛	丁-2-烯醛	螺［2.4］庚-5-基甲醛
3-methyl pentanal	but-2-enal	spiro［2.4］heptane-5-carbaldehyde

③ IUPAC 命名　将烷烃的词尾“e”去掉，醛加“al”，酮加“one”。如乙醛，将乙烷 ethane 中的“e”去掉，加“al”后为 ethanal；丁醛将丁烷 butane 中的“e”去掉，加“al”后为 butanal；丁酮将丁烷 butane 中的“e”去掉，加“one”后为 butanone。举例如下：

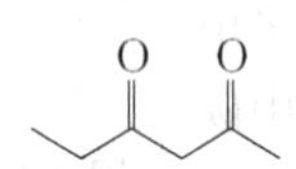

hexane-2,4-dione　　CH_3 / CHO 2-methyl-cyclohexanecarbaldehyde　　Br / CHO 2-bromo-benzaldehyde

8.2 醛、酮的物理性质及波谱（physical properties and spectrum of aldehyde and ketone）

(1) 物理性质

常温下除甲醛是气体外，十二碳以下的脂肪醛、酮为液体，高级醛、酮为固体；芳香醛、酮为液体或固体。低级脂肪醛具有强烈的刺激气味，C_9 和 C_{10} 的醛、酮具有花果香味，因此常用于香料工业。

由于醛、酮分子之间不能形成氢键，没有缔合现象，因此其沸点比分子量相近的醇低。但因羰基具有极性，所以醛、酮的沸点比分子量相近的烃及醚高。由于醛、酮的羰基能与水中的氢形成氢键，故低级的醛、酮可溶于水，但芳醛、芳酮微溶或不溶于水。一些常见醛、酮的物理常数见表 8-1。

(2) 波谱

醛、酮的红外光谱在 1850～1680cm^{-1} 之间有一个非常强的振动吸收峰，这是鉴别

表 8-1　常见醛、酮的物理常数

化合物	熔点/℃	沸点/℃	相对密度 d_4^{20}	溶解度/(g/100g H_2O)
HCHO	−92	−21	0.815	溶
CH_3CHO	−121	21	0.795(10℃)	16
CH_3CH_2CHO	−81	49	0.8058	7
$CH_3(CH_2)_2CHO$	−99	76	0.8170	微溶
$H_2C{=}CHCHO$	−87	52	0.8410	30
C_6H_5CHO	−26	178	1.046	0.3
CH_3COCH_3	−95	56	0.7800	互溶
$CH_3COCH_2CH_3$	−86	80	0.8054	26
$CH_3COCH_2CH_2CH_3$	−78	102	0.8080	6.3
	−47	155	0.9478	5
$C_5H_5COCH_3$	21	202	1.024	难溶
$C_6H_5COC_6H_5$	48	306	1.083	难溶

羰基最迅速的一个方法。醛、酮羰基吸收峰的位置与其邻近基团有关，若羰基与双键发生共轭，则吸收峰向低波位移。例如：

$$(H_3C)_2CHCH_2COCH_3 \qquad (H_3C)_2C{=}CHCOCH_3$$

1717cm^{-1}　　　　1690cm^{-1}

醛基的 C—H 键在 2800～2720cm^{-1} 处有中等强度（或弱的）尖锐的特征吸收峰，可以鉴别是否有—CHO 存在。

脂肪醛及芳醛分子中，与羰基相连的氢在核磁共振谱中的特征吸收峰出现在极低场，化学位移 δ 为 9～10。醛基质子的化学位移值是很有特征的，这一区域内的吸收峰可用来证实醛基（—CHO）的存在。与其他吸电子基团一样，羰基对与其直接相连碳原子上的质子也产生一定的去屏蔽效应。图 8-2 和图 8-3 分别为苯甲醛的^{1}H NMR 和^{13}C NMR 谱图。

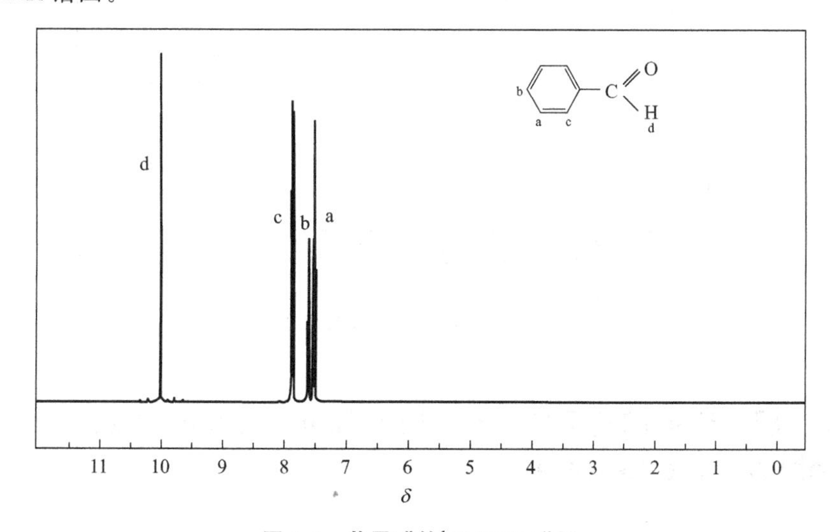

图 8-2　苯甲醛的^{1}H NMR 谱图

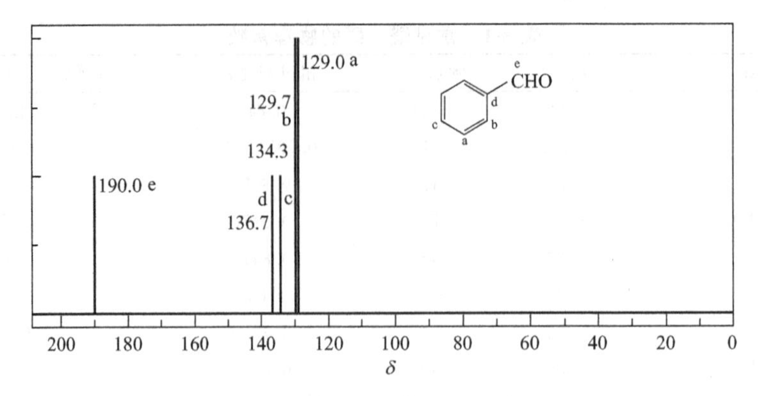

图 8-3 苯甲醛的^{13}C NMR 谱图

图 8-4 和图 8-5 分别为丁酮的^{1}H NMR 和^{13}C NMR 谱图。

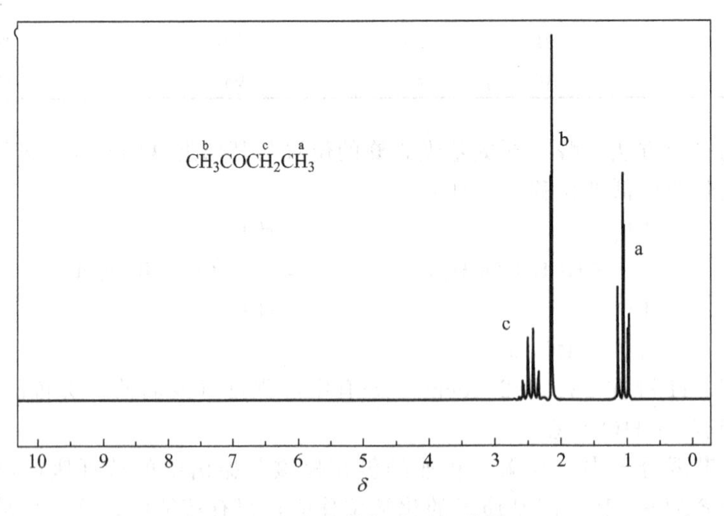

图 8-4 丁酮的^{1}H NMR 谱图

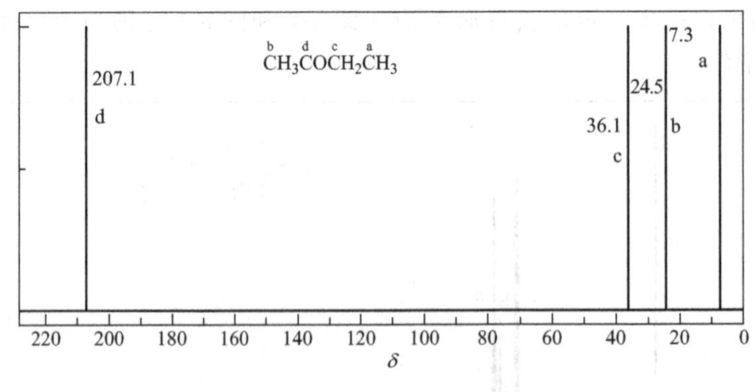

图 8-5 丁酮的^{13}C NMR 谱图

8.3 醛、酮的亲核加成反应（nucleophilic addition reaction of aldehyde and ketone）

与其他化合物相比，醛、酮是化学性质非常活泼、能发生多种反应的化合物。由于醛和酮具有相同的官能团羰基，所以它们具有许多相似的化学性质。但因醛的羰基与一个氢原子和一个烃基相连，而酮的羰基与两个烃基相连，所以它们的化学性质又不尽相同，通常醛比酮活泼。

羰基（C═O）是一个不饱和基团，容易发生许多加成反应。但由于羰基氧原子的电负性比碳大，π 电子偏向于氧原子一边，所以羰基具有较大的极性，氧原子带有部分负电荷，碳原子带有部分正电荷。带负电荷的氧比带正电荷的碳稳定。当醛、酮进行加成反应时，一般是带有负电荷或具有未共用电子对的基团或分子（亲核试剂）先进攻羰基碳原子，然后是带正电荷的部分加到羰基氧原子上。由于决定整个反应速率的是第一步，即亲核的一步，所以称为亲核加成反应。

醛、酮亲核加成反应的难易，取决于羰基碳原子的正电性强弱、亲核试剂亲核性强弱以及空间效应大小等因素。

8.3.1　与氢氰酸的加成（addition reaction with hydrocyanic acid）

醛、脂肪甲基酮和八个碳以下的环酮与氢氰酸能顺利反应，生成 α-羟基腈，亦称氰醇。

$$\mathrm{R(H_3C)C{=}O} + \mathrm{HCN} \rightleftharpoons \mathrm{R(H_3C)C(CN)(OH)}$$

α-羟基腈

氢氰酸与醛或酮作用，在碱性催化剂存在下，反应进行得很快，产率也很高。例如，氢氰酸与醛、酮反应，没有碱存在时，反应 3～4h 只有一半原料发生反应；而加入一滴 KOH 溶液，则 2min 内即可完成反应；若加入酸，反应速率减慢，若加入大量的酸，放置几星期也不发生反应。这些事实表明，在氢氰酸与羰基化合物的加成反应中，起决定作用的是 CN^-，而不是 H^+。氢氰酸是弱酸，不易解离成 CN^-。碱的存在增加了 CN^- 的浓度，酸的存在则降低了 CN^- 的浓度。一般认为，碱存在下氢氰酸对羰基的加成反应机理是：

$$\overset{\delta^+}{\mathrm{C}}{=}\overset{\delta^-}{\mathrm{O}} + \mathrm{CN^-} \xrightleftharpoons{\text{慢}} \mathrm{C(O^-)(CN)} \xrightleftharpoons[\mathrm{HCN}]{\text{快}} \mathrm{C(OH)(CN)} + \mathrm{CN^-}$$

不同结构的醛、酮对氢氰酸亲核加成反应的活性有明显差异。这种活性受电子效应和空间效应两种因素影响，并与反应机理有着密切关系。一般情况下，醛比酮容易反应，脂肪醛比芳香醛容易反应，脂肪酮比芳香酮容易反应。

对于芳香醛、酮，主要考虑环上取代基的电子效应。例如：

$$\mathrm{O_2N{-}C_6H_4{-}CHO} > \mathrm{H_3C{-}C_6H_4{-}CHO}$$

需要指出的是，上述醛、酮与 HCN 反应的活性规律，也适用于醛、酮羰基上的其他亲核加成反应。氢氰酸有剧毒，且挥发性较大，故羰基化合物与氢氰酸加成时，为了避免直接使用氢氰酸，通常是把无机酸慢慢滴加到醛（或酮）和氰化钠水溶液的混合物中，使得氢氰酸一生成立即与醛（或酮）反应。但在加酸时要注意控制溶液的 pH，使 pH 为 8，以利于反应的进行。

醛、酮与氢氰酸的加成反应，有众多的实用价值。羰基与氢氰酸加成，是增长碳链的方法之一。加成产物α-羟基腈是一类较活泼的有机合成中间体，氰基水解可得羧基，还原则成氨基。α-羟基腈水解随反应条件的不同，可得到α-羟基酸或α,β-不饱和酸。有机玻璃单体α-甲基丙烯酸甲酯，就是以丙酮为原料，通过下述反应制得的。

$$(CH_3)_2C{=}O \underset{HO^-}{\overset{HCN}{\rightleftharpoons}} (CH_3)_2C(OH)CN \xrightarrow[H_2SO_4]{CH_3OH} \longrightarrow H_2C{=}C(CH_3){-}COOCH_3$$

α-甲基丙烯酸甲酯（90%）

第一步是丙酮与HCN的加成，第二步包括了水解、酯化和脱水三个反应，将该单体聚合便得到有机玻璃。

$$n\ H_2C{=}C(CH_3){-}COOCH_3 \xrightarrow{\text{催化剂}} \left[H_2C{-}C(CH_3)(COOCH_3) \right]_n$$

有机玻璃

8.3.2 与亚硫酸氢钠的加成（addition reaction with sodium bisulfite）

醛、脂肪族甲基酮和低于八个碳的环酮，与亚硫酸氢钠的饱和溶液（40%）发生加成反应，生成白色结晶α-羟基磺酸钠。在此反应中，试剂的亲核中心不是氧原子，而是硫原子，其反应机理表示如下：

$$\text{环戊酮}{=}O + NaH\ddot{S}O_3 \longrightarrow \text{环戊基}(O^-)(S(=O)(ONa){-}O{-}H) \longrightarrow \text{环戊基}(OH)(SO_3Na)$$

上述加成产物能溶于水，但不溶于饱和亚硫酸氢钠溶液，而以结晶析出。所以，此反应可用来鉴定醛、脂肪族甲基酮和八个碳以下的环酮等。由于该反应是可逆反应，加稀酸或稀碱于反应产物中，可使亚硫酸氢钠分解而除去。可利用此性质来分离提纯醛、脂肪族甲基酮和八个碳以下的环酮。

$$R(H_3C)C(OH)SO_3Na \begin{cases} \xrightarrow{HCl} RCOCH_3 + NaCl + SO_2 + H_2O \\ \xrightarrow{Na_2CO_3} RCOCH_3 + Na_2SO_3 + NaHCO_3 \end{cases}$$

此外，将α-羟基磺酸钠与NaCN作用，则磺酸基可被氰基取代，生成α-羟基腈（氰醇）。例如：

$$C_6H_5{-}CHO \xrightarrow[H_2O]{NaHSO_3} C_6H_5{-}CH(OH){-}SO_3Na \xrightarrow[H_2O]{NaCN} C_6H_5{-}CH(OH){-}CN$$

此反应的优点是可以避免直接使用剧毒的HCN，既安全，产率也较高。

8.3.3 与醇的加成（addition reaction with alcohol）

醛、酮在酸催化作用下，与醇发生加成反应，生成半缩醛、半缩酮或缩醛、缩酮，在碱催化下只能生成半缩醛、半缩酮（不能生成缩醛、缩酮）。

$$R_2C{=}O + R'OH \xrightleftharpoons{H^+} R_2C(OH)(OR') \xrightleftharpoons{H^+,\ R'OH} R_2C(OR')_2$$

$$R_2C{=}O + R'OH \xrightleftharpoons{R'O^-} R_2C(OH)(OR')$$

半缩醛、半缩酮既是醚又是醇，很不稳定。但环状的半缩醛较稳定，能够分离得到。如果在同一分子中既含有醛基，又含有羟基，只要二者位置适当，常常自动生成环状半缩醛。

$$HOCH_2CH_2CH_2CHO \xrightleftharpoons{H^+} \text{(2-羟基四氢呋喃，环上C带OH和H)}$$

在酸性介质中半缩醛或半缩酮与另一分子醇继续作用，缩去一分子水而生成缩醛或缩酮。整个反应机理可表示如下：

$$>C{=}\ddot{O}: \xrightleftharpoons{H^+} >C{=}\overset{+}{O}H \ (+\ H\text{—}\ddot{O}R) \rightleftharpoons -\underset{H-\overset{+}{O}R}{\overset{OH}{C}}- \xrightleftharpoons{-H^+} -\underset{OR}{\overset{OH}{C}}- \xrightleftharpoons{H^+}$$

$$-\underset{OR}{\overset{\overset{+}{O}H_2}{C}}- \xrightleftharpoons{-H_2O} >C{=}\overset{+}{O}R \ (+\ H\text{—}OR) \rightleftharpoons -\underset{OR}{\overset{H-\overset{+}{O}R}{C}}- \xrightleftharpoons{-H^+} -\underset{OR}{\overset{OR}{C}}-$$

制备缩醛可以用醛与两分子一元醇反应，也可以用醛与二元醇作用生成环状缩醛。

$$RCHO + HOCH_2CH_2OH \xrightarrow{H^+} \text{R(H)C}\lt\text{(OCH}_2\text{CH}_2\text{O)} + H_2O$$

缩醛可以看作是同碳二元醇的醚（胞二醚），性质与醚相似，它对碱、氧化剂和还原剂都相当稳定。但其与醚不同的是，它在稀酸中易水解转变为原来的醛。

$$RCH(OR')_2 + H_2O \xrightleftharpoons{H^+} RCH{=}O + 2R'OH$$

酮在无水酸存在下与醇反应生成缩酮很困难。因此制备简单的缩酮，通常采用其他方法。例如，制备丙酮缩二乙醇，不是用两分子乙醇与丙酮反应，而是采用原甲酸三乙酯和丙酮反应。

$$(H_3C)_2C{=}O + HC(OC_2H_5)_3 \xrightleftharpoons{H^+} (H_3C)_2C(OC_2H_5)_2 + HCOOC_2H_5$$

如果在反应时采用特殊仪器（如分水器）将反应中生成的水不断除去，酮和一元醇作用可以得到一定产率的缩酮。例如：

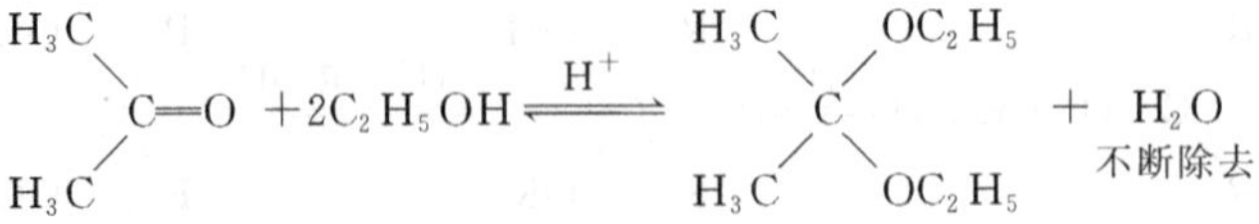

$$(CH_3)_2C{=}O + 2C_2H_5OH \xrightleftharpoons{H^+} (CH_3)_2C(OC_2H_5)_2 + \underset{\text{不断除去}}{H_2O}$$

酮和某些二元醇作用可以顺利地生成环状缩酮。例如：

$$\text{环己酮} + \begin{matrix} HO{-}CH_2 \\ | \\ HO{-}CH_2 \end{matrix} \xrightleftharpoons{\text{对甲苯磺酸}} \text{环己酮乙二醇缩酮} + H_2O$$

缩醛和缩酮的生成在糖化学及有机合成上颇为重要。由于羰基比较活泼，在有机合成中不希望羰基参与某种反应时，则可用生成缩醛或缩酮的方法先把羰基保护起来，待其他反应完毕后，用稀酸处理，便可使原羰基复原。例如，由酯变成叔醇。因为酯与格氏试剂加成再水解可得叔醇，而酮与格氏试剂加成再水解得到叔醇更容易。因此，首先应把酮基保护起来，待酯与格氏试剂反应完毕后，用稀酸水解，使酮基复原。

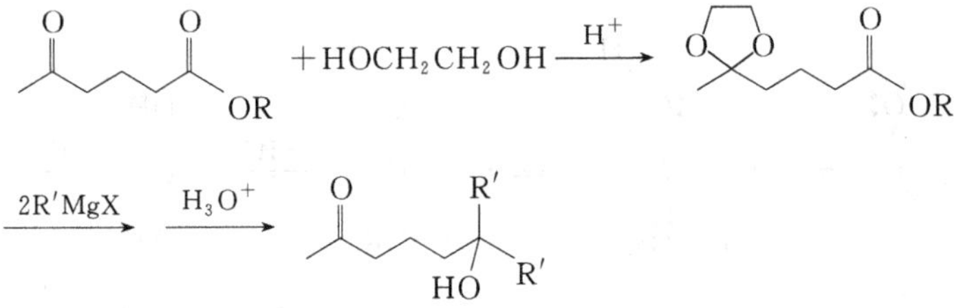

$$CH_3COCH_2CH_2CH_2COOR + HOCH_2CH_2OH \xrightarrow{H^+} \text{(乙二醇缩酮)}CH_2CH_2CH_2COOR$$

$$\xrightarrow{2R'MgX} \xrightarrow{H_3O^+} CH_3COCH_2CH_2CH_2C(OH)R'_2$$

乙烯醇的聚合体聚乙烯醇，是一个溶于水的高分子化合物，不能作为纤维使用，但在硫酸催化作用下和10%甲醛反应，生成缩醛后，就变成了不溶于水、性能优良的纤维——维尼纶。

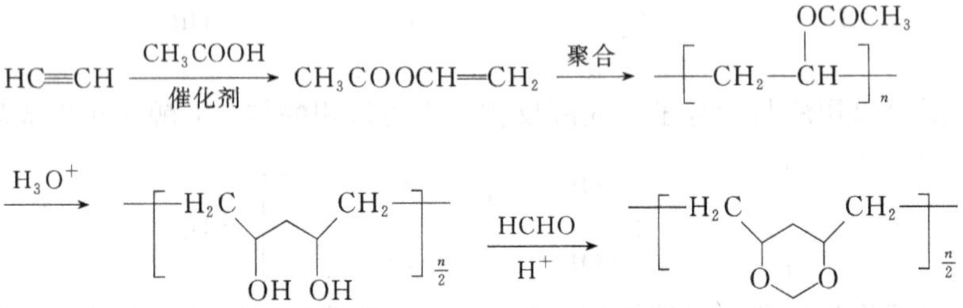

$$HC{\equiv}CH \xrightarrow[\text{催化剂}]{CH_3COOH} CH_3COOCH{=}CH_2 \xrightarrow{\text{聚合}} \left[CH_2{-}\underset{OCOCH_3}{CH}\right]_n$$

$$\xrightarrow{H_3O^+} \underset{\text{聚乙烯醇}}{\left[H_2C{-}\underset{OH}{CH}{-}CH_2{-}\underset{OH}{CH}{-}CH_2\right]_{\frac{n}{2}}} \xrightarrow[H^+]{HCHO} \underset{\text{维尼纶}}{\left[H_2C{-}\text{(1,3-二氧六环)}{-}CH_2\right]_{\frac{n}{2}}}$$

缩醛或缩酮在合成上除主要用于保护羰基外，还可以保护羟基化合物。例如，以甘油为原料制备甘油-羧酸酯时，就需要将原料中原有的两个羟基加以保护，待甘油单酸酯生成后，再使原羟基复原。

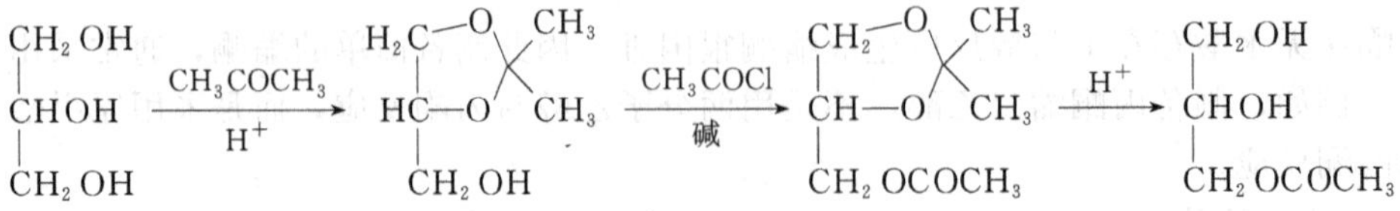

$$\begin{matrix} CH_2OH \\ | \\ CHOH \\ | \\ CH_2OH \end{matrix} \xrightarrow[H^+]{CH_3COCH_3} \begin{matrix} H_2C{-}O \\ | \quad\;\; \rangle C(CH_3)_2 \\ HC{-}O \\ | \\ CH_2OH \end{matrix} \xrightarrow[\text{碱}]{CH_3COCl} \begin{matrix} CH_2{-}O \\ | \quad\;\; \rangle C(CH_3)_2 \\ CH{-}O \\ | \\ CH_2OCOCH_3 \end{matrix} \xrightarrow{H^+} \begin{matrix} CH_2OH \\ | \\ CHOH \\ | \\ CH_2OCOCH_3 \end{matrix}$$

8.3.4 与水的加成（addition reaction with water）

水也可以和醛、酮进行亲核加成反应，但由于水是比醇更弱的亲核试剂，所以绝大多数羰基化合物水合反应的平衡常数（K）很小。甲醛容易与水作用，其水合物达100%，但不能把它分离出来，因为在分离过程中很容易失水。

$$\mathrm{H_2C{=}O + H_2O \rightleftharpoons H_2C(OH)_2} \quad 100\%$$

乙醛的水合物为58%。其他醛和酮的水合物很少或根本不能生成，其原因是空间位阻增大和羰基碳原子的正电性下降。但当羰基与吸电子基团（如 $Cl_3C—$，$F_3C—$）相连，受吸电子诱导效应的影响，羰基碳原子的正电性增强，可以与水形成稳定的水合物。如三氯乙醛容易形成水合物，该水合物非常稳定，为白色固体，可作为速效安眠药物。

$$\mathrm{Cl_3CCHO + H_2O \rightleftharpoons Cl_3CCH(OH)_2}$$

茚三酮分子中，三个带正电荷的羰基碳原子连接在一起，由于正电荷互相排斥，分子的内能升高，因此是一个不稳定的化合物。但中间的羰基变成水合物以后，电荷间的斥力减小，还能够生成分子内氢键，因此水合平衡偏向水合物一边。

$$\text{茚三酮} \xrightarrow{H_2O} \text{水合茚三酮}$$

水合茚三酮是氨基酸和蛋白质分析中常用的显色剂。

8.3.5 与金属有机化合物的加成（reaction with organometallic compound）

醛、酮可以和具有碳-金属键的化合物，如RMgX、RLi、RC≡CNa、RZn等发生亲核加成反应，其中最重要的是加格氏试剂（RMgX）。

（1）与格氏试剂加成

醛、酮与格氏试剂加成，产物不必分离出来，直接水解而生成醇。格氏试剂中的碳-镁键是高度极化的，碳原子带部分负电荷，镁原子带部分正电荷（$C^{\delta-}—Mg^{\delta+}$）。带部分负电荷的碳原子是很强的亲核试剂。格氏试剂与羰基的反应是典型的亲核加成反应。

$$\overset{-\ +}{\mathrm{RMgX}} + \mathrm{>C{=}O} \longrightarrow \mathrm{>C(R){-}OMgX} \longrightarrow \mathrm{>C(R){-}OH}$$

其中甲醛与格氏试剂加成再水解得到伯醇，其他醛反应得到仲醇，酮与格氏试剂反应得到叔醇。例如：

$$\mathrm{RMgX} \xrightarrow{\mathrm{HCHO}} \mathrm{RCH_2OH} \quad \text{伯醇}$$
$$\mathrm{RMgX} \xrightarrow{\mathrm{R'CHO}} \mathrm{RCHOHR'} \quad \text{仲醇}$$
$$\mathrm{RMgX} \xrightarrow{\mathrm{R'COR''}} \mathrm{RCOHR'R''} \quad \text{叔醇}$$

同一种醇可用不同的格氏试剂与不同的羰基化合物反应生成。例如：

$$\left.\begin{array}{l} \mathrm{CH_3MgBr + CH_3CH_2COCH_2CH_2CH_3} \\ \mathrm{CH_3CH_2MgBr + CH_3COCH_2CH_2CH_3} \\ \mathrm{CH_3CH_2CH_2MgBr + CH_3COCH_2CH_3} \end{array}\right\} \longrightarrow \mathrm{H_3CH_2C{-}C(CH_3)(OH){-}CH_2CH_2CH_3}$$

(2) 与有机锂试剂加成

格氏试剂的亲核性很强，绝大多数醛、酮都可以与之发生反应。但当酮基上两个烃基的体积很大时，反应比较困难，这时可以用有机锂试剂代替。例如：

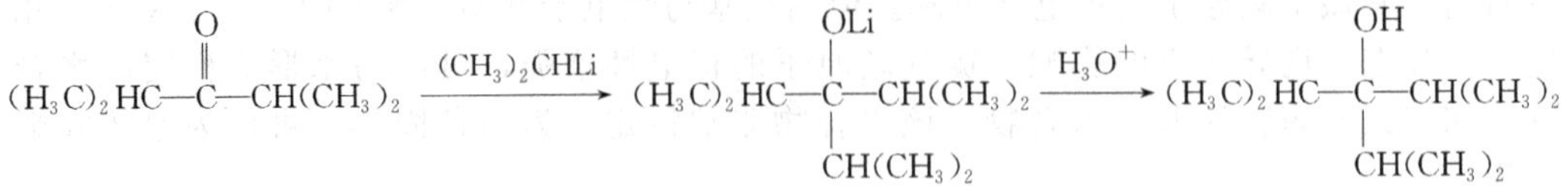

(3) 与炔钠加成

炔钠与醛、酮反应，经水解生成炔醇。该反应可以在羰基碳原子上引入一个—C≡C—基团。

例如：

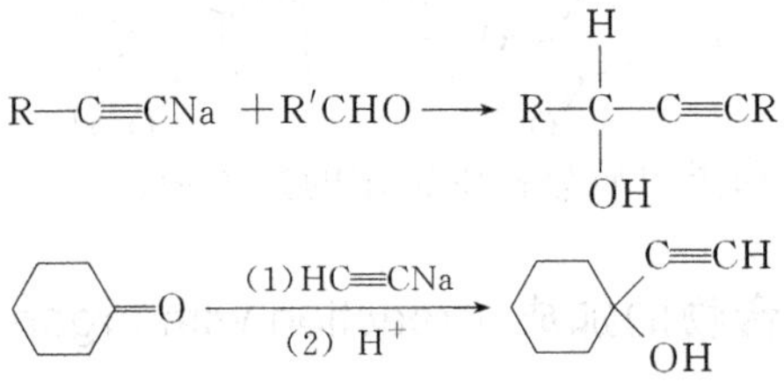

(4) Reformasky 反应

利用 α-卤代酯与 Zn 反应，制得有机锌试剂，有机锌试剂与酮反应可得 β-羟基酸，再用酸处理可制得 α,β-不饱和酸。

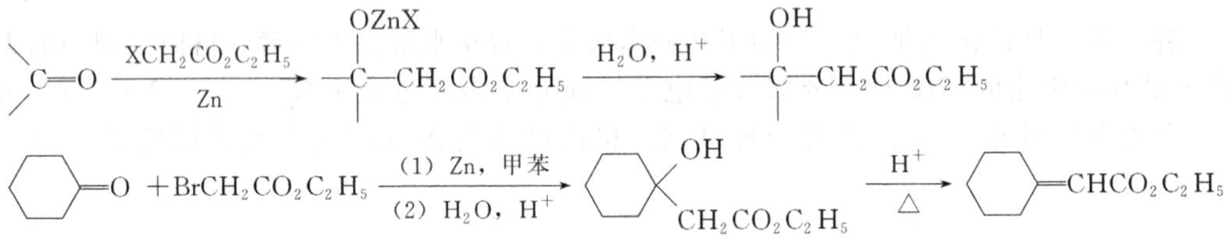

(5) Cram 规则

1952 年 D. J. Cram 指出，当羰基化合物的 α-位是手性碳时，亲核试剂总是从小的基团那边进攻，并指出进行加成时，醛、酮体积最大的基团和羰基处于反式共平面关系为加成时的优势构象。如：

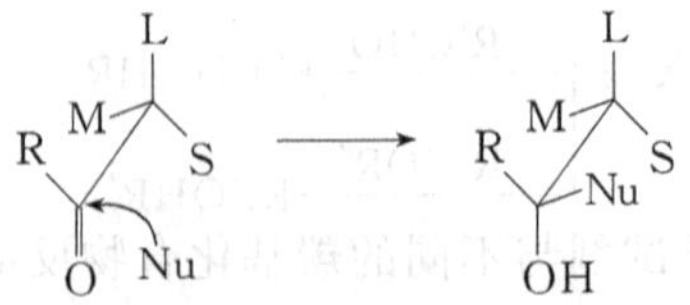

从基团小的一侧

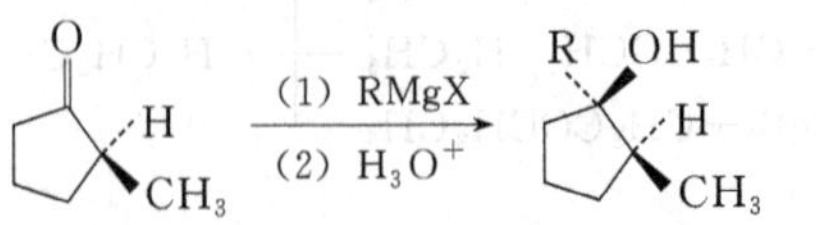

从 H 的同侧进攻，将 OH 顶到前面

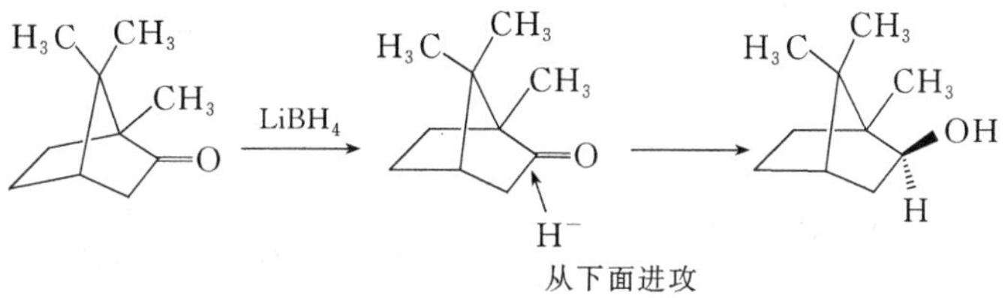

H_3C CH_3 CH_3 =O $\xrightarrow{LiBH_4}$ H_3C CH_3 CH_3 =O H^- 从下面进攻 $\longrightarrow$ H_3C CH_3 CH_3 OH H

Cram 模型是将 R 与 R_L 处于重叠式，进攻基团从 R_S 一边进攻羰基。近年来，化学家们也常使用 Felkin-Ahn 模型，即将大基团 R_L 放置于与羰基垂直的位置上，R_S 与羰基所连 R 近乎重叠，这种构象空间位阻最小，进攻基团从大基团反向进攻。

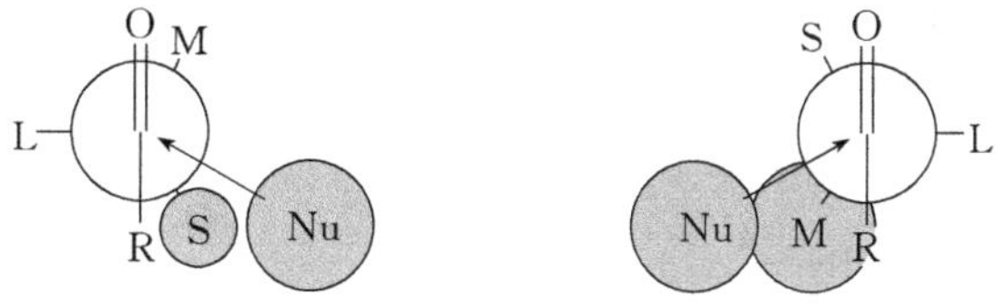

O M L R S Nu

A

S O L Nu M R

B

Cram 模型与 Felkin-Ahn 模型加成结果是一致的。

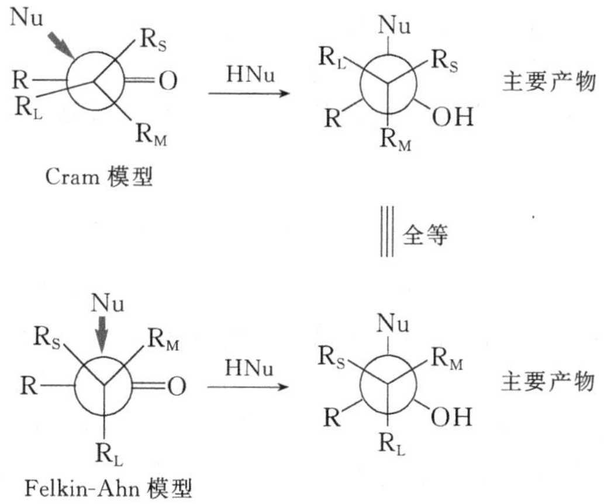

Nu R_S R =O R_L R_M $\xrightarrow{HNu}$ Nu R_L R_S R OH R_M 主要产物

Cram 模型

全等

Nu R_S R_M R =O R_L $\xrightarrow{HNu}$ Nu R_S R_M R OH R_L 主要产物

Felkin-Ahn 模型

8.3.6 与氨及其衍生物的加成缩合反应（reaction with ammonia and its derivatives）

(1) 与氨和胺反应

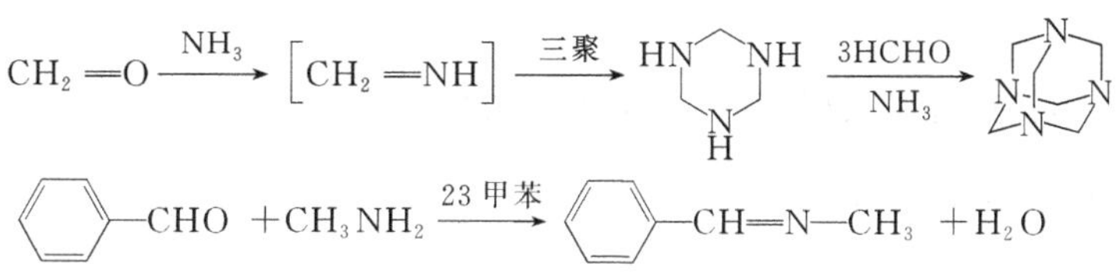

$$CH_2{=}O \xrightarrow{NH_3} [CH_2{=}NH] \xrightarrow{三聚} \text{HN}\ \ \text{NH}\ \ \underset{H}{N} \xrightarrow[NH_3]{3HCHO} \text{(N)}_4$$

$$C_6H_5{-}CHO + CH_3NH_2 \xrightarrow{23\ 甲苯} C_6H_5{-}CH{=}N{-}CH_3 + H_2O$$

(2) 与氨的衍生物反应

氨的衍生物包括羟胺、肼、2,4-二硝基苯肼、氨基脲等，由于分子中氮原子上有孤对电子，可以作为亲核试剂与醛、酮进行亲核加成反应。但加成产物不稳定，随即失去一分子水，而生成具有 $\gt C{=}N{-}$ 结构的产物。整个反应可以用如下通式表示：

$$\ce{>C=O} \xrightarrow[\text{(2) } H^+]{\text{(1) } H_2NOH} \ce{>C=N-OH} + H_2O$$

羟胺　　肟

$$\ce{>C=O} \xrightarrow[\text{(2) } H^+]{\text{(1) } H_2NHN-C(=O)-NH_2} \ce{>C=N-HN-C(=O)-NH_2} + H_2O$$

氨基脲　　缩氨基脲

$$\ce{>C=O} \xrightarrow[\text{(2) } H^+]{\text{(1) } H_2NNHR'} \ce{>C=N-NHR'} + H_2O$$

肼　　腙

$$\ce{>C=O} \xrightarrow[\text{(2) } H^+]{\text{(1) } H_2NHN-C_6H_3(2-NO_2)(4-NO_2)} \ce{>C=N-HN-C_6H_3(2-NO_2)(4-NO_2)} + H_2O$$

2,4-二硝基苯肼　　2,4-二硝基苯腙

从总的反应结果看，相当于在醛、酮与氨衍生物之间脱掉了一分子水。醛、酮与羟胺、肼、苯肼、氨基脲的反应产物分别称为肟、腙、苯腙、缩氨脲（又称半卡巴腙）。

该反应一般是在酸催化下进行，羰基氧和质子结合，使羰基碳的正电性增加，有利于亲核试剂的进攻。

$$\ce{>C=O} \xrightarrow{H^+} \ce{>C=\overset{+}{O}H} \longleftrightarrow \ce{>\overset{+}{C}-OH}$$

但反应的酸性不能太强。因为在强酸下，$H_2N—Y$（碱性物质）与质子结合形成盐，会丧失它们的亲核性。所以反应一般在弱酸溶液中进行（pH=5～6），此时反应溶液的酸度既能使一部分羰基化合物质子化，又不会使氨衍生物全部成盐而失去亲核能力。醛、酮与氨衍生物反应所生成的产物肟、腙、苯腙、缩氨脲等都很容易结晶，并有固定的熔点，且一般都是黄色，常用来鉴别醛、酮。尤其是分子量较大的 2，4-二硝基苯肼与醛、酮生成的产物易结晶、熔点高，效果明显，常被称为是鉴别醛、酮的羰基试剂。

醛、酮与氨衍生物的反应是可逆的，所得产物在稀酸作用下，又可水解为原来的醛、酮。

$$\ce{R(R'/H)C=N-Y} + H_2O \xrightarrow{H^+} \ce{R(R'/H)C=O} + H_2N-Y$$

因此，醛、酮与氨衍生物的反应，又可用来分离提纯醛、酮。

(3) 肟的 Z、E 异构与重排

$$\ce{H(Ph)C=\ddot{N}-OH} \xrightarrow[\text{醇}]{HCl} \ce{H(Ph)C=\ddot{N}-OH}$$

(Z)-苯甲醛肟　　(E)-苯甲醛肟

熔点 35℃　　熔点 132℃

肟在酸的作用下反式重排的机理为：

$$R'(R)C{=}N{-}OH \xrightarrow{H^+} R'(R)C{=}N{-}\overset{+}{O}H_2 \xrightarrow{-H_2O} R'{-}\overset{+}{C}{=}N{-}R \xrightarrow{+H_2O}$$

$$R'{-}C(\overset{+}{O}H_2){=}N{-}R \xrightarrow{-H^+} R'{-}C(OH){=}N{-}R \longrightarrow R'{-}C(=O){-}NH{-}R$$

通过重排得到的产物，可以确定肟的构型。

$$H_3C(p\text{-}BrC_6H_4)C{=}N{-}OH \xrightarrow{H^+} [H_3C{-}C(OH){=}N{-}C_6H_4Br\text{-}p] \longrightarrow H_3C{-}C(=O){-}NH{-}C_6H_4Br\text{-}p$$

环己酮与羟胺反应，得到环己酮肟，在酸介质中重排得到己内酰胺，再开环聚合，得到锦纶（尼龙-6）。

$$\text{环己酮肟} \xrightarrow{H_2SO_4} \text{己内酰胺} \xrightarrow{\text{聚合}} \left[C(=O){-}(CH_2)_5{-}NH\right]_n \quad \text{尼龙-6}$$

8.3.7 Wittig 反应（Wittig reaction）

Wittig 试剂与羰基化合物，首先进行亲核加成，最后生成烯烃的反应称为 Wittig 反应。该反应可由羰基化合物合成烯烃。由于该反应原子经济性差，价格较高，只在特殊合成中使用。Wittig 试剂是一种磷的内鎓盐，也叫磷叶立德（Ylide）。它在相邻的两个原子上具有相反的电荷，其中磷是缺电子的 Lewis 酸结构，碳是八电子的带负电荷的亲核中心。双方由于磷的空 3d 轨道与碳的 2p 轨道侧面交盖成离域轨道而稳定。有时也把 Wittig 试剂写成双键形式，但主要还是以内鎓盐形式存在。

制备 Wittig 试剂时首先用三苯基膦与卤代烷作用生成季鏻盐，然后再把季鏻盐用强碱处理即可。例如：

$$(C_6H_5)_3P + CH_3CH_2Br \xrightarrow{C_6H_6} (C_6H_5)_3\overset{+}{P}{-}CH_2CH_3Br^-$$

$$(C_6H_5)_3\overset{+}{P}{-}CH_2CH_3Br^- + C_6H_5Li \longrightarrow (C_6H_5)_3\overset{+}{P}{-}\overset{-}{C}HCH_3 + C_6H_6 + LiBr$$

醛、酮与上述 Wittig 试剂反应，便可顺利得到烯烃。总的结果是 Wittig 试剂的碳原子与羰基的烃基进行了交换。例如：

$$(H_3C)_2C{=}O + (C_6H_5)_3\overset{+}{P}{-}\overset{-}{C}HCH_3 \longrightarrow (H_3C)_2C{=}CHCH_3 + (C_6H_5)_3P{=}O$$

由于醛、酮可以是脂肪族的，也可以是芳香族的，可以包括双键、三键和多种官能团，而 Wittig 试剂也可以包括双键、三键和某些官能团，因此，醛、酮与 Wittig 试剂反应在有机合成上有广泛的用途。

8.4 α-氢的反应（reaction of α-hydrogen）

醛、酮 α-碳上的氢原子，由于受碳氢σ键和羰基的碳氧 π 键发生的超共轭效应的影响，活性增大，具有一定的酸性。一般醛、酮的 pK_a 约为 17～20，比乙炔的酸性（pK_a=25）大。

8.4.1 卤化反应（halogenating reaction）

醛、酮分子中的 α-氢，在酸或碱的催化作用下，容易被卤素取代，生成 α-卤代醛、酮。

(1) 酸催化下的卤化反应

醛、酮在酸催化下进行氯化、溴化、碘化反应，可以得到一卤代物。经动力学研究，酸催化下的卤化反应速率只与醛、酮和酸的浓度成正比，而与卤素的浓度和种类无关。

$$\nu = k[\text{酮}][H^+]$$

这说明在卤素参与反应之前，有一个决定反应速率的步骤。因此，酸催化下的卤化反应机理可表示如下：

$$H_3C-\overset{O}{\overset{\|}{C}}-CH_3 \underset{}{\overset{H^+}{\rightleftharpoons}} H_3C-\overset{\overset{+}{O}H}{\overset{\|}{C}}-CH_3 \xrightarrow{-H^+} H_3C-\overset{OH}{\overset{|}{C}}=CH_2 \xrightarrow{Br_2} H_3C-\overset{\overset{+}{O}H}{\overset{\|}{C}}-CH_2Br \longrightarrow H_3C-\overset{O}{\overset{\|}{C}}-CH_2Br$$

首先是羰基氧与质子结合，形成质子化酮，后者从 α-碳上解离一个质子生成烯醇，这是决定反应速率的一步。接着卤素与烯醇的双键加成，正性卤素与 α-碳结合，形成较稳定的碳正离子，然后该碳正离子失去一个质子而得到最终产物卤代酮。

在上述各步骤中，从质子化酮生成烯醇是决定整个反应的慢步骤，而在此步中，只与醛、酮及酸的浓度有关，而与卤素浓度无关，显然，这种机理与前述动力学结果是一致的。

醛、酮在酸催化下的卤化反应，一般可以控制在生成一卤代物阶段。当 α-碳导入一个卤原子后，由于卤原子的吸电子作用而降低了羰基氧原子上的电子云密度，减弱了接受质子的能力。而羰基氧的质子化，是醛、酮在酸性溶液中变成烯醇式的必要条件。因此，α-卤代醛、酮变成烯醇式比未卤代醛、酮困难，继续卤化的速率变慢，如果控制卤素的用量，则可主要生成一卤代醛、酮。

(2) 碱催化下的卤化反应

动力学研究提出，丙酮溴化反应速率取决于丙酮和碱的浓度，而与溴的浓度无关。

$$\nu = k[\text{丙酮}][OH^-]$$

从这种动力学结果出发，碱催化的卤化反应机理可表示如下：

$$H_3C-\overset{O}{\overset{\|}{C}}-CH_3 \xrightarrow{HO^-} H_3C-\overset{O}{\overset{\|}{C}}-\overset{-}{C}H_2 \longleftrightarrow H_3C-\overset{O^-}{\overset{|}{C}}=CH_2 \xrightarrow{Br_2} H_3C-\overset{O}{\overset{\|}{C}}-CH_2Br$$

碱缓慢地从丙酮分子中夺取一个质子，形成烯醇负离子，这是决定整个反应速率的步骤。烯醇负离子一旦生成，便立即与溴发生反应，生成 α-溴代丙酮。醛、酮的碱催化卤化与酸催化卤化相比，反应速率较快。这是由于碱主动去夺取质子，烯醇负离子生成的速率变快，而且烯醇负离子亲核性强，它与卤素反应非常容易。

碱催化反应的另一个特点是反应很难控制在生成一卤代物阶段上。当醛、酮的一个 α-氢被卤化后，由于卤素的吸电子作用，卤代醛、酮的 α-氢酸性增强，在碱的作用下，更容易变成烯醇负离子，因此，α-卤代醛、酮继续卤化的速率比未卤化的快。α-二卤代醛、酮则更快，即卤代一步比一步快，最后结果是α-碳上的氢全部被卤素取代。

(3) 卤仿反应

具有三个α-氢的醛、酮（乙醛、甲基酮），与次卤酸钠（NaOX）或卤素的碱溶液作用，则三个α-氢都被取代。如前所述，这是碱催化卤化的特点。例如：

$$H_3C-\overset{O}{\overset{\|}{C}}-CH_3 \xrightarrow[NaOH]{X_2} H_3C-\overset{O}{\overset{\|}{C}}-CH_2X \xrightarrow[NaOH]{X_2} H_3C-\overset{O}{\overset{\|}{C}}-CHX_2 \xrightarrow[NaOH]{X_2} H_3C-\overset{O}{\overset{\|}{C}}-CX_3$$

所生成的三卤代丙酮分子中，由于羰基氧和三个卤原子的吸电子作用，碳-碳键不牢固，在碱的作用下发生断裂，生成卤仿和羧酸盐。

$$X_3C-\overset{O}{\overset{\|}{C}}-CH_2R \xrightarrow{OH^-} X_3C-\overset{OH}{\underset{O^-}{C}}-CH_2R \longrightarrow \overset{-}{C}X_3 + RCH_2COOH \longrightarrow CHX_3 + RCH_2COO^-$$

产物中有卤仿，所以该反应称为卤仿反应。如果在上列反应中所用卤素为碘，则所得到的碘仿（CHI_3）为有特殊气味的黄色沉淀。利用这种现象，可以鉴别含有三个α-氢的醛、酮。但由于卤素的碱溶液具有一定的氧化性，它可将下述结构的醇氧化为相应的甲基醛、酮，所以具有下述结构的醇也能发生卤仿反应。在工业生产上用乙醇代替乙醛或丙酮来制取氯仿或碘仿就是这个道理。

$$CH_3CH_2OH \xrightarrow[NaOH]{I_2} CH_3CHO \xrightarrow[NaOH]{I_2} CHI_3\downarrow + HCOONa$$

$$CH_3\underset{OH}{\underset{|}{C}}HCH_3 \xrightarrow[NaOH]{I_2} CH_3COCH_3 \xrightarrow[NaOH]{I_2} CHI_3\downarrow + CH_3COONa$$

卤仿反应常用来推断有机化合物的结构。因为它能为我们提供有机分子中含有CH_3CO—和$CH_3CH(OH)$—结构单元的信息。除此之外，卤仿反应还可用于制备一些用其他方法难以得到的羧酸。例如：

$$(CH_3)_3CCOCH_3 \xrightarrow{NaOCl} (CH_3)_3CCOONa + CHCl_3$$

$$\text{2-萘基}-COCH_3 \xrightarrow{NaOCl} \text{2-萘基}-COONa + CHCl_3$$

乙醛是唯一可发生卤仿反应的醛；乙醇是唯一可发生卤仿反应的伯醇。

8.4.2 羟醛缩合反应（aldol condensation）

在稀碱或稀酸（通常是稀碱）的作用下，两分子醛（酮）相互作用，生成β-羟基醛（酮）的反应，称为羟醛缩合反应。

(1) 醛与醛缩合

在稀碱存在下，两分子醛相互作用，其中一分子醛的α-氢加到另一分子醛的羰基氧原子上，而其余部分则加到羰基碳原子上，生成的产物是β-羟基醛。例如：

$$2CH_3CH_2CHO \xrightarrow{HO^-} CH_3CH_2\underset{CH_3}{\underset{|}{CH}}\overset{OH}{\overset{|}{CH}}CHO \xrightarrow[\triangle]{-H_2O} CH_3CH_2CH{=}\underset{CH_3}{\underset{|}{C}}CHO$$

碱催化下羟醛缩合反应的机理，以乙醛为例表示如下：

$$HO^- \searrow H{-}CH_2CHO \rightleftharpoons \overset{-}{C}H_2CHO \longleftrightarrow H_2C{=}\underset{H}{\underset{|}{C}}{-}\overset{-}{O}$$

$$H_3C{-}\underset{H}{\underset{|}{C}}{=}O + \overset{-}{C}H_2CHO \rightleftharpoons CH_3\underset{O^-}{\underset{|}{CH}}{-}CH_2CHO \xrightleftharpoons{H_2O} CH_3\underset{OH}{\underset{|}{CH}}{-}CH_2CHO$$

$$\xrightleftharpoons{-H_2O} CH_3CH{=}CHCHO$$

第一步是催化剂^-OH夺取乙醛的一个α-氢，形成碳负离子；第二步是碳负离子作为亲核试剂进攻另一分子醛的羰基碳，生成氧负离子；第三步是氧负离子从水中夺取质子而生成β-羟基醛。该羟基化合物微热则脱水生成α,β-不饱和醛。从反应机理可以看出，羟醛缩合实际上也是羰基的亲核加成反应，只不过该亲核试剂是由醛自身产生的碳负离子。

从反应机理中还可以看出，醛要进行羟醛缩合反应必须有α-氢，否则无法产生碳负离子亲核试剂，使反应不能发生。在羟醛缩合反应中，除脱水外，其他各步反应都是可逆的。脱水能促使反应进行到底，提高最终缩合产物的收率。显然，要生成脱水产物，醛分子中至少要有两个α-氢。

(2) 酮与酮缩合

含有α-氢的酮进行羟醛结合反应时，平衡常数较小，只能得到少量β-羟基酮。如用特殊的方法或设法使产物生成后离开反应体系，使平衡向右移动，也可以得到较高的产率。例如，丙酮可以在索氏提取器中用不溶性的碱［如$Ba(OH)_2$］催化进行羟醛缩合反应，收率可达70%。某些酮在叔丁醇铝（碱）作用下，加热可得到α,β-不饱和酮。例如：

$$2C_6H_5COCH_3 \xrightarrow[\text{二甲苯，100℃}]{[(CH_3)_3CO]_3Al} C_6H_5\underset{CH_3}{\underset{|}{C}}{=}CH{-}\overset{O}{\overset{\|}{C}}{-}C_6H_5 \quad 77\%$$

酮在酸性介质中亦能进行羟醛缩合。丙酮用弱酸性阳离子交换树脂催化羟醛缩合反应，产率可达87.4%。酸催化下进行羟醛缩合的途径为：

$$(CH_3)_2C{=}O \xrightarrow{H^+} (CH_3)_2C{=}\overset{+}{O}H \longleftrightarrow (CH_3)_2\overset{+}{C}{-}OH$$

$$(CH_3)_2C{=}\overset{+}{O}H \rightleftharpoons \underset{HO}{}\overset{H_3C}{}C{=}CH_2$$

$$(CH_3)_2\overset{+}{C}{-}OH + CH_2{=}C(OH)CH_3 \longrightarrow (CH_3)_2C(OH){-}CH_2{-}\overset{+}{C}(OH){-}CH_3 \longleftrightarrow (CH_3)_2C(OH){-}CH_2{-}C({=}\overset{+}{O}H){-}CH_3$$

$$\xrightarrow{-H^+} \underset{OH}{(H_3C)_2\underset{|}{C}}{-}CH_2{-}\overset{O}{\overset{\|}{C}}{-}CH_3$$

丙酮在酸性催化剂作用下发生三聚生成均三甲苯。

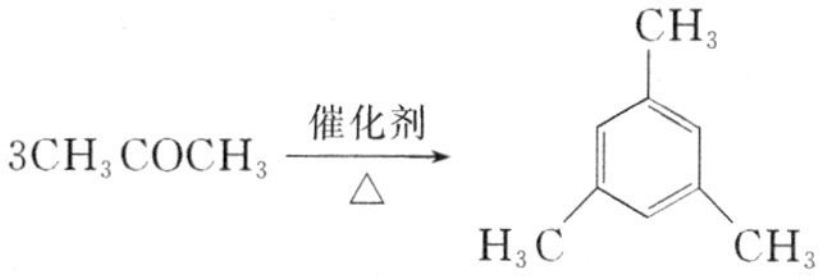

$$3CH_3COCH_3 \xrightarrow[\triangle]{\text{催化剂}} \text{1,3,5-三甲苯}$$

苯乙酮在 $SOCl_2$ 或 $SiCl_4$ 作用下，可生成产率较高的1,3,5-三苯基苯。

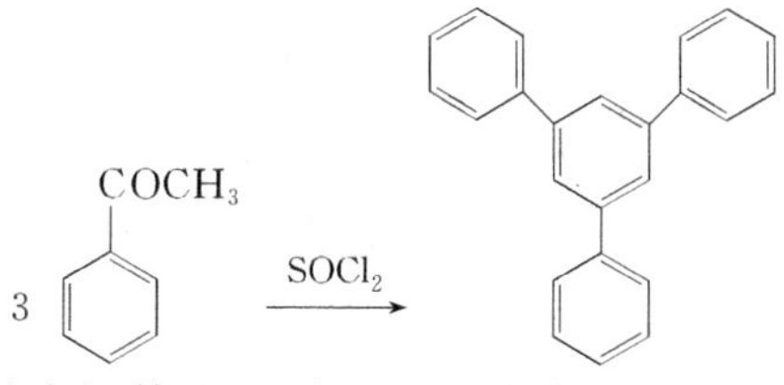

C_{60} 化学全合成的关键中间体也用到了酮的缩合反应。

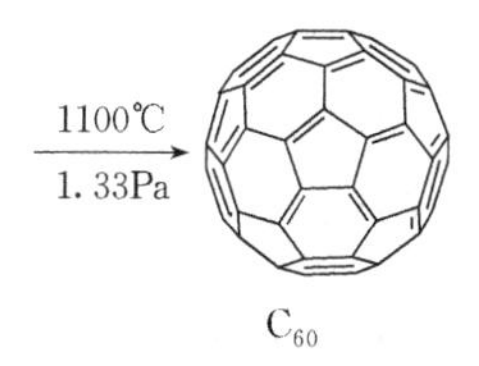

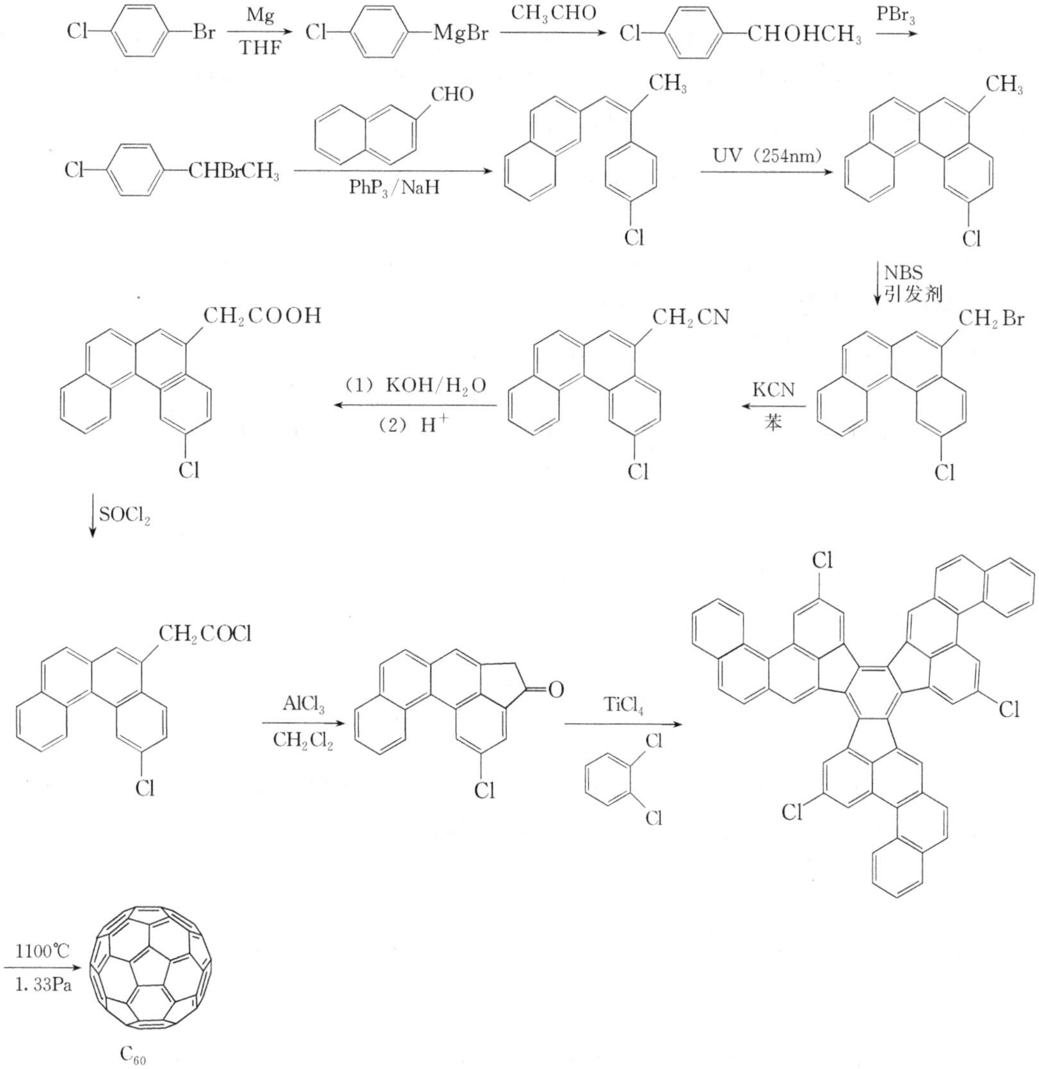

C_{60}

(3) 分子内羟醛缩合

二羰基化合物分子内缩合能顺利地生成环状化合物，可用于五、六、七元环化合物的合成。它比分子间缩合反应容易，且产率较高。例如：

$$CH_3COCH_2CH_2COCH_3 \xrightarrow{NaOH\text{-}H_2O}$$ 3-甲基环戊-2-烯酮

(1) O_3; (2) Zn/H_2O → 环癸-1,6-二酮 $\xrightarrow{NaOH\text{-}H_2O}$ 双环烯酮

$\xrightarrow{CH_3ONa}$ $\xrightarrow{CH_3OH}$ HO—…—CH_3

(4) 交叉羟醛缩合

两种含有 α-氢的不同醛进行羟醛缩合反应，可发生交叉羟醛缩合，生成四种羟醛产物的混合物，因此无制备价值。如果参与反应的一种醛有 α-氢，而另一种没有 α-氢，则可以得到产率较高的单一产物。例如：

$$HCHO + (CH_3)_2CHCHO \xrightarrow{\text{稀}^-OH} (CH_3)_2C(CH_2OH)CHO \quad 70\%$$

芳醛与含有 α-氢的醛、酮在碱性条件下进行羟醛缩合反应，失水后得到 α,β-不饱和醛、酮的反应称为 Claisen-Schmidt 反应。例如：

$$C_6H_5CHO \xrightarrow[NaOH\text{-}H_2O]{CH_3CHO} C_6H_5CHOHCH_2CHO \xrightarrow{-H_2O} C_6H_5CH{=}CHCHO \quad 90\%$$

$$H_3CO\text{-}C_6H_4\text{-}CHO \xrightarrow[NaOH\text{-}H_2O]{CH_3CHO} H_3CO\text{-}C_6H_4\text{-}CH(OH)CH_2CHO \xrightarrow{-H_2O} H_3CO\text{-}C_6H_4\text{-}CH{=}CHCHO \quad 83\%$$

$$\text{呋喃}\text{-}CHO + CH_3CH_2CHO \xrightarrow{NaOH\text{-}H_2O} \xrightarrow{-H_2O} \text{呋喃}\text{-}CH{=}C(CH_3)\text{-}CHO \quad 72\%$$

$$C_6H_5CHO + C_6H_5COCH_3 \xrightarrow{NaOH\text{-}H_2O} C_6H_5CH{=}CH\text{-}CO\text{-}C_6H_5 \quad 85\%$$

羟醛缩合反应在有机合成中是增长碳链的重要方法，可以合成各种结构的羟醛类化合物，α，β-不饱和醛、酮或醇。例如，工业上利用丁醛缩合反应制备 2-乙基己-1,3-二醇和 2-乙基己-1-醇。

$$2CH_3CH_2CH_2CHO \xrightarrow{^-OH} CH_3CH_2CH_2CH(OH)CH(CH_2CH_3)CHO \xrightarrow[Ni]{H_2} CH_3CH_2CH_2CH(OH)CH(CH_2CH_3)CH_2OH$$

$$2CH_3CH_2CH_2CHO \xrightarrow[\triangle]{^-OH} CH_3CH_2CH_2CH{=}C(CH_2CH_3)CHO \xrightarrow[Ni]{H_2} CH_3CH_2CH_2CH_2CH(CH_2CH_3)CH_2OH$$

环己酮与过量的甲醛在氧化钙的作用下可生成多羟甲基酮，是合成树形化合物的材料。

$$\text{环己酮} + HCHO \xrightarrow{CaO} \text{2,2,6,6-四(羟甲基)环己酮}$$

$$\text{联环己二酮} + HCHO \xrightarrow{CaO} \text{四(羟甲基)取代产物}$$

8.4.3 Perkin 反应（Perkin reaction）

芳醛与脂肪族酸酐，在相应酸的碱金属盐存在下共热，发生缩合反应，称为 Perkin（普尔金）反应。当酸酐包含两个 α-氢时，通常生成 α，β-不饱和酸，这是制备 α，β-不饱和酸的一种方法。实验室制备肉桂酸就是利用 Perkin 反应。

$$C_6H_5\text{—}CHO + (CH_3CO)_2O \xrightarrow{CH_3COOK} C_6H_5\text{—}CH{=}CHCOOH$$

Perkin 反应的机理，以肉桂酸制备为例表示如下：

$$(CH_3CO)_2O \xrightarrow{CH_3CO\bar{O}} H_3C\text{—}C(=O)\text{—}O\text{—}C(=O)\text{—}\bar{C}H_2 \xrightarrow{C_6H_5\text{—}CH{=}O} C_6H_5\text{—}CH(O^-)\text{—}CH_2\text{—}C(=O)\text{—}O\text{—}C(=O)\text{—}CH_3 \xrightarrow{(CH_3CO)_2O} C_6H_5\text{—}CH(OH)\text{—}CH_2\text{—}C(=O)\text{—}O\text{—}C(=O)\text{—}CH_3$$

$$\xrightarrow{-H_2O} C_6H_5\text{—}CH{=}CH\text{—}C(=O)\text{—}O\text{—}C(=O)\text{—}CH_3 \xrightarrow{H_2O} C_6H_5\text{—}CH{=}CHCOOH + CH_3COOH$$

脂肪醛不易发生 Perkin 反应。

8.4.4 Mannich 反应（Mannich reaction）

含有 α-氢的化合物（醛、酮、酯）与醛和氨、伯胺或仲胺之间发生缩合反应，称为 Mannich（曼尼希）反应。

$$R\text{—}\overset{O}{\overset{\|}{C}}\text{—}\underset{R'}{\overset{H}{C}}\text{—}H + H\text{—}\overset{O}{\overset{\|}{C}}\text{—}H + H\text{—}N(R'')_2 \xrightarrow{H^+} R\text{—}\overset{O}{\overset{\|}{C}}\text{—}\underset{R'}{\overset{H}{C}}\text{—}\underset{H}{\overset{H}{C}}\text{—}N(R'')_2$$

含有活泼氢类化合物，最常见的是酮类，胺类中叔胺和芳胺不发生反应，脂肪族伯胺和氨的氮原子上连有一个以上的氢原子，反应较复杂，使用最方便的是仲胺，如二甲胺、二羟乙基胺等。使用最多的醛是甲醛，可以使用其水溶液，亦可用三聚甲醛或多聚甲醛。反应一般是以水、乙醇等为溶剂，在弱碱性或弱酸性条件下，于室温上下进行。例如：

$$C_6H_5COCH_3 + HCHO + HN(CH_3)_2 \xrightarrow{HCl} C_6H_5COCH_2CH_2N(CH_3)_2 \cdot HCl$$

此反应是一种胺甲基化反应。这里苯乙酮分子中甲基上的一个氢原子被二甲氨甲基取代，产物是β-氨基酮（Mannich 碱）。

由于β-氨基酮容易发生消除、取代等反应，所以 Mannich 反应在有机合成中，尤其是在天然产物及药物的合成方面有广泛的应用。其中可卡因的合成就用到此反应。

$$OHC-CH_2CH_2CH_2-CHO + CH_3NH_2 + H_3COOC-CH_2-CO-CH_2-COONa \xrightarrow[-H_2O,\ -CO_2]{H^+}$$

（N-CH₃ 桥环，COOCH₃，C=O）→ → （N-CH₃ 桥环，COOCH₃，H，COOC₆H₅）

8.5 氧化还原反应（redox reaction）

醛、酮结构不同，醛羰基碳上连有一个氢原子，因此醛非常容易被氧化，比较弱的氧化剂即可使醛氧化成同碳数的羧酸，而弱氧化剂不能使酮氧化。常用的弱氧化剂是 Tollen（托伦）试剂和 Fehling（斐林）试剂。

8.5.1 与 Tollen 试剂和 Fehling 试剂反应（reaction with Tollen and Fehling reagent）

Tollen 试剂是硝酸银的氨溶液。它与醛的反应可表示如下：

$$RCHO + 2Ag(NH_3)_2OH \xrightarrow{\triangle} RCOONH_4 + 2Ag\downarrow + H_2O + 3NH_3$$

这里醛被氧化成羧酸（实际得到的是羧酸的铵盐），一价银离子被还原为金属银。如果反应器是很干净的，所析出的金属银将镀在容器的内壁，形成银镜，所以这个反应常称为银镜反应。用此反应可以鉴别醛与酮，酮一般不发生银镜反应。银镜反应完成后，要将反应液及时用稀硝酸处理不可久放，另外，使用的银氨溶液要临时配制，不可久放，以免产生易爆的雷酸银和叠氮化银。

Fehling 试剂是硫酸铜溶液与酒石酸钾钠溶液混合而成，作为氧化剂的是二价铜离子。醛与 Fehling 试剂反应时，二价离子还原成砖红色的氧化亚铜沉淀。

$$RCHO + 2Cu(OH)_2 + NaOH \longrightarrow RCOONa + Cu_2O\downarrow + 3H_2O$$

但 Fehling 试剂不能将芳醛氧化成相应的酸。用此反应可以鉴别脂肪醛和芳香醛，芳香醛一般不发生该反应。除了 Fehling 试剂外，还有一种铜试剂叫 Benedict（本尼迪特）试剂，是硫酸铜溶液与柠檬酸钠与碳酸钠溶液混合而成，由于碱性较弱，常用在医学检验上。

上述两种氧化剂与醛进行反应时，反应现象明显，因而常用来鉴别醛、酮，以及脂肪醛与芳香醛。这两种试剂与碳-碳双键和碳-碳三键不反应，因而在有机合成上用来从 α，β-不饱和醛制备 α，β-不饱和酸。例如：

$$RCH{=}CHCHO \xrightarrow[(2)\ H^+]{(1)\ Ag(NH_3)_2OH} RCH{=}CHCOOH$$

芳香醛在空气中还可以发生自动氧化反应。例如，将几滴苯甲醛放在玻璃板上，在空气中暴露几小时后，就会变成苯甲酸晶体。光或微量重金属离子（Fe，Co，Ni，Mn 等）对自动氧化有催化作用。

醛遇到强氧化剂，如 $KMnO_4$，$K_2Cr_2O_7/H_2SO_4$ 等，很容易被氧化成酸，若醛分子中有碳-碳双键等，也同时被氧化。例如：

$$H_3CHC{=}CHCHO \xrightarrow[H_2SO_4]{KMnO_4} CH_3COOH + CO_2$$

酮一般不被弱氧化剂所氧化。但遇强氧化剂则可被氧化，羰基随小烷基断裂，生成羧酸混合物。例如：

$$CH_3COCH_2CH_3 \xrightarrow{HNO_3} 2\ CH_3COOH$$

所以一般酮的氧化反应没有利用价值。但某些结构对称的环酮，如环己酮，在硝酸或高锰酸钾的氧化作用下生成己二酸，这是工业上制备己二酸的方法。己二酸是生产尼龙-66 的基本原料。

$$\text{环己酮} \xrightarrow{HNO_3} HOOCCH_2CH_2CH_2CH_2COOH \quad 80\%\sim85\%$$

8.5.2 还原成醇（reduction to alcohol）

醛、酮能被还原生成醇或烃。还原剂不同，羰基化合物的结构不同，所生成的产物也不同。将醛、酮还原成醇可以采取多种方法，现介绍如下：

$$\begin{matrix}R \\ \quad\diagdown \\ \quad\ C{=}O \\ \quad\diagup \\ (R')H\end{matrix} \xrightarrow{[H]} \begin{matrix}R \\ \quad\diagdown \\ \quad\ CH{-}OH \\ \quad\diagup \\ (R')H\end{matrix}$$

醛、酮在铂、钯、镍等催化剂存在下加氢，分别生成伯醇和仲醇。反应一般在较高温度和压力下进行，产率较高，后处理简单。但是催化剂较贵，并且分子中有其他不饱和基团，如 $>C{=}C<$、$-C{\equiv}C-$、$-NO_2$、$-C{\equiv}N$ 等，这些基团也将同时被还原。

金属氢化物如硼氢化钠（$NaBH_4$）、氢化铝锂（$LiAlH_4$）等是还原羰基的常用试剂。硼氢化钠在水溶液或醇溶液中是一种缓和的还原剂，其选择性高，效果好。它只还原醛、酮的羰基，而不还原分子中其他不饱和基团。例如：

$$C_6H_5{-}CH{=}CHCHO \xrightarrow{NaBH_4} C_6H_5{-}CH{=}CHCH_2OH$$

氢化铝锂的还原性比硼氢化钠强，不仅能将醛、酮还原成相应的醇，而且还能还原羧酸、酯、酰胺、腈等，反应产率很高，但对碳-碳双键、碳-碳三键也没有还原作用。

8.5.3 Meerwein-Ponndorf 还原（Meerwein-Ponndorf reduction）

在异丙醇铝-异丙醇作用下，醛、酮被还原成醇的反应叫做 Meerwein-Ponndorf（麦尔外因-彭道夫）反应。Meerwein-Ponndorf 还原是可逆平衡反应，一般可以通过多加异丙醇或不断蒸出低沸点丙酮的方法，使平衡向右移动，从而达到还原醛、酮的目的。该还原反应，也只还原羰基而不影响碳-碳重键等。例如：

$$C_6H_5-CH{=}CHCHO \xrightarrow[(CH_3)_2CHOH]{[(CH_3)_2CHO]_3Al} C_6H_5-CH{=}CHCH_2OH$$

8.5.4 Clemmensen 还原（Clemmensen reduction）

醛或酮在锌汞齐和浓盐酸作用下，羰基直接被还原成亚甲基。例如：

$$C_6H_5COCH_2CH_2CH_3 \xrightarrow[\text{浓 HCl，}\triangle]{Zn\text{-}Hg} C_6H_5CH_2CH_2CH_2CH_3$$

这种反应叫做 Clemmensen（克莱门森）还原。将锌用氯化汞的水溶液处理，汞离子被还原为金属汞，在锌的表面生成锌汞齐。该反应在有机合成上常用于合成直链烷基苯。

8.5.5 Wolff-Kishner-黄鸣龙还原（Wolff-Kishner-Huang Minlon reduction）

醛、酮在碱性及高温、高压条件下与肼作用，羰基被还原成亚甲基的反应叫 Wolff-Kishner 还原。

$$\begin{matrix}R\\ \diagdown\\ \end{matrix}C{=}O\ (\text{with }(R')H) + H_2NNH_2 \xrightarrow[\text{高温，高压}]{KOH} \begin{matrix}R\\ \diagdown\\ \end{matrix}CH_2\ (\text{with }(R')H) + N_2$$

该法的缺点是需要高压釜并以无水肼为原料，反应时间长，产率不太高。1946 年我国著名化学家黄鸣龙在使用这个方法过程中，对反应条件进行了改进。先将醛、酮、氢氧化钠、肼的水溶液和一个高沸点水溶性溶剂（如二甘醇、三甘醇）一起加热，醛、酮变成腙，再蒸出过量的水和未反应的肼，待温度达到腙的分解温度（200℃左右）时，再回流 3～4 小时使反应完成。这样可以不使用纯肼，反应在常压下进行，并且得到高产量的产品。例如：

$$C_6H_5COCH_2CH_3 \xrightarrow[\text{二甘醇，NaOH}]{H_2NNH_2} C_6H_5CH_2CH_2CH_3 \quad 82\%$$

黄鸣龙改良还原法有很大的实用价值，不仅可以在实验室使用，而且可以工业化，并得到了国际上的公认。因此改进的方法称为 Wolff-Kishner-黄鸣龙（乌尔夫-凯惜纳-黄鸣龙）还原法。

Clemmensen 还原和 Wolff-Kishner-黄鸣龙还原，都可将醛、酮的羰基还原为亚甲基而得到相应的烃。反应有很高的选择性，大多数官能团对反应都没有干扰，但对 α，β-不饱和醛、酮，两种方法都不能使用。因为在 Clemmensen 还原中，双键也可能被还原，得不到预期的还原产物。在 Wolff-Kishner-黄鸣龙还原法中，α，β-不饱和醛、酮将会生成杂环化合物。一般说来，Clemmensen 还原适用于对碱敏感的醛、酮；Wolff-Kishner-黄鸣龙还原法适用于对酸敏感的醛、酮。两种方法可以互相补充，都广泛用于有机合成。

黄鸣龙，江苏扬州人。有机化学家，中国甾族激素药物工业奠基人。改良的 Wolff-Kishner 还原法，简称“黄鸣龙改良还原法”，是以中国科学家命名的重要的有机化学反应。

8.5.6 Cannizzaro 反应（Cannizzaro reaction）

没有 α-氢的醛，在浓碱作用下，发生自身的氧化和还原作用，即一分子醛被氧化成羧酸，在碱溶液中生成羧酸盐，另一分子醛被还原成醇，这种反应称为 Cannizzaro（康尼扎罗）反应。例如：

$$2HCHO \xrightarrow{\text{浓 NaOH}} HCOONa + CH_3OH$$

$$2C_6H_5CHO \xrightarrow{\text{浓 NaOH}} C_6H_5COONa + C_6H_5CH_2OH$$

Cannizzaro 反应是 S. Cannizzaro 于 1853 年首先发现的，并由此而得名。该反应在不含 α-氢的分子间同时进行着两种性质相反的反应，即氧化还原反应，故通常称为歧化反应。

两种不同的无 α-氢的醛，可以进行交叉的歧化反应。例如：

$$C_6H_5CHO + HCHO \xrightarrow{\text{浓 NaOH}} C_6H_5CH_2OH + HCOONa$$

交叉的歧化反应，本应得四种产物，但在这里只得甲酸钠和苯甲醇。这是因为甲醛的醛基最活泼，总是先被 OH^- 进攻，从而成为氢的供体，本身被氧化。苯甲醛为氢的受体，被还原为苯甲醇。这种产物单一、产率较高的交叉歧化反应，在合成上有重要用途。例如工业上生产季戊四醇，就巧妙地利用了羟醛缩合和歧化反应。

$$CH_3CHO + HCHO \xrightarrow{Ca(OH)_2} HOH_2C-\underset{CH_2OH}{\overset{CH_2OH}{\underset{|}{\overset{|}{C}}}}-CHO$$

$$HOH_2C-\underset{CH_2OH}{\overset{CH_2OH}{\underset{|}{\overset{|}{C}}}}-CHO \xrightarrow[Ca(OH)_2]{HCHO} HOH_2C-\underset{CH_2OH}{\overset{CH_2OH}{\underset{|}{\overset{|}{C}}}}-CH_2OH \quad 55\%$$

季戊四醇是重要的化工原料，它常用来制备血管扩张剂（季戊四醇四硝酸酯）、工程塑料聚氯醚和油漆用的醇酸树脂等。

8.5.7 安息香缩合（benzoin condensation）

苯甲醛在 KCN 的作用下生成二聚体的反应为安息香缩合反应。

$$C_6H_5CHO \xrightarrow[C_2H_5OH\text{-}H_2O,\ pH=7\sim8]{KCN} C_6H_5\text{-}CH(OH)\text{-}CO\text{-}C_6H_5$$

其反应机理如下：

$$C_6H_5CHO \xrightarrow{KCN} C_6H_5\text{-}CH(CN)\text{-}\bar{O} \rightleftharpoons C_6H_5\text{-}\bar{C}(CN)\text{-}OH \xrightarrow{C_6H_5CH{=}O} C_6H_5\text{-}C(OH)(CN)\text{-}CH(\bar{O})\text{-}C_6H_5 \xrightarrow{-CN^-} C_6H_5\text{-}CH(OH)\text{-}CO\text{-}C_6H_5$$

当苯环上有第一类定位基时，不能发生安息香缩合，但可与苯甲醛发生混合安息香缩合反应。

$$p\text{-}(CH_3)_2N\text{-}C_6H_4\text{-}CHO + C_6H_5CHO \xrightarrow[pH=7\sim8]{KCN} C_6H_5\text{-}CH(OH)\text{-}CO\text{-}C_6H_4\text{-}N(CH_3)_2\text{-}p$$

(1) 写出上式的反应机理。

(2) 试说明安息香缩合反应与苯甲醛加 HCN 反应的区别。

8.5.8 二苯酮重排（benzophenone rearrangement）

在强碱介质中，无 α-H 的二酮经过重排，生成羧酸和醇。

$$C_6H_5\text{-}CO\text{-}CO\text{-}C_6H_5 \longrightarrow C_6H_5\text{-}C(\bar{O})(OH)\text{-}CO\text{-}C_6H_5 \longrightarrow (C_6H_5)_2C(OH)\text{-}CO\bar{O}$$

无 α-H 的二醛经过重排，也生成羧酸和醇。当分子内有两个无 α-H 的醛基时，一个被氧化，一个被还原，如处在邻位，还可进一步环化成内酯。

$$o\text{-}C_6H_4(CHO)_2 \xrightarrow{OH^-} o\text{-}C_6H_4(COO^-)(CH_2OH) \longrightarrow \text{苯酞（内酯）}$$

$$C_6H_5COCHO \xrightarrow{OH^-} C_6H_5CHOHCOO^- \xrightarrow[CH_3OH]{OH^-} C_6H_5CHOHCOOCH_3$$

完成下列反应。

OH^- 　　C_8H_{11} 　　OH^-

OH^- 　　$OHCCH_2CH_2CH_2CH_2CHO \xrightarrow[6HCHO]{OH^-}$

8. 5. 9　Baeyer-Villiger 重排（Baeyer-Villiger rearrangement）

酮在过氧酸存在下，经过氧化重排生成酯的反应称为 Baeyer-Villiger（拜耳-魏立格）重排。在不对称结构的酮中，哪个基团迁移取决于烃基的亲核性强弱。一般迁移顺序为苯基＞叔烷基＞仲烷基＞伯烷基＞甲基。苯环上的给电子基团增加迁移能力，吸电子基团降低迁移能力。

$$R-CO-R' \xrightarrow{R''CO_3H} R-C(OH)(R')-O-O-CO-R'' \xrightarrow{-R''COO^-} R-C(OH)(R')-O^+$$

$$\longrightarrow {}^+C(OH)(R')-OR \longrightarrow R'-C(=\overset{+}{O}H)-OR \longrightarrow R'COOR$$

8. 5. 10　Favorskii 重排（Favorskii rearrangement）

α-卤代酮在碱中重排生成羧酸或羧酸酯，中间经过环丙酮的中间体，反应机理如下：

O　Cl　RO^-　O　Cl　O　RO^-　OR　O^-

$^-$COOR $\xrightarrow{ROH}$ COOR

8. 6　α, β-不饱和醛、酮的性质（properties of α, β-unsaturated aldehyde and ketone）

在 α，β-不饱和醛、酮中，碳-碳双键和碳-氧双键是共轭的。这类化合物不仅具有两种官能团各自的性质，而且还具有独特的性质，既可发生亲核加成，也可发生亲电加成，而且具有 1,2-加成和 1,4-加成两种方式。

(1) 亲电加成

α，β-不饱和醛、酮与亲电试剂加成，一般都发生 1，4-加成。例如：

$$CH_2{=}CH{-}\underset{\substack{|\\H}}{C}{=}O + HCl \longrightarrow \underset{\substack{|\\Cl}}{CH_2}{-}CH_2{-}CHO$$

该反应的机理是：

$$\overset{4}{C}H_2{=}\overset{3}{C}H{-}\overset{2}{C}H{=}\overset{1}{O} \overset{H^+}{\rightleftharpoons} \overset{4}{C}H_2{=}\overset{3}{C}H{-}\overset{2}{C}H{=}\overset{1}{\underset{+}{O}}H \longleftrightarrow \overset{4}{C}H_2{=}\overset{3}{C}H{-}\overset{2}{\underset{+}{C}}H{-}\overset{1}{O}H$$

$$\updownarrow$$

$$\underset{\substack{|\\Cl}}{\overset{4}{C}H_2}{-}\overset{3}{C}H_2{-}\overset{2}{C}H{=}\overset{1}{O} \longleftarrow \underset{\substack{|\\Cl}}{\overset{4}{C}H_2}{-}\overset{3}{C}H{=}\overset{2}{C}H{-}\overset{1}{O}H \overset{Cl^-}{\longleftarrow} {}^{+}\overset{4}{C}H_2{-}\overset{3}{C}H{=}\overset{2}{C}H{-}\overset{1}{O}H$$

从反应机理可以看出，该反应按 1，4-加成方式进行，生成不稳定的烯醇式结构，然后重排成稳定的酮式结构。所以，α，β-不饱和醛、酮与亲电试剂加成时，是试剂的正电性部分加到 C3 上，负电性部分加到 C4 上。

(2) 亲核加成

α，β-不饱和醛、酮受亲核试剂的进攻，由于试剂不同，可以发生 1,2-加成和 1,4-加成两种方式的加成。

$$\gt C{=}\underset{|}{C}{-}\overset{|}{C}{=}O + H^+{-}Nu^- \begin{cases} \xrightarrow{1,\ 2\text{-加成}} \gt C{=}\underset{|}{C}{-}\underset{\substack{|\\H}}{\overset{\substack{Nu\\|}}{C}}{-}OH \\ \xrightarrow{1,\ 4\text{-加成}} \gt \underset{\substack{|\\Nu}}{C}{-}\underset{\substack{|\\H}}{\overset{H}{C}}{-}\overset{|}{C}{=}O \end{cases}$$

这里要注意的是，当带有氢原子的亲核试剂（H^+Nu^-）与 α,β-不饱和醛、酮进行 1,4-加成时，所生成的产物是烯醇式结构，氢将从氧原子上转移到 C3 上，最终得到的产物相当于 3,4-加成，即整个试剂加到碳-碳双键上，羰基未变，但从本质上看，还是属于 1,4-加成。

不同结构的醛、酮进行亲核加成反应时，1,2-加成和 1,4-加成的倾向不同。因为醛的羰基活性大，空间位阻小，亲核试剂优先进攻羰基碳（C2），所以 α，β-不饱和醛倾向于 1,2-加成。而酮羰基的空间位阻大，亲核试剂容易进攻双键碳（C4），因此 α,β-不饱和酮容易发生 1,4-加成。

$$(CH_3CH_2)_2C{=}CH{-}\overset{\substack{O\\\|}}{C}H + HCN \longrightarrow (CH_3CH_2)_2C{=}CH{-}\overset{\substack{OH\\|}}{C}H{-}CN \quad (1,\ 2\text{-加成})$$

$$C_6H_5CH{=}CH\overset{\substack{O\\\|}}{C}C_6H_5 + HCN \longrightarrow C_6H_5\underset{\substack{|\\CN}}{C}H{-}CH_2\overset{\substack{O\\\|}}{C}C_6H_5 \quad (1,\ 4\text{-加成})$$

1,2-加成和 1,4-加成倾向还与亲核试剂的性质密切相关。通常强碱性亲核试剂（如 RMgX 或 $LiAlH_4$）主要进攻羰基，发生 1,2-加成。例如：

$$H_2C{=}CH{-}\underset{\substack{\|\\O}}{C}{-}CH_3 \xrightarrow[(2)\ H_3O^+]{(1)\ LiAlH_4} H_2C{=}CH{-}\underset{\substack{|\\OH}}{\overset{\substack{H\\|}}{C}}{-}CH_3$$

$$H_2C{=}CH{-}\underset{\underset{O}{\|}}{C}{-}CH_3 \xrightarrow[(2)\ H_3O^+]{(1)\ C_6H_5MgBr} H_2C{=}CH{-}\underset{\underset{OH}{|}}{\overset{\overset{C_6H_5}{|}}{C}}{-}CH_3$$

而弱碱性亲核试剂（如 CN^- 或 RNH_2）主要进攻碳-碳双键，发生 1，4-加成。例如：

$$H_2C{=}CH{-}\underset{\underset{O}{\|}}{C}{-}CH_3 \xrightarrow[NaOH]{HCN} H_2\underset{\underset{CN}{|}}{C}{-}CH_2{-}\underset{\underset{O}{\|}}{C}{-}CH_3$$

$$H_2C{=}CH{-}\underset{\underset{O}{\|}}{C}{-}CH_3 \xrightarrow{CH_3NH_2} H_2\underset{\underset{NHCH_3}{|}}{C}{-}CH_2{-}\underset{\underset{O}{\|}}{C}{-}CH_3$$

完成下列反应。

(1) $C_6H_5COCH_2CH_3 \xrightarrow{RCOOOH}$

(2) 2-$CH_3C_6H_4$-CO-C_6H_4-3-NO_2 $\xrightarrow{RCOOOH}$

(3) $(CH_3)_2\underset{\underset{Br}{|}}{C}{-}\underset{\underset{O}{\|}}{C}{-}CH_3 \xrightarrow{CH_3CH_2O^-}$

(4) （含 C=O 和 Cl 的笼状酮）$\xrightarrow{RO^-}$

8.7　醛、酮的制备（preparation of aldehyde and ketone）

（1）醇的氧化或脱氢

伯醇和仲醇通过氧化或脱氢反应，可分别生成醛和酮。常用的氧化剂为 $K_2Cr_2O_7$-H_2SO_4、CrO_3-吡啶等。例如：

$$CH_3CH_2CH_2CH_2OH \xrightarrow{K_2Cr_2O_7\text{-}H_2SO_4} CH_3CH_2CH_2CHO \quad 52\%$$

$$H_3CH_2C{-}C_6H_{10}{-}OH \xrightarrow{K_2Cr_2O_7\text{-}H_2SO_4} H_3CH_2C{-}C_6H_{9}{=}O \quad 90\%$$

$$CH_3(CH_2)_5CHOHCH_3 \xrightarrow{K_2Cr_2O_7\text{-}H_2SO_4} CH_3(CH_2)_5COCH_3 \quad 96\%$$

在上述条件下，由伯醇氧化制备醛的产率较低，因为生成的醛还会继续氧化成羧酸。故此法只适用于制取低级的挥发性较大的醛，在制备时可设法使生成的醛及时蒸出，以提高醛的收率。例如：

$$CH_3CH_2OH \xrightarrow[H_2SO_4]{K_2Cr_2O_7} CH_3CHO \text{（乙醛沸点为 21℃）}$$

制备醛时，若采用 CrO_3-吡啶，则醛的产率很高，且双键不受影响。例如：

$$CH_3(CH_2)_6CH_2OH \xrightarrow[CH_2Cl_2,\ 25℃]{CrO_3\text{-吡啶}} CH_3(CH_2)_6CHO \quad 95\%$$

如果欲从不饱和醇制备不饱和醛、酮，还可用 Oppenauer（欧芬脑尔）氧化法。该反应是在碱（如异丙醇铝、叔丁醇铝）存在下，使用过量的丙酮为氧化剂可逆进行的，具有较强的选择性。例如：

$$\underset{\displaystyle OH\quad\quad CH_3}{CH_3CHCH{=}CCH{=}CH_2} \xrightarrow[{[(CH_3)_3CO]_3Al}]{CH_3COCH_3} \underset{\displaystyle O\quad\quad CH_3}{CH_3CCH{=}CCH{=}CH_2}\quad 80\%$$

伯醇或仲醇的蒸气在高温下通过活性铜（或银、镍等）催化剂表面时，可发生脱氢反应，分别生成醛或酮。例如：

$$CH_3CH_2OH \xrightarrow[230\sim350℃]{Cu} CH_3CHO + H_2$$

$$\underset{\displaystyle OH}{CH_3CHCH_3} \xrightarrow[230\sim350℃，0.3MPa]{Cu} CH_3COCH_3 + H_2$$

该反应的优点是产品纯度高，但脱氢过程是吸热的可逆反应，需要供给大量的热。所以工业上常在进行脱氢时，通入一定量的空气，使生成的氢与氧结合成水。氢与氧结合时放出的热量可直接供给脱氢反应，这种方法叫做氧化脱氢法。但其缺点是产品复杂，分离困难。

叔醇分子中由于没有 α-氢，因此不能脱氢，只能脱水生成烯烃。

(2) 炔烃水合

在汞盐存在下，炔烃与水化合生成羰基化合物。

$$HC{\equiv}CH + H_2O \xrightarrow[H_2SO_4]{HgSO_4} CH_3CHO$$

其他炔烃水合都生成相应结构的酮。例如

$$\text{1-乙炔基环己醇 (OH, C}{\equiv}\text{CH)} \xrightarrow[H_2O，C_2H_5OH]{HgSO_4\text{-}H_2SO_4} \text{1-羟基环己基-C(=O)}{-}CH_3 \quad (84\%)$$

(3) 同碳二卤烷水解

在酸或碱的催化下，同碳二卤烷水解生成醛或酮，可用来制备芳醛或芳酮。由于醛对碱敏感，故一般不用碱作催化剂。另外，由于脂肪族同碳二卤化合物较难得到，故一般不用来制备脂肪族醛和酮。例如：

$$C_6H_5{-}CH_3 \xrightarrow[光]{Cl_2} C_6H_5{-}CHCl_2 \xrightarrow{NaOH\text{-}H_2O} C_6H_5{-}CHO$$

$$C_6H_5{-}CH_2{-}C_6H_5 \xrightarrow[光]{Cl_2} C_6H_5{-}CCl_2{-}C_6H_5 \xrightarrow{NaOH\text{-}H_2O} C_6H_5{-}\underset{\displaystyle O}{\overset{\|}{C}}{-}C_6H_5$$

(4) 羰基合成

烯烃与一氧化碳和氢，在高压和催化剂 $Co_2(CO)_8$ 的作用下，可生成比原烯烃多一个碳原子的醛。该合成法称为羰基合成。

$$CH_3CH{=}CH_2 + CO + H_2 \xrightarrow[100\sim200℃，20\sim30MPa]{Co_2(CO)_8} \underset{75\%}{CH_3CH_2CH_2CHO} + \underset{25\%}{(CH_3)_2CHCHO}$$

该反应相当向双键上加上了一个醛基和一个氢原子，所以又叫氢甲酰化法。不对称烯烃反应得到两种醛的混合物，一般以直链烃基醛为主。如果反应物为对称烯烃，则可得到单一产物。

例如：

$$\text{环戊烯} \xrightarrow[\triangle,\text{加压}]{CO,\ H_2,\ Co_2(CO)_8} \text{环戊基}-CHO\quad 65\%$$

(5) 烯烃的臭氧化-还原

烯烃经臭氧化并还原水解，生成醛或酮。例如：

$$(CH_3)_2CH(CH_2)_3CH=CH_2 \xrightarrow[(2)\ Zn,\ CH_3COOH]{(1)\ O_3,\ CH_2Cl_2} (CH_3)_2CH(CH_2)_3CHO + HCHO$$

工业上乙烯经空气氧化制备乙醛。

$$H_2C=CH_2 \xrightarrow[O_2]{CuCl_2\text{-}PdCl_2} CH_3CHO$$

(6) 芳烃氧化

芳烃氧化是制备芳醛的重要方法。甲基直接与芳环相连时，可被氧化成醛基。但由于芳醛比芳烃更易被氧化，所以必须控制氧化条件，以提高收率。例如：

$$C_6H_5-CH_2-C_6H_5 \xrightarrow[H_2SO_4]{K_2Cr_2O_7} C_6H_5-\underset{\underset{O}{\|}}{C}-C_6H_5$$

(7) 芳环上碳的酰基化

芳烃进行傅-克酰基化反应，是合成芳酮的重要方法。该反应的优点是不发生重排，产物单一，产率高。

$$C_6H_6 \xrightarrow[AlCl_3]{CH_3COCl} C_6H_5COCH_3$$

$$C_6H_5CH_2CH_2COCl \xrightarrow{AlCl_3} \text{1-茚酮}$$

在 Lewis 酸催化下，用一氧化碳和氯化氢与芳烃作用生成芳醛，此反应称为 Gattermann-Koch 反应。它可以看成是傅-克反应的一种特殊的形式，相当于甲酰氯进行的酰基化反应，适用于烷基苯的甲酰化。例如：

$$C_6H_5CH_3 \xrightarrow[ZnCl_2]{CO,\ HCl} p\text{-}CH_3C_6H_4CHO$$

如果芳环上带有羟基，反应效果不好，如果芳环上连有吸电子基团，则反应不能发生。

(8) Rosenmund 还原 (Rosenmund reduction)

酰氯与受过部分毒化的（降低了活性）钯催化剂进行催化氢化，生成醛的反应叫做

Rosenmund（罗森蒙德）还原。

$$C_6H_5COCl \xrightarrow[H_2]{Pd\text{-}BaSO_4} C_6H_5CHO$$

（9）炔烃硼氢化氧化水解

炔烃硼氢化氧化水解可以得到羰基化合物。利用二取代的硼烷，可以只加一分子硼烷，有炔氢的生成醛，无炔氢的生成酮，该反应常用于药物中间体的合成，如：

$$CH_3(CH_2)_5C\equiv CH + (CH_3CH(CH_3)CH(CH_3))_2BH \xrightarrow[CH_3O(CH_2O)_2CH_3]{0\sim10℃} (CH_3CH(CH_3)CH(CH_3))_2B-CH=CH(CH_2)_5CH_3$$

$$\xrightarrow[NaOH]{H_2O_2,\ H_2O} [CH_3(CH_2)_5CH=CH-OH] \xrightarrow{异构化} CH_3(CH_2)_5CH_2C(=O)-H$$

8.8 重要的醛、酮（important aldehyde, ketone）

无论从化学性能，还是从在合成上的用途来说，醛、酮在有机化学中都占有特殊的重要位置。在此简单介绍几种常用的醛、酮。

（1）甲醛

甲醛在常温下是无色有特殊刺激气味的气体，沸点－21℃，易溶于水。含甲醛37%～40%、甲醇8%的水溶液叫做福尔马林（formalin），在医药和农业上广泛用作杀菌剂和防腐剂。甲醛容易氧化，极易聚合，其浓溶液（60%左右）在室温下长期放置就自动聚合成环状聚合物——三聚甲醛。

$$3HCHO \xrightarrow{三聚} \text{(1,3,5-三噁烷)}$$

三聚甲醛为白色晶体，熔点62℃，沸点112℃，在酸性介质中加热，可以解聚再生成甲醛。由于在水中与水加成生成甲醛的水合物甲二醇，所以久置的甲醛水溶液会生成白色固体——多聚甲醛，它是甲二醇分子间脱水生成的链状聚合物。

$$n\,HOCH_2OH \longrightarrow HO[CH_2O]_nH + (n-1)H_2O$$

多聚甲醛的聚合度n为80～100，加热到180～200℃时，重新分解出甲醛。因此常将甲醛以这种方式进行储存和运输。在一定的催化剂存在下，高纯度的甲醛可以聚合成聚合度很大的（n为500～5000）高聚物——聚甲醛。它是一种具有一定优异性能的工程塑料。

甲醛与氨作用，可得六亚甲基四胺，俗称乌洛托品（Urotropine）。六亚甲基四胺可用作橡胶促进剂等，在有机合成中用以引入氨基。

甲醛大量用于制造酚醛树脂、脲醛树脂、合成纤维（维尼纶）、季戊四醇等。工业上主要采用催化氧化法，由甲醇和空气的混合物制取甲醛。

甲醛在常温下是无色气体，化学性质活泼，广泛用作合成树脂、纤维和药物的基本原料。我们在看到甲醛对人类的生产生活有着积极作用的同时，也要重视它对人类的生活环境、身体健康有着严重的危害作用，尤其是在家庭装修不当而造成的室内空气污染方面，甲醛对人类健康起着杀手作用。

室内主要污染物是苯系物、氨和甲醛，其中甲醛最为严重。甲醛存在于室内装饰的胶合板、细木工板、中密度纤维板和刨花板等人造板材，以及用人造板制造的家具中。生产人造板使用的胶黏剂，以甲醛为主要成分，板材中残留的和未参与反应的甲醛会逐渐向周围环境释放，是形成室内空气中甲醛的主体。含甲醛成分，并有可能向外界散发的其他各类装饰材料，如建筑防水剂、膨胀剂、贴墙布、贴墙纸、化纤地毯、泡沫塑料、油漆和涂料等。

以甲醛为主的室内环境污染，对人体的危害很大，甲醛等有害物质可以缓慢释放15年，极易诱发各种疾病。一般来讲，甲醛可刺激眼睛，引起流泪、咽喉不适或疼痛，还可以引起恶心、呕吐、咳嗽、胸闷、气喘甚至肺气肿。

总之，人类在实际生产和生活中，既要合理利用甲醛的特性生产有用的环保材料，又要积极采取措施，严防甲醛对人体造成危害。

(2) 乙醛

乙醛是无色有刺激气味的低沸点液体，可溶于水、乙醇和乙醚，易氧化，易聚合。乙醛是合成乙酸、乙酐、三氯乙醛、季戊四醇等多种化合物的重要原料。工业上由乙炔水合或由乙烯、乙醇氧化制备。

$$H_2C{=}CH_2 \xrightarrow[O_2,\ H_2O]{CuCl_2\text{-}PdCl_2} CH_3CHO$$

$$CH_3CH_2OH \xrightarrow[Ag]{O_2} CH_3CHO + H_2O$$

(3) 丙酮

丙酮为无色液体，可与水、乙醇、乙醚等混溶，它是一种优良的溶剂，广泛用于无烟火药、人造纤维、油漆等工业中。丙酮可以合成有机玻璃、氯仿、碘仿、双酚 A、乙烯酮等化合物，是重要的有机合成原料。工业上目前除用玉米或糖蜜发酵制备外，还采用异苯丙氧化法、丙烯催化氢化等方法制取丙酮。例如，丙烯直接氧化而得丙酮。

$$H_2C{=}CHCH_3 \xrightarrow[O_2]{CuCl_2\text{-}PdCl_2} CH_3COCH_3 \quad 92\%$$

(4) 乙烯酮

乙烯酮结构式为 $CH_2{=}C{=}O$，是最简单的烯酮。乙烯酮为无色气体，具有氯气和乙酸的刺激性气味，有毒，吸入后会引起剧烈头痛，熔点 −151℃，沸点 −56℃。乙烯酮极不稳定，室温即聚合成二聚乙烯酮。

$$H_2C{=}C{=}O \xrightarrow{\text{室温}} \begin{array}{l} H_2C{=}C{-}O \\ \quad\ \ |\quad\ \ | \\ H_2C{-}C{=}O \end{array}$$

制备乙烯酮的常用方法是将丙酮蒸气通入温度为 650～800℃的管子中，使之热分解，生成乙烯酮和甲烷；或将乙酸酐高温裂解也可得到乙烯酮。

$$CH_3COCH_3 \xrightarrow{高温裂解} H_2C{=}C{=}O + CH_4$$

$$(CH_3CO)_2O \xrightarrow{高温裂解} H_2C{=}C{=}O + CH_3COOH$$

乙烯酮也可看成是羧酸的衍生物，是基本的有机化工原料，可用于有机试剂的合成。

$$H_2C{=}C{=}O \xrightarrow{H_2O} CH_3COOH$$

$$H_2C{=}C{=}O \xrightarrow{C_2H_5OH} CH_3COOC_2H_5$$

$$H_2C{=}C{=}O \xrightarrow{NH_3} CH_3CONH_2$$

$$H_2C{=}C{=}O \xrightarrow{Br_2} BrCH_2COBr$$

$$H_2C{=}C{=}O \xrightarrow{CH_3COOH} (CH_3CO)_2O$$

其二聚体二聚乙烯酮也是常用的化工原料，如与乙醇反应很容易得到乙酰乙酸乙酯。

$$\text{二聚乙烯酮} \xrightarrow{C_2H_5OH} CH_3COCH_2COOC_2H_5$$

(5) 苯醌

苯醌是环己二烯二酮，它有两个异构体——邻苯醌和对苯醌。

邻苯醌和对苯醌可由相应的二元酚制得。苯胺氧化也可制得对苯醌。

$$\text{对苯二酚} \xrightarrow[H_2SO_4]{K_2Cr_2O_7} \text{对苯醌}$$

$$\text{邻苯二酚} \xrightarrow[H_2SO_4]{K_2Cr_2O_7} \text{邻苯醌}$$

$$\text{苯胺} \xrightarrow[H_2SO_4]{K_2Cr_2O_7} \text{邻苯醌} + \text{对苯醌}$$

苯醌分子中具有两个羰基、两个碳-碳双键，它既可以发生羰基反应，也可以发生碳-碳双键反应。由于具有共轭双键，因此也可以发生1,4-加成反应。

苯醌与溴发生亲电加成反应，生成二溴化物和四溴化物。

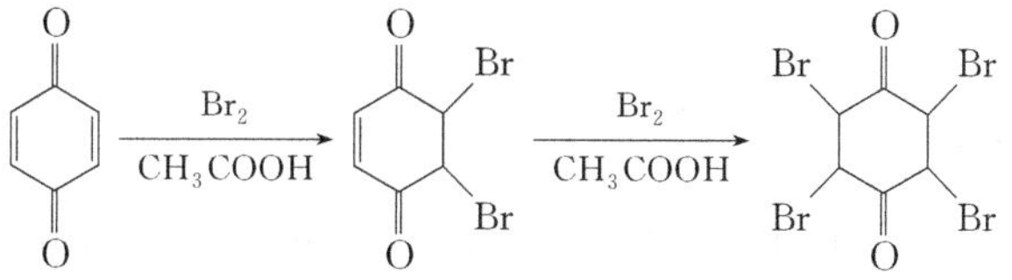

$$\xrightarrow[CH_3COOH]{Br_2} \qquad \xrightarrow[CH_3COOH]{Br_2}$$

对苯醌是黄色结晶，熔点115.7℃，微溶于水，可进行水蒸气蒸馏，受热升华，用于制造对苯二酚和染料等。邻苯醌有两种形态，一种是不稳定的绿色结晶，一种是稳定的浅红色片状结晶。

(6) 萘醌

萘醌有1,4-，1,2-，2,6-三种异构体。

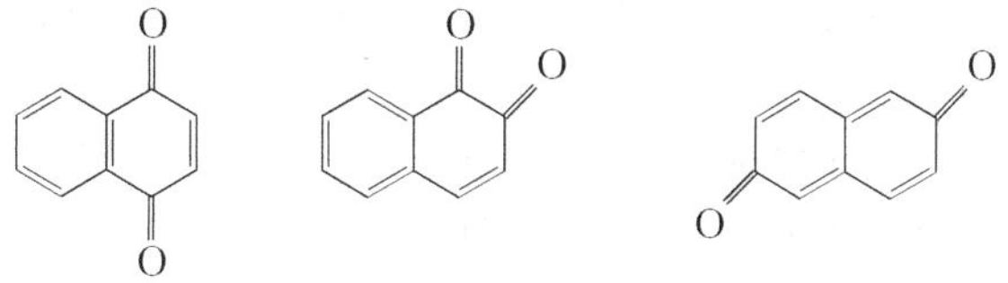

萘-1,4-醌可由萘在醋酸溶液中用氧化铬进行氧化而得到，但产率较低。工业上则用空气催化氧化。

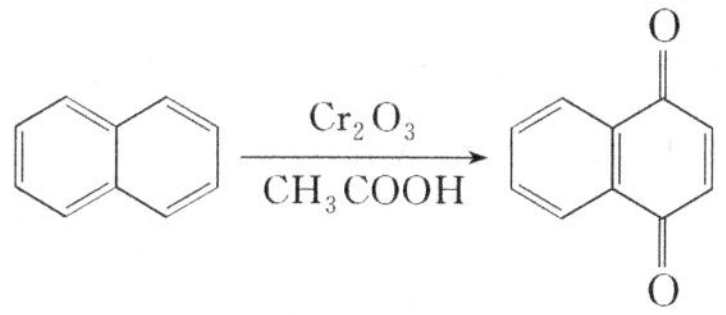

$$\xrightarrow[CH_3COOH]{Cr_2O_3}$$

萘-1,4-醌是挥发性黄色固体，熔点125℃，有显著气味。天然产物中，维生素 K_1 和维生素 K_2 都是萘醌的衍生物。2-甲基萘醌又名维生素 K_3，它与维生素 K_1 都是良好的止血剂。

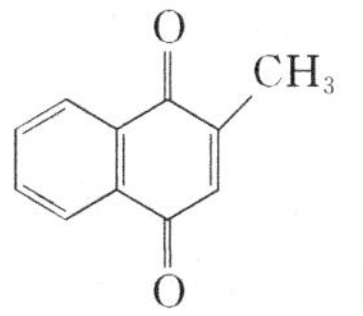

维生素 K_3

萘醌-2-磺酸钠盐，在工业上可用来脱除多种气体中的硫化氢以净化气体，它本身无毒并且可再生反复使用。

(7) 蒽醌

蒽醌有九种异构体，其中最重要的是蒽-9,10-醌，通常简称蒽醌。蒽醌可由蒽氧化或由邻苯二甲酸酐与苯在三氯化铝存在下发生傅-克酰基化反应制得。

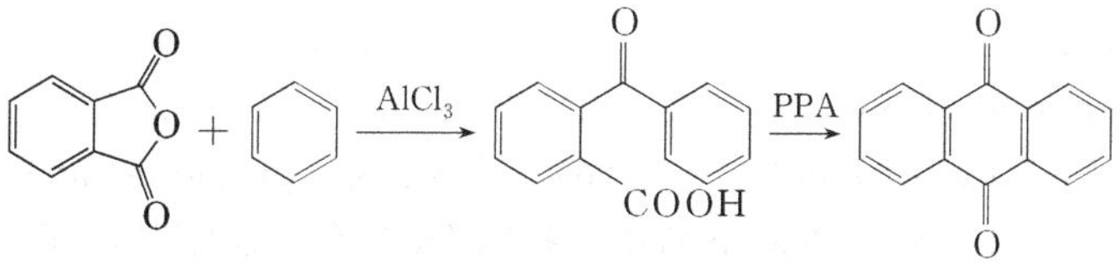

$$+ \xrightarrow{AlCl_3} \quad \text{COOH} \quad \xrightarrow{PPA}$$

蒽醌是淡黄色结晶，熔点 285℃，沸点 382℃。蒽醌没有气味，挥发性不大，不溶于水，微溶于乙醇、乙醚、氯仿等有机溶剂，可溶于浓硫酸。将溶有蒽醌的硫酸溶液用水稀释，蒽醌即析出，借此可使杂质分离。蒽醌是重要的染料中间体，通过它可以合成多种染料。

习题（Problems）

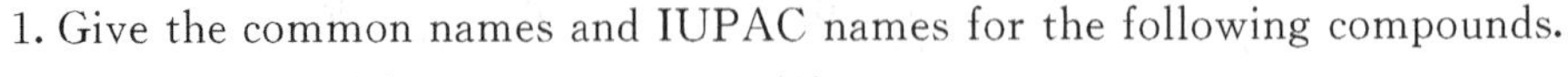

1. Give the common names and IUPAC names for the following compounds.

（1）CH_3CHO　（2）$CH_3CHClCHO$　（3）$(CH_3)_2CHCHO$

（4）$CH_2=CHCHO$　（5）$CH_3CH_2CH(OH)CH_2CHO$

2. Write structures for each of the following.

（1）γ-bromobutyrophenone　（2）1，3-cyclopentanedione

（3）4，4-dimethycyclohexaecarbaldehyde

3. Give a simple chemical test to distinguish between the compounds in each of the following pairs.

（1）$PhCH=CHCH_2OH$ and $PhCH=CHCHO$

（2）$CH_3CH_2CH_2CH_2CHO$ and $CH_3CH_2COCH_2CH_3$

（3）$PhCH_2COCH_2CH_3$ and $PhCH(OH)CH_2CH_2CH_3$

（4）$PhCH_2CHO$ and $PhCOCH_3$

4. Show how the following alcohols may be synthesized by the use of each of two different Grignard reagents and write all equations.

（1）2-methylbutan-2-ol　（2）4-methyl hex-4-en-1-ol

（3）3-bromobutan-2-one　（4）2,4-dinitrobenzaldehyde

5. Write equation and name the organic product for the reaction of butanone with the following (If no reaction, so indicate)

（1）Tollen reagent　（2）CrO_3/H_2SO_4

（3）cold dilute $KMnO_4$　（4）H_2/Ni，125℃，pressure

（5）$NaHSO_3$　（6）$Ag(NH_3)_2^+OH^-$

（7）CN^-，H^+　（8）2,4-dinitrophenyl hydrazine

6. Write equations for all steps in the synthesis of the following from propanal, using any other needed reagents.

（1）*n*-propyl alcohol　（2）propionic acid

（3）α-hydroxybutynic acid　（4）*sec*-butyl alcohol

（5）1-phenyl-1-propanol　（6）methyl ethyl ketone

（7）*n*-propyl propionate　（8）2-methyl-3-pentanol

7. Write equations for all steps in the synthesis of the following from acetophenone using any other needed reagents.

（1）ethyl benzene　（2）benzoic acid

（3）α-phenyl ethyl alcohol　（4）2-phenyl-2-butanol

（5）diphenyl methyl carbinol　（6）α-hydroxy- propionic acid

8. 通过 www across. com. 查阅下列化合物的 IR 数据，总结其规律。

（1）O and O

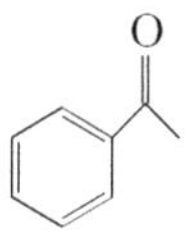

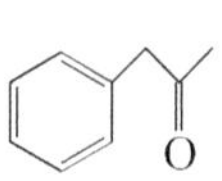

（2）O and O

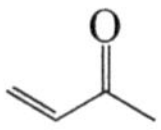

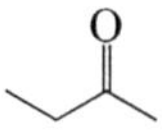

9. Preparation dendrimers from 1,3,5-trimethylbenzene.

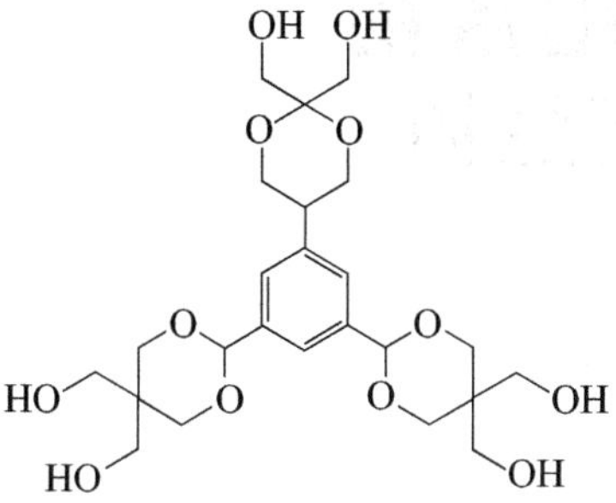

OH OH
O O
O
O
HO O
HO
O
O OH
OH

第9章

碳-氧极性重键化合物
——羧酸及其衍生物

9.1 羧酸（carboxylic acid）

9.1.1 羧酸的结构（structure of carboxylic acid）

含有羧基（—CO_2H）官能团的化合物称为羧酸。羧基组成中含一个羰基和一个羟基，但它的性质与只含有羰基的醛、酮有较大差异，这是由于羧酸中羰基（C═O）π轨道与羟基（OH）氧上的p轨道发生p-π共轭，从而削弱了C═O双键，增强了C—O单键，使它具有自身的特征反应。以乙酸为例：

H_3C—C(═O)—OH　　H_3C—C　O　O—H

羟基氧和羰基氧均采用不等性sp^2杂化，羟基氧sp^2杂化轨道上有一对电子，而羰基氧sp^2杂化轨道上有两对电子，羰基氧上相对电子云密度高一些。所以形成氢键和与H^+结合均发生在羰基氧上。

下列写法哪种是正确的？

（1）$H_3C—C(═O)—OH \xrightarrow{H^+} H_3C—C(═\overset{+}{O}H)—OH$　　$H_3C—C(═O)—OH \xrightarrow{H^+} H_3C—C(═O)—\overset{+}{O}H_2$

（2）OH　O　H　O　O　H　O　O　O　H　H　O　O　H

9.1.2 羧酸的分类和命名（classification and nomenclature of carboxylic acid）

(1) 羧酸的分类

羧酸广泛存在于自然界中，它是有机合成的重要原料。根据结构不同分为一元酸、二元酸和多元酸，饱和酸、不饱和酸，取代酸，芳香酸等。不管羧基连有什么基团，其性质基本相同。

羧酸
- 脂肪类　$H_3C-C(=O)-OH$　$HO-C(=O)-C_2H_5$
- 芳香类　$C_6H_5-C(=O)-OH$　萘-COOH
- 多元类　$HO-C(=O)-C(=O)-OH$
- 不饱和类　$C_6H_5-CH=CH-COOH$
- 脂环类　环己基-COOH

(2) 羧酸的命名

① 俗名（common name）　俗名是根据其来源叫出的名字，如从蚂蚁中得到的酸叫蚁酸（HCO_2H），从苹果中得到的叫苹果酸［HOOCCH（OH）CH_2CO_2H］等。下面是一些羧酸的俗名和相应英文名称。

CH_3COOH	$C_6H_5-CH=CHCOOH$	C_6H_5-COOH	邻-HO-C_6H_4-COOH
acetic acid	cinnamic acid	benzoic acid	salicylic acid
醋酸	肉桂酸	安息香酸	水杨酸

② 系统命名和 IUPAC 命名　选含有羧基的最长碳链为母体，其他基团为取代基，编号自羧基碳开始。二元酸选含两个羧基的最长碳链，编号从一个羧基碳开始，同时照顾其他取代基编号较小。IUPAC 命名法，把相应母体烃去掉词尾“e”加上“oic acid”或“edioic acid”，如下例中 4-甲基戊-3-烯酸，母体烃为 pentene，变为 pentenoic acid。2-苯基丁二酸母体为 butane，变为 butanedioic acid。环烷酸一般以相应环烃的英文名加上 carboxylic acid。

$CH_3C(CH_3)=CHCH_2COOH$	$C_6H_5-CH(COOH)-CH_2COOH$	2-OCH_3-环戊基-COOH
4-methyl-pent-3-enoic acid	2-phenylbutanedioic acid	2-methoxy-cyclopentanecarboxylic acid
4-甲基戊-3-烯酸	2-苯基丁二酸	2-甲氧基环戊烷甲酸

③ CA 命名　将母体名称放在前面，取代基按字母顺序依次放在后面，如：

2-苯基丁二酸为 butanedioic acid，2-phenyl；2-甲氧基环戊烷甲酸为 cyclopentane carboxylic acid，2-methoxy。

（1）给出下列化合物的名称。

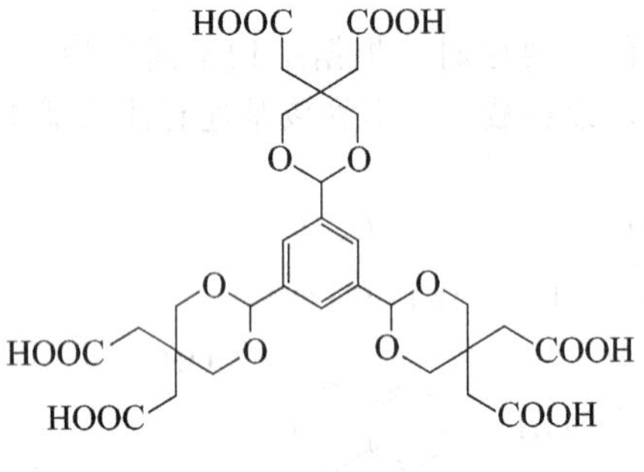

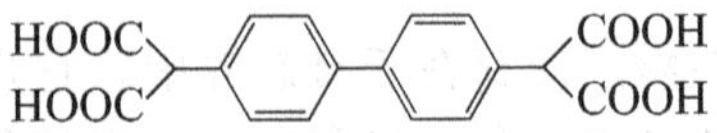

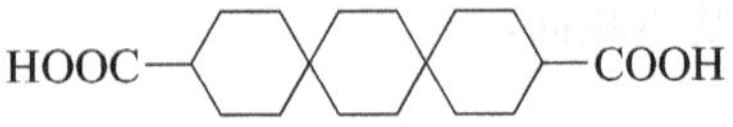

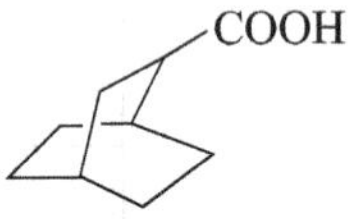

（2）给出下列物质中可能含有的羧酸的名称和构造式。

菠菜　杨树叶　苹果　柠檬　蚂蚁　巴豆　琥珀　酒石　发霉甘蔗

粮食防霉剂　发霉粮食　防腐剂　酸败植物油　维生素 C　松香　食醋

苦杏仁　酸痛肌肉　马尿酸　味精　EDTA

常见羧酸的系统命名和普通命名如下（省去 acid）：

IUPAC	common	CCS	IUPAC	common	CCS
methanoic	formic	甲酸	ethanoic	acetic	乙酸
propanoic	propionic	丙酸	butanoic	butyric	丁酸
propenoic	acrylic	丙烯酸	pentanoic	valeric	戊酸
ethanedioic	oxalic	乙二酸	propanedioic	malonic	丙二酸
butanedioic	succinic	丁二酸	hexanedioic	adipic	己二酸

9.1.3 羧酸的物理性质及波谱（physical properties and spectrum of carboxylic acid）

（1）物理性质

十个碳以下的饱和一元酸为液体，小分子酸有刺激性气味，四个碳以上的液体酸有难闻的气味。二元酸和芳香酸都为固体。羧酸沸点比相应分子量的其他化合物要高，如乙酸（分子量 60）沸点 118 ℃，正丙醇（分子量 60）沸点 97℃，氯乙烷（分子量 64.5）沸点 12℃。这是由于羧酸往往以两个氢键的形式发生双分子缔合生成较稳定的二聚体，比能以氢键缔合的相应醇沸点要高。

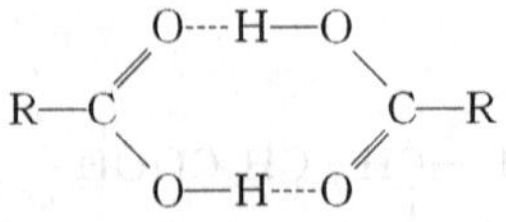

一元或二元酸熔点呈现一种规律，即很多偶数碳的酸比相邻奇数碳的酸熔点高。羧酸一般能溶于极性较小的溶剂如醚、醇、苯等，小分子一元酸和二元酸易溶于水，随羧基所连烃基链增大水溶性减小。常见羧酸的物理常数见表 9-1。

表 9-1　常见羧酸的物理常数

羧酸	熔点/℃	沸点/℃	溶解度/(g/100g H_2O)
HCOOH	8	100.5	混溶
CH_3COOH	16.6	118	混溶
CH_3CH_2COOH	−22	141	混溶
$CH_3(CH_2)_2COOH$	−6	164	混溶
$CH_3(CH_2)_3COOH$	−34	187	3.7
$CH_3(CH_2)_4COOH$	−3	205	0.97
$CH_3(CH_2)_5COOH$	−8	223	0.23
$CH_3(CH_2)_6COOH$	16	239	0.07
$CH_3(CH_2)_7COOH$	17	255	0.03
HOOC-COOH	187		8.6
$HOOCCH_2COOH$	136		140
$HOOC(CH_2)_2COOH$	186		7.7
$HOOC(CH_2)_3COOH$	99		2.0
$HOOC(CH_2)_4COOH$	153		1.5
C_6H_5COOH	122	250	0.34
o-$CH_3C_6H_4COOH$	106	259	0.12
m-$CH_3C_6H_4COOH$	112	253	0.10
p-$CH_3C_6H_4COOH$	180	275	0.03
o-$NO_2C_6H_4COOH$	147		0.75
m-$NO_2C_6H_4COOH$	141		0.34
p-$NO_2C_6H_4COOH$	242		0.03
o-HOC_6H_4COOH	159		0.18
o-$C_6H_4(COOH)_2$	213		0.7
p-$C_6H_4(COOH)_2$	300		0.002

(2) 红外光谱

羧酸的特征吸收：O—H 伸缩振动在 3400～2500cm^{-1} 有一个宽吸收峰，这是羧酸二聚氢键造成的；C═O 伸缩振动在 1725～1710cm^{-1}，若与双键共轭将降低吸收频率，此时吸收范围为 1700～1680cm^{-1}；C—O 伸缩振动在 1320～1210cm^{-1}。

(3) 核磁共振

受羰基各向异性和羟基氧电负性影响，羧基中的质子共振吸收出现在低场 δ 10～12。α-碳上的 H 受羧基影响，一般比饱和碳上的氢共振向低场偏移，δ 2.2～2.5。羰基碳的碳谱出现在 179～190，见图 9-1 和图 9-2。

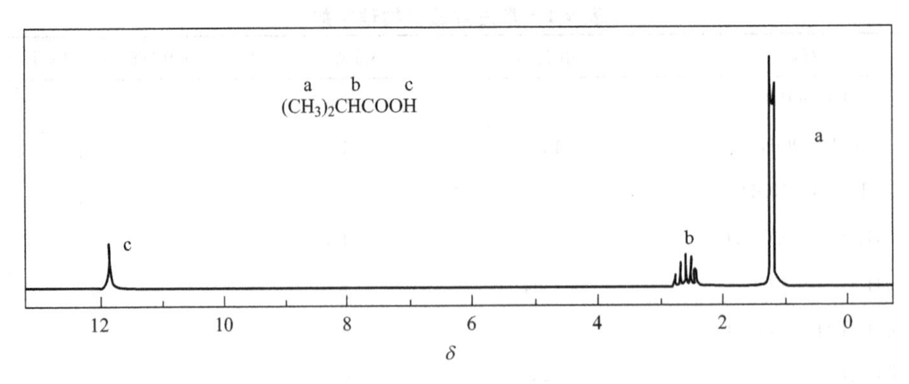

图 9-1 异丁酸的[1]H NMR 谱图

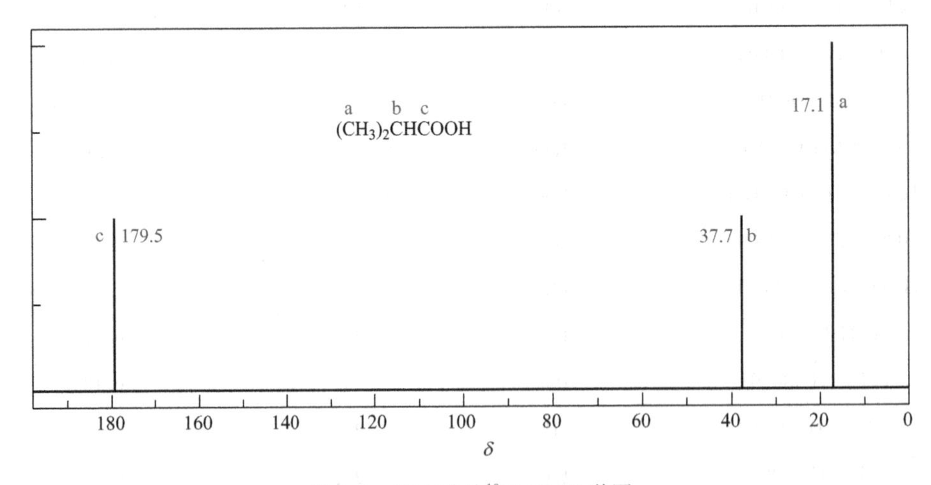

图 9-2 异丁酸的[13]C NMR 谱图

9.1.4 羧酸的化学性质（chemical properties of carboxylic acid）

（1）酸性

① 酸性强度 羧酸最突出的化学性质是酸性，它可与 $NaHCO_3$ 作用放出 CO_2，说明酸性强于碳酸。

$$RCOOH + NaHCO_3 \longrightarrow RCOONa + CO_2 + H_2O$$

经测定，脂肪酸的 pK_a 值约为 5，碳酸的 pK_{a1} 为 6.4。羧酸表现出较强酸性是由于在水中解离产生的酸根负离子较为稳定，这样可使平衡右移，K_a 值增大，而 pK_a 值减小。

酸根负离子的稳定性与它的结构有关，在酸根负离子中碳为 sp^2 杂化，该碳 p 轨道分别与两个氧 p 轨道平行交盖，使负电荷分散于两个电负性较强的氧上，稳定性较好，如图 9-3 所示。甲酸钠的 X 射线衍射结果证明了这一点，正常 C═O 键长为 0.123nm，C—O 键长为 0.143nm，而甲酸负离子中两个碳-氧键键长相等均为 0.127nm。

② 结构对酸性的影响 结构不同的羧酸酸性不同，影响酸性的主要因素为：诱导效应、氢键和场效应、共轭效应等。

a. 诱导效应 从结构上讲酸根负离子的稳定性决定了酸的酸性强度，所以吸电子基团会增大酸根负离子的稳定程度，使酸性增强，相反给电子基团会使酸性减弱。取代乙

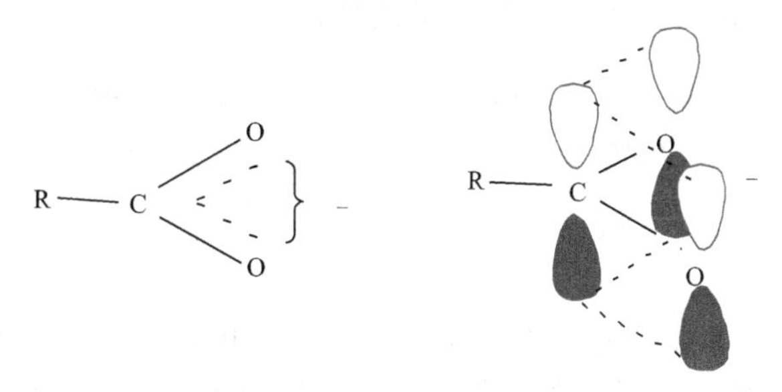

图 9-3　羧酸根的电子构象

酸（RCH_2COOH）的酸性测定结果说明了这一点，见表 9-2。

表 9-2　RCH_2COOH 的酸性比较

R	CH_3	H	F	Cl	Br	I	OH	NO_2
pK_a	4.78	4.76	2.57	2.86	2.94	3.18	3.83	1.08

正丁酸、丁-2-烯酸、丁-3-炔酸酸性依次增强是由碳的不同杂化决定的。乙炔基碳为 sp 杂化，乙烯基碳为 sp^2 杂化，乙基为饱和碳 sp^3 杂化，S 成分越大吸电子能力越强，相应酸根负离子稳定性越大，则酸性越强，见表 9-3。

表 9-3　取代基的杂化形式对酸性的影响

RCH_2COOH	R 杂化形式	杂化轨道中 s 所占的比例/%	pK_a
$HC \equiv C—CH_2COOH$	sp	50	3.32
$H_2C=CH—CH_2COOH$	sp^2	33.3	4.35
$H_3CH_2C—CH_2COOH$	sp^3	25	4.82

b. 氢键和场效应　顺丁烯二酸 $pK_{a1}=1.83$；$pK_{a2}=6.07$。而反丁烯二酸 $pK_{a1}=3.02$；$pK_{a2}=4.44$。这两种异构体表现出不同的酸性是由于氢键的影响。顺丁烯二酸第一个质子解离后酸根负离子可与另一羧基形成氢键，这就稳定了负离子，所以它的第一质子易解离，pK_{a1} 值比反式异构体小。也正因为如此，这种氢键的形成使第二离子难于解离，pK_{a2} 值比反式大，见图 9-4。

图 9-4　顺丁烯二酸根负离子的氢键

下列化合物 A 的酸性比 B 的强，这不能用诱导效应解释，可用化合物 B 中羧基上的质子与氯原子通过空间的相互作用力来说明。在 B 中，C—Cl 极性键呈电负性的氯原子比呈正电性的碳原子距离羧基氢更近（$r_1 < r_2$），则电负性氯原子对氢的静电吸引力要比正电性的碳原子对氢的斥力大，使氢难于解离，这样 B 的酸性就比 A 弱。这种空间静电作用力的传导叫场效应。

A　　B

下面也是场效应的一个例子。由于氯原子的电负性较强，距 COOH 近不利于

COOH 的解离，所以氯原子离 COOH 远的酸性较强。

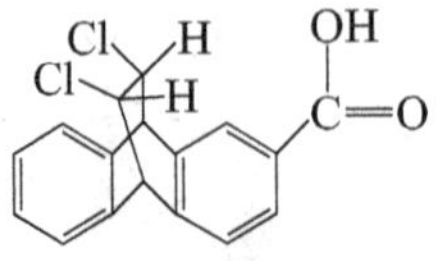

$pK_a=5.67$ 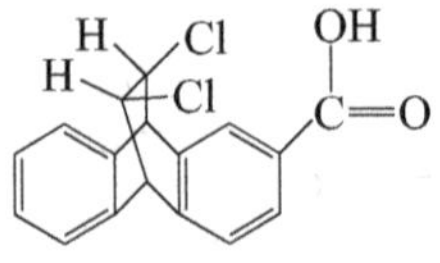　　　$pK_a=6.07$

c. 共轭效应　苯甲酸酸性比一般饱和脂肪酸（除甲酸外）强，pK_a 为 4.2，这是由于该酸解离产生的酸根负离子与苯环发生共轭，使负电荷向苯环分散，增加了它的稳定性。

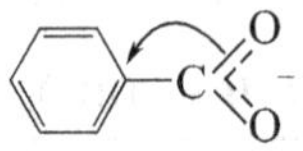

③ 取代苯甲酸的酸性　苯甲酸环上连有不同性质的取代基对其酸性有不同影响。一般来说，连有给电子基团酸性减弱，连有吸电子基酸性增强。这是由于不同性质的基团对酸根负离子的稳定性影响不同。而取代基在间位和对位影响也不同，如间硝基苯甲酸酸性（pK_a 为 3.49）比对硝基苯甲酸酸性（pK_a 为 3.42）弱。理论上讲取代基在对位可通过共轭（或超共轭）效应和诱导效应起作用，而在间位只能通过诱导效应起作用。对位硝基诱导效应和共轭效应共同吸电子作用比间位硝基只通过诱导效应的吸电子作用大，这样使对硝基苯甲酸的酸根负离子更稳定酸性更强。

从表 9-4 可以看到若取代基在邻位，无论是吸电子还是给电子基团都使酸性比苯甲酸强，这种邻位基团的影响叫邻位效应。这个效应可从体积效应、电子效应、氢键等综合考虑。如邻羟基苯甲酸酸性比苯甲酸强得多，这是邻位羟基以氢键的方式稳定酸根负离子的缘故。

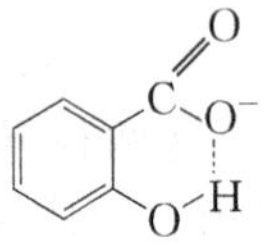

表 9-4　芳香取代酸的酸性

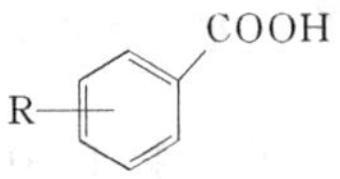 R-C₆H₄-COOH	pK_a		
	o	*m*	*p*
R=H	4.2	4.2	4.2
R=CH_3	3.91	4.27	4.38
R=Cl	2.92	3.83	3.87
R=OH	2.98	4.08	4.57
R=CN	3.14	3.64	3.55
R=OCH_3	4.09	4.09	4.57
R=NO_2	2.21	3.49	3.42

④ 相关反应　羧酸呈酸性，能与碱或金属氧化物反应生成盐。羧酸与 $NaHCO_3$ 作用放出气泡（CO_2），可作为羧酸的鉴别方法。羧酸与 NaOH 作用生成溶于水的盐常作为分离提纯方法。例如从有机溶剂中提取苯甲酸，可先加入 NaOH 水溶液使苯甲酸以

钠盐形式进入水层，分离后用无机酸酸化得到苯甲酸。

$$RCO_2H + NaOH \longrightarrow RCOONa + H_2O$$

$$2RCOOH + MgO \longrightarrow (RCO_2)_2Mg + H_2O$$

羧酸与重氮甲烷作用生成甲酯，这个反应的第一步为酸碱反应，继而酸根负离子作为亲核试剂发生亲核取代反应，放出 N_2 并生成酯。

$$RCOOH + CH_2N_2 \longrightarrow RCOOCH_3 + N_2\uparrow$$

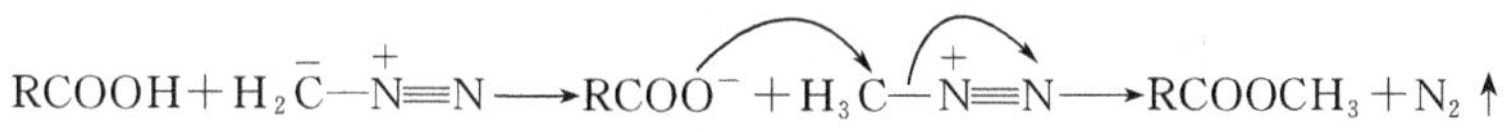

$$RCOOH + H_2\overset{-}{C}-\overset{+}{N}\equiv N \longrightarrow RCOO^- + H_3C-\overset{+}{N}\equiv N \longrightarrow RCOOCH_3 + N_2\uparrow$$

(2) 酯化反应

因羧基中的 C═O 与另一氧的 p 轨道共轭，羧酸的羰基活性减弱，但在特定条件下仍能与亲核试剂反应，结果使 C—O 键断裂，羟基被其他基团取代生成羧酸衍生物。酸催化下羧酸与醇反应生成酯的反应叫酯化反应。

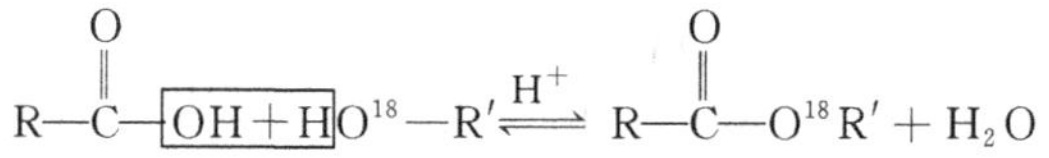

$$R-\overset{O}{\overset{\|}{C}}-\boxed{OH + H}O^{18}-R' \xrightleftharpoons{H^+} R-\overset{O}{\overset{\|}{C}}-O^{18}R' + H_2O$$

若一个具有同位素（O^{18}）的醇与羧酸作用，生成的酯中具有 O^{18} 同位素，这说明酯化反应中所脱的水是由羧酸提供的羟基而醇提供的氢。据此人们判定酯化反应中羧酸发生了 C—O 断裂，其历程是通过加成-消除的过程完成 OR 对 OH 的取代。

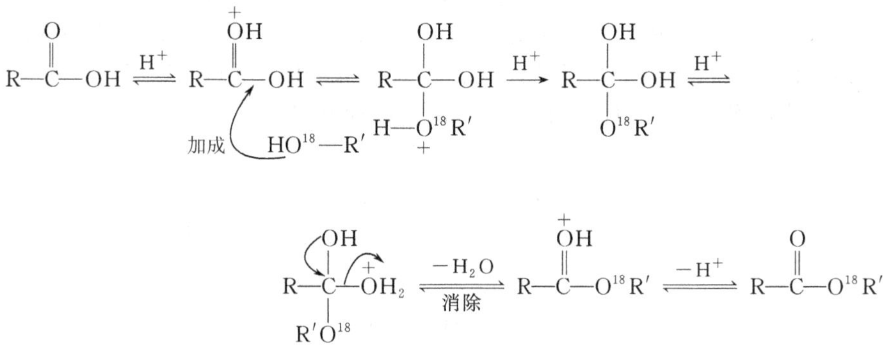

$$R-\overset{O}{\overset{\|}{C}}-OH \xrightleftharpoons{H^+} R-\overset{\overset{+}{O}H}{\overset{\|}{C}}-OH \xrightleftharpoons[\text{加成}]{HO^{18}-R'} R-\underset{H-\underset{+}{O^{18}}R'}{\overset{OH}{\overset{|}{\underset{|}{C}}}}-OH \xrightarrow{H^+} R-\underset{O^{18}R'}{\overset{OH}{\overset{|}{\underset{|}{C}}}}-OH \xrightleftharpoons{H^+}$$

$$R-\underset{R'O^{18}}{\overset{OH}{\overset{|}{\underset{|}{C}}}}-\overset{+}{O}H_2 \xrightleftharpoons[\text{消除}]{-H_2O} R-\overset{\overset{+}{O}H}{\overset{\|}{C}}-O^{18}R' \xrightleftharpoons{-H^+} R-\overset{O}{\overset{\|}{C}}-O^{18}R'$$

酯化反应是可逆的，为完成反应一般采用过量的反应试剂或采用实验方法除去体系中的水（实验中可采用分水器）来移动平衡。

$$C_6H_5CH_2CH_2COOH + C_2H_5OH \xrightarrow[\triangle]{H^+} C_6H_5CH_2CH_2COOC_2H_5 + H_2O$$

$$HOOC(CH_2)_4COOH + 2C_2H_5OH \xrightarrow[\triangle,\text{甲苯}]{H^+} C_2H_5OOC(CH_2)_4COOC_2H_5 + 2H_2O$$

若反应物为羟基酸，可进行分子内反应得到热力学稳定的五元、六元环的酯。

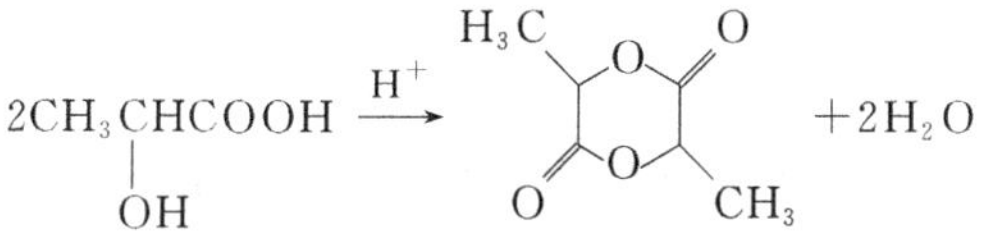

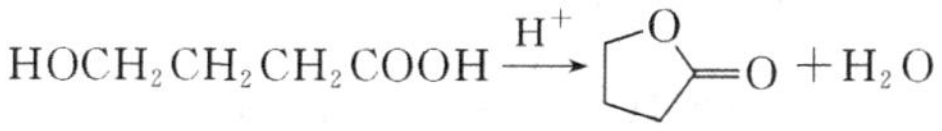

$$2CH_3\underset{OH}{\underset{|}{C}}HCOOH \xrightarrow{H^+} (H_3C,\ O,\ O,\ O,\ O,\ CH_3) + 2H_2O$$

$$HOCH_2CH_2CH_2COOH \xrightarrow{H^+} (O,\ =O) + H_2O$$

羧酸与醇反应需要催化剂，如质子酸（HCl，H_2SO_4 等），Lewis 酸（BF_3，$AlCl_3$

等)，阳离子树脂或分子筛等。还可以借助于其他试剂，如 N-N'二环己基碳二亚胺(DCC) 脱水剂，反应过程如下：

$$C_6H_{11}{-}N{=}C{=}N{-}C_6H_{11} \xrightarrow{RCOOH} C_6H_{11}{-}NH{-}C(OCOR){=}N{-}C_6H_{11} \xrightleftharpoons{RCOOH}$$

$$C_6H_{11}{-}NH{-}C(OCOR){=}\overset{+}{N}H{-}C_6H_{11}\ \ RCOO^- \xrightleftharpoons{RCOOH} (RCO)_2O + C_6H_{11}{-}NH{-}C(=O){-}NH{-}C_6H_{11}$$

$$(RCO)_2O \xrightarrow{R''OH} RCOOR''$$

如在反应中加入 4-二甲氨基吡啶 (DMAP) 或聚吡咯 (PPy)，反应可在室温完成。如：

$$C_6H_5OH \xrightarrow[CH_3COOH]{DDC/DMAP} C_6H_5OCOCH_3 \qquad 94\%$$

$$C_6H_5OH \xrightarrow[CH_3COOH]{DDC} C_6H_5OCOCH_3 \qquad 10\%$$

(3) 羧酸衍生物的生成

在酸性脱水剂 (P_2O_5 或无水醋酸酐) 存在下，两分子酸脱水生成酸酐；若二元酸分子内脱水生成五元、六元环的酸酐，直接加热即可完成反应；羧酸与无机酰卤作用，羟基被卤素取代生成酰卤；羧酸与氨 (胺) 作用先生成铵盐，该盐加热脱水生成酰胺。通过不同方法使羧基中的羟基被酰氧基 (O—COR)、卤素 (—X)、氨基 ($-NH_2$) 取代，可把酸转化为它的衍生物——酸酐、酰卤和酰胺。

$$R{-}\overset{O}{\overset{\|}{C}}{-}OH + HO{-}\overset{O}{\overset{\|}{C}}{-}R \xrightarrow{P_2O_5} R{-}\overset{O}{\overset{\|}{C}}{-}O{-}\overset{O}{\overset{\|}{C}}{-}R$$

$$H_2C(CH_2COOH)_2 \xrightarrow[300℃]{} \text{戊二酸酐(六元环酸酐)}$$

$$R{-}\overset{O}{\overset{\|}{C}}{-}OH \xrightarrow{SOCl_2} R{-}\overset{O}{\overset{\|}{C}}{-}Cl$$

$$R{-}\overset{O}{\overset{\|}{C}}{-}OH \xrightarrow{PX_3} R{-}\overset{O}{\overset{\|}{C}}{-}X$$

$$R{-}\overset{O}{\overset{\|}{C}}{-}OH + NH_3 \longrightarrow R{-}\overset{O}{\overset{\|}{C}}{-}\bar{O}NH_4^+ \xrightarrow[\triangle]{-H_2O} R{-}\overset{O}{\overset{\|}{C}}{-}NH_2$$

(4) 羧酸的还原

羧酸含有 C=O 双键，不容易被催化氢化或溶解金属还原，但它可被提供氢负离子的强还原剂 $LiAlH_4$ 还原，最终产物为醇。

$$RCOOH \xrightarrow{LiAlH_4} \xrightarrow{H_2O} RCH_2OH$$

$$4RCOOH + 3LiAlH_4 \longrightarrow 4H_2 + 2LiAlO_2 + LiAl(OCH_2R)_4$$

$$LiAl(OCH_2R)_4 \xrightarrow{H_2O} 4RCH_2OH$$

(5) 脱羧反应

① β-酮酸和β-二酸的脱羧反应　一般羧酸在加热条件下不易发生脱羧反应，但β-酮酸和β-二酸在加热条件下却容易脱羧。反应通过一个六元环状过渡态一步完成。

这两种酸容易受热脱羧的原因是两个吸电子基团（RCO—或—COOH）连在同于一个碳（α-碳）上，热力学稳定性较差，且在加热脱羧的过程中生成能量上有利的六元环状过渡态，脱羧后生成热力学上相对稳定的化合物。

$$\xrightarrow{\triangle} \quad O{=}C{=}O \longrightarrow RCOOH + CO_2$$

据此判断，羧酸α-碳上连有强吸电子基团的羧酸都容易发生脱羧反应。

$$Y\text{-}CH_2COOH \xrightarrow{\triangle} Y\text{-}CH_3 + CO_2$$

$$Y = RCO, COOH, CN, NO_2$$

在生物体内脱羧反应也是通过β-酮酸中间体进行的，不过它是通过带有氨基的酶在温和条件下进行的。代谢产物β-酮酸（丁-3-酮酸）与酶作用生成亚胺，而后发生质子转移使羧基以负离子的形式脱羧。

$$生物酶—NH_2 + CH_3COCH_2COOH \longrightarrow CH_3C(=N—生物酶)CH_2COOH \longrightarrow H_3C—C(=\overset{+}{N}H—生物酶)—CH_2—COO^-$$

$$\xrightarrow{-CO_2} H_3C—C(NH—生物酶)=CH_2 \rightleftharpoons H_3C—C(=\overset{+}{N}H—生物酶)—CH_3 \xrightarrow{H_2O} CH_3COCH_3 + 生物酶—NH_2$$

② 羧酸盐的脱羧反应　羧酸钠盐与碱石灰加热可脱去羧基（中学已讲过）。

$$CH_3COONa \xrightarrow[\triangle]{碱石灰} CH_4 + Na_2CO_3$$

干燥的羧酸银盐在四氯化碳中与 Br_2 一起加热，放出 CO_2 同时得到溴代烃，这个反应叫 Hunsdiecker（亨斯狄克）反应。

$$RCOOAg + Br_2 \xrightarrow[\triangle]{CCl_4} RBr + AgBr + CO_2$$

反应是通过自由基历程进行的。

$$RCOOAg + Br_2 \xrightarrow[\triangle]{CCl_4} RCOOAgBr_2 \xrightarrow{-AgBr} R—C(=O)—O—Br \longrightarrow R—C(=O)—O\cdot \xrightarrow{-CO_2} R\cdot$$

$$R—C(=O)—O—Br + R\cdot \longrightarrow RBr + R—C(=O)—O\cdot$$

这个反应只适合于脂肪酸的银盐，而芳香酸的银盐不易发生类似的反应。Hunsdiecker 反应的改进是用氧化汞、溴和羧酸共热，其结果也是令人满意的。这个方法用于由羧酸制备卤代烃，特别是仲、叔氯代烃和溴代烃。

$$\text{COOH},\ CH_3 \xrightarrow[Br_2]{HgO} \text{Br},\ CH_3 + \text{Br},\ CH_3$$

$$\text{HOOC-(bicyclo[2.2.1]heptane)-COOH} \xrightarrow[Br_2]{HgO} \text{Br-(bicyclo[2.2.1]heptane)-Br}$$

（6）α-氢的卤化反应

在少量红磷或三卤化磷存在下，羧酸中的α-氢被溴或氯取代生成α-卤代羧酸的反应称为 Hell-Volhard-Zelinsky（赫尔-乌尔哈-泽林斯基）反应。反应首先生成酰卤，然后烯醇化并与卤素加成得到α-卤代酰卤，α-卤代酰卤再与没有反应的羧酸反应生成α-卤代酸产物和反应中间体酰卤，中间体酰卤再重复以上过程以得到α-卤代酸。

$$RCH_2COOH \xrightarrow{PBr_3} RCH_2COBr \rightleftharpoons RHC{=}C(OH)Br \xrightarrow{Br_2} R{-}CH(Br){-}COBr$$

$$\xrightarrow{RCH_2COOH} R{-}CH(Br){-}COOH + RCH_2COBr$$

α-卤代羧酸中的卤素很活泼，与氨反应生成氨基酸，水解可制羟基酸，所以α-卤代羧酸是重要合成原料。

$$R{-}CH(Br){-}COOH \xrightarrow[\triangle]{NH_3} R{-}CH(\overset{+}{N}H_3Br^-){-}COOH \xrightarrow{NH_3} R{-}CH(NH_2){-}COOH$$

$$R{-}CH(Br){-}COOH \xrightarrow{HO^-} R{-}CH(OH){-}COOH$$

9.1.5 二元羧酸的热分解反应（thermal decomposition reaction of dicarboxylic acid）

脂肪二元羧酸因两个羧基相对位置不同在加热条件下表现出不同的反应。草酸、丙二酸加热发生脱羧反应，丁二酸、戊二酸发生分子内脱水生成环酐，己二酸、庚二酸加热时既脱羧又脱水生成环酮。以上实验结果说明在加热条件下反应倾向生成热力学稳定性较好的五元、六元环化合物。

$$\begin{matrix}COOH\\ |\\ COOH\end{matrix} \xrightarrow{\triangle} HCOOH + CO_2$$

$$H_2C(COOH)_2 \xrightarrow{\triangle} CH_3COOH + CO_2$$

$$\begin{matrix}CH_2COOH\\ |\\ CH_2COOH\end{matrix} \xrightarrow{\triangle} \text{(丁二酸酐)} + H_2O$$

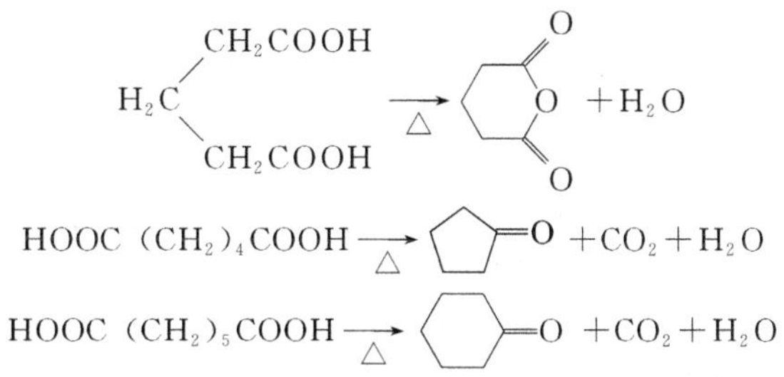

$$H_2C(CH_2COOH)_2 \xrightarrow{\triangle} \text{戊二酸酐} + H_2O$$

$$HOOC(CH_2)_4COOH \xrightarrow{\triangle} \text{环戊酮} + CO_2 + H_2O$$

$$HOOC(CH_2)_5COOH \xrightarrow{\triangle} \text{环己酮} + CO_2 + H_2O$$

9.1.6 羟基酸（hydroxyl acid）

羧酸分子中 R 上的氢被羟基取代后形成羟基酸，根据羟基距羧基的位置，可称为 α-、β-、γ-及 δ-羟基酸，若羟基在直链酸的末端，可称为 ω-羟基酸。如：

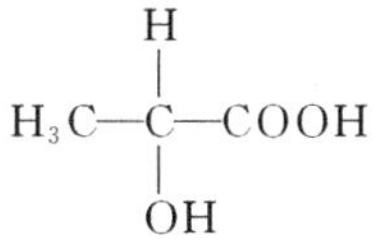

$H_3C-CH(OH)-COOH$

α-羟基丙酸（2-羟基丙酸，乳酸）
2-hydroxy-propanoic acid

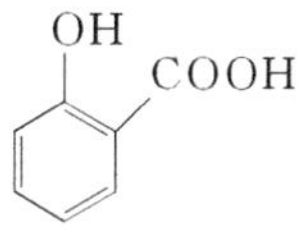

2-羟基苯甲酸（水杨酸）
2-hydroxy-benzoic acid

（1）羟基酸的性质

① 酸性　脂肪羟基酸由于羟基的吸电子诱导作用，其酸性比母体酸强，随着羟基距羧基的距离加大，酸性逐渐减弱。羟基连在芳香环上的芳香酸，当羟基处在羧基的对位时，由于 p-π 共轭的给电子效应大于羟基的吸电子诱导效应，其酸性比母体酸弱；当羟基处在羧基的间位时，由于 p-π 共轭效应对间位基团羧基影响较小，此时羟基的诱导效应起主要作用，其酸性比母体酸强；当羟基处在羧基的邻位时，由于邻位效应和分子内氢键的作用，其酸性比母体酸强。

② 脱水反应　α-羟基酸易发生两分子间脱水形成交酯；β-羟基酸易发生分子内脱水形成烯烃；γ-及 δ-羟基酸易发生分子内脱水形成五元或六元环内酯。

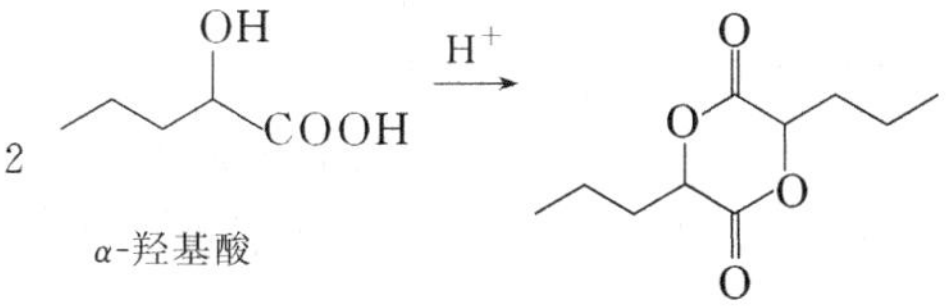

α-羟基酸：2 分子 $\xrightarrow{H^+}$ 交酯

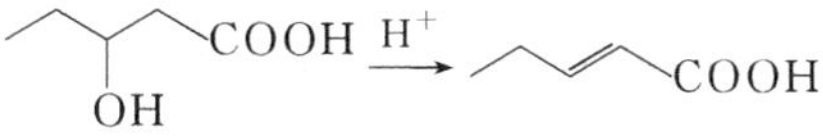

β-羟基酸 $\xrightarrow{H^+}$ 烯酸（—COOH）

γ-羟基酸 $\xrightarrow{H^+}$ 五元环内酯

δ-羟基酸：$HO(CH_2)_4COOH \xrightarrow{H^+}$ 六元环内酯

③ 脱羰基（CO）反应　α-羟基酸在酸性介质中加热发生脱羰基（CO）的反应，利用该反应可制备高级醛、酮。

$$CH_3CH_2CH_2CH(OH)COOH \xrightarrow[\triangle]{H^+} CH_3CH_2CH_2CHO + CO$$

$$CH_3CH_2CH_2C(OH)(CH_3)COOH \xrightarrow[\triangle]{H^+} CH_3CH_2CH_2COCH_3 + CO$$

治疗晚期癌症的消炎镇痛药佐美酸钠（Zomepirac Sodium）的合成使用了这一反应。

$$HO-C(CH_2COOH)_2-COOH \xrightarrow{H_2SO_4,\ SO_3} O{=}C(CH_2COOH)_2 \xrightarrow[H^+]{C_2H_5OH} O{=}C(CH_2COOC_2H_5)_2 \rightarrow \rightarrow$$

$$\text{(1-甲基-4-羧基-3-甲基-5-(4-氯苯甲酰基)吡咯-2-乙酸)} \xrightarrow{碱} 佐美酸钠$$

(2) 羟基酸的制备

① α-羟基酸可采用羧酸卤化再水解的方法制备。

$$CH_3CH_2CH_2CH_2COOH \xrightarrow[\triangle]{Cl_2/P} CH_3CH_2CH_2CHClCOOH \xrightarrow[\triangle]{H_3O^+} CH_3CH_2CH_2CH(OH)COOH$$

醛、酮加 HCN 再水解。

$$CH_3CH_2CH_2CHO \xrightarrow[HO^-]{HCN} CH_3CH_2CH_2CH(OH)CN \xrightarrow[\triangle]{H^+} CH_3CH_2CH_2CH(OH)COOH$$

② β-羟基酸可采用 Reformatsky 反应制备。

$$CH_3COCH_3 + BrZnCH_2COOC_2H_5 \xrightarrow[甲苯]{} H_3C-C(CH_3)(OZnBr)-CH_2COOC_2H_5 \xrightarrow[\triangle]{H^+} H_3C-C(CH_3)(OH)-CH_2COOH$$

Reformatsky 试剂是 Zn 和卤代羧酸酯，该试剂活性较低，不与酯羰基反应。该制备方法不能使用 RMgX，它与酯羰基反应。

$$BrCH_2COOC_2H_5 + Zn \xrightarrow{甲苯} BrZnCH_2COOC_2H_5$$

9.1.7 羧酸的制备（preparation of carboxylic acid）

羧酸最常应用的制备方法是：a. 氧化法；b. 由格氏试剂合成；c. 腈的水解；d. 羧酸的烃基化；e. 由丙二酸二乙酯合成。在本节我们将讨论前四种方法，第五种方法在后面的羧酸衍生物有关碳负离子一节讨论。此外本节还将介绍酚酸制备方法。

(1) 氧化法

不饱和烃具有 π 键易受氧化剂进攻，使不饱和键断裂生成羧酸。烷基芳烃在 $KMnO_4$

存在下加热，侧链被氧化生成芳香酸。这些反应均可作为羧酸制备的方法。

$$CH_3CH_2CH_2CH{=}CH_2 \xrightarrow[H^+]{KMnO_4} CH_3CH_2CH_2COOH + CO_2$$

$$C_6H_5CH_2CH_3 \xrightarrow[H^+]{KMnO_4} C_6H_5COOH + CO_2$$

伯醇 α-碳上有两个氢，用强氧化剂处理可得到羧酸。由于醇是容易得到的，所以这是羧酸制备的常用方法。醛是极易被氧化的化合物，除 $KMnO_4$ 强氧化剂外，一些弱氧化剂（如 Ag_2O）也可把它氧化为酸。

$$CH_3CH_2CH(CH_3)CH_2OH \xrightarrow[\triangle]{KMnO_4} CH_3CH_2CH(CH_3)COOH$$

$$(H)(H_3C)C{=}C(CHO)(CH_3) \xrightarrow[(2)\ H^+]{(1)\ Ag_2O/H_2O} (H)(H_3C)C{=}C(COOH)(CH_3)$$

（2）由格氏试剂合成

许多卤代烃都可用于制备格氏试剂，当向制得的格氏试剂中通入二氧化碳并水解则可得到各种羧酸。这个方法可制备比卤代烃多一个碳的酸，是实验室广泛采用的好方法。尽管这个方法应用范围很大，但当格氏试剂制备受到限制时该法不可采用。例如有活泼氢的卤代物或卤代物带有与金属试剂反应的基团时该方法就失去了应用价值。

$$RMgX + \underset{（干冰）}{CO_2} \xrightarrow{醚} RCOOMgX \xrightarrow{H^+} RCOOH$$

$$C_6H_5Br \xrightarrow[THF]{Mg} C_6H_5MgBr \xrightarrow[(2)\ H^+]{(1)\ CO_2} C_6H_5COOH$$

$$(CH_3)_3CBr \xrightarrow[THF]{Mg} (CH_3)_3CMgBr \xrightarrow[(2)\ H^+]{(1)\ CO_2} (CH_3)_3COOH$$

（3）腈的水解

腈在酸或碱催化下水解得到羧酸。反应过程是水对氰基加成生成酰胺，继续水解得到羧酸。一般腈常由卤代烃与氰化钠作用得到，所以这也是制备比卤代烃多一个碳的酸的方法。一些与 NaCN 作用容易发生消除的卤代烃（如叔卤代烃）和不活泼的芳香卤代烃因不容易得到相应腈，所以不能采用该法。

$$R{-}C{\equiv}N \xrightarrow[H_2O]{H^+ 或 HO^-} RCOOH$$

$$R{-}C{\equiv}N \xrightarrow{H_2O} R{-}C({=}NH){-}OH \rightleftharpoons R{-}C({=}O){-}NH_2 \xrightarrow{H_2O} RCOOH$$

$$HOCH_2CH_2CH_2Br \longrightarrow HOCH_2CH_2CH_2COOH$$

$$HOCH_2CH_2CH_2Br \xrightarrow{NaCN} HOCH_2CH_2CH_2CN \xrightarrow{HO^- 或 H^+} HOCH_2CH_2CH_2COOH$$

(4) 科尔贝-施密特合成

苯酚的钠盐和二氧化碳在压力和加热情况下得到水杨酸，这个反应叫科尔贝-施密特合成。这是工业上生产阿司匹林的原料——水杨酸的成熟方法。反应的历程尚待研究。

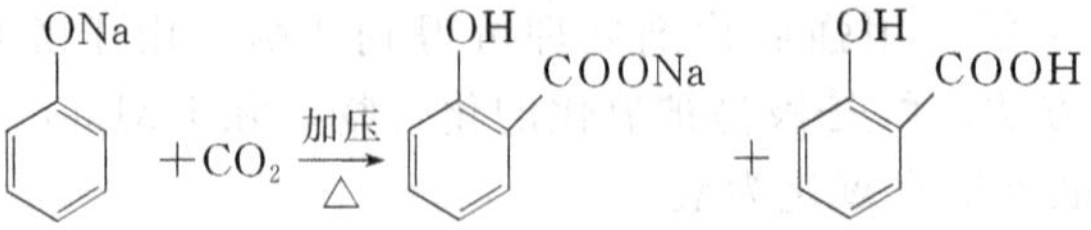

ONa $+CO_2 \xrightarrow[\triangle]{加压}$ OH COONa $+$ OH COOH

这个反应主要用于酚酸的制备，一般芳环上酚羟基越多反应越容易进行。如邻苯二酚与碳酸钠水溶液，共热即可得到3,4-二羟基苯甲酸。

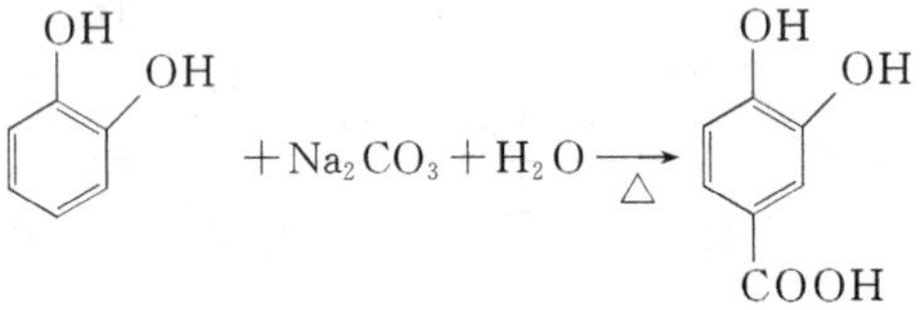

OH OH $+Na_2CO_3+H_2O \xrightarrow{\triangle}$ OH OH COOH

(1) 通过 www.across.com 或 ChemDraw 8.0 查阅下列物质的熔点。

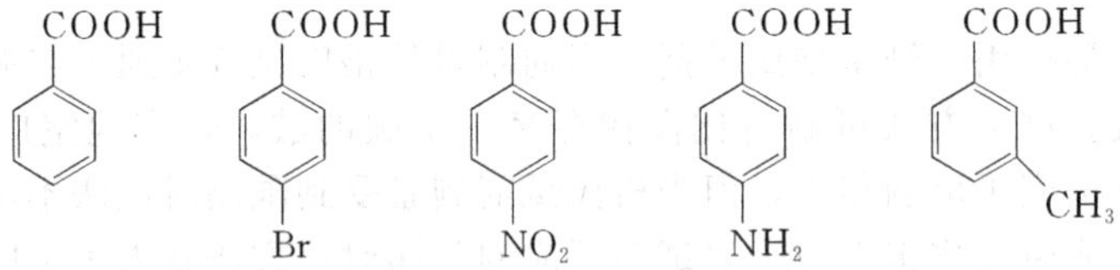

COOH　　COOH Br　　COOH NO_2　　COOH NH_2　　COOH CH_3

(2) 查阅下列物质的 IR 数据，并总结规律。

CH_3COOH　　$CH_3CH_2CH_2COOH$　　$CH_3CH{=}CHCOOH$　　O_2NCH_2COOH

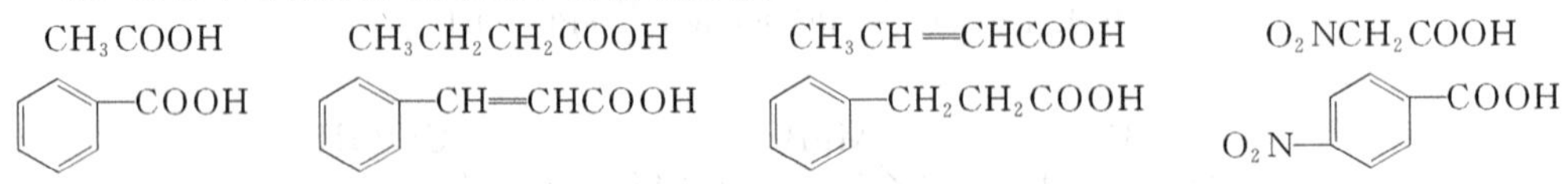

(3) 查阅文献完成下列物质的合成，并写出操作步骤。

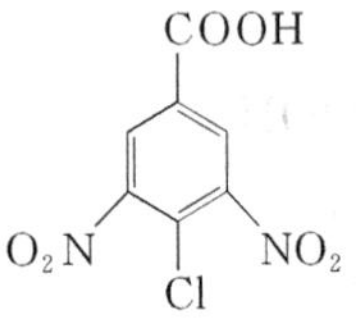

COOH O_2N Cl NO_2　　$CH_3CH_2CH(CH_3)COOH$

(4) 1985年 G. R. Newhome 和 Yao Zhong-qi 合成了被称为树形的化合物。查阅文献描述它的合成过程。

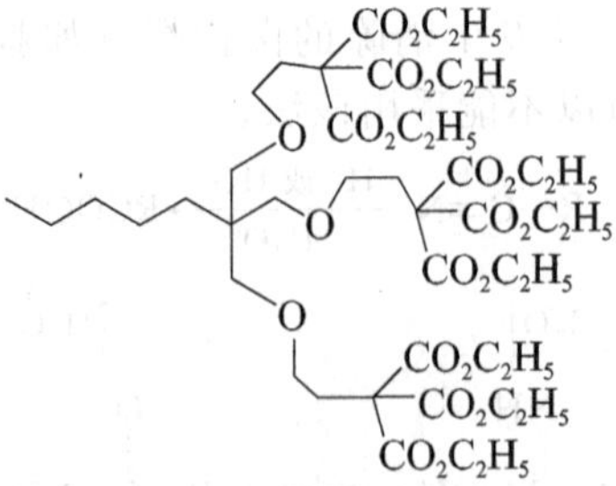

$CO_2C_2H_5$ $CO_2C_2H_5$ $CO_2C_2H_5$ O O O $CO_2C_2H_5$ $CO_2C_2H_5$ $CO_2C_2H_5$ $CO_2C_2H_5$ $CO_2C_2H_5$ $CO_2C_2H_5$

(5) 使用 ChemDraw 8.0 画出下列物质的三维结构。

苯甲酸　　2-丁烯酸　　马来酸　　巴比妥酸

习题（Problems）

1. Name the following acid.

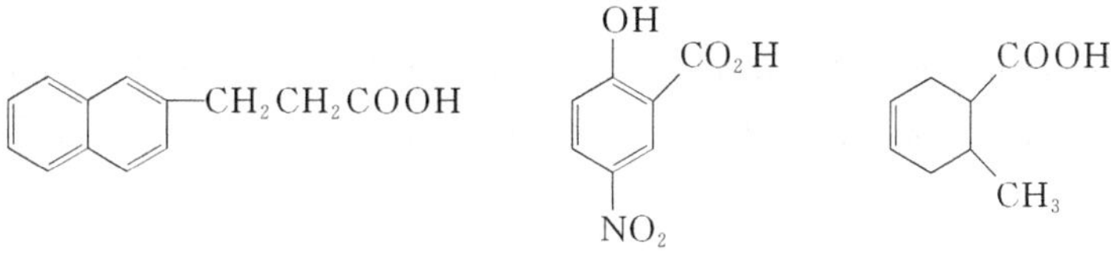

$-CH_2CH_2COOH$　　OH　CO_2H　NO_2　　COOH　CH_3

2. Write out the correct structure for each of the compounds.

（1） β-bromohexanoic acid （2） 6-bydroxy-3-methyl benzoic acid

（3） cyclopentane carboxylic acid （4） *p*-acetyl benzoic acid

3. Explain why propanoic acid boils at 141℃, but methyl acetate boils at 57℃.

4. Arrange the following acids in order of acidity.

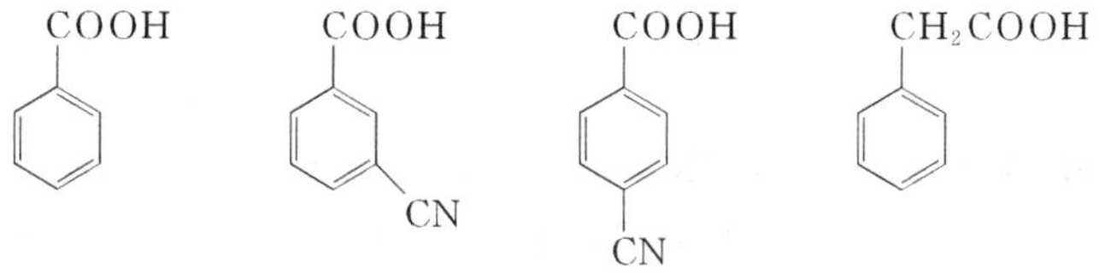

COOH　　COOH　CN　　COOH　CN　　CH_2COOH

5. Write out the major products of the following reactions.

（1） 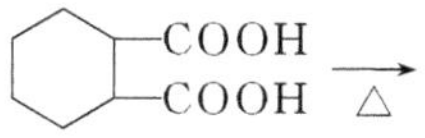 $-COOH$ $-COOH$ $\xrightarrow{\triangle}$

（2） 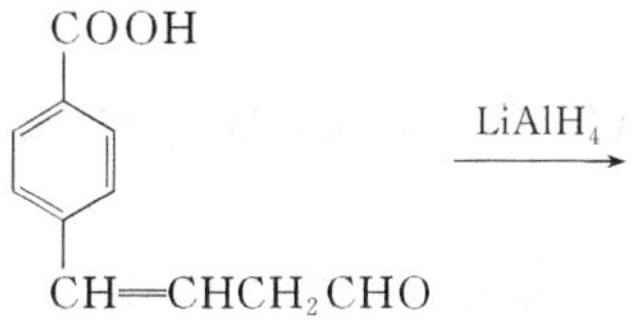 COOH　$CH{=}CHCH_2CHO$ $\xrightarrow{LiAlH_4}$

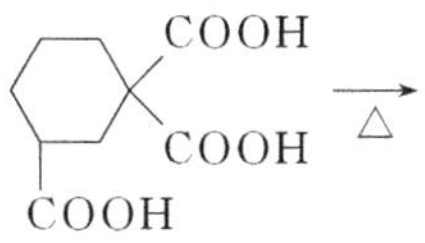

（3） COOH　COOH　COOH $\xrightarrow{\triangle}$

（4） OH　CH_2OH $+CH_3COOH \xrightarrow{H^+}$

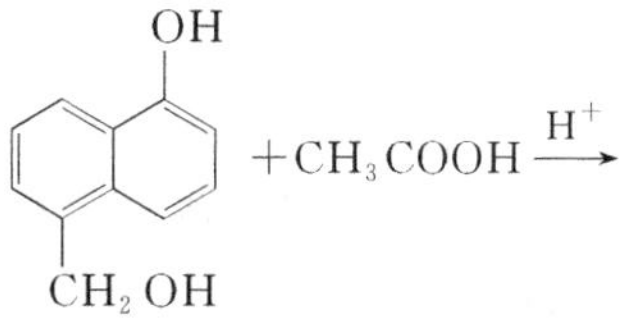

（5） $R\text{-}COCH_2CH_2COOH \xrightarrow{NaBH_4}$ （?） $\xrightarrow[\triangle]{H^+}$

（6） $CH_3(CH_2)_7CH{=}CH(CH_2)_7COOH \xrightarrow{Br_2}$ （?） $\xrightarrow[C_2H_5OH]{HO^-}$

6. Use spectroscopy to distinguish following compounds.

$CH_3OCH_2CH_2COCH_3$　　$CH_3CH_2CH_2CH_2COOH$　　$(CH_3)_3CCOOH$

7. Suggest reason why *o*-phthalic acid has a pK_1 of 2.9, but terephthalic acid has a pK_1 of 3.5.

8. Use simple chemical method to distinguish following compounds.

$-COOH$　　OH　O　　=O　O　　OH　O

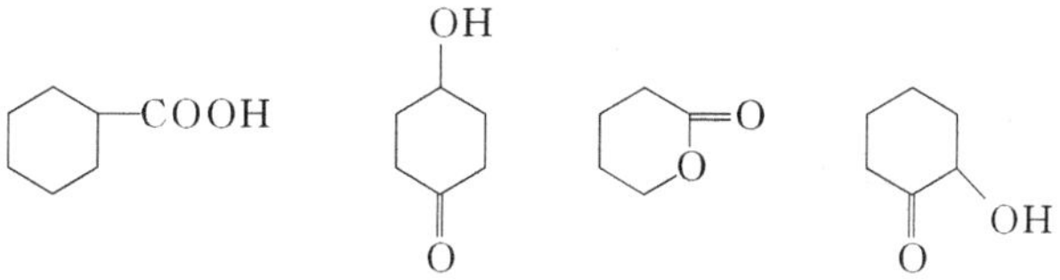

9. Propose mechanisms for the following reactions.

（1） 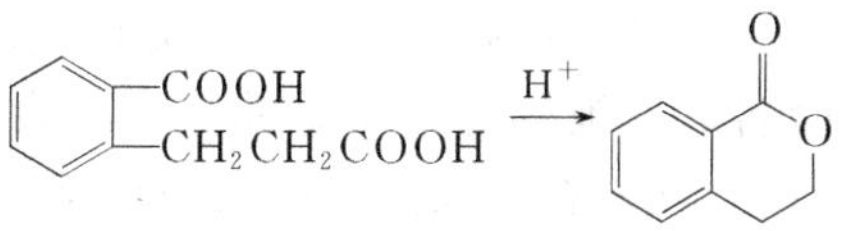 $-COOH$ $-CH_2CH_2COOH$ $\xrightarrow{H^+}$ O　O

(2) cyclopentenyl–$CH_2COOH \xrightarrow{H^+}$ (bicyclic lactone, C=O)

(3) C_6H_5–COOH + $(CH_3)_3C—O^{18}H \xrightarrow{H^+} C_6H_5$–$COOC(CH_3)_3 + H_2O^{18}$

10. Give the structures of compounds M through P. Compound P gave the following NMR spectrum: δ 1.22 (s, 6H), 1.85 (t, 2H), 2.33 (t, 2H), 7.02 (s, 4H).

$$\text{M (acid)} \xrightarrow{PCl_3} \text{N } (C_{11}H_{13}ClO) \xrightarrow{AlCl_3} \text{Q } (C_{11}H_{12}O) \xrightarrow[HCl]{Zn/Hg} \text{P } (C_{11}H_{14})$$

11. Write equations that show benzoic acid can be converted into each of the following compounds.

(benzene ring with Cl and CH_2CN, meta) (benzene ring with $CHOHCO_2H$) (benzene ring with NH_2 and CO_2CH_3, meta)

12. Compound A ($C_4H_8O_3$) IR characteristic absorptions: 3300 ~ 2500cm^{-1}, 1710cm^{-1}. The NMR spectrum of A is shown: δ 1.22 (t, 3H), 3.85 (q, 2H), 4.13 (s, 2H), 8.02 (s, 1H). Suggest structure for A.

9.2 羧酸衍生物（carboxylic acid derivatives）

9.2.1 分类和命名（classification and nomenclature）

(1) 分类

羧酸衍生物包括酯、酸酐、酰卤及酰胺，由于腈的化学性质与上述物质相似，往往也作为羧酸衍生物的一员。

R—C(=O)—X	R—C(=O)—O—C(=O)—R	R—C(=O)—OR′	R—C(=O)—NH_2	RCN
酰卤	酸酐	酯	酰胺	腈
acyl halide	acid anhydride	ester	amide	nitrile

(2) 命名

① 酰卤和酰胺　酰卤和酰胺均以相应的酰基命名。英文命名是去掉相应羧酸的词尾“ic”或“oic”及“acid”，加上“yl”及“halide”(酰卤）或加上“amide”(酰胺)。

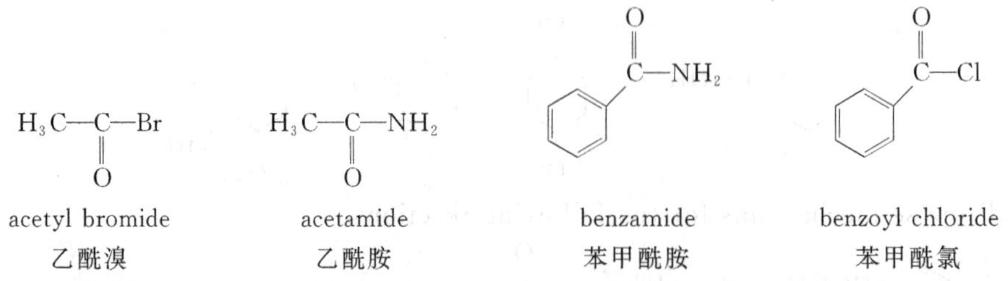

acetyl bromide　乙酰溴　　acetamide　乙酰胺　　benzamide　苯甲酰胺　　benzoyl chloride　苯甲酰氯

② 酯　酯是由形成它的酸和醇或酚来命名的，被称为某酸某酯。英文命名是去掉相应羧酸的词尾“oic”及“acid”，加上“ate”，同时在前面加上醇或酚烃基的名称。

$CH_3COOC_2H_5$　　ethyl acetate　乙酸乙酯

（邻位 $-NO_2$ / $-COOCH_3$ 苯环）　methyl o-nitrobenzate　邻硝基苯甲酸甲酯

（环己基 $-COOC_2H_5$）　ethyl cyclohexane carboxylate　环己烷甲酸乙酯

③ 酸酐　酸酐是以生成它的酸来命名的。英文名称是把“acid”换为“anhydride”。

$H_3C-C(=O)-O-C(=O)-CH_3$　acetic anhydride　乙酸酐

$H_3C-C(=O)-O-C(=O)-CH_2CH_3$　acetic propanoic anhydride　乙酸丙酸酐

④ 腈　根据母体链所含碳数（包括氰基）称为某腈。英文命名是去掉羧酸的“ic acid”加上“nitrile”，而IUPAC命名法是在相应烃的名称后加“nitrile”。

CH_3CN　acetonitrile　乙腈

$CH_3CH_2CH_2CN$　butyronitrile　丁腈

C_6H_5CN　benzonitrile　苯甲腈

9.2.2 物理性质及波谱 (physical properties and spectrum)

(1) 物理性质

酯、酸酐、酰卤不含羟基，比相应分子量的酸沸点低得多，但它们均具有羰基，分子具有一定极性，沸点与相近分子量的醛、酮接近。酰胺由于含有氨基易生成分子间氢键，具有较高的沸点，室温下除甲酰胺外均为固体。腈由于氰基相互作用，沸点比酯和酰氯要高，而比相近分子量的酸略低。表9-5列出了某些羧酸衍生物的物理常数。

表9-5　一些羧酸衍生物的物理常数

化合物	沸点/℃	熔点/℃	化合物	沸点/℃	熔点/℃
乙酰氯	51	−112	乙酸酐	140	−73
丙酰氯	80	−94	丁二酸酐	261	119
苯甲酰氯	197	−1	苯甲酸酐	360	42
乙酸甲酯	57.5	−98	邻苯二甲酸酐	284	132
乙酸乙酯	77	−84	乙酰胺	221	82
乙酸丁酯	126	−78	*N*,*N*-二甲基甲酰胺	150	−60
苯甲酸甲酯	200	−12	乙腈	82	−45
苯甲酸乙酯	213	−35	苯甲腈	190	−13

以上所有羧酸衍生物都溶于一般有机溶剂，如乙醚、氯仿、苯等。乙腈、*N*,*N*-二甲基酰胺、*N*,*N*-二甲基乙酰胺都可溶于水，由于它们无活泼氢且具有较强极性，常作为优良的非质子极性溶剂。乙酸乙酯对有机化合物、清漆、涂料等有良好的溶解性能，所以也常常作为实验室和工业上的有机溶剂。小分子的酰氯或酸酐易水解，有刺激性气味。大多数的酯有令人愉快的香气，所以很多酯可用于香料中。

（2）波谱

酯、酸酐、酰卤、酰胺在红外（IR）谱图中最特征的吸收是1840～1630cm^{-1}的强的C═O伸缩振动吸收。由于上述化合物羰基所连基团不同，吸收位置不同。酰卤中卤原子的吸电子作用增大了C═O键强度，使吸收频率增大，约为1800cm^{-1}。而酰胺中羰基与氨基共轭削弱了C═O键强度，使吸收频率降低，约为1650cm^{-1}。酸酐因具有两个C═O，因而在1840～1740cm^{-1}之间有两个强吸收峰。酯C═O伸缩振动吸收与醛、酮相似，约为1760～1735cm^{-1}，此外酯在1300～1200cm^{-1}之间还存在C—O伸缩振动吸收。

羧酸衍生物核磁共振（NMR）谱的共同点是α-H的信号，因受酰基（C═O）或氰基（—CN）的吸电子基团影响，α-H的共振比饱和氢向低场移动，一般δ为2～3。酰胺氮上的氢共振吸收出现在δ 5～8，胺氮上的氢共振吸收（δ0.5～5）也向低场偏移。羧酸衍生物的IR和NMR波谱特征列于表9-6，其代表物丙酸甲酯的^{1}H NMR和^{13}C NMR见图9-5和图9-6。

表9-6 羧酸衍生物的IR和NMR波谱数据

化合物类型	IR/cm^{-1}	^{1}H NMR(δ)
酯	1740～1700(C═O伸缩)	2～3(α-H)
酸酐	1840～1800;1740～1700(C═O伸缩)	2～3(α-H)
酰卤	1815～1785(C═O伸缩)	2～3(α-H)
酰胺	3500～3100(N—H伸缩);1690～1630(C═O伸缩)	2～3(α-H)
腈	2260～2210(C≡N伸缩)	2～3(α-H)

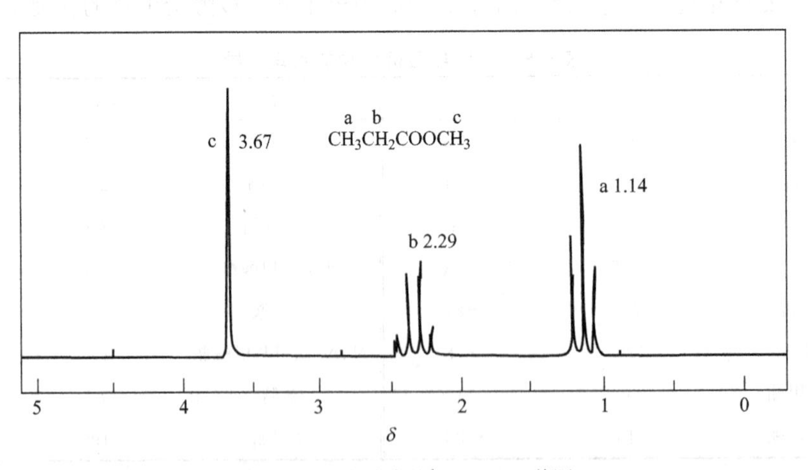

图9-5 丙酸甲酯的^{1}H NMR谱图

9.2.3 水解、醇解、氨解反应（hydrolysis, alcoholysis and aminolysis）

酰卤、酸酐、酯、酰胺都具有羰基，腈具有氰基官能团，这些官能团都是极性不饱

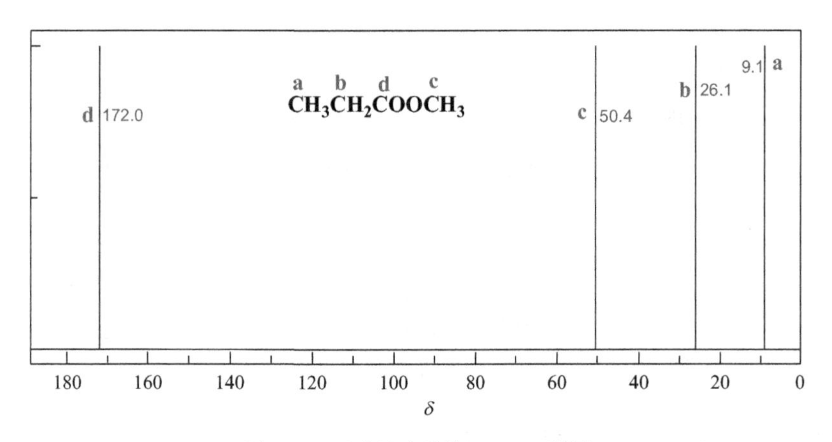

图 9-6 丙酸甲酯的^{13}C NMR 谱图

和基团，化学性质相似，均可进行水解、醇解、氨解反应。

(1) 水解

酰卤、酸酐、酯、酰胺、腈在不同条件下与水反应，最终产物都是羧酸。

$$H_3C-\overset{O}{\overset{\|}{C}}-X \xrightarrow{H_2O} H_3C-\overset{O}{\overset{\|}{C}}-OH + HX$$

$$H_3C-\overset{O}{\overset{\|}{C}}-O-\overset{O}{\overset{\|}{C}}-R \xrightarrow{H_2O} H_3C-\overset{O}{\overset{\|}{C}}-OH + HO-\overset{O}{\overset{\|}{C}}-R$$

$$H_3C-\overset{O}{\overset{\|}{C}}-OR' \xrightarrow[H^+]{H_2O} H_3C-\overset{O}{\overset{\|}{C}}-OH + HOR'$$

$$H_3C-\overset{O}{\overset{\|}{C}}-NH_2 \xrightarrow[H^+]{H_2O} H_3C-\overset{O}{\overset{\|}{C}}-OH + NH_4^+$$

$$H_3C-C\equiv N \xrightarrow[H^+]{H_2O} H_3C-\overset{O}{\overset{\|}{C}}-OH + NH_4^+$$

酰卤、酸酐与水非常容易反应，低级酰卤和酸酐能被空气中的水分水解，这说明两者反应活性大。相比之下酯的反应活性就较差，它的水解必须酸或碱催化。酯的水解是一个平衡，一般在碱催化下水解生成羧酸盐使脱离平衡体系以完成反应。酰胺和腈水解较难，在酸或碱催化下加热较长时间才能完成反应。

酰卤、酸酐、酯、酰胺水解过程为不饱和碳上的亲核取代，即衍生物中与羰基相连的基团被羟基取代。其历程可看作加成-消除的过程。以酯的水解为例，无论是酸还是碱催化，第一步是对羰基的亲核加成，第二步是一个离去基团离去并恢复羰基。

碱催化：

$$R-\overset{O}{\overset{\|}{C}}-OR' + HO^- \rightleftharpoons R-\overset{O^-}{\overset{|}{\underset{OH}{\underset{|}{C}}}}-OR' \longrightarrow RCOOH + R'O^- \longrightarrow RCOO^- + R'OH$$

酸催化：

$$R-\overset{O}{\overset{\|}{C}}-OR' \underset{}{\overset{H^+}{\rightleftharpoons}} R-\overset{\overset{+}{O}H}{\overset{\|}{C}}-OR' \overset{H_2\ddot{O}}{\rightleftharpoons} R-\underset{\underset{+}{OH_2}}{\overset{OH}{C}}-OR' \overset{-H^+}{\rightleftharpoons} R-\underset{OH}{\overset{OH}{C}}-OR'$$

$$\overset{H^+}{\rightleftharpoons} R-\underset{OH}{\overset{OH}{C}}-\underset{H}{\overset{+}{O}}R' \rightleftharpoons R-\overset{\overset{+}{O}H}{\overset{\|}{C}}-OH \xrightarrow{-H^+} R-\overset{O}{\overset{\|}{C}}-OH + R'OH$$

腈在酸或碱催化下，水解先得到酰胺，进一步水解生成酸。

$$R-C\equiv N \xrightarrow{H^+} R-C\equiv\overset{+}{N}H \xrightarrow{H_2O} R-\underset{\underset{+}{OH_2}}{C}=NH \xrightarrow{-H^+}$$

$$R-\underset{OH}{C}=NH \longrightarrow R-\overset{O}{\overset{\|}{C}}-NH_2 \xrightarrow{H^+} R-\overset{\overset{+}{O}H}{\overset{\|}{C}}-NH_2 \xrightarrow{H_2O}$$

$$R-\underset{\underset{+}{OH_2}}{\overset{OH}{C}}-NH_2 \xrightarrow{-H^+} R-\underset{OH}{\overset{OH}{C}}-NH_2 \xrightarrow{-NH_3} RCOOH$$

（2）醇解

酰卤、酸酐、酯、酰胺和腈与醇在不同条件下反应生成酯的反应叫醇解反应。

$$H_3C-\overset{O}{\overset{\|}{C}}-X \xrightarrow{ROH} H_3C-\overset{O}{\overset{\|}{C}}-OR + HX$$

$$H_3C-\overset{O}{\overset{\|}{C}}-O-\overset{O}{\overset{\|}{C}}-R \xrightarrow{ROH} H_3C-\overset{O}{\overset{\|}{C}}-OR + HO-\overset{O}{\overset{\|}{C}}-R$$

$$H_3C-\overset{O}{\overset{\|}{C}}-OR' \xrightarrow[H^+]{ROH} H_3C-\overset{O}{\overset{\|}{C}}-OR + HOR'$$

$$H_3C-\overset{O}{\overset{\|}{C}}-NH_2 \xrightarrow[H^+]{ROH} H_3C-\overset{O}{\overset{\|}{C}}-OR + NH_4^+$$

$$H_3C-C\equiv N \xrightarrow[H^+]{ROH} H_3C-\overset{O}{\overset{\|}{C}}-OR + NH_4^+$$

醇解的历程与水解相同，也经过加成-消除过程。酰卤和酸酐醇解较易进行，特别是酰卤与伯醇反应，不采用催化剂即可顺利进行，但当与体积大的或反应活性差的醇或酚反应时，需使用催化剂。常用的酸性催化剂有硫酸、对甲苯磺酸、大孔阳离子交换树脂、酸性分子筛（HZSM-5 和 HY）、硫酸铜、三氯化铁、杂多酸等；常用的中性催化剂有钛酸酯、锆酸酯、有机锡等；常用的碱性催化剂有吡啶及其衍生物，如聚乙烯吡啶

(PVP)、4-*N*,*N*-二甲氨基吡啶（DMAP）、4-四氢吡咯吡啶等。

DMAP 是很好的酰化反应催化剂，PVP 是好的酸吸收剂，如在乙酰基红霉素肟缩酮的制备中使用了该催化剂，反应的收率为 95%以上。

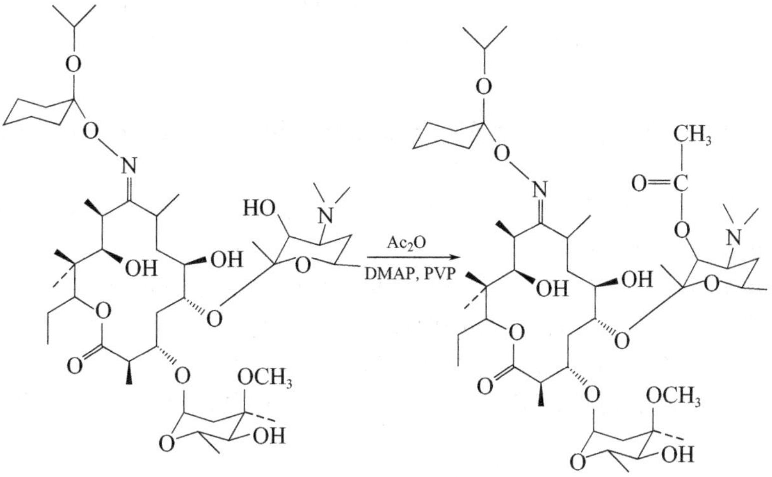

$$\xrightarrow[\text{DMAP, PVP}]{\text{Ac}_2\text{O}}$$

酯和醇的反应叫酯交换反应（transesterification），它需酸或碱催化才可进行，一般是由大分子醇置换小分子醇，以便在反应条件下除去被置换的醇而完成反应。工业上涤纶的生产就是酯交换反应很好的例子。

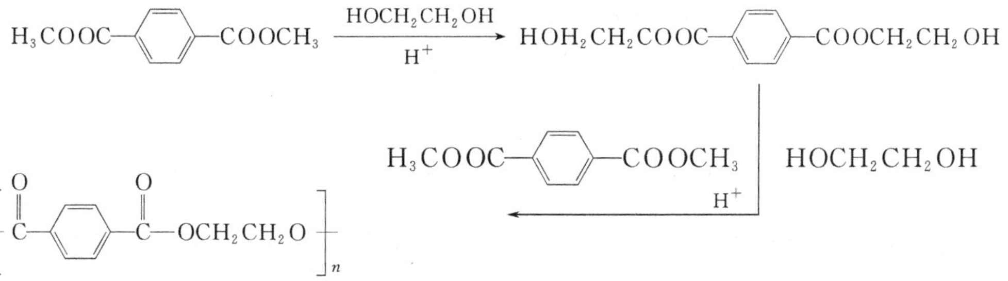

$$H_3COOC-C_6H_4-COOCH_3 \xrightarrow[H^+]{HOCH_2CH_2OH} HOH_2CH_2COOC-C_6H_4-COOCH_2CH_2OH$$

$$\xrightarrow[H^+]{H_3COOC-C_6H_4-COOCH_3 \quad HOCH_2CH_2OH} \left[\overset{O}{\overset{\|}{C}}-C_6H_4-\overset{O}{\overset{\|}{C}}-OCH_2CH_2O \right]_n$$

腈的醇解在酸或碱存在下进行，腈与醇的加成产物经水处理得到酯。

$$R-CN+R'OH \xrightarrow{H^+} R-\underset{}{\overset{OR'}{\overset{|}{C}}}=NH \xrightarrow{H_2O} RCOOR'$$

(3) 氨解

酰卤、酸酐、酯均可与氨或胺反应生成酰胺。酰卤和酸酐与氨（胺）反应时不用过量的氨（胺）或加入其他碱以接受反应产生的酸。这是制备酰胺的常用方法。

$$RCOCl+2NH_3 \longrightarrow RCONH_2+NH_4Cl$$

$$(RCO)_2O+2NH_3 \longrightarrow RCONH_2+RCOONH_4$$

$$RCOOR'+NH_3 \rightleftharpoons RCONH_2+R'OH$$

参与反应的有机胺若为叔胺，可与酰氯或酸酐作用生成酰基铵盐。这个铵盐是极为活泼的酰化剂，假如与醇反应即可生成羧酸酯。实际上酰氯、酸酐在醇存在下，与叔胺的反应中间体就是酰基铵盐。

$$R-\overset{O}{\overset{\|}{C}}-Cl+N(C_2H_5)_3 \longrightarrow R-\overset{O}{\overset{\|}{C}}-\overset{+}{N}(C_2H_5)_3Cl^- \xrightarrow{R'OH} R-\overset{O}{\overset{\|}{C}}-OR'+(C_2H_5)_3\overset{+}{N}HCl^-$$

酯的氨（胺）解进行比较缓慢，但当酰氯或酸酐不稳定或不易得到时，也能采用酯的氨（胺）解法制备酰胺。

$$H_2C(COOC_2H_5)_2 + (H_2N)_2C{=}O \longrightarrow \text{(环状丙二酰脲)}$$

9.2.4 与金属有机化合物的反应（reaction with organometallic compound）

羧酸衍生物都具有极性不饱和键，像醛、酮一样很容易遭受具有强亲核性的金属有机化合物的进攻发生加成反应。

酰卤的羰基活性大于酮，它与金属有机化合物反应能生成酮或醇。在较低温度下与格氏试剂加成，反应可停止在生成酮的阶段。由酰氯制备酮类是合成上常采用的方法，在酮的制备中可以采用格氏试剂，也可采用活性较小的烃基铜锂试剂或二烃基镉。若反应中格氏试剂过量，加格氏试剂产生的酮将继续与过量的格氏试剂反应，最终生成叔醇。

$$R-\overset{O}{\overset{\|}{C}}-Cl + R'MgX \longrightarrow R-\underset{R'}{\overset{OMgX}{C}}-Cl \longrightarrow R-\overset{O}{\overset{\|}{C}}-R' \xrightarrow[(2)\ H_3O^+]{(1)\ R'MgX} R-\underset{R'}{\overset{OH}{C}}-R'$$

$$\text{1-甲基环戊烷甲酰氯 (}CH_3\text{, }COCl\text{)} \xrightarrow[-15℃]{CH_3MgI} \text{1-甲基环戊基甲基酮 (}CH_3\text{, }COCH_3\text{)} \quad 71\%$$

$$(CH_3)_2CHCH_2COCl \xrightarrow[-5℃]{(Me_2C{=}CH)_2CuLi} (CH_3)_2CHCH_2COCH{=}C(CH_3)_2 \quad 70\%$$

$$CH_3OOCCH_2CH_2COCl \xrightarrow{(CH_3CH_2CH_2)_2Cd} CH_3OOCCH_2CH_2COCH_2CH_2CH_3 \quad 75\%$$

酯与酰氯一样能与金属有机化合物反应，其中间体也为酮，但酯羰基活性比酮差，一旦产生了酮则很快与金属有机化合物继续反应，很难停在酮的阶段，所以酯与金属有机化合物的加成多为叔醇的制备。

$$R-\overset{O}{\overset{\|}{C}}-OR'' + R'MgX \longrightarrow R-\underset{R'}{\overset{OMgX}{C}}-OR'' \longrightarrow R-\overset{O}{\overset{\|}{C}}-R' \xrightarrow[(2)\ H_3O^+]{(1)\ R'MgX} R-\underset{R'}{\overset{OH}{C}}-R'$$

$$C_6H_5COOC_2H_5 \xrightarrow[(2)\ H_3O^+]{(1)\ C_6H_5MgX} C_6H_5-\underset{C_6H_5}{\overset{C_6H_5}{C}}-OH$$

$$(CH_3)_2CHCOOC_2H_5 \xrightarrow[(2)\ H_3O^+]{(1)\ CH_3Li} (CH_3)_2CH\underset{OH}{C}(CH_3)_2$$

腈与金属有机化合物加成生成亚胺的盐，尽管这个盐仍含有 C＝N 不饱和键，由于氮上带有负电荷所连碳不再遭受亲核试剂进攻，当把它水解时生成酮。这是由腈制备酮的方法。

$$R-CN + R'Li \longrightarrow R-\overset{R'}{C}{=}NLi \xrightarrow{H_3O^+} RCOR'$$

$$CH_3OCH_2CN \xrightarrow[(2)\ H_3O^+]{(1)\ C_6H_5MgBr} CH_3OCH_2COC_6H_5$$

9.2.5 还原反应（reduction reaction）

采用不同的还原方法能将羧酸衍生物还原成不同的产物。本节将重点介绍一些合成上有价值的还原法。

酰卤用 $LiAlH_4$ 还原生成醇，但由于生成它的羧酸也可被 $LiAlH_4$ 还原到醇，起始原料采用酰卤就失去了意义。当我们采用三叔丁氧基氢化铝锂在低温下还原酰氯时，可顺利地得到醛，这提供了由酰氯转化为醛的途径。这个转化过程还可由 Rosenmund 还原完成，即在毒化的钯催化剂存在下使酰氯加氢。

$$H_3C-C_6H_4-COCl \xrightarrow[H_2]{Pd/BaSO_4} H_3C-C_6H_4-CHO$$

用 $LiAlH_4$ 或 Na/C_2H_5OH 还原酯生成醇。若采用二异丁基氢化铝在低温下还原酯，可得到醛。

$$CH_3(CH_2)_{10}CO_2C_2H_5 \xrightarrow{Na/C_2H_5OH} CH_3(CH_2)_{10}CH_2OH \quad 75\%$$

$$C_6H_5CO_2C_2H_5 \xrightarrow[(2)H_2O]{(1)LiAlH_4} C_6H_5CH_2OH \quad 90\%$$

$$\text{(H}_3\text{CO)}_2\text{-菲-C}_2\text{H}_5\text{-CH}_2\text{CO}_2\text{C}_2\text{H}_5 \xrightarrow[(2)H_2O,-60℃]{(1)AlH(CH_2CHMe_2)_2} \text{(H}_3\text{CO)}_2\text{-菲-C}_2\text{H}_5\text{-CH}_2\text{CHO} \quad 83\%$$

在惰性溶剂中用金属钠处理酯能成功地得到缩合产物，这个反应叫偶姻缩合（acyloin condensation）。反应是通过单电子转移进行的，反应后经酸化可得到 α-羟基酮。

$$2RCO_2C_2H_5 \xrightarrow[\text{乙醚}]{Na} RCHOHCOR$$

反应历程：

$$2RCO_2C_2H_5 \xrightarrow[\text{乙醚}]{Na} 2R-\dot{C}(\cdot O)-OC_2H_5 \longrightarrow R-C(O^-)(OC_2H_5)-C(O^-)(OC_2H_5)-R \xrightarrow{-2C_2H_5O^-} RCOCOR$$

$$\xrightarrow{Na} (^-O)(R)C{=}C(O^-)(R) \xrightarrow{H^+} RCHOHCOR$$

在大量惰性溶剂中，用金属钠处理一个长链二酯，可得到环状 α-羟基酮，这是合成大环化合物的一个重要方法。

$$CH_3OOC(CH_2)_8COOC_2H_5 \xrightarrow[(2)\ H^+]{(1)\ Na/\text{二甲苯}} \text{2-羟基环癸酮}$$

酰胺和腈都含有氮，经还原都生成胺。许多还原法对酰胺是无效的，只有 $LiAlH_4$ 能还原酰胺。当然合成上经常利用一些方法把腈转化成醛，如利用氯化亚锡和盐酸或用二异丁基氢化铝作还原剂，就可以成功地把腈转化为醛。

$$C_6H_5OCH_2CONH_2 \xrightarrow[(2)\ H_3O^+]{(1)\ LiAlH_4} C_6H_5OCH_2CH_2NH_2$$

$$\text{己内酰胺} \xrightarrow[(2)\ H_3O^+]{(1)\ LiAlH_4} \text{环己亚胺(NH)}$$

$$C_6H_5CH_2CN \xrightarrow{Ni/H_2} C_6H_5CH_2CH_2NH_2$$

$$C_6H_5CN \xrightarrow[(2)\ H_3O^+]{(1)\ AlH(CH_2CHMe_2)_2} C_6H_5CHO$$

$$C_{10}H_7CN \xrightarrow[(2)\ H_3O^+]{(1)\ SnCl_2/HCl} C_{10}H_7CHO$$

9.2.6 酯缩合反应 (ester condensation)

醛、酮的 α-氢可与碱作用生成 α-碳负离子，从而顺利地进行羟醛缩合反应，酯的 α-氢同样受酯基吸电子影响呈现一定酸性（$pK_a = 24$），它也可在碱作用下生成 α-碳负离子，使两个酯相互作用生成 β-酮酸酯，这个反应叫 Claisen（克莱森）酯缩合。分子内的酯缩合反应称为 Dieckmann（狄克曼）缩合。

$$CH_3COOC_2H_5 \xrightarrow[(2)\ H^+]{(1)\ NaOC_2H_5} CH_3COCH_2COOC_2H_5$$

其反应历程如下：

$$R-\overset{-}{C}H-\overset{O}{\overset{\|}{C}}-OR'$$

$$\updownarrow$$

$$R-\underset{\underset{H}{|}}{CH}-\overset{O}{\overset{\|}{C}}-OR' \ (RO^-) \rightleftharpoons R-CH{=}\overset{O^-}{\overset{|}{C}}-OR' + R-CH_2-\underset{\underset{O}{\|}}{C}-OR' \rightleftharpoons R-CH_2-\underset{\underset{O^-}{|}}{\overset{R-CH-\overset{O}{\overset{\|}{C}}-OR'}{\overset{|}{C}}}-OR'$$

$$\xrightleftharpoons{-RO^-} R-CH_2-\overset{O}{\overset{\|}{C}}-\underset{\underset{H}{|}}{\overset{R}{\overset{|}{C}}}-\overset{O}{\overset{\|}{C}}-OR' \ (RO^-)$$

$$RCH_2COOC_2H_5 \xrightarrow[(2)\ H^+]{(1)\ C_2H_5ONa} RCH_2CO\underset{\underset{R}{|}}{C}HCOOC_2H_5$$

$$C_2H_5OOC(CH_2)_4COOC_2H_5 \xrightarrow[(2)\ H^+]{(1)\ C_2H_5ONa} \text{2-氧代环戊烷甲酸乙酯}(-COOC_2H_5)$$

$$(CH_3)_2CHCOOC_2H_5 \xrightarrow{(C_6H_5)_3CNa} (CH_3)_2CHCOC(CH_3)_2COOC_2H_5$$

两个不同酯的缩合称为交叉酯缩合。若参与反应的两个酯都有 α-氢，一般产物是复杂的，当一个没有 α-氢的酯和一个有 α-氢的酯进行缩合能得到较单一的产物，反应的方向是有 α-氢的酯作为碳负离子的提供者，而没有 α-氢的酯提供酯羰基。

$$C_6H_5COOC_2H_5 + CH_3COCH_3 \xrightarrow[(2)\ H^+]{(1)\ NaH} C_6H_5COCH_2COCH_3 \quad 40\%$$

$$H-\overset{O}{\overset{\|}{C}}-OC_2H_5 + CH_3COOC_2H_5 \xrightarrow[(2)\ H^+]{(1)\ C_2H_5ONa} H-\overset{O}{\overset{\|}{C}}-CH_2COOC_2H_5 \quad 79\%$$

酯缩合是合成上极为重要的反应，利用这一反应可合成 1，3-官能团化合物（β-酮酸酯，1,3-二酮，1,3-二酯）。合成路线设计多采用倒推法，拟用酯缩合反应进行合成时，倒推肢解点在目的化合物 1,3-官能团的内侧，这样从肢解位就可清楚地看到提供 α-氢的反应物和提供酯羰基的反应物。

由于 β-酮酸酯水解产生的 β-酮酸不稳定，很容易脱羧生成酮，因此酯缩合反应又是一个常用的合成酮的反应。

$$C_6H_5CH_2COOC_2H_5 \xrightarrow{C_2H_5ONa} C_6H_5CH_2\overset{O}{\overset{\|}{C}}-\underset{}{\overset{COOC_2H_5}{\overset{|}{C}H}}-C_6H_5 \xrightarrow[(2)H^+]{(1)C_2H_5ONa} C_6H_5CH_2\overset{O}{\overset{\|}{C}}-CH_2-C_6H_5$$

9.2.7 Hofmann 重排（Hofmann rearrangement）

酰胺在 $Br_2/NaOH$ 存在下经加热脱去 CO，生成比酰胺少一个碳原子的胺。如有手性基团构型保持不变。

$$H_3C-\overset{H}{\underset{C_2H_5}{C}}-CONH_2 \xrightarrow[HO^-]{Br_2} H_3C-\overset{H}{\underset{C_2H_5}{C}}-NH_2$$

其反应机理如下：

$$R-\overset{O}{\overset{\|}{C}}-NH_2 \xrightarrow{Br_2/OH^-} R-\overset{O}{\overset{\|}{C}}-N(H)(Br) \xrightarrow{-HBr} R-\overset{O}{\overset{\|}{C}}-\dot{N} \xrightarrow{\text{重排}} O=C=N-R$$

$$\xrightarrow{H_2O} HO-\underset{OH}{\underset{|}{C}}=NR \xrightarrow{\text{异构化}} HO-\underset{O}{\underset{\|}{C}}-NHR \longrightarrow RNH_2 + CO_2$$

9.2.8 有关 NBS 的一些反应（reactions about NBS）

NBS 是 N-溴代丁二酰亚胺的简称，可通过丁二酰亚胺溴化得到。

$$\text{丁二酰亚胺} \xrightarrow[\text{CCl}_4]{\text{Br}_2} \text{NBS}$$

NBS 在不同介质中可发生自由基取代反应、加成反应和加成氧化反应。

① 在非极性介质中发生自由基取代反应

$$H_2C{=}CHCH_3 \xrightarrow[\text{NBS}]{\text{ROOR}} H_2C{=}CHCH_2Br$$

$$ROOR \longrightarrow 2RO\cdot$$

$$H_2C{=}CHCH_3 + RO\cdot \longrightarrow H_2C{=}CHCH_2\cdot$$

$$H_2C{=}CH\dot{C}H_2 + \text{NBS} \longrightarrow H_2C{=}CHCH_2Br + \text{丁二酰亚胺自由基(N}\cdot)$$

$$\text{丁二酰亚胺自由基(N}\cdot) + H_2C{=}CHCH_3 \longrightarrow H_2C{=}CH\dot{C}H_2 + \text{丁二酰亚胺(NH)}$$

② 在极性介质中发生加成氧化或加成反应

a. 加成氧化反应

$$H_2C{=}CHCH_3 \xrightarrow[\text{NBS}]{\text{DMSO}} CH_2BrCOCH_3$$

$$\text{NBS} \xrightarrow{H_2O} \text{丁二酰亚胺负离子(N}^-) + Br^+$$

$$H_2C{=}CHCH_3 + Br^+ \longrightarrow CH_2Br\overset{+}{C}HCH_3$$

$$CH_2Br\overset{+}{C}HCH_3 + H_2O \longrightarrow CH_2BrCH(OH)CH_3$$

$$CH_2BrCH(OH)CH_3 \xrightarrow{\text{DMSO}} CH_2BrC(=O)CH_3$$

b. 加成反应

$$H_2C{=}CHCH_3 \xrightarrow[CH_3COOH]{\text{NBS}} CH_2BrCH(OCOCH_3)CH_3$$

9.2.9 有关丙二酸二乙酯和乙酰乙酸乙酯的反应（reactions about diethyl malonate and ethyl acetoacetate）

(1) 互变异构现象

在有机化合物中一种官能团能改变结构迅速转变成另一种官能团的现象称为互变异构，两种异构体处于动态平衡中。羰基化合物存在这种互变异构现象，如：

$$R{-}CH_2{-}\overset{O}{\overset{\|}{C}}{-}R' \xrightleftharpoons{\text{互变异构}} R{-}CH{=}\overset{OH}{\overset{|}{C}}{-}R'$$

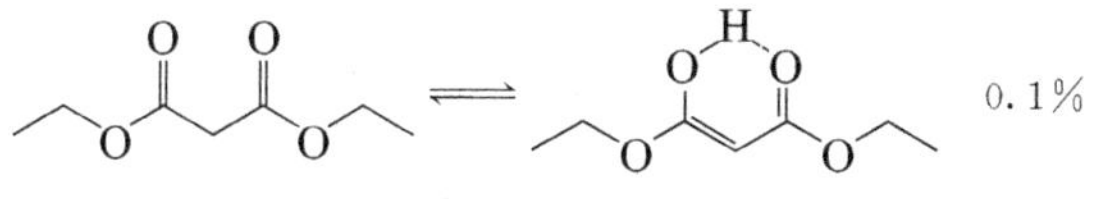

丙二酸二乙酯 ⇌ 0.1%

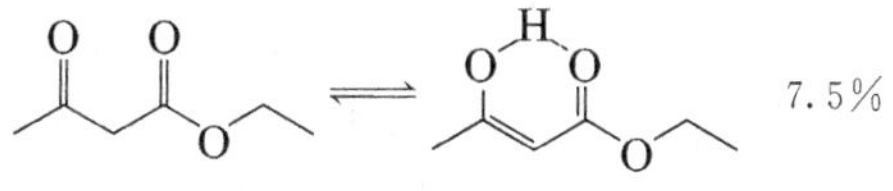

乙酰乙酸乙酯 ⇌ 7.5%

烯醇式的存在与羰基相连的基团和分子内氢键有关。乙酰乙酸乙酯分子中的烯醇式结构可用溴水褪色且使 $FeCl_3$ 溶液显紫红色检验。

(2) 丙二酸二乙酯

① 丙二酸二乙酯的制备

$$ClCH_2COOH \xrightarrow{NaHCO_3} ClCH_2COONa \xrightarrow{NaCN} NCCH_2COONa \xrightarrow[H^+,\ \triangle]{C_2H_5OH} CH_2(COOC_2H_5)_2$$

② 丙二酸二乙酯在合成中的应用　丙二酸二乙酯在醇钠作用下生成碳负离子，与卤代烃反应后生成一烷基或二烷基丙二酸二乙酯，这个酯水解后生成的取代丙二酸不稳定，在酸性条件下加热脱羧生成一元酸。通过这个过程可以制备各种羧酸。

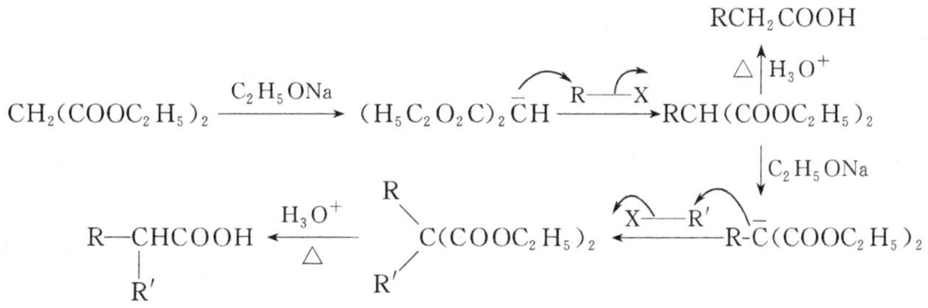

$$CH_2(COOC_2H_5)_2 \xrightarrow{C_2H_5ONa} (H_5C_2O_2C)_2\bar{C}H \xrightarrow{R—X} RCH(COOC_2H_5)_2 \xrightarrow[\triangle]{H_3O^+} RCH_2COOH$$

$$RCH(COOC_2H_5)_2 \xrightarrow{C_2H_5ONa} R\text{-}\bar{C}(COOC_2H_5)_2 \xrightarrow{X—R'} RR'C(COOC_2H_5)_2 \xrightarrow[\triangle]{H_3O^+} R—\underset{R'}{CH}COOH$$

通过以上过程合成羧酸，丙二酸二乙酯为目标化合物提供的是乙酸，而其他部分则是由卤代烃提供。据此，在羧酸合成设计中很容易找到需要的卤代烃。在表 9-7 的实例中，目标化合物画框的部分由丙二酸二乙酯提供，另一部分则为卤代烃提供。

表 9-7　合成目标化合物图解

目标化合物	所需主要原料
$CH_3CH_2CH_2$ [CH_2COOH]	$CH_2(COOC_2H_5)_2$, C_2H_5ONa, $CH_3CH_2CH_2X$ 1　　1
CH_3COCH_2 [CH_2COOH]	$CH_2(COOC_2H_5)_2$, C_2H_5ONa, CH_3COCH_2X 1　　1
CH_2[CH_2COOH]—CH_2[CH_2COOH]	$CH_2(COOC_2H_5)_2$, C_2H_5ONa, XCH_2CH_2X 2　　1
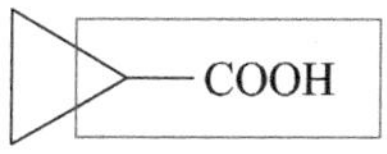 环丙基[—COOH]	$CH_2(COOC_2H_5)_2$, C_2H_5ONa, XCH_2CH_2X 1　　1
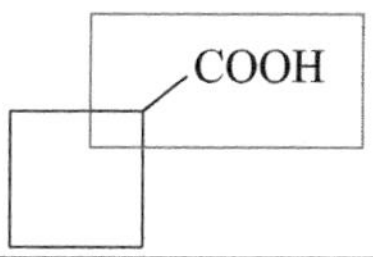 环丁基[—COOH]	$CH_2(COOC_2H_5)_2$, C_2H_5ONa, $XCH_2CH_2CH_2X$ 1　　1

(3) 乙酰乙酸乙酯（三乙）

① 三乙的制备　三乙可通过酯缩合反应制备。

$$2CH_3COOC_2H_5 \xrightarrow{C_2H_5ONa} CH_3COCH_2COOC_2H_5$$

② 三乙在合成中的应用　与丙二酸二乙酯相同，三乙在碱作用下也能生成碳负离子，与卤代烃反应后，在稀碱条件下水解皂化，经酸化加热脱羧可得到各种甲基酮。在浓碱下分解，经酸化得取代乙酸。

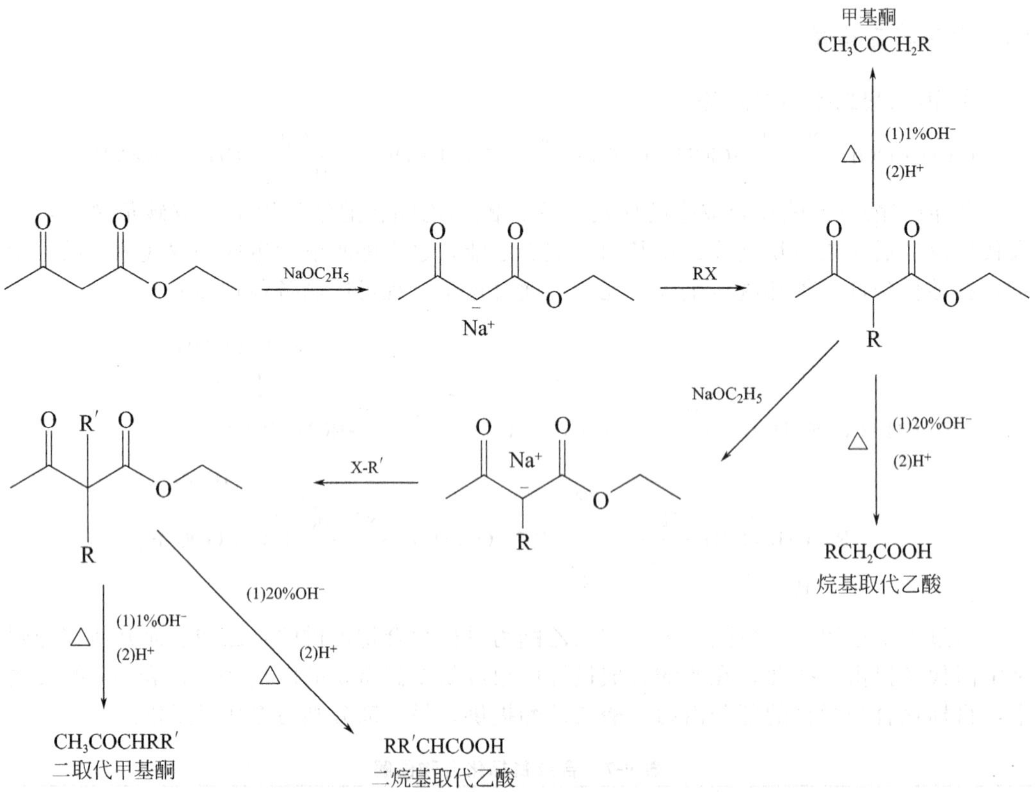

甲基酮 CH_3COCH_2R

$NaOC_2H_5$　RX　(1)1%OH^- (2)H^+ △　Na^+　R

$NaOC_2H_5$　(1)20%OH^- (2)H^+ △

RCH_2COOH 烷基取代乙酸

R′　X-R′　Na^+　R

(1)1%OH^- (2)H^+ △　(1)20%OH^- (2)H^+ △

$CH_3COCHRR'$ 二取代甲基酮　　$RR'CHCOOH$ 二烷基取代乙酸

由三乙制备酮也是一个选择卤代烃的问题，三乙在目标化合物中所提供的是三碳酮，其他部分为卤代烃提供。如拟合成3-甲基戊-2-酮，画出三乙提供部分则可看到框外还有一个甲基和一个乙基，这样不难推断参与反应的卤代烃一定为卤甲烷和卤乙烷，选定了原料，通过以上过程即可顺利合成这个甲基酮。

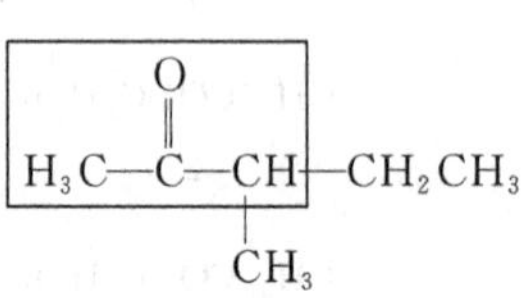

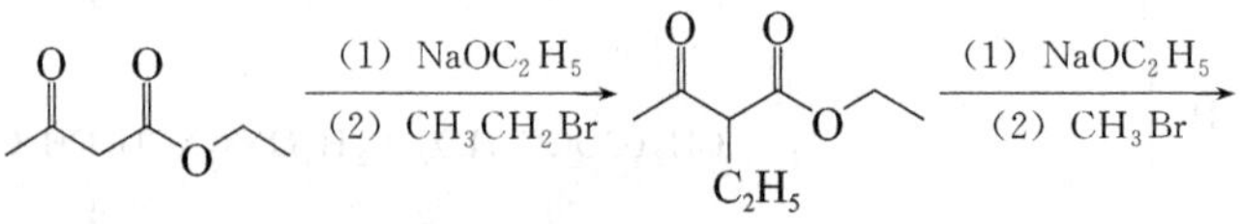

$$H_3C-\overset{O}{\overset{\|}{C}}-\underset{CH_3}{\underset{|}{CH}}-CH_2CH_3$$

(1) $NaOC_2H_5$ (2) CH_3CH_2Br → C_2H_5 → (1) $NaOC_2H_5$ (2) CH_3Br

$$H_3C-\overset{O}{\overset{\|}{C}}-\underset{C_2H_5}{\overset{CH_3}{C}}-\overset{O}{\overset{\|}{C}}-OC_2H_5 \xrightarrow[(2)\ H^+,\ \triangle]{(1)\ 1\%\ OH^-} CH_3COCH(CH_3)-CH_2CH_3$$

由丙二酸二乙酯可合成三元、四元环酸，而三乙不能合成三元、四元环化合物，但三乙可以制备五元、六元环的甲基酮。

$$CH_3COCH_2COOC_2H_5 \xrightarrow[(2)\ Br(CH_2)_4Br]{(1)\ NaOC_2H_5} CH_3COCH(CH_2CH_2CH_2CH_2Br)COOC_2H_5$$

$$\xrightarrow{NaOC_2H_5} \text{1-COCH}_3\text{-1-COOC}_2\text{H}_5\text{-环戊烷} \xrightarrow[(2)\ H^+,\ \triangle]{(1)\ 1\%\ OH^-} \text{环戊基-COCH}_3$$

若采用 α-卤代酸酯或 α-卤代酮，通过以上过程可合成 1，4-官能团化合物。

$$CH_3COCH_2COOC_2H_5 \xrightarrow[(2)\ ClCH_2COOC_2H_5]{(1)\ NaOC_2H_5} \xrightarrow[(2)\ H^+]{(1)\ OH^-} CH_3COCH_2CH_2COOH$$

三乙只是 β-酮酸酯的一个代表，通过它只能制备各种甲基酮，而通过酯缩合可得到不同的 β-酮酸酯，也可通过以下过程制备酮类。

$$C_6H_5-COOC_2H_5 + CH_3COOC_2H_5 \xrightarrow{C_2H_5ONa} C_6H_5-COCH_2COOC_2H_5$$

$$\xrightarrow[(2)\ C_6H_5CH_2Cl]{(1)\ C_2H_5ONa} C_6H_5-COCH(CH_2C_6H_5)COOC_2H_5 \xrightarrow[(2)\ H^+]{(1)\ HO^-} C_6H_5-COCH_2-CH_2C_6H_5$$

利用三乙或丙二酸二乙酯作为亲核试剂进行亲核取代反应时，RX 不可是叔卤代烃、乙烯位和芳卤，前者发生消除反应，后者活性较低。空间位阻大的卤代烃也难进行反应。

9.2.10 Knoevenagel 反应（Knoevenagel reaction）

丙二酸二乙酯及具有双重 α-氢的化合物在仲胺或吡啶存在下与醛的缩合称为 Knoevenagel（克脑文盖尔）反应，反应机理类似于羟醛缩合反应。

$$CH_2(COOC_2H_5)_2 \xrightarrow{\text{哌啶(N-H)}} \overset{-}{C}H(COOC_2H_5)_2 \xrightarrow{R-CH=O} R-\underset{O^-}{\overset{H}{C}}-CH(COOC_2H_5)_2$$

$$\xrightarrow{\text{哌啶鎓}(\overset{+}{N}H_2)} R-\underset{OH}{\overset{H}{C}}-CH(COOC_2H_5)_2 \xrightarrow[(2)\ H^+]{(1)\ OH^-} RCH=CHCOOH$$

该反应除丙二酸二乙酯外，很多具有活泼氢的化合物都可反应。如果一个亚甲基连有两个吸电子基团（$X-CH_2-Y$，其中 X，Y＝—CN，$-CO_2R$，—COR，$-NO_2$，$-CO_2H$，—SOR，$-SO_2R$），这样的化合物都可作为反应物。脂肪醛和芳香醛有较好的收率，活性较差的酮不能得到满意的结果。合成上利用这个反应制备 α,β-不饱和酸及 α,β-不饱和化合物。

$$C_6H_5CHO + CH_3COCH_2COOC_2H_5 \xrightarrow{(C_2H_5)_2NH} C_6H_5CH{=}C(COCH_3)COOC_2H_5$$

$$CH_3(CH_2)_4CHO + CH_2(COOH)_2 \xrightarrow{\text{吡啶}} CH_3(CH_2)_4CH{=}CHCOOH$$

9.2.11 Michael 加成（Michael addition）

丙二酸二乙酯、三乙和具有双重 α-氢的化合物（$X—CH_2—Y$，其中 X，Y 为吸电子基团）在碱存在下与 α,β-不饱和酯，α,β-不饱和醛、酮，α,β-不饱和腈等的 1,4-加成称为 Michael（麦克尔）加成。下面是该反应历程的通式和实例。

反应历程：

$$X—CH_2—Y \xrightarrow[C_2H_5OH]{NaOC_2H_5} X—\bar{C}H—Y \;(Na^+) \xrightarrow[\text{1,4-加成}]{>C{=}C—C{=}O} —C(CH(X)Y)—C{=}C—\bar{O}$$

$$\xrightarrow{C_2H_5OH} —C(CH(X)Y)—C{=}C—OH \xrightarrow{\text{异构化}} —C(CH(X)Y)—CH—C{=}O$$

X，Y=COOR，COR，CN，NO_2

反应实例：

$$CH_2(COOC_2H_5)_2 + C_6H_5CH{=}CH—CO—C_6H_5 \xrightarrow{NaOC_2H_5} C_6H_5CH(CH(COOC_2H_5)_2)—CH_2—CO—C_6H_5 \quad 76\%$$

$$C_6H_5CH(CN)—COOC_2H_5 + H_2C{=}CHCN \xrightarrow[t\text{-}C_4H_9OH]{KOH} C_6H_5C(CN)(CH_2CH_2CN)—COOC_2H_5 \quad 83\%$$

$$CH_2(COOC_2H_5)_2 + (CH_3)_2C{=}CHCOOC_2H_5 \xrightarrow{NaOC_2H_5} H_3C—C(CH_3)(CH(COOC_2H_5)_2)—CH_2COOC_2H_5 \quad 56\%$$

Michael 加成是合成 1,5-官能团化合物的重要方法。利用这个途径合成倒推断裂在 1,5-官能团之间居中的碳两侧，断裂线画出后即可准确找到合成目标化合物的原料（一个 α-氢化合物和一个 α,β-不饱和化合物）。如己-5-酮酸的合成，按①和②断裂后可分别找出两条合成路线。

$$CH_3COCH_2 \overset{①}{|} CH_2 \overset{②}{|} CH_2COOH$$

路线①：$CH_3COCH_2COOC_2H_5 + H_2C{=}CHCOOC_2H_5 \xrightarrow{NaOC_2H_5} \xrightarrow{H^+,\ \triangle} CH_3COCH_2CH_2CH_2COOH$

路线②：$CH_2(COOC_2H_5)_2 + H_2C{=}CHCOCH_3 \xrightarrow{NaOC_2H_5} \xrightarrow{H^+,\ \triangle} CH_3COCH_2CH_2CH_2COOH$

若双重 α-氢化合物有羰基，而 α,β-不饱和化合物也有酮羰基，Michael 成产物还可在碱作用下继续进行羟醛缩合反应形成新的六元环，因此可作为六元环合成的一个方法。此法称为 Robinson（罗宾逊）环化法。

$$\text{(2-甲基环己烷-1,3-二酮)} + H_2C{=}CHCOCH_3 \xrightarrow[EtOH]{KOH} \text{(Michael 加成产物，含 }CH_3\text{、}H_3C\text{)} \xrightarrow[EtOH]{KOH} \text{(双环烯酮，含 }CH_3\text{)}$$

9.2.12 Weiss 反应（Weiss reaction）

1968 年 U. Weiss 和 J. M. Edwards 发现两分子 3-氧代戊二酸二甲酯与一分子乙二醛在酸性水溶液中反应，可顺利产生双环［3.3.0］辛烷-3,7-二酮，其反应式如下：

$$H_3COOCCH_2COCH_2COOCH_3 + \underset{CHO}{\overset{CHO}{|}} \xrightarrow{H^+} \text{(四个 }COOCH_3\text{ 取代的双环[3.3.0]辛烷-3,7-二酮)} \xrightarrow[\triangle]{H^+} \text{(双环[3.3.0]辛烷-3,7-二酮)}$$

Weiss 反应温和，在酸性或碱性水溶液中一步完成，是制备桥环化合物的好方法，后来的研究发现，在碱性介质中其反应产物的收率较高。其中的原料 3-氧代戊酸可通过用发烟硫酸处理柠檬酸得到。

$$HOOC-\underset{CH_2COOH}{\overset{CH_2COOH}{C}}-OH \xrightarrow[-5\sim10^\circ C]{\text{发烟硫酸}} \underset{CH_2COOH}{\overset{CH_2COOH}{C}}{=}O \quad 85\%\sim90\%$$

其形成二环状化合物的反应机理如下：

$$H_3COOCCH_2COCH_2COOCH_3 + \underset{CHO}{\overset{CHO}{|}} \xrightarrow[\text{羟醛缩合反应}]{OH^-} \text{(HO、}COOCH_3\text{ 取代环戊烯酮)} \xrightarrow[\text{Michael 反应, }OH^-]{H_3COOCCH_2COCH_2COOCH_3}$$

$$\text{(}H_3COOC\text{、HO、}COOCH_3\text{ 取代中间体)} \underset{}{\overset{-H_2O}{\rightleftharpoons}} \text{(}H_3COOC\text{、}COOCH_3\text{ 取代环戊烯酮中间体)} \xrightarrow[OH^-]{\text{Michael 反应}}$$

$$\text{(四个 }COOCH_3\text{ 取代的双环二酮)} \rightleftharpoons \text{(烯醇式，含 }H_3CO\text{、}C{=}O\cdots H\text{、}OCH_3\text{、}COOCH_3\text{)}$$

利用 Weiss 反应合成桥环化合物犹如 Diels-Alder 反应一样简单，且得到的桥环化合物是活性中间体，可以进一步制备复杂的化合物。其中三环［5.5.0.0^{4,10}］十二烷的合成是 Weiss 反应典型的应用实例。

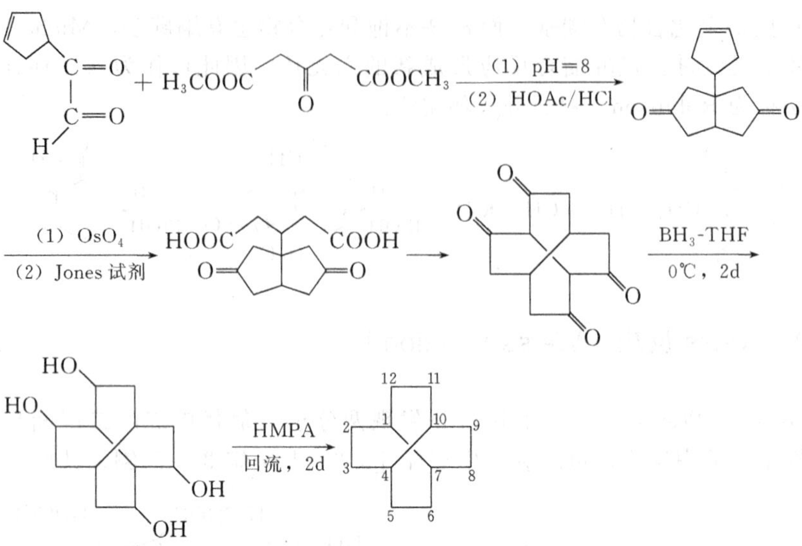

(1) $pH=8$
(2) HOAc/HCl

(1) OsO_4
(2) Jones 试剂

$HOOC$ $COOH$

BH_3-THF
0℃，2d

HMPA
回流，2d

(1) 从网上查阅下列物质的 IR 数据，总结其 C═O 吸收规律。

CH_3COCH_3　CH_3COOCH_3　CH_3COOH　CH_3COCl　$(CH_3CO)_2O$　CH_3CONH_2

(2) 查阅文献完成下列合成，写出实验的步骤。

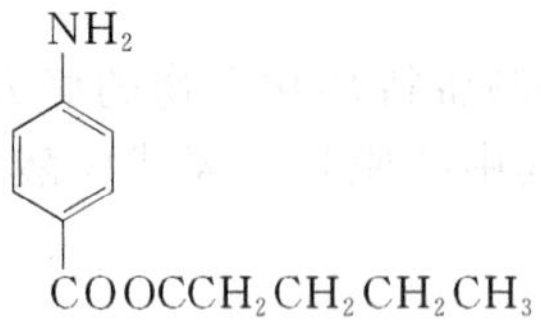

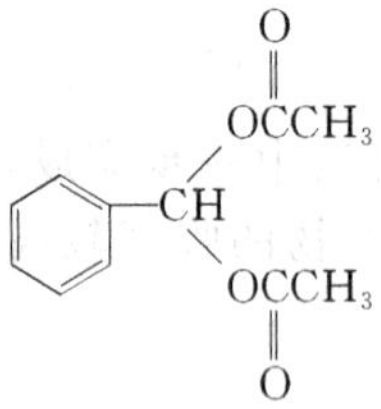

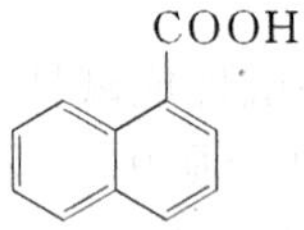

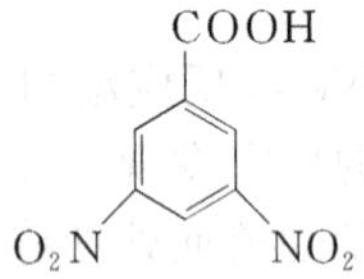

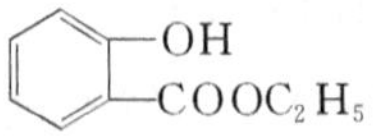

$C_6H_5CH(OH)CH_2COOC_2H_5$

习题 (Problems)

1. Name the following compounds.

(1) 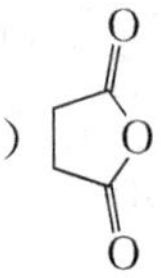　　(2) $CH_3CH_2CHOHCH_2CN$

(3) 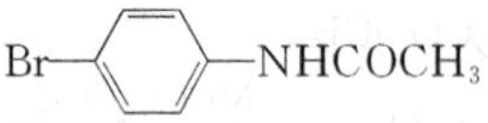　　(4) $(CH_3)_2CHOOC(CH_2)_3COOCH(CH_3)_2$

(5) 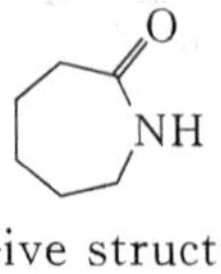　　(6)

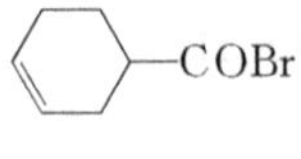

2. Give structure for the following compounds.

(1) ethyl-2-aminopropanate　(2) 2-methyl pentanenitrile

(3) benzoic formic anhydride　(4) 4-bromo-*N*, *N*-dimethyl benzamide

3. Complete each of the following equations.

(1) $CH_3CH(OH)CH_2CH_2COOH \xrightarrow{H^+} (?) \xrightarrow{NH_3}$

(2) 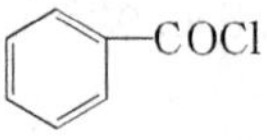 $C_6H_5COCl \xrightarrow{NaCN} (?) \xrightarrow{LiAlH_4}$

(3) 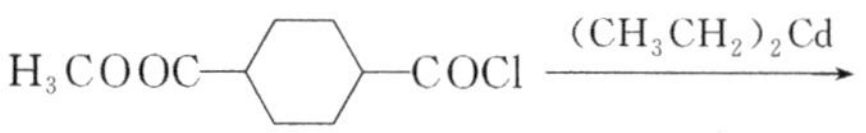 $H_3COOC-C_6H_{10}-COCl \xrightarrow{(CH_3CH_2)_2Cd}$

(4) 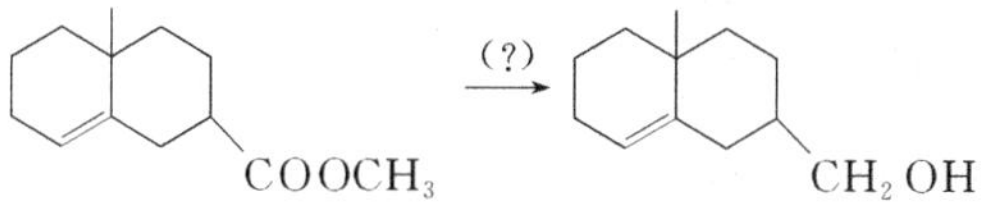 (methyl ester on bicyclic ring, $COOCH_3$) $\xrightarrow{(?)}$ (bicyclic ring, CH_2OH)

(5) $CH_3CH_2COOH \xrightarrow{PCl_3} (?) \xrightarrow{CH_3COONa}$

(6) 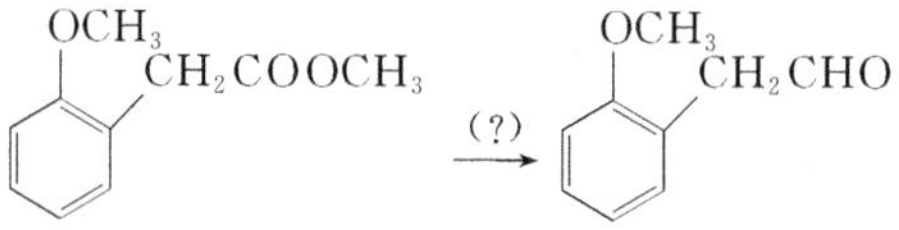 (C_6H_4 with OCH_3 and CH_2COOCH_3) $\xrightarrow{(?)}$ (C_6H_4 with OCH_3 and CH_2CHO)

(7) $H_2NCOCH_2CH_2COCl \xrightarrow[CH_3CH_2OH]{NaOC_2H_5}$

4. The reaction of phosgene ($Cl_2C=O$) with ethylene glycol can lead to two products, what are the structure of these products?

5. Show how propanoic acid may be converted into each of the following compounds. More than one step be required in some cases.

(1) $(CH_3CH_2CO)_2O$

(2) $CH_3CH_2COOCH_3$

(3) $CH_3CH_2CH_2N(CH_3)_2$

(4) CH_3CH_2CN

(5) CH_3CH_2CHO

(6) $CH_3CH_2COCH_2CH_3$

(7) $CH_3CH_2CH(OH)-CH(CH_3)COOCH_3$

(8) $CH_3CH_2CH(OH)-C(CH_2CH_3)(CH_3)CH_2OH$

6. Accomplish each of the following conversions.

(1) 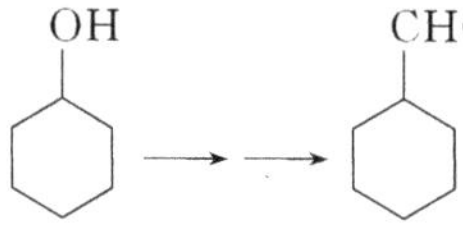 cyclohexanol (OH) $\longrightarrow\longrightarrow$ cyclohexanecarbaldehyde (CHO)

(2)  $C_6H_5-COOH \longrightarrow\longrightarrow C_6H_5-N(CH_3)_2$

(3) (geraniol-type chain, CH_2OH) $\longrightarrow\longrightarrow$ (CH_2COOH) $\longrightarrow\longrightarrow$ ($COCH_3$)

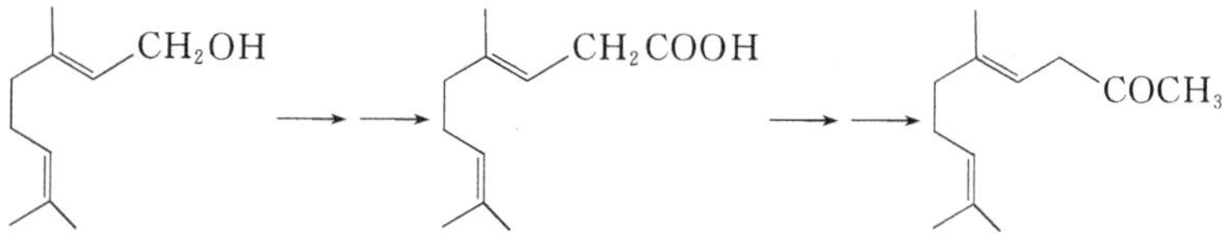

7. Compound A ($C_6H_{11}BrO_2$) having the following IR and NMR spectra.

IR: $2950cm^{-1}$, $2850cm^{-1}$, $1728cm^{-1}$, $1201cm^{-1}$; ^1H NMR: δ 4.10 (q, 2H), 1.85 (s, 6H), 1.12 (t, 3H). What is the structure of compound A.

8. Write the structure of M and suggest a mechanism for theirs formation.

^1H NMR spectrum of M: δ 1.7 (t, 2H), 1.3 (s, 3H), 2.1 (s, 3H), 3.9 (t,

2H).

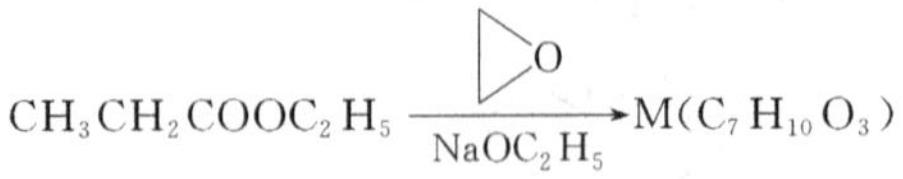

$$CH_3CH_2COOC_2H_5 \xrightarrow[NaOC_2H_5]{\text{环氧乙烷}} M(C_7H_{10}O_3)$$

9. Propose mechanisms for the following reactions.

(1) 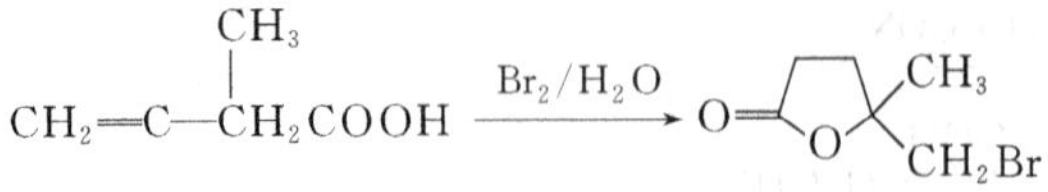 $CH_2{=}C(CH_3){-}CH_2COOH \xrightarrow{Br_2/H_2O}$ 5-(bromomethyl)-5-methyl-dihydrofuran-2-one ($O{=}$ lactone ring with CH_3 and CH_2Br)

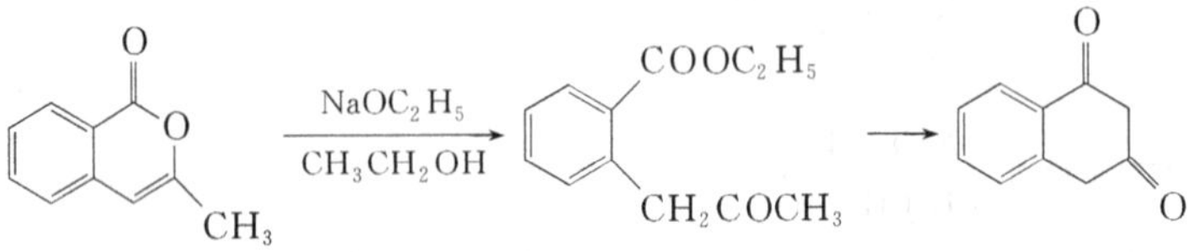

(2) 3-methyl-isocoumarin $\xrightarrow[CH_3CH_2OH]{NaOC_2H_5}$ o-($COOC_2H_5$)(CH_2COCH_3)benzene $\longrightarrow$ 2,4-dioxo-tetralin (O, O)

(3) $2CH_3COCH_2COOC_2H_5 + CH_2O \xrightarrow[CH_3CH_2OH]{NaOC_2H_5}$ cyclohexene with $CO_2C_2H_5$, H_3C, $COOC_2H_5$

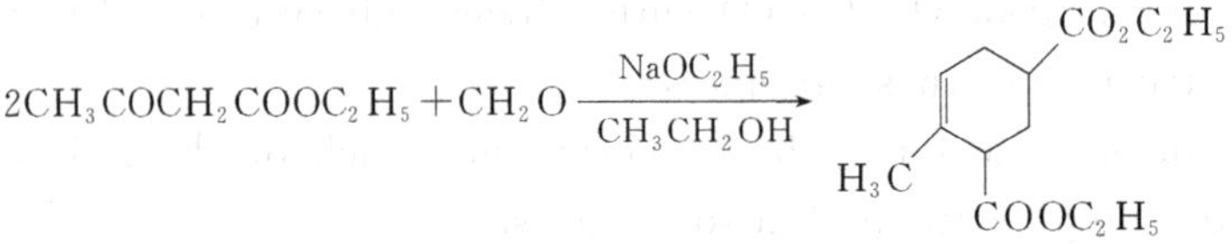

10. Use simple chemical method or physical method to distinguish following compounds.

(1) 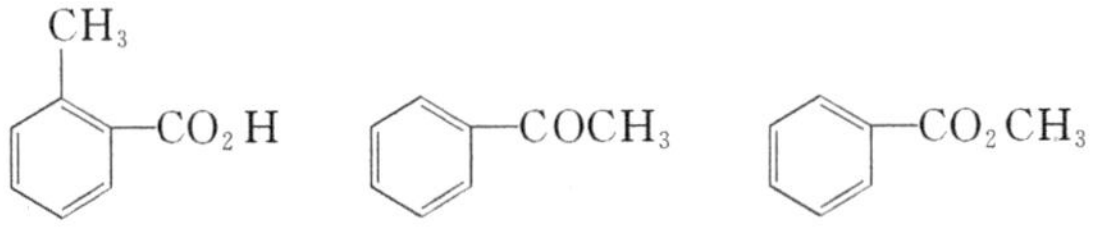 o-$CH_3C_6H_4CO_2H$ $\quad C_6H_5COCH_3 \quad C_6H_5CO_2CH_3$

(2) $CH_3CH_2CH_2CN \quad CH_3CH_2CH_2CONH_2 \quad CH_3CON(CH_3)_2$

11. Outline all steps in a possible synthesis of each of the following compounds via the Claisen condensation.

(1) 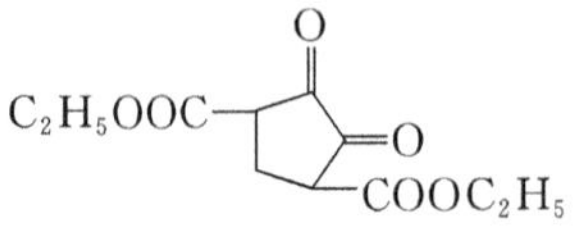 C_2H_5OOC–cyclopentane-1,2-dione–$COOC_2H_5$ (O, =O, $COOC_2H_5$)

(2) $C_2H_5OOCCH(CH_2OH)CH_2COOC_2H_5$

(3) $CH_3CH_2CH_2COCH_2CH_2CH_3$

(4) 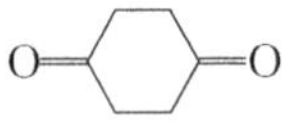 O=⬡=O (cyclohexane-1,4-dione)

12. How would you prepare each of the following compounds from diethyl malonate or ethyl acetoacetate and any needed reagents?

(1) 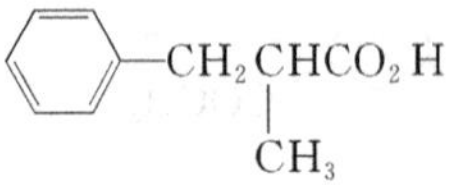 $C_6H_5CH_2CH(CH_3)CO_2H$

(2) 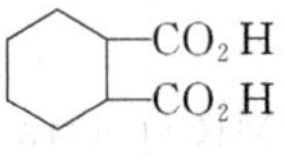 cyclohexane-1,2-dicarboxylic acid (CO_2H, CO_2H)

(3) $O{=}$cyclopentyl–CH_2COCH_3

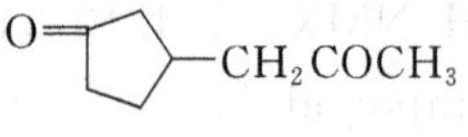

(4) 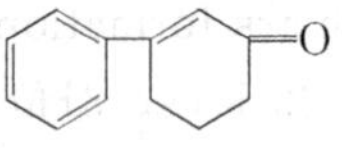 3-phenylcyclohex-2-enone (phenyl–cyclohexenone =O)

13. Determine the structure of compound：$CH_3COOCH_2CH_3$ or $CH_3CH_2COOCH_3$.

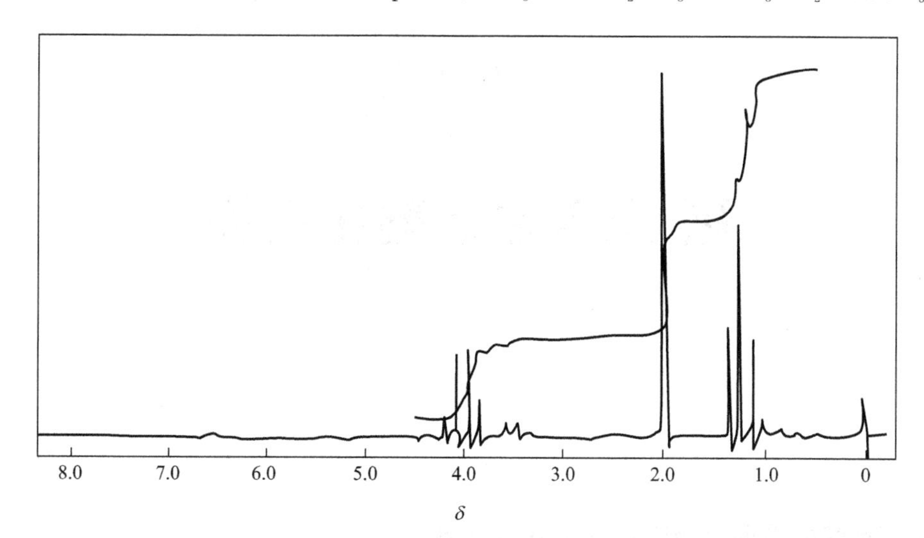

第10章

碳-氮极性单键化合物

10.1 硝基化合物（nitro compound）

10.1.1 硝基化合物的分类及命名（classification and nomenclature of nitro compound）

（1）分类

烃分子中的氢原子被硝基（$—NO_2$）取代所形成的化合物称作硝基化合物。根据烃基的不同，可分为脂肪族、芳香族、脂环族硝基化合物；根据烃基所连的碳原子级数不同，可分为伯、仲、叔硝基化合物；根据硝基的个数分为单硝基和多硝基化合物。

① 烃基的不同　脂肪族硝基化合物：

CH_3NO_2　　$C_6H_5—CH_2NO_2$

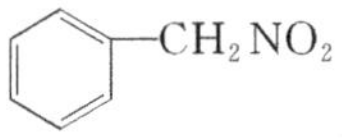

芳香族硝基化合物（只有硝基直接连在芳环上才是芳香族硝基化合物）：

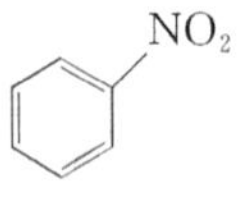

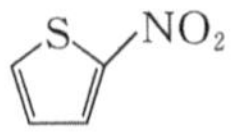

$C_6H_5NO_2$　　2-硝基噻吩

脂环族硝基化合物：

硝基环己烷　　2-硝基降冰片烷

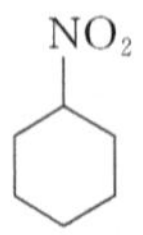

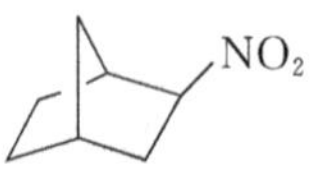

② 碳原子级数不同　伯、仲、叔硝基化合物：

$CH_3CH_2CH_2CH_2NO_2$　（伯硝基化合物）　　$CH_3CH_2CH(NO_2)CH_3$　（仲硝基化合物）

$(CH_3)_3CNO_2$　（叔硝基化合物）　　CH_3NO_2　（非伯、仲、叔硝基化合物）

③ 硝基的个数不同

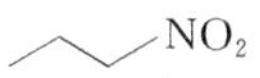

1-硝基丙烷 1-nitropropane

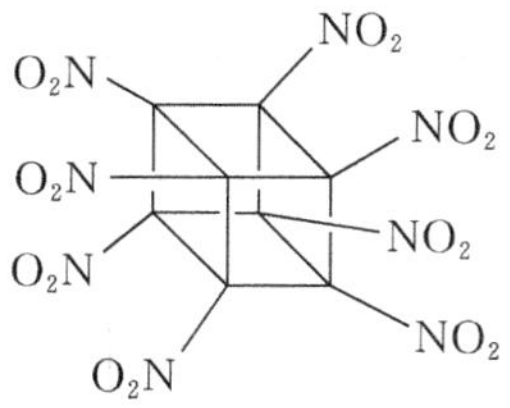

八硝基立方烷 octanitrocubane

（2）命名

系统命名硝基化合物时均将硝基看成取代基，烃看成母体。IUPAC 命名也是将硝基作为取代基，其构成为烃基加硝基（nitro），如：

$(CH_3)_3C\text{-}NO_2$	CH_3NO_2		
2-甲基-2-硝基丙烷	硝基甲烷	硝基苯	2-硝基萘
2-methyl-2-nitro-propane	nitromethane	nitrobenzene	2-nitronaphthalene

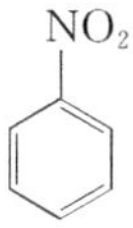

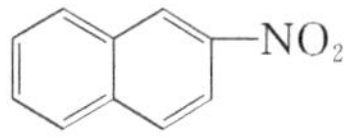

10.1.2 硝基化合物的物理性质及波谱（physical properties and spectrum of nitro compound）

硝基是强极性基团，所以它们的沸点比相同分子量的亚硝酸酯要高得多。例如：

$C_2H_5NO_2$（115℃）　　　　$C_2H_5\text{-O-NO}$（17℃）

硝基化合物的相对密度都大于 1，脂肪族硝基化合物不溶于有机溶剂，但能溶于浓硫酸，这是由于形成𬭩盐的缘故。多硝基化合物受热时易分解而发生爆炸。硝基化合物有毒性，它的蒸气可透过皮肤被肌体吸收而中毒，因此使用时应注意。霉变的甘蔗含有硝基乙酸或硝基丙酸，其分解产物硝基甲烷或硝基乙烷是毒性极强的物质。

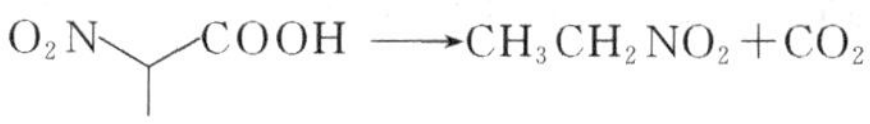

$$O_2N\text{-}CH_2\text{-}COOH \longrightarrow CH_3NO_2 + CO_2$$

$$O_2N\text{-}CH(CH_3)\text{-}COOH \longrightarrow CH_3CH_2NO_2 + CO_2$$

芳香族硝基化合物受热时易分解而发生爆炸，如 2,4,6-三硝基甲苯（TNT），1,3,5-三硝基苯（TNB）等。有的多硝基化合物有香味，可用作香料，如 2,6-二甲基-4-叔丁基-3,5-二硝基苯乙酮，俗称酮麝香。

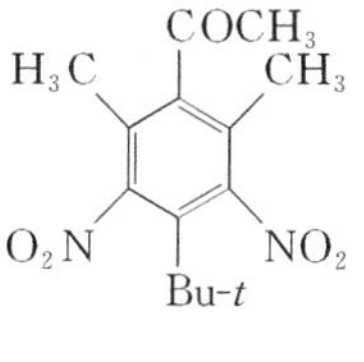

硝基化合物由于 NO_2 的不对称和对称伸缩振动其 IR 吸收峰分别在 1600～1500cm^{-1} 和 1390～1260cm^{-1}。在^{1}H NMR 谱中，由于硝基强烈的吸电子作用，处于硝基 α 位的 H 化学位移为 4.5 左右，β 位的 H 化学位移为 1.5 左右；在^{13}C NMR 谱中，与硝基相连的碳原子的化学位移为 60 左右，见图 10-1 和图 10-2。

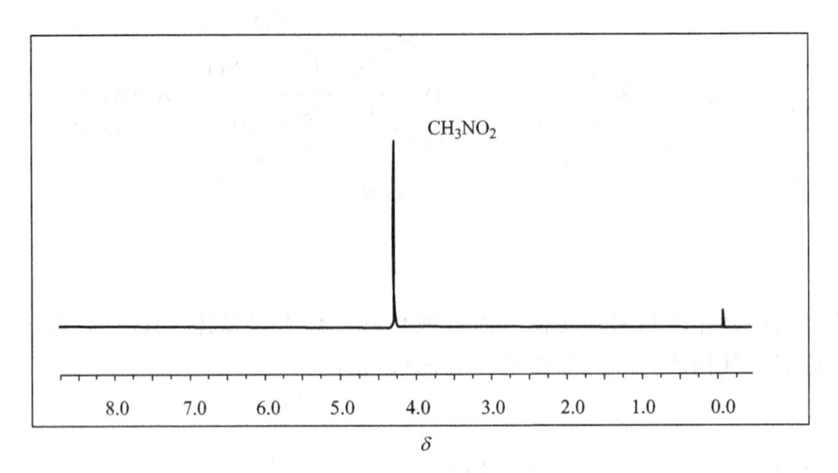

图 10-1 硝基甲烷的^{1}H NMR 谱图

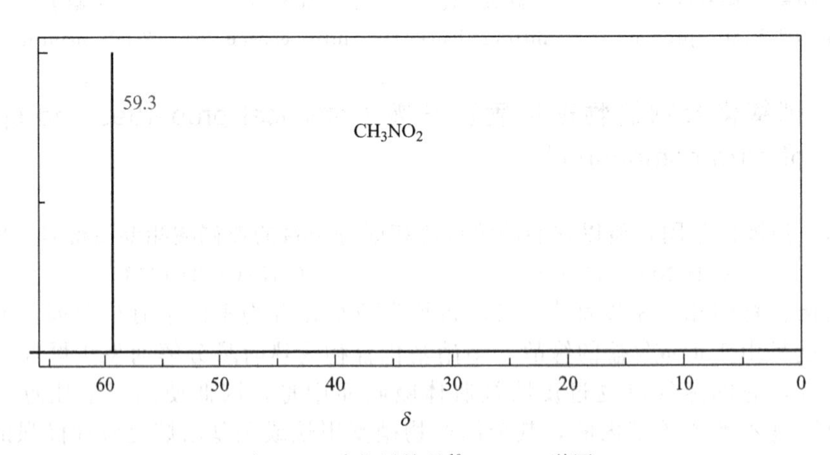

图 10-2 硝基甲烷的^{13}C NMR 谱图

10.1.3 硝基化合物的化学性质（chemical properties of nitro compound）

（1）脂肪族硝基化合物

① 酸性　具有 α-氢的硝基化合物，能与强碱溶液作用生成盐。叔硝基化合物没有 α-氢，不能与碱作用。这是由于 σ-π 共轭效应，发生了互变异构现象。

$$\underset{\text{硝基式}}{\mathrm{R{-}\underset{\underset{H}{|}}{CH}{-}N\begin{smallmatrix}\nearrow O\\ \searrow O\end{smallmatrix}}} \rightleftharpoons \underset{\text{假酸式}}{\mathrm{R{-}CH{=}N\begin{smallmatrix}\nearrow OH\\ \searrow O\end{smallmatrix}}}$$

$$\mathrm{R{-}CH{=}N\begin{smallmatrix}\nearrow OH\\ \searrow O\end{smallmatrix}} + \mathrm{NaOH} \longrightarrow \mathrm{R{-}CH{=}N\begin{smallmatrix}\nearrow \bar{O}Na^+\\ \searrow O\end{smallmatrix}} + \mathrm{H_2O}$$

假酸式有烯醇式特征，如与 $FeCl_3$ 溶液有显色反应，也能与 Br_2/CCl_4 溶液加成。通常硝基化合物中的假酸式含量很少。

② α-氢的缩合反应　由于硝基的强烈吸电子作用，活泼的 α-氢可以与羰基发生缩

合反应。

$$C_6H_5CHO + CH_3NO_2 \xrightarrow{OH^-} C_6H_5CH(OH)—CH_2NO_2 \xrightarrow{-H_2O} C_6H_5CH═CHNO_2$$

③ Michael 加成反应　由于硝基的强烈吸电子作用，活泼的 α-氢可以与不饱和羧酸酯发生 Michael 加成反应。

$$CH_2=CHCOOCH_3 + CH_3NO_2 \longrightarrow CH_2(NO_2)CH_2CH_2COOCH_3$$

④ 还原反应　硝基中的氮原子具有有机氮类氧化数最高的价态，可被多种还原试剂还原成胺类。

$$CH_3CH_2CH_2CH_2NO_2 \xrightarrow{Ni/H_2} CH_3CH_2CH_2CH_2NH_2$$

⑤ 与亚硝酸反应　伯、仲硝基化合物与亚硝酸反应生成硝基肟酸，其在碱性介质中分别为红色和蓝色，叔硝基化合物由于没有活泼的 α-氢不与亚硝酸反应，利用这一颜色反应可以鉴别伯、仲、叔硝基化合物。

$$RCH_2NO_2 + HONO \longrightarrow R—C(=NOH)—NO_2 \xrightarrow{NaOH} R—C(=NONa)—NO_2$$

$$R_2CHNO_2 + HONO \longrightarrow R_2C(NO)(NO_2)$$

(2) 芳香族硝基化合物

① 还原反应　硝基容易被还原，反应条件及介质对还原反应影响很大，以硝基苯的还原为例进行介绍。

a. 酸性还原　还原剂常用金属（Fe，Zn，Sn 等）和盐酸，中间产物是亚硝基苯及苯基羟胺，它们比硝基苯更容易还原，所以不易分离，还原过程 N 的氧化数变化如下：

$$C_6H_5\overset{+3}{N}O_2 \longrightarrow C_6H_5\overset{+1}{N}O \longrightarrow C_6H_5\overset{-1}{N}HOH \longrightarrow C_6H_5\overset{-3}{N}H_2$$

b. 中性还原　在中性介质中生成苯基羟胺。

$$C_6H_5NO_2 \xrightarrow[H_2O,\ 60℃]{Zn+NH_4Cl} C_6H_5NHOH$$

c. 碱性还原

$$2\,C_6H_5NO_2 \xrightarrow{As_2O_3} [C_6H_5N=O \quad H—N(OH)—C_6H_5] \xrightarrow{-H_2O} C_6H_5—N=N(\rightarrow O)—C_6H_5$$

$$2\,C_6H_5NO_2 \xrightarrow[NaOH]{Zn} [C_6H_5—N(H)(OH) \quad H—N(OH)—C_6H_5] \xrightarrow{-2H_2O}$$

$$\underset{\text{偶氮苯}}{C_6H_5—N=N—C_6H_5} \xrightarrow[NaOH]{Zn} \underset{\text{氢化偶氮苯}}{C_6H_5—NH—NH—C_6H_5}$$

氢化偶氮苯进一步还原得苯胺，如在酸性介质中发生重排，得到联苯胺。

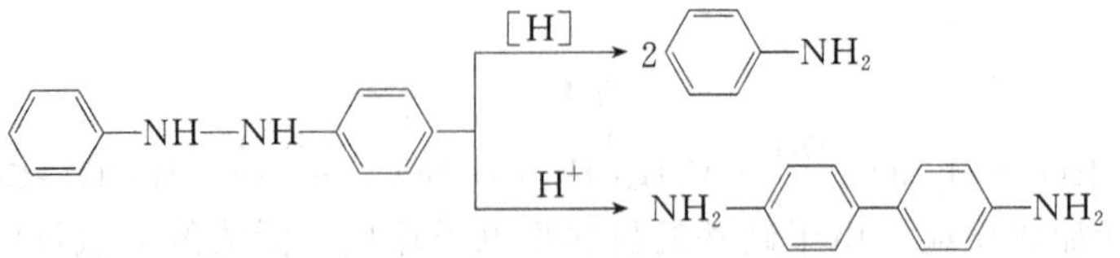

NH—NH

[H] → 2 NH_2

H^+ → NH_2 NH_2

氢化偶氮苯用酸处理，可产生约 70%的 4,4′-联苯胺和约 30%的 2,4′-联苯胺及少量 2,2′-联苯胺、*N*-苯基 1,2-苯二胺和 *N*-苯基 1,4-苯二胺。

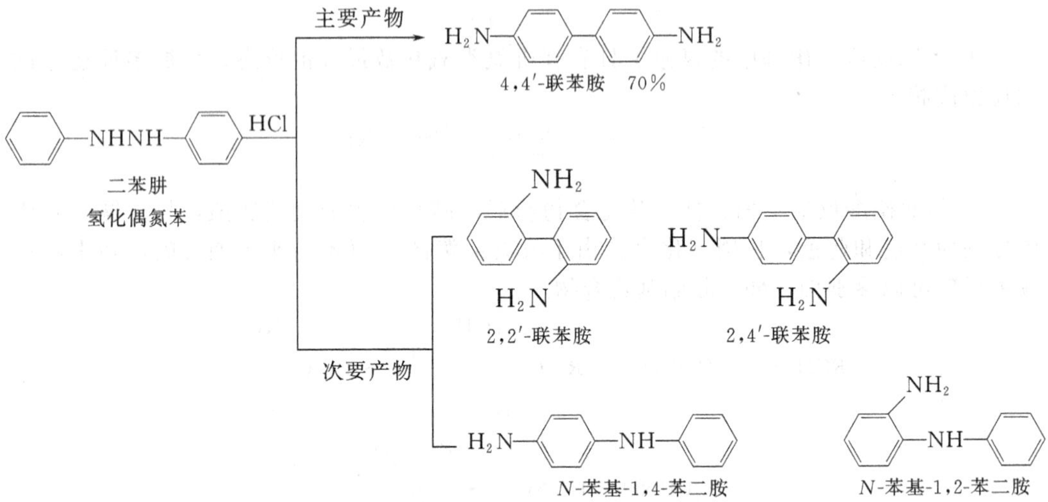

NHNH

二苯肼

氢化偶氮苯

HCl

主要产物

H_2N NH_2

4,4′-联苯胺 70%

次要产物

NH_2 H_2N

2,2′-联苯胺

H_2N H_2N

2,4′-联苯胺

H_2N NH

N-苯基-1,4-苯二胺

NH_2 NH

N-苯基-1,2-苯二胺

其反应历程如下：反应过程中一个 NH_2 首先被酸质子化，从而降低了 N—N 键之间的强度，由于电子效应的影响，一个苯环的邻、对位带正电荷，另一个苯环的邻、对位带负电荷，这样通过简单的亲电取代，形成 C—C 键，同时 N—N 断裂。

例如：

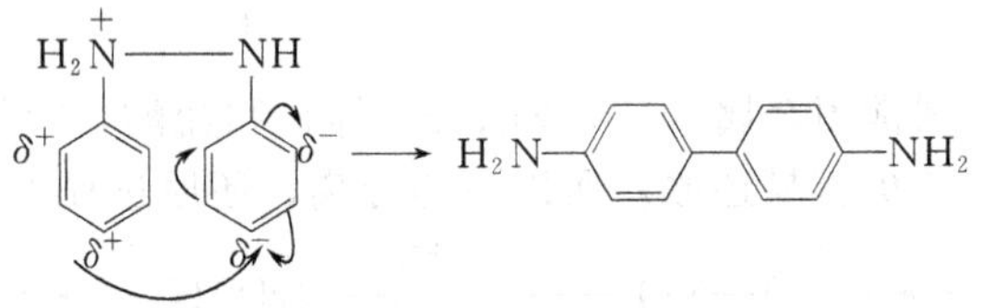

$H_2\overset{+}{N}$—NH

δ^+ δ^+ δ^- δ^-

→ H_2N NH_2

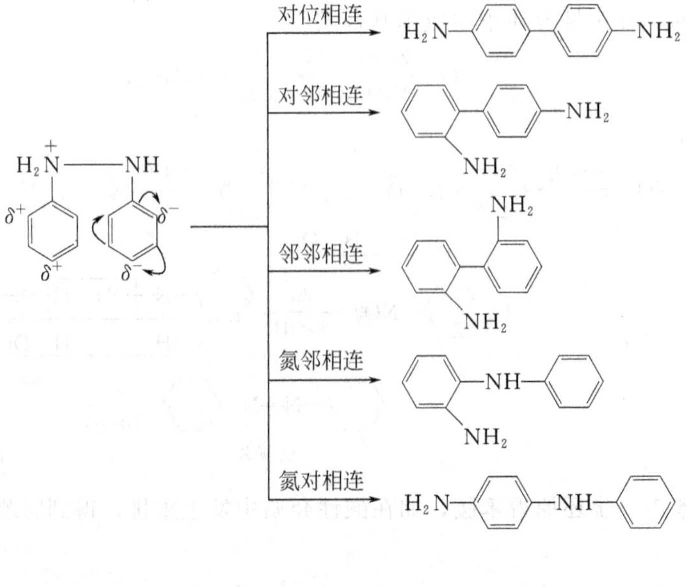

$H_2\overset{+}{N}$—NH

δ^+ δ^+ δ^- δ^-

对位相连 → H_2N NH_2

对邻相连 → NH_2 NH_2

邻邻相连 → NH_2 NH_2

氮邻相连 → NH NH_2

氮对相连 → H_2N NH

联苯胺重排的另一种机理认为经过［5，5］σ迁移。［5，5］σ迁移的规律是：先找出属于［5，5］σ迁移的基团，分别从双键开始标出 1，2，3，4，5 和 1′，2′，3′，4′，5′；然后 5，5′断裂，1，1′相连，双键移位。

$$C_6H_5-NH-NH-C_6H_5 \xrightarrow[\triangle]{H^+} C_6H_5-\overset{+}{N}H_2-\overset{+}{N}H_2-C_6H_5 \xrightarrow{[5,5]\ \sigma迁移} H_3\overset{+}{N}-C_6H_4-C_6H_4-\overset{+}{N}H_3 \xrightarrow{NaHCO_3} H_2N-C_6H_4-C_6H_4-NH_2$$

其反应过程如下：

$$C_6H_5-NH-NH-C_6H_5 \xrightarrow{H^+} C_6H_5-\overset{+}{N}H_2-\overset{+}{N}H_2-C_6H_5 \xrightarrow{5，5'断裂\quad 1，1'相连} H_3\overset{+}{N}-C_6H_4-C_6H_4-\overset{+}{N}H_3 \xrightarrow{双键移位}$$

酸化可使肼成盐，使 5,5′容易断裂，同时防止氧化。有报道称，二苯肼不经酸化仅加热也可以发生联苯胺重排，只是产物被氧化的较多。其中 2,4′-联苯胺及 2,2′-联苯胺可看成［3，5］σ迁移和［3，3］σ迁移得到的产物。

联苯胺重排曾广泛用于染料中间体联苯胺及衍生物的合成，由于其有强烈的致癌性，现已禁止用于染料合成中，在其他方面也已被严格限制使用。

d. 部分还原　多硝基芳烃在 Na_2S_X、NH_4SH、$(NH_4)_2S$、$(NH_4)_2S_X$ 等硫化物还原剂作用下，可以进行部分还原，即还原一个硝基。

$$m\text{-}C_6H_4(NO_2)_2 \longrightarrow m\text{-}O_2N-C_6H_4-NH_2$$

e. 清洁工艺　上述工艺由于产生大量的废酸、废水，污染环境，已逐渐被催化加氢所代替，如果用活性镍作催化剂，可很好地将二硝基苯还原成苯二胺。

$$C_6H_5NO_2 \xrightarrow[浓\ H_2SO_4,\triangle]{浓\ HNO_3} m\text{-}C_6H_4(NO_2)_2 + p\text{-}C_6H_4(NO_2)_2 + o\text{-}C_6H_4(NO_2)_2 \xrightarrow[H_2]{Ni} m\text{-}C_6H_4(NH_2)_2 + p\text{-}C_6H_4(NH_2)_2 + o\text{-}C_6H_4(NH_2)_2$$

通过精馏，可分别得到三种苯二胺。这是一种对环境友好的清洁工艺。随着人们对环境的重视，硝基还原反应已越来越多地采用选择性加氢工艺。

② 亲核取代反应　$-NO_2$中的 N 由于受到 O 的吸电子作用，带有部分正电荷，以 sp^2 杂化形式与苯环形成共轭体系，$-NO_2$是很强的第二类定位基，不易发生亲电取代，而易发生亲核取代反应。

O　O　O

—N　⟷　—N　≡ —N⁺

O　O　OH

硝基对邻、对位基团的活化是明显的，由于硝基的相互作用，—NO_2 也可被取代。如二硝基苯的分离正是利用了此方法。由于邻、对位硝基的相互影响，很容易被取代，生成磺酸盐进入水中，从而得到较纯的间二硝基苯。

NO_2 NO_2 —$NaHSO_3$ / 室温→ NO_2 SO_3Na

浓 HNO_3 / 浓 H_2SO_4，△ → NO_2 — 浓 HNO_3 / 浓 H_2SO_4，△ → NO_2 NO_2 —$NaHSO_3$ / 室温→ O_2N SO_3Na

NO_2 NO_2 —$NaHSO_3$ / 室温→ 不反应

（主产物）

该法虽然能将间二硝基苯纯化，但会对环境造成严重污染。中国浙江龙胜集团采用苯连续硝化生产间二硝基苯，通过加氢反应得到邻、间、对二苯胺，经过精馏，除得到纯度为 99.9%的间苯二胺外，还得到了高纯度的邻苯二胺和对苯二胺，解决了对环境的污染问题。

③ 硝基对苯环上基团活性的影响

a. 酸性　苯酚具有一定的酸性，是由它的结构决定的。在苯酚中，氧原子的 p 轨道与苯环上的 π 键形成 p-π 共轭，使得氧原子上的电子云密度向苯环转移，以致—OH 中的 O—H 键键长增加，氢易以质子的形式解离，而具有一定的弱酸性。

间硝基苯酚的酸性比苯酚的要强，这是由于—NO_2 是强吸电子基团，对苯环起吸电子诱导效应（-I 效应），使苯环上的电子云密度下降，而—OH 中的氧原子由于与苯环形成 p-π 共轭，会向苯环上转移电子，同时，使—OH 的 O—H 间键长比苯酚中的长，氢更易以质子的形式掉下，所以酸性要大于苯酚。

对硝基苯酚的酸性大于间硝基苯酚，除了有—NO_2 的强吸电子诱导效应使苯环上电子云密度下降外，还因—NO_2 中的 N 是 sp^2 杂化，与苯环共平面，—NO_2 作为正电性基团，对苯环起的是吸电子的共轭效应（-C 效应），此共轭对间位的—OH 则无作用。因而，—NO_2 的双重吸电子作用使得苯环上的电子云密度大大下降，以致—O—H 中的氢更易掉下，酸性要强于前者。

邻硝基苯酚，除了—NO_2 的吸电子诱导效应（-I 效应）及吸电子共轭效应（-C 效应）之外，还因邻硝基苯酚形成分子内氢键，以致氢原子较前三者最易以质子的形式掉下，因而酸性在四者中最强。

O—H　O

N

O

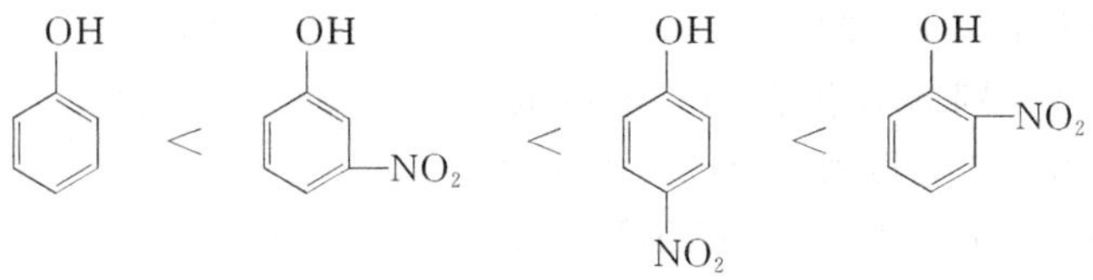

OH　<　OH NO_2　<　OH NO_2　<　OH NO_2

思考思考

（1）为什么 NO_2 的共轭效应对间位基团影响较小？

（2）为什么 OCH_3 的共轭效应对间位基团影响较小？

b. 碱性　主要是—NH_2 中 N 上的孤对电子体现碱性，给电子能力强，相应碱性也强。—NO_2 的吸电子诱导效应和共轭效应使—NH_2 中 N 周围的电子云密度下降，碱性下降，邻、对位下降程度最大，所以碱性顺序为：

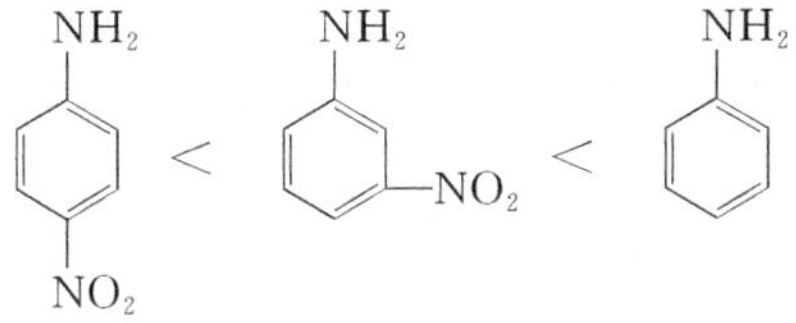

NH_2 NO_2　<　NH_2 NO_2　<　NH_2

pK_b	13.0	11.5	9.7
诱导效应：	吸电子	吸电子	
共轭效应：	吸电子	影响小	

c. 活性　主要体现在对芳香卤代烃活性的影响。以下物质反应活性的大小为：

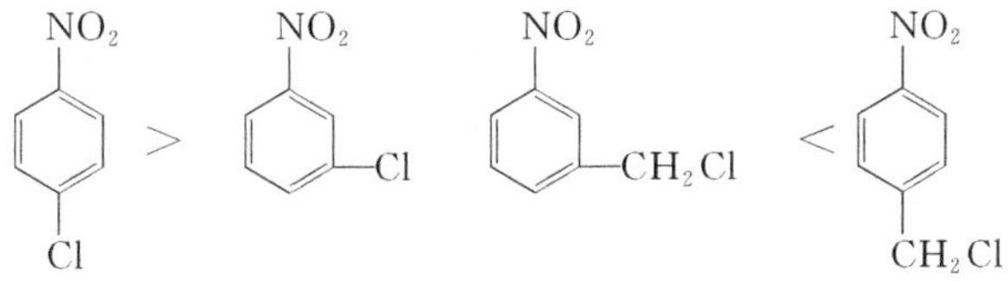

NO_2 Cl　>　NO_2 Cl　　NO_2 CH_2Cl　<　NO_2 CH_2Cl

A　　B　　C　　D

A 中，—NO_2 的吸电子诱导效应及吸电子共轭效应使苯环上的电子云密度下降，—Cl 所连的碳原子的正电性加强，易被亲核试剂进攻，发生亲核取代反应，所以对硝基氯苯在 Na_2CO_3 溶液中就可以水解生成对硝基苯酚。B 中，—NO_2 的吸电子诱导效应使苯环上的电子云密度降低，使间位上碳原子正电性加强，但—NO_2 的吸电子共轭效应对间位影响小，因而间硝基氯苯比对硝基氯苯的活性低。

C 与 D，—NO_2 对间位上碳原子只起诱导效应，对对位上碳原子起诱导（-I）和共轭（-C）效应，使得—CH_2Cl 中的碳原子的正电性 D 大于 C，更易进行亲核取代，因而，C 活性小于 D。

④ π-络合物　多硝基缺电子芳香化合物与富电子芳香化合物之间可以形成 π-络合物，其中最著名的多硝基缺电子芳香化合物是 2,4,7-三硝基芴酮。向 200mL 冷的混酸中（密度为 1.59g/cm^3 的发烟硝酸和密度为 1.84g/cm^3 的硫酸混合）加入 10g 芴酮，回流 2h，将混合物倒入冰水中，过滤干燥，得到 2,4,7-三硝基芴酮（TNF）。

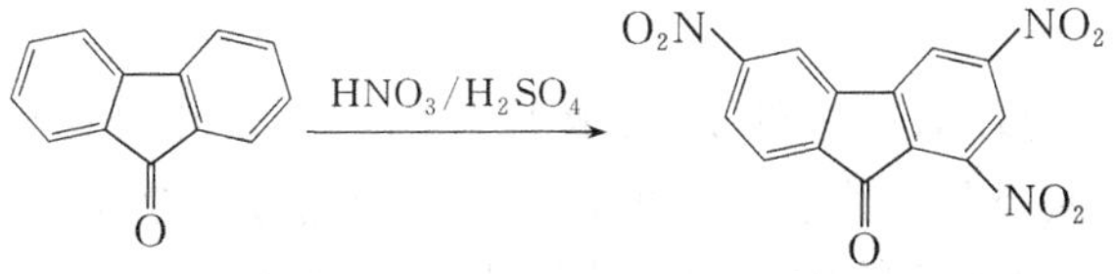

O　$\xrightarrow{HNO_3/H_2SO_4}$　O_2N NO_2 NO_2 O

将等物质的量的 TNF 乙醇溶液与芳烃混合，加热浓缩，即可得到 π-络合物固体。

TNF 与富电子芳香化合物之间形成的 π-络合物物质的量之比为 1∶1，有强烈的颜色变化，可以用来分离鉴别芳香化合物。生成的 π-络合物的苯溶液经过 Al_2O_3 吸附柱，TNF 被 Al_2O_3 吸附，即可得到分离的芳香化合物。

典型的芳香化合物 π-络合物的颜色和熔点如表 10-1 所示。

表 10-1　芳香化合物 π-络合物的颜色和熔点

化合物	颜色	熔点/℃	化合物	颜色	熔点/℃
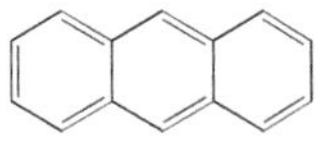	红色	179		红色	342
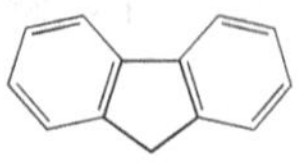	橙黄	197	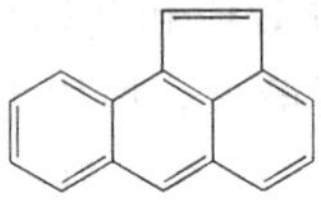	橙黄	175
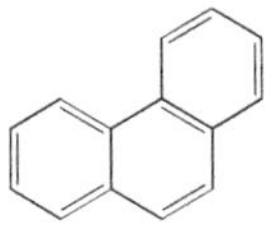	亮黄	182	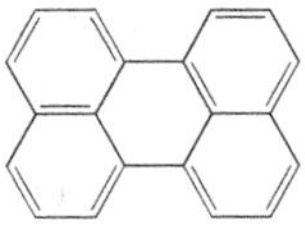	黑色	256
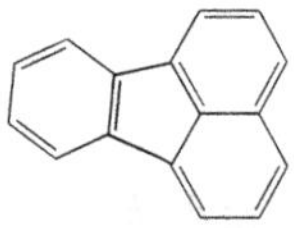	橙黄	215	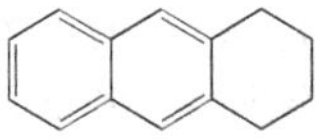	橙黄	175
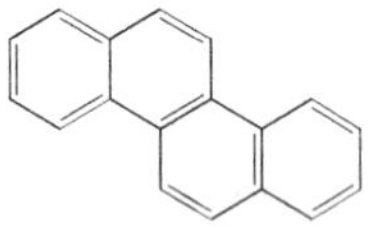	亮黄	248	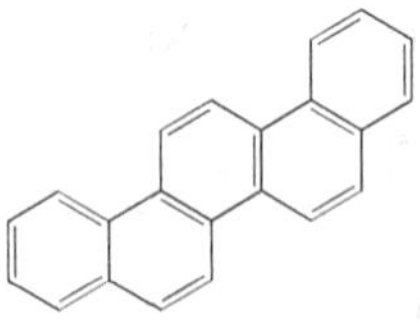	橙黄	257
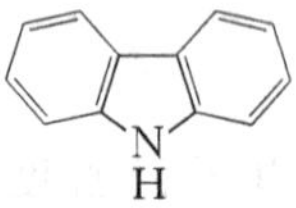 N H	红棕	173			

苯环上有第一类定位基的芳香化合物均可形成 π-络合物，而苯环上仅有第二类定位基的芳香化合物不能形成 π-络合物。这种 π-络合物结合能很小，属分子间作用力，也可以将之看成广义的酸碱反应。因为脂肪化合物一般不能形成 π-络合物，所以可用这种方法分离脂肪和芳香化合物，如萘和正十二醇的分离等。

10.2 胺类（amines）

10.2.1 胺类的结构、分类、异构和命名（structure, classification, isomerism and nomenclature of amines）

（1）结构

胺类化合物可以看成 NH_3 中的 H 被 R 取代的产物，其中凡是 N 不与芳环直接相连的一般都是脂肪族胺类化合物。N 一般是以 sp^3 杂化形式存在，氮上的三个 sp^3 轨道与氢的 1s 轨道或其他取代基的碳的杂化轨道重叠，形成 σ 键，亦具有锥形的结构，氮上还有一对孤对电子，占据另一个 sp^3 轨道，这样，胺的空间排布基本上近似碳的四面体结构，氮在四面体的中心，如甲胺。

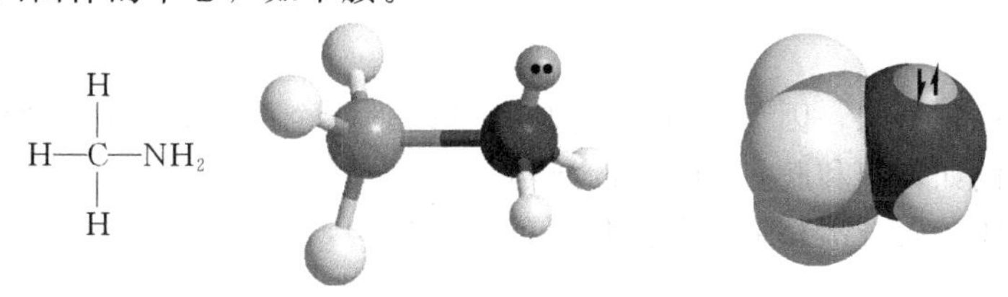

苯胺分子中的 N 与苯环直接相连，N 采用 sp^2 杂化，与苯环一起形成大的共轭体系。

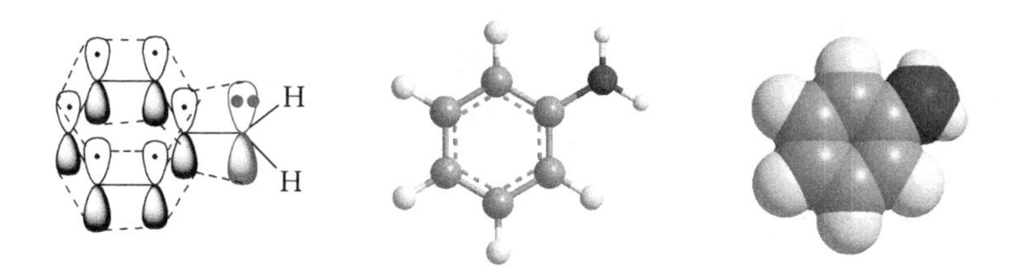

（2）分类

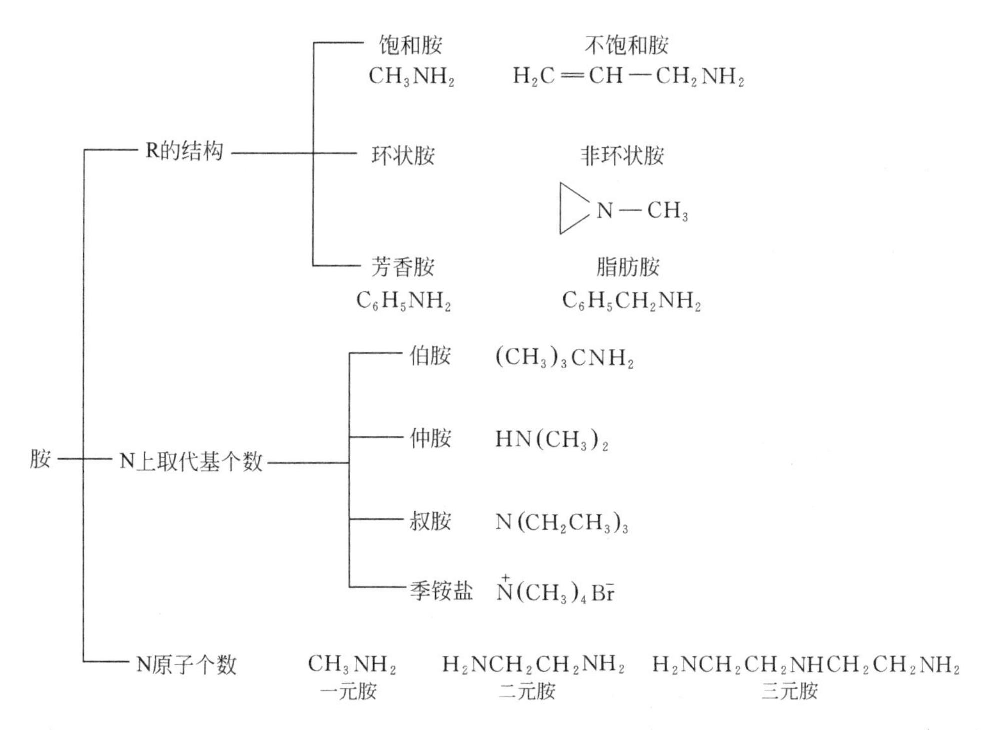

其中芳香胺一定是 N 直接与芳环相连，而环状胺通常是指 N 是环的一个元素。如：

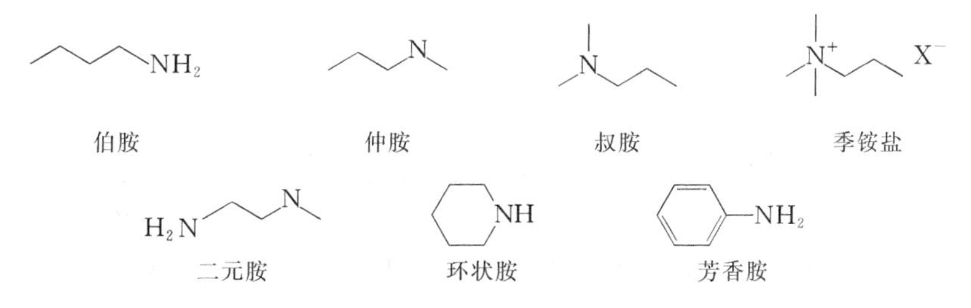

（3）异构

胺的异构比较特殊，因为 N 上的烷基既可以是一个整体，又可以像醚一样将之分成两个部分。例如，饱和胺 $C_5H_{11}N$ 的异构。

伯胺异构体：先写出相应碳数的烷烃的碳架异构，再写出氨基的位置异构。

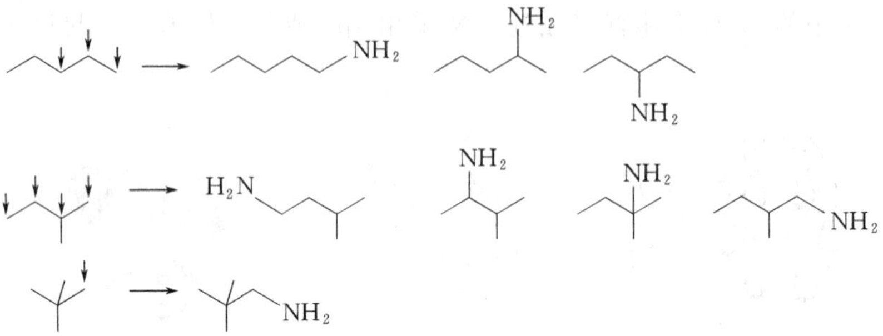

⟶ NH_2　NH_2　NH_2

⟶ H_2N　NH_2　NH_2　NH_2

⟶ NH_2

仲胺异构体：将烷基拆成两部分，C_4 与 C_1 和 C_3 与 C_2。

$C_4\ C_1$ ⟶ N H　N H　N H　N H

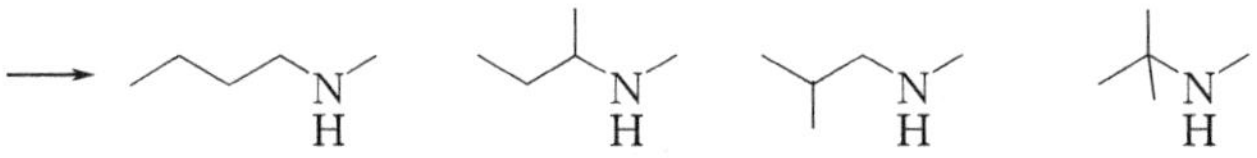

$C_3\ C_2$ ⟶ N H　N H

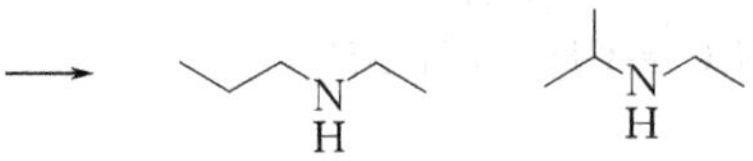

叔胺异构体：将烷基拆成三部分，C_3、C_1、C_1 和 C_2、C_2、C_1。

$C_3\ C_1\ C_1$ ⟶ N　N

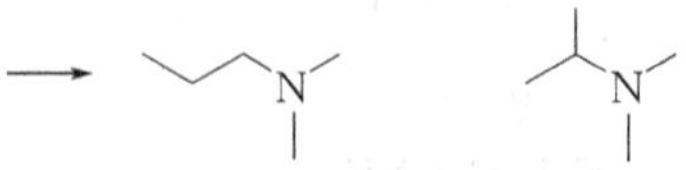

$C_2\ C_2\ C_1$ ⟶ N

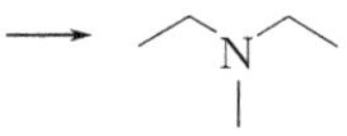

共 17 种，它们是：

NH_2　NH_2　NH_2　NH_2

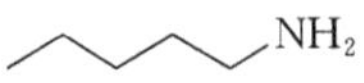

戊-1-胺 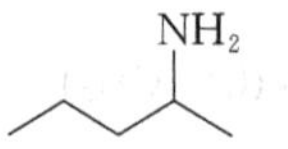　　戊-2-胺 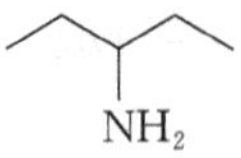　　戊-3-胺 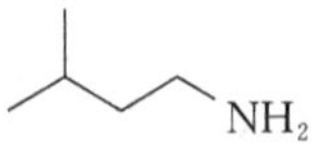　　3-甲基丁-1-胺

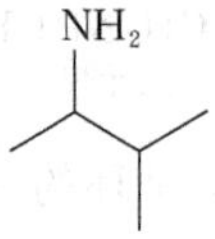

NH_2　NH_2　NH_2　N H

3-甲基丁-2-胺 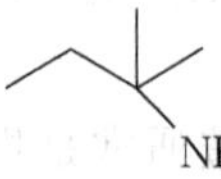　　2-甲基丁-2-胺 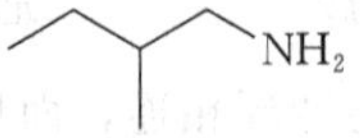　　2-甲基丁-1-胺 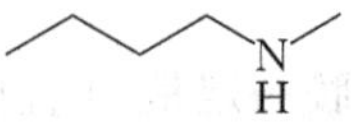　　*N*-甲基丁-1-胺

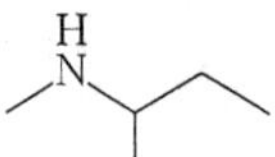

H N　H N　NH_2　N H

N-甲基仲丁胺 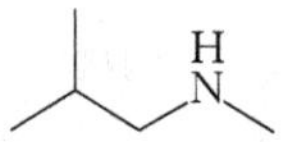　　*N*-甲基异丁胺 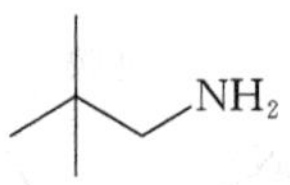　　2,2-二甲基丙胺 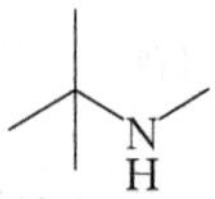　　*N*-甲基叔丁胺

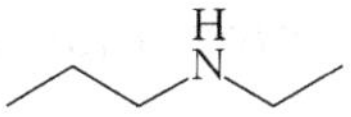

N-乙基丙胺 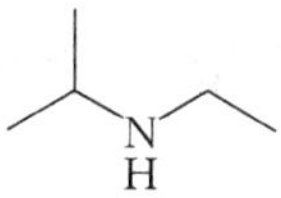　　*N*-乙基异丙胺 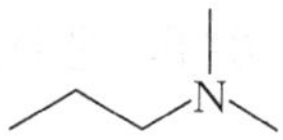　　*N*,*N*-二甲基丙胺

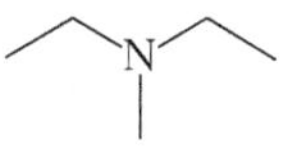

N,*N*-二乙基甲胺 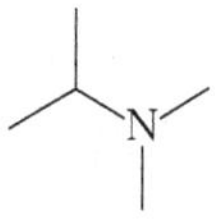　　*N*,*N*-二甲基异丙胺

(4) 命名

胺的命名可分为普通命名、俗名、系统命名、common 命名、IUPAC 命名和 CA 命名，简单的胺类可用普通命名，即在烃基的后面加“胺”字；系统命名是将氨基看成官能团（与醇类似），复杂的化合物可将氨基作为取代基命名。为了区别仲、叔、季胺在 N 上的取代基和在 C 上的取代基，在 N 上的取代基要用“*N*-”标出。如：

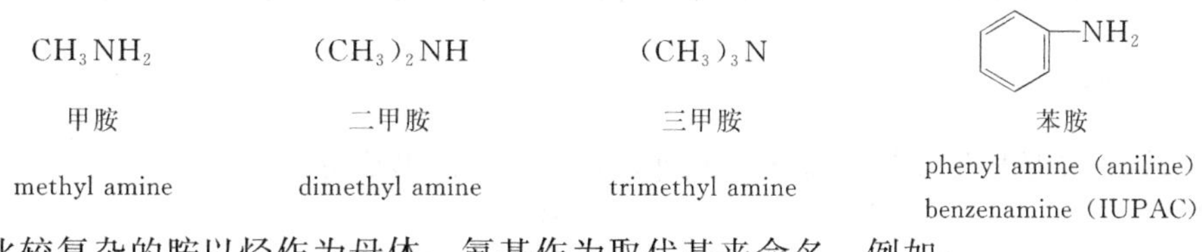

甲胺 methyl amine　　二甲胺 dimethyl amine　　三甲胺 trimethyl amine　　苯胺 phenyl amine (aniline) benzenamine (IUPAC)

比较复杂的胺以烃作为母体，氨基作为取代基来命名。例如：

$$(CH_3)_2CHCH(NH_2)—CH_3$$

2-氨基-3-甲基丁烷 (CCS)　2-amino-3-methyl butane (IUPAC)

铵盐可看作是胺的衍生物。

氯化四甲铵　　氢氧化三甲乙铵

最简单的芳胺是苯胺（aniline 或 phenyl amine），应以苯胺为母体，如：

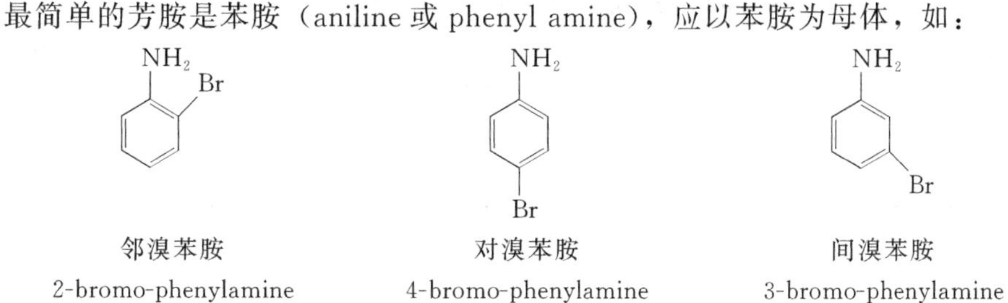

邻溴苯胺 2-bromo-phenylamine *o*-bromo-phenylamine

对溴苯胺 4-bromo-phenylamine *p*-bromo-phenylamine

间溴苯胺 3-bromo-phenylamine *m*-bromo-phenylamine

若在 N 上有取代基，则应特别标出。如：

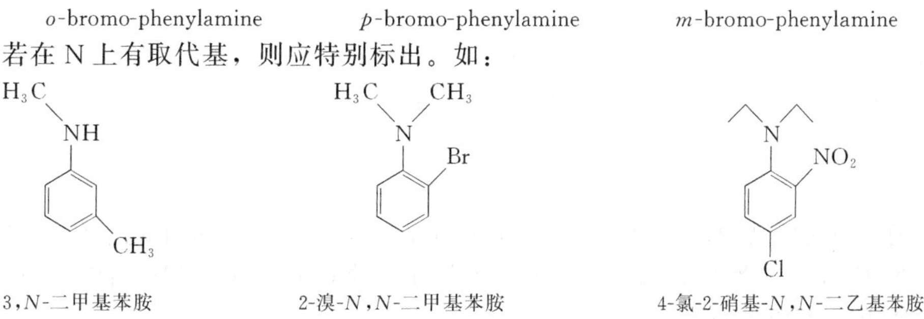

3,*N*-二甲基苯胺 3,*N*-dimethylaniline

2-溴-*N*,*N*-二甲基苯胺 2-bromo-*N*,*N*-dimethylaniline

4-氯-2-硝基-*N*,*N*-二乙基苯胺 4-chloro-2-nitro-*N*,*N*-diethylaniline

10.2.2 胺类的物理性质和波谱（physical properties and spectrum of amines）

（1）毒性

有机胺类大多有毒性，可以通过吸入或透过皮肤吸收而致中毒。多胺类有难闻的气味，如三甲胺有鱼腥臭味，肉腐烂时的臭气主要是丁二胺或戊二胺的气味，因此，它们又分别叫腐肉胺和尸胺。

$$\underset{\text{鸟氨酸 (omithine)}}{H_2N(CH_2)_3\underset{\displaystyle NH_2}{\underset{|}{C}}H-COOH} \longrightarrow \underset{\text{1,4-丁二胺}}{H_2NCH_2CH_2CH_2CH_2NH_2} + CO_2$$

$$\underset{\text{赖氨酸 (lysine)}}{H_2N(CH_2)_4\underset{\displaystyle NH_2}{\underset{|}{C}}H-COOH} \longrightarrow \underset{\text{1,5-戊二胺}}{H_2NCH_2CH_2CH_2CH_2CH_2NH_2} + CO_2$$

染发剂中含有对苯二胺，具有较强的毒性，染发时要做好防护，不要经常染发。

（2）物理常数

胺和氨一样是极性物质，除了叔胺外，伯、仲胺能形成分子间氢键。

$$R-\underset{\displaystyle H}{\underset{|}{N}}-H\cdots\overset{\displaystyle H}{\overset{|}{\underset{\displaystyle H}{\underset{|}{N}}}}-R$$

因此，胺的沸点比没有极性的分子量相近的烷烃要高。但由于氮的电负性不如氧的强，胺的氢键不如醇的氢键强，故胺的沸点比相应醇的沸点要低，如表 10-2 所示。由于低级伯、仲、叔胺都能与水形成氢键，因此低级胺（六个碳原子以下）都能溶于水。

表 10-2　分子量相近的烷烃、胺和醇的沸点

化合物	CH_3CH_3	CH_3NH_2	CH_3OH
分子量	30	31	32
沸点/℃	−88	−7	64

（3）红外光谱

有 N—H 键及 C—N 键的吸收峰。N—H 键的伸缩振动在 3500～3300cm^{-1}，伯胺为双峰，仲胺为单峰。C—N 键的伸缩振动一般在 1190cm^{-1} 左右。

（4）核磁共振

胺的核磁共振谱中由于氮的电负性比碳大，所以 α-碳上的质子化学位移在较低场，^{1}H NMR 谱中 δ 为 2.2～2.9，与氮原子相连的碳原子在^{13}C NMR 谱中 δ 为 45 左右，见图 10-3 和图 10-4。

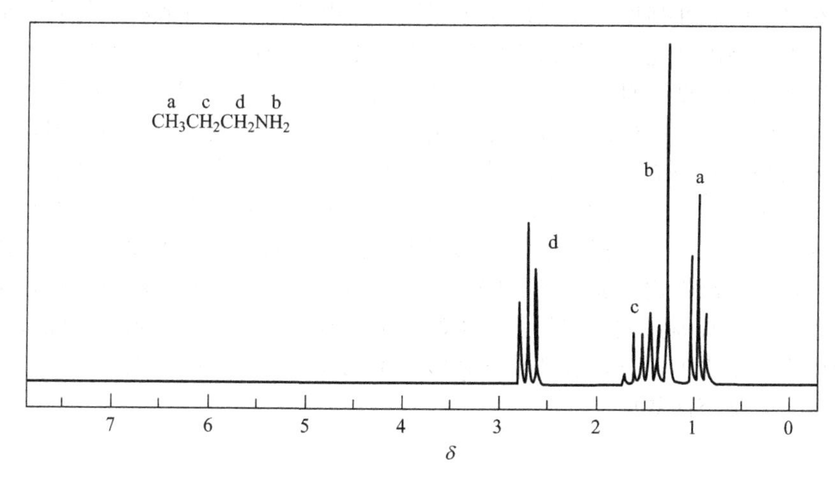

图 10-3 丙胺的[1]H NMR 谱图

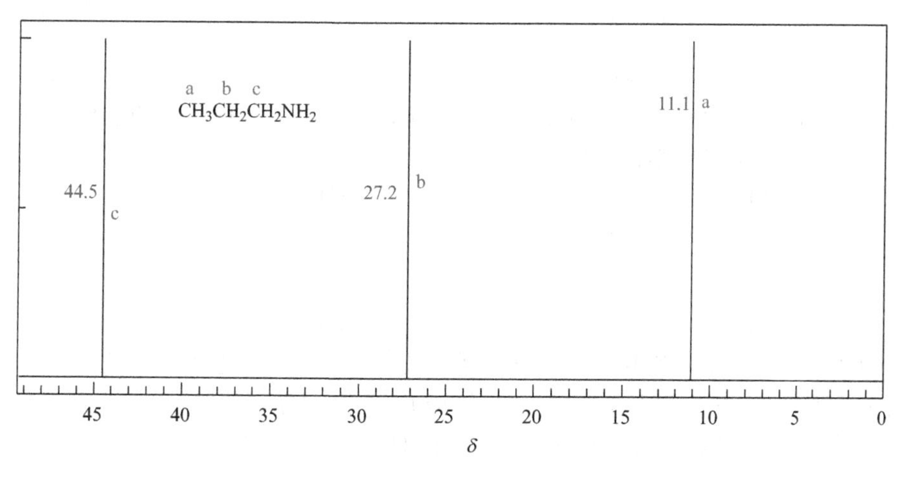

图 10-4 丙胺的[13]C NMR 谱图

10.2.3 胺类的化学性质 (chemical properties of amines)

(1) 碱性

根据 Lewis 酸碱定义，碱是电子对的供体（酸是电子对的受体）。由于胺的氮原子上有孤对电子，易与质子反应成盐，而具有碱性。

很多有机化合物都属于 Lewis 碱，如醇、醚、酯、烯烃、芳烃等，但有显著碱性的化合物是胺，它可使石蕊变蓝。胺具有碱性及亲核性，但还属于弱碱，如不能使酚酞变为红色。

① 脂肪胺的碱性　胺类的碱性用 K_b 来表示，K_b 越大（或 pK_b 越小）碱性越强。脂肪胺的 $pK_b=3.25$，芳香胺的 $pK_b=7\sim10$（NH_3 的 $pK_b=4.76$），多元胺的碱性强于一元胺。碱性在胺类的分离、提纯及鉴定等方面有很重要的应用。

对于脂肪胺来说，在非水溶液或气相中，通常的碱性强弱顺序为叔胺>仲胺>伯胺>氨。这是由于烷基是给电子基团，氮上的电子云密度增加，即增加了氮对质子的吸引力，胺中的烷基越多，碱性越强。但在水溶液中则是仲胺>伯胺>叔胺>氨。这是由于脂肪胺在水中的碱性强度，不只取决于氮原子的电负性，同时取决于与质子结合后的铵正离子是否容易溶剂化。胺的氮上的氢越多，则空间位阻越小，与水形成氢键的机会就越多，溶剂化的程度也就越大，那么铵正离子也就越稳定，胺的碱性也就越强。因此，从诱导效应来看，胺的碱性强弱是叔胺>仲胺>伯胺；电子效应与溶剂化效应两者综合的结果则是仲胺>伯胺>叔胺。此外，空间位阻效应对脂肪胺的碱性也有影响。

② 芳香胺的碱性　芳香胺的碱性比氨弱，因为氮上的孤对电子与苯环上的 π 电子相互作用，形成共轭体系，氮原子上的孤对电子部分转向苯环，因此，氮原子接受质子的能力降低，以致碱性比氨弱。芳香胺的碱性强弱是伯胺>仲胺>叔胺（接近于中性）。事实上，苯胺与盐酸等强酸生成的盐在水溶液中只有部分水解；二苯胺与强酸生成的盐在水溶液中则完全水解；三苯胺即使和强酸也不能成盐。前者既有电子效应，也有空间效应；后者主要是空间效应。

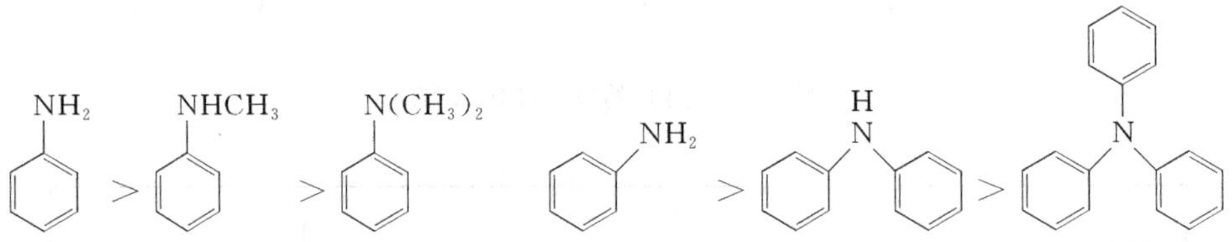

NH_2　>　$NHCH_3$　>　$N(CH_3)_2$　　　NH_2　>　H N　>　N

pK_b　9.30　9.60　9.62　9.30　13.8　中性

苯环上的取代基主要体现了电子效应的影响，如硝基等吸电子基团能使苯胺的碱性减弱，甲基等给电子基团则使碱性增强。

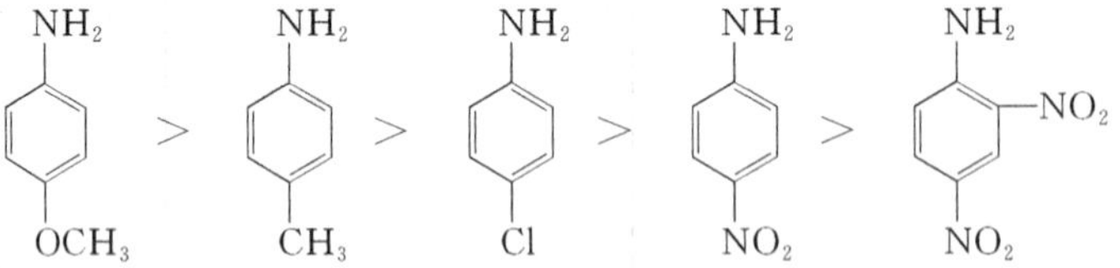

NH_2 / OCH_3　>　NH_2 / CH_3　>　NH_2 / Cl　>　NH_2 / NO_2　>　NH_2 / NO_2 / NO_2

—OCH_3 是第一类定位基，有吸电子诱导效应使苯环上的电子云密度降低，但也有共轭效应使苯环上电子云密度升高，共轭效应对邻、对位影响大，对间位影响小。—OCH_3 间位取代对氨基的影响是吸电子诱导效应，其碱性强弱顺序为：

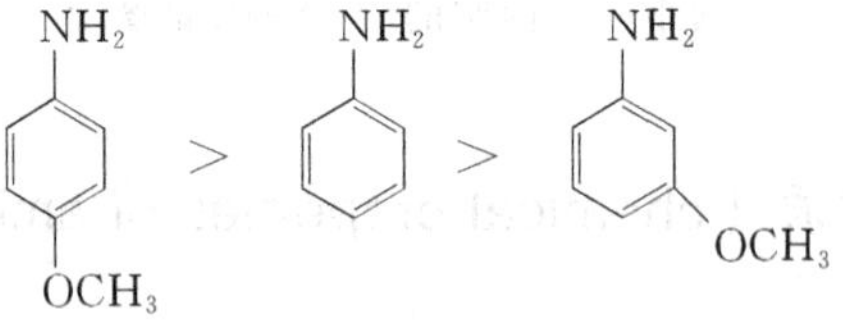

NH_2 / OCH_3　>　NH_2　>　NH_2 / OCH_3

由于空间位阻的影响，氨基的未共用电子对不能与苯环共轭，芳香胺的碱性与脂肪胺相似，如 2,6-二叔丁基-*N*,*N*-二甲基苯胺。

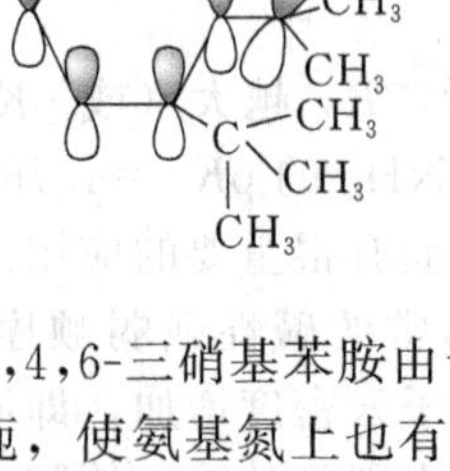

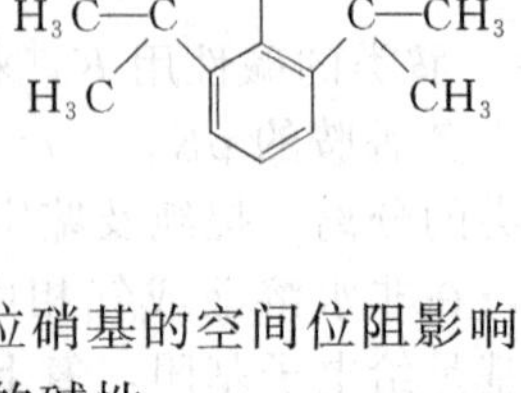

H_3C　CH_3　C　CH_3　CH_3　CH_3　CH_3　C　CH_3　CH_3　　H_3C　CH_3　CH_3 N　CH_3　H_3C—C　C—CH_3　H_3C　CH_3

N,*N*-二甲基-2,4,6-三硝基苯胺由于邻位硝基的空间位阻影响，破坏了氨基未共用电子对与苯环的共轭，使氨基氮上也有一定的碱性。

A　　B

在 A 中 N 处于桥头，不能发生烯醇化，而 B 中 N 未处于桥头，能发生烯醇化，N 上的电子云密度下降，所以 A 是碱，而 B 不是碱，是一个中性化合物。

(2) 烷基化反应

胺作为亲核试剂与卤代烷发生 S_N 反应，得到仲胺、叔胺和季铵盐的混合物。

$$RNH_2 \xrightarrow{RX} R_2NH \xrightarrow{RX} R_3N \xrightarrow{RX} R_4NX$$

$$C_6H_5NH_2 \xrightarrow{CH_3I} C_6H_5N(CH_3)_2 \xrightarrow{CH_3I} C_6H_5\overset{+}{N}(CH_3)_3I^-$$

最后产物为季铵盐，如 R 为甲基，则常称此反应为“彻底甲基化作用”。

(3) 羟乙基化反应

此类反应类似于烷基化反应，属 S_N 反应。氯乙醇作为羟乙基化试剂，在碱性介质中反应，生成 *N*-羟乙基苯胺及 *N*，*N*-二羟乙基苯胺。也可采用环氧乙烷作为羟乙基化试剂。该类化合物是医药、颜料、染料、功能材料及农药的中间体。该反应可用薄层色谱（TLC）进行中控，以苯：丙酮=10：1 为展开剂。

$$C_6H_5NH_2 \xrightarrow[ClCH_2CH_2OH]{NaOH} C_6H_5NHCH_2CH_2OH + C_6H_5N(CH_2CH_2OH)_2$$

$$C_6H_5NH_2 \xrightarrow{\text{环氧乙烷}} C_6H_5NHCH_2CH_2OH + C_6H_5N(CH_2CH_2OH)_2$$

制备 *N*,*N*-二羟乙基苯胺时，氯乙醇过量，其 TLC 法中控分析如图 10-5 所示。

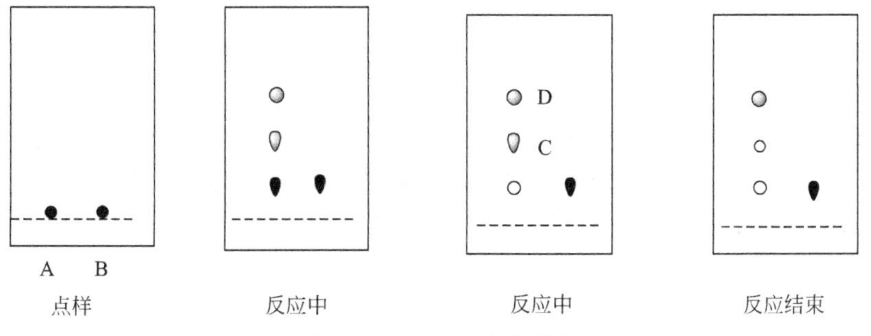

图 10-5　TLC 法中控分析

A—反应液；B—苯胺；C——取代物；D—二取代物

(4) 氰乙基化反应

此反应属于 Michael 加成反应，在酸的催化下，胺与过量的丙烯腈加热回流反应

24h，用 TLC 检测反应终点，减压脱去过量的丙烯腈，得到氰乙基胺或二氰乙基胺。该类化合物也是医药、颜料、染料、功能材料及农药的中间体。

$$C_6H_5NHCH_3 \xrightarrow[CH_3COOH]{CH_2=CHCN} C_6H_5N(CH_3)CH_2CH_2CN \qquad C_6H_5NH_2 \xrightarrow[CH_3COOH]{CH_2=CHCN} C_6H_5N(CH_2CH_2CN)_2$$

其反应机理：

$$CH_2=CHCN \xrightarrow{H^+} CH_2=CH\overset{+}{C}=NH \longleftrightarrow \overset{+}{C}H_2CH=C=NH \xrightarrow{C_6H_5\ddot{N}H_2} C_6H_5\overset{+}{N}H_2CH_2CH=C=NH \longrightarrow$$

$$C_6H_5\overset{+}{N}H_2CH_2CH_2CN \longrightarrow C_6H_5NHCH_2CH_2CN \longrightarrow C_6H_5N(CH_2CH_2CN)_2$$

(5) 酰基化反应

在羧酸及其衍生物一章中介绍了酰氯、酸酐氨解，产物是酰胺。用伯、仲胺作为亲核试剂与酰氯、酸酐作用可生成酰胺，也就是说羧酸衍生物的氨解就是胺的酰基化反应。

$$RNH_2+R'COCl \longrightarrow RNHCOR'+HCl$$

$$RNH_2+(R'CO)_2O \longrightarrow RNHCOR'+R'COOH$$

也可使用羧酸为酰化剂。

$$m\text{-}CH_3C_6H_4NH_2 \xrightarrow{CH_3COOH} m\text{-}CH_3C_6H_4NHCOCH_3 + H_2O$$

间氨基乙酰苯胺是分散染料的重要中间体，传统的方法以乙酐为酰化剂，副产物为乙酸，原子利用率低。采用乙酸为酰化剂，可连续得到纯度为 99%的间氨基乙酰苯胺，母液循环使用，做到零排放，属清洁工艺，目前已在国内全世界最大的分散染料厂工业化生产。

$$m\text{-}Cl^-H_3\overset{+}{N}C_6H_4NH_2 \xrightarrow[HCl]{CH_3COOH} m\text{-}Cl^-H_3\overset{+}{N}C_6H_4NHCOCH_3$$

酰胺容易水解，由于叔胺无此反应，因此可与伯、仲胺分离。

$$RNHCOR'+NaOH \longrightarrow RNH_2+R'COONa$$

生成的酰胺是中性物质，为有敏锐熔点的固体。通过熔点测定可以鉴定伯、仲、叔胺。生成的酰胺在强酸或强碱的水溶液中加热很容易水解生成胺。因此，在有机合成上往往先把芳香胺酰基化，变成酰胺，将氨基保护起来，再进行其他反应，最后再使酰胺水解变成胺，如对氨基苯甲酸的合成。

$$\text{p-}CH_3C_6H_4NH_2 \xrightarrow{CH_3COCl} \text{p-}CH_3C_6H_4NHCOCH_3 \xrightarrow{[O]} \text{p-}HOOCC_6H_4NHCOCH_3 \xrightarrow{H_3O^+} \text{p-}HOOCC_6H_4NH_2$$

(6) *N*-甲氧羰乙基化反应

此反应属于 Michael 加成反应，在酸的催化下，苯胺与过量的丙烯酸甲酯加热回流反应 24h，用 TLC 检测反应终点，减压脱去过量的丙烯酸甲酯，得到 *N*-甲氧基羰基乙基苯胺或 *N*,*N*-二甲氧基羰基乙基苯胺。该类化合物也是医药、颜料、染料、功能材料及农药的中间体。

$$C_6H_5NH_2 \xrightarrow[CH_3COOH]{H_2C=CHCOOCH_3} C_6H_5NHCH_2CH_2COOCH_3 + C_6H_5N(CH_2CH_2COOCH_3)_2$$

$$C_6H_5NHCH_2CH_2CN \xrightarrow[CH_3COOH]{H_2C=CHCOOCH_3} C_6H_5N(CH_2CH_2CN)(CH_2CH_2COOCH_3)$$

(7) 磺酰化反应

与酰化反应类似，如用磺酰化试剂（如苯磺酰氯、对甲苯磺酰氯），则可生成相应的磺酰胺，叔胺没有此反应，而伯胺生成的磺酰胺可溶于碱中，因此可与仲胺分离。此反应常用于分离及鉴别胺类，称为 Hinsberg（兴斯堡）反应。反应过程如下：

$$PhNH_2,\ Ph_2NH,\ Ph_3N \xrightarrow{H_3C-C_6H_4-SO_2Cl} \begin{cases} H_3C-C_6H_4-SO_2NHPh \\ H_3C-C_6H_4-SO_2NPh_2 \\ 盐 \xrightarrow{NaOH} Ph_3N \end{cases}$$

$$H_3C-C_6H_4-SO_2NHPh,\ H_3C-C_6H_4-SO_2NPh_2 \xrightarrow{NaOH} \begin{cases} H_3C-C_6H_4-SO_2\bar{N}PhNa^+ \ (溶解) \\ H_3C-C_6H_4-SO_2NPh_2 \ (分层) \end{cases} \xrightarrow{HCl} \xrightarrow{OH^-} \begin{cases} PhNH_2 \\ Ph_2NH \end{cases}$$

(8) 亚硝化反应

亚硝酸与伯、仲、叔胺类的反应各不相同，由于 HNO_2 易分解，且有毒，反应中常用 $NaNO_2/HCl$ 来代替 HNO_2。

① 伯胺　脂肪族伯胺生成的重氮化合物很不稳定，很容易定量放出氮气，可用来定量测定样品中的总 NH_2 量。分解生成的碳正离子可以进一步转变为卤代烃、醇或烯

烃，但产物较复杂，无合成价值。

$$RNH_2 \xrightarrow[HCl]{NaNO_2} R\overset{+}{N_2}\overset{-}{OH} \xrightarrow{H_2O} ROH + N_2\uparrow$$

芳香族伯胺与亚硝酸反应定量放出 N_2，且生成的重氮化合物较稳定，在有机合成中有重要应用。

$$C_6H_5NH_2 \xrightarrow[HCl,\ 0\sim5℃]{NaNO_2} C_6H_5\overset{+}{N_2}Cl^- \xrightarrow{\triangle} C_6H_5OH + N_2\uparrow$$

② 仲胺　脂肪族仲胺与亚硝酸作用生成 *N*-亚硝胺，后者又可分解生成仲胺，因此可以用于提纯或鉴定仲胺。

$$R_2NH \xrightarrow[HCl,\ 0\sim5℃]{NaNO_2} R_2N\text{-}NO \xrightarrow[H_2O]{HCl} R_2\overset{+}{N}H_2Cl^- \xrightarrow{NaOH} R_2NH + NaNO_2$$

芳香族仲胺与亚硝酸作用，生成 *N*-亚硝胺类，其在酸性条件下容易重排成对亚硝基化合物，*N*-亚硝胺类化合物为黄色中性油状液体，有强烈的致癌作用。

$$C_6H_5NHR \xrightarrow[HCl,\ 0℃]{NaNO_2} C_6H_5N(R)\text{-}NO \xrightarrow[\triangle]{H^+} p\text{-}ON\text{-}C_6H_4\text{-}NHR$$

③ 叔胺　脂肪族叔胺与亚硝酸作用生成不稳定的亚硝酸盐类，此盐用碱处理又重新得到游离的叔胺。

$$R_3N \xrightarrow[HCl,\ 0\sim5℃]{NaNO_2} R_3\overset{+}{N}HNO_2^- \xrightarrow{OH^-} R_3N$$

芳香族叔胺则生成芳环上亚硝基取代的绿色固体化合物。

$$C_6H_5NR_2 \xrightarrow[HCl,\ 0℃]{NaNO_2} p\text{-}R_2N\text{-}C_6H_4\text{-}NO$$

根据上述的不同反应并与溴水反应结合，可用来区别 6 种脂肪族及芳香族的伯、仲、叔胺。

(9) 氧化反应

脂肪族胺类常温下比较稳定，芳香族胺类则较易氧化，尤其是芳香族的伯胺及仲胺对氧气特别敏感，暴露在空气中颜色往往会变深，氧化过程很复杂，产物也难于分离。如果选用温和的氧化条件控制反应，也可以用于合成。如果将苯胺溶于硫酸水溶液中，加入 $Na_2Cr_2O_7$ 进行低温氧化，则可制得苯醌。

$$C_6H_5NH_2 \xrightarrow[H_2SO_4]{Na_2Cr_2O_7} \text{对苯醌} + \text{邻苯醌}$$

另外，苯环上含有吸电子基团的芳香胺较为稳定，如对硝基苯胺、对氨基苯磺酸等。芳香胺的盐也较难氧化，往往将芳香胺成盐后贮存。

萘胺被氧化时，有氨基的环电子云密度高，被氧化得到无氨基的酐。有硝基的环电子云密度低，被氧化得到有硝基的酐。

$$1\text{-}NO_2\text{-萘} \xrightarrow[O_2,\ \triangle]{V_2O_5} 3\text{-}NO_2\text{-邻苯二甲酸酐}$$

$$1\text{-}NH_2\text{-萘} \xrightarrow[O_2,\ \triangle]{V_2O_5} \text{邻苯二甲酸酐}$$

(10) 芳环上的取代反应

氨基使苯环活化，容易进行一系列亲电取代反应。

① 卤化反应　芳香胺与卤素反应很快，例如苯胺和溴水作用，常温下即生成 2,4,6-三溴苯胺白色沉淀。

$$C_6H_5NH_2 \xrightarrow[H_2O]{Br_2} 2,4,6\text{-}Br_3C_6H_2NH_2 \downarrow + 3HBr$$

反应定量进行，可用于芳香胺的鉴定和定量分析。若只要一卤代产物，则需要将氨基酰化，以降低其活性。例如：

$$C_6H_5NH_2 \xrightarrow{(CH_3CO)_2O} C_6H_5NHCOCH_3 \xrightarrow[CH_3COOH]{Br_2} p\text{-}BrC_6H_4NHCOCH_3 \xrightarrow[\triangle]{H^+} p\text{-}BrC_6H_4NH_2 + CH_3COOH$$

② 硝化反应　如用芳香胺直接硝化，产物复杂，常伴随有氧化产物。通常可将氨基酰化，硝化后水解得到对硝基苯胺以及邻硝基苯胺。

$$C_6H_5NH_2 \xrightarrow{CH_3COCl} C_6H_5NHCOCH_3 \xrightarrow[CH_3COOH]{HNO_3,\ H_2SO_4} p\text{-}NO_2C_6H_4NHCOCH_3 \xrightarrow{OH^{\ominus}} p\text{-}NO_2C_6H_4NH_2$$

$$C_6H_5NHCOCH_3 \xrightarrow{HNO_3,\ (CH_3CO)_2O} o\text{-}NO_2C_6H_4NHCOCH_3 \xrightarrow{OH^{\ominus}} o\text{-}NO_2C_6H_4NH_2$$

N,*N*-二甲苯胺经混酸硝化生成 1∶1 的间、对位混合物，几乎不含邻位异构体。

$$C_6H_5N(CH_3)_2 \xrightarrow[H_2SO_4]{HNO_3} p\text{-}NO_2C_6H_4N(CH_3)_2 + m\text{-}NO_2C_6H_4N(CH_3)_2$$

③ 磺化反应　苯胺与浓硫酸作用，先生成硫酸盐，加热脱水生成磺酰苯胺，再通过重排生成对氨基苯磺酸。

$$C_6H_5NH_2 \xrightarrow{H_2SO_4} C_6H_5\overset{+}{N}H_3HSO_4^- \xrightarrow{-H_2O} C_6H_5NHSO_3H \xrightarrow{重排} p\text{-}\overset{+}{N}H_3C_6H_4SO_3^-$$

对氨基苯磺酸为白色结晶，熔点 288℃，以内盐形式存在，是重要的染料中间体和常用的农药（敌锈酸）。对氨基苯磺酸溶于热水，不易溶于有机溶剂，呈弱酸性，可溶于 NaOH 或 Na_2CO_3 溶液。

对氨基苯磺酰胺（简称磺胺）是最简单的磺胺药物，它的合成过程如下：

$$C_6H_5NHCOCH_3 \xrightarrow{ClSO_3H} p\text{-}CH_3CONHC_6H_4SO_2Cl \xrightarrow{NH_3} p\text{-}CH_3CONHC_6H_4SO_2NH_2 \xrightarrow{H_2O} p\text{-}H_2NC_6H_4SO_2NH_2$$

如果在氨解过程中，采用相应的氨基化合物，反应产物就是各种磺胺药物，如磺胺胍（SG）。

$$C_6H_5NHCOCH_3 \xrightarrow{ClSO_3H} p\text{-}CH_3CONHC_6H_4SO_2Cl \xrightarrow{H_2N-C(NH_2)=NH} p\text{-}CH_3CONHC_6H_4SO_2-HN-C(NH_2)=NH \xrightarrow{H_2O} p\text{-}H_2NC_6H_4SO_2-HN-C(NH_2)=NH$$

磺胺胍(SG)

胍是一种强碱性物质，通常由氨基腈与氨加成制得。

$$NH_2-CN + NH_3 \longrightarrow H_2N-C(NH_2)=NH$$

④ 苯胺环上的烷基化、酰基化反应　芳环上的烷基化、酰基化反应不能用 $AlCl_3$ 作催化剂。苯胺中 N 上有孤对电子，因而显弱碱性，$AlCl_3$ 是 Lewis 酸，进行烷（酰）基化反应用 $AlCl_3$ 作催化剂时二者生成加合物，消耗了催化剂，因而反应不能进行。进行环上的烷基化可用醇完成。

$$C_6H_5NH_2 \xrightarrow[HZSM\text{-}5]{CH_3OH} 2,6\text{-}(CH_3)_2C_6H_3NH_2$$

10.2.4 季铵盐和季铵碱（quaternary ammonium salt and quaternary ammonium hydroxide）

(1) 制备

胺的彻底烃基化产物即为季铵盐（$R_4N^+X^-$），这是一大类很重要的精细化学品，属于阳离子型表面活性剂，用作杀菌剂，浮选剂，防锈剂，乳化剂，柔软剂，织物整理剂，染色助剂及相转移催化剂，等等。例如氯化胆碱[$(CH_3)_3N^+CH_2CH_2ClCl^-$]俗称"矮壮素"，是一种植物生长调节剂，可防止小麦倒伏。

季铵盐具有盐的特性，如熔点高，易溶于水而不溶于非极性的有机溶剂。季铵盐与强碱作用，得到含有季铵碱的混合物。

$$R_4\overset{+}{N}X^- + KOH \longrightarrow R_4\overset{+}{N}OH^- + KX$$

如果反应在醇中进行，KX 沉淀析出，能使反应进行完全；如果选用 AgOH，也能使反应顺利进行（生成 AgX 沉淀）。

$$R_4\overset{+}{N}X^- + AgOH \longrightarrow R_4\overset{+}{N}OH^- + AgX\downarrow$$

季铵碱呈强碱性，其碱性与 KOH 相当，易潮解，能溶于水，可用作 CO_2 的吸收剂。

(2) Hofmann 消除反应

含 β-H 的季铵碱加热分解，生成叔胺和烯烃，称为 Hofmann（霍夫曼）消除反应（Hofmann elimination）。

$$(CH_3CH_2)_4\overset{+}{N}OH^- \xrightarrow{\triangle} (CH_3CH_2)_3N + CH_2{=}CH_2 + H_2O$$

β-H 的消除顺序是：$CH_3 > CH_2 > CH$。这与札依采夫规则刚好相反。

$$H_3C{-}\overset{+}{N}(CH_3)(CH_2CH_2CH_2CH_3){-}CH_2CH_3\ OH^- \xrightarrow{\triangle} CH_2{=}CH_2 + H_2O + H_3C{-}N(CH_3){-}CH_2CH_2CH_2CH_3$$

该反应最早用来测定胺类异构体的结构。例如：

2-甲基四氢吡咯 $\xrightarrow{2CH_3I}$ N,N-二甲基-2-甲基四氢吡咯鎓碘化物 I^- $\xrightarrow[\triangle]{OH^-}$ $CH_2{=}CH{-}CH_2CH_2CH_2N(CH_3)_2$ 型产物 $\xrightarrow{CH_3I}$ 季铵盐（H_3C, $\overset{+}{N}(CH_3)_2$）I^- $\xrightarrow[\triangle]{OH^-}$ 1，4-戊二烯

N-甲基四氢吡咯 $\xrightarrow{CH_3I}$ N,N-二甲基四氢吡咯鎓 I^- $\xrightarrow[\triangle]{OH^-}$ 烯丙基型胺 $-N(CH_3)_2$ $\xrightarrow{CH_3I}$ 季铵盐 I^- $\xrightarrow[\triangle]{OH^-}$ 1,3-丁二烯

当能形成共轭体系时，则优先形成共轭体系。

$$C_6H_5CH_2CH_2{-}\overset{+}{N}(CH_2CH_3)(CH_3){-}CH_3\ I^- \xrightarrow[\triangle]{OH^-} \underset{94\%}{C_6H_5CH{=}CH_2} + \underset{6\%}{CH_2{=}CH_2}$$

若季铵碱分子中没有 β-H（如氢氧化四甲铵），则加热分解生成叔胺和醇。

$$(CH_3)_4\overset{+}{N}OH^- \xrightarrow{\triangle} (CH_3)_3N + CH_3OH$$

试举例说明：消除反应如能生成共轭体系的产物则总是优先生成，而不管此反应是否违反了札依采夫或 Hofmann 规则。

某些季铵盐或季铵碱，能溶于水，又能溶于有机溶剂，如 $C_6H_5N^+(C_2H_5)_3OH^-$ 等，可以作为相转移催化剂，不溶于水的有机物与水溶性试剂在它的作用下，极大地提

高了反应速率。

10.2.5 多元胺（polyamines）

（1）乙二胺

乙二胺（$H_2NCH_2CH_2NH_2$）是黏稠液体，沸点117℃，它可以由1,2-二氯乙烷和氨水作用而制得。乙二胺可作为环氧树脂的固化剂，以及作为其他化工产品的原料。

$$ClCH_2CH_2Cl + NH_3 \xrightarrow{加压} H_2NCH_2CH_2NH_2$$

（2）己二胺

己二胺[$H_2N(CH_2)_6NH_2$]是无色片状晶体，熔点42℃，沸点204℃，微溶于水，易溶于乙醇、乙醚、苯等有机溶剂。它是最重要的二元胺，是制造耐纶-66（尼龙-66）的原料。工业上可由丁-1,3-二烯制备己二胺。

丁-1,3-二烯先与氯加成，制得1,4-二氯丁-2-烯，再在氯化亚铜存在下，于80～100℃与氰化钠反应，生成1,4-二氰基丁-2-烯，然后催化加氢生成己二胺。

$$CH_2{=}CH{-}CH{=}CH_2 + Cl_2 \longrightarrow ClCH_2CH{=}CH{-}CH_2Cl \xrightarrow{NaCN}$$

$$NCCH_2CH{=}CH{-}CH_2CN \xrightarrow{Ni/H_2} H_2NCH_2CH_2CH_2CH_2CH_2CH_2NH_2$$

10.2.6 胺的制备（preparation of amines）

（1）卤代烃与过量的氨反应（见10.2.5多元胺）

（2）Gabriel（盖布瑞尔）合成

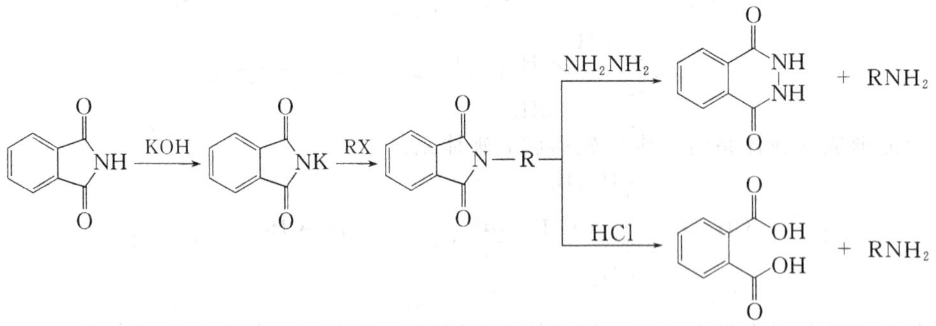

邻苯二甲酰亚胺（NH）$\xrightarrow{KOH}$ 邻苯二甲酰亚胺钾（NK）$\xrightarrow{RX}$ N—R $\xrightarrow{NH_2NH_2}$ 邻苯二甲酰肼 + RNH_2

N—R $\xrightarrow{HCl}$ 邻苯二甲酸 + RNH_2

（3）卤代烃与乌洛托品反应

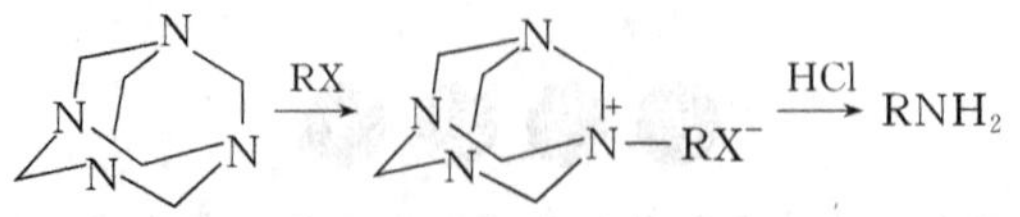

乌洛托品 $\xrightarrow{RX}$ $\overset{+}{N}$—R X^- $\xrightarrow{HCl}$ RNH_2

（4）醛、酮的席夫碱加氢还原

$$RCH{=}NH \xrightarrow{Pd/H_2} RCH_2NH_2 \qquad RCH{=}NR' \xrightarrow{Pd/H_2} RCH_2NHR'$$

10.2.7 重氮和偶氮化合物(diazonium salt and azo compound)

(1) 重氮盐

① 酸性重氮盐 重氮盐是通过重氮化反应制备的。例如苯胺与亚硝酸($NaNO_2$+HCl)在低温下(0～5℃)反应,生成氯化重氮苯,反应式如下:

$$C_6H_5NH_2 \xrightarrow[0\sim5℃]{NaNO_2/HCl} C_6H_5\overset{+}{N_2}Cl^-$$

此反应中,HCl 与苯胺的比例至少为 2.5∶1,这是由于 a. 苯胺不溶于水,而重氮化反应需要在水中进行,因此需要将苯胺与 HCl 反应转化成苯胺盐溶于水;b. 亚硝酸不稳定,需用亚硝酸钠与 HCl 反应,生成亚硝酸;c. 重氮盐在强酸介质中、在低温下稳定,加 HCl 防止重氮盐分解。

重氮化反应的机理可能是铵盐和亚硝酸先生成 *N*-亚硝基化合物,然后经过重排,脱水而成重氮盐。

$$C_6H_5\overset{+}{N}H_3Cl^- + HO\text{-}NO \underset{}{\overset{-H_2O}{\rightleftharpoons}} C_6H_5\overset{+}{N}H(H)\text{—}N{=}OCl^- \rightleftharpoons C_6H_5\text{—}H\text{—}\overset{+}{N}{=}N\text{—}OHCl^- \xrightarrow{-H_2O} C_6H_5\overset{+}{N_2}Cl^-$$

② 中性重氮盐 向酸性重氮盐中加入乙酸钠可得到中性重氮盐,pH 为 6.5～7.5,这种重氮盐不稳定,极易分解,会立即反应掉。如在制备抗艾滋病药物中间体的过程中使用了中性重氮盐。

$$C_6H_5NH_2 \xrightarrow[0\sim5℃]{NaNO_2/HCl} C_6H_5\overset{+}{N_2}Cl^- \xrightarrow{CH_3COONa} C_6H_5N{=}NOH$$

$$C_6H_5N{=}NOH + HSCH_2CH(NHCOCH_2C_6H_5)COONa \longrightarrow C_6H_5SCH_2CH(NHCOCH_2C_6H_5)COONa$$

(2) 放氮反应

重氮盐的放氮反应结果是重氮基团被其他基团所取代。

① 被羟基取代 将重氮盐的酸性水溶液加热至 50℃,即发生水解,放出 N_2,生成苯基正离子,再与水反应生成苯酚。

$$C_6H_5\overset{+}{N_2}Cl^- \xrightarrow[H_2O]{H_2SO_4} C_6H_5OH + N_2\uparrow$$

苯基正离子是非常不稳定的中间体,由于苯基正离子要保持芳香性,所以正电荷只能处于 sp^2 杂化轨道上。

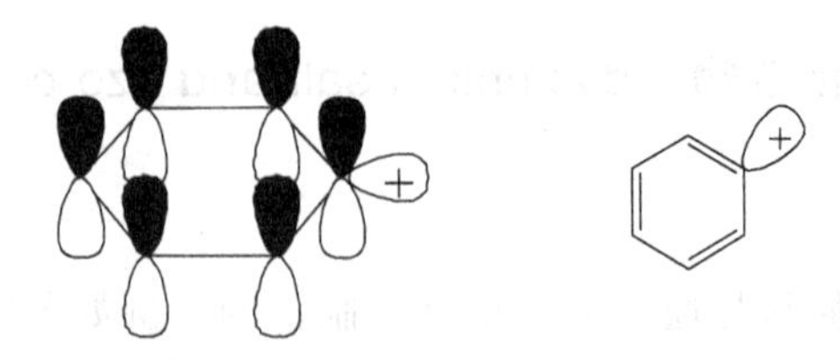

在有机合成上利用此反应可使氨基转变成羟基，用来制备那些不宜用碱熔法制得的酚类，例如间溴苯酚、间硝基苯酚等。

$$m\text{-}BrC_6H_4\overset{+}{N}_2Cl^- \xrightarrow[H_2O]{H_2SO_4} m\text{-}BrC_6H_4OH + N_2\uparrow \qquad m\text{-}O_2NC_6H_4\overset{+}{N}_2Cl^- \xrightarrow[H_2O]{H_2SO_4} m\text{-}O_2NC_6H_4OH + N_2\uparrow$$

② 被卤素取代　重氮盐溶液与氯化亚铜、溴化亚铜或氰化亚铜等的酸性溶液作用，加热分解为卤化物或氰化物及氮气。

$$C_6H_5\overset{+}{N}_2Cl^- \xrightarrow[\triangle]{CuBr} C_6H_5Br + N_2\uparrow$$

$$C_6H_5\overset{+}{N}_2Cl^- \xrightarrow[\triangle]{CuCl} C_6H_5Cl + N_2\uparrow$$

$$C_6H_5\overset{+}{N}_2Cl^- \xrightarrow[\triangle]{CuCN} C_6H_5CN + N_2\uparrow$$

芳香重氮盐在亚铜盐的催化作用下重氮基被置换成氯、溴和氰基的反应，称为Sandmeyer（桑德迈耳）反应。这是在芳环上引入卤素、氰基等的常用方法，它们的反应收率都较高，产物纯度也较好。此反应通常认为重氮盐首先和亚铜盐形成络合物，然后经电子转移生成芳香自由基，此自由基再与铜盐中的卤原子结合得到产物。因此此反应中，卤化亚铜的用量需要与重氮盐的用量相当。

$$C_6H_5\overset{+}{N}_2Cl^- \xrightarrow{CuCl} C_6H_5\overset{+}{N}_2Cl^-\cdot CuCl \longrightarrow C_6H_5\cdot + N_2\uparrow + CuCl_2$$

$$C_6H_5\cdot + CuCl_2 \longrightarrow C_6H_5Cl + CuCl$$

由于此反应中CuX易分解，需要新鲜制备的溶液，后来L. Gattermann（盖特曼）改用铜粉作催化剂，称为Gettermann（盖特曼）反应，此法操作简便，但收率较低。

碘化物的生成最容易，不需要CuI，只要KI和重氮盐共热，就能直接得到良好收率的产物。例如：

$$C_6H_5\overset{+}{N}_2Cl^- \xrightarrow[\triangle]{KI} C_6H_5I + N_2\uparrow$$

氟化物的制备，是将氟硼酸（HBF_4）加到重氮盐溶液中，即生成氟硼酸重氮盐沉淀，干燥后，小心加热，即得到芳香氟化物。例如：

$$C_6H_5N_2^+Cl^- \xrightarrow{HBF_4} C_6H_5N_2^+BF_4^- \xrightarrow{\triangle} C_6H_5F + N_2\uparrow$$

此反应又称 Schiemann（席曼）反应。由于氟化物、碘化物不易直接通过芳香亲电取代反应制得，因此重氮盐的取代反应很有合成价值。

③ 被氢取代　重氮盐与次磷酸加热可得到氢取代产物。利用该反应可合成一些很难通过亲电取代反应制备的物质，如间甲苯胺、间溴苯胺等。

$$C_6H_5N_2^+Cl^- \xrightarrow[\triangle]{H_3PO_2} C_6H_6 + N_2\uparrow$$

$$C_6H_5CH_3 \xrightarrow[H_2SO_4]{HNO_3} o\text{-}CH_3C_6H_4NO_2 + p\text{-}CH_3C_6H_4NO_2$$

$$p\text{-}CH_3C_6H_4NO_2 \xrightarrow{Pt/H_2} p\text{-}CH_3C_6H_4NH_2 \xrightarrow{CH_3COCl} p\text{-}CH_3C_6H_4NHCOCH_3 \xrightarrow[H_2SO_4]{HNO_3} \text{4-}NHCOCH_3\text{-3-}NO_2C_6H_3CH_3 \xrightarrow{H_3\overset{+}{O}} \text{4-}NH_2\text{-3-}NO_2C_6H_3CH_3 \xrightarrow[HCl]{NaNO_2}$$

$$\text{4-}\overset{+}{N_2}Cl^-\text{-3-}NO_2C_6H_3CH_3 \xrightarrow{H_3PO_2} m\text{-}CH_3C_6H_4NO_2 \xrightarrow{Pt/H_2} m\text{-}CH_3C_6H_4NH_2 \xrightarrow[HCl]{NaNO_2} m\text{-}CH_3C_6H_4\overset{+}{N_2}Cl^- \xrightarrow{CuX} m\text{-}CH_3C_6H_4X$$

间硝基甲苯　　间甲基苯胺　　间卤甲苯

④ 被烷巯基取代

$$m\text{-}CH_3C_6H_4\overset{+}{N_2}Cl^- \xrightarrow[CH_3COONa]{NaSR} m\text{-}CH_3C_6H_4SR$$

完成下列反应。

(1) $C_6H_5CH{=}CH_2 \xrightarrow{H_2SO_4}$

(2) $p\text{-}ClC_6H_4\overset{+}{N_2}Cl^- + CH_2{=}CHCOCH_3 \longrightarrow$

(3) $p\text{-}C(CH_3)_3C_6H_4C(CH_3)_3 + CH_3COCl \xrightarrow{AlCl_3}$

(4) $C_6H_5CH(CH_3)\text{—}CHBr(C_2H_5)$（立体式，含 H、H、$H_3C$、Br、$C_2H_5$）$\xrightarrow{OH^-}$

⑤ 被芳基取代　在中性介质或弱碱性介质中重氮盐可与芳环发生亲电取代或自由基取代反应，这是偶联反应的副反应。利用该反应可以制备不对称联苯。

$$p\text{-}O_2NC_6H_4\overset{+}{N_2}Cl^- + C_6H_5CH_3 \xrightarrow{CH_3COONa} O_2N\text{-}C_6H_4\text{-}C_6H_4\text{-}CH_3$$

$$C_6H_5\overset{+}{N_2}BF_4^- + C_6H_5NO_2 \xrightarrow[DMSO]{NaNO_2} C_6H_5\text{-}C_6H_4\text{-}NO_2$$

(3) 偶联反应

① 偶联试剂　重氮离子是较弱的亲电试剂，可以和活泼的芳香族化合物（芳胺和酚）作用，发生芳环的亲电取代反应，生成偶氮化合物。这个反应叫偶联反应。例如：

$R = NO_2, SO_3H, CN$

偶联反应的难易程度与反应物的本质有关。苯环上的邻、对位具有吸电子基团的重氮盐活性大，具有给电子基团的重氮盐则活性小。同样，被偶联的芳环上通常要具有一个强给电子基团（$—OH$、$—NR_2$、$—NH_2$）才能发生偶联反应，同时也要选择合适的反应条件，以利于偶联反应的进行。

当重氮盐上有强的吸电子基团时，具有第一类定位基的烷基苯、苯甲醚类中等活性的物质也可发生偶联反应，如：

② 偶联介质　一般而言，重氮盐与酚偶联时，在稍带碱性的溶液中进行最快。因为在碱性溶液中，酚生成酚氧离子（$C_6H_5O^-$），酚氧离子比游离酚更容易发生环上亲电取代反应，因而有利于偶联反应的进行。但是，溶液的碱性也不能太大（$pH>10$），否则，重氮盐将与碱作用，生成不能进行偶联反应的重氮碱或重氮酸盐。

重氮盐与芳胺偶联时在微酸性溶液中（$pH=5\sim7$）反应进行最快。若重氮盐芳环上连有多个强吸电子基团，这种重氮盐活性高，只在强酸中稳定，因此偶联反应必须在强酸介质中完成。如：

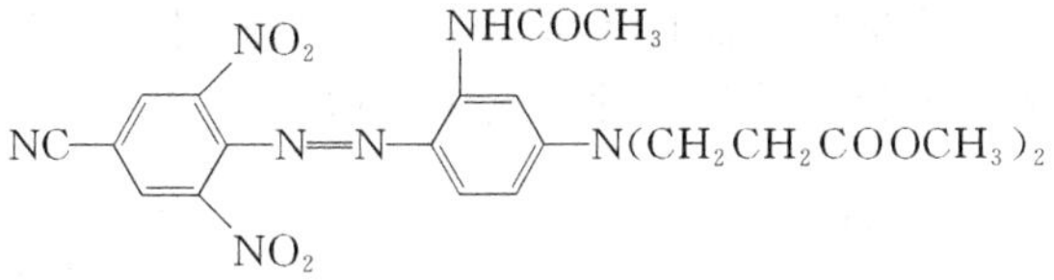

NO_2　NHCOCH$_3$

NC—(苯环)—N=N—(苯环)—N($CH_2CH_2COOCH_3$)$_2$

NO_2

重氮盐与酚或芳胺的偶联反应一般发生在羟基或氨基的对位上，如果对位上有其他基团占领，则在邻位上发生。重氮盐与苯胺的反应发生在 N 上，生成重氮氨基苯，经重排形成氨基偶氮苯。其他环系则偶联在氨基的邻、对位，2-氨基噻唑偶联在 5 位。

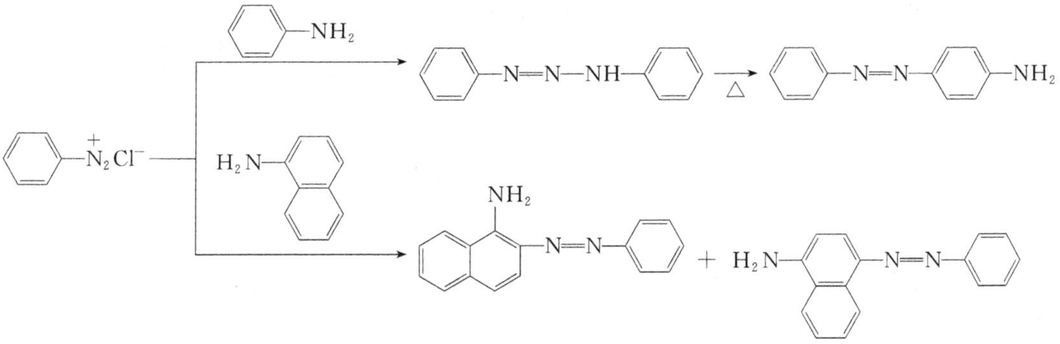

NH_2

—N=N—NH—　△　—N=N—　—NH_2

$\overset{+}{N_2}Cl^-$

H_2N—

NH_2

—N=N—　+　H_2N—　—N=N—

③ 氢键对偶联反应的影响　萘分子中有氨基和羟基时，在酸介质中进行氨基的邻位偶联，在碱性介质中进行羟基的邻位偶联。

NH_2 OH　$\overset{+}{N_2}Cl^-$　NH_2 OH

+　pH=5　—N=N—

HO_3S　SO_3H　HO_3S　SO_3H

NH_2 OH　$\overset{+}{N_2}Cl^-$　NH_2 OH

—N=N—　+　pH=8　—N=N—　—N=N—

HO_3S　SO_3H　HO_3S　SO_3H

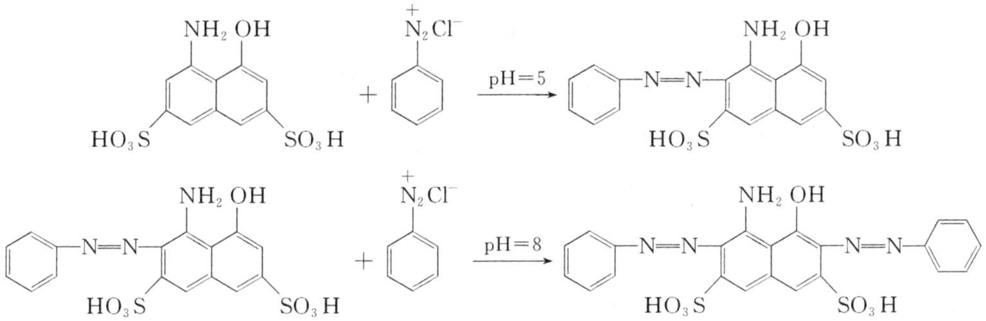

但 R 酸无论是先在碱性介质中进行羟基的邻位偶联，而后在酸介质中进行氨基的邻位偶联，还是先在酸介质中进行氨基的邻位偶联，而后在碱性介质中进行羟基的邻位偶联，由于氢键的作用，通常都只能得到一偶联产物。M 酸与 R 酸相似。

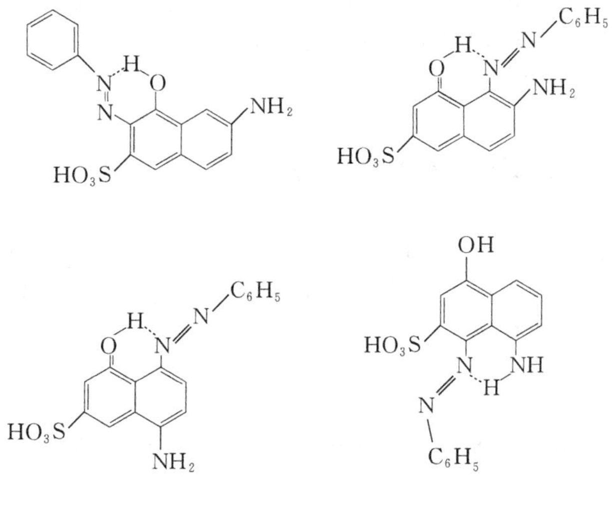

H　N　O　N　NH_2　HO_3S

C_6H_5　H　N　N　O　NH_2　HO_3S

C_6H_5　H　N　N　O　HO_3S　NH_2

OH　HO_3S　N　NH　H　N　C_6H_5

偶氮化合物不仅可作为染料，而且还可以作为功能材料和药物使用。例如治疗急慢性溃疡性结肠炎的药物奥沙拉秦就是一种偶氮化合物。

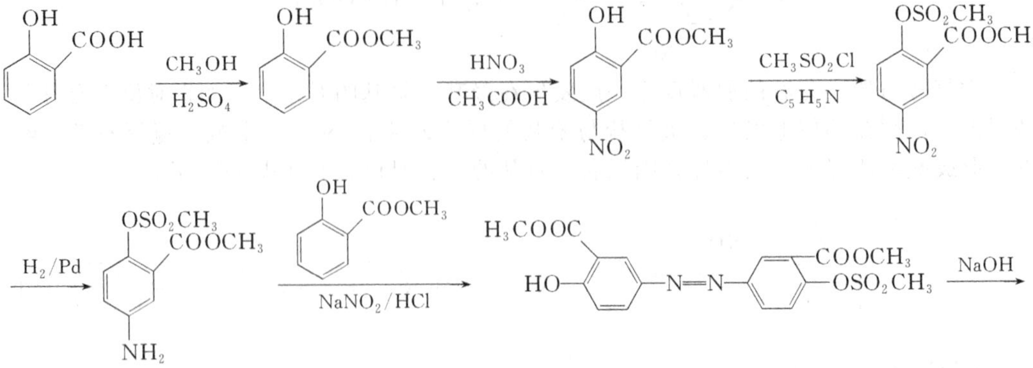

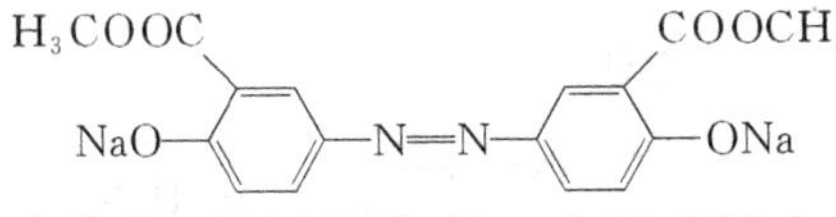

OH COOH $\xrightarrow[H_2SO_4]{CH_3OH}$ OH $COOCH_3$ $\xrightarrow[CH_3COOH]{HNO_3}$ OH $COOCH_3$ NO_2 $\xrightarrow[C_5H_5N]{CH_3SO_2Cl}$ OSO_2CH_3 $COOCH_3$ NO_2

$\xrightarrow{H_2/Pd}$ OSO_2CH_3 $COOCH_3$ NH_2 $\xrightarrow[NaNO_2/HCl]{\text{OH, }COOCH_3}$ H_3COOC HO—N═N—$COOCH_3$ OSO_2CH_3 $\xrightarrow{NaOH}$

H_3COOC NaO—N═N—$COOCH_3$ ONa　奥沙拉秦（钠盐）

④ 关于偶氮化合物的 IUPAC 命名　由于查阅文献的需要，要掌握复杂化合物的命名。

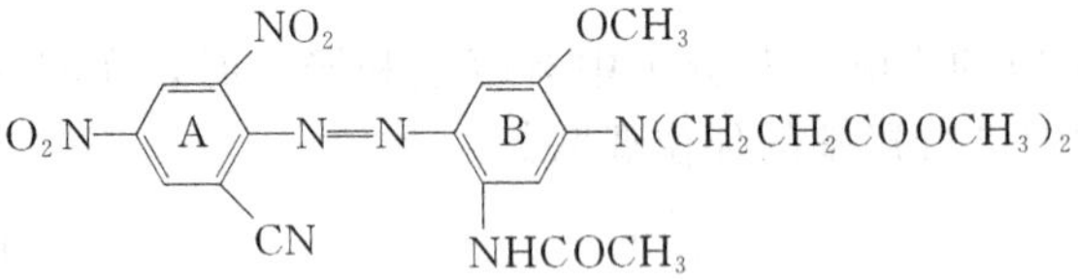

NO_2　OCH_3

O_2N—A—N═N—B—$N(CH_2CH_2COOCH_3)_2$

CN　$NHCOCH_3$

可将之看成是 B 的四取代物，命名时将苯胺作为母体，即：

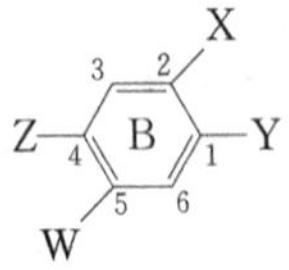

X, 3, 2, Z, 4, B, 1, Y, 5, 6, W

$X = OCH_3$　methoxy

$W = NHCOCH_3$　acetylamino

$Y = N(CH_2CH_2COOCH_3)_2$　*N*,*N*-di(2-methoxycarbonylethyl)benzeneamine

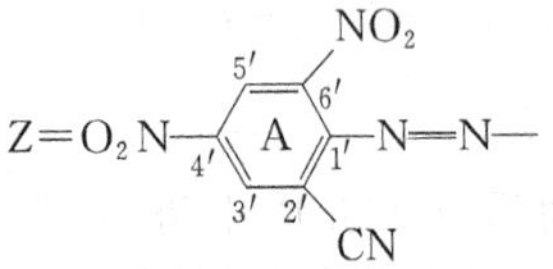

NO_2, 5′, 6′, 4′, 1′, 3′, 2′, CN

$Z = O_2N$—A—N═N—　2′-cyano-4′,6′-dinitro-phenylazo

将 A 也看成四取代物，称为苯基偶氮（phenylazo-），将之组合在一起，化合物被称为 5-acetylamino-2-methoxy-4(2′-cyano-4′,6′-dinitro-phenylazo)-*N*,*N*-di(2-methoxycarbonylethyl)benzeneamine，即 5-乙酰氨基-2-甲氧基-4-（2′-氰基-4′,6′-二硝基苯基偶氮）-*N*,*N*-二-（2-甲氧羰乙基）苯胺。

10.3　禁用染料（prohibited dyes）

众所周知，偶氮染料占整个染料行业的 90%以上。近年来，各国对纺织品染料的要求越来越严格。一些含有在还原条件下可能产生致癌芳胺的偶氮染料的纺织品、服装、皮革被禁止。这些芳胺是：

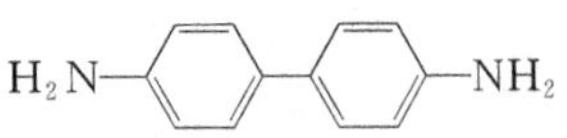

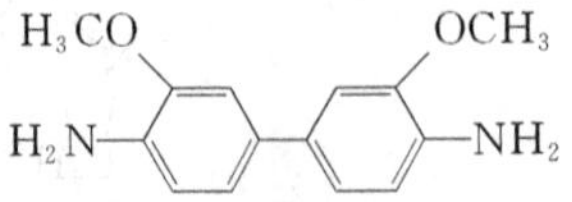

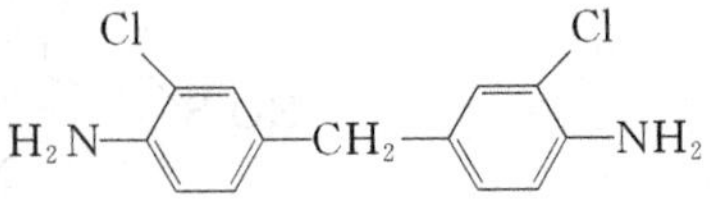

H_2N—⟨⟩—⟨⟩—NH_2　　H_3CO, OCH_3: H_2N—⟨⟩—⟨⟩—NH_2　　Cl, Cl: H_2N—⟨⟩—CH_2—⟨⟩—NH_2

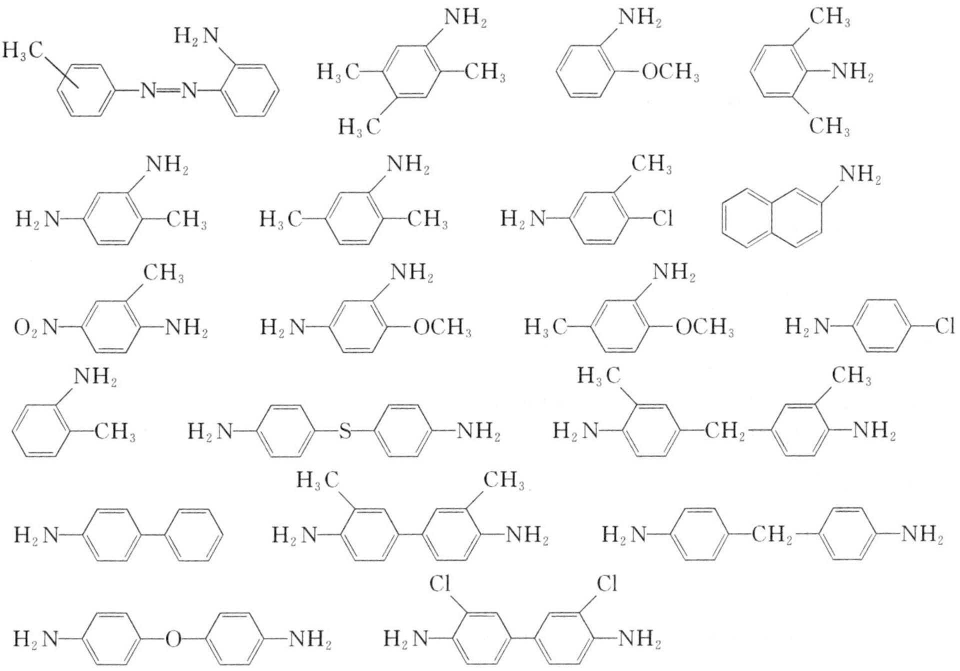

H_3C—C_6H_4—N=N—C_6H_4—NH_2 (o)　　NH_2, H_3C, CH_3, H_3C (benzene ring)　　NH_2, OCH_3 (benzene ring)　　CH_3, NH_2, CH_3 (benzene ring)

H_2N, NH_2, CH_3 (benzene ring)　　NH_2, H_3C, CH_3 (benzene ring)　　CH_3, H_2N, Cl (benzene ring)　　NH_2 (naphthalene)

CH_3, O_2N, NH_2 (benzene ring)　　NH_2, H_2N, OCH_3 (benzene ring)　　NH_2, H_3C, OCH_3 (benzene ring)　　H_2N—C_6H_4—Cl

NH_2, CH_3 (benzene ring)　　H_2N—C_6H_4—S—C_6H_4—NH_2　　H_3C, H_2N—C_6H_3—CH_2—C_6H_3—NH_2, CH_3

H_2N—C_6H_4—C_6H_5　　H_3C, H_2N—C_6H_3—C_6H_3—NH_2, CH_3　　H_2N—C_6H_4—CH_2—C_6H_4—NH_2

H_2N—C_6H_4—O—C_6H_4—NH_2　　Cl, H_2N—C_6H_3—C_6H_3—NH_2, Cl

习题 (Problems)

1. Name the following compounds by CCS and IUPAC.

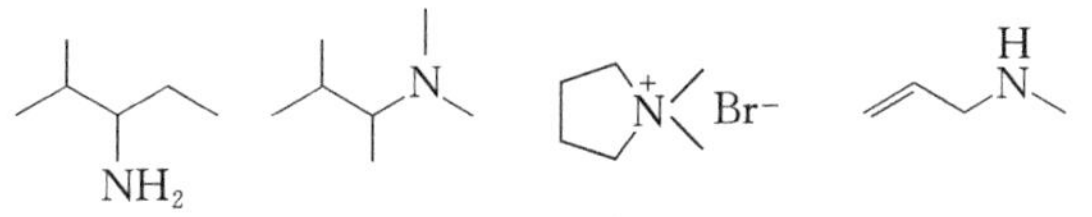

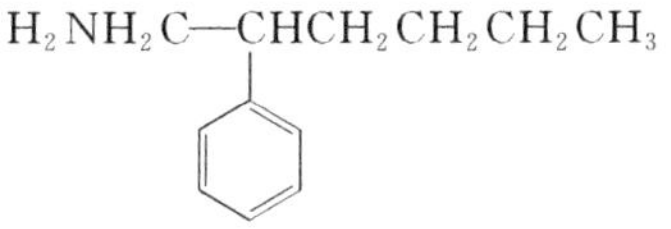

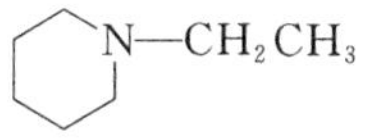

NH_2　　N　　$\overset{+}{N}$ Br^-　　H N

H_2NH_2C—$CHCH_2CH_2CH_2CH_3$ (—C_6H_5)

N—CH_2CH_3　　$(CH_3)_2NCH_2CH_2CH_2CH_3$

2. Distinguish the following compounds using chemical method.

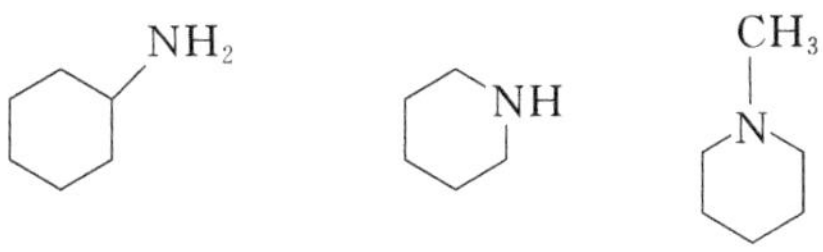

NH_2　　NH　　CH_3 N

3. Show the major organic products.

(1) $(CH_3)_3CBr + CH_3NH_2 \longrightarrow$

(2) $CH_3CH_2NH_2 + H_2C{=}C{=}O \longrightarrow$

(3) 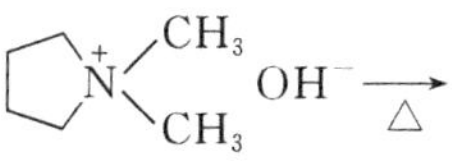 $\overset{+}{N}(CH_3)_2$ $OH^- \xrightarrow{\triangle}$

(4) 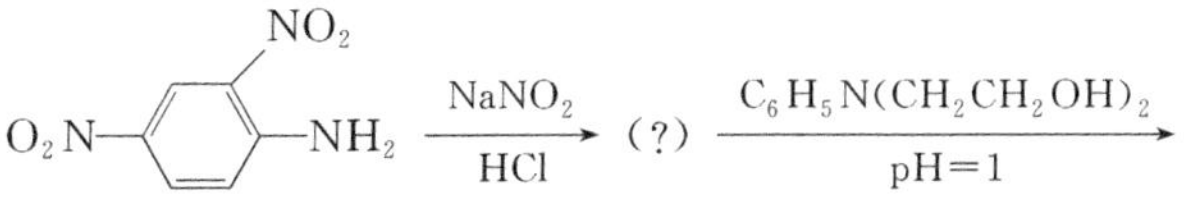 O_2N—$C_6H_3(NO_2)$—NH_2 $\xrightarrow[HCl]{NaNO_2}$ (?) $\xrightarrow[pH=1]{C_6H_5N(CH_2CH_2OH)_2}$

(5) 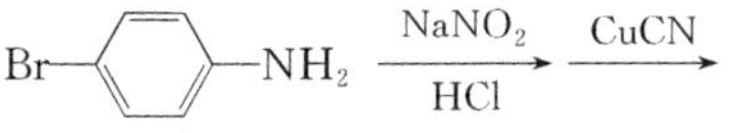 Br—C_6H_4—NH_2 $\xrightarrow[HCl]{NaNO_2}$ $\xrightarrow{CuCN}$

(6) 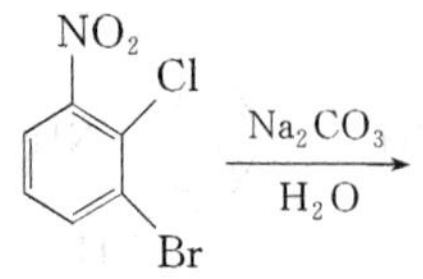 [2-bromo-6-chloronitrobenzene] $\xrightarrow[H_2O]{Na_2CO_3}$

(7) 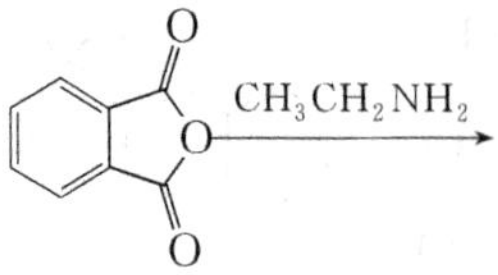 [phthalic anhydride] $\xrightarrow{CH_3CH_2NH_2}$

(8) 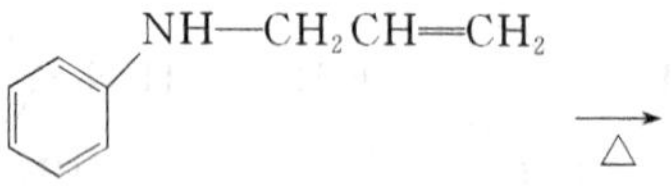 C_6H_5—NH—$CH_2CH{=}CH_2$ $\xrightarrow[\triangle]{}$

4. Arrange basic sequence for following compounds.

(1) 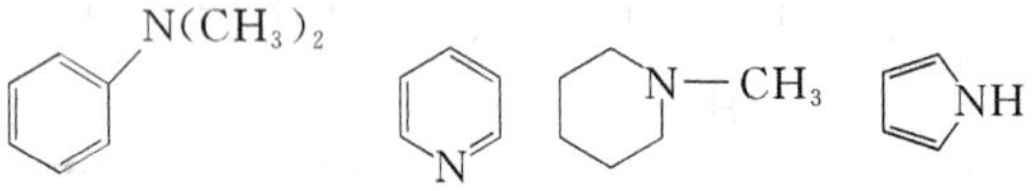 $C_6H_5N(CH_3)_2$　pyridine　N—CH_3 piperidine　pyrrole (NH)

(2) piperidin-2-one (NH, =O)　1,2,3,4-tetrahydroquinoline (N)　bridged benzo-fused bicyclic amine (N)

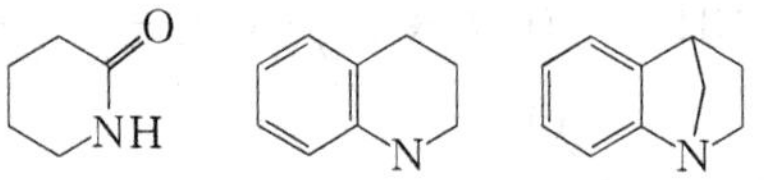

5. Arrange acidity sequence for following compounds.

p-CH_3O-C_6H_4-OH　m-CH_3-C_6H_4-OH　m-NO_2-C_6H_4-OH　p-NO_2-C_6H_4-OH

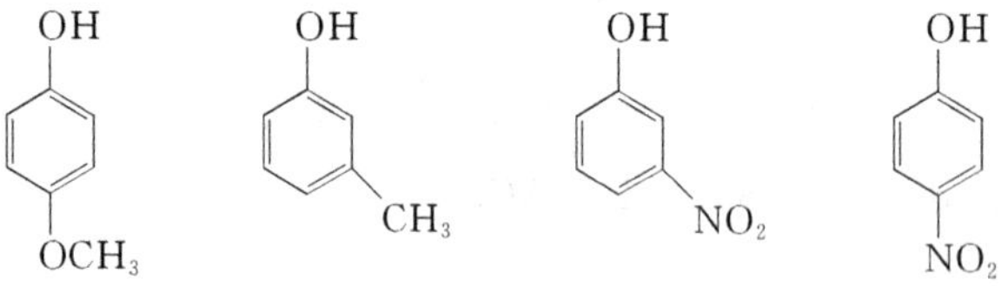

第 11 章

杂环化合物

杂环化合物是一类具有环状结构，成环原子除碳原子外，还有其他元素的化合物。分子中含有的环状骨架叫杂环。参与杂环组成的非碳原子叫做杂原子，常见的杂原子有氮、氧、硫三种原子。根据杂环化合物的定义，前面讨论过的如环醚、内酯、交酯、内酸酐和内酰胺等都属于杂环化合物。但这些化合物通常是由同一分子中的两个官能团通过脱水或脱氨等反应环合而成的，容易开环变成原来的链状化合物，它们在性质上与相应的链状化合物相似，因此一般不把这些化合物放在杂环化合物中讨论。本章主要介绍具有芳香性的、结构和性质上与芳香族化合物相似的芳香杂环化合物。

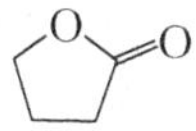

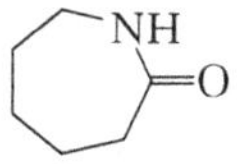

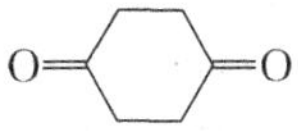

环氧乙烷　　丁内酯　　丁二酸酐　　己内酰胺　　丙交酯

杂环化合物广泛存在于自然界中，如植物的叶绿素和动物的血色素分子中。石油和煤焦油中含有含硫、含氮及含氧的杂环化合物。许多药物，如治疟疾的磷酸伯氨喹，止痛的吗啡，抗结核的异烟肼，抗癌的喜树碱，抗菌素青霉素以及染料如靛蓝等都是杂环化合物。此外在工业上用于抽提芳烃，分离丁二烯的环丁砜和精制润滑油的糠醛以及高分子化学中出现的一些含有杂环结构耐高温的高聚物，如聚苯并噻唑和聚苯并咪唑，均属杂环化合物。

11.1　分类和命名（classification and nomenclature）

（1）分类

杂环化合物的种类繁多，为了研究方便，常按杂环母体所含环的数目将其分为单杂环和稠杂环两大类。最常见的单杂环是五元环和六元环。稠杂环是由苯环与单杂环或者是由两个以上的单杂环稠合而成的。另外，在单杂环中根据所含杂环原子数目的多少分为含一个杂原子的单杂环，含多个杂原子的单杂环等，而且杂原子可以相同或不同。

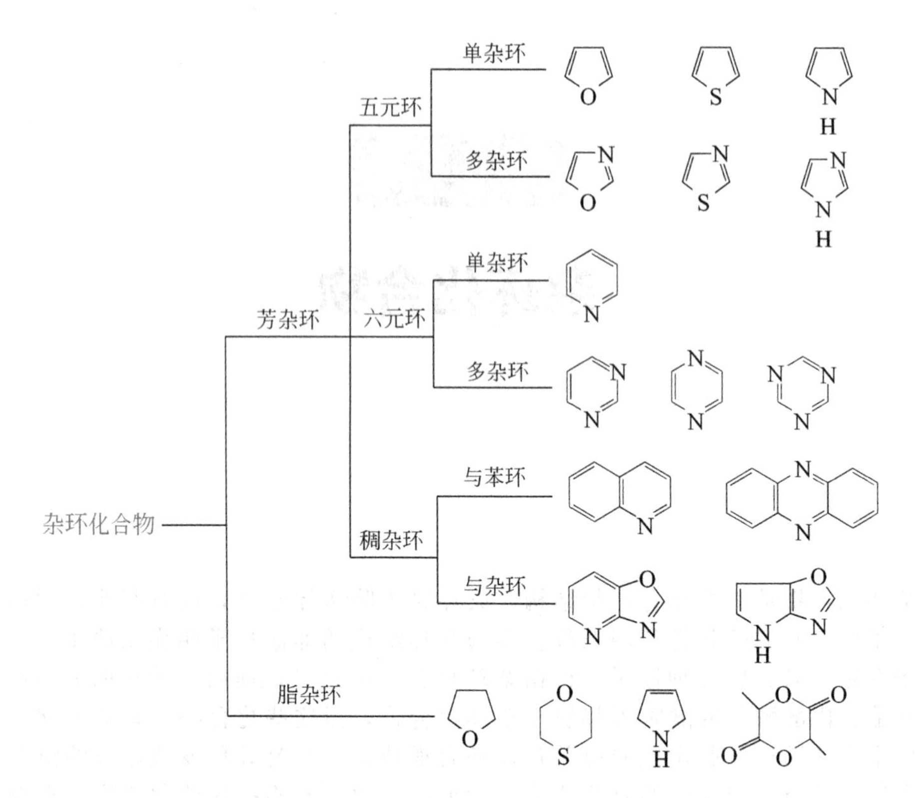

(2) 命名

杂环化合物的命名大多采用音译法，即把不带取代基的杂环英文名称直接音译后，选用同音汉字，再在左边加口字旁以表示环状化合物。杂环化合物的编号从杂原子开始，它们衍生物的命名是将取代基名称放在相应杂环母核名称前，结构复杂的杂环化合物可将杂环当作取代基来命名。那种将杂环看作是相应碳环化合物中的碳原子被杂原子取代后的产物命名的方法，如将嘧啶看作是苯环上的碳原子被氮原子取代而成的化合物，称为1,3-二氮杂苯的命名已被取消。

单杂环化合物

呋喃 furan　吡咯 pyrrole　噻吩 thiophene　咪唑 imidazole　噻唑 thiazole　吡啶 pyridine

3-氯噻吩 3-chlorothiophene　4-甲基噻唑 4-methylthiazole　4-甲基嘧啶 4-methylpyrimidine　嘧啶 pyrimidine

稠杂环化合物

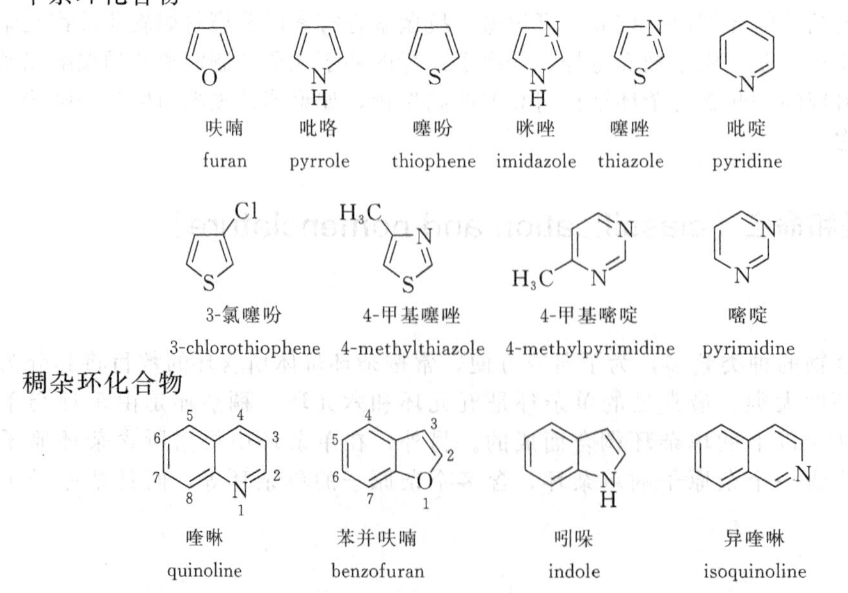

喹啉 quinoline　苯并呋喃 benzofuran　吲哚 indole　异喹啉 isoquinoline

11.2 呋喃、噻吩、吡咯（furan，thiophene and pyrrole）

11.2.1 呋喃、噻吩、吡咯的结构（structure of furan，thiophene and pyrrole）

五元杂环中比较重要的是呋喃、噻吩和吡咯，从它们的结构式中可以看出，都含有一个顺式共轭双键，均以1，3-环戊二烯为碳核。但环戊二烯很不稳定，在常温下能自发聚合成二聚体，而呋喃、噻吩和吡咯通常情况下比较稳定。

按照轨道杂化理论，呋喃、噻吩和吡咯分子中的碳原子为sp^2杂化，杂原子也为sp^2杂化，碳原子的π轨道与杂原子上垂直于环平面的p轨道相互平行重叠，形成一个闭合的p-π共轨体系。其中，每个碳原子提供一个p电子，杂原子提供两个p电子，这种p-π共轭体系属于π_5^6的多π电子环系。X射线衍射测得呋喃、吡咯和噻吩的键长如图11-1所示。

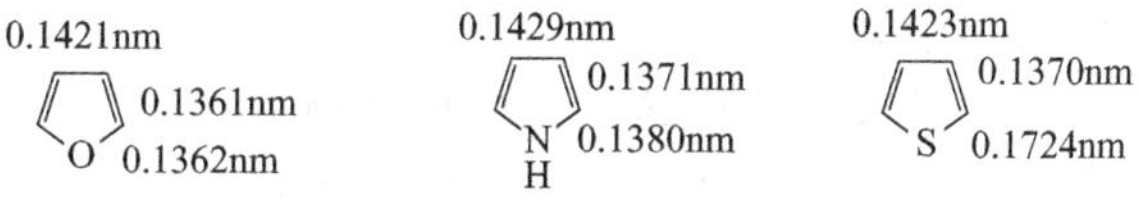

0.1421nm 0.1361nm 0.1362nm（呋喃，O）　0.1429nm 0.1371nm 0.1380nm（吡咯，NH）　0.1423nm 0.1370nm 0.1724nm（噻吩，S）

呋喃　吡咯　噻吩

图11-1　呋喃、吡咯、噻吩的立体结构与键长

与典型的键长数据相比较，可知呋喃、吡咯、噻吩分子中的C═C比典型的双键长，而碳与杂原子形成的单键缩短，分子中键长趋于平均化，证明它们分子中存在着环状大π键的共轭体系，如图11-2所示。

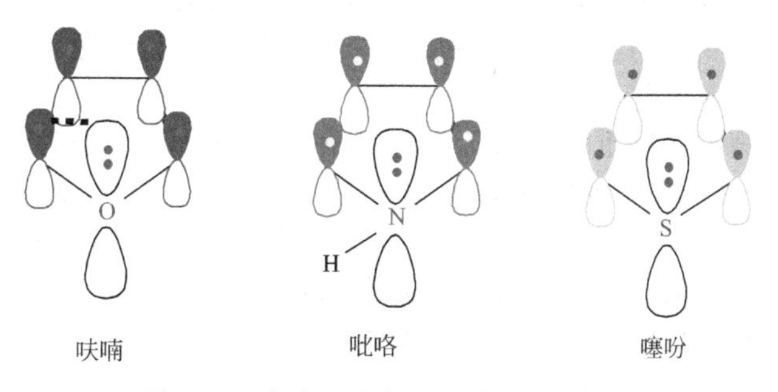

图11-2　呋喃、吡咯、噻吩的共轭体系

在结构上它们都符合休克尔的$4n+2$规则，即环上原子都共平面，四个碳原子各有一个电子在p轨道上，杂原子原有两个电子在p轨道上，且这些p轨道都垂直于键所在的平面，相互重叠形成闭合大π键共轭体系，因此，这些五元环都具有芳香性，能发生芳烃分子的特征反应——亲电取代反应。但是，由于它们环中杂原子的电负性和电子结构不同于碳原子，杂环上π电子云分布不均匀，键长不像苯那样完全平均化，因此它们的芳香性比苯小，稳定性比苯差，而且芳香性随杂原子电负性的增大而减小，其芳香性顺序为：

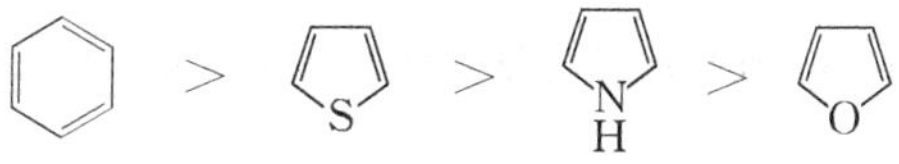

苯 > 噻吩（S） > 吡咯（NH） > 呋喃（O）

从电子结构上看，呋喃、噻吩和吡咯等都是多π电子共轭体系，杂原子实际上是给电子基团，相当于取代苯中的活化基团，使环中碳原上的电子云密度比苯大，比苯的性质活泼，比苯更容易发生亲电取代反应，尤其容易发生在α位，比苯容易氧化。它们在亲电取代反应中活泼性顺序为：

吡咯 > 呋喃 > 噻吩 > 苯

在呋喃、噻吩和吡咯分子中都有大π键，说明它们有一定程度的不饱和性。因此，在一定条件下能发生加成反应，例如，发生加氢反应，生成饱和的杂环化合物，同时还能像丁-1，3-二烯一样发生 Diels-Alder 反应等。

11.2.2 呋喃、噻吩、吡咯的物理性质（physical properties of furan, thiophene and pyrrole）

呋喃、噻吩和吡咯环系，广泛存在于各种生物体中，可以从天然物中提取制得，例如从稻糠、玉米芯等植物茎中制取呋喃衍生物糠醛、糠酸等。工业上分馏煤焦油可得到噻吩和吡咯，更常用的方法是人工合成这些杂环化合物。

呋喃存在于松木焦油中，无色液体，有氯仿的气味，难溶于水，易溶于乙醇、乙醚等有机溶剂，将它的蒸气通过被盐酸浸湿过的松木片时呈绿色，此反应叫松片反应，可以用来鉴定呋喃的存在。

噻吩主要存在于煤焦油的粗苯（约含 0.5%）中，石油中也含有少量的噻吩。噻吩是无色液体，有难闻的气味，难溶于水，易溶于乙醇、乙醚等有机溶剂。在浓酸存在下，它与靛红发生蓝色反应，反应很灵敏，可用于鉴定噻吩的存在。

吡咯存在于煤油和柴油中，无色油状液体，有苯胺的气味，难溶于水，易溶于乙醇、乙醚等有机溶剂。它的蒸气与盐酸浸湿的松木片反应呈红色，可用来鉴定吡咯的存在。

呋喃、吡咯和噻吩是最重要的五元杂环化合物，分子量分别为 68，67，84；沸点为 31.4℃，130℃，84.2℃。呋喃和吡咯分子量相近，但吡咯的沸点比呋喃高近 99℃，比分子量大的噻吩高 46℃。原因是吡咯可形成分子间氢键，而呋喃和噻吩不能形成分子间氢键。吡咯分子间的以下 2 种氢键已被 IR 和 NMR 所证实，其中 B 是氢原子与电子云密度大的吡咯环形成的分子间氢键，见图 11-3。

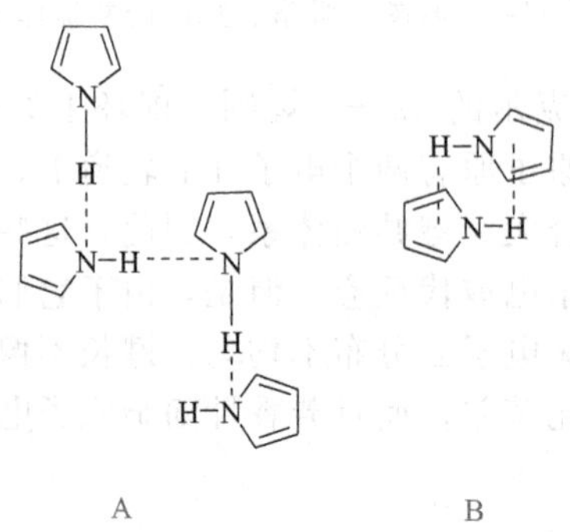

A　　B

图 11-3　吡咯环形成分子间氢键 A 和分子间氢键 B

11.2.3 呋喃、噻吩、吡咯的化学性质（chemical properties of furan, thiophene and pyrrole）

(1) 亲电取代反应

五元杂环属于多电子体系，具有芳香性，能像苯一样发生一系列芳香化合物特征的亲电取代反应。

① 卤化反应　五元杂环化合物可以直接发生卤化反应，且卤原子取代主要在 α 位上。呋喃、噻吩在室温即可与氯或溴强烈反应，生成多卤代物。在温和条件下，如稀释的试剂及低温下，可得到一卤代物。与碘的反应需要在催化剂的作用下进行。

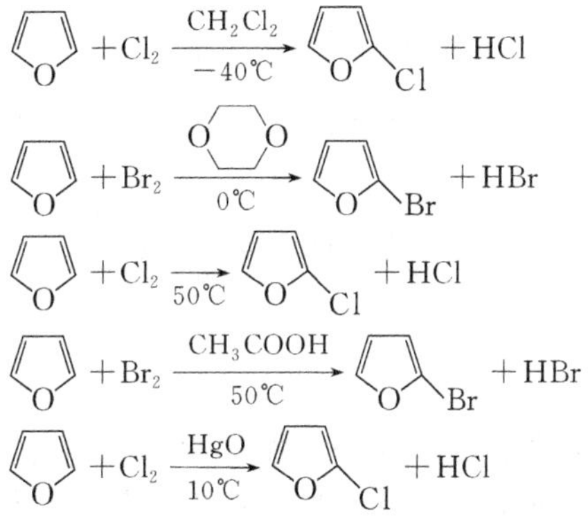

$$\text{呋喃} + Cl_2 \xrightarrow[-40℃]{CH_2Cl_2} \text{2-氯呋喃} + HCl$$

$$\text{呋喃} + Br_2 \xrightarrow[0℃]{\text{二氧六环}} \text{2-溴呋喃} + HBr$$

$$\text{呋喃} + Cl_2 \xrightarrow[50℃]{} \text{2-氯呋喃} + HCl$$

$$\text{呋喃} + Br_2 \xrightarrow[50℃]{CH_3COOH} \text{2-溴呋喃} + HBr$$

$$\text{呋喃} + Cl_2 \xrightarrow[10℃]{HgO} \text{2-氯呋喃} + HCl$$

吡咯极易发生卤化反应。

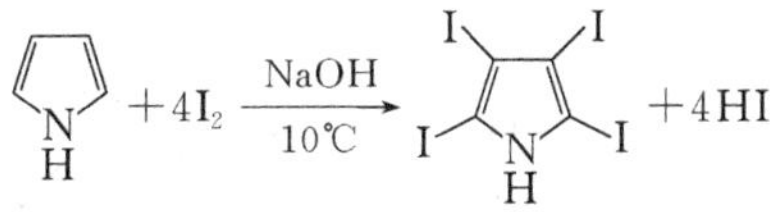

$$\text{吡咯} + 4I_2 \xrightarrow[10℃]{NaOH} \text{2,3,4,5-四碘吡咯} + 4HI$$

② 硝化反应　呋喃、吡咯很容易被氧化，在与强氧化剂反应时，环本身被破坏生成焦油。因此硝化反应一般用弱硝化试剂硝酸乙酰酯在温和的条件下进行。

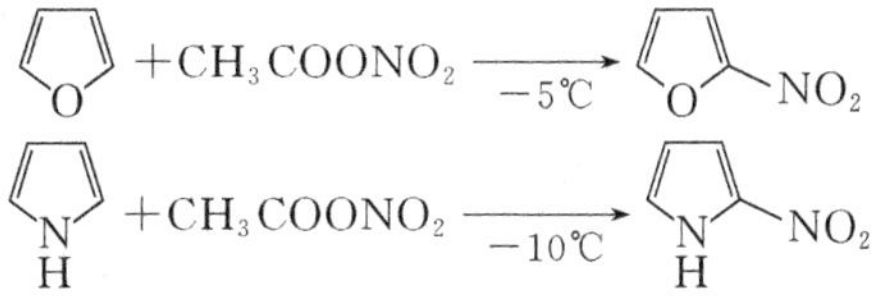

$$\text{呋喃} + CH_3COONO_2 \xrightarrow[-5℃]{} \text{2-硝基呋喃}$$

$$\text{吡咯} + CH_3COONO_2 \xrightarrow[-10℃]{} \text{2-硝基吡咯}$$

噻吩比较稳定，可以用一般的硝化试剂进行硝化。

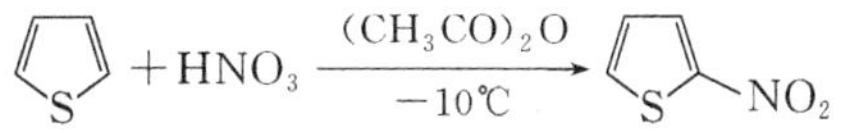

$$\text{噻吩} + HNO_3 \xrightarrow[-10℃]{(CH_3CO)_2O} \text{2-硝基噻吩}$$

③ 磺化反应　呋喃、吡咯对酸很敏感，强酸条件下能开环聚合，所以不能用硫酸直接磺化，常采用吡啶与三氧化硫的络合物作磺化剂进行反应。

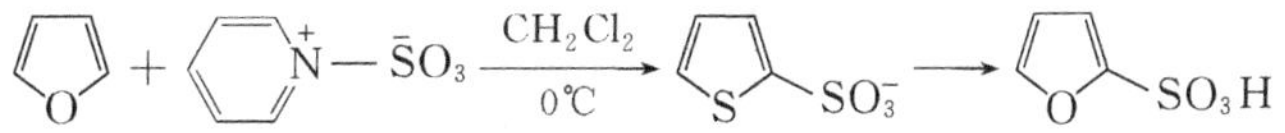

$$\text{呋喃} + C_5H_5\overset{+}{N}-\overset{-}{S}O_3 \xrightarrow[0℃]{CH_2Cl_2} \text{2-呋喃}-SO_3^- \longrightarrow \text{2-呋喃}-SO_3H$$

噻吩对酸较稳定，在室温下能与浓硫酸发生磺化反应。

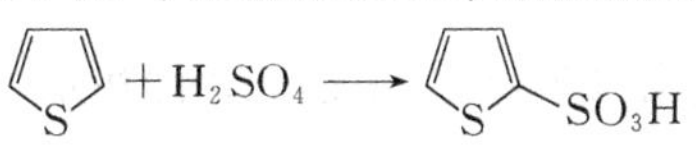

$$\text{噻吩} + H_2SO_4 \longrightarrow \text{2-噻吩}-SO_3H$$

④ 傅-克酰基化反应

$$\text{呋喃} + (CH_3CO)_2O \xrightarrow{BF_3} \text{2-呋喃}-COCH_3 + CH_3COOH$$

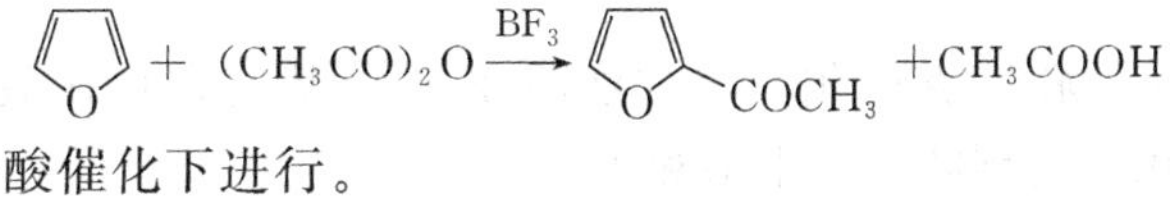

反应在非质子酸催化下进行。

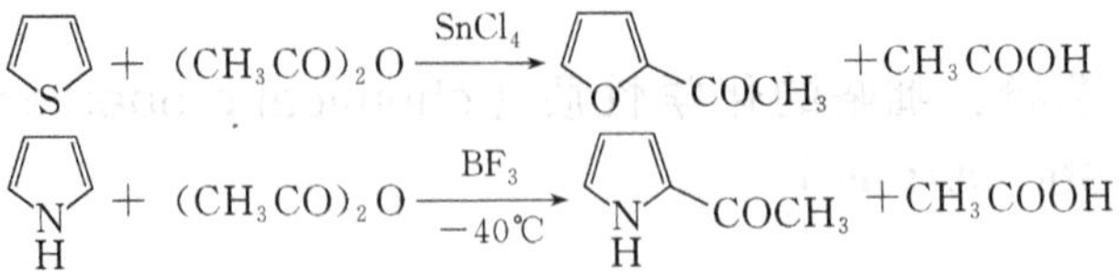

$$+ (CH_3CO)_2O \xrightarrow{SnCl_4} \text{(S→O ring)}COCH_3 + CH_3COOH$$

$$+ (CH_3CO)_2O \xrightarrow[-40℃]{BF_3} COCH_3 + CH_3COOH$$

(2) 催化加氢反应

呋喃、噻吩和吡咯分子中都有一个顺丁二烯结构，具有不饱和性，能与 H_2 发生加成反应。

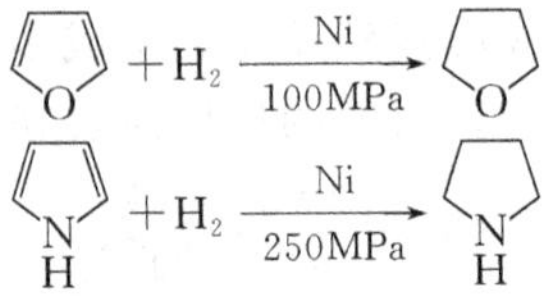

$$+H_2 \xrightarrow[100MPa]{Ni}$$

$$+H_2 \xrightarrow[250MPa]{Ni}$$

噻吩进行加氢反应时，需要特殊的催化剂如 MoS_2，因大多数催化剂容易被硫“毒化”而失效。

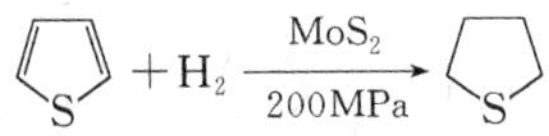

$$+H_2 \xrightarrow[200MPa]{MoS_2}$$

(3) 环加成反应

呋喃、吡咯分子中的顺丁二烯部分，能作为双烯组分与亲双烯体发生 Diels-Alder 加成反应，即［4+2］型环加成反应。噻吩也可与特别活泼的炔化物发生类似的反应。

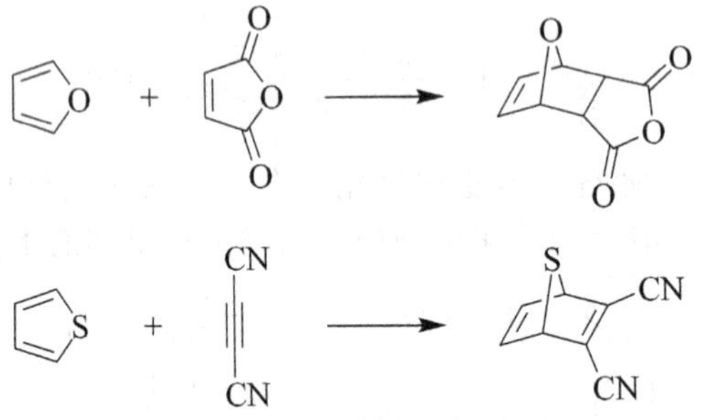

$$+ \longrightarrow$$

$$+ \; NC-C\equiv C-CN \longrightarrow$$

(4) 吡咯的弱酸性

从结构上看，吡咯是环状仲胺，但由于氮原子上的未共用电子对参与了环的共轭体系，氮原子上电子云密度降低，因而减弱了与 H^+ 的结合能力，其碱性比苯胺还弱。另外，氮原子上电子云密度大大降低，使得氮原子的氢显弱酸性，其酸性介于乙醇与苯酚之间。

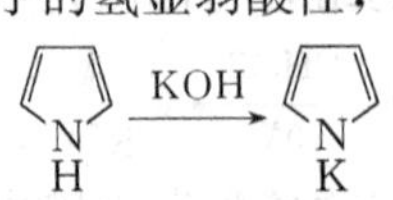

$$\xrightarrow{KOH}$$

11.2.4 呋喃、噻吩、吡咯的制备（preparation of furan, thiophene and pyrrole）

利用 Paal-Knorr（帕尔-克诺尔）合成法将 γ-二羰基化合物在酸催化下分别脱水，与 NH_3 或硫化物作用可得到呋喃、吡咯和噻吩。

$$\text{RCOCH}_2\text{CH}_2\text{COR}' \xrightarrow[C_6H_5CH_3,\ \triangle]{TsOH} \text{2-R-5-R}'\text{-呋喃}$$

$$\text{RCOCH}_2\text{CH}_2\text{COR}' \xrightarrow[C_6H_5CH_3,\ \triangle]{NH_3} \text{2-R-5-R}'\text{-吡咯}$$

$$\text{RCOCH}_2\text{CH}_2\text{COR}' \xrightarrow[\triangle]{P_2S_5} \text{2-R-5-R}'\text{-噻吩}$$

工业上可用糖经过一系列处理得到呋喃。

$$(C_5H_8O_4)_n \xrightarrow{H_2O} \text{CHO(CHOH)}_3\text{CH}_2\text{OH} \xrightarrow[100℃,\ -3H_2O]{HCl} \text{糠醛(CHO)} \xrightarrow[400℃]{ZnO/Cr_2O_3/MnO_2} \text{呋喃}$$

实验室则采用糠醛在铜催化剂和喹啉介质中加热脱羰而得。

$$\text{糠醛(CHO)} \xrightarrow[H_2O,\ 400℃]{\text{催化剂}} \text{呋喃} + CO + H_2$$

噻吩可以用丁烷、乙炔或丁二烯和硫迅速通过 600～650℃ 的反应器，然后迅速冷却制得。实验室则用丁二酸钠盐与五硫化二磷作用制得。

$$\text{CH}_2\text{COONa—CH}_2\text{COONa} \xrightarrow[180℃]{P_2S_5} \text{噻吩}$$

11.3 吡啶（pyridine）

11.3.1 吡啶的结构（structure of pyridine）

从结构上看，可认为吡啶是苯分子中的一个 CH 基团被 N 所取代。按照杂化轨道理论，吡啶分子中的五个碳原子和一个氮原子经过 sp^2 杂化成键，分子中所有原子都在一个面上，每个原子都由一个未杂化的 p 轨道相互平行交盖，形成闭合的 π-π 共轭体系，见图 11-4。

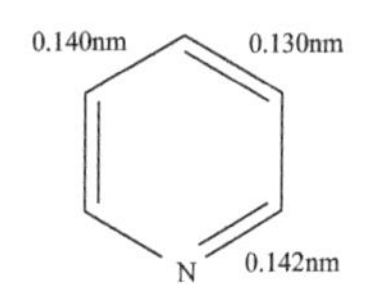

图 11-4 吡啶的键长与立体结构

吡啶的结构符合休克尔规则，具有芳香性，能发生芳烃的亲电取代反应。吡啶氮上的一对未共用电子不参与共轭，而氮原子有吸电子的诱导作用，使吡啶分子中各原子上的电子云密度降低，发生亲电取代反应较苯要难，且主要进入 β 位。吡啶可发生亲核取代反应，主要进入 α 及 γ 位。正是由于吡啶环上氮原子的吸电子诱导作用，吡啶的活泼性比苯小，对氧化剂较稳定，环上有侧链时，侧链被氧化，也难于发生开环反应。

11.3.2 吡啶的物理性质（physical properties of pyridine）

吡啶是无色且具有特殊臭味的液体，沸点 115.3℃，熔点−42.0℃，能与水和乙醇、乙醚等有机溶剂互溶，并能溶解很多有机化合物和无机盐，因此，常在有机合成中用作溶剂。

11.3.3 吡啶的化学性质（chemical properties of pyridine）

(1) 取代反应

由于吡啶环上氮原子有吸电子作用，环上电子云密度降低，亲电反应活性比苯小，类似于硝基苯，且主要发生在β位上。另外，在酸性介质中，吡啶首先与酸形成盐，使氮原子带正电荷（共轭酸离子），增加了吸电子的能力，亲电反应更加难以进行，甚至有的亲电反应不能发生，如傅-克烷基化及酰基化反应。

$$\text{吡啶} \xrightarrow[H_2SO_4,\ 400℃]{Br_2} \text{3-溴吡啶}$$

$$\text{吡啶} \xrightarrow[H_2SO_4,\ 400℃]{HNO_3} \text{3-硝基吡啶}$$

$$\text{吡啶} \xrightarrow[H_2SO_4,\ 400℃]{HgSO_4} \text{吡啶-3-磺酸}\ (SO_3H)$$

此外，吡啶还可以发生亲核取代反应，与强亲核试剂反应，主要生成α-取代物。

$$\text{吡啶} \xrightarrow{NaNH_2} \text{2-NHNa吡啶} \longrightarrow \text{2-氨基吡啶}\ (NH_2)$$

$$\text{2-氯吡啶}\ (Cl) \xrightarrow{KOH} \text{2-羟基吡啶}\ (OH)$$

(2) 氧化与还原反应

吡啶较苯稳定，不易被氧化剂氧化，但吡啶的烃基侧链α-碳上的氢很活泼，由于吡啶环缺电子，所以α-碳的氢比苯环苄位上的氢更活泼，容易被氧化。

$$\text{2-甲基吡啶}\ (CH_3) \xrightarrow[H_2O]{KMnO_4} \text{2-吡啶甲酸钾}\ (COOK) \xrightarrow{HCl} \text{2-吡啶甲酸}\ (COOH)$$

$$\text{4-甲基吡啶}\ (CH_3) \xrightarrow[H_2O]{KMnO_4} \text{4-吡啶甲酸钾}\ (COOK) \xrightarrow{HCl} \text{4-吡啶甲酸}\ (COOH)$$

吡啶衍生物经催化加氢或用乙醇-钠还原，可得到六氢吡啶衍生物。

$$\text{吡啶} \xrightarrow{Pt/H_2} \text{六氢吡啶}\ (NH) \qquad \text{2-羟基吡啶}\ (OH) \xrightarrow{C_2H_5OH/Na} \text{2-羟基六氢吡啶}\ (NH,\ OH)$$

六氢吡啶又叫哌啶，为无色有氨臭的液体，易溶于水、乙醇和乙醚，具有仲胺的特性，碱性比吡啶强，常用作溶剂及有机合成原料。

(3) 弱碱性

吡啶氮原子上有一对未共用的电子在sp^2杂化轨道上，且未参与共轭体系，可以和质子结合，表现出碱性。吡啶是一个弱碱（$K_b=2.14\times10^{-9}$），比脂肪族叔胺碱性（$K_b=10^{-4}$）弱得多，但比苯胺强（$K_b=4.6\times10^{-10}$）。它能与强酸反应生成盐，也可与卤代烃结合生成相当于季铵盐的产物。这种盐能发生分子重排，烷基从氮原子转移到α-或γ-碳上。

11.3.4　吡啶的制备（preparation of pyridine）

吡啶主要是从煤焦油分馏产物中得到的。近年来，随着石油工业的发展，吡啶及其取代衍生物主要是以石油产品为原料，通过合成方法来制得，乙炔和氨反应是工业上制备烷基吡啶的好方法。

$$C_2H_2 + NH_3 \longrightarrow CH_2{=}CHNH_2 \longrightarrow \text{(5-乙基-2-甲基吡啶)}$$

11.4　其他杂环化合物（other heterocyclic compound）

（1）α-呋喃甲醛

α-呋喃甲醛俗称糠醛，是呋喃的重要衍生物之一，纯 α-呋喃甲醛为无色液体，可溶于水，在空气中放置过久则氧化为黑色，α-呋喃甲醛可发生银镜反应，在醋酸存在下，与苯胺作用显红色，可用来检验 α-呋喃甲醛。

$$\text{(呋喃-COOH)} + 2\,C_6H_5NH_2 \xrightarrow{CH_3COOH} C_6H_5NH{-}CH{=}CH\underset{HO}{\underset{|}{C}}CH{=}CH{-}NHC_6H_5$$

工业上，α-呋喃甲醛可用农副产品如米糠、高粱秆、玉米芯、棉籽壳等来制取。这些化合物中所含的多缩戊糖在稀硫酸的作用下水解为戊糖，戊糖再进一步脱水环化得 α-呋喃甲醛。

$$(C_5H_8O_4)_n + nH_2O \xrightarrow{H_2SO_4} nC_5H_{10}O_5$$

$$HOCH_2{-}CH(OH){-}CH(OH){-}CH(OH){-}CHO \xrightarrow{-3H_2O} \text{(呋喃-CHO)}$$

α-呋喃甲醛具有醛基常见的性质。将其进一步反应，可得到有用的中间体。

$$\text{(呋喃-CHO)} \xrightarrow[100℃]{Cu/H_2} \text{(呋喃-}CH_2OH\text{)}$$

$$\text{(呋喃-CHO)} \xrightarrow{NaOH/O_2} \text{(呋喃-}COOH\text{)}$$

$$\text{(呋喃-CHO)} \xrightarrow{Ni/H_2} \text{(四氢呋喃-}CH_2OH\text{)}$$

$$\text{(呋喃-CHO)} \xrightarrow[450℃]{V_2O_5/O_2} \text{(顺丁烯二酸酐)}$$

在 α-呋喃甲醛分子中，与醛基相连的碳原子上没有 α-H，可以发生 Cannizzaro 歧化反应。

$$\text{(呋喃-CHO)} \xrightarrow{KOH} \text{(呋喃-}CH_2OH\text{)} + \text{(呋喃-}COOK\text{)}$$

糠醛是常见的优良溶剂，是有机合成的重要原料，可用来生产酚醛树脂、糠醛树脂、药物等化工产品。

(2) 甲基吡啶

甲基吡啶有 3 种同分异构体，它们都是重要的化工原料。

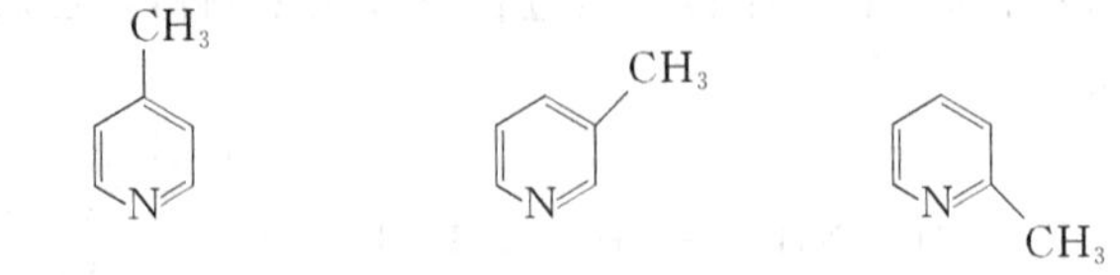

CH_3 CH_3 N N N CH_3

γ-甲基吡啶 沸点 145℃　　β-甲基吡啶 沸点 143.5℃　　α-甲基吡啶 沸点 129℃

α-和 γ-甲基吡啶中甲基上的氢很活泼，有一定的酸性，可以进行缩合，如：

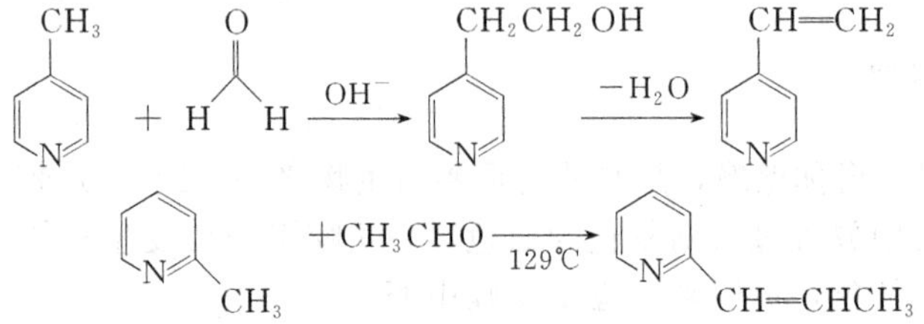

CH_3 O CH_2CH_2OH $CH{=}CH_2$

N + H H $\xrightarrow{OH^-}$ N $\xrightarrow{-H_2O}$ N

N CH_3 $+CH_3CHO \xrightarrow{129℃}$ N $CH{=}CHCH_3$

α-甲基吡啶经高温氯化反应，可生成一种氮肥增效剂。

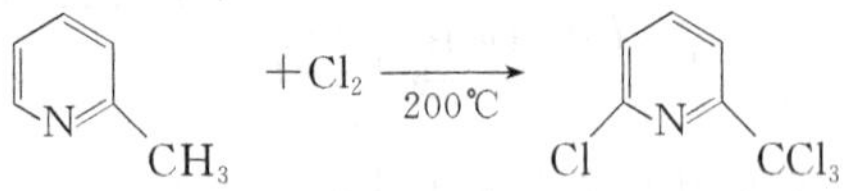

N CH_3 $+Cl_2 \xrightarrow{200℃}$ Cl N CCl_3

(3) 4-(*N*,*N*-二甲氨基)吡啶

4-(*N*,*N*-二甲氨基)吡啶 (DMAP) 可由吡啶与二氯亚砜和二甲胺反应制得。

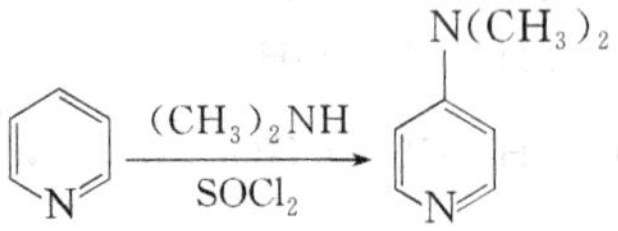

N $\xrightarrow[SOCl_2]{(CH_3)_2NH}$ $N(CH_3)_2$ N

4-*N*,*N*-二甲氨基吡啶是近年来发现的非常好的酰基化反应催化剂，反应条件温和，用量少，酰基化产物收率高，已在制药、染料、香料等工业生产中使用。

(4) 喹啉

喹啉最早在 1834 年由 Rungl 从煤焦油中分离得到的。它存在于煤焦油和骨油中，是苯环与吡啶环稠合而成的化合物，为无色油状液体，有特殊的臭味，难溶于水，易溶于有机溶剂，有弱碱性 ($pK_b=9.1$)，与酸可以生成盐。

喹啉是很有用的高沸点溶剂及医药中间体。它及其衍生物的制备常用 Skraup（斯克劳普）法合成，即用甘油在浓硫酸作用下脱水生成丙烯醛，丙烯醛再和苯胺加成生成 β-苯氨基丙醛，再经环化脱水生二氢喹啉，最后被硝基苯氧化脱氢生成喹啉。此反应实际上是一步完成的。

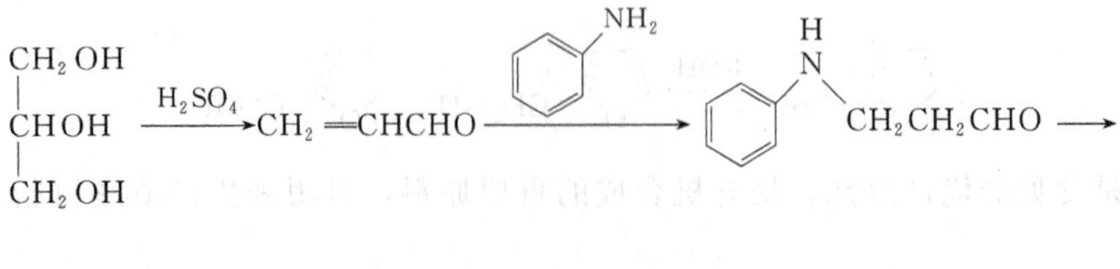

CH_2OH | $CHOH$ | CH_2OH $\xrightarrow{H_2SO_4}$ $CH_2{=}CHCHO$ $\xrightarrow{C_6H_5NH_2}$ H N CH_2CH_2CHO ⟶

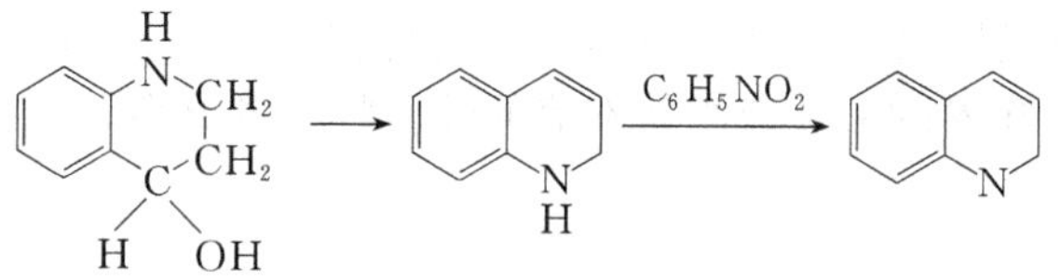

H N CH_2 CH_2 C H OH → N H —$C_6H_5NO_2$→ N

用其他芳香胺及不饱和醛、酮代替苯胺和丙烯醛，可以制取喹啉的各种衍生物，例如：

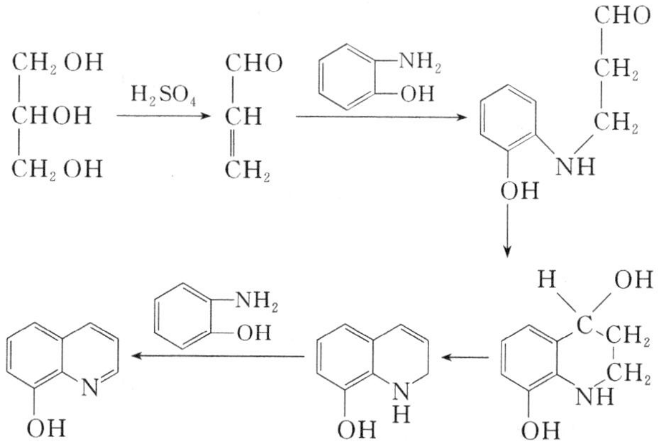

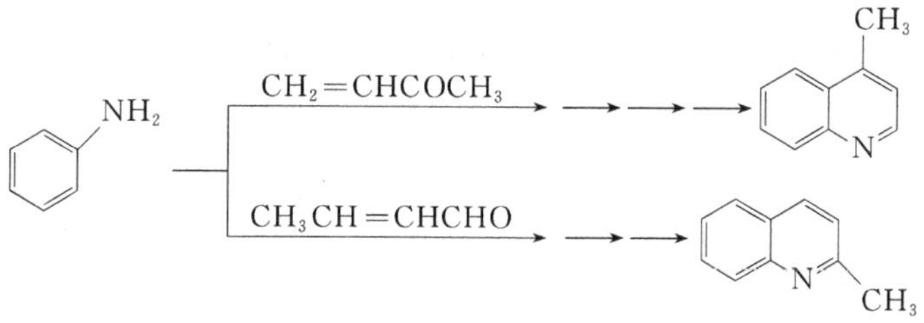

CH_2OH | CHOH | CH_2OH —H_2SO_4→ CHO | CH ‖ CH_2 —(NH_2, OH)→ CHO | CH_2 | CH_2 NH OH

↓

H OH C CH_2 CH_2 NH OH → N H OH —(NH_2, OH)→ N OH

NH_2 —CH_2=CHCOCH$_3$→ → → → CH_3 N

—CH_3CH=CHCHO→ → → N CH_3

喹啉是苯并吡啶，氮原子的吸电子性质使吡啶环上电子云密度比苯环上要小，因此亲电取代反应通常进攻苯环的 5，8 位，而亲核取代反应主要发生在吡啶环的 2 位上。

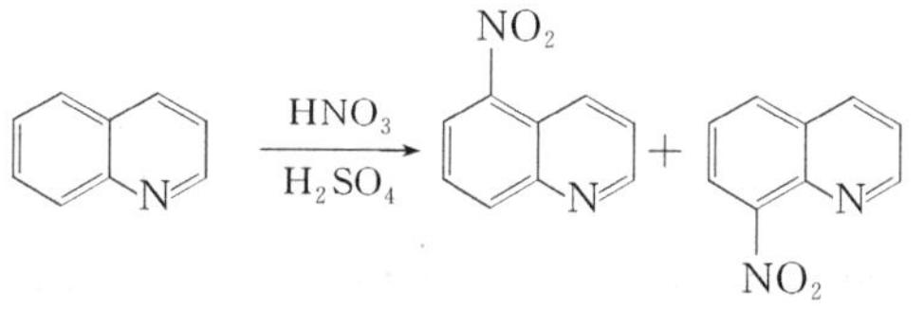

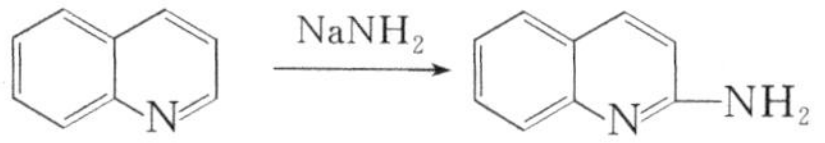

N —HNO_3/H_2SO_4→ NO_2 N + N NO_2

N —$NaNH_2$→ N NH_2

喹啉在发生还原反应时，一般是分子中的含氮环首先被还原，在乙醇溶液中用金属钠还原喹啉，可得到四氢喹啉，进一步催化还原可得到十氢喹啉。强氧化剂使苯环被氧化，生成吡啶二酸。

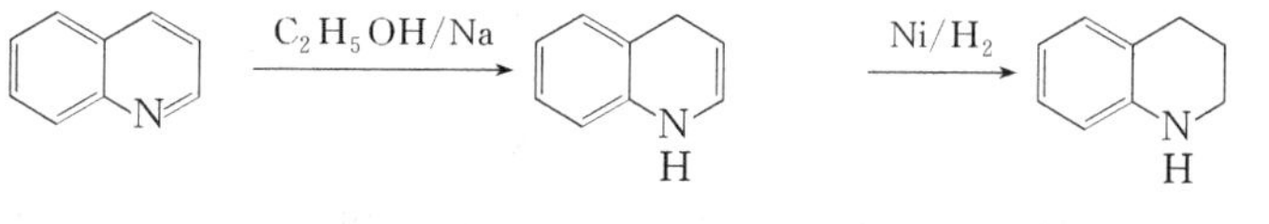

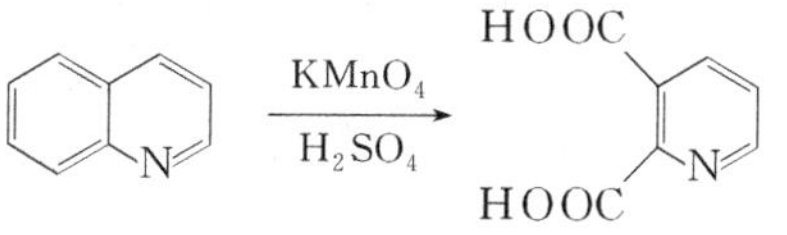

N —C_2H_5OH/Na→ N H —Ni/H_2→ N H

N —$KMnO_4$/H_2SO_4→ HOOC HOOC N

异喹啉是喹啉的同分异构体，也存在于煤焦油和骨油中，从煤焦油中得到的粗喹啉中异喹啉约占 1%。由于异喹啉相当于苄胺的衍生物，故异喹啉的碱性（pK_b=8.6）

比喹啉（pK_b=9.1）强，利用碱性的不同可将它们分开。工业上常利用喹啉的酸性硫酸盐溶于乙醇，而异喹啉的酸性硫酸盐不溶的性质将二者分离。异喹啉的化学性质与喹啉相似。

习题（Problems）

1. Name each of following compounds by IUPAC.

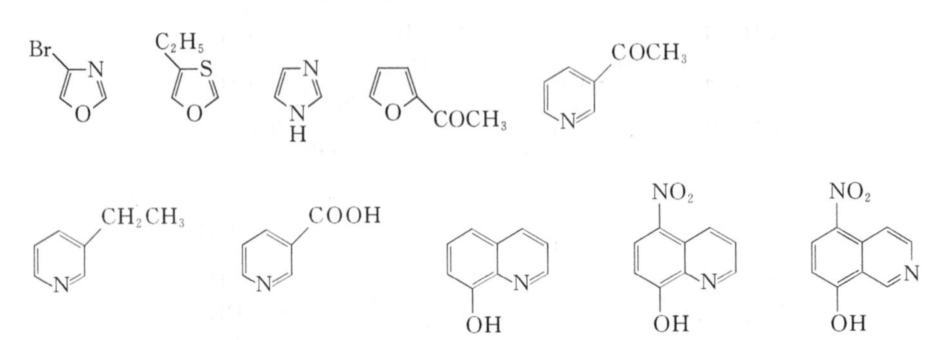

2. Write a structure for each compound.

2-methylpyridine　5-methylquinoline　2-chloro-3-methylfuran

3-methyl indole　2-ethyl furfural　8-hydroxyquinoline

3. Outline a synthesis for each of the following compounds, starting from nonheterocyclic precursors.

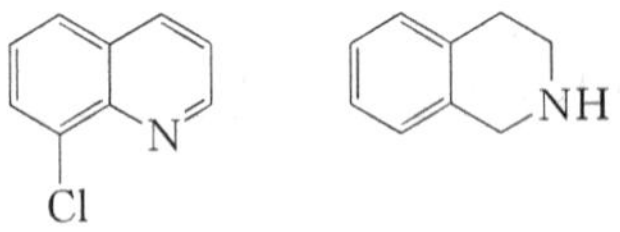

N　Cl　NH

4. Outline a synthesis for each of the following compounds, starting from the corresponding alkyl-substituted heterocyclic system.

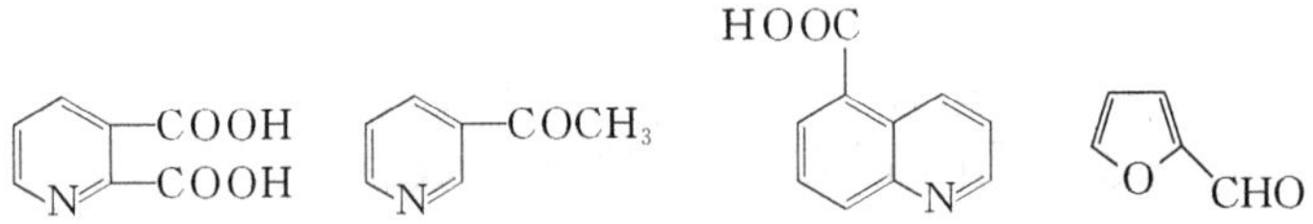

COOH　COOH　N　$COCH_3$　N　HOOC　N　O　CHO

5. Write a reasonable mechanism to explain the following reaction.

$$\text{(2-pyridyl)}-CH{=}CH_2 + CH_2(COOC_2H_5)_2 \xrightarrow[CH_3OH]{CH_3ONa} \text{(2-pyridyl)}-CH_2CH_2CH(COOCH_3)_2$$

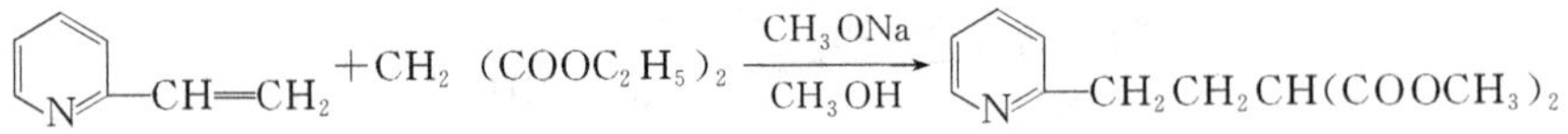

6. The pyridine ring is so inert that Friedel-Crafts reaction fail completely. Suggest a method to synthesize phenyl-3-pyridyl ketone.

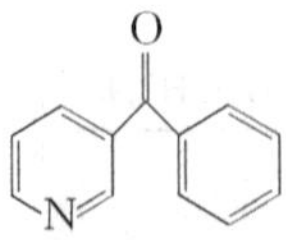

O　N

7. Predict the major product from each of the following reaction.

(1) 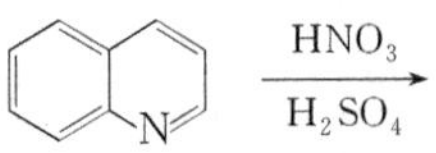 quinoline $\xrightarrow[H_2SO_4]{HNO_3}$

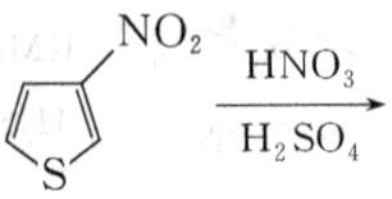

(2) 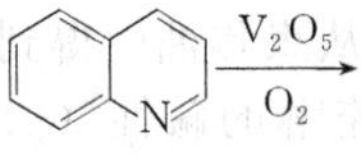 quinoline $\xrightarrow[O_2]{V_2O_5}$

(3) 3-nitrothiophene (NO_2, S) $\xrightarrow[H_2SO_4]{HNO_3}$

(4) furan (O) $\xrightarrow[\triangle]{CH_2{=}CHCN}$

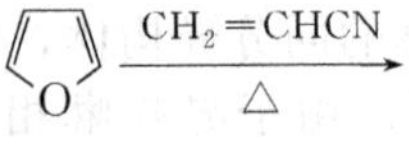

(5) 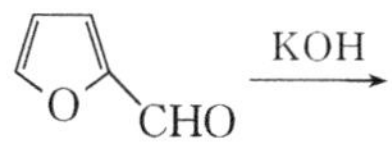 2-furaldehyde (furan-2-CHO) $\xrightarrow{KOH}$　　(6) 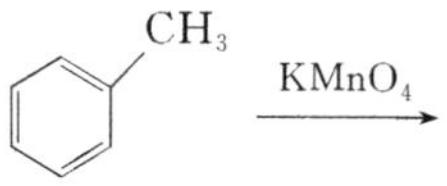 toluene ($C_6H_5CH_3$) $\xrightarrow{KMnO_4}$

8. Write a reasonable mechanism, show all steps, and explain the following reaction.

$CH_3COCH{=}CHBr + H_2NOH \xrightarrow{\triangle}$ 3-methylisoxazole (CH_3 on ring) + H_3C-isoxazole (5-methylisoxazole)

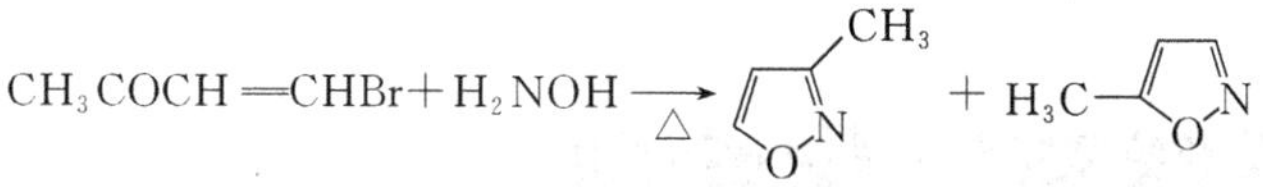

9. Write a reasonable mechanism for the following reaction to produce furan.

$CH_3COCH_2COOCH_3 + CH_3COCH_2Br \xrightarrow[\triangle]{\text{pyridine}}$ furan with H_3C, $COOCH_3$, CH_3 substituents

第12章

天然有机化合物

12.1 糖类（carbohydrates）

糖类是植物光合作用的产物，是一类重要的天然有机化合物，对于维持动植物的生命起着重要的作用。因这类化合物是由C、H、O三种元素组成，且都符合$C_n(H_2O)_m$的通式，故曾经被称之为碳水化合物。例如，葡萄糖的分子式为$C_6H_{12}O_6$，可表示为$C_6(H_2O)_6$；蔗糖的分子式为$C_{12}H_{22}O_{11}$，可表示为$C_{12}(H_2O)_{11}$等。但有的糖不符合碳水化合物的比例，例如鼠李糖$C_5H_{12}O_5$，脱氧核糖$C_5H_{10}O_4$等。有些化合物的组成符合碳水化合物的比例，但不是糖。例如甲酸（CH_2O）、乙酸（$C_2H_4O_2$）、乳酸（$C_3H_6O_3$）等。因此，碳水化合物这一名词并不确切，已被统称为糖类。但在食品中为了区分蔗糖（糖）和淀粉（糖），仍在使用碳水化合物一词。

12.1.1 糖类的分类（classification of carbohydrates）

根据分子结构的繁简，糖类可分为单糖、寡糖和多糖三大类。

（1）单糖

不能水解成更简单的糖，为多羟基醛或多羟基酮。葡萄糖、果糖、半乳糖、甘露糖等都是单糖（monosaccharides）。

（2）寡糖

水解时生成2～10分子单糖的化合物为寡糖（oligosaccharides）。以二糖，即水解时生成两分子单糖的化合物最为多见，如蔗糖、麦芽糖、乳糖和纤维二糖等。

（3）多糖

水解时生成10分子以上单糖的化合物，淀粉、糊精、糖原、纤维素、半纤维素及果胶等都是多糖（polysaccharides）。

12.1.2　单糖（monosaccharides）

单糖是最简单的碳水化合物，易溶于水，可直接被人体吸收利用。最常见的单糖有葡萄糖、果糖和半乳糖。葡萄糖主要存在于植物性食物中，人血液中的糖是葡萄糖。果糖存在于水果中，蜂蜜中含量最高。果糖是甜度最高的一种糖，它的甜度是蔗糖的 1.75 倍。半乳糖是乳糖的分解产物，吸收后在体内可转变为葡萄糖。

根据分子中所含碳原子的数目，单糖可分为戊糖、己糖等。分子中含有醛基的糖称为醛糖（aldoses），含有酮基的糖称为酮糖（ketoses）。这两种分类方法常合并使用。例如，葡萄糖是己醛糖，果糖是己酮糖，阿拉伯糖是戊醛糖。

(1) 单糖的结构

自然界中存在最广泛的单糖是葡萄糖、果糖和核糖。下面以葡萄糖和果糖为代表来讨论单糖。

① 构造式　葡萄糖、果糖等的结构已在二十世纪由 E. H. Fischer（费歇尔）及 W. N. Haworth（哈沃斯）等化学家经过不懈的努力而得以确定。实验证明，葡萄糖的分子式为 $C_6H_{12}O_6$，系统命名为 2，3，4，5，6-五羟基己醛；果糖系统命名为 1，3，4，5，6-五羟基己-2-酮。其构造式如下：

$$\underset{\text{OH}}{H_2C}-\underset{\text{OH}}{\overset{*}{C}H}-\underset{\text{OH}}{\overset{*}{C}H}-\underset{\text{OH}}{\overset{*}{C}H}-\underset{\text{OH}}{\overset{*}{C}H}-CHO$$

葡萄糖

$$\underset{\text{OH}}{H_2C}-\underset{\text{OH}}{\overset{*}{C}H}-\underset{\text{OH}}{\overset{*}{C}H}-\underset{\text{OH}}{\overset{*}{C}H}-\underset{\text{O}}{\overset{\|}{C}}-\underset{\text{OH}}{CH_2}$$

果糖

② 构型式　单糖的构型式以葡萄糖为例。葡萄糖分子有四个手性碳原子，因此，它有 $2^4=16$ 种异构体，葡萄糖是其中的一种。所以，仅测定糖的构造式是不够的，还必须确定它的构型。

十九世纪末到二十世纪初，E. H. Fischer 首先对单糖进行了系统的研究，确定了葡萄糖的构型如下：

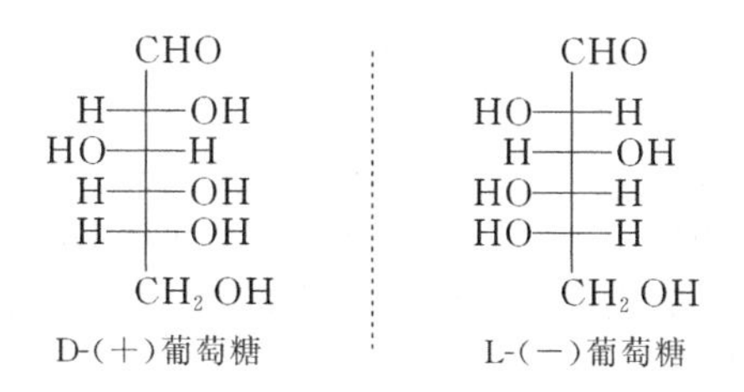

葡萄糖的 16 种己醛糖异构体都已经通过合成得到，其中 12 种是由 E. H. Fischer 一个人于 1890 年完成的，所以 E. H. Fischer 被誉为“糖化学之父”，也因此获得了 1902 年的诺贝尔化学奖。葡萄糖和它的 7 种 D-型异构体的构型及名称如下：

CHO	CHO	CHO	CHO
H—OH	HO—H	H—OH	HO—H
H—OH	H—OH	HO—H	HO—H
HO—H	HO—H	HO—H	HO—H
H—OH	H—OH	H—OH	H—OH
CH_2OH	CH_2OH	CH_2OH	CH_2OH
D-(＋)-allose	D-(＋)-altrose	D-(＋)-glucose	D-(＋)-mannose
D-(＋)-阿洛糖	D-(＋)-阿卓糖	D-(＋)-葡萄糖	D-(＋)-甘露糖

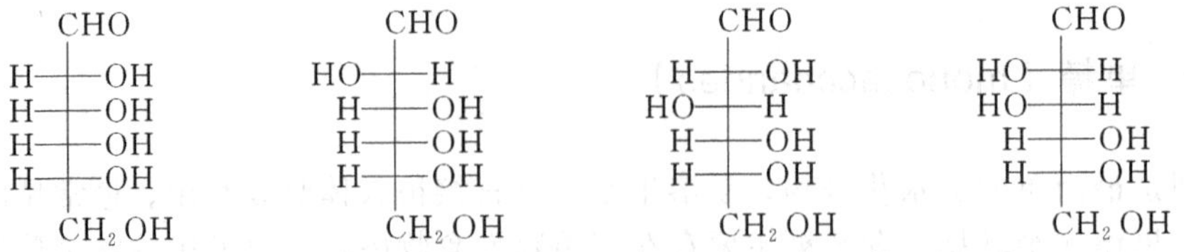

D-(−)-gulose D-(−)-古洛糖　D-(−)-idose D-(−)-艾杜糖　D-(+)-galactose D-(+)-半乳糖　D-(+)-talose D-(+)-塔罗糖

对应的是 8 种 L-型异构体，共 16 种。

单糖的构型可以用 *R*-*S* 命名法进行命名，例如，葡萄糖的系统命名为（2*R*，3*S*，4*R*，5*R*）-2，3，4，5，6-五羟基己醛。*R*，*S* 构型是单糖的绝对构型。但在二十世纪初期还没有测定有机化合物绝对构型的方法，只能用相对构型来表示各种化合物构型之间的关系。对于甘油醛来说，人为地规定 OH 写在右边的为右旋甘油醛，OH 写在左边的为左旋甘油醛，并用大写字母 D 和 L 表示这两种构型。将其他单糖的构型式与甘油醛比较，获得单糖的相对构型。其命名规则是：将单糖的羰基朝上，以最下面的一个手性碳为基准，与 D-(+)-甘油醛的手性碳原子构型相同时（即编号最大的手性碳原子上羟基或氨基在右边），称为 D 型；反之，称为 L 型。甘油醛分子中有一个不对称碳原子，所以它有两种对映异构体：

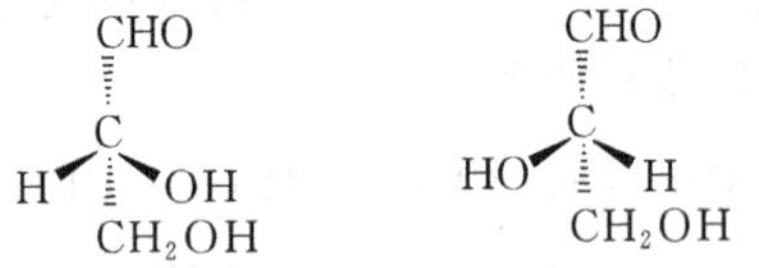

(*R*)-(+)-甘油醛　D-(+)-甘油醛

(*S*)-(−)-甘油醛　L-(−)-甘油醛

二十世纪五十年代以后，有了测定绝对构型的方法，证明单糖的绝对构型正好与原来规定的相对构型相符合。

单糖的构型一般用 Fischer 投影式表示，但为了书写方便，也可以写成简写式。D-(+)-葡萄糖常见的几种表示方法为：

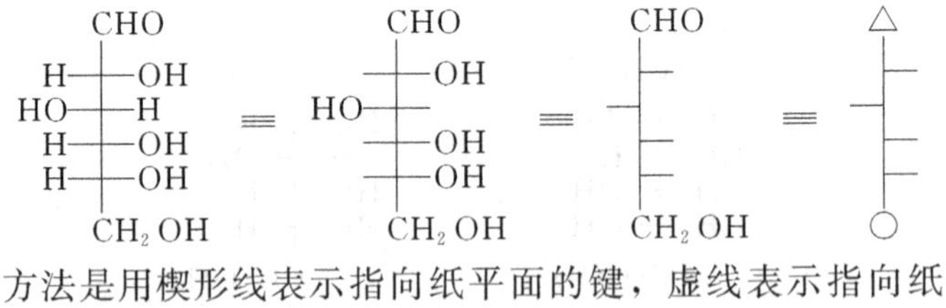

另一种表示方法是用楔形线表示指向纸平面的键，虚线表示指向纸平面后面的键。如 D-(+)-葡萄糖可表示为：

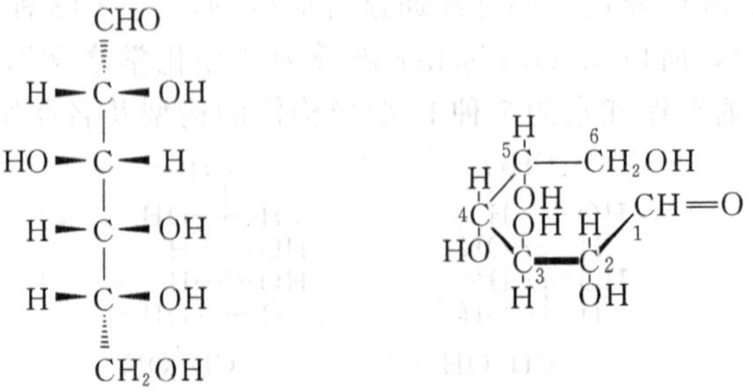

应当注意的是，碳链上的几个碳原子并不在一条直线上，这可从分子模型中看出

来。横向写结构式更容易看出分子中各原子团之间的立体关系。

③ 环状结构　单糖的开链结构是由它的一些性质推导出来的，因此，开链结构能说明单糖的许多化学性质，但开链结构不能解释单糖的所有性质，如单糖不能与品红醛试剂反应，与 $NaHSO_3$ 反应非常迟缓，这说明单糖分子内无典型的醛基；单糖只能与一分子醇生成缩醛，说明单糖可能是一个分子内半缩醛结构；有变旋现象，如图 12-1 所示，D-葡萄糖在不同条件下结晶，生成熔点为 146℃的 α-型（在乙醇中结晶）和熔点为 150℃ 的 β-型（在吡啶中结晶）两种晶体。α-葡萄糖配成的水溶液，最初的比旋光度为＋113°，逐渐降低到＋52.7°；β-葡萄糖配成的水溶液最初的比旋光度为＋17.5°，逐渐升高到＋52.7°，这种现象称为变旋。新配制的葡萄糖溶液在放置时，其比旋光度会逐渐变化，最后达到一个恒定数值。

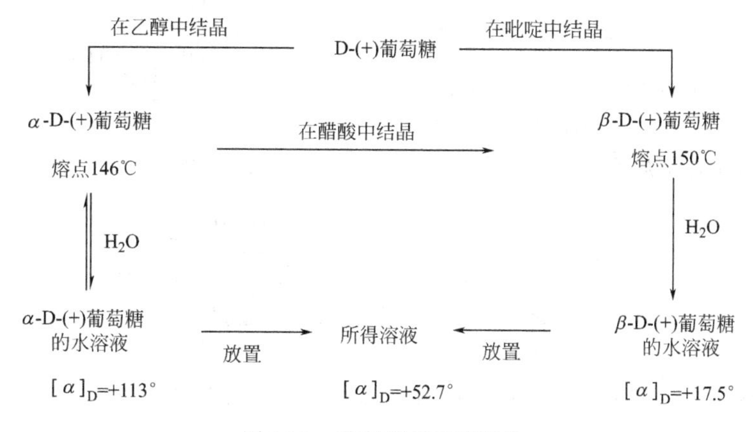

图 12-1　葡萄糖的变旋现象

以上的实验事实都说明葡萄糖并不是仅以开链式存在，还有其他的存在形式。后来由 X 射线衍射等现代物理方法证明，葡萄糖主要是以氧环式（环状半缩醛结构）存在的。

CHO … CH_2OH → (H, OH, C, O) … CH_2OH

葡萄糖分子中的醛基与羟基作用形成半缩醛时，由于 C═O 为平面结构，羟基可从平面的两边进攻 C═O，所以得到 α-构型和 β-构型两种异构体。两种构型可通过开链式相互转化而达到平衡。这就是糖类具有变旋现象的原因。

α-型	⇌	开链式 0.1%	⇌	β-型
37%				63%
＋113°		＋52.7°		＋17.5°

④ 环状结构的 Haworth 透视式　葡萄糖的半缩醛氧环式结构不能反映出各个基团的相对空间位置，为了更清楚地反映糖的氧环式结构，Haworth 透视式是最直观的表示方法。将链状结构书写成 Haworth 透视式的步骤如下：

a. 将碳链向右放至水平，使原基团处于左上右下的位置。

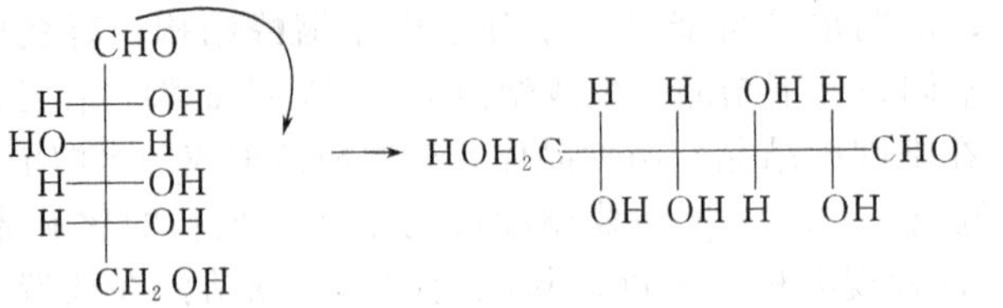

b. 将碳链水平位置向内弯成六边形状。

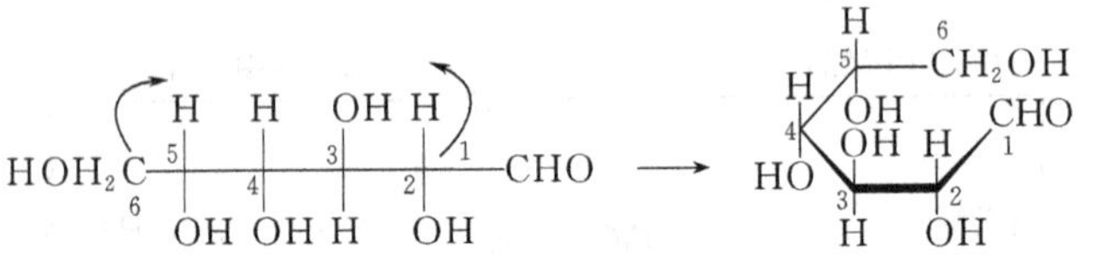

c. 以 C4-C5 为轴旋转 120°使 C5 上的羟基与醛基接近成环。

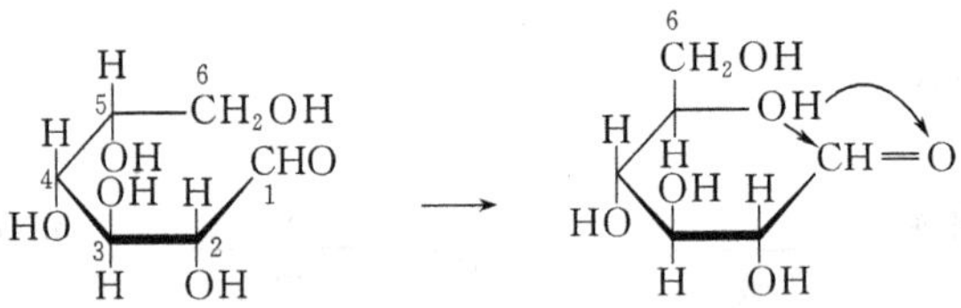

d. 半缩醛羟基与环上羟甲基处于同侧为 β-型，处于异侧为 α-型。

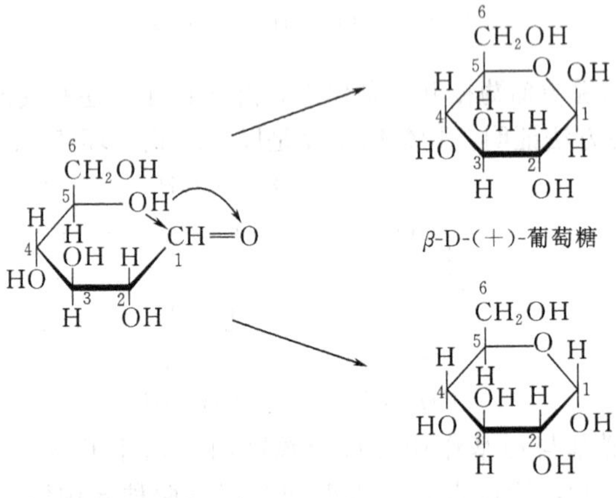

β-D-(＋)-葡萄糖

α-D-(＋)-葡萄糖

葡萄糖的 Haworth 结构和吡喃相似，所以葡萄糖的全名称为 α-D-(＋)-吡喃葡萄糖或 β-D-(＋)-吡喃葡萄糖。研究证明，吡喃型葡萄糖的六元环主要是呈椅型构象存在于自然界的。

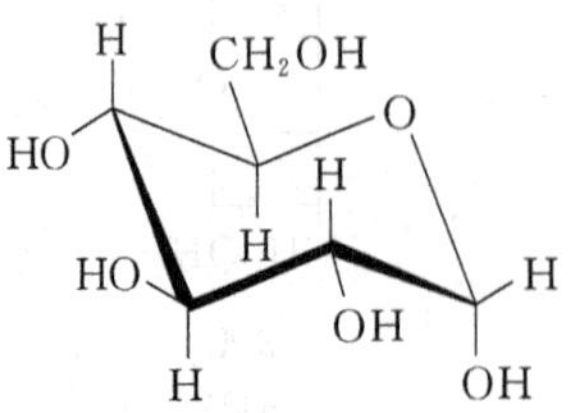

α-型
37%

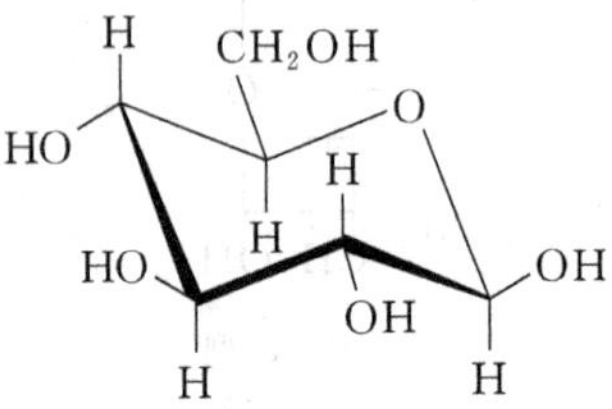

β-型
63%

从 D-(+)-吡喃葡萄糖的构象可以清楚地看到，在 β-D-(+)-吡喃葡萄糖中，体积大的取代基—OH 和—CH_2OH，都在 e 键上；而在 α-D-(+)-吡喃葡萄糖中有一个—OH 在 a 键上。故 β-型是比较稳定的构象，因而在平衡体系中的含量也较多。

D-果糖为己-2-酮糖，其 C3、C4、C5 的构型与葡萄糖一样。果糖系统命名为 1,3,4,5,6-五羟基己-2-酮。果糖在形成环状结构时，可由 C5 上的羟基与羰基形成呋喃式环，也可由 C6 上的羟基与羰基形成吡喃式环。两种氧环式都有 α-型和 β-型两种构型，见图 12-2。

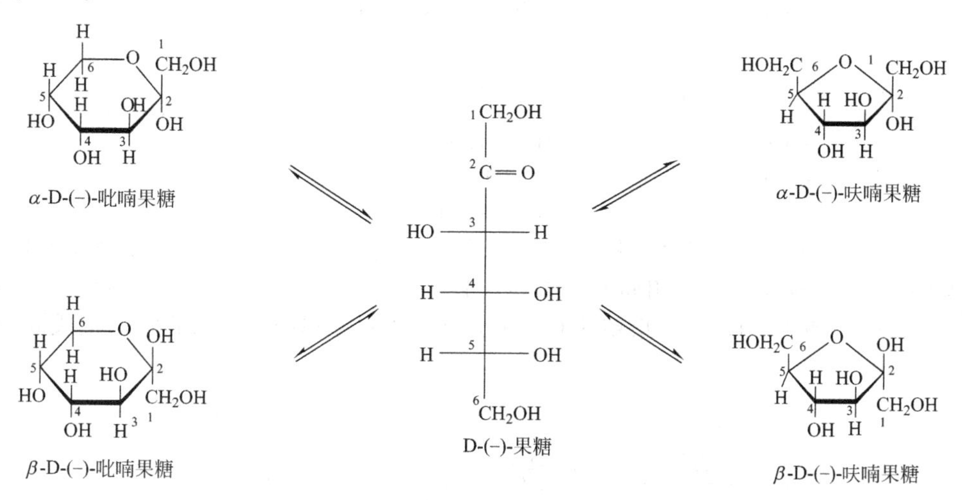

图 12-2 果糖的环状构型

(2) 单糖的化学性质

① 差向异构 含有多个手性碳原子的立体异构体中，只有一个手性碳原子构型不同，其余的构型均相同的非对映异构体称为差向异构体（epimer）。将 D-葡萄糖放于碱性水溶液中就会形成图 12-3 所示的平衡，由于 D-葡萄糖与 D-甘露糖只有第 2 个碳原子构型不同，所以它们互为差向异构体。

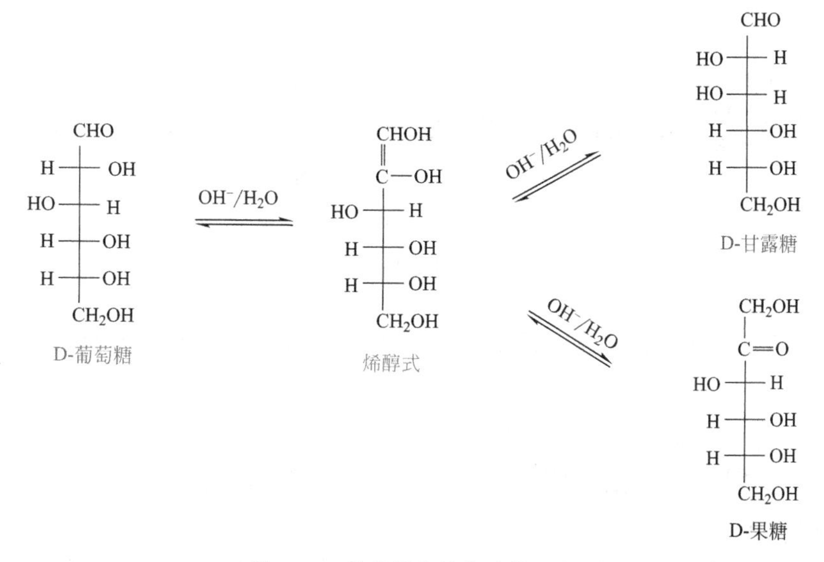

图 12-3 葡萄糖的差向异构现象

② 成脎反应　单糖与苯肼反应生成的产物叫脎。

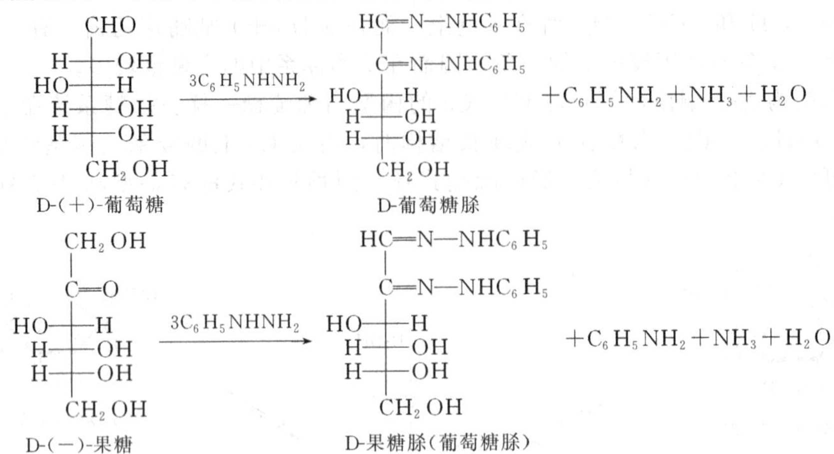

生成糖脎的反应发生在 C1 和 C2 上，不涉及其他的碳原子。所以，如果仅是 C2 上构型不同而其他碳原子构型相同的异构体，必然生成同一个糖脎。例如，D-(+)-葡萄糖、D-(+)-甘露糖、D-(−)-果糖的 C3、C4、C5 的构型都相同，因此它们生成同一种糖脎。

CHO　　　　　CHO　　　　　CH_2OH

H—OH　　　　HO—H　　　　═O

HO—H　　　　HO—H　　　　HO—H

H—OH　　　　H—OH　　　　H—OH

H—OH　　　　H—OH　　　　H—OH

CH_2OH　　　　CH_2OH　　　　CH_2OH

D-(+)-葡萄糖　　D-(+)-甘露糖　　D-(−)-果糖

糖脎都是不溶于水的黄色结晶，不同的糖脎有不同的晶型，而且反应中生成糖脎的速率也不同。因此，可根据糖脎的晶型和生成的时间来鉴别糖，差向异构体的糖脎相同。

研究发现，由于分子内氢键的作用，形成的糖脎构型主要是 S 顺，见图 12-4。

CHO; H—OH; H—OH; CH_2OH $+ 2\,C_6H_5NHNH_2$ $\xrightarrow{PhNHNH_2}$ (C_6H_5, NH, N, H, N, N, C_6H_5, H—OH, HOH_2C) $+ phNH_2 + NH_3 + H_2O$

图 12-4　糖脎的 S 顺构型

③ 成酯反应　糖中的羟基在低温下与酰化剂作用，很容易生成酯类化合物。

(CH_2OH, O, HO, HO, OH, OH) $\xrightarrow[\text{吡啶}]{(CH_3CO)_2O}$ (CH_2OCOCH_3, O, CH_3COO, CH_3COO, $OCOCH_3$, CH_3COO)

④ 氧化反应

a. 与 Tollen 试剂、Fehling 试剂反应　醛糖和酮糖都能被 Tollen 试剂（硝酸银的氨溶液）或 Fehling 试剂（硫酸铜与酒石酸钾钠的氢氧化钠溶液）这样的弱氧化剂氧化，前者产生银镜，后者生成氧化亚铜砖红色沉淀，糖分子的醛基被氧化为羧基。

$$\underset{\text{葡萄糖或果糖}}{C_6H_{12}O_6} + Ag(NH_3)_2^+OH^- \longrightarrow \underset{\text{葡萄糖酸}}{C_6H_{12}O_7} + Ag\downarrow$$

$$C_6H_{12}O_6 + Cu(OH)_2 \longrightarrow C_6H_{12}O_7 + Cu_2O\downarrow$$

凡是能被上述弱氧化剂氧化的糖，都称为还原性糖，所以，单糖都是还原性糖。酮糖具有还原性的原因是酮糖在稀碱溶液中可发生酮式-烯醇式互变，酮基不断地变成醛基（Tollen 试剂和 Fehling 试剂都是碱性试剂，故酮糖能被这两种试剂氧化）。

b. 与溴水反应　溴水能氧化醛糖，使之成酸，但不能氧化酮糖，因为酸性条件不会引起糖分子的异构化作用。可用此反应来区别醛糖和酮糖。

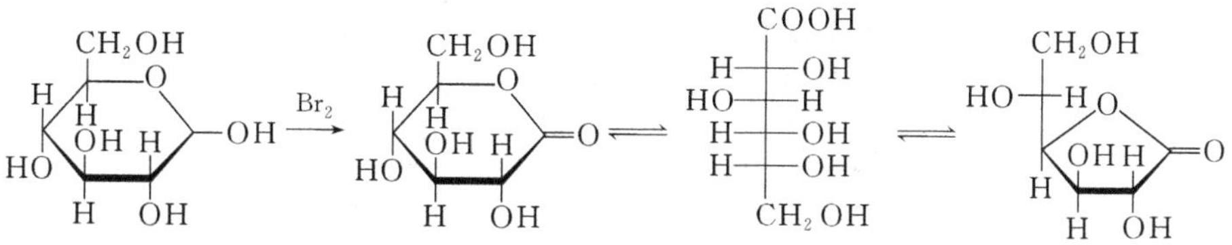

D-葡萄糖 $\xrightarrow{Br_2}$ D-葡萄糖酸-δ-内酯 ⇌ D-葡萄糖酸（COOH, H—OH, HO—H, H—OH, H—OH, CH_2OH）⇌ D-葡萄糖酸-γ-内酯

c. 与硝酸反应　稀硝酸的氧化作用比溴水强，能使醛糖氧化成糖二酸。例如：

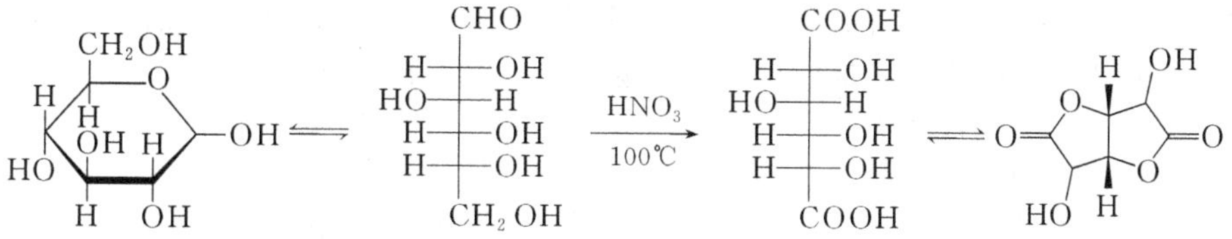

D-葡萄糖 ⇌ (CHO, H—OH, HO—H, H—OH, H—OH, CH_2OH) $\xrightarrow[100℃]{HNO_3}$ D-葡萄糖二酸（COOH, H—OH, HO—H, H—OH, H—OH, COOH）⇌ 内酯

d. 与高碘酸反应　糖类像其他的在相邻的碳原子上有两个或更多羟基或羰基的化合物一样，也能被高碘酸氧化，碳-碳键发生断裂。反应是定量的，每断裂一个碳-碳键消耗一分子高碘酸。因此，此反应是研究糖类结构的重要手段之一。

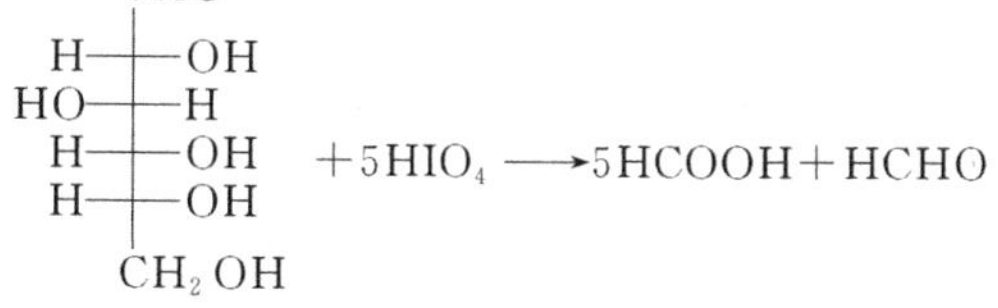

(CHO, H—OH, HO—H, H—OH, H—OH, CH_2OH) $+ 5HIO_4 \longrightarrow 5HCOOH + HCHO$

⑤ 还原反应　单糖还原生成多元醇。D-葡萄糖还原生成山梨醇，D-甘露糖还原生成甘露醇，D-果糖还原生成甘露醇和山梨醇的混合物。山梨醇、甘露醇等多元醇存在于植物中，山梨醇毒性小，有轻微的甜味和吸湿性，常用于化妆品和药物中。

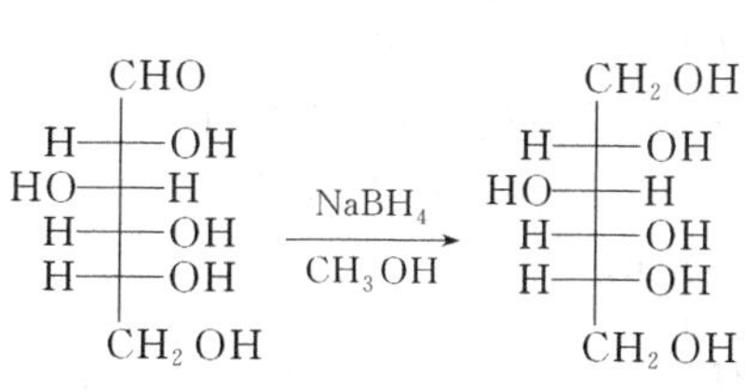

(CHO, H—OH, HO—H, H—OH, H—OH, CH_2OH) $\xrightarrow[CH_3OH]{NaBH_4}$ (CH_2OH, H—OH, HO—H, H—OH, H—OH, CH_2OH)

⑥ 成苷反应　较老的文献曾用“甙”，现均称为苷。糖分子中的活泼半缩醛羟基与其他含羟基的化合物（如醇、酚）作用，失水而生成缩醛的反应称为成苷反应。

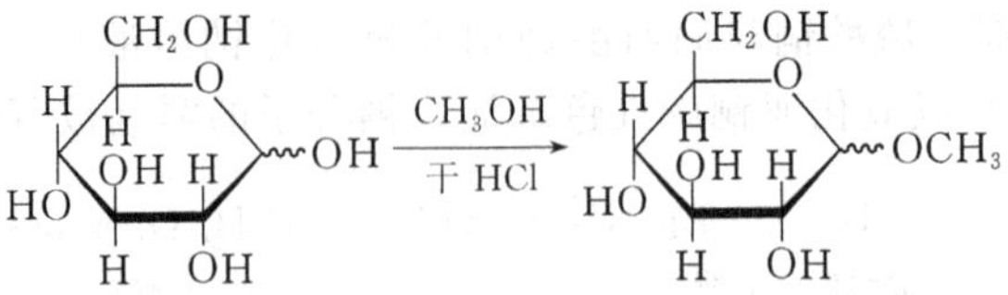

$$\text{葡萄糖} \xrightarrow[\text{干 HCl}]{CH_3OH} \text{甲基葡萄糖苷}$$

苷具有胞二醚结构，它比一般的醚键易形成，也易水解。苷用酶水解时有立体专一性。

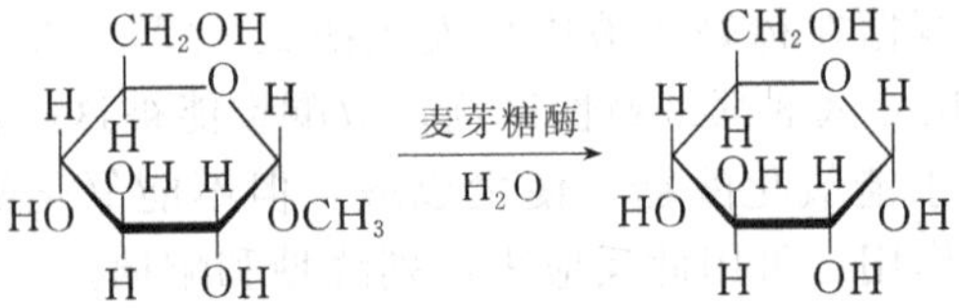

$$\alpha\text{-甲基葡萄糖苷} \xrightarrow[H_2O]{\text{麦芽糖酶}} \alpha\text{-葡萄糖}$$

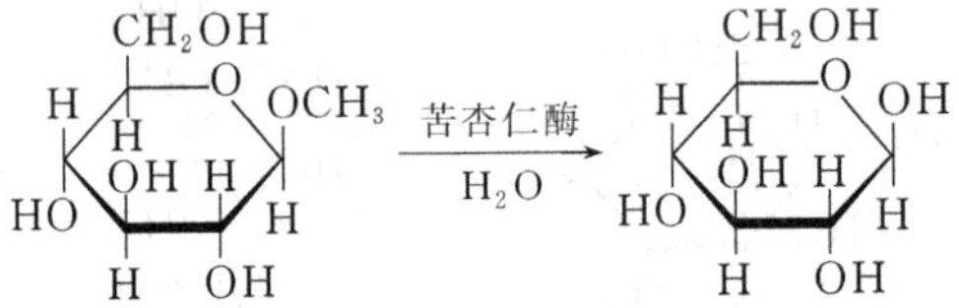

$$\beta\text{-甲基葡萄糖苷} \xrightarrow[H_2O]{\text{苦杏仁酶}} \beta\text{-葡萄糖}$$

糖苷没有变旋现象，没有还原糖的反应。糖苷在自然界的分布极广，与人类的生命和生活密切相关。

⑦ 甲基化反应　葡萄糖甲苷在甲基化试剂（硫酸二甲酯和氢氧化钠）作用下，可得到 O-五甲基葡萄糖苷。此反应可用于推测糖环状结构的大小。

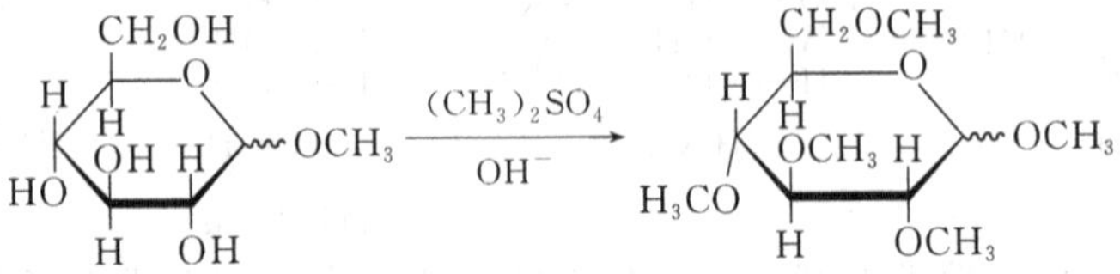

$$\text{甲基葡萄糖苷} \xrightarrow[OH^-]{(CH_3)_2SO_4} \text{五甲基葡萄糖苷}$$

⑧ 醛糖的递升　低一级的糖与 HCN 加成增加一个碳原子后，再水解，还原生成高一级的醛糖的方法称为递升。其过程如下：

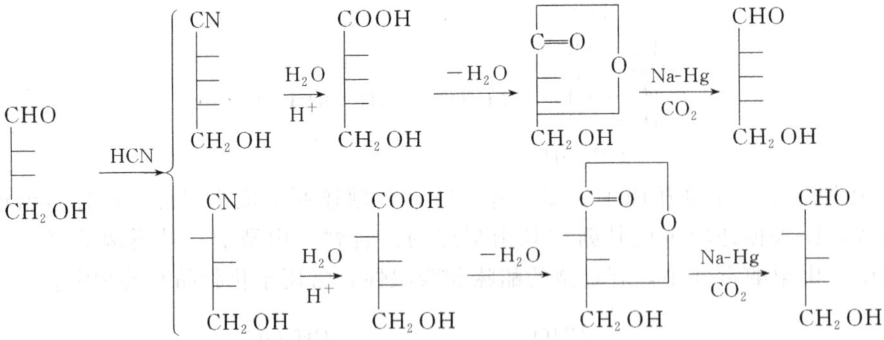

$$CHO\cdots CH_2OH \xrightarrow{HCN} CN\cdots CH_2OH \xrightarrow[H^+]{H_2O} COOH\cdots CH_2OH \xrightarrow{-H_2O} \text{内酯} \xrightarrow[CO_2]{Na\text{-}Hg} CHO\cdots CH_2OH$$

⑨ 醛糖的递降　从高一级醛糖减去一个碳原子而成低一级醛糖的方法称为递降。常用的递降法为 Wohl（沃尔）递降法，如下所示：

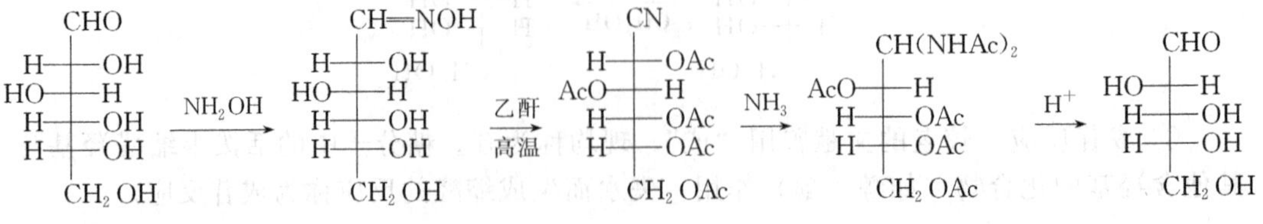

$$CHO\cdots CH_2OH \xrightarrow{NH_2OH} CH{=}NOH\cdots CH_2OH \xrightarrow[\text{高温}]{\text{乙酐}} CN\cdots CH_2OAc \xrightarrow{NH_3} CH(NHAc)_2\cdots CH_2OAc \xrightarrow{H^+} CHO\cdots CH_2OH$$

（3）重要的单糖

① 葡萄糖　葡萄糖是无色晶体或白色粉末，在蜂蜜和葡萄中有丰富的含量，在植物的根、茎、叶、果实、种子中也有较高的含量。蔗糖、麦芽糖、淀粉和纤维素中含有的葡萄糖是以糖苷形式存在的，工业上可由淀粉水解来得到葡萄糖。

在人体或动物的生命过程中，葡萄糖是新陈代谢中不可缺少的营养物质，也是运动所需能量的重要来源。葡萄糖与谷氨酸钠在酸催化剂作用下加热反应可制得食用色素与烟草染色剂。

② 果糖　果糖是自然界中存在最多的己酮糖，它广泛存在于水果和植物中，并能以游离态存在。天然果糖是左旋体，白色晶体或粉末，熔点 102℃。

③ 脱氧糖　脱氧核糖是核酸的重要组成部分；岩藻糖是藻类蛋白成分；鼠李糖是植物细胞成分。

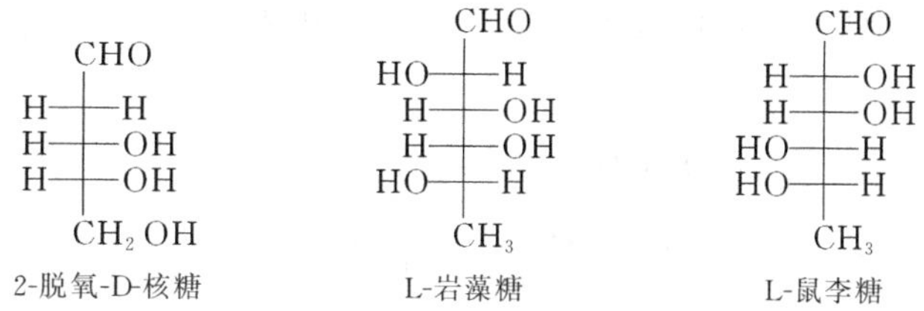

2-脱氧-D-核糖　　L-岩藻糖　　L-鼠李糖

④ 氨基葡萄糖　其硫酸盐对修复关节软组织有一定的治疗作用。

12.1.3　二糖（disaccharides）

二糖是由两分子单糖脱去一分子水缩合而成的糖，易溶于水。最常见的二糖是蔗糖、麦芽糖和乳糖。

单糖分子中的半缩醛羟基（苷羟基）与另一分子单糖中的羟基（可以是苷羟基，也可以是其他羟基）作用，脱水而形成的糖苷称为二糖。二糖又可分为还原性二糖，即一分子单糖的苷羟基与另一分子糖的羟基缩合而成的二糖；非还原性二糖，即一分子单糖的苷羟基与另一分子糖的苷羟基缩合而成的二糖。

（1）蔗糖

蔗糖（sucrose）是广泛存在于植物中的二糖，利用光合作用的植物的各个部分都含有蔗糖。例如，甘蔗含蔗糖 14%以上，北方甜菜含蔗糖 16%～20%，但蔗糖一般不存在于动物体内。蔗糖也是非常重要的非还原性二糖（即通过两个苷羟基缩合而成的二糖），它水解后为一分子的葡萄糖和一分子的果糖。

蔗糖的分子式是 $C_{12}H_{22}O_{11}$，水解时生成一分子 D-(+)-葡萄糖和一分子 D-(−)-果糖。蔗糖不能被 Tollen 试剂氧化，是一种非还原性糖，不能生成脎，在溶液中也没有变旋现象，这些事实说明蔗糖中没有自由的醛基或酮基，即葡萄糖和果糖是通过它们环状半缩醛羟基连结起来的。蔗糖既是葡萄糖苷又是果糖苷。由于蔗糖能被 α-葡萄糖苷酶水解，因此它是 α-D-葡糖苷。

八甲基蔗糖水解时，生成 2，3，4，6-四-*O*-甲基葡萄糖和 1，3，4，6-四-*O*-甲基果糖，因此，在蔗糖分子中葡萄糖部分为吡喃型环，而果糖部分则为呋喃型环。酶水解及 X 射线晶体衍射分析结果证明蔗糖是一种 β-果糖苷。

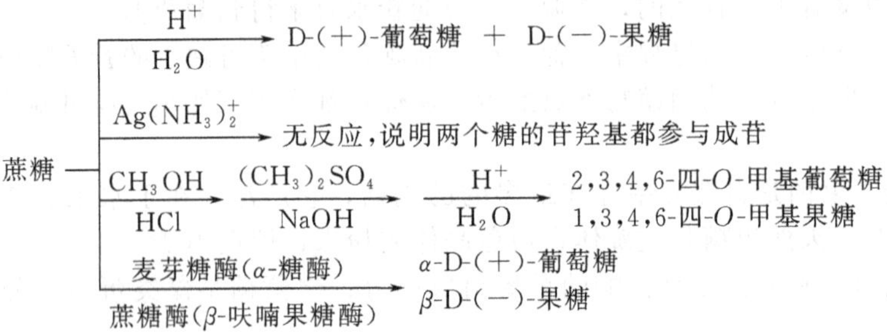

蔗糖 —
- $\xrightarrow[H_2O]{H^+}$ D-(+)-葡萄糖 + D-(−)-果糖
- $\xrightarrow{Ag(NH_3)_2^+}$ 无反应，说明两个糖的苷羟基都参与成苷
- $\xrightarrow[HCl]{CH_3OH}$ $\xrightarrow[NaOH]{(CH_3)_2SO_4}$ $\xrightarrow[H_2O]{H^+}$ 2,3,4,6-四-*O*-甲基葡萄糖；1,3,4,6-四-*O*-甲基果糖
- $\xrightarrow[\text{蔗糖酶}(\beta\text{-呋喃果糖酶})]{\text{麦芽糖酶}(\alpha\text{-糖酶})}$ α-D-(+)-葡萄糖；β-D-(−)-果糖

以上分析说明蔗糖是由 α-D-吡喃葡萄糖的苷羟基和 β-D-呋喃果糖的苷羟基脱水而成。其结构如下：

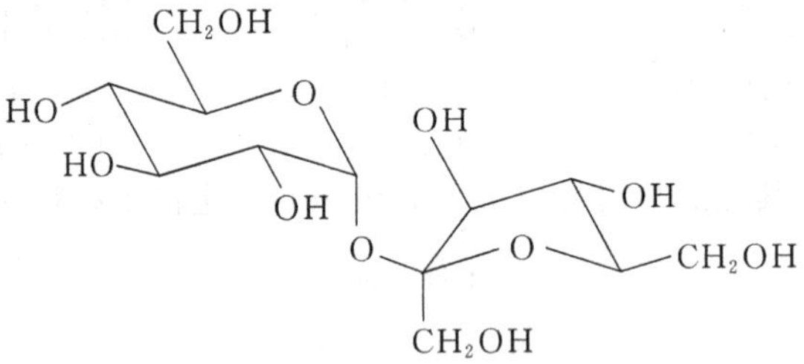

CH_2OH HO O HO OH O OH O OH CH_2OH CH_2OH

蔗糖是右旋的，水解后生成的等量葡萄糖和果糖的混合物则是左旋的。水解使旋光的方向发生了转变，一般把蔗糖的水解产物叫做转化糖。转化糖具有还原糖的一切性质。

(2) 麦芽糖

麦芽糖（maltose）大量存在于发芽的谷粒，特别是大麦芽中。因为麦芽中含有淀粉糖化酶，淀粉部分水解成麦芽糖，故得其名。麦芽糖的分子式也是 $C_{12}H_{22}O_{11}$，用无机酸水解时生成两分子的葡萄糖，因此它是由两分子葡萄糖失去一分子水生成的。

麦芽糖是一种还原性糖，能被 Tollen 试剂和 Fehling 试剂氧化，能与苯肼作用生成麦芽糖脎。它有 α 和 β 两种形式（比旋光度分别为 +168° 及 +112°），在溶液中有变旋现象。这些事实说明麦芽糖和单糖一样，含有一个能形成环状半缩醛的醛基，并且只含有一个这样的醛基。因此麦芽糖是一个葡糖苷，即由一个葡萄糖分子中 C1 上的羟基与另一个葡萄糖分子中 C1 以外碳原子上的羟基失水生成的。

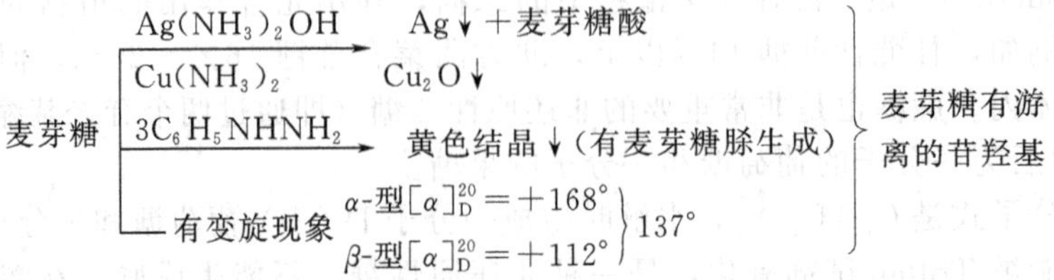

麦芽糖 —（以下各项均说明：麦芽糖有游离的苷羟基）
- $\xrightarrow{Ag(NH_3)_2OH}$ Ag↓ + 麦芽糖酸
- $\xrightarrow{Cu(NH_3)_2}$ Cu_2O↓
- $\xrightarrow{3C_6H_5NHNH_2}$ 黄色结晶↓（有麦芽糖脎生成）
- 有变旋现象：α-型 $[\alpha]_D^{20} = +168°$，β-型 $[\alpha]_D^{20} = +112°$ → 137°

麦芽糖能被 α-葡糖苷酶水解生成两分子葡萄糖。α-葡糖苷酶只能使 α-糖苷水解，因此麦芽糖是一种 α-葡糖苷。

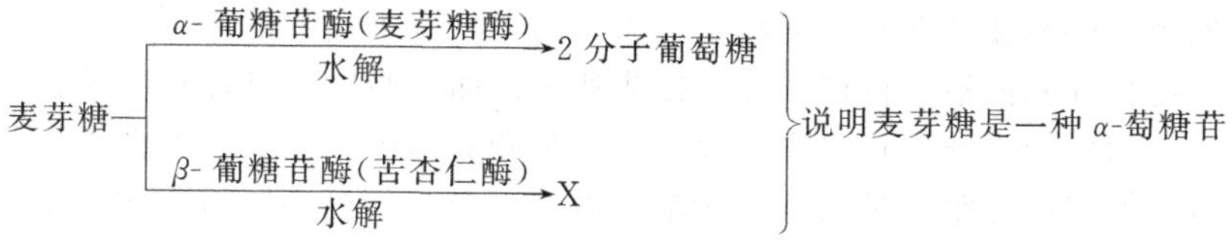

麦芽糖—[α-葡糖苷酶(麦芽糖酶)，水解]→2 分子葡萄糖；麦芽糖—[β-葡糖苷酶(苦杏仁酶)，水解]→X；说明麦芽糖是一种 α-葡糖苷

八-O-甲基麦芽糖水解时生成 2,3,4,6-四-O-甲基-D-葡萄糖和 2,3,6-三-O-甲基-D-葡萄糖和一分子甲醇，这说明一个葡萄糖分子在麦芽糖中以吡喃型环存在，麦芽糖为 α-1,4 苷键结合。

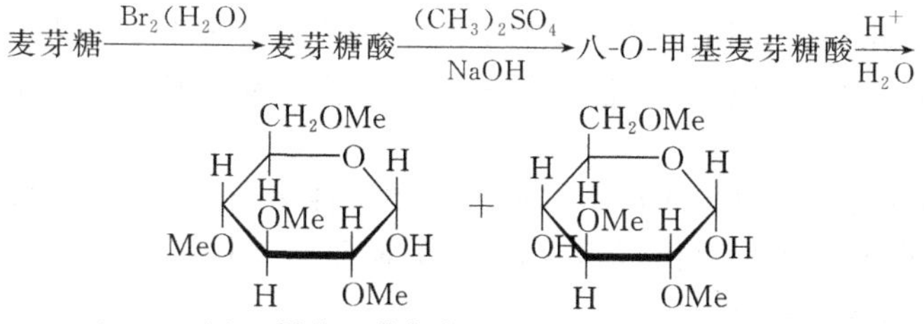

$$\text{麦芽糖}\xrightarrow{Br_2(H_2O)}\text{麦芽糖酸}\xrightarrow[NaOH]{(CH_3)_2SO_4}\text{八-}O\text{-甲基麦芽糖酸}\xrightarrow[H_2O]{H^+}$$

2,3,4,6-四-O-甲基-D-葡萄糖　2,3,6-三-O-甲基-D-葡萄糖

由上推得麦芽糖的结构为：

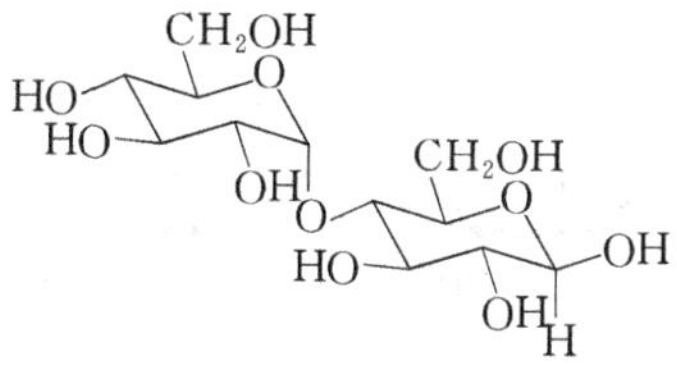

(3) 纤维二糖

纤维二糖（cellobiose）也是还原糖，化学性质与麦芽糖相似，纤维二糖与麦芽糖的唯一区别是苷键的构型不同，麦芽糖为 α-1,4 苷键，而纤维二糖则为 β-1,4 苷键。纤维二糖的结构为：

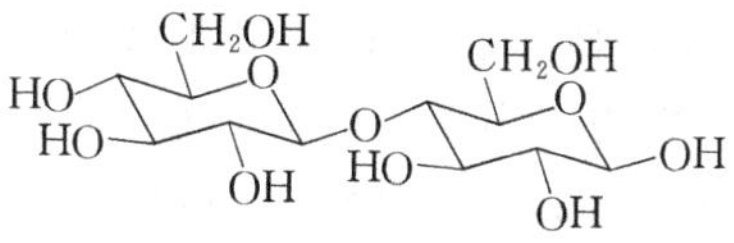

(4) 乳糖

乳糖（lactose）存在于哺乳动物的乳汁中，人乳中含乳糖 5%～8%，牛乳中含乳糖 4%～6%。乳糖的甜味只有蔗糖的 70%。其结构是由 β-D-吡喃半乳糖的苷羟基与 D-吡喃葡萄糖 C4 上的羟基缩合而成的半乳糖苷，其性质具有还原糖的通性。

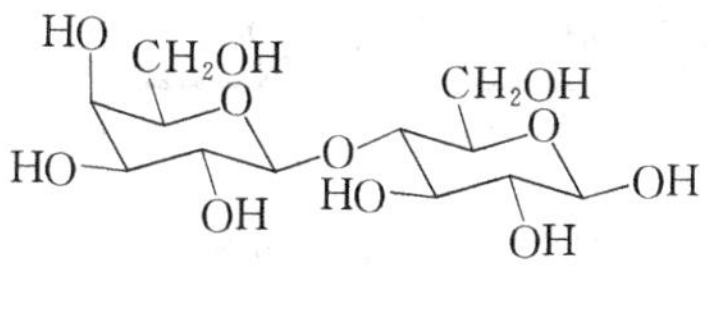

12.1.4 多糖 (polysaccharides)

多糖是由许多单糖分子结合而成的高分子化合物，无甜味，不溶于水。多糖主要包

括淀粉、糊精、糖原和纤维素。淀粉是谷类、薯类、豆类食物的主要成分。淀粉在消化酶的作用下可分解成糊精，再进一步消化成葡萄糖而被吸收。糖原也叫动物淀粉，是动物体内贮存葡萄糖的一种形式，主要存在于肝脏和肌肉内。当体内血糖水平下降时，糖原即可重新分解成葡萄糖满足人体对能量的需要。纤维素虽不能被人体消化用来提供能量，但仍有其特殊的生理功能。

(1) 纤维素

纤维素（cellulose）是构成植物细胞壁及支柱的主要成分。棉花含纤维素 90% 以上，分子量约为 57 万；亚麻含纤维素约 80%，分子量约 184 万；木材含纤维素 40%～60%，分子量为 9 万～15 万。

将纤维素用纤维素酶（β-糖苷酶）水解或在酸性溶液中完全水解，生成 β-D-(+)-葡萄糖。由此推断，纤维素是由许多 β-D-(+)-葡萄糖结构单元以 β-1,4 苷键互相连接而成的，其结构如图 12-5 所示。

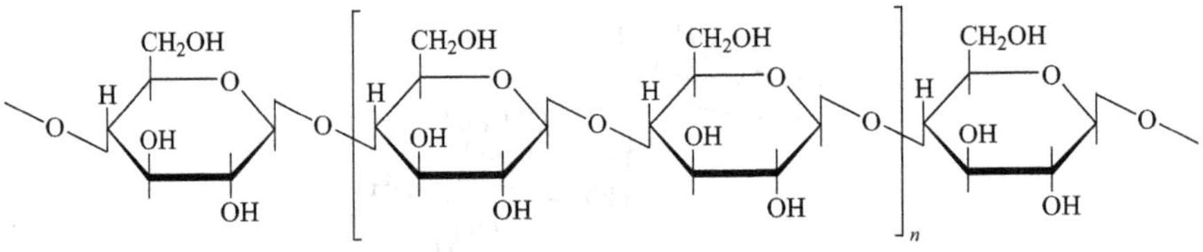

图 12-5　纤维素的结构

人的消化道中没有水解 β-1,4 苷键的纤维素酶，所以人不能消化纤维素。但纤维素又是必不可少的，因为纤维素可帮助肠胃蠕动，以提高消化和排泄能力。

(2) 淀粉

淀粉（starch）大量存在于植物的种子和地下块茎中，是人类的三大食物之一。淀粉用淀粉酶水解得麦芽糖，在酸的作用下，能彻底水解为葡萄糖。淀粉是白色无定形粉末，由直链淀粉和支链淀粉两部分组成。直链淀粉可溶解于热水中，又叫可溶性淀粉，占 10%～20%。支链淀粉是不溶性淀粉，占 80%～90%。

① 直链淀粉（可溶性淀粉）　由 α-D-(+)-葡萄糖以 α-1,4 苷键结合而成的链状高聚物。如图 12-6 所示。

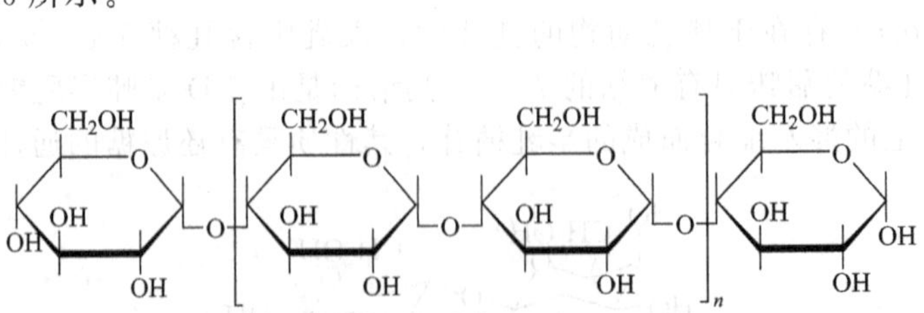

图 12-6　直链淀粉的结构

直链淀粉不溶于冷水，不能发生还原糖的一些反应，遇碘显深蓝色，可用于鉴定碘的存在。这是因为直链淀粉不是伸开的一条直链，而是螺旋状结构，每一螺圈约含 6 个葡萄糖单元，见图 12-7。

图 12-7　直链淀粉的螺旋状结构

它的螺旋状空穴正好与碘的直径相匹配，允许碘分子进入空穴中，形成包合物而显色，加热解除吸附，则蓝色褪去。

② 支链淀粉（不溶性淀粉）　支链淀粉在结构上除了由葡萄糖分子以 α-1,4 苷键连接成主链外，还有以 α-1,6 苷键相连而形成的支链（每个支链大约 20 个葡萄糖单元），其基本结构如图 12-8 所示。

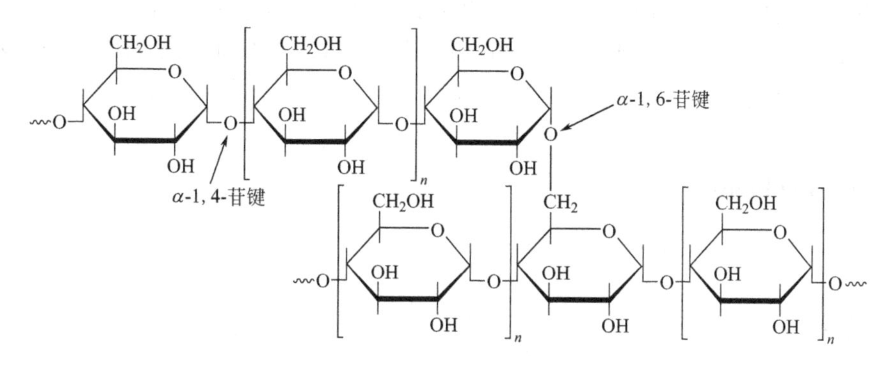

图 12-8　支链淀粉的结构

动物吃了淀粉以后，在体内的 α-葡苷酶催化下，水解成葡萄糖，为生命活动提供能量。

12.1.5　异头效应与糖类的构象（anomeric effect and conformation of carbohydrates）

取代环己烷的优势构象是较大基团在 e 键上，以尽量减少空间位阻的影响，这样的结论是指取代基为烷基的时候，对于非烷基取代基有时是不适用的，特别是环上有 O、N、S 等杂原子取代时。1955 年 Chü 和 Lemieux 在研究醛糖全酰化时发现 C1 上的大基团以 a 键为主，如图 12-9 所示。

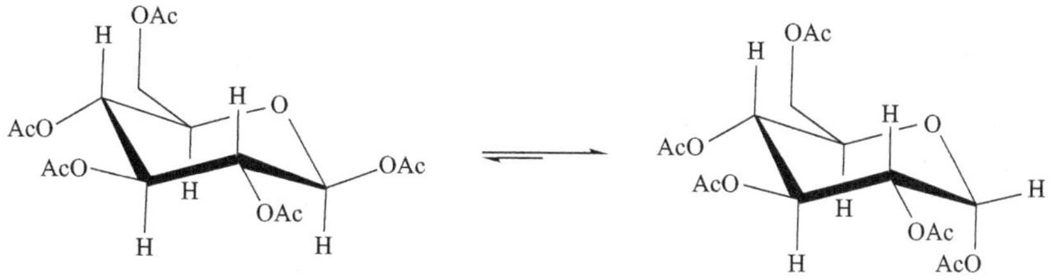

14%　　　　86%

图 12-9　C1 上的大基团以 a 键为主

当取代基的极性增大时，a 键的比例明显增大，如图 12-10 所示。

1958 年 Chü 和 Lemieux 将之称之为“anomeric effect”，并得到了 IUPAC 的认同。由于涉及糖的 C1 位，所以翻译成异头效应。一般来说，存在异头效应要符合以下条

图 12-10　C1 上的 Cl 以 a 键为主

件：①相互作用的极性基团处于反式共平面；②相互作用的轨道能级相近，如当氧的孤对电子与 C—X 键的反键 σ^* 轨道相互作用时，氧的 n 轨道电子进入了 σ^* 反键轨道，使体系的能级下降；③降低了分子的偶极矩；④使 C—X 有了部分双键（C═X）的特征。

习题（Problems）

1. Name the following compounds.

2. Write the structure formula.

（1）glucose　　（2）D-erythrose　　（3）L-glyceraldehyde

（4）maltose　　（5）D-ribofuranose

3. Give products.

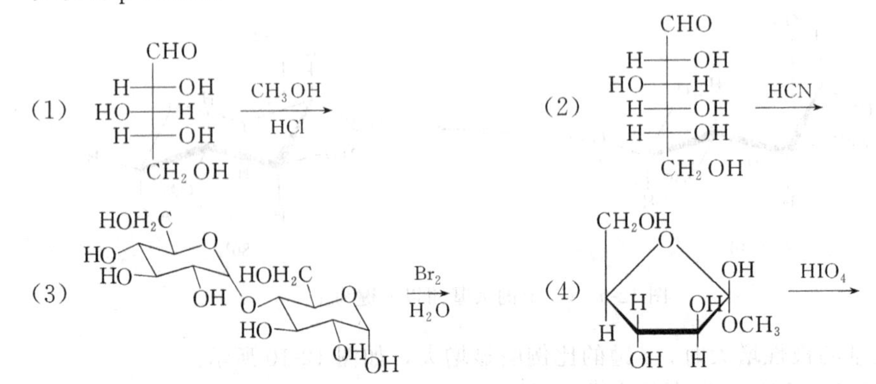

4. Distinguish the following compounds using the chemical method.

（1）glucose and fructose　（2）sucrose and maltose　（3）starch and sucrose

5. Answer the following questions.

(1) What is thereductive monosaccharide? Please illustrate it.

(2) What is the glucoside? Please illustrate it.

(3) What are epimerization and epimers? Please illustrate it.

6. Write stable conformation for the following compound.

CH_2OH, O, OH, OH, $OCOCH_3$, OH　　　　CH_2OH, O, OH, OH, OH, OH

12.2 氨基酸（amino acid）

氨基酸分子中具有氨基和羧基，是蛋白质的基本组成成分。蛋白质的最终水解产物为各种不同的 α-氨基酸。生命有机体利用这些 α-氨基酸作为构件组装成所有生物的各种蛋白质分子。

12.2.1 氨基酸的分类和命名（classification and nomenclature of amino acid）

(1) 氨基酸的分类

组成蛋白质的基本氨基酸为 20 种不同的 α-氨基酸。20 种氨基酸的差别在于侧链 R 基的不同。因此，可以按照 R 基的化学结构或极性大小对氨基酸进行分类。

按照氨基酸的侧链 R 基的化学结构可以分为脂肪族氨基酸、芳香族氨基酸、杂环族氨基酸；按 R 基的极性大小可以分为非极性氨基酸、不带电荷的极性 R 基氨基酸、带正电荷的 R 基氨基酸、带负电荷的 R 基氨基酸。

从营养学角度又可将氨基酸分为必需和非必需氨基酸。必需氨基酸包括赖氨酸、苯丙氨酸、蛋氨酸、亮氨酸、异亮氨酸、缬氨酸、苏氨酸、色氨酸、组氨酸和精氨酸，其中组氨酸和精氨酸，人虽然能合成，但效率低，尤其在婴幼儿时期，需要由外界供给。非必需氨基酸是其余的 10 种氨基酸：甘氨酸、丝氨酸、半胱氨酸、酪氨酸、谷氨酸、谷氨酰胺、天冬氨酸、天冬酰胺、脯氨酸和丙氨酸。必需和非必需氨基酸都是人体所需要的氨基酸，只不过必需氨基酸人自身不能合成或合成的量很少，不能满足人体的需要，必须由食物供给；非必需氨基酸人体自身可以合成。

(2) 氨基酸的命名

氨基酸可以看作是羧酸烃基上的氢原子被氨基取代而形成的取代酸，氨基的位置常用希腊字母 α，β，γ…表示。组成蛋白质的 20 种氨基酸均为 α-氨基酸。经常采用氨基酸的俗名，如 α-氨基丁二酸，俗名为天冬氨酸。

20 种标准氨基酸列于表 12-1 中。在表示蛋白质的组成和氨基酸序列时常常使用这些氨基酸的简写符号。

表 12-1　组成蛋白质的 20 种标准氨基酸

种类	结构式	中文名	英文名	简写符号	字母代号	等电点 pI
非极性氨基酸	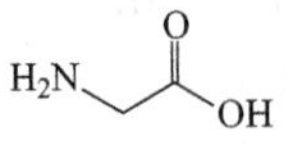	甘氨酸	glycine	Gly	G	5.97
	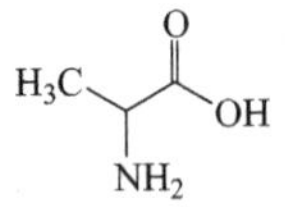	丙氨酸	alanine	Ala	A	6.00
	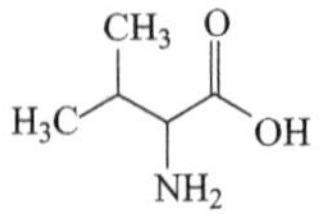	缬氨酸	valine	Val	V	5.96
	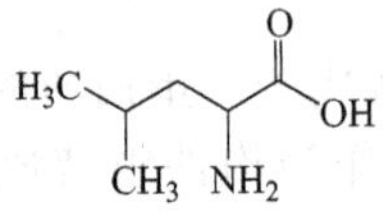	亮氨酸	leucine	Leu	L	5.98
	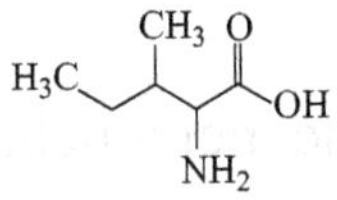	异亮氨酸	isoleucine	Ile	I	6.02
	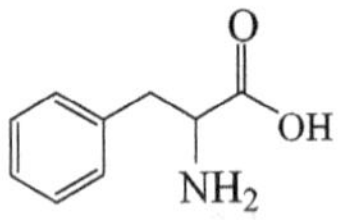	苯丙氨酸	phenlalanine	Phe	F	5.48
	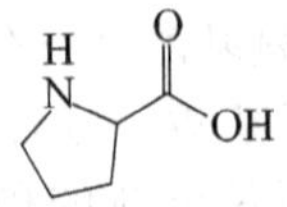	脯氨酸	proline	Pro	P	6.30
不带电荷极性R基氨基酸	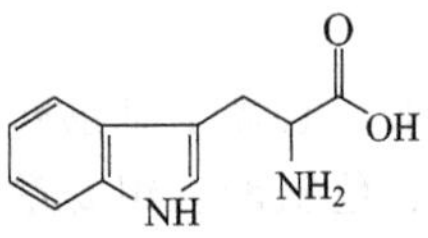	色氨酸	tryptophan	Trp	W	5.89
	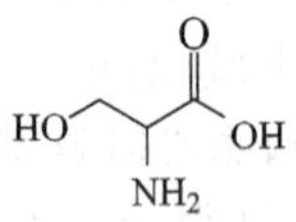	丝氨酸	serine	Ser	S	5.68
	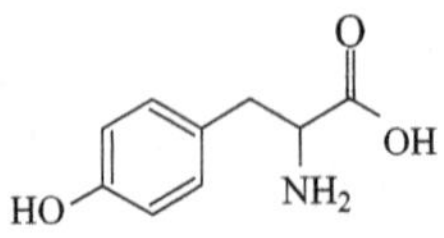	酪氨酸	tyrosine	Tyr	Y	5.66
	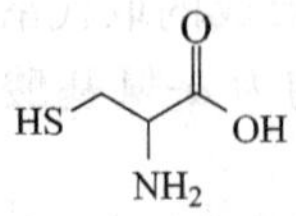	半胱氨酸	cysteine	Cys	C	5.07
	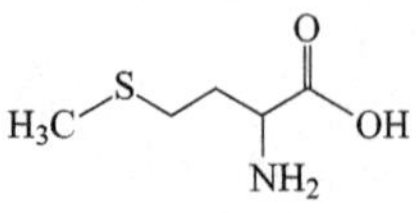	蛋氨酸	methionine	Met	M	5.74

续表

种类	结构式	中文名	英文名	简写符号	字母代号	等电点 pI
不带电荷极性 R 基氨基酸	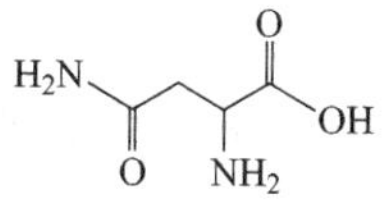 H_2N O O OH NH_2	天冬酰胺	asparagine	Asn	N	5.41
	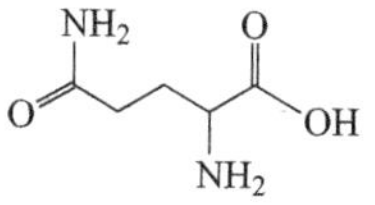 NH_2 O O OH NH_2	谷氨酰胺	glutamine	Gln	Q	5.65
	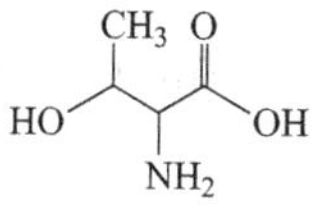 CH_3 O HO OH NH_2	苏氨酸	threonine	Thr	T	5.60
带负电荷氨基酸	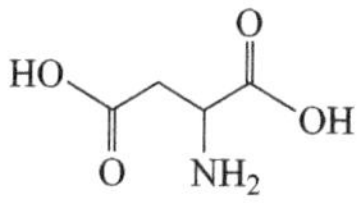 O HO OH O NH_2	天冬氨酸	aspartic acid	Asp	D	2.77
	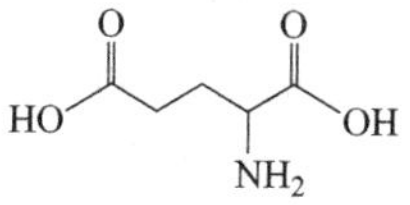 O O HO OH NH_2	谷氨酸	glutamic acid	Glu	E	3.22
带正电荷氨基酸	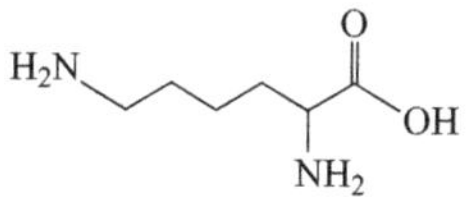 H_2N O OH NH_2	赖氨酸	lysine	Lys	K	9.74
	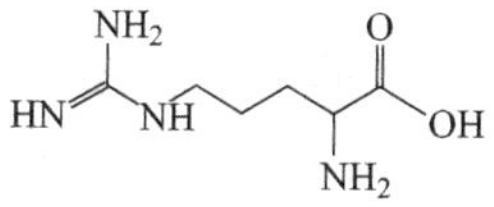 NH_2 O HN NH OH NH_2	精氨酸	arginine	Arg	R	10.76
	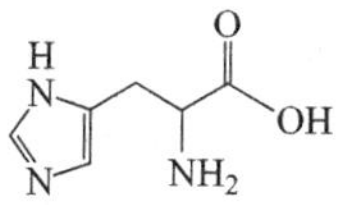 H N N O OH NH_2	组氨酸	histidine	His	H	7.59

12.2.2 氨基酸的结构（stucture of amino acid）

现在已分离出来的氨基酸将近百种。主要的蛋白质大约是由 20 多种氨基酸组成的，它们和蛋白质的关系正如字母和单词的关系，由 20 种氨基酸可以形成无数的蛋白质。从结构上讲，都是在羧基的 α 位上连有一个氨基，其通式如下：

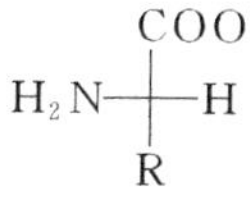

COOH
H_2N—┼—H
R

L-氨基酸

CHO
HO—┼—H
CH_2OH

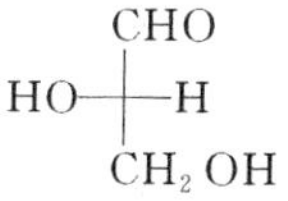

L-甘油醛

20 种氨基酸中的烷基 R，除一种 R＝H 外，其他均是不同的有机基团，因此氨基酸的 α-碳（除甘氨酸外）都是手性碳原子，因此水解蛋白质所得到的 α-氨基酸，都具有光学活性，它们的相对构型用 D-L 标记。例如：

$$\begin{array}{c} COOH \\ H_2N-\!\!\!+\!\!\!-H \\ CH_2OH \end{array} \quad \text{L-丝氨酸} \qquad \begin{array}{c} COOH \\ H_2N-\!\!\!+\!\!\!-H \\ H-\!\!\!+\!\!\!-H \\ COOH \end{array} \quad \text{L-天冬氨酸}$$

它们都属于 L 构型。对于大多数氨基酸来说，L 构型就相当于绝对构型（*R*-*S* 标记）中的 *S* 型。例如：

$$\begin{array}{c} COOH \\ H_2N-\!\!\!+\!\!\!-H \\ CH_3 \end{array} \quad \text{L-丙氨酸或}\ S\text{-丙氨酸}$$

12.2.3 氨基酸的化学性质（chemical properties of amino acid）

(1) 等电点

氨基酸分子中既含有碱性的氨基又含有酸性的羧基，是两性分子。例如：

$$H_2NCH_2COOH + HCl \longrightarrow H_3\overset{+}{N}-CH_2-COOHCl^-$$

$$H_2NCH_2COOH + NaOH \longrightarrow H_2NCH_2COO^-\ Na^+ + H_2O$$

氨基酸分子内的氨基与羧基作用形成内盐，固态时主要以内盐形式存在，在水溶液中存在下列平衡体系，并表现出两性离子的性质。

$$R-\underset{NH_2}{\overset{H}{\underset{|}{\overset{|}{C}}}}-COOH \xrightleftharpoons{H^+} R-\underset{^+NH_3}{\overset{H}{\underset{|}{\overset{|}{C}}}}-COO^-$$

在给定的 pH 下，氨基酸常带有不同的净电荷。当溶液的 pH 达到某一值时（如甘氨酸为 5.97），氨基酸所带净电荷为零，这时的 pH 称为等电点（isoelectric point，pI），如表 12-2 所示。

在等电点时两者浓度相等，这时氨基酸主要以内盐的形式存在，在电场中既不移向阴极也不移向阳极。通常中性氨基酸的 pI 在 5.6～6.3，酸性氨基酸的 pI 在 2.8～3.2，碱性氨基酸的 pI 在 7.6～10.8。在等电点时，溶解度很小。根据等电点可以鉴别氨基酸，采用调节等电点的方法可以分离氨基酸的混合物。

表 12-2 氨基酸的 pK_a 和 pI

氨基酸	分子量	pK_a			pI	蛋白质中出现的概率
		α-COOH	$α-NH_3^+$	R 基团		
甘氨酸	75	2.34	9.60		5.97	7.5%
丙氨酸	89	2.35	9.87		6.00	9.0%
缬氨酸	117	2.29	9.62		5.96	6.9%
亮氨酸	131	2.36	9.60		5.98	7.5%
异亮氨酸	131	2.36	9.68		6.02	4.6%
脯氨酸	115	1.99	10.60		6.30	4.6%
苯丙氨酸	165	1.83	9.13		5.48	3.5%
酪氨酸	181	2.20	9.11	10.07	5.66	3.5%

续表

氨基酸	分子量	pK_a			pI	蛋白质中出现的概率
		α-COOH	α-NH_3^+	R 基团		
色氨酸	204	2.38	9.39		5.89	1.1%
丝氨酸	105	2.21	9.15		5.68	7.1%
苏氨酸	119	2.09	9.10		5.60	6.0%
半胱氨酸	121	1.96	8.18	10.28	5.07	2.8%
蛋氨酸	149	2.28	9.21		5.74	1.7%
天冬酰胺	132	2.02	8.80		5.41	4.4%
谷氨酰胺	146	2.17	9.13		5.65	3.9%
天冬氨酸	133	1.88	9.60	3.65	2.77	5.5%
谷氨酸	147	2.19	9.67	4.25	3.22	6.2%
赖氨酸	146	2.18	8.95	10.53	9.74	7.0%
精氨酸	174	2.17	9.04	12.48	10.76	4.7%
组氨酸	155	1.82	6.00	9.17	7.59	2.1%

各个氨基酸的结构不同，侧链所含的基团酸碱性不同，其解离情况也不同，导致每个氨基酸的 pK_a 和氨基酸的 pI 都不相同。

(2) 显色反应

α-氨基酸都能与水合茚三酮反应生成蓝紫色物质，该颜色反应可用来鉴别 α-氨基酸（N-取代的 α-氨基酸及 β-或 γ-氨基酸都不发生该颜色反应），也常用于 α-氨基酸的比色测定和色层分析的显色。反应如下：

$$\text{(水合茚三酮, C(OH)}_2\text{)} + H_2N-\underset{R}{\underset{|}{C}H}COOH \longrightarrow \text{(茚二酮)}{=}N-CH_2R + H_2O$$

$$\rightleftharpoons$$

$$RCHO + \text{(2-氨基-3-羟基茚酮)}-NH_2\,(OH) \xleftarrow{H_2O} \text{(茚二酮)}-N{=}CHR$$

$$\text{(2-氨基-3-羟基茚酮)}-NH_2\,(OH) + \text{(茚三酮)} \longrightarrow \text{(羟基茚酮)}(OH)-N{=}\text{(茚二酮)} \quad \text{蓝紫色}$$

(3) 与亚硝酸的反应

氨基酸的 α-氨基如同其他的伯胺一样，可以与亚硝酸反应而放出氮气。测得标准条件下的氮气体积，即可计算出氨基酸的量。

$$R-\underset{^{+}NH_3}{\overset{H}{C}}-COO^- \xrightarrow{HNO_2} R-\underset{OH}{\overset{H}{C}}-COOH + N_2\uparrow$$

(4) 氨基与羧基的反应

氨基酸的氨基可以发生胺的一些反应，羧基可以酯化。两分子的 α-氨基酸可以各出一个氨基和羧基失水，形成环状的交酰胺，例如两分子甘氨酸失水，得甘氨酸失水物。

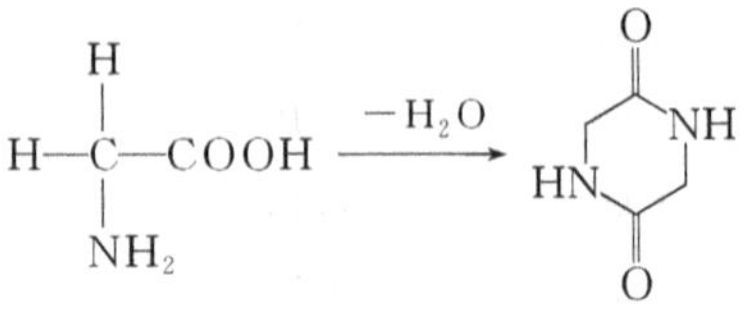

$$H-\underset{NH_2}{\overset{H}{C}}-COOH \xrightarrow{-H_2O} \text{(2,5-哌嗪二酮)}$$

(5) 脱水成肽反应

一个氨基酸的氨基可以与另一个氨基酸的羧基脱去一分子的水生成一个酰胺键，又称为肽键。

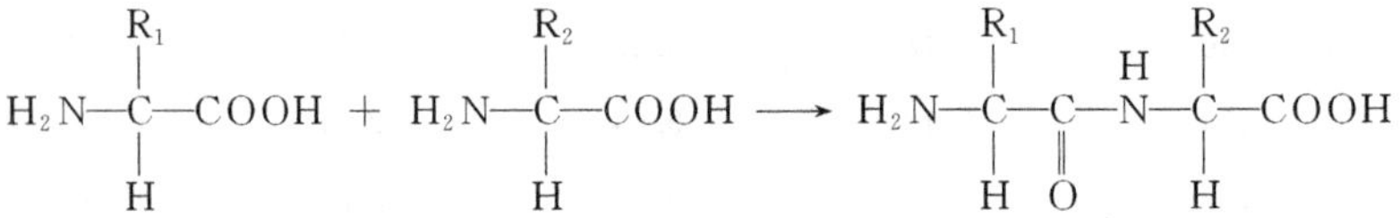

$$H_2N-\underset{H}{\overset{R_1}{C}}-COOH + H_2N-\underset{H}{\overset{R_2}{C}}-COOH \longrightarrow H_2N-\underset{H}{\overset{R_1}{C}}-\underset{O}{\overset{\|}{C}}-\overset{H}{N}-\underset{H}{\overset{R_2}{C}}-COOH$$

两个氨基酸的缩合物称为二肽。二肽分子中仍有自由氨基和自由羧基，因此可以继续缩合下一个氨基酸而生成三肽、四肽……

(6) 烃基化反应

2,4-二硝基氟苯（FDNB），也叫 Sanger（桑格）试剂，在弱碱性溶液中与氨基酸发生取代反应，生成黄色化合物 2,4-二硝基苯氨基酸。

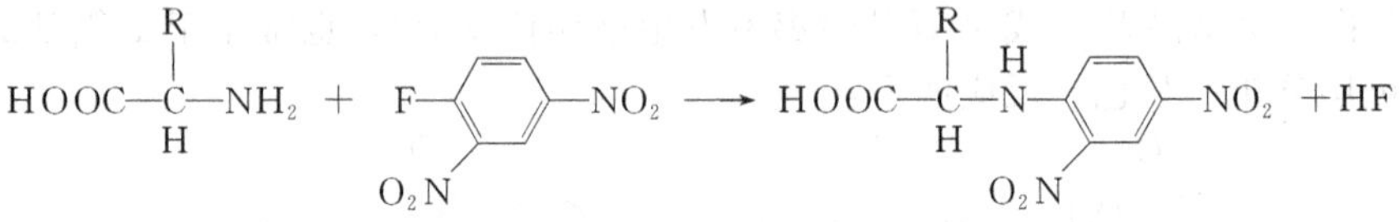

$$HOOC-\underset{H}{\overset{R}{C}}-NH_2 + F-C_6H_3(NO_2)_2 \longrightarrow HOOC-\underset{H}{\overset{R}{C}}-\overset{H}{N}-C_6H_3(NO_2)_2 + HF$$

2,4-二硝基氟苯　　　　2,4-二硝基苯氨基酸

这个反应首先被 F. Sanger 用来鉴别多肽、蛋白质的末端氨基酸。

(7) 脱羧反应

在酶的催化下氨基酸脱羧生成伯胺和二氧化碳。

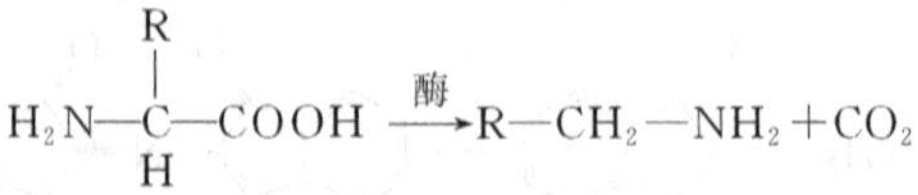

$$H_2N-\underset{H}{\overset{R}{C}}-COOH \xrightarrow{酶} R-CH_2-NH_2+CO_2$$

氨基酸的脱羧反应既可以在酶的催化下进行，也可以在碱的催化下进行。谷氨酸脱羧生成 γ-氨基丁酸，是传递神经冲动的介质。

12.2.4 氨基酸的制备（preparation of amino acid）

(1) 蛋白质水解

蛋白质在酸、碱或酶的作用下水解，最后生成的是 α-氨基酸的混合物。

$$蛋白质 \xrightarrow{H_2O,\ H^+} 多肽 \longrightarrow \longrightarrow 二肽 \longrightarrow \alpha\text{-氨基酸}$$

(2) α-卤代酸氨解

α-卤代酸与过量的氨作用，容易生成α-氨基酸。例如：

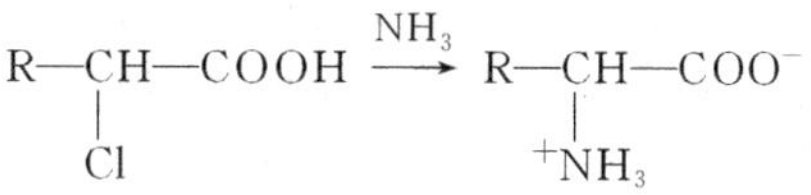

$$\underset{\displaystyle\underset{Cl}{|}}{R-CH-COOH} \xrightarrow{NH_3} \underset{\displaystyle\underset{^+NH_3}{|}}{R-CH-COO^-}$$

(3) Gabriel 合成法

与纯的伯胺制备方法类似，用α-卤代酸酯与 Gabriel 试剂反应可合成α-氨基酸。

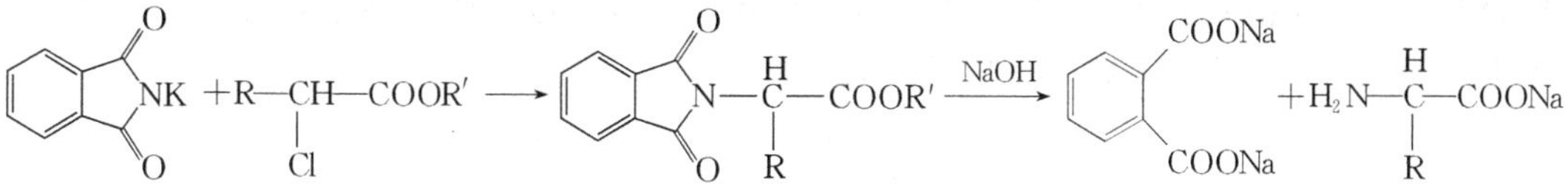

$$\text{邻苯二甲酰亚胺钾(NK)} + R-\underset{Cl}{\underset{|}{CH}}-COOR' \longrightarrow \text{邻苯二甲酰亚氨基}N-\underset{R}{\underset{|}{\overset{H}{\overset{|}{C}}}}-COOR' \xrightarrow{NaOH} C_6H_4(COONa)_2 + H_2N-\underset{R}{\underset{|}{\overset{H}{\overset{|}{C}}}}-COONa$$

12.3 蛋白质 (protein)

12.3.1 蛋白质的分类和结构 (classification and structure of protein)

蛋白质（protein）是生物体的基本组成成分之一，是细胞结构和功能的主要物质，蛋白质是生命的主要体现者，没有蛋白质就没有生命。

(1) 蛋白质的分类

① 单纯蛋白质 分子组成中，除氨基酸构成的多肽蛋白成分外，没有任何非蛋白成分的蛋白质称为单纯蛋白质。自然界中的许多蛋白质属于此类。

② 结合蛋白质 结合蛋白质由单纯蛋白质和其他化合物结合构成，被结合的其他化合物通常称为结合蛋白质的非蛋白部分（辅基）。按其非蛋白部分的不同而分为核蛋白（含核酸）、糖蛋白（含多糖）、脂蛋白（含脂类）、磷蛋白（含磷酸）、金属蛋白（含金属）及色蛋白（含色素）等。

(2) 蛋白质的结构

① 蛋白质的一级结构（primary structure） 蛋白质分子中的氨基酸之间是通过酰胺键相连的，一个氨基酸的羧基与另一个氨基酸的α-氨基脱水缩合，即形成酰胺键（又称为肽键）。

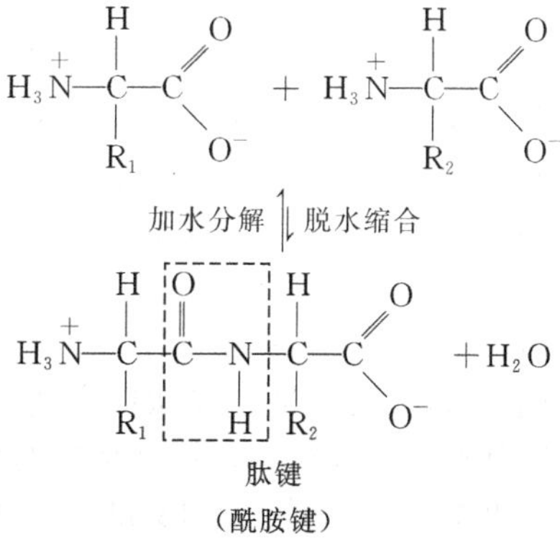

$$H_3\overset{+}{N}-\underset{R_1}{\underset{|}{\overset{H}{\overset{|}{C}}}}-COO^- + H_3\overset{+}{N}-\underset{R_2}{\underset{|}{\overset{H}{\overset{|}{C}}}}-COO^-$$

$$\text{加水分解} \rightleftharpoons \text{脱水缩合}$$

$$H_3\overset{+}{N}-\underset{R_1}{\underset{|}{\overset{H}{\overset{|}{C}}}}-\overset{O}{\overset{\|}{C}}-\underset{H}{\underset{|}{N}}-\underset{R_2}{\underset{|}{\overset{H}{\overset{|}{C}}}}-COO^- + H_2O$$

肽键

（酰胺键）

氨基酸通过肽键（—CO—NH—）相连而形成的化合物称为肽（peptide）。由两个氨基酸缩合成的肽称为二肽，三个氨基酸缩合成三肽。二肽含有一个肽键，三肽含有两个肽键，依此类推。

氨基酸在形成肽链后，部分基团已参加肽键的形成，已经不是完整的氨基酸，称为氨基酸残基。肽键连接各氨基酸残基形成肽链的长链骨架，即---C_α-CO-NH-C_α---结构称为多肽主链。每个肽分子都有一个游离的α-NH_2末端（称氨基末端或N端）和一个游离α-COOH末端（称羧基末端或C端）。

常用氨基酸的3个英文字母缩写和1个字母缩写形式表示肽链的一级结构，如某一个肽链用氨基酸3字母书写，其序列为Arg-Ala-Asn-Phe，相应的单字母表示是RANF。N端为精氨酸残基，C端为苯丙氨酸残基。若把这一肽段倒过来写，就是另一个不同的四肽。图12-11显示了肽中的氨基酸序列。

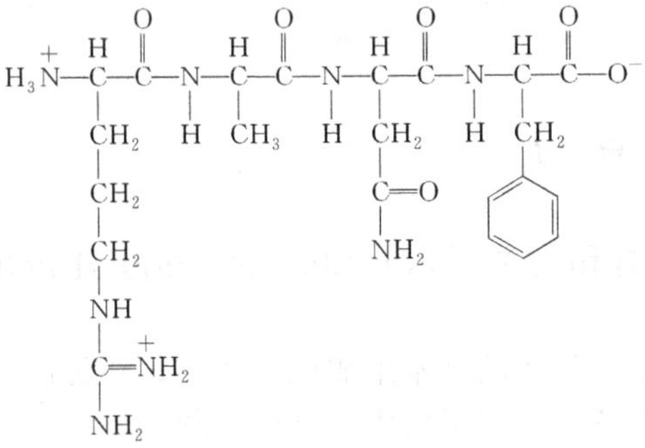

```
          +  H  O       H  O       H  O       H  O
             |  ‖       |  ‖       |  ‖       |  ‖
        H3N—C—C—N—C—C—N—C—C—N—C—C—O⁻
             |     |   |     |   |     |   |
            CH2    H  CH3    H  CH2    H  CH2
             |                   |          |
            CH2                 C=O        C6H5
             |                   |
            CH2                 NH2
             |
            NH
             |   +
            C=NH2
             |
            NH2
```

图12-11 肽中的氨基酸序列

多肽链中氨基酸的排列顺序称为蛋白质的一级结构。氨基酸的排列顺序是蛋白质空间结构的基础，而蛋白质的空间结构则是实现其生物学功能的基础。1953年，英国生物化学家F. Sanger报道了胰岛素（insulin）的一级结构，这是世界上第一个被确定一级结构的蛋白质。

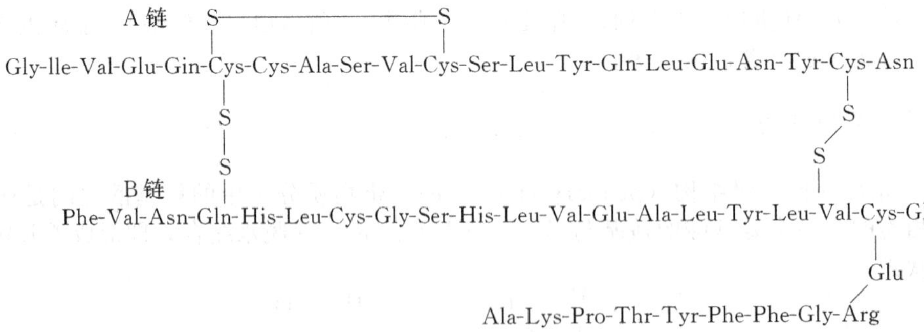

```
A链      S———————————————S
         |               |
Gly-lle-Val-Glu-Gin-Cys-Cys-Ala-Ser-Val-Cys-Ser-Leu-Tyr-Gln-Leu-Glu-Asn-Tyr-Cys-Asn
                    |                                                       |
                    S                                                       S
                    |                                                      /
                    S                                                     S
B链                 |                                                     |
Phe-Val-Asn-Gln-His-Leu-Cys-Gly-Ser-His-Leu-Val-Glu-Ala-Leu-Tyr-Leu-Val-Cys-Gly
                                                                            |
                                                                           Glu
                                                                           /
                                  Ala-Lys-Pro-Thr-Tyr-Phe-Phe-Gly-Arg
```

在肽合成的技术方面取得了突破性进展的是R. Bruce Merrifield。他设计了一种肽的合成途径并定名为固相合成途径。由于在肽合成方面的贡献，R. Bruce Merrifield于1984年获得了诺贝尔奖。1965年9月，中国科学家在世界上首次人工合成了牛胰岛素。

② 蛋白质的二级结构（secondary structure） 蛋白质分子并非如一级结构那样是完全展开的“线状”，而是处于更高级的水平。多肽链主链中各原子在各局部的空间排布，即多肽链主链构象称为蛋白质的二级结构。二级结构的特征是肽键平面和肽链不规则卷曲（α-螺旋、β-折叠等），见图12-12，图12-13和图12-14。

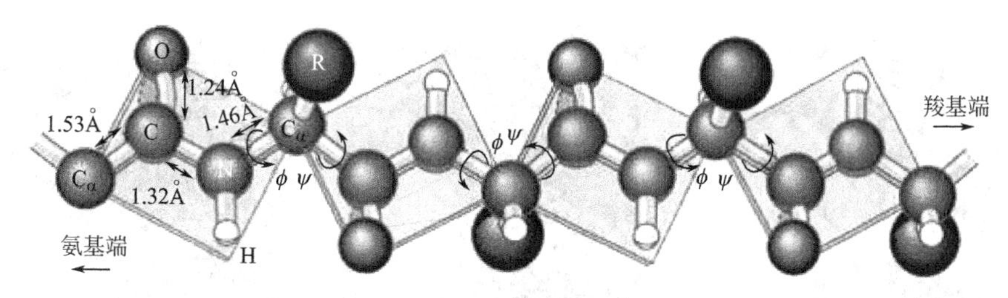

图 12-12　肽键平面示意图（$1Å=10^{-10}$ m）

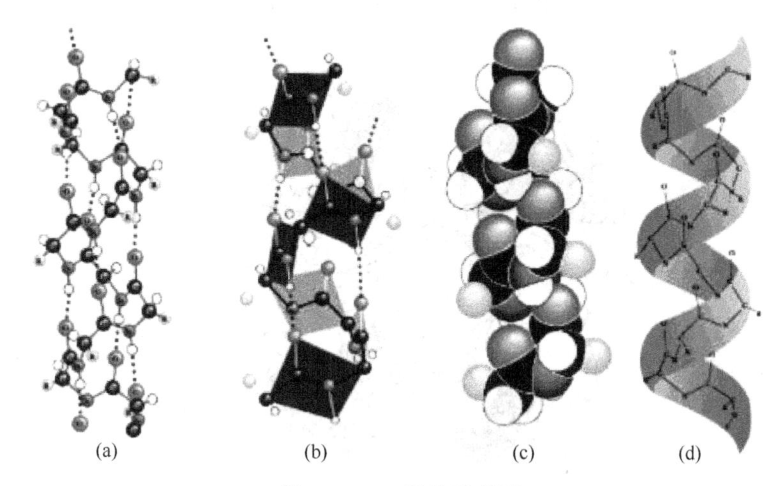

图 12-13　α-螺旋示意图

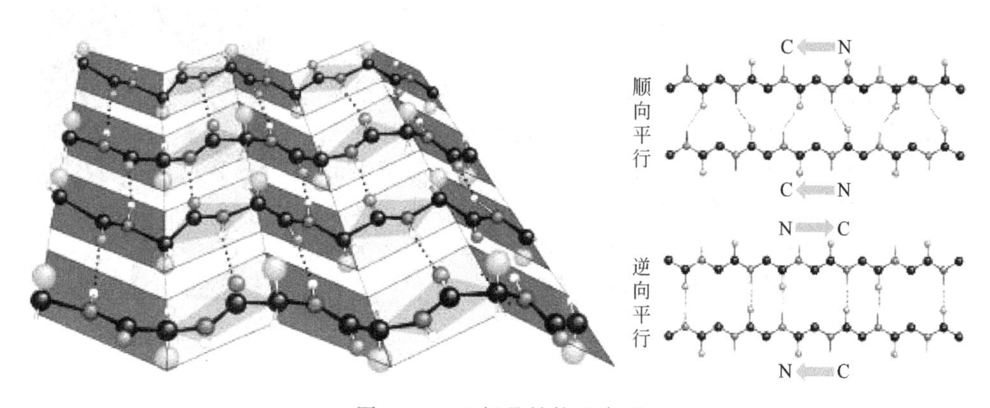

图 12-14　β-折叠结构示意图

③ 蛋白质的三级结构（tertiary structure）　多肽链中，各个二级结构的空间排布方式及有关侧链基团之间的相互作用关系，称为蛋白质的三级结构。图 12-15 展示了肌红蛋白的三级结构。

④ 蛋白质的四级结构（quaternary structure）　有的蛋白质分子由两条以上具有独立三级结构的肽链通过非共价键相连聚合而成，其中每一条肽链称为一个亚基。各亚基在蛋白质分子内的空间排布及相互接触称为蛋白质的四级结构，如图 12-16 所示。

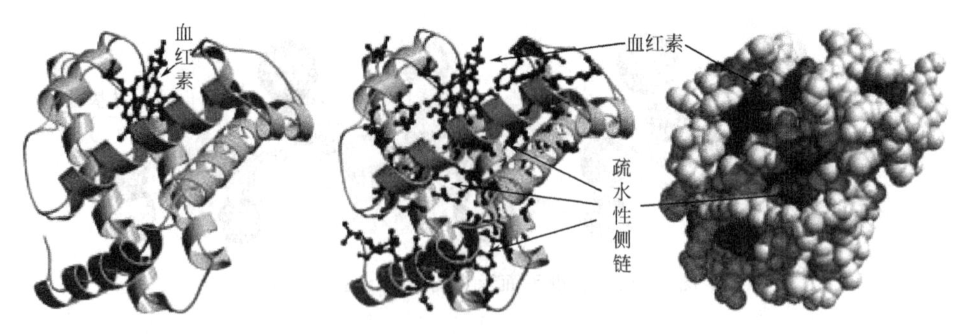

图 12-15　肌红蛋白三级结构

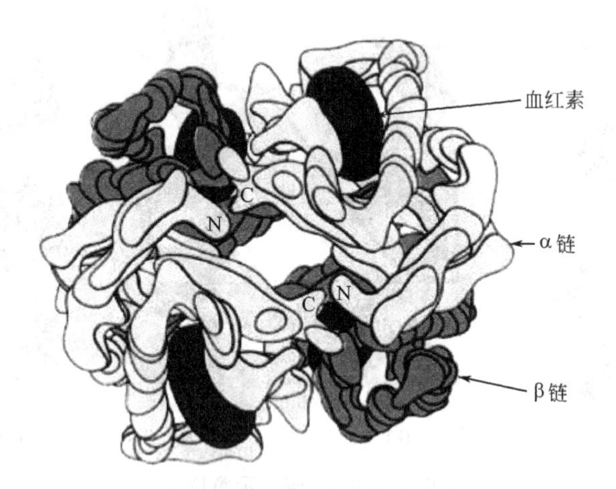

图 12-16　血红蛋白四级结构

邢其毅是一位学术造诣颇深、洞察力敏锐的有机化学家。1958 年，中国几位有机化学家和生物化学家提出了人工合成具有生物活性的蛋白质分子——胰岛素的重大课题，在中华人民共和国国家科学技术委员会（今中华人民共和国科学技术部）直接领导下，由中国科学院上海生物化学研究所、上海有机化学研究所和北京大学共同组成研究队伍，邢其毅是该项研究的学术领导者之一。在 1965 年向世界宣布第一个人工合成的蛋白质——结晶牛胰岛素合成成功。

邢其毅

12.3.2　蛋白质的理化性质（physical and chemical properties of protein）

(1) 蛋白质的胶体性质

蛋白质是高分子化合物，蛋白质分子颗粒的直径一般在 1～100nm，在水溶液中呈胶体性质，具有丁铎尔现象、布朗运动、不能透过半透膜、扩散速率慢、黏度大等特征。

蛋白质分子表面含有很多亲水基团，如氨基、羧基、羟基、巯基、酰氨基等，能与水分子形成水化层，把蛋白质分子颗粒分隔开来。在适当的 pH 下，蛋白质分子带有相同的净电荷，被带相反电荷的离子所包围形成双电层。此外，蛋白质在一定 pH 溶液中都带有相同电荷，因而使蛋白质颗粒相互排斥。这些因素都是防止蛋白质颗粒的互相聚沉，使蛋白质成为稳定的胶体溶液。

(2) 蛋白质的两性解离及等电点

蛋白质和氨基酸一样，均是两性电解质，在溶液中可为阳离子、阴离子，也可以呈兼性离子状态，即蛋白质具有两性解离的性质。这取决于溶液的 pH、蛋白质游离基团的性质与数量。当蛋白质在某溶液中，带有等量的正电荷和负电荷，即净电荷为 0 时，此溶液的 pH 即为该蛋白质的等电点（pI）。表 12- 3 中列出了一些蛋白质的等电点。

表 12-3　一些蛋白质的等电点

蛋白质	等电点	蛋白质	等电点
胃蛋白酶	1.0	胰岛素	5.3
卵清蛋白	4.6	糜蛋白酶	8.3
血清蛋白	4.7	细胞色素 c	10.7
血红蛋白	6.7	核糖核酸酶	9.5

(3) 蛋白质的沉淀

蛋白质从溶液中以固体状态析出的现象称为蛋白质的沉淀。它的作用机制主要是破坏水化膜或中和蛋白质所带的电荷。主要沉淀方法有：

① 向蛋白质中加入中性盐时，蛋白质便从溶液中沉淀出来，这种过程称为盐析。临床检验中常用此法来分离和纯化蛋白质。

② 蛋白质可以与重金属离子（如汞、铅、铜、锌等）结合生成不溶性盐而沉淀。临床上常用蛋清或牛乳解救误服重金属盐的病人，目的是使重金属离子与蛋白质结合而沉淀，阻止重金属离子的吸收。然后，用洗胃或催吐的方法，将重金属离子的蛋白质盐从胃内清除出去。

③ 乙醇、甲醇、丙酮等有机溶剂可破坏蛋白质的水化层，发生沉淀反应。75%的乙醇溶液作为消毒剂，作用机制是使细菌内的蛋白质发生变性沉淀，而起到杀菌作用。

④ 蛋白质可与钨酸、苦味酸、鞣酸、三氯醋酸、磺基水杨酸等发生沉淀。生化检验中常用钨酸或三氯醋酸作为蛋白沉淀剂，以制备无蛋白血滤液。

(4) 蛋白质的变性

变性的实质是维持蛋白质高级结构的次级键（氢键、离子键、疏水作用等）遭到破坏，而变性不涉及共价键的断裂，一级结构保持完好。蛋白质变性后，其溶解度降低，生物学功能丧失，黏度增加等。

能使蛋白质变性的物理因素有加热（70～100℃）、剧烈振荡、超声波、紫外线和 X 射线的照射。化学因素有强酸、强碱、重金属盐、有机溶剂等。

(5) 蛋白质的颜色反应

蛋白质分子中的氨基酸带有某些特殊的侧链基团，可以和某种试剂产生特殊的颜色反应。利用这些颜色反应可以鉴别蛋白质，见表 12-4。

表 12-4　蛋白质的颜色反应

反应名称	反应基团	试剂	颜色
茚三酮反应	氨基	茚三酮溶液	蓝紫色
双缩脲反应	肽键	强碱,稀硫酸铜溶液	紫红色
蛋白黄反应	苯环	浓硝酸,加氨水	黄色或橙红色
米伦反应	酚羟基	亚硝酸汞、硝酸汞和硝酸的混合物	红色

桑格（F. Sanger），1943 年于剑桥大学获博士学位，剑桥大学教授，英国皇家学会会员。20 世纪 50 年代，桑格主要从事蛋白质的结构研究。经过多年的辛苦努力，应用逐段分解和逐步递增的方法，测定出胰岛素两条肽链分别含有 21 个和 30 个氨基酸的排列顺序和位置，1955 年测定了胰岛素的一级结构，获得 1958 年诺贝尔化学奖。20 世纪 60 年代后，致力于对核糖核酸和脱氧核糖核酸结构的分析研究。利用酶的生物活性，用生物学的处理方法，正确地确定了核糖核酸中每种碱基的排列顺序和脱氧核糖核酸中核苷酸的排列顺序。1977 年成功地测定了噬菌体病毒 φX174 脱氧核糖核酸分子的全部共 5386 个核苷酸的排列顺序。与吉尔伯特（W. Gilbert）、伯格（P. Berg）共获 1980 年诺贝尔化学奖。

两次获得诺贝尔化学奖的桑格（F. Sanger）

12.4　类脂和生物碱（lipids and alkaloids）

12.4.1　油脂（natural oils）

（1）油脂的组成与结构

油脂是由甘油和高级脂肪酸反应生成的甘油三酯，自然界中存在的脂肪和油都是甘油三酯的混合物。其结构表示如下：

R–C(=O)–O–CH₂–CH(–O–C(=O)–R′)–CH₂–O–C(=O)–R″

（2）脂肪酸的种类和结构

脂肪酸的种类和性质决定了油脂的性质，高级脂肪酸分为饱和脂肪酸和不饱和脂肪酸。常见高级脂肪酸的构造式和熔点如表 12-5 所示。

表 12-5　常见高级脂肪酸的构造式和熔点

名称	碳数	构造式	熔点/℃
月桂酸	12	COOH	44
肉豆蔻酸	14	COOH	59
软脂酸	16	COOH	64
硬脂酸	18	COOH	70
花生酸	20	COOH	76

续表

名称	碳数	构造式	熔点/℃
油酸	18	COOH	4
亚麻酸	18	COOH	−5
亚油酸	18	COOH	−11
花生四烯酸	20	COOH	−49
棕榈酸	18	COOH	63

从表 12-5 中可以看出，脂肪酸的熔点是随着碳数的增加而增高，随双键的增加而降低。十八碳的硬脂酸的熔点为 70℃，而同为十八碳的油酸的熔点只有 4℃。

图 12-17 为三（十八碳酸）与三（十八碳烯酸）甘油酯的分子构型模拟图。

熔点72℃

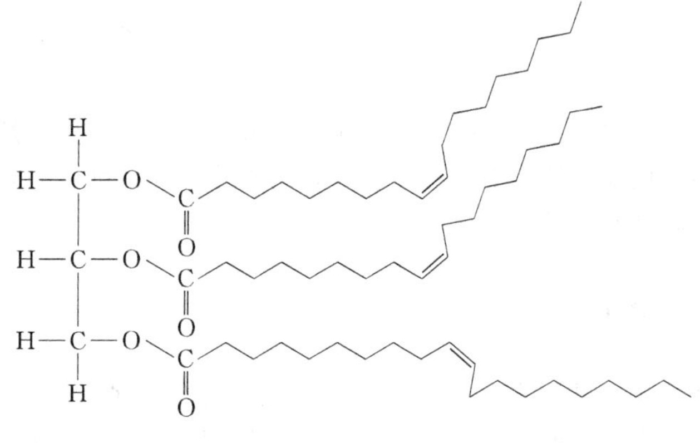

熔点-4℃

图 12-17 三（十八碳酸）与三（十八碳烯酸）甘油酯的分子构型

从图 12-17 中可以看出，两者的差别很大，熔点也相差很多。另外，人体只能消化顺式脂肪酸，反式脂肪酸是不能被吸收的，因此棕榈酸甘油酯是不适合食用的。

(3) 油脂的化学性质

① 水解与皂化

$$\xrightarrow[H_2O]{NaOH} RCOONa + R''COONa + R'COONa + HOCH_2CH(OH)CH_2OH$$

在酸性介质中的水解是可逆的。

② 催化氢化　在 Pd、Pt 等催化剂存在下催化加氢，使不饱和酸加氢变成饱和酸，提高油脂的熔点，使液体油脂固化。与其他简单分子的催化氢化过程相比，油脂的氢化过程较为复杂，有时候在催化氢化的过程中会伴随发生一些双键移位，顺反异构化等过程。在食品工业中，有时候会将液体植物油通过部分催化氢化，使之达到固体状态，使其稳定性增加，从而延长保存时间。如果油脂中含有过多的不饱和键，则容易在空气中自发氧化而变坏。催化过程中的顺反异构化也是一个令人困扰的问题，绝大多数的天然不饱和油脂为顺式结构，但是在催化氢化过程中，有可能有一部分双键异构化成反式结构，这种反式结构使得食用者患心脑血管疾病的概率大大增加。

12.4.2　蜡（waxes）

蜡包括高级烷烃和高级脂肪酸与高级脂肪醇形成的酯类，它们是混合物，不溶于水，易溶于有机溶剂。软化点通常在 40℃以上，熔化后为低黏度液体。天然蜡是由植物或动物产生的；高级烷烃是从石油产品中分离提取的，称为石蜡。典型的石蜡为三十一烷（$C_{31}H_{64}$）。

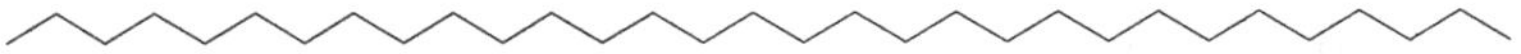

最常见的动物蜡是蜜蜂生产的蜂蜡（bee waxes），用于建造蜂巢。蜂蜡的主要成分是十六酸三十烷酯。

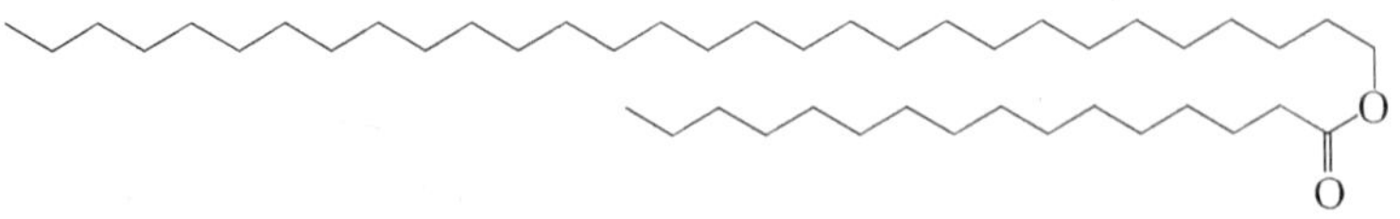

O

O

从植物中得到的蜡主要是巴西棕榈蜡，主要成分为二十六酸三十烷酯。

蜡的用途很多，比如鞋油、地板蜡、汽车蜡、发蜡、润滑剂、护发素、奶酪、织物柔软剂等产品中都离不开这种原料。

12.4.3　萜类（terpenes）

一些植物的叶、花、果用水蒸气蒸馏，可制得香精油。香精油中存在一种通式为 $C_{10}H_{16}$ 的脂环烃，这些化合物 $(C_5H_8)_n$ 差不多都是以异戊二烯的碳架为基本单位形成的，称作萜类。根据 n 的个数分别称为单萜（$n=2$）、倍半萜（$n=3$）、双萜（$n=4$）等。萜类还有开链萜和环状萜之分。

（1）开链萜

香叶烯、柠檬醛是重要的开链萜。

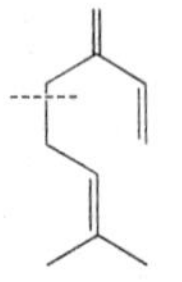

CHO　　CHO

香叶烯
（单萜）

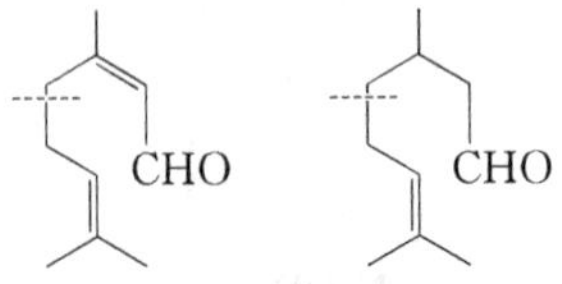

柠檬醛
（单萜）

（2）单环单萜

薄荷酮和薄荷醇是一种单环单萜。薄荷酮分子内有 2 个手性碳，应有 4 种异构体。薄荷醇分子内有 3 个手性碳，应有 8 种异构体。薄荷酮和薄荷醇是薄荷油的主要成分。薄荷酮和薄荷醇有芳香清凉气味，是化妆品、食品、医药的重要原料。

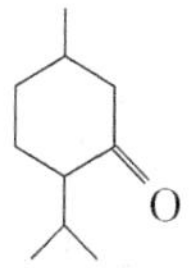

O　　OH

薄荷酮 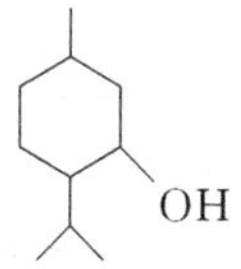　　薄荷醇

（3）双环单萜

蒎烯是松节油的主要成分，是双环单萜，是制备樟脑的原料。

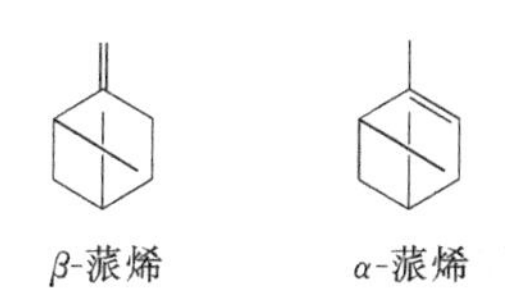

β-蒎烯　　α-蒎烯

樟脑是医药工业的原料，分子内有 2 个手性碳，但由于桥的刚性，实际上只有一对对映异构体，它的 CCS 命名为 1,7,7-三甲基二环［2.2.1］庚-2-酮。

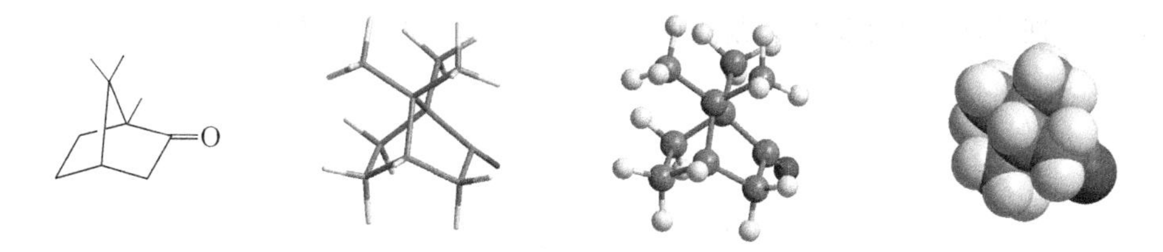

（4）双萜

双萜的代表物是维生素 A，它广泛存在于动植物界，是人类生长发育所必需的。人体缺少维生素 A 会导致夜盲症，食物内含有胡萝卜素，它在体内可分解成维生素 A。

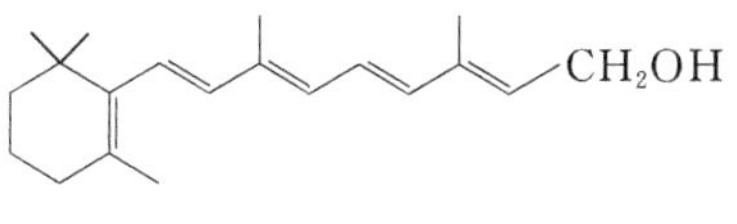

CH_2OH　　维生素 A

（5）四萜

胡萝卜素是天然存在的四萜类化合物，其碳架由 8 个异戊二烯组成。胡萝卜素有多种异构体，其中 β-胡萝卜素在人体内可转化成维生素 A。

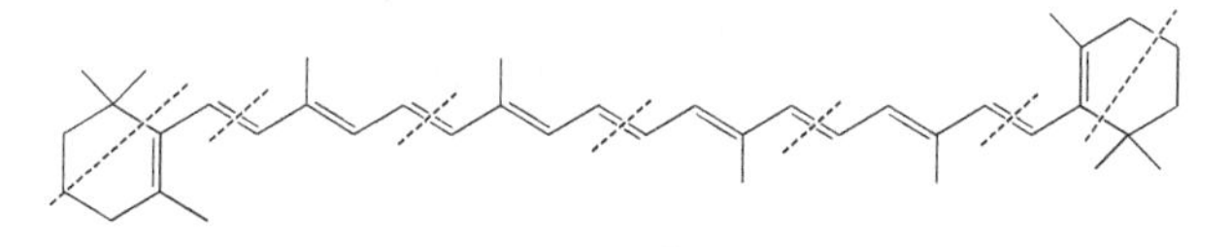

β-胡萝卜素

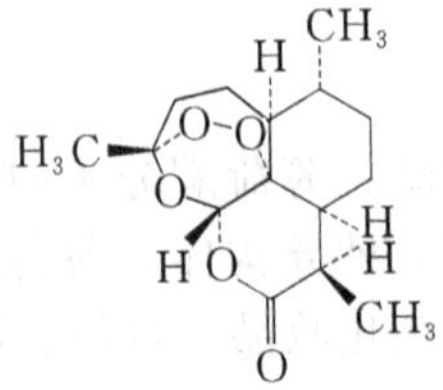

屠呦呦为青蒿素治疗人类疟疾奠定了最重要的基础，得到国家和世界卫生组织的大力推广，挽救了全球范围特别是广大发展中国家数以百万计疟疾患者的生命，为人类治疗和控制这一重大寄生虫类传染病做出了革命性的贡献，也成为用科学方法促进中医药传承创新并走向世界最辉煌的范例，2015年获得诺贝尔生理学或医学奖。

药学家屠呦呦

12.4.4 甾族化合物（steroids）

“甾”是根据这类化合物有四个环和三个侧链的形象称呼。甾字上半部分的“巛”代表三个取代基，下半部分的“田”代表四个环。甾族化合物广泛存在于动植物体中，多数具有生理活性，用于医疗和制药中。甾族化合物由四个基本环组成：

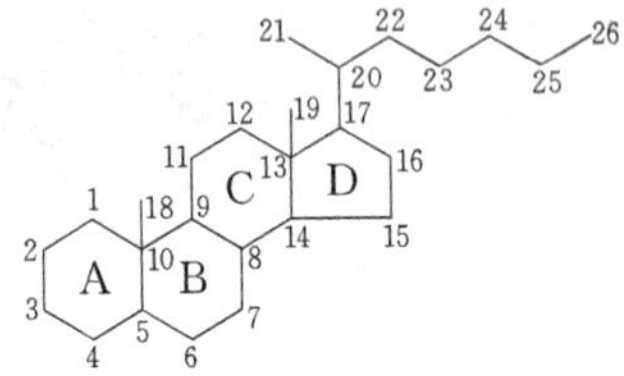

（1）性激素

能控制生物性特征的激素为性激素。重要的性激素有雄性激素睾丸甾酮，雌性激素雌酮、雌二醇和与受孕有关的黄体酮。

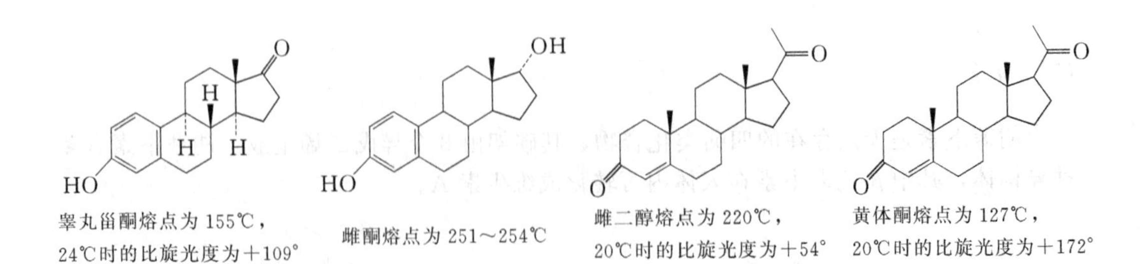

睾丸甾酮熔点为155℃，24℃时的比旋光度为+109°

雌酮熔点为251～254℃

雌二醇熔点为220℃，20℃时的比旋光度为+54°

黄体酮熔点为127℃，20℃时的比旋光度为+172°

（2）胆固醇

胆固醇有8个手性碳原子，理论上有2^8种异构体，但自然界仅有一种，它是人体中不能皂化的油溶性物质，存在于血液中也能沉积于胆囊中。它通过食物进入人体，也可由脂肪酸生成，是胆结石的主要成分。其构象式为：

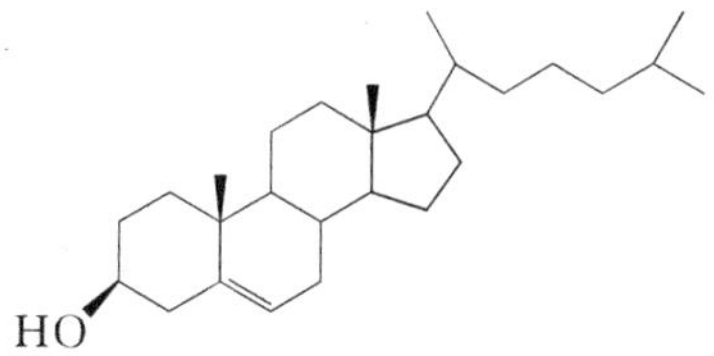

胆固醇熔点为 148.5℃，20℃时的比旋光度为－31.5°

（3）糖皮质激素

糖皮质激素参与人体内的糖代谢，缺乏会引起体内电解质紊乱，机能失常。肾上腺皮质激素可用于治疗关节炎、皮肤炎，其代表物是皮质甾酮和可的松。

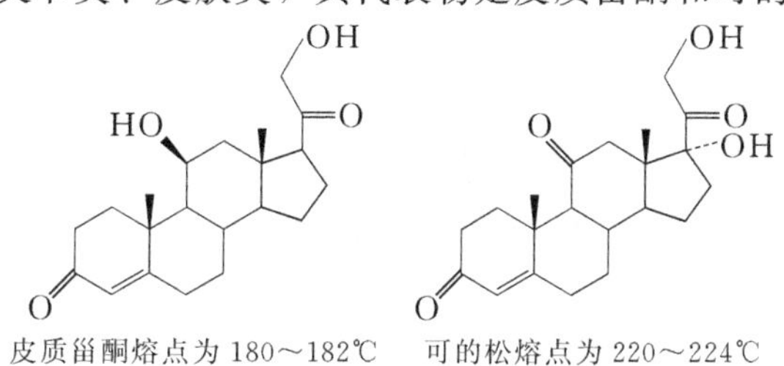

皮质甾酮熔点为 180～182℃　可的松熔点为 220～224℃

12.4.5 生物碱（alkaloids）

生物碱是指存在于动植物体中具有碱性的一类含氮有机化合物。中草药中含有多种生物碱。生物碱在植物中分布很广，有的往往含有多种生物碱。它们常以有机酸盐（如苹果酸盐、琥珀酸盐、草酸盐、柠檬酸盐等）形式存在。生物碱大多是无色固体，少数是液体。生物碱大多不溶或难溶于水，易溶于有机溶剂。它们的盐类一般易溶于水。生物碱一般都有手性，多数是左旋体，有明显的生理效应。下面介绍几种常见的重要生物碱。

（1）金鸡纳碱

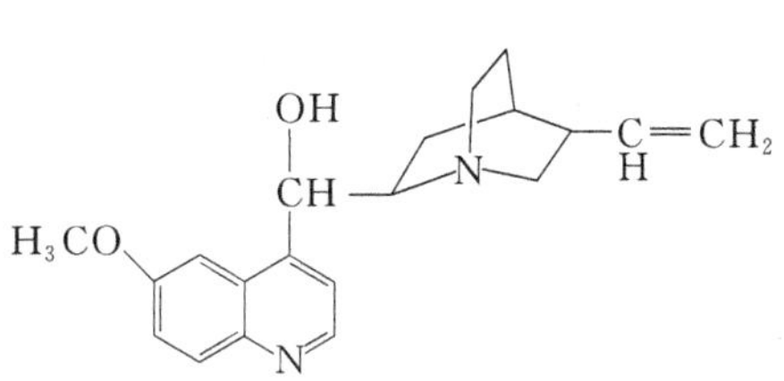

金鸡纳碱俗称奎宁，是优良的治疗疟疾的药物，存在于金鸡纳树中。金鸡纳碱对疟原虫虽有抑制作用，但无灭杀作用。科研人员经过长期的研究探索和临床实验，筛选出以下几种金鸡纳碱的衍生物用于治疗疟疾。

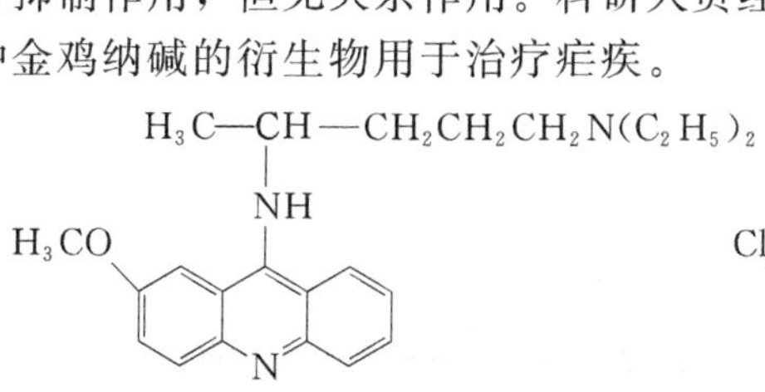

阿的平 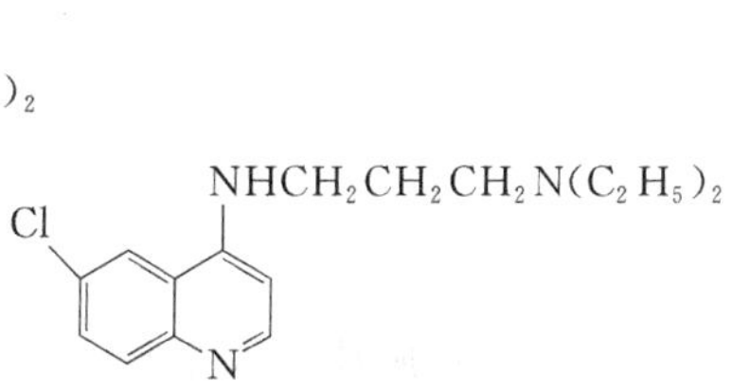　　氯奎宁

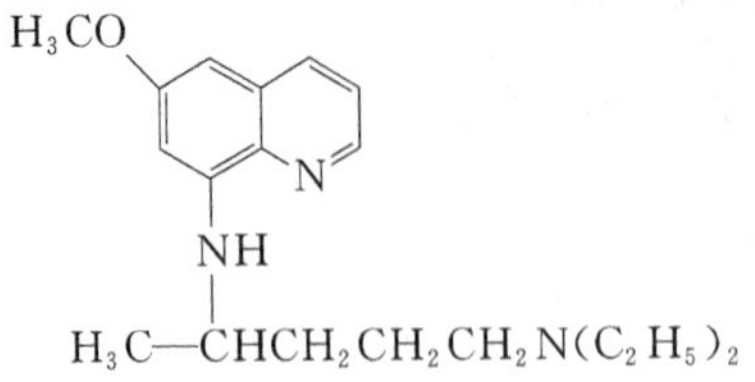

抗疟木星 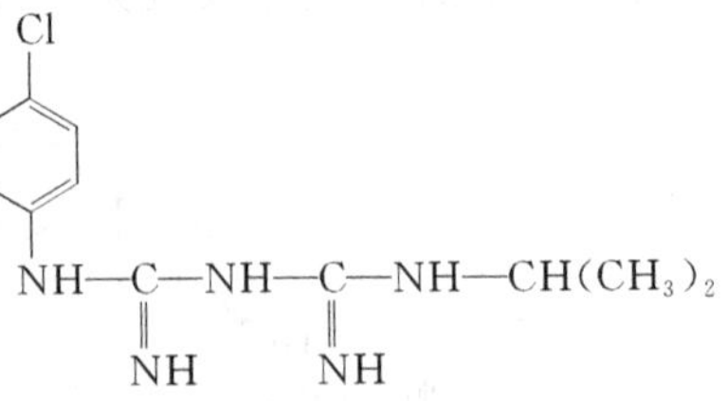　　百乐君

(2) 罂粟碱

罂粟碱存在于罂粟果中，它的结构式如下：

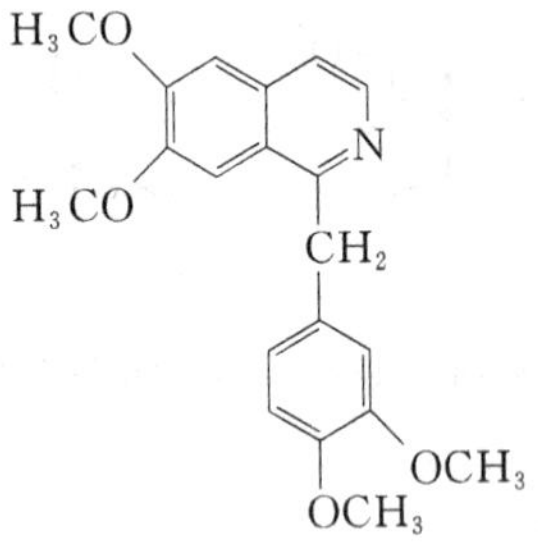

罂粟碱是一种毒品，是国家严禁的化学品，在医学上常用于癌症晚期的止痛药中。

(3) 秋水仙碱

秋水仙碱存在于百合科植物，如新鲜的黄花菜中。新鲜的黄花菜具有较强的毒性，只有经过处理才可食用。其结构如下：

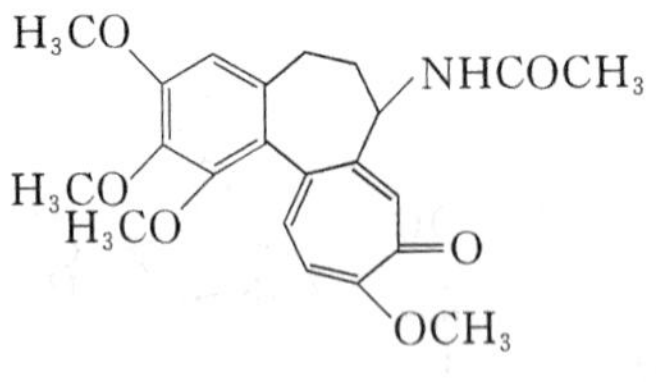

(4) 烟碱

烟碱俗称尼古丁，多存在于烟草中，未成熟的茄子中也含有少量的尼古丁，其结构式为：

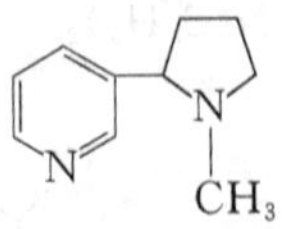

自然界存在的是左旋体，大量吸入会破坏人的中枢神经，吸烟有害健康。

(5) 咖啡碱

咖啡碱存在于茶叶和咖啡中，对人体有兴奋、利尿作用，其结构式为：

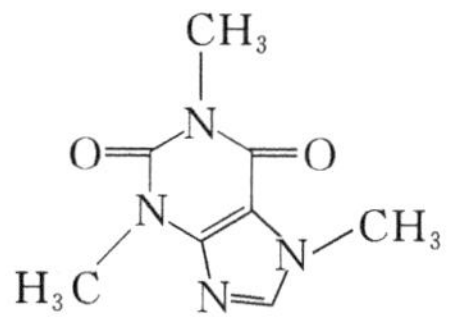

参考文献

[1] Wade L G, JR. Organic Chemsity（影印）. 5版. 北京：高等教育出版社，2004.

[2] Carey F A, Sundberg R J. Advanced Organic Chemistry（影印）. 5版. 北京：科学出版社，2013.

[3] 伊莱尔 E L, 威伦 S H, 多伊尔 M P. 基础有机立体化学. 邓并主译. 北京：科学出版社，2005.

[4] Furniss B S, Hannaford A J, Rogers V, et al. Vogel's Textbook Practical Organic Chemistry. 5th. Longman：London and New York，1978.

[5] Neil S Isaacs. Physical Organic Chemistry（影印）. 2nd. 北京：世界图书出版公司，1995.

[6] 张文勤，郑艳，马宁，等. 有机化学. 5版. 北京：高等教育出版社，2014.

[7] 邢其毅，裴伟伟，徐端秋，等. 基础有机化学. 4版. 北京：北京大学出版社，2016.

[8] Meislich E K. Schaum's 解题精粹，有机化学（影印）. 北京：高等教育出版社，2000.

[9] Bregman J, Nuture. 1962, 194: 679.

[10] March J. 高等有机化学. 5版. 李艳梅译. 北京：化学工业出版社，2010.

[11] 傅相锴，刘群，周立人. 高等有机化学. 北京：高等教育出版社，2004.